北京工业大学研究生创新教育系列教材

数学建模基础

（第二版）

薛 毅 编著

科 学 出 版 社

北 京

内 容 简 介

本书深入浅出地介绍了与数学建模基础有关的内容,重点放在微分方程模型、运筹学模型和数理统计模型方面,着重讲述建模的基本思想和模型求解的基本方法,以及运用数学软件求解数学模型的方法.包括数学建模入门、微分方程模型、线性规划模型、动态规划模型、最优化模型、图论与网络模型、数理统计模型、多元分析模型和计算机模拟等9章内容,同时还包括三个附录,分别是MATLAB软件的使用、LINGO软件的使用和R软件的使用.本书的重点放在数学模型的建立以及问题的分析与描述上,使读者能够举一反三,运用计算机软件解决实际问题.

本书可作为本科生和研究生"数学建模"课程的教材,也可作为本科生和研究生参加数学建模竞赛的辅导材料,以及科技人员和工程技术人员学习数学建模的参考用书.

图书在版编目(CIP)数据

数学建模基础/薛毅编著. —2版. —北京:科学出版社,2011
(北京工业大学研究生创新教育系列教材)
ISBN 978-7-03-030558-9

Ⅰ.①数… Ⅱ.①薛… Ⅲ.①数学模型-高等学校-教材 Ⅳ.①O141.4

中国版本图书馆 CIP 数据核字(2011) 第 043339 号

责任编辑:王丽平 房 阳/责任校对:宋玲玲
责任印制:徐晓晨/封面设计:鑫联必升

科 学 出 版 社 出版
北京东黄城根北街 16 号
邮政编码:100717
http://www.sciencep.com

北京虎彩文化传播有限公司印刷
科学出版社发行 各地新华书店经销
*

2011 年 4 月第 二 版 开本:B5(720 × 1000)
2021 年 1 月第五次印刷 印张:40 1/4
字数:789 000
定价:198.00 元
(如有印装质量问题,我社负责调换)

第二版前言

本书第一版由北京工业大学出版社出版 (2004 年 4 月), 至今已有 6 个年头了. 在这 6 年中, "数学建模" 课程与数学建模竞赛已发生了很大变化, 有越来越多的学校和学生参与到数学建模这项活动中. 数学建模竞赛也由单一的本科生竞赛, 发展到有本科生、专科生和研究生参加的多层次、多种类竞赛. "数学建模" 课程不再是单一的竞赛培训, 而是发展成为一门既有数学理论, 又有计算机软件、计算实验以及综合知识应用的课程. 学生通过 "数学建模" 课程的学习, 增强对数学应用的感性认识, 这对培养学生分析问题与解决问题的能力是非常有帮助的.

本书出版后, 深受学生和教师的欢迎, 曾被评为 2006 年度北京市精品教材, 并入选 " 十一五" 国家级规划教材. 北京工业大学的 "数学建模" 课程被评为 2005 年度北京市精品课程.

为了适应数学建模竞赛和 "数学建模" 课程发展的需要, 结合 6 年来 "数学建模" 课程的教学情况, 现对本书进行全面修改. 修改后仍然保持第一版的特色, 教学内容的重点放在实用性和应用性较强的微分方程模型、运筹学模型和数理统计模型方面. 加强建模, 淡化手工计算, 将计算交由计算机软件完成, 仍然是本书第二版的宗旨. 因为一个看似 "正确" 的模型, 只有经过计算后, 才能发现模型还存在着这样或那样的问题, 而手工计算是无法做到这一点的. 因此, 本书用了大量的篇幅来介绍三个重要软件 ——MATLAB 软件、LINGO 软件和 R 软件, 并且书中的例题计算 (稍复杂一点的) 都是由软件完成的. 对于软件的介绍, 并不是采取手册形式, 而是根据模型、相关理论, 穿插在数学模型的求解过程中. 这样做的好处是便于学生的学习与理解.

第二版教材作了比较大的改动, 主要有以下几个方面.

(1) 将微分方程模型的内容全部放在第 2 章 (微分方程模型), 而在第 1 章 (数学建模入门) 增加了一些富有趣味性并引发人们思考的简单模型. 第 2 章加强了微分方程模型的内容, 去掉了第一版中差分方程的知识.

(2) 第 3 章 (线性规划模型) 淡化了线性规划求解的单纯形法, 增强了线性规划模型的应用和竞赛试题选讲.

(3) 对第 4 章 (动态规划模型) 和第 5 章 (最优化模型) 的内容作了较大的修改. 在第 4 章增加了动态规划方法和应用举例的介绍. 在第 5 章增加了存储模型作为最优化模型的应用, 并去掉了第一版中对最优化模型求解算法的介绍. 在 LINGO 软件求解方面, 增加了投资组合模型, 并增强了 LINGO 软件求解问题的介绍.

(4) 在第 6 章 (图论与网络模型) 去掉了第一版中一些图论传统方法的介绍, 增加了用 LINGO 软件求解组合优化的方法和相关竞赛试题的分析.

(5) 将第一版中的第 7 章 (实用统计分析方法) 拆成了两章, 分别是第 7 章 (数理统计模型) 和第 8 章 (多元分析模型). 在这部分内容中, 增加了分布检验的内容, 同时增强了 R 软件求解问题的介绍.

(6) 增加了附录 A(MATLAB 软件的使用), 简单介绍该软件的使用方法, 我们在教学实践中发现这是非常必要的. 将第一版的第 9 章和第 10 章改为附录 B (LINGO 软件的使用) 和附录 C (R 软件的使用), 这样编排的目的是使这部分内容不占正课内容, 由学生在课下完成, 或者在相应的实验课中完成.

本书面向工科各专业的学生, 大部分内容的基础是高等数学、线性代数和概率论, 稍复杂一些的内容, 如微分方程的稳定性理论, 书中会作简单介绍. 本书仍然保持第一版的风格, 主要包含三大基本模块 —— 微分方程模型、运筹学模型和数理统计模型, 与三部分模型相对应的软件是 MATLAB 软件、LINGO 软件和 R 软件. 书中三部分内容基本上是相对独立的, 教师可以根据学生的层次和学时的多少来选择教学内容.

本书的全部程序均通过计算检验. 书中的程序已在 MATLAB 7.0, LINGO 9.0 和 R 2.9.2 的环境下运行通过, 读者所持软件的版本可能与编者不一致, 但这基本不会影响到软件的运行. 如果读者需要本书所列例题的程序, 可发邮件至 xueyi@bjut.edu.cn, 向编者索取.

感谢为本书做出工作的三位同事：常金钢、程维虎、杨士林, 同时感谢科学出版社责任编辑为本书的出版所做的大量工作.

编　者

2010 年 4 月

第一版前言

大家对"数学建模"一词已经不陌生了, 随着数学建模竞赛的开展和数学建模教育的普及, 越来越多的人已认识到数学建模教育对培养学生的重要性. 运用数学方法解决实际问题, 是当代大学生必不可少的技能, 这也是培养具有竞争力的高素质人才必不可少的, 是素质教育发展的必然趋势. 为适应这一发展的需要, 我们编写了这本工科专业适用的"数学建模基础"教材.

关于数学模型的书现在已有不少, 本书的重点放在微分方程模型、运筹学模型和数理统计模型, 其中微分方程模型重点是介绍常用的微分方程模型, 运筹学模型中主要介绍线性规划、动态规划、最优化方法和图论与网络模型, 数理统计模型中主要介绍常用的数理统计方法, 如回归分析、方差分析和判别分析等, 以及基本的计算机模拟知识, 如 Monte Carlo 方法. 本书的特色之一是增加了用计算机软件求解问题的内容. 在书中主要涉及三种数学软件 —— MATLAB、LINGO 和 R 软件. MATLAB 软件是大家常见的软件, 这里主要用它求解微分方程模型. 由于它是常见的软件, 本书没有过多介绍它的基本功能. 对于 LINGO 软件和 R 软件, 大家可能感到比较陌生, 因此本书用了两章的内容对其基本运算规则作了介绍. LINGO 软件是用来求解线性规划、非线性规划和组合优化等问题的软件. R 软件是用来求解统计问题的软件, 它的格式基本上与 S-plus 格式相同.

本书的另一个特色是在各章中增加了用软件求解相应问题的方法和实例分析. 各章中的例题, 基本上是由数学软件求解 (简单的例子除外) 得到的, 这样的目的是使学生快速地掌握用软件求解问题的方法, 从烦琐的计算中解放出来, 从分析问题与解决问题中去体会成功的快乐, 开发学生解决问题的能力.

本书是在我们已有的《数学建模基础》讲义和学习其他学校的经验的基础上, 根据多年的教学实践, 修改而成. 书中包含我们培训学生参加全国大学生数学建模竞赛培训的内容, 包含了北京工业大学数学建模竞赛的试题, 包含了使用数学软件解决实际问题的经验. 这些是本书的第三个特色.

本书的基础是"高等数学"、"线性代数"和"概率论与数理统计". 如果读者具有"计算方法"或"数值分析"的基本知识, 对本书内容的理解将有一定的帮助. 为了能更好地掌握书中数学软件的使用, 读者最好具备一定的计算机水平与能力.

本书的基本内容是: 第一章, 数学模型入门, 介绍数学模型的基本知识, 使学生对数学模型有一个初步的了解. 第二章, 微分方程模型, 介绍常用的微分方程模型. 第三章, 线性规划问题, 介绍线性规划问题的建立及相应的求解方法. 第四章, 动态规划问题, 介绍动态规划的基本原理与求解方法. 第五章, 最优化问题, 介绍无约束和约束问题的建立与基本算法. 第六章, 图论与网络模型, 介绍常用的图论与网络模型与相应的算法. 第七章, 用统计分析方法, 介绍最基本的统计模型与统计分析方法. 第八章, 计算机模拟, 介绍 Monte Carlo 方法和其他常用的模拟方法.

本书的第一、二章由常金钢、杨士林编写, 第七、八章由程维虎和薛毅编写, 其余各章均由薛毅编写, 最后由薛毅统编定稿.

从大的编排来看, 是以微分方程模型、运筹学模型和概率统计模型为主线, 但各章之间基本上相互独立. 教师和学生可根据需要选择部分或全部内容来学习. 根据我们以往的教学经验, 完成本书的全部内容大约需要 60 学时. 在讲课方面, 以介绍模型建立与模型分析为主, 而数值实验则以数学软件为主. 教师可以安排 40~44 学时的讲课内容, 16~20 学时的上机时间实习 (1 次 MATLAB 实习, 2 次 LINGO 软件实习, 1~2 次 R 软件的实习, 每次实习 4 个学时), 让学生通过上机实习完成各章后面的较难的习题.

本书可作为工科各专业 "数学模型" 课的教材或教学参考书, 也可作为数学建模竞赛的强化培训教材, 书中大量的应用实例和相应的计算机软件的介绍, 以及用这些软件求解问题的方法, 对于研究生、科技工作者和工程技术人员都会有很大的帮助.

本书是集体智慧的结晶, 数学建模教练组的教师和数理学院的部分数学教师对本书的内容的编排提出了许多宝贵意见, 有的教师为本书的内容提供了他们的部分成果. 数理学院机房教师对软件的开发以及相关的软件资料提供了很大的帮助. 他们是: 高旅端、张忠占、杨中华、陈立萍、王仪华, 在这里向他们表示衷心的感谢.

由于受编者水平限制, 可能在内容的取材、结构的编排以及课程的讲法上存在着不妥之处, 我们希望使用本书的教师、学生、同行专家以及其他读者提出宝贵的批评和建议.

在本书出版之际, 我们谨向对本书提供过帮助的各位老师和专家, 以及给予我们大力支持的北京工业大学出版基金委员会和北京工业大学出版社表示衷心的感谢.

编　者

2004 年 1 月

目　　录

第 1 章　数学建模入门

信息时代的一个重要而显著的特征是数学的应用向一切领域渗透, 进而产生了许多与数学相结合的新学科或边缘学科, 如生物数学、经济数学和地质数学等. 现在, 社会正日益数学化, 如家电的模糊控制、人工智能技术、系统工程设计, 所有这些都与数学科学息息相关. 从本质上来看, 现代高技术通常可归结为一种数学技术, 这是由于它能为组织和构造知识提供方法, 当用于技术时, 就能使科学家和工程师们生产出系统的、能复制的, 并且是可以传播的知识, 在经济竞争中, 它是一种关键的、普遍的、能够实行的技术, 科学家们的这些论述已逐步成为人们的共识.

为解决各种复杂的实际问题, 建立数学模型是一种十分有效的, 并被广泛使用的工具或手段. 数学建模是一种包含数学模型的建立、求解和验证的复杂过程, 其关键是如何运用数学语言和方法来刻画实际问题, 未来具有竞争力的优秀人才应该是具备较高的数学素质, 并能够利用数学手段创造性地解决实际问题的专门人才. 数学建模教育的核心是引导学生从 "学" 数学向 "用" 数学方面转变. 强调数学学习的目的在于应用, 完全符合理论必须联系实际的客观真理和国民经济现代化的需要.

近年来, 计算机的高速发展极大地改变了世界的面貌, 各种数学软件包的大量涌现及使用 (如 Mathematica, Maple, MATLAB, LINGO, SAS, SPSS, R 等), 强有力地推动了数学建模技术的广泛应用. 过去使人望而生畏的大量复杂的符号演算、数值计算、图形生成以及优化与统计等工作, 现在大都能很方便地用计算机来实现, 这使得数学建模工作已不再单纯是少数科学家的 "专利", 而可以被广大科研人员和工程技术人员所掌握, 从而促使数学教育和研究发生了深刻的变革.

1.1　数学模型的概念与分类

1.1.1　数学模型的概念

模型是相对于原型而言的, 所谓原型就是人们在社会实践中所关心和研究的现实世界中的事物 (或对象). 在科学技术等领域中, 常常把所考察的原型用 "系统" 等术语取代, 如经济系统、管理系统、机械系统、电力系统、通信系统、生态系统及生命系统等. 系统的观点能让人们更好地认识和把握事物. 人们所关心和研究的事物或系统总是存在着矛盾, 矛盾就是问题, 研究事物或系统就是去解决问题. 事物或系统总是处于运动变化的过程中, 如何把握它们在运动变化过程中的规律性, 是研究事物或系统的根本问题. 因此, 进一步引申, 把"现实对象"、"实际问题"、"研究对象"以及"系统"等都称为事物的原型.

所谓模型是为了一个特定的目的, 根据原型特有的内在规律, 将原型所具有的本质属性的某一部分信息经过简化、浓缩、提炼而构造的原型替代物, 它集中反映了事物的本质. 一个原型, 为了不同的目的, 可以有多种不同的模型. 模型所反映的内容将因其使用目的的不同而不同. 实物模型、照片、图表、地图、公式及程序等统统称为"模型". 实物模型、照片、玩具等把现实物体的尺寸加以改变, 看起来逼真, 称为形象模型; 地图、电路图等在一定假设下用形象鲜明、便于处理的一系列符号代表现实物体的特征, 称为模拟模型.

数学模型应该说是不少人都很熟悉的. 例如, 在力学中, 描述力、质量和加速度之间关系的 Newton 第二定律就是一个典型的数学模型. 一般来说, 数学模型就是对于现实世界的某一特定的对象, 为了某个特定的目的, 根据有关的信息和规律, 进行一些必要的抽象、简化和假设, 借助于数学语言, 运用数学工具建立起来的一个数学结构.

数学模型是对现实世界的部分信息加以分析提炼加工的结果, 其数学解答最终需翻译为实际解答, 并应符合实际及人们的要求, 从而得出对现实对象的分析、预测、决策或对结果进行控制. 数学建模就是通过建立数学模型来解决各种实际问题的过程.

1.1.2　数学模型的分类

根据数学模型的数学特征和应用范畴, 可将其进行分类, 一般常见的有以下几种:

(1) 根据其应用领域, 大体可分为生物数学模型、医学数学模型、经济数学模型等. 又如, 人口模型、生态模型、交通模型等.

(2) 根据其数学方法, 可分为初等模型、微分方程模型、规划模型、图论与网络模型、概率与统计模型、决策与对策模型以及模拟模型等.

(3) 根据模型的数学特性, 可分为离散模型和连续模型, 确定性模型和随机性模型, 线性模型和非线性模型, 静态模型和动态模型等.

(4) 根据建模目的, 还可分为分析模型、预测模型、决策模型、控制模型、优化模型等.

在实际建立模型中, 模型的数学特征和使用的数学方法应该是重点考虑的对象, 同时这也依赖于建模的目的. 例如, 微分方程模型可用于不同领域中的实际问题, 学习时应注意对不同问题建模时的数学抽象过程, 数学技巧的运用以及彼此之间的联系或差异.

在一般情况下, 确定性的、静态的线性模型较易处理, 于是在处理复杂的事物时, 常将它们作为随机性的、动态的非线性问题的初步近似. 同时, 连续变量离散化、离散变量作为连续变量来近似处理也是常用的手段. 特别要说明的是, 对同一事物, 由于对问题的了解程度或建模目的的不同, 常可构造出完全不同的模型.

1.1.3 数学建模的过程

数学建模的基本过程可简略表示为图 1.1. 学习数学模型基本的目的在于学会如何利用有效的数学知识、计算机工具和科学实验手段来创造性地解决实际问题.

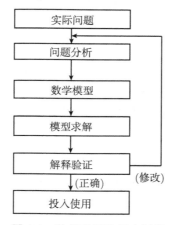

图 1.1 数学建模的基本过程

数学建模由以下几个基本部分组成:

(1) 用适当的数学方法对实际问题进行描述;

(2) 求数学模型的数值解;

(3) 模型结果的定性与定量分析.

较好的数学模型通常具备以下特点: 考虑问题较全面, 具有独到性或创新性, 结果合理, 稳定性好, 适用性强. 注意: 数学模型解答不应由于系统参数的微小扰动或舍入误差的扩散而产生大的变化或失真.

下面简要概括一下数学建模的基本步骤及应注意的一些问题.

1. 问题分析

首先是作总体设计. 将分析过程中的问题要点用文字记录下来, 在其框架中标示出重点、难点, 这是一种好的思考方法; 将问题结构化, 即层层分解为若干子问题, 会有利于讨论交流和修改; 要花费足够的时间进行调研分析, 以尽量避免走弯路或误入歧途.

其次是合理分析选取基本要素, 它主要包括以下几个方面:

(1) 因素：主要、次要、可忽略因素的分析；

(2) 数据：对数据数量的充分性和可靠性应进行判断，并归纳或明确数据所提供的信息；

(3) 条件：分析已知条件中哪些是不变的，哪些是可变动的；

(4) 输入、输出：合理选择输入量、输出量.

再次是启发式的思维方法. 应集思广益地充分发挥集体的力量，然后从各种角度来分析考虑问题，如考虑全局与局部、分解与组合、正面与反面、替代与转换等. 在深入研讨过程中，"悟性"是十分重要的，即所谓的灵机一动，茅塞顿开，它是认识升华的产物.

2. 合理假设

在建立模型之前，需要有基本假设，它是关于变量、参数的定义，以及根据有关"规律"作出的变量间相互关系的假定.

在建模过程中，有时还需要其他假设，如暂忽略因素、限定系统边界、说明模型应用范围等.

3. 模型构造

应根据问题的特征和建模目的来选择恰当的数学方法，对不同处理方案的模拟结果进行比较，从中选择"最优"方案也不失为一种策略.

简化问题的假设或处理方法，目的是要提供建模方法所需满足的前提或条件，但必须要符合实际，这样才有意义.

充分利用现有成果和简明方法，从理想化的、简单的模型逐步过渡到实际的、复杂的模型，这是一种十分有效的途经.

4. 模型求解和检验

在模型求解和分析时，应注意以下三个方面：

(1) 充分利用先进的数学工具和数值试验技术；

(2) 结果合理性分析，其中包括误差、灵敏度、稳定性分析等；

(3) 对模型检验最根本的是实践检验，对新模型则可从合理性、精确性、复杂性、普适性等方面来进行分析评价，一般还需指明模型的改进方向.

5. 建模过程

数学建模是一个动态的、反复的迭代过程，没有固定的模式可以套用，它与数学建模工作者的自身素质密切相关，也就是说，它直接依赖于人们的直觉、猜想、判断、经验和灵感. 在这里，想象力和洞察力是非常重要的. 所谓想象力，实质上就是一种联系或联想的能力，它表现为对不同的事物通过相似、类比、对照，找出其本质上共同的规律, 或将复杂的问题通过近似、对偶、转换等方式, 简化为易于处理的等价问题, 而洞察力则体现在抓主要矛盾或关键地把握全局的能力.

由于人们的经历、素质和视野的差异, 不同的人所构造的模型水平往往不同, 因此, 数学建模是一种创造性的劳动或 "艺术".

6. 在数学建模学习中一般应注意的几个方面

(1) 要深刻领会数学的重要性不仅体现在数学知识的应用, 更重要的是数学的思维方法, 这里包括思考问题的方式、所运用的数学方法及处理技巧等, 特别应致力于 "双向" 翻译、逻辑推理、联想和洞察 4 种基本能力的培养.

(2) 要提高动手能力, 包括自学、文献检索、计算机应用、科技论文写作和相互交流的能力, 特别地, 应有意识地增强文字表述方面的准确性和简明性.

(3) 要勇于克服学习中的困难, 消除畏难情绪. 由于 "数学建模" 课程属于拓宽性的、启发性强的、难度较深的课程, 它提倡创造性的思维方法训练, 因而文字习题解题中找不到感觉或做得有出入是一种正常现象, 对此不必丧失信心. 相信通过摸索会逐步有所改进, 如能解决好几个问题或真正动手完成一两个实际题目都应视为有所收获. 从长远的观点来看, 这种学习有益于开阔人们的思路和眼界, 有利于知识结构的改善和综合素质的提高.

1.2 数学建模示例

本节通过一些建模示例来说明数学建模的过程, 其重点是如何作出合理的假设, 如何用数学方法来描述实际问题, 以及如何对模型的结果作出合理的解释.

1.2.1 椅子问题

椅子问题来源于日常生活, 其问题是: 四条腿长相同的方椅放在不平的地面上, 是否能使它四脚同时着地呢?

在简单的条件下, 答案是肯定的, 其证明体现了想象力所发挥的卓越作用.

1. 模型假设

对椅子和地面作出如下假设:

(1) 椅子: 四腿长相同, 并且四脚连线呈正方形;

(2) 地面: 略微起伏不平的连续变化的曲面;

(3) 着地: 点接触, 在地面任意位置处, 椅子应至少有三只脚同时落地.

上述假设表明方椅是正常的, 排除了地面有坎以及有剧烈升降等异常情况.

2. 模型建立

该问题的关键是要用数学语言把条件及结论表示出来, 需运用直观和空间的方式来思考. 将椅脚连线构成的正方形的中心称为椅子中心, 椅子处于地面任一位置, 总可想象为椅子中心处于该位置 —— 某直角坐标系的原点 O 处, 如图 1.2 所示, 而用 A, B, C, D 表示椅子四脚的初始位置. 椅子总能着地, 则意味着通过调整, 四脚能达到某一平衡位置, 使四脚与地面距离均为零. 这可想象为使椅子以原点 O 为中心旋转角度, 此时四脚位置变为 A', B', C', D'.

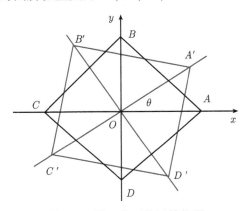

图 1.2   用 θ 表示椅子的位置

显然, 椅子位置可用 θ 来表示, 而椅脚与地面距离应是 θ 的连续函数, 记 A, C 两脚、B, D 两脚与地面的距离之和分别为 $f(\theta)$ 和 $g(\theta)$, 则该问题易归结如下: 已知连续函数 $f(\theta) \geqslant 0, g(\theta) \geqslant 0$ 且 $f(\theta)g(\theta) = 0$, 若 $f(0) > 0, g(0) = 0$, 则一定存在 $\theta_0 \in \left(0, \dfrac{\pi}{2}\right)$, 使得

$$f(\theta_0) = g(\theta_0) = 0.$$

3. 模型求解

令 $\theta = \dfrac{\pi}{2}$ (即旋转 90°, 对角线 AC 与 BD 互换), 则 $f\left(\dfrac{\pi}{2}\right) = 0, g\left(\dfrac{\pi}{2}\right) > 0$. 定义 $h(\theta) = f(\theta) - g(\theta)$, 得到 $h(0) \cdot h\left(\dfrac{\pi}{2}\right) < 0$. 根据连续函数的零点定理, 则存在 $\theta_0 \in \left(0, \dfrac{\pi}{2}\right)$, 使得

$$h(\theta_0) = f(\theta_0) - g(\theta_0) = 0.$$

结合条件 $f(\theta_0)g(\theta_0) = 0$, 从而得到

$$f(\theta_0) = g(\theta_0) = 0,$$

即 4 个点均在地面上.

1.2.2 商人安全过河

三名珠宝商人各带一名随从欲乘船过河[①], 一只小船需自己划且每次至多只能容纳两个人. 随从们密谋: 在河的任一岸, 一旦他们的人数多于商人的人数就杀人越货. 商人事先知道随从欲图谋不轨, 此时商人应怎样做才能安全过河呢?

这是一典型的智力竞赛题, 但它具有代表性, 即从数学上可归结为多步决策过程, 并利用状态转移法来描述和求解.

1. 模型建立

设第 k 次渡河时此岸商人数为 x_k, 随从数为 y_k, $k = 1, 2, \cdots$, 其中 x_k 和 y_k 的可能取值为 0, 1, 2, 3. 将二维变量 $S_k = (x_k, y_k)$ 定义为状态. 对商人安全的合法状态的集合称为允许状态集合, 记作

$$S = \{(x, y) | x = 0, \ y = 0, 1, 2, 3; \ x = 3, \ y = 0, 1, 2, 3; \ x = y = 1, 2\}. \tag{1.1}$$

自然要求 $S_k \in S$.

设 d_k 表示第 k 次的渡河方案, 定义二维决策变量 $d_k = (u_k, v_k)$, 其中 u_k 为渡船中的商人数, v_k 为随从数. 根据题意, 允许决策集合

$$D = \{(u, v) | u + v = 1, 2\}, \tag{1.2}$$

并且有 $d_k \in D$.

建立状态转移方程. 用

$$S_{k+1} = S_k + (-1)^k d_k \tag{1.3}$$

来表示第 k 次过河的运动规律. 由于全体过河需奇数次 n, 从而该问题可归结为 $S_1 = (3, 3) \xrightarrow{n \text{ 步}} S_{n+1} = (0, 0)$.

2. 模型求解

可根据式 (1.1) ~ 式 (1.3) 编写计算机程序求解. 不过对于商人和随从人数不多的简单情况, 可利用更直观的图示法求解. 如图 1.3 所示, 允许状态用圆点标示, 允许决策为沿方格线移动 1 ~ 2 格, 其运动规律为奇数次向左下方运动 (实线), 偶数次向右上方移动 (虚线). 最终经 $n = 11$ 步到达 $(0, 0)$, 请读者将其翻译或实际解答.

这类问题属于动态规划问题范畴, 对于高维状态、多个约束条件的复杂问题利用计算机可方便地求出其全部最优解. 在国际象棋人机大战中已应用了该思想, 请读者思考在状态转移法中如何表示出问题无解的情况.

---

① 有一智力游戏称为鬼过河, 与这个问题基本相同.

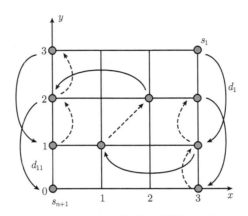

图 1.3 商人安全过河的图解方法

1.2.3 购房贷款

市场经济的发展导致住房成为商品, 人人都要考虑买房. 然而, 多数购房者不能一次付清, 必须贷款买房, 这也就成为家庭面临的许多经济决策问题之一. 因此, 对于购房者来说, 需要考虑的问题是, 如果一次性付款, 需要多少钱; 如果贷款, 银行的利率是多大等.

小王夫妇计划贷款 20 万元购买一套房子, 他们打算用 20 年的时间还清贷款. 目前, 银行的贷款利率是 0.6%/月. 他们采用等额还款的方式 (即每月的还款额相同) 偿还贷款.

(1) 在上述条件下, 小王夫妇每月的还款额是多少? 共计付多少利息?

(2) 在贷款满 5 年后, 他们认为自己有经济能力还完余下的款额, 于是打算提前还贷, 那么他们在第 6 年年初, 应一次付给银行多少钱, 才能将余下全部的贷款还清?

(3) 如果在第 6 年年初, 银行的贷款利率由 0.6%/月调到 0.8%/月, 而他们仍然采用等额还款的方式, 在余下的 15 年内将贷款还清, 那么在第 6 年后, 每月的还款额应是多少?

1. 模型建立

先考虑一般情况. 设 A_k 为第 k 个月的欠款额, r 为月利率, x 为每月的还款额. 注意到

第 k 个月的欠款额 = 第 $k-1$ 个月的欠款额 × 月利率

+ 第 $k-1$ 个月的欠款额 − 每月的还款额,

即

$$A_k = A_{k-1}(1+r) - x, \quad k = 1, 2, \cdots, N, \tag{1.4}$$

其中 N 为贷款总月数, A_0 为最初的贷款额.

2. 模型求解

由差分方程 (1.4) 得到第 1 个月的欠款额为

$$A_1 = A_0(1+r) - x,$$

第 2 个月的欠款额为

$$A_2 = A_1(1+r) - x = A_0(1+r)^2 - x[(1+r) + 1],$$

第 k 个月的欠款额为

$$A_k = A_{k-1}(1+r) - x = A_0(1+r)^k - x[(1+r)^{k-1} + \cdots + (1+r) + 1]$$
$$= A_0(1+r)^k - x\frac{(1+r)^k - 1}{(1+r) - 1}. \tag{1.5}$$

贷款总月数为 N, 也就是说, 第 N 个月的欠款额为 0, 即 $A_N = 0$. 在式 (1.5) 中, 令 $k = N$, 导出

$$x = \frac{A_0 r(1+r)^N}{(1+r)^N - 1} > A_0 r. \tag{1.6}$$

式 (1.6) 说明每个月的还款额一定大于贷款额 × 月利率.

对于问题 (1), $r = 0.006$, $N = 240$, $A_0 = 200000$, 由式 (1.6) 计算得到 $x = 1574.699$, 即每月还款 1574.70 元, 共还款 $1574.70 \times 240 = 377928.00$ 元, 共计付利息 177928.00 元.

在计算出每月的还款额 x 后, 则可计算出每月的欠款额 A_k. 因此, 如果打算提前还贷, 只需用式 (1.5) 计算出相应的 A_k 即可.

对于问题 (2), 打算在 5 年后还清全部贷款, 即 $k = 60$, 则 $A_{60} = 173034.90$ 元.

对于银行调整利率, 则相当于在旧利率下该月的欠款总为 A_0, 余下的还款总月数为 N, 调整后的利率为 r, 用式 (1.6) 计算出调整利率后每月的还款额 x.

对于问题 (3), $A_0 = 173034.90$ 元 (贷款 5 年后的还款额), $N = 180$(还有 15 年的还款期), $r = 0.008$(调整后的利率), 由式 (1.6) 得到 $x = 1817.329$ 元.

3. 结果分析

目前, 贷款购房几乎是每个年轻人都需要考虑的问题, 而且商业银行的利率都会随国家的金融情况作出各种调整, 学习该模型后, 会根据个人的收入情况、银行利率以及还贷期限等因素, 作出适合于自己的安排.

1.2.4 减肥模型

随着人们生活水平的提高, 减肥健美之风日盛, 名目繁多的减肥手段、食品、饮料几乎让人们不知所措, 上当者也不乏其人, 以至于报刊、电视、广播经常提醒人们: 减肥要慎重!

对减肥问题建立相应的微分方程模型, 并对得到的结果进行分析.

1. 模型建立

"肥胖" 从某种意义上讲就是脂肪过多, 以至于超过标准. 数学建模就要由此入手. 若人摄入过多热量, 这些热量就会转化成脂肪而使体重增加, 似乎应少吃、不吃. 但是人们也知道, 为了维持生命, 就必须消耗一定的能量 (热量) 来维持最基本的新陈代谢, 体育锻炼也要消耗热量. 正确的减肥办法应基于对饮食、新陈代谢以及锻炼这三者关系正确分析的基础之上. 即使是在相当简化的层次上的数学建模也将给我们很多启示.

设 $W(t)$ 为某人 t 时刻的体重, A 为单位时间内饮食产生的热量, B 为单位时间内基本代谢消耗的热量, C 为单位时间单位体积内锻炼消耗的热量, D 为单位体积内脂肪所含的热量. 为简化模型, A, B, C, D 为常数.

由热量平衡原理有

$$\text{人体热量改变量} = \text{吸收热量} - \text{消耗热量}. \tag{1.7}$$

在 Δt 的时间内,

$$\text{人体热量的改变量} = D(W(t + \Delta t) - W(t)), \tag{1.8}$$

$$\text{人体吸收的热量} = A\Delta t, \tag{1.9}$$

$$\text{人体消耗的热量} = (B + CW(t))\Delta t. \tag{1.10}$$

由式 (1.7) ~ 式 (1.10) 得到

$$D[W(t + \Delta t) - W(t)] = [A - (B + CW(t))]\Delta t. \tag{1.11}$$

在式 (1.11) 两端同除以 Δt, 并令 $\Delta t \to 0$ 得到相应的微分方程

$$\frac{\mathrm{d}W}{\mathrm{d}t} = \frac{A - (B + CW)}{D}. \tag{1.12}$$

2. 模型求解

记 $a = \dfrac{A - B}{D}$, $b = \dfrac{C}{D}$, 并假设在 $t = 0$ 时刻某人体重为 W_0, 则得到微分方程的初值问题

$$\begin{cases} \dfrac{\mathrm{d}W}{\mathrm{d}t} = a - bW, \\ W(0) = W_0. \end{cases} \tag{1.13}$$

这是一个可分离变量的方程, 很容易求出它的解析解为

$$W(t) = \frac{a}{b} + \left(W_0 - \frac{a}{b}\right) \mathrm{e}^{-bt}. \tag{1.14}$$

3. 模型分析

由式 (1.14) 得到

$$\lim_{t \to \infty} W(t) = \frac{a}{b}. \tag{1.15}$$

式 (1.15) 说明从长期来看, 可以很好地控制体重以达到想要达到的理想状态, 如果能很好地控制参数 a, b.

由于 $a = \dfrac{A-B}{D}$, $b = \dfrac{C}{D}$, 其中 D 为单位体积内脂肪所含的热量, 并且因为人的体质的不同而不同, 很难控制, 所以只要控制 A(单位时间内饮食产生的热量), B(单位时间内基本代谢消耗的热量) 和 C(单位时间单位体积内锻炼消耗的热量), 就可以很好地控制体重.

如果 $a = 0$, 则 $A = B$, 也就是说, 饮食产生的热量 = 本代谢消耗的热量. 由式 (1.14) 得到

$$W(t) = W_0 e^{-bt}.$$

如果是这样, 则体重将随着时间的改变而趋于 0. 虽然这种情况不可能出现, 但人的体重一旦低于一定的水平, 就会造成人体各种器官的衰竭, 甚至死亡.

如果 $b = 0$, 则 $C = 0$, 也就是说, 锻炼消耗的热量为 0. 直接求解微分方程 (1.13) 得到

$$W(t) = W_0 + at.$$

如果是这样, 则体重将随着时间而趋于 ∞, 用不了多长时间, 就会成为一个大胖子. 因此, 不锻炼同样对身体是有害的.

作进一步分析. 减肥或控制体重, 本质上就是以下三点:

第一, 减少单位时间内饮食产生的热量, 也就是减少饮食. 但过分地减少饮食, 会使人体所需的营养摄入量不足, 会对身体造成其他的伤害. 注意到目前市场上的某些减肥产品就是什么糊或膏, 实际上就是让你少吃东西. 这类减肥产品可能会起到减肥作用, 但也很可能会使你得厌食症.

第二, 增加单位时间内基本新陈代谢消耗的热量, 换句话说, 就是增加人体的新陈代谢. 但每个人的新陈代谢在一定的水平上是平衡的, 通过药物改变它, 会对身体造成更大的伤害 (如甲亢病人都会很瘦, 但身体状况很差). 声称能够加快新陈代谢的减肥产品, 往往都会含有某种违禁药品, 对人体是非常有害的.

第三, 增加单位时间单位体积内锻炼消耗的热量, 简单地说, 就是多运动. 这一点对减肥有用, 对身体也有好处, 应大力提倡. 但对大多数人来讲, 增加运动量是件很辛苦的事, 很难坚持. 某些减肥产品声称可以帮你运动, 但实际上, 这多半是不可能的.

　　总之, 每个人选择减肥方式要慎重, 要根据自己的情况, 适当地控制饮食, 加强体育锻炼. 如果不是过肥过胖, 不要热衷于减肥, 不要轻信减肥广告的宣传, 减肥要慎重!

1.3　思　考　题

本节列举部分思考题, 目的是为了开拓思维, 从问题的方方面面来思考问题.

1.3.1　乒乓球单打比赛场数确定——对应关系

　　乒乓球单打比赛采用的是淘汰赛, 如果有 n 位运动员参赛, 共进行多少场比赛?

　　先看一个具体的情况. 如果有 16 位运动员参赛, 需要比赛的场数是 $8+4+2+1=15$. 如果有 37 位运动员参赛, 这样会有运动员在某些场次比赛轮空, 比赛的场数是 $18+9+5+2+1+1=36$. 因为需要计算运动员轮空的情况, 所以计算比较麻烦. 对于 n 名运动员的情况, 讨论起来会更加复杂.

　　从对应关系的角度来思考问题, 求解就变得很简单. 每场比赛一定有一位运动员要输掉比赛 (被淘汰), 所以每场比赛与被淘汰的运动员之间存在着一一对应关系. 整个比赛下来只有一位运动员没有被淘汰 (这就是冠军), 因此, n 位运动员共需要举行 $n-1$ 场比赛.

1.3.2　硬币游戏——对称关系

　　如果你和你的对手准备轮流将硬币放置在一个长方桌上, 使这些硬币互不重叠且全部平放在桌面上. 假设这场游戏的胜者是能依照规则放置最后一枚硬币的人, 那么你是愿意先放还是愿意后放? 如何放置?

　　从感觉上来看, 人们都希望自己处于这样一个位置: 无论对手采用什么方法, 自己都能应付, 并且能够阻止对手在最后一步于自己之后放置硬币.

　　根据对称性, 桌子上任何一个位置都有一个关于中心对称的点. 由于中心关于其自身是对称的, 故最佳方案是首先将一枚硬币放在桌子中央, 然后根据对手的放法, 将你的硬币放在 (关于中心) 与之对称的位置上.

1.3.3　一杯牛奶与一杯咖啡

　　假设给你一杯牛奶和一杯咖啡, 盛在杯子里的牛奶与咖啡的数量相等. 先从牛奶杯里舀出一满匙牛奶放入咖啡杯里搅匀, 然后再从掺有牛奶的咖啡杯里舀出一满匙的咖啡放入牛奶杯里搅匀. 此时, 两个杯子里的液体在数量上又相等了. 请回答一个问题, 牛奶杯里的咖啡与咖啡杯里的牛奶相比, 哪个多呢?

大多数人会回答咖啡杯里的牛奶会多一些, 因为舀入咖啡杯里的是纯牛奶, 而舀入牛奶杯里的咖啡是牛奶与咖啡的混合物; 少数人会回答牛奶杯里的咖啡多一些, 正是因为舀回牛奶杯里的是牛奶与咖啡的混合物, 带过去的咖啡是少一些, 但也同时带回去一些牛奶, 这样会增加牛奶杯里牛奶的整体, 反而使咖啡与牛奶的比例上升.

事实上, 牛奶杯里的咖啡和咖啡杯里的牛奶数量是相等的.

为了证明这一点, 现假设牛奶杯里的牛奶和咖啡杯里的咖啡均为 n 匙. 从牛奶杯里舀出一满匙牛奶放入咖啡杯里搅匀, 此时咖啡杯里牛奶的浓度为 $\frac{1}{n+1}$, 咖啡浓度为 $\frac{n}{n+1}$. 然后, 再从掺有牛奶的咖啡杯里舀出一满匙咖啡放入牛奶杯里搅匀, 在舀回牛奶杯的一匙液体中有 $\frac{n}{n+1}$ 匙咖啡和 $\frac{1}{n+1}$ 匙牛奶, 此时, 牛奶杯里咖啡的浓度为

$$\frac{\frac{n}{n+1}}{n} = \frac{1}{n+1}.$$

1.3.4 公平投票问题

某委员会要从一批研究成果中通过无记名投票选出若干 (小于总数) 优秀成果, 但在有些成果的完成者中包括委员会评委, 应如何处理此问题才算公平?

要解决这一问题, 关键是如何用数学的语言来表达公平性. 显然, 这里与数量有关的就是得票多少的问题. 一般来说, 公平的做法是按得票多少排序, 然后从多到少依次取为优秀成果, 直至达到额定数目. 但这对非评委的成果完成者有失公平, 因为总可以假定评委对自己的成果肯定是投赞成票的. 那么评委对自己的成果问题回避结果如何呢? 如果只进行水平评价, 即只要决定达到或未达到某个标准是可以这样做的, 但这是竞争式的评比, 要按得票多少来决定是否被淘汰, 因此, 若评委不参加对自己的成果投票对评委又不公平. 看来用得票数很难保证公平, 那么用得票率如何?

例如, 一共有 n 个评委, 有某项成果涉及 i 个评委, 他们回避以后该项成果得了 p 票, $p < n - i$, 于是该项成果的得票率为

$$r_1(p) = \frac{p}{n-i}. \tag{1.16}$$

用得票率看起来似乎可以接受, 因为虽然得票少, 但作为分母的总人数也少了, 应该是公平的. 但仔细一算, 这 i 个评委仍不满意. 他们认为, 如果他们也参加对自己的成果的投票, 原本得票率应该更高且为

$$r_2(p) = \frac{p+i}{n}, \tag{1.17}$$

因为

$$r_2(p) - r_1(p) = \frac{p+i}{n} - \frac{p}{n-i} = \frac{i(n-i-p)}{n(n-i)} > 0.$$

另一方面, 显然，非评委也不能接受用式 (1.17) 来计算上述那项成果的得票率, 由此看来, 只能定出相对公平的原则, 它应该是对 $r_1(p)$ 和 $r_2(p)$ 的折中方案. 具体地说, 得票多少的度量函数 $q(p)$ 应满足

(1) $q(p)$ 为 p 的单调增函数;

(2) $r_1(p) < q(p) < r_2(p), 0 < p < n-i, i > 0$;

(3) $q(0) = 0, q(n-i) = 1$, 即若除了自己投的票未得到其他人投的票, 则得票度量为 0; 若其他的人都投了赞成票, 则得票度量为 1.

根据这三条, 虽不能唯一确定一个函数, 但可定出一个相对公平简明的度量函数 $q(p)$. 由 (2) 容易想到用 $r_1(p)$ 和 $r_2(p)$ 的平均值, 由 (3) 知不能简单地采用算术平均, 于是可用它们的几何平均值来定义 $q(p)$,

$$q(p) = \sqrt{r_1(p)r_2(p)} = \sqrt{\frac{p(p+i)}{n(n-i)}}, \tag{1.18}$$

或者定义 $Q(p)$,

$$Q(p) = q^2(p) = \frac{p(p+i)}{n(n-i)}. \tag{1.19}$$

应该说, 这个定义还是合理的. 同时, 式 (1.19) 的合理性还可以这样解释, 即可以权且采用 $r_2(p)$ 作为此项成果的得票率, 但 $r_2(p)$ 的可信度因完成者自己参加了投票而受到怀疑, 因此, 需要乘上一个可信度因子来打些折扣, 其中可信度可用其他人的投票得票率 $r_1(p)$ 来表示, 故得式 (1.19). 或者, 为了满足 (2), 再开根号得式 (1.18). 特别地, 当 $i = 0$, 即某项成果的完成者中不含任何评委时, $q(p) = \frac{q}{n}$ 就是普通的得票率.

1.4   关 于 本 书

从上面的例子来看, 数学建模涉及的内容方方面面, 只要在实际应用中用到数学模型 (更准确地讲, 是用到数学), 就与数学建模有关. 因此, 数学建模也涉及数学的各个领域. 从这一角度来讲, 要写一本全面描述数学建模的教科书几乎是不可能的.

从另一角度来讲, 本书也有别于传统意义上的数学建模教材. 本书只涉及应用较为广泛的三个领域 —— 微分方程模型、优化模型和统计模型. 在本书的编排

上, 也与传统教材不同, 结合三种模型介绍与模型相关的三种软件 ——MATLAB 软件、LINGO 软件和 R 软件. 这样做的理由有以下几点:

第一, 任何一个模型一定与它的求解相联系. 如果建立的模型无法求解, 则这样的模型只能是空洞的, 没有任何意义.

第二, 模型的正确性需要通过计算结果来检验和验证. 有时认为是 "非常正确" 的模型, 通过求解才能发现模型还存在这样或那样的缺陷.

第三, 通过计算机求解会大大减小计算的强度, 将工作的重点放在模型的建立与结果的分析方面, 不至于让烦琐的计算打消学生建模的乐趣.

从第 2 章起, 本书针对三个专题 (微分方程模型、优化模型和统计模型) 来讨论. 在讨论这些模型的过程中, 分别介绍如何用数学软件 (MATLAB 软件、LINGO 软件和 R 软件) 来求解相应的模型. 第 2 章是微分方程模型. 第 3~6 章介绍优化模型, 这里包括线性规划、动态规划、非线性规划和图论与组合优化模型. 第 7~9 章介绍统计模型, 主要是数理统计、多元分析和计算机模拟的内容. 附录 A, B 和 C 介绍三种软件的基本使用方法.

习 题 1

1. 一昼夜有多少时刻互换长短针后仍表示一个时间? 如何求出这些时刻?

2. 人、狗、鸡、米过河, 渡船需人划且每次至多只能携带一物过河, 而当人不在场时狗吃鸡、鸡吃米. 试给出渡河次数最少的安全过河方案.

3. (续购房贷款问题) 某借贷公司的广告称, 对于贷款期在 20 年以上的客户, 他们帮你提前三年还清贷款. 但条件如下:

(1) 每半个月付款一次, 但付款额不增加, 即一次付款额是原付给银行还款额的 1/2;

(2) 因为增加必要的档案、文书等管理工作, 因此, 要预付给借贷公司贷款总额 10% 的佣金.

试分析小王夫妇是否要请这家借贷公司帮助还款.

4. (冷却定律与破案) 按照 Newton 冷却定律, 温度为 T 的物体在温度为 T_0 ($T_0 < T$) 的环境中冷却的速度与温差 $T - T_0$ 成正比. 用该定律确定张某是否是下面案件中的犯罪嫌疑人.

某公安局于晚上 7:30 发现一具女尸, 当晚 8:20 法医测得尸体温度为 32.6°C. 一小时后, 尸体被抬走时又测得尸体温度为 31.4°C, 已知室温在几个小时内均为 21.1°C. 由案情分析得知, 张某是此案的主要犯罪嫌疑人, 但张某矢口否认, 并有证人说: "下午张某一直在办公室, 下午 5:00 打一个电话后才离开办公室." 从办公室到案发现场步行需要 5min, 问张某是否能被排除在犯罪嫌疑人之外?

5. 某部门推出一专项基金, 目的在于培养优秀人才, 根据评比结果来确定资助的额度. 许多单位的优秀者都申请了该基金, 于是该基金的委员会聘请了数名专家, 按照如下规则进行评比:

(1) 为了公平性, 评委对本单位选手不给分;

(2) 每位评委对每位参与申请的人 (除本单位选手外) 都必须打分, 并且不打相同的分;

(3) 评委打分方法为给参加申请的人排序, 根据优劣分别记 1 分、2 分 …… 以此类推;

(4) 评判结束后, 求出各选手的平均分, 按平均分从低到高排序, 依次确定本次评比的名次, 即平均分最低者获得资助最高, 以此类推.

在本次基金申请中, 甲所在单位有一名评委, 这位评委将不参加对选手甲的评判, 其他选手没有类似情况. 评审结束后, 选手甲觉得这种评比规则对他不公平. 问选手甲的抱怨是否有道理? 若不公平, 能否作出修正来解决选手甲的抱怨?

6. 为了锻炼想象力、洞察力和判断力, 考虑问题时除正面分析外, 还需从侧面或反面思考. 试尽可能快地回答下列问题:

(1) 某人早 8:00 从山下旅店出发沿一条山路上山, 下午 5:00 到达山顶并留宿, 次日 8:00 沿同一路径下山, 下午 5:00 回到旅店. 该人必在两天中的同一时刻经过路径中的同一地点, 为什么?

(2) 甲、乙两站之间有汽车相通, 每隔 10min 甲、乙两站相互发一趟车, 但发车时刻不一定相同. 甲、乙两站之间有一中间站丙, 某人每天在随机时刻到达丙站, 并搭乘最先经过丙站的那趟车. 结果发现 100 天中约有 90 天到达甲站, 大约 10 天到达乙站. 问开往甲、乙两站的汽车经过两站的时刻表是如何安排的?

(3) 张先生家住在 A 市, 在 B 市工作, 他每天下班后乘城际火车于 18:00 抵达 A 市火车站, 他妻子驾车至火车站接他回家. 一日他提前下班, 乘早一班火车于 17:30 抵达 A 市火车站, 随即步行回家, 他妻子像往常一样驾车前来, 在半路相遇将他接回家. 到家时张先生发现比往常提前了 10min, 问张先生步行了多长时间?

(4) 一男孩和一女孩分别在距家 2km 和 1km 且方向相反的两所学校上学, 每天同时放学后分别以 4km/h 和 2km/h 的速度步行回家. 一小狗以 6km/h 的速度由男孩处奔向女孩, 又从女孩处奔向男孩, 如此往返直至回到家中. 问小狗奔波了多少路程. 如果男孩和女孩上学时, 小狗也往返奔波在他们中间, 问当他们到达学校时, 小狗在何处?

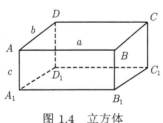

图 1.4 立方体

(5) 有一半径为 100m 的圆形湖, 湖心 O 在连接湖外两点 A, B 的线段上. 某人想从 A 处步行到 B 处, 但不许趟水过湖, 求最短路径.

(6) 一个立方体 (图 1.4), 其中 a, b, c 三个棱长且 $a > b > c > 0$, 一只蜘蛛在 A_1 处发现 C 处有一只苍蝇, 问它要捉住苍蝇走哪条路线最短?

(7) 用什么样的曲线能将一个边长为 a 的等边三角形分成面积相等的两部分, 而使曲线的长最短?

第 2 章　微分方程模型

微分方程在科技、工程、经济管理、生态、环境、人口、交通等各个领域中都有着广泛的应用, 有大量的实际问题需要用微分方程来描述.

对于微分方程建模, 首先要对实际研究现象作具体分析, 然后利用已有规律, 或者模拟, 或者近似地得到各种因素变化率之间的关系, 从而建立一个微分方程模型. 一般地, 利用以下三种方法建立一个微分方程模型.

1. 根据规律建模

在数学、力学、物理、化学等学科中已有许多经过实践检验的规律和定律, 如 Newton 运动定律、物质的放射性规律、曲线的切线性质等, 这些都涉及某些函数的变化率, 因而可根据相应的规律以及

$$变化率 = 输入率 - 输出率$$

的思想, 列出微分方程.

2. 微元分析法建模

在数学、力学、物理等许多教科书上常会见到用微元分析法建立常微分方程模型的例子, 它实际上是应用一些已知的规律或定理寻求某些微元之间的关系式.

3. 模拟近似法建模

在社会科学、生物学、医学、经济学等学科的实践中, 由于人们对上述领域的一些现象的规律性目前还不是很清楚, 了解并不全面, 所以应用微分方程模型进行研究时, 可根据已知的一些经验数据, 在不同的假设下去模拟实际现象. 对如此所得到的微分方程进行数学上的求解或分析解的性质, 然后再去与实际作对比, 观察分析这个模型与实际现象的差异性, 看能否在一定程度上反映实际现象, 最后对模型的解作出解释.

对于大多数微分方程通常很难求出它的解析解, 而需要用微分方程的稳定性理论进行分析, 即研究未来的变化趋势. 对于数值解, 可以采用数值分析的方法, 或用数学软件求解.

本章介绍最常见的微分方程模型, 如何用微分方程稳定性理论对解的性态进行分析, 以及如何运用 MATLAB 软件求出微分方程的数值解.

2.1   传染病模型

各种传染病一直是严重危害人类健康的主要疾病. 近年来, 随着卫生设施的改善, 医疗水平的不断提高, 人类在传染性疾病的控制与防治方面已取得了很大的进步, 但某些传染病 (如艾滋病) 还未得到很好的控制, 2003 年春的非典型肺炎 (SARS) 给人们的生命财产带来了极大的危害. 2009 年的甲型 H1N1 流感再次向人们敲响了警钟, 传染病问题不容忽视. 因此, 认识传染病的传播规律, 对防止传染病的蔓延具有十分重要的意义. 在一次传染病的传播过程中, 被传染的人数与哪些因素有关? 如何预报传染病高峰的到来? 为什么同一地区同一种传染病每次流行时的人数大致相同? 这些问题都是有关专家与学者十分关注的课题.

传染病的流行涉及医学、社会、民族、风俗等众多因素, 这是一种复杂的社会现象, 而纯粹的医理模型是难以作出满意的解答的. 科学家们从病人康复的统计数据入手, 进行了宏观分析, 即在对问题进行合理简化的基础上, 抓主要矛盾, 从而构造出传染病的传播模型.

为简单起见, 假定所考虑地区的人口数量基本稳定, 故可视为闭域, 即设总人数为常数 n. 时间单位以天计, t 时刻的病人数记为 $x(t)$, 初始病人数为 x_0, 即 $x(0) = x_0$. 当 $n \gg 1$ 时, 该离散问题可用连续问题来近似处理.

2.1.1   模型 I (指数模型)

1. 模型假设

每个病人在单位时间内的传染率为常数 k.

2. 建模与求解

设在 t 时刻病人数为 $x(t)$, 在 $t + \Delta t$ 时刻病人数记为 $x(t + \Delta t)$, 因此, $[t, t + \Delta t]$ 时段内病人的增加人数为

$$x(t + \Delta t) - x(t) = kx(t)\Delta t. \tag{2.1}$$

式 (2.1) 两端同除以 Δt, 并令 $\Delta t \to 0$. 同时, 假设在 $t = 0$ 时刻得病的人数为 x_0, 由此得到微分方程初值问题

$$\begin{cases} \dfrac{\mathrm{d}x}{\mathrm{d}t} = kx, \\ x(0) = x_0, \end{cases} \tag{2.2}$$

其解为

$$x(t) = x_0 \mathrm{e}^{kt}. \tag{2.3}$$

3. 分析

模型 (2.2) 属于最简单的指数增长模型, 这种类型的模型在人口模型中也会遇到, 即著名的 Malthus (马尔萨斯) 模型. 由于指数模型较为粗糙, 因此, 在传染病发生的早期, 模型的计算结果与实际情况较为接近, 而在中、晚期, 模型的估计值与实际出入较大. 特别地, 当 $t \to \infty$ 时, $x(t) \to \infty$, 这更是不可能的. 一个重要的原因在于未考虑健康人数的不断减少. 这说明传染率 k 为常数与实际情况不相符.

2.1.2 模型 II (SI 模型)

将人群分为易感染者 (susceptible) 和已感染者 (infective)[①], 在 t 时刻, 这两类人群的人数分别为 $s(t)$ 和 $x(t)$, 以下简称为健康人数和病人数. 因此有

$$x(t) + s(t) = n.$$

1. 模型假设

每个病人在单位时间内的传染率与健康人数 s 有关, 记为 $k(s)$, 并且满足当 $s = n$ 时 (全部是健康者), 其传染率为 k (称 k 为固有传染率); 当 $s = 0$ 时 (全部是病人), 其传染率为 0.

2. 建模与求解

为简化起见, 用线性函数表示传染率 $k(s)$, 代入条件 $k(n) = k$, $k(0) = 0$, 得到 $k(s)$ 的表达式

$$k(s) = \frac{ks}{n} = k\left(1 - \frac{x}{n}\right).$$

用 $k(s)$ 替代微分方程 (2.2) 中的 k 得到

$$\begin{cases} \dfrac{\mathrm{d}x}{\mathrm{d}t} = k\left(1 - \dfrac{x}{n}\right)x, \\ x(0) = x_0. \end{cases} \tag{2.4}$$

容易得出解析解

$$x(t) = \frac{n}{1 + \left(\dfrac{n}{x_0} - 1\right)\mathrm{e}^{-kt}}. \tag{2.5}$$

3. 分析

模型 (2.4) 就是著名的 Logistic 模型 (也称为阻滞模型), 可用来预报传染病高峰的来临时刻 $t_m\left(\dfrac{\mathrm{d}x}{\mathrm{d}t}\right.$ 取最大值的时刻$\left.\right)$, 曲线 $x(t)$ 形如英文字母 S, 故常称为 S

---

① 取两个单词的第一个字母, 因此, 称为 SI 模型.

曲线, 如图 2.1 所示. $\dfrac{\mathrm{d}x}{\mathrm{d}t}$-$t$ 曲线表示了病人增长率与时间的关系, 如图 2.2 所示.

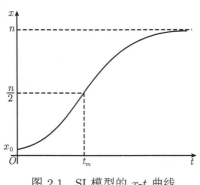

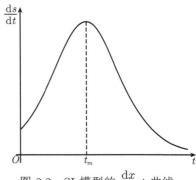

图 2.1　SI 模型的 x-t 曲线　　　　　　　图 2.2　SI 模型的 $\dfrac{\mathrm{d}x}{\mathrm{d}t}$-$t$ 曲线

由 $\dfrac{\mathrm{d}^2x}{\mathrm{d}t^2}=0$ 可求出高峰时刻 $t_m=\ln\left(\dfrac{n}{x_0}-1\right)\Big/k$. 显然, $t_m=t_m(k)$ 随着传染强度 k 的增加而减少, 即固有传染率 k 越大, 传染病高峰时刻到来得越早. 这是符合实际情况的.

　　SI 模型的缺点是当 $t\to\infty$ 时, $x(t)\to n$, 这意味着全体居民均得病, 这是荒谬的. 其原因是模型没有考虑到病人可以治愈的情况. 模型只考虑了人群中健康人会变成病人, 而没有考虑病人还会变成健康人.

2.1.3　模型 III (SIS 模型)

　　有些传染病, 如伤风、痢疾等, 愈后免疫力很低, 可以假定无免疫性, 于是病人被治愈后变成健康人, 健康人还可以再变成病人, 所以这个模型称为 SIS 模型.

　　1. 模型假设

SIS 模型的模型假设如下:

(1) SI 模型的假设成立;

(2) 每个病人在单位时间内的治愈率为常数 l.

　　2. 建模与求解

在 SIS 模型的假设下, SI 模型 (2.4) 修正为

$$\begin{cases} \dfrac{\mathrm{d}x}{\mathrm{d}t}=k\left(1-\dfrac{x}{n}\right)x-lx, \\[2mm] x(0)=x_0. \end{cases} \tag{2.6}$$

由于

$$k\left(1-\frac{x}{n}\right)x-lx=k\left(1-\rho-\frac{x}{n}\right)x=k(1-\rho)\left(1-\frac{x}{(1-\rho)n}\right)x,$$

其中 $\rho = \dfrac{l}{k}$. 因此, 当 $\rho \neq 1$ $(k \neq l)$ 时有

$$x(t) = \frac{(1-\rho)n}{1 + \left(\dfrac{(1-\rho)n}{x_0} - 1 \right) \mathrm{e}^{-k(1-\rho)t}}. \tag{2.7}$$

当 $\rho = 1$ $(k = l)$ 时, 微分方程 (2.6) 简化为

$$\begin{cases} \dfrac{\mathrm{d}x}{\mathrm{d}t} = -\dfrac{k}{n}x^2, \\ x(0) = x_0, \end{cases}$$

其解为

$$x(t) = \left(\frac{k}{n}t + \frac{1}{x_0} \right)^{-1}. \tag{2.8}$$

3. 分析

当 $\rho < 1$ $(l < k)$ 时, 由式 (2.7) 得到 $x(t) \to (1-\rho)n$ $(t \to \infty)$. 也就是说, 在治愈率小于传染率的情况下, 总人数中有 $1 - \rho$ 比例的人会患病, 有 ρ 比例的人为健康人.

当 $\rho \geqslant 1$ $(l \geqslant k)$ 时, 由式 (2.7) 和式 (2.8) 得到 $x(t) \to 0$ $(t \to \infty)$, 即当治愈率大于等于传染率时, 最终全部病人均被治愈.

这种模型比 SI 模型更好地反映了传染病的情况. 事实上, SI 模型可以看成 SIS 模型的特例, 但 SIS 模型的缺点是没有考虑患病者具有免疫力或者死亡的情况.

2.1.4 模型 IV (SIR 模型)

大多数传染病, 如天花、肝炎、麻疹等, 在愈后均有很强的免疫力, 所以病愈的人既非健康者 (易感染者), 也非病人 (已感染者), 他们已退出传染系统.

1. 模型假设

SIR 模型的模型假设如下:

(1) 人群分为健康者、病人和病愈免疫的移出者 (removed) 三类, 这三类人的人数分别为 $s(t)$, $x(t)$ 和 $r(t)$, 即 $s(t) + x(t) + r(t) = n$;

(2) 每个病人在单位时间内的传染率为 $k(s)$, 并且满足 $k(n) = k$, $k(0) = 0$;

(3) 每个病人在单位时间内的治愈率为常数 l.

2. 建模与求解

由模型假设得到 SIR 模型为

$$\begin{cases} \dfrac{\mathrm{d}x}{\mathrm{d}t} = \dfrac{ksx}{n} - lx, \\[2mm] \dfrac{\mathrm{d}s}{\mathrm{d}t} = -\dfrac{ksx}{n}, \\[2mm] \dfrac{\mathrm{d}r}{\mathrm{d}t} = lx, \\[2mm] x(0) = x_0, r(0) = r_0, s(0) = s_0. \end{cases} \tag{2.9}$$

由微分方程 (2.9) 无法求出 $s(t)$ 和 $x(t)$ 的解析解, 但利用 (2.9) 的前两个方程两端相除, 可确定新的微分方程

$$\begin{cases} \dfrac{\mathrm{d}x}{\mathrm{d}s} = \dfrac{n\rho}{s} - 1, \\[2mm] x(s_0) = x_0, \end{cases} \tag{2.10}$$

其中 $\rho = \dfrac{l}{k}$.

对于右端不显含 t 的微分方程称为自治系统问题. 转移到相平面 s-x 上讨论其解 $x(s)$ 更为方便, 相轨线 $x(s)$ 是三维空间 (t, s, x) 上解空间曲线在相平面上的投影. 特征指数 ρ 对于同一地区同一传染病为常数, 它是一临界值, 又称为阈值. 解微分方程 (2.10) 得到

$$x(s) = n\rho \ln \frac{s}{s_0} - s + s_0 + x_0. \tag{2.11}$$

3. 分析和相关结论

由微分方程 (2.10) 得到

$$\frac{\mathrm{d}x}{\mathrm{d}s} = \frac{n\rho}{s} - 1 \begin{cases} < 0, & s > n\rho, \\ = 0, & s = n\rho, \\ > 0, & s < n\rho. \end{cases} \tag{2.12}$$

再注意到

(1) 由于 $x(t), s(t) \geqslant 0$, 并由方程 (2.9) 中的第二式得到 $\dfrac{\mathrm{d}s}{\mathrm{d}t} < 0$, 即 $s(t)$ 为时间 t 的单调下降函数;

(2) 由式 (2.12) 得知, 曲线 $x = x(s)$ 应在点 $s = n\rho$ 处取到极大值;

(3) 由式 (2.11) 知 $x(0) = -\infty$, $x(s_0) = x_0 > 0$, 故存在 $s_\infty \in (0, s_0)$, 使得 $x(s_\infty) = 0$, 不难证明 s_∞ 的唯一性.

据此, 画出相轨线 $x = x(s)$ 的图形 (图 2.3). 综上所述, 得到以下结论:

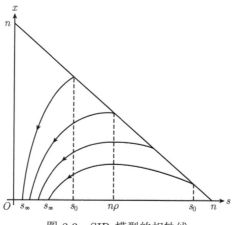

图 2.3 SIR 模型的相轨线

结论 2.1 无论初始条件 s_0 和 x_0 为何值, 最终的病人数为 0.

事实上, 当 $s_0 < n\rho$ 时, $\dfrac{\mathrm{d}x}{\mathrm{d}s} > 0$ 且 $\dfrac{\mathrm{d}s}{\mathrm{d}t} < 0$, 即随着时间的推移, $s(t)$ 下降, 从而 $x(s)$ 也下降, 最终在 s_∞ 处病人数变为零;

当 $s_0 > n\rho$ 时有 $\dfrac{\mathrm{d}x}{\mathrm{d}s} < 0$ 和 $\dfrac{\mathrm{d}s}{\mathrm{d}t} < 0$, 这样随着时间的推移, $s(t)$ 下降, 从而 $x(s)$ 上升, 传染病流行, 并在 $s = n\rho$ 处达到高峰. 随后由于 $s < n\rho$, 则有 $\dfrac{\mathrm{d}x}{\mathrm{d}s} > 0$, 即随 s 下降, $x(s)$ 也下降, 最终在 s_∞ 处病人数变为零.

结论 2.2 传染病流行的条件是 $s_0 > n\rho$.

由结论 2.1 的证明过程和图 2.3 可知, 当 $s_0 \leqslant n\rho$ 时, 患病人数不断下降, 传染病不会流行; 当 $s_0 > n\rho$ 时, 患病人数先增加再减少, 传染病流行.

因此, 为避免传染病流行, 可以从两个方面入手. 第一是提高 ρ 值, 使得 $s_0 \leqslant n\rho$. 由于 $\rho = l/k$, 所以提高 ρ 就是提高治愈率 l, 即提高该地区的医疗水平, 同时降低传染率 k, 即提高该地区的卫生水平. 第二是降低 s_0, 使得 $s_0 \leqslant n\rho$. 如果忽略初始病人数 x_0, 则 $s_0 = n - r_0$. 减少 s_0 就是要增加 r_0, 即当

$$r_0 \geqslant n(1 - \rho) \tag{2.13}$$

时, 传染病不会流行. 这就是群体免疫和预防, 即通过群体免疫的方法使初始时刻的移出人数满足式 (2.13), 就可以制止传染病的蔓延.

结论 2.3 传染病流行的波及人数大致为常数 2δ, 其中 $\delta = s_0 - n\rho$.

事实上, 由式 (2.11) 得到

$$x(s_\infty) = n\rho \ln \frac{s_\infty}{s_0} - s_\infty + s_0 + x_0 = 0. \tag{2.14}$$

令波及人数为 u, 则有 $u = s_0 - s_\infty$, 因此, $s_\infty = s_0 - u$. 现假设在初始时刻, 只有很少的人患病, 即 $x_0 \approx 0$, 这样式 (2.14) 可简化为

$$u + n\rho \ln \left(1 - \frac{u}{s_0} \right) \approx 0. \tag{2.15}$$

利用 Taylor 展开式将 ln 函数展开, 将式 (2.15) 改写为

$$u \left(1 - \frac{n\rho}{s_0} - \frac{n\rho}{2s_0^2} u \right) \approx 0, \tag{2.16}$$

解式 (2.16) 得到

$$u \approx \frac{2s_0(s_0 - n\rho)}{n\rho} = \frac{2(n\rho + \delta)\delta}{n\rho}.$$

当 $\delta \ll n\rho$ 时, 容易得到 $u \approx 2\delta$.

结论 2.3 较好地解释了在某地区某种传染病所波及人数大致不变这一现象, 并且经受了实际检验.

4. 参数估计

在实际计算中, 很难确切地知道某种传染病的传染率 k 和它的治愈率 l, 因此, 需要估计阈值 ρ. 在忽略 x_0 的条件下, 由式 (2.11) 得到

$$n\rho \ln \frac{s_\infty}{s_0} - s_\infty + s_0 \approx 0,$$

从而得到估计值

$$\hat{\rho} = \frac{s_0 - s_\infty}{n(\ln s_0 - \ln s_\infty)}.$$

5. 模型检验

Kermack 等根据印度孟买发生的一次严重瘟疫的医院记录, 对 SIR 模型进行了验证. 由于统计记录是单位时间内排除者的人数, 即 $r(t)$ 的原始数据, 故利用式 (2.9), 转到 r-s 相平面上讨论. 由方程 (2.9) 得到

$$\frac{\mathrm{d}s}{\mathrm{d}r} = \frac{\mathrm{d}s}{\mathrm{d}t} \bigg/ \frac{\mathrm{d}r}{\mathrm{d}t} = -\frac{s}{n\rho},$$

并假设 $r_0 = 0$, 可确定出相轨线方程

$$s(r) = s_0 \mathrm{e}^{-\frac{r}{n\rho}}, \tag{2.17}$$

所以

$$\frac{\mathrm{d}r}{\mathrm{d}t} = l\,x = l \left(n - r - s_0 \mathrm{e}^{-\frac{r}{n\rho}} \right). \tag{2.18}$$

再利用 Taylor 展开

$$\mathrm{e}^{-\frac{r}{n\rho}} \approx 1 - \frac{r}{n\rho} + \frac{1}{2}\left(\frac{r}{n\rho}\right)^2,$$

从而将式 (2.18) 简化为

$$\begin{cases} \dfrac{\mathrm{d}r}{\mathrm{d}t} = l\left[(n-s_0) + \left(\dfrac{s_0}{n\rho}-1\right)r - \dfrac{s_0}{2n^2\rho^2}r^2\right], \\ r(0) = 0, \end{cases} \tag{2.19}$$

于是得到

$$r(t) = \frac{n^2\rho^2}{s_0}\left[\left(\frac{s_0}{n\rho}-1\right) + \alpha\tanh\left(\frac{\alpha\,l\,t}{2}-\varphi\right)\right],$$

其中

$$\alpha = \left[\left(\frac{s_0}{n\rho}-1\right)^2 + \frac{2s_0(n-x_0)}{n\rho}\right]^{\frac{1}{2}}, \quad \varphi = \operatorname{artanh}\left(\frac{s_0-n\rho}{n\alpha\rho}\right).$$

最后根据微分方程 (2.19) 得出曲线 $\dfrac{\mathrm{d}r}{\mathrm{d}t}$-$t$, 它近似于钟形, 与实际数据点值十分吻合.

2.2 微分方程稳定性理论

对微分方程自治系统, 常需要研究它的平衡点及其稳定性问题, 但通常并不需要求出微分方程的解析解, 而是直接利用微分方程的稳定性理论进行分析讨论. 因此, 有必要对其基本知识作一些简单的介绍.

所谓自治系统就是指方程右端不显含变量 t 的常微分方程或常微分方程组, 物理规律通常用自治系统来描述.

2.2.1　一阶方程的平衡点与稳定性

考虑一阶微分方程

$$\frac{\mathrm{d}x(t)}{\mathrm{d}t} = f(x), \tag{2.20}$$

称代数方程 $f(x) = 0$ 的实根 $x = x_0$ 为微分方程 (2.20) 的平衡点 (或奇点), 它也是方程 (2.20) 的解 (奇解).

设 $x = x(t)$ 是微分方程 (2.20) 的解, 若 $\lim\limits_{t\to\infty} x(t) = x_0$, 则称平衡点 x_0 为稳定的; 否则, 称 x_0 为不稳定的.

为便于讨论稳定平衡点的条件, 先考虑一阶线性方程

$$\frac{\mathrm{d}x(t)}{\mathrm{d}t} = ax + b, \tag{2.21}$$

其平衡点为 $x_0 = -\dfrac{b}{a}$. 很容易得到方程 (2.21) 的解析解为

$$x(t) = -\frac{b}{a} + C\mathrm{e}^{at}.$$

当 $a < 0$ 时有 $\lim\limits_{t \to \infty} x(t) = -\dfrac{b}{a} = x_0$, 则 x_0 是稳定的; 当 $a > 0$ 时有 $\lim\limits_{t \to \infty} x(t) = \infty$, 则 x_0 是不稳定的

对于微分方程 (2.20), 可以考虑 $f(x)$ 的一阶近似表达式

$$f(x) \approx f(x_0) + f'(x_0)(x - x_0) = f'(x_0)(x - x_0),$$

因此, 方程 (2.20) 的平衡点也是近似方程

$$\frac{\mathrm{d}x(t)}{\mathrm{d}t} = f'(x_0)(x - x_0) \tag{2.22}$$

的平衡点. 如果平衡点 x_0 对于线性方程 (2.22) 是稳定的, 则 x_0 也是微分方程 (2.20) 的稳定平衡点. 由此得到如下定理:

定理 2.1   设 x_0 是微分方程 (2.20) 的平衡点且 $f'(x_0) \neq 0$. 若 $f'(x_0) < 0$, 则 x_0 是稳定的; 若 $f'(x_0) > 0$, 则 x_0 是不稳定的.

例 2.1   求一阶微分方程

$$\frac{\mathrm{d}x(t)}{\mathrm{d}t} = (x+1)(x-2) \tag{2.23}$$

稳定的平衡点.

解 $f(x) = (x+1)(x-2)$. 当 $x_1 = -1$, $x_2 = 2$ 时, $f(x_i) = 0$ $(i = 1, 2)$, 并且 $f'(-1) = -3 < 0$, $f'(2) = 3 > 0$, 所以 $x_1 = -1$ 是稳定的平衡点, 而 $x_1 = 2$ 是不稳定的.

进一步, 用图形来分析例 2.1 中所列方程的解的性质.

由方程 (2.23) 知, 当 $x < -1$ 和 $x > 2$ 时, $f(x) > 0$, 即 $x'(t) > 0$, 则 $x(t)$ 递增; 当 $-1 < x < 2$ 时, $f(x) < 0$, 即 $x'(t) < 0$, 则 $x(t)$ 递减. 图 2.4 绘出了 $x'(t)$ 的符号取值范围和 $x(t)$ 的变化趋势.

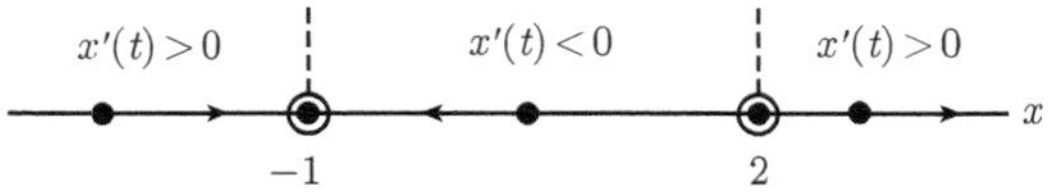

图 2.4 $x'(t)$ 的符号取值范围和 $x(t)$ 的变化趋势

从图 2.4 也可以看出, $x_1 = -1$ 是稳定的平衡点, 而 $x_2 = 2$ 是不稳定的.

再考虑 $x(t)$ 的二阶导数. 由 $\dfrac{\mathrm{d}^2 x}{\mathrm{d}t^2} = \dfrac{\mathrm{d}f}{\mathrm{d}t} \cdot \dfrac{\mathrm{d}x}{\mathrm{d}t}$, 所以

$$\frac{\mathrm{d}^2 x(t)}{\mathrm{d}t^2} = 2\left(x - \frac{1}{2}\right)(x+1)(x-2). \tag{2.24}$$

式 (2.24) 表明 $x''(t)$ 在 $x = -1$, $x = \dfrac{1}{2}$ 和 $x = 2$ 处变号, 其符号取值如图 2.5 所示.

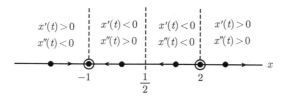

图 2.5 $x'(t)$ 和 $x''(t)$ 的符号取值范围

下面通过稳定性分析, 绘出方程 (2.23) 解析解的各种性态 (图 2.6). 水平线 $x = -1$, $x = \dfrac{1}{2}$ 和 $x = 2$ 将平面分成若干个水平带. 在这些带中, $x'(t)$ 和 $x''(t)$ 的符号是已知的. 这些信息告诉我们, 解析解 $x = x(t)$ 在每一条带中上升还是下降, 以及它们随 t 的增加是如何弯曲的.

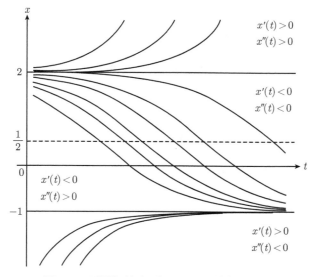

图 2.6 不同初始点下 $x = x(t)$ 的各种曲线

再来看图 2.6, 特别是解曲线 $x = x(t)$ 在平衡点附近的性态. 在 $x = -1$ 附近, 解曲线平衡趋向水平直线 $x = -1$, 所以 $x = -1$ 是稳定的. 而在 $x = 2$ 附近, 解曲线的性态正好相反, 除了平衡解 $x = 2$ 外, 所有解均随着 t 的增加而远离直线 $x = 2$, 所以 $x = 2$ 是不稳定的.

通过对例 2.1 的作图分析, 可以更好地理解稳定平衡点的意义.

2.2.2   二阶方程的平衡点与稳定性

二阶微分方程可用一个二元微分方程组

$$\begin{cases} \dfrac{\mathrm{d}x_1}{\mathrm{d}t} = f_1(x_1, x_2), \\[2mm] \dfrac{\mathrm{d}x_2}{\mathrm{d}t} = f_2(x_1, x_2) \end{cases} \tag{2.25}$$

来表示. 称代数方程组

$$\begin{cases} f_1(x_1, x_2) = 0, \\[2mm] f_2(x_1, x_2) = 0 \end{cases}$$

的实根 $x_1 = x_1^0$, $x_2 = x_2^0$ 为微分方程组 (2.25) 的平衡点, 记作 $P_0(x_1^0, x_2^0)$.

设 $x_1 = x_1(t)$, $x_2 = x_2(t)$ 是微分方程组 (2.25) 的解析解, 若 $\lim\limits_{t \to \infty} x_1(t) = x_1^0$, $\lim\limits_{t \to \infty} x_2(t) = x_2^0$, 则称平衡点 $P_0(x_1^0, x_2^0)$ 为稳定的; 否则, 称 $P_0(x_1^0, x_2^0)$ 为不稳定的.

类似于一阶微分方程稳定性的分析, 在分析方程组 (2.25) 的稳定性之前, 先分析线性微分方程组

$$\begin{cases} \dfrac{\mathrm{d}x_1}{\mathrm{d}t} = a_{11}x_1 + a_{12}x_2, \\[2mm] \dfrac{\mathrm{d}x_2}{\mathrm{d}t} = a_{21}x_1 + a_{22}x_2 \end{cases} \tag{2.26}$$

的稳定性. 将线性微分方程组 (2.26) 写成如下矩阵形式:

$$\frac{\mathrm{d}x}{\mathrm{d}t} = Ax, \tag{2.27}$$

其中 $\dfrac{\mathrm{d}x}{\mathrm{d}t} = \left(\dfrac{\mathrm{d}x_1}{\mathrm{d}t}, \dfrac{\mathrm{d}x_2}{\mathrm{d}t} \right)^{\mathrm{T}}$, $x = (x_1, x_2)^{\mathrm{T}}$, $A = \begin{bmatrix} a_{11} & a_{12} \\ a_{21} & a_{22} \end{bmatrix}$.

若 $\det A \neq 0$, 则 $x^0 = (0, 0)^{\mathrm{T}}$ 是方程 (2.27) 唯一的平衡点. 下面讨论在什么条件下, x^0 是稳定的, 或者是不稳定的.

考虑矩阵 A 的特征值. 不妨设

$$\det(\lambda I - A) = \lambda^2 + p\lambda + q = (\lambda - \lambda_1)(\lambda - \lambda_2),$$

其中 λ_1, λ_2 为 A 的特征值. 由根与系数的关系得到

$$p = -(\lambda_1 + \lambda_2) = -(a_{11} + a_{22}), \tag{2.28}$$

$$q = \lambda_1 \cdot \lambda_2 = \det A = a_{11}a_{22} - a_{21}a_{12}. \tag{2.29}$$

设 $x(t) = (x_1(t), x_2(t))^{\mathrm{T}}$ 为微分方程 (2.27) 的解, 由常系数线性微分组解的性质知, $x_1(t), x_2(t)$ 具有下列形式:

$$x(t) = c_1 e^{\lambda_1 t} + c_2 e^{\lambda_2 t}, \quad \lambda_1 \neq \lambda_2 \text{ 且为实数},$$
$$x(t) = (c_1 + c_2 t)e^{\lambda t}, \quad \lambda_1 = \lambda_2 = \lambda,$$
$$x(t) = c_1 e^{\alpha t} \cos \beta t + c_2 e^{\alpha t} \sin \beta t, \quad \lambda_{1,2} = \alpha \pm i\beta$$

之一.

因此, 当 λ_1, λ_2 为实数时, 若 $\lambda_1 < 0, \lambda_2 < 0$, 则 $(0,0)^T$ 为方程 (2.27) 稳定的平衡点; 否则, 为不稳定的. 当 λ_1, λ_2 为复数时, 若实部 $\alpha < 0$, 则 $(0,0)^T$ 为方程 (2.27) 稳定的平衡点; 否则, 为不稳定的.

由根与系数的关系式 (2.28) 和 (2.29) 得到平衡点与稳定性的各种情况, 如表 2.1 所示.

表 2.1 平衡点与稳定性的各种情况

λ_1 和 λ_2 的情况	p 和 q 的情况	平衡点的稳定性
$\lambda_1 < \lambda_2 < 0$	$p > 0, q > 0, p^2 > 4q$	稳定
$\lambda_1 > \lambda_2 > 0$	$p < 0, q > 0, p^2 > 4q$	不稳定
$\lambda_1 < 0 < \lambda_2$	$q < 0$	不稳定
$\lambda_1 = \lambda_2 < 0$	$p > 0, q > 0, p^2 = 4q$	稳定
$\lambda_1 = \lambda_2 > 0$	$p < 0, q > 0, p^2 = 4q$	不稳定
$\lambda_{1,2} = \alpha \pm \beta i, \alpha < 0$	$p > 0, q > 0, p^2 < 4q$	稳定
$\lambda_{1,2} = \alpha \pm \beta i, \alpha > 0$	$p < 0, q > 0, p^2 < 4q$	不稳定
$\lambda_{1,2} = \alpha \pm \beta i, \alpha = 0$	$p = 0, q > 0$	不稳定

由表 2.1 得到: 对于方程 (2.27), 若 $p > 0$ 且 $q > 0$, 则平衡点 $(0,0)^T$ 是稳定的; 若 $p < 0$ 或 $q < 0$, 则平衡点 $(0,0)^T$ 一定是不稳定的.

对于一般方程组 (2.25), 可以考虑函数在平衡点 (x_1^0, x_2^0) 处的展开

$$\begin{cases} f_1(x_1, x_2) \approx \dfrac{\partial f_1(x_1^0, x_2^0)}{\partial x_1}(x_1 - x_1^0) + \dfrac{\partial f_1(x_1^0, x_2^0)}{\partial x_2}(x_2 - x_2^0), \\ f_2(x_1, x_2) \approx \dfrac{\partial f_2(x_1^0, x_2^0)}{\partial x_1}(x_1 - x_1^0) + \dfrac{\partial f_2(x_1^0, x_2^0)}{\partial x_2}(x_2 - x_2^0). \end{cases}$$

因此, 微分方程组 (2.25) 与线性方程组

$$\begin{cases} \dfrac{\mathrm{d}x_1}{\mathrm{d}t} = \dfrac{\partial f_1(x_1^0, x_2^0)}{\partial x_1}(x_1 - x_1^0) + \dfrac{\partial f_1(x_1^0, x_2^0)}{\partial x_2}(x_2 - x_2^0), \\ \dfrac{\mathrm{d}x_2}{\mathrm{d}t} = \dfrac{\partial f_2(x_1^0, x_2^0)}{\partial x_1}(x_1 - x_1^0) + \dfrac{\partial f_2(x_1^0, x_2^0)}{\partial x_2}(x_2 - x_2^0) \end{cases} \quad (2.30)$$

有相同的平衡点. 令

$$A = \begin{bmatrix} \dfrac{\partial f_1(x_1^0, x_2^0)}{\partial x_1} & \dfrac{\partial f_1(x_1^0, x_2^0)}{\partial x_2} \\[3mm] \dfrac{\partial f_2(x_1^0, x_2^0)}{\partial x_1} & \dfrac{\partial f_2(x_1^0, x_2^0)}{\partial x_2} \end{bmatrix},$$

所以

$$p = -\mathrm{tr}A = -\left(\frac{\partial f_1(x_1^0, x_2^0)}{\partial x_1} + \frac{\partial f_2(x_1^0, x_2^0)}{\partial x_2} \right),$$

$$q = \det A = \frac{\partial f_1(x_1^0, x_2^0)}{\partial x_1} \cdot \frac{\partial f_2(x_1^0, x_2^0)}{\partial x_2} - \frac{\partial f_2(x_1^0, x_2^0)}{\partial x_1} \cdot \frac{\partial f_1(x_1^0, x_2^0)}{\partial x_2}.$$

由关于线性方程平衡点稳定性的分析, 得到如下定理:

定理 2.2　设 (x_1^0, x_2^0) 是微分方程组 (2.25) 的平衡点, 若 $p > 0$, $q > 0$, 则 (x_1^0, x_2^0) 是稳定的; 若 $p < 0$ 或 $q < 0$, 则 (x_1^0, x_2^0) 是不稳定的.

2.3　动物群体的生态模型

某些生物种群 (包括人口), 由于总量巨大, 瞬时改变量相对微小, 一般可以近似为时间的连续可微函数, 从而可以利用微分方程来建立模型.

2.3.1　单种群增长模型

记 $x(t)$ 为某种群 t 时刻的数量, 此时增长率

$$r = B - D + I - E,$$

其中 B, D, I 和 E 分别为 t 时刻的出生率、死亡率、迁入率和迁出率. 若考虑闭域, 则后两者不出现, 常称净增长率为自然增长率.

1. Malthus 人口模型

Malthus (1766~1834) 是英国人口学家, 他研究了英国 100 余年的人口资料, 于 1798 年提出了 Malthus 人口指数增长模型.

模型的基本假设如下: 人口的增长率是一常数, 在单位时间内人口的增长与当时的人口成正比.

设在 t 时刻, 人口数量为 $x(t)$, 人口的增长率为 $r(r > 0)$, 在 $t = 0$ 时刻, 人口数为 x_0. 由此得到微分方程

$$\begin{cases} \dfrac{\mathrm{d}x}{\mathrm{d}t} = rx, \\[3mm] x(0) = x_0, \end{cases} \tag{2.31}$$

其解为 $x(t) = x_0 \mathrm{e}^{rt}$.

Malthus 根据 200 年以前的数据得到的这个结论, 在当时很长的一段时间几乎是正确的, 其主要原因是初始数据 x_0 较小. 在当前的情况下, 这个模型已不再适应人口的增长规律.

可以利用 Malthus 模型来估计单种群增长的情况, 特别是在种群增长的初期, 这个模型有一定的适用性.

2. Logistic 模型 (阻滞增长模型)

考虑环境的制约作用, 模型假设如下: 人口 (种群) 的增长率随着人口数量 (种群数量) 的增加而下降.

不妨设人口 (种群) 的增长率表示成与人口数量 (种群数量) x 有关的线性函数, 记作 $r(x) = r - sx$. 当 $x = 0$ 时, $r(0) = r$ 称为固有增长率. 令 N 为最大的人口数量 (种群数量), 所以当 $x = N$ 时, $r(N) = 0$. 由此得到 $s = \dfrac{r}{N}$, 即 $r(x) = r\left(1 - \dfrac{x}{N}\right)$. 将 $r(x)$ 代入方程 (2.31) 得到 Logistic 模型

$$\begin{cases} \dfrac{\mathrm{d}x}{\mathrm{d}t} = r\left(1 - \dfrac{x}{N}\right)x, \\ x(0) = x_0, \end{cases} \tag{2.32}$$

其中 $\dfrac{x}{N}$ 可解释为已消耗的资源比例, 剩余资源 $1 - \dfrac{x}{N}$ 体现了环境阻力的大小, 所以该模型也称为阻滞增长模型. 方程 (2.32) 的解为

$$x(t) = \dfrac{N}{1 + \left(\dfrac{N}{x_0} - 1\right)\mathrm{e}^{-rt}}. \tag{2.33}$$

2.3.2 进行开发的单种群模型——捕鱼业的持续收获

渔业资源是一种再生资源, 应当注意适度开发, 在保持持续稳产的前提下追求产量或经济效益最优. 考察一个渔场, 其鱼量在天然环境下按一定的规律增长, 如果捕捞量恰好等于增长量, 那么渔场的鱼量不变, 这个捕捞就是可持续的.

1. 模型建立

假设在 t 时刻渔场鱼量为 $x(t)$, 在天然无捕捞的环境下, 渔场鱼量 $x(t)$ 服从 Logistic 模型, 即

$$\dfrac{\mathrm{d}x}{\mathrm{d}t} = r\left(1 - \dfrac{x}{N}\right)x \overset{\text{def}}{=\!=} g(x), \tag{2.34}$$

其中 r 为固有增长率, N 为环境容许的最大鱼量, $g(x)$ 为单位时间的增长量.

又假定单位时间内的捕捞量 (即产量) 为 $h(x)$, 则鱼量 $x(t)$ 的变化规律为

$$\dfrac{\mathrm{d}x}{\mathrm{d}t} = g(x) - h(x) \overset{\text{def}}{=\!=} f(x), \tag{2.35}$$

持续稳定开发意味着 $f(x) = 0$, 也就是求出方程 (2.35) 稳定的平衡点. 下面分两种情况进行讨论.

2. $h(x) = h$ (单位时间内的捕捞量为常数)

在图上绘出曲线 $y = g(x)$ 和直线 $y = h$ (图 2.7). 在图 2.7 中, 抛物线 $y = g(x)$ 顶点坐标为 $\left(\dfrac{N}{2}, h_{\mathrm{m}}\right)$, 其中 $h_{\mathrm{m}} = \dfrac{rN}{4}$. 当 $0 < h < h_{\mathrm{m}}$ 时, 方程

$$\frac{\mathrm{d}x}{\mathrm{d}t} = r\left(1 - \frac{x}{N}\right)x - h \tag{2.36}$$

有两个非零的平衡点 x_1, x_2.

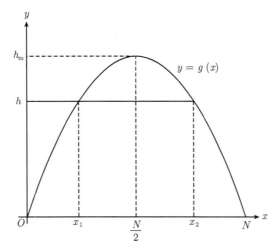

图 2.7   求最大持续产量的图解法

当 $h > h_{\mathrm{m}}$ 时, 方程 (2.36) 无平衡点, 并由于恒有 $\dfrac{\mathrm{d}x}{\mathrm{d}t} < 0$, 从而 $x(t)$ 下降, 最后导致无鱼可捕, 因而合理的捕捞范围为 $0 < h < h_{\mathrm{m}}$. 此时, 存在两个正平衡点

$$x_{1,2} = \frac{N \mp \sqrt{N^2 - 4hN/r}}{2}.$$

因此, 式 (2.36) 可改写为

$$\frac{\mathrm{d}x}{\mathrm{d}t} = -\frac{r}{N}(x - x_1)(x - x_2), \tag{2.37}$$

进一步得到

$$\frac{\mathrm{d}^2 x}{\mathrm{d}t^2} = \frac{2r^2}{N^2}\left(x - \frac{N}{2}\right)(x - x_1)(x - x_2). \tag{2.38}$$

由直线 $x = x_1$, $x = x_2$ 和 $x = \dfrac{N}{2}$ 将第一象限划分为 4 个部分, 在每个部分

的区域中, $x'(t)$ 和 $x''(t)$ 的符号已经确定, 这样就可以绘出渔场鱼量曲线 $x = x(t)$. 如图 2.8 所示, 从域 I 出发, 即初始条件 $x_0 < x_1$. 由于 $x'(t) < 0$ 且 $x''(t) < 0$, $x(t)$ 迅速单调向下运动, 很快到达 0. 这表明渔场中的鱼很快会被捕光. 当初始条件 $x_0 > x_1$ 时, 渔场中的鱼量可以自动调节而趋于稳定值 x_2, 所以对于方程 (2.36) 来说, x_2 是稳定的平衡点, 而 x_1 是不稳定的.

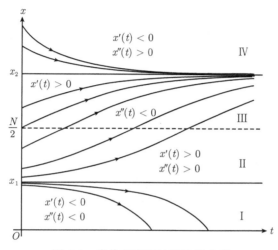

图 2.8 常收获率下的稳定性分析

注意 $x_1 = x_1(h)$, 并且当 h 下降时, x_1 也下降. 显然, 门槛 x_1 的降低会有利于收获的稳定. 这说明养殖业宜采用小捕捞率开发低密度种群, 而用大收获率来开发高密度种群. 也容易看出, 使 $x_0 > x_1$, 于是得出收获率 h 的控制条件为

$$0 < h < r x_0 \left(1 - \frac{x_0}{N}\right).$$

3. $h(x) = Ex$ (捕捞率 E 为常数)

这表示单位时间内捕捞量与总量成正比, 其捕捞率为常数. 将 $h(x) = Ex$ 代入方程 (2.35), 则得到微分方程

$$\frac{\mathrm{d}x}{\mathrm{d}t} = r\left(1 - \frac{x}{N}\right)x - Ex. \tag{2.39}$$

这里并不需要求解方程 (2.39), 而只需得到 $x(t)$ 的动态变化过程、渔场稳定的鱼量和保持稳定的条件. 这些本质上是求方程 (2.39) 稳定的平衡点.

令

$$f(x) = r\left(1 - \frac{x}{N}\right)x - Ex = 0,$$

则得到两个平衡点

$$x_0 = N\left(1 - \frac{E}{r}\right), \quad x_1 = 0.$$

不难计算出 $f'(x_0) = E - r$, $f'(x_1) = r - E$. 若 $E < r$, 则有 $f'(x_0) < 0$, $f'(x_1) > 0$. 于是由定理 2.1 知, x_0 是稳定的, 而 x_1 是不稳定的; 若 $E > r$, 则结果正好相反.

　　第二个问题讨论的是: 在渔场鱼量稳定在 x_0 的前提下, 如何控制捕捞强度 E 使持续产量最大的问题.

　　用图解法可以非常简单地得到结果. 方程 (2.39) 的平衡点是抛物线 $y = g(x)$ 与直线 $y = Ex$ 交点的横坐标, 注意到 $y = g(x)$ 在原点处的切线为 $y = rx$, 所以在 $E < r$ 的条件下, $y = Ex$ 必与 $y = g(x)$ 有交点, 其交点的横坐标就是稳定的平衡点 x_0, 如图 2.9 所示.

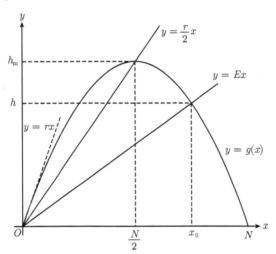

图 2.9　最大持续产量的图解方法

　　注意到交点的纵坐标 h 是单位时间内的捕捞量, 从图 2.9 可以得出, 当 $E = \dfrac{r}{2}$ 时, $h = h_{\mathrm{m}}$, 即最大的捕捞量. 此时, 稳定的平衡点为 $x_0^* = \dfrac{N}{2}$, 单位时间内的最大持续产量为 $h_{\mathrm{m}} = \dfrac{rN}{4}$, 最优捕捞率为 $E^* = \dfrac{r}{2}$.

　　第三个问题讨论的是: 在商业性捕捞中, 需控制捕捞水平, 在保持渔业生产稳定高产的前提下, 使总收益最大.

　　假设鱼单价为 P, 成本与捕捞率 E 成正比, 比例因子为 C, 则单位时间内的利润为

$$Z = Ph(x) - CE = PEx - CE = E(Px - C). \tag{2.40}$$

在鱼量稳定的前提下, $x'(t) = 0$. 从方程 (2.39) 得到

$$rx\left(1 - \frac{x}{N}\right) - Ex = 0. \tag{2.41}$$

解方程 (2.41) 得 $E = r\left(1 - \dfrac{x}{N}\right)$. 因此, 利润表达式 (2.40) 可写成

$$Z = r\left(1 - \frac{x}{N}\right)(Px - C).$$

由极值条件 $Z'(x) = 0$ 可确定最佳效益时的稳定平衡点为

$$x_E = \frac{N}{2} + \frac{C}{2P} = x_0^* + \frac{C}{2P}. \tag{2.42}$$

此时, 相应的捕捞量应为

$$h_E = E x_E = r\left(1 - \frac{x_E}{N}\right)x_E = \frac{rN}{4}\left(1 - \frac{C^2}{P^2 N^2}\right)$$

$$= h_{\mathrm{m}}\left(1 - \frac{C^2}{P^2 N^2}\right). \tag{2.43}$$

式 (2.43) 表明, 在商业性捕捞的情况下, 稳定鱼量要比 x_0^* 大, 最佳捕捞量比不计成本时的最大捕捞量少, 少捕的比例为 $\dfrac{C^2}{P^2 N^2}$. 这意味着鱼价高可多捕捞, 而开支大宜少捕捞, 这些与实际情况是一致的.

2.3.3 生物群体的竞争排斥模型

在自然界中, 每种生物个体的集合组成一种群, 一个区域中由多个种群形成群落, 这些种群之间通常存在着竞争排斥、相互依存和弱肉强食三种典型的关系. 历经沧桑, 生物圈中的各种群或者延续至今, 或者中途灭绝; 或维持动态平衡, 或者呈现周期性变化. 这种演变必然有其内在的道理, 科学工作者的研究成果揭示了其中的奥秘, 充分显示了数学在认识和解释世界方面的卓越作用.

当两个种群为了争夺同样的食物和空间而自由竞争时, 最终竞争力较弱的一方被灭绝. 这就是所谓的竞争排斥原理.

设有甲、乙两个种群, 其数量分别记为 $x_1(t)$, $x_2(t)$. 在单一种群的情况下, 甲种群服从 Logistic 模型

$$\frac{\mathrm{d}x_1}{\mathrm{d}t} = r_1 x_1\left(1 - \frac{x_1}{N_1}\right), \tag{2.44}$$

其中 r_1 表示甲种群的固有增长率, N_1 表示甲种群的最大容量, 称 $1 - \dfrac{x_1}{N_1}$ 为甲种群的环境阻力, 它反映对其增长的资源限制.

当甲、乙二者竞争同一资源时, 甲种群的环境阻力则改变 $1 - \dfrac{x_1 + \alpha x_2}{N_1}$, 这说明在考虑甲种群的环境阻力时, 一个乙的存在相当于 α 个甲. 这样关于甲种群的微分方程 (2.44) 就需要改为

$$\frac{\mathrm{d}x_1}{\mathrm{d}t} = r_1 x_1\left(1 - \frac{x_1}{N_1} - \frac{\alpha x_2}{N_1}\right). \tag{2.45}$$

对于乙种群可作类似的讨论, 并认为一个甲的存在相当于 β 个乙. 因此, 得到两种群的竞争排斥模型

$$\begin{cases} \dfrac{\mathrm{d}x_1}{\mathrm{d}t} = r_1 x_1 \left(1 - \dfrac{x_1}{N_1} - \dfrac{\alpha x_2}{N_1}\right), \\ \dfrac{\mathrm{d}x_2}{\mathrm{d}t} = r_2 x_2 \left(1 - \dfrac{x_2}{N_2} - \dfrac{\beta x_1}{N_2}\right). \end{cases} \tag{2.46}$$

不难确定其平衡点为 $P_0(0,0)$, $P_1(N_1, 0)$, $P_2(0, N_2)$, $P_3\left(\dfrac{N_1 - \alpha N_2}{1 - \alpha\beta}, \dfrac{N_2 - \beta N_1}{1 - \alpha\beta}\right)$ (当 $\alpha\beta \neq 1$ 时存在). 下面用定理 2.2 判定平衡点 P_0, P_1, P_2 和 P_3 的稳定性.

对于平衡点 P_0, 由于

$$A = \left[\begin{array}{cc} r_1 - \dfrac{2r_1}{N_1}x_1 - \dfrac{\alpha r_1}{N_1}x_2 & -\dfrac{\alpha r_1}{N_1}x_1 \\ -\dfrac{\beta r_2}{N_2}x_2 & r_2 - \dfrac{\beta r_2}{N_2}x_1 - \dfrac{2r_2}{N_2}x_2 \end{array}\right]_{P_0} = \left[\begin{array}{cc} r_1 & 0 \\ 0 & r_2 \end{array}\right],$$

则有 $p = -(r_1 + r_2) < 0$, 所以 P_0 是不稳定的.

对于平衡点 P_1, 由于

$$A = \left[\begin{array}{cc} r_1 - \dfrac{2r_1}{N_1}x_1 - \dfrac{\alpha r_1}{N_1}x_2 & -\dfrac{\alpha r_1}{N_1}x_1 \\ -\dfrac{\beta r_2}{N_2}x_2 & r_2 - \dfrac{\beta r_2}{N_2}x_1 - \dfrac{2r_2}{N_2}x_2 \end{array}\right]_{P_1} = \left[\begin{array}{cc} -r_1 & -\alpha r_1 \\ 0 & r_2 - \beta r_2 \dfrac{N_1}{N_2} \end{array}\right],$$

则有

$$p = r_1 - r_2\left(1 - \dfrac{\beta N_1}{N_2}\right), \quad q = -r_1 r_2\left(1 - \dfrac{\beta N_1}{N_2}\right).$$

于是当 $N_1 < \dfrac{N_2}{\beta}$ 时, $q < 0$, P_1 是不稳定的; 当 $N_1 > \dfrac{N_2}{\beta}$ 时, 由于 $p, q > 0$, 所以 P_1 是稳定的, 即当 $t \to \infty$ 时, $(x_1(t), x_2(t)) \to (N_1, 0)$. 它表示最终甲获胜, 乙灭绝.

对于平衡点 P_2, 由于

$$A = \left[\begin{array}{cc} r_1 - \dfrac{2r_1}{N_1}x_1 - \dfrac{\alpha r_1}{N_1}x_2 & -\dfrac{\alpha r_1}{N_1}x_1 \\ -\dfrac{\beta r_2}{N_2}x_2 & r_2 - \dfrac{\beta r_2}{N_2}x_1 - \dfrac{2r_2}{N_2}x_2 \end{array}\right]_{P_2} = \left[\begin{array}{cc} r_1 - \alpha r_1 \dfrac{N_2}{N_1} & 0 \\ -\beta r_2 & -r_2 \end{array}\right],$$

则有

$$p = -r_1\left(1 - \dfrac{\alpha N_2}{N_1}\right) + r_2, \quad q = -r_1 r_2\left(1 - \dfrac{\alpha N_2}{N_1}\right).$$

于是当 $N_2 < \dfrac{N_1}{\alpha}$ 时, $q < 0$, P_2 是不稳定的; 当 $N_2 > \dfrac{N_1}{\alpha}$ 时, 由于 $p, q > 0$, 所以 P_2

是稳定的, 即当 $t \to \infty$ 时, $(x_1(t), x_2(t)) \to (0, N_2)$. 它表示最终乙获胜, 甲灭绝.

对于平衡点 P_3, 由于

$$A = \begin{bmatrix} r_1 - \dfrac{2r_1}{N_1}x_1 - \dfrac{\alpha r_1}{N_1}x_2 & -\dfrac{\alpha r_1}{N_1}x_1 \\[3mm] -\dfrac{\beta r_2}{N_2}x_2 & r_2 - \dfrac{\beta r_2}{N_2}x_1 - \dfrac{2r_2}{N_2}x_2 \end{bmatrix}_{P_3}$$

$$= \begin{bmatrix} -\dfrac{r_1}{N_1}\dfrac{N_1 - \alpha N_2}{1 - \alpha\beta} & -\dfrac{\alpha r_1}{N_1}\dfrac{N_1 - \alpha N_2}{1 - \alpha\beta} \\[3mm] -\dfrac{\beta r_2}{N_2}\dfrac{N_2 - \beta N_1}{1 - \alpha\beta} & -\dfrac{r_2}{N_2}\dfrac{N_2 - \beta N_1}{1 - \alpha\beta} \end{bmatrix},$$

则有

$$p = \frac{r_1}{N_1} \cdot \frac{N_1 - \alpha N_2}{1 - \alpha\beta} + \frac{r_2}{N_2} \cdot \frac{N_2 - \beta N_1}{1 - \alpha\beta}, \quad q = \frac{r_1 r_2}{N_1 N_2} \cdot \frac{(N_1 - \alpha N_2)(N_2 - \beta N_1)}{1 - \alpha\beta}.$$

于是当 $N_2 < \dfrac{N_1}{\alpha}$ 且 $N_1 < \dfrac{N_2}{\beta}$ 时有 $\alpha\beta < 1$, 得到 $p, q > 0$, 所以 P_3 是稳定的,

即当 $t \to \infty$ 时, $(x_1(t), x_2(t)) \to \left(\dfrac{N_1 - \alpha N_2}{1 - \alpha\beta}, \dfrac{N_2 - \beta N_1}{1 - \alpha\beta} \right)$, 它表示甲群最终稳定在

$\dfrac{N_1 - \alpha N_2}{1 - \alpha\beta}$, 乙群最终稳定在 $\dfrac{N_2 - \beta N_1}{1 - \alpha\beta}$, 谁也无法战胜谁.

如果 $N_2 > \dfrac{N_1}{\alpha}$ 且 $N_1 > \dfrac{N_2}{\beta}$, 则此时尽管 $q > 0$, 但由条件得到 $\alpha\beta > 1$, 所以

$p < 0$. 此时, P_3 是不稳定的, 而根据前面的推导, P_1 和 P_2 是稳定的. 因此, 根据初始情况的不同, $(x_1(t), x_2(t))$ 可能趋于 P_1, 也可能趋于 P_2.

下面用图形分析竞争排斥模型的稳定性问题. 由于平衡点 $P_0(0,0)$ 是不稳定的, 所以只考虑平衡点 P_1, P_2 和 P_3.

对于线性方程组

$$\begin{cases} 1 - \dfrac{x_1}{N_1} - \dfrac{\alpha x_2}{N_1} = 0, & \text{直线 } l_1, \\[3mm] 1 - \dfrac{x_2}{N_2} - \dfrac{\beta x_1}{N_2} = 0, & \text{直线 } l_2, \end{cases}$$

在平面上表示两条直线 l_1 和 l_2.

当 $N_1 > \dfrac{N_2}{\beta}$ 且 $N_2 < \dfrac{N_1}{\alpha}$ 时, 直线 l_1 和 l_2 将第一象限分成三个区域 I, II 和 III. 在区域 I 中, $x_1' > 0$, $x_2' > 0$, 即 $x_1(t)$, $x_2(t)$ 随着 t 的增加而增加, 并且当

经过直线 l_2 时有 $x_2'(t) = 0$, 所以 $\dfrac{\mathrm{d}x_2}{\mathrm{d}x_1} = 0$, 即切线是水平的. 也就是说, 相轨曲线 $x_2 = x_2(x_1)$ 是以水平方向进入到区域 II 的. 在区域 III 中, $x_1' < 0$, $x_2' < 0$, 即 $x_1(t)$, $x_2(t)$ 随着 t 的增加而减少, 并且当经过直线 l_1 时有 $x_1'(t) = 0$, 所以 $\dfrac{\mathrm{d}x_2}{\mathrm{d}x_1} = \infty$, 即切线是垂直的. 也就是说, 相轨曲线 $x_2 = x_2(x_1)$ 是以垂直方向进入到区域 II 的. 在区域 II 中, $x_1' > 0$, $x_2' < 0$, 即 $x_1(t)$ 随着 t 的增加而增加, $x_2(t)$ 随着 t 的增加而减少, x_1 最终趋于 N_1, x_2 最终趋于 0, 这正是前面对点 P_1 分析的情况, 如图 2.10(a) 所示.

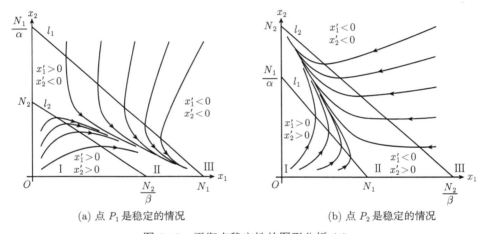

(a) 点 P_1 是稳定的情况　　　　　　　　　　(b) 点 P_2 是稳定的情况

图 2.10　平衡点稳定性的图形分析 (1)

当 $N_1 < \dfrac{N_2}{\beta}$ 且 $N_2 > \dfrac{N_1}{\alpha}$ 时, 有类似的分析, x_1 最终趋于 0, x_2 最终趋于 N_2, 这正是前面对点 P_2 分析的情况, 如图 2.10(b) 所示.

当 $N_2 < \dfrac{N_1}{\alpha}$ 且 $N_1 < \dfrac{N_2}{\beta}$ 时, 直线 l_1 和 l_2 将第一象限分成 4 个区域 I, II, III, IV. 在区域 I 中, $x_1' > 0$, $x_2' > 0$, 并以垂直切线方式进入区域 II, 以水平切线方式进入区域 III. 在区域 IV 中, $x_1' < 0$, $x_2' < 0$, 并以水平切线方式进入区域 II, 以垂直切线方式进入区域 III. 在区域 II 内, $x_1' > 0$, $x_2' < 0$, 在区域 III 内, $x_1' < 0$, $x_2' > 0$, (x_1, x_2) 最终趋于 $P_3\left(\dfrac{N_1 - \alpha N_2}{1 - \alpha\beta}, \dfrac{N_2 - \beta N_1}{1 - \alpha\beta}\right)$, 如图 2.11(a) 所示.

当 $N_2 > \dfrac{N_1}{\alpha}$ 且 $N_1 > \dfrac{N_2}{\beta}$ 时, 有类似的讨论, 不过此时由于初始点不同, (x_1, x_2) 或者最终趋于 P_1, 或者最终趋于 P_2, 如图 2.11(b) 所示.

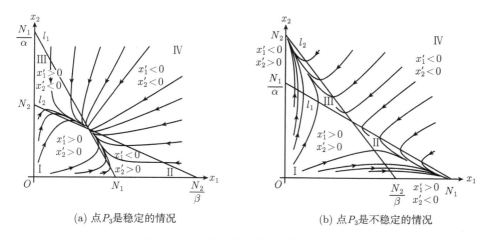

(a) 点 P_3 是稳定的情况　　　　　　　(b) 点 P_3 是不稳定的情况

图 2.11　平衡点稳定性的图形分析 (2)

2.3.4　食饵–捕食者模型

处于同一自然环境中的两个种群还有一种常见的共存方式, 种群甲靠天然资源生长, 而种群乙则靠掠食甲为生. 在生态学上, 称种群甲为食饵, 称种群乙为捕食者, 二者共处组成食饵–捕食者系统.

意大利生物学家 D'Ancona (棣安奇纳) 曾研究过鱼类种群的相互制约关系, 从第一次世界大战期间地中海各港口捕获的几种鱼类数量的资料中, 发现软骨鱼 (如鲨鱼、鳐鱼等) 的比例明显增加 (表 2.2). 他知道捕获的各种鱼的比例基本上代表了地中海渔场中各种鱼的比例. 战争中捕获量大幅度下降, 当然使渔场中食用鱼增加, 以此为生的软骨鱼也随之增加, 但捕获量的下降为什么会使软骨鱼的比例增加, 即对软骨鱼 (捕食者) 而不是食用鱼 (食饵) 更有利呢? 他无法解释这个现象, 于是求助于著名的意大利数学家 Volterra (沃尔泰拉), 希望 Volterra 建立一个软骨鱼 (捕食者) 和它们的捕获对象 (食饵) 增长的数学模型, 并能定量地回答这个问题. 这就是著名的 Volterra 模型.

表 2.2　第一次世界大战期间地中海某海港捕获软骨鱼的比例

年份	1914	1915	1916	1917	1918
鱼的比例/%	11.9	21.4	22.1	21.2	36.4
年份	1919	1920	1921	1922	1923
鱼的比例/%	27.3	16.0	15.9	14.8	10.7

1. 模型建立

设食用鱼 (即食饵) 在时刻 t 的数量为 $x_1(t)$, 因为大海中的资源丰富, Volterra

认为, 在没有软骨鱼的条件下, 其数量应该服从 Malthus 模型, 即 $\dfrac{\mathrm{d}x_1}{\mathrm{d}t} = r_1 x_1$, 其中 r_1 为某个常数. 其次, Volterra 认为每个单位时间内, 捕食者与食饵之间相接触的总数为 $\lambda_1 x_1 x_2$, 其中 λ_1 为某个常数, 因而有 $\dfrac{\mathrm{d}x_1}{\mathrm{d}t} = r_1 x_1 - \lambda_1 x_1 x_2$. 类似地, Volterra 断定捕食者既有一个正比于它们现存数目的固有的减少率 $r_2 x_2$, 又有一个正比于它们现存数目 x_2 和它们的捕获对象 x_1 的增长率 $\lambda_2 x_1 x_2$, 于是得到食饵与捕食者模型

$$\begin{cases} \dfrac{\mathrm{d}x_1}{\mathrm{d}t} = r_1 x_1 - \lambda_1 x_1 x_2, \\[2mm] \dfrac{\mathrm{d}x_2}{\mathrm{d}t} = -r_2 x_2 + \lambda_2 x_1 x_2. \end{cases} \tag{2.47}$$

2. 模型分析

注意到方程 (2.47) 有两个平衡点 $P_0\left(\dfrac{r_2}{\lambda_2}, \dfrac{r_1}{\lambda_1}\right)$ 和 $P_1(0,0)$. 自然, 平衡点 P_1 的分析对问题的解决没有意义. 对于平衡点 P_0, 由于

$$\begin{bmatrix} r_1 - \lambda_1 x_2 & -\lambda_1 x_1 \\ \lambda_2 x_2 & -r_2 + \lambda_2 x_1 \end{bmatrix}_{P_0} = \begin{bmatrix} 0 & -\dfrac{r_2 \lambda_1}{\lambda_2} \\ \dfrac{r_1 \lambda_2}{\lambda_1} & 0 \end{bmatrix},$$

则有 $p = 0$, 所以 P_0 是不稳定的, 因此, 也就无法用稳定性理论来作分析. 另外, 方程 (2.47) 还有两个解 $x_1(t) = x_1^0 \mathrm{e}^{r_1 t}$, $x_2(t) = 0$ 和 $x_1(t) = 0$, $x_2(t) = x_2^0 \mathrm{e}^{-r_2 t}$. 这两个解的解释如下: 在没有捕食者的情况下, 食饵以指数形式增长; 在没有食饵的情况下, 捕食者以指数的形式下降.

下面分析当 $x_1 \neq 0, x_2 \neq 0$ 时的情况. 将方程 (2.47) 中的两个方程相除得到

$$\frac{\mathrm{d}x_2}{\mathrm{d}x_1} = \frac{x_2(-r_2 + \lambda_2 x_1)}{x_1(r_1 - \lambda_1 x_2)}, \tag{2.48}$$

这是一个可分离变量的方程, 容易得到它的解析解为

$$\left(x_2^{r_1} \mathrm{e}^{-\lambda_1 x_2}\right) \cdot \left(x_1^{r_2} \mathrm{e}^{-\lambda_2 x_1}\right) = C, \tag{2.49}$$

其中 C 为某一常数. 于是方程 (2.47) 所确定的相轨线是由方程 (2.48) 定义的曲线族.

为了研究这些曲线族, 令 $\varphi(x_1) = x_1^{r_2} \mathrm{e}^{-\lambda_2 x_1}$, $\psi(x_2) = x_2^{r_1} \mathrm{e}^{-\lambda_1 x_2}$, 于是方程 (2.48) 可写成

$$\varphi(x_1) \cdot \psi(x_2) = C. \tag{2.50}$$

下面研究函数 $\varphi(x_1)$ 的特性. 注意到 $\varphi(0) = 0$, $\varphi(\infty) = 0$, 并且当 $x_1 > 0$ 时, $\varphi(x_1) > 0$. 令

$$\varphi'(x_1) = (r_2 - \lambda_2 x_1)x_1^{r_2-1}\mathrm{e}^{-\lambda_2 x_1} = 0,$$

则得到 $\varphi(x_1)$ 的唯一驻点 $x_1^* = \dfrac{r_2}{\lambda_2}$, 它是函数 $\varphi(x_1)$ 的最大值点, 其最大值为 $\varphi_{\mathrm{m}} = \varphi(x_1^*) = \left(\dfrac{r_2}{\lambda_2}\right)^{r_2} \mathrm{e}^{-r_2}$, 而 $\varphi(x_1)$ 的图像如图 2.12(a) 所示. 类似地, $x_2^* = \dfrac{r_1}{\lambda_1}$ 是函数 $\psi(x_2)$ 的最大值点, 其最大值为 $\psi_{\mathrm{m}} = \psi(x_2^*) = \left(\dfrac{r_1}{\lambda_1}\right)^{r_1} \mathrm{e}^{-r_1}$, 而 $\psi(x_2)$ 的图像如图 2.12(b) 所示.

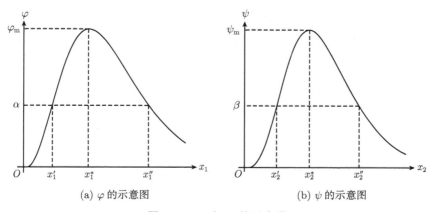

(a) φ 的示意图   (b) ψ 的示意图

图 2.12 φ 和 ψ 的示意图

当 $C > \varphi_{\mathrm{m}}\psi_{\mathrm{m}}$ 时, 方程 (2.49) 没有 $(x_1, x_2) > 0$ 的解; 当 $C = \varphi_{\mathrm{m}}\psi_{\mathrm{m}}$ 时, 方程 (2.49) 只有唯一解 (x_1^*, x_2^*), 所以只能考虑 $C < \varphi_{\mathrm{m}}\psi_{\mathrm{m}}$ 的情况. 首先设 $C = \alpha\psi_{\mathrm{m}}$ ($0 < \alpha < \varphi_{\mathrm{m}}$), 若令 $x_2 = x_2^*$, 则由式 (2.50) 和 ψ_{m} 的性质知 $\varphi(x_1) = \alpha$. 再由图 2.12(a) 知, 存在 x_1' 和 x_1'', 使得 $\varphi(x_1') = \varphi(x_1'') = \alpha$ 且 $x_1' < x_1^* < x_2''$. 于是这条轨线通过点 $Q_1(x_1', x_2^*)$ 和点 $Q_2(x_1'', x_2^*)$ (图 2.13). 接着分析区间 (x_1', x_1'') 内的任意一

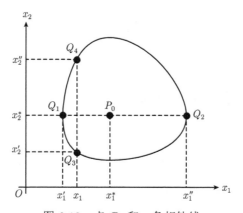

图 2.13   点 P_0 和一条相轨线

点 x_1. 因为 $\varphi(x_1) > \alpha$, 代入 $\varphi(x_1)\psi(x_2) = \alpha\psi_{\mathrm{m}}$ 可知 $\psi(x_2) < \psi_{\mathrm{m}}$, 记 $\beta = \psi(x_2)$, 所以 $\beta < \psi_{\mathrm{m}}$. 由图 2.12(b) 可知, 存在 x_2' 和 x_2'', 使得 $\psi(x_2') = \psi(x_2'') = \beta$ 且 $x_2' < x_2^* < x_2''$. 于是这条轨线又通过点 $Q_3(x_1, x_2')$ 和点 $Q_4(x_1, x_2'')$ (图 2.13). 注意到 x_1 是区间 (x_1', x_1'') 内的任意一点, 即可知这条轨线必是封闭的, 同时它不会越出区间 $[x_1', x_1'']$, 如图 2.13 所示.

　　这样对于不同的 $C(0 < C < \varphi_{\mathrm{m}}\psi_{\mathrm{m}})$ 值, 方程 (2.47) 的解 (2.49) 确定的轨线是一族以平衡点 P_0 为中心的封闭曲线, 称为闭轨线族, 当 C 由 $\varphi_{\mathrm{m}}\psi_{\mathrm{m}}$ 变小时, 闭轨线向外扩展. 容易利用方程 (2.47) 确定闭轨线的方向 (图 2.14).

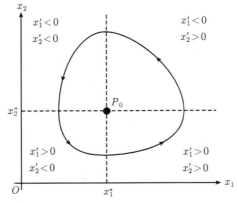

图 2.14　闭轨线族及其方向

　　前面证明了 $x_1(t)$ 和 $x_2(t)$ 是周期函数, 不妨设其周期为 T. 下面计算在一个周期内, $x_1(t)$ 和 $x_2(t)$ 的平均值.

　　在方程 (2.47) 的第一个方程两边同除以 x_1, 并对 t 作积分得到

$$\frac{1}{T}\int_0^T \frac{x_1'(t)}{x_1(t)}\,\mathrm{d}t = \frac{1}{T}\int_0^T (r_1 - \lambda_1 x_2)\,\mathrm{d}t,$$

并注意到

$$\int_0^T \frac{x_1'(t)}{x_1(t)}\,\mathrm{d}t = \ln x_1(T) - \ln x_1(0) = 0,$$

所以有

$$0 = \frac{1}{T}\int_0^T (r_1 - \lambda_1 x_2)\mathrm{d}t = r_1 - \lambda_1 \overline{x}_2,$$

其中 $\overline{x}_2$ 为一个周期内的均值. 于是

$$\overline{x}_2 = \frac{1}{T}\int_0^T x_2(t)\mathrm{d}t = \frac{r_1}{\lambda_1}. \tag{2.51}$$

同理可得到

$$\overline{x}_1 = \frac{1}{T} \int_0^T x_1(t) \mathrm{d}t = \frac{r_2}{\lambda_2}. \tag{2.52}$$

3. 人工捕捞的影响

现在考虑人工捕捞对食饵与捕食者模型的影响. 注意到捕捞使食用鱼的总数按 εx_1 的速度减少, 使软骨鱼的总数按 εx_2 的比例减少, 其中 ε 为一个常数, 称为捕捞强度, 它反映了海上的船只数目和水中网的数目. 这样描述加入人工捕捞情况的微分方程就需要对方程 (2.47) 加以修正, 从而得到

$$\begin{cases} \dfrac{\mathrm{d}x_1}{\mathrm{d}t} = (r_1 - \varepsilon)x_1 - \lambda_1 x_1 x_2, \\ \dfrac{\mathrm{d}x_2}{\mathrm{d}t} = -(r_2 + \varepsilon)x_2 + \lambda_2 x_1 x_2. \end{cases} \tag{2.53}$$

对于 $r_1 > \varepsilon$, 用 r_1 代替 $r_1 - \varepsilon$, 用 r_2 代替 $r_2 + \varepsilon$, 这样, 方程 (2.53) 正好与方程 (2.47) 相同. 由式 (2.51) 和式 (2.52) 得到带有捕捞情况下鱼量的平均值为

$$\overline{x}_1 = \frac{r_2 + \varepsilon}{\lambda_2}, \quad \overline{x}_2 = \frac{r_1 - \varepsilon}{\lambda_1}. \tag{2.54}$$

因此, 适度增加捕捞量 ($\varepsilon < r_1$) 实际上就使食用鱼的数量 (按平均值计算) 增加, 而软骨鱼的数量 (按平均值计算) 减少. 相反地, 降低捕鱼水平, 那么按平均值计算, 则软骨鱼的数量增加, 食用鱼的数量减少. 这个不平常的结果称为 Volterra 原理, 它解释了为什么在第一次世界大战期间捕捞到软骨鱼的比例增加.

模型 (2.53) 还可以用来研究杀虫剂的作用. 在自然界中, 许多危害农作物的害虫都有它的天敌, 天敌是捕食者, 害虫是它的食饵. 杀虫剂既能杀死害虫, 又能杀死天敌, 它的作用相当于模型 (2.53) 讨论的带有人工捕捞的情况, 即 $\varepsilon > 0$. 因此, 从长期来说, 杀虫剂的效果会使害虫增多, 而它的天敌减少, 这个结果与人们使用杀虫剂的初衷是相反的. 即便使用对天敌无害的杀虫剂 (相当于在模型 (2.53) 的第二个方程中去掉 ε), 其结果也只能是害虫不减, 而天敌减少.

4. Volterra 模型的改进

Volterra 模型 (2.47) 有它的局限性. 许多生物学家指出, 在大多数捕食者与食饵的系统中, 观察不到 Volterra 模型显示的周期振荡, 而是趋于某种平衡状态, 即系统的平衡点. 因此, Volterra 模型 (2.47) 并不意味着是捕食者-食饵相互制约的一般模型, 更一般的模型为

$$\begin{cases} \dfrac{\mathrm{d}x_1}{\mathrm{d}t} = r_1 x_1 - \lambda_1 x_1 x_2 - \mu_1 x_1^2, \\ \dfrac{\mathrm{d}x_2}{\mathrm{d}t} = -r_2 x_2 + \lambda_2 x_1 x_2 - \mu_2 x_2^2, \end{cases} \tag{2.55}$$

其中 $\mu_1 x_1^2$ 项反映了食饵 x_1 由于有限的外部资源而进行的内容竞争, $\mu_2 x_2^2$ 项反映了捕食者 x_2 之间由于有限的食饵而进行的竞争.

模型 (2.55) 的解一般来说不再是周期的. 可以证明, 当 $\mu_1, \mu_2 > 0$ 时, 它非零的平衡解是稳定的.

2.4 最优捕鱼策略

2.3 节介绍的是动物种群的生态模型, 本节用一个例子[①]来描述在实现可持续稳定收入的前提下, 寻求某种鱼的最优捕鱼策略.

2.4.1 问题的提出

假设这种鱼分成 4 个年龄组, 分别称为 1 龄鱼、2 龄鱼、3 龄鱼和 4 龄鱼, 各年龄组每条鱼的重量分别为 5.07, 11.55, 17.86 和 22.99(g), 各年龄组的自然死亡率均为 0.8 (1/年), 这种鱼为季节性集中产卵繁殖, 平均每条 4 龄鱼的产卵量为 1.109×10^5(个), 3 龄鱼的产卵量为此数的一半, 而 1 龄鱼和 2 龄鱼不产卵, 产卵和孵化期为每年的最后 4 个月, 卵孵化并成活为 1 龄鱼, 成活率 (1 龄鱼条数与产卵总量 n 之比) 为 $1.22 \times 10^{11}/(1.22 \times 10^{11} + n)$.

渔业管理部门规定, 每年只容许在产卵孵化期前的 8 个月进行捕捞作业, 如果每年投入的捕捞能力 (如渔船数、下网次数等) 固定不变, 则这时单位时间捕捞量将与各年龄组鱼的条数成正比, 比例系数不妨称为捕捞强度系数, 通常使用 13mm 网眼的拉网, 这种网只能捕捞 3 龄鱼和 4 龄鱼, 其两个捕捞强度系数之比为 0.42:1, 渔业上称之为固定努力量捕捞.

(1) 建立数学模型分析如何实现可持续捕捞 (即每年开始捕捞时渔场中各年龄组鱼群的条数不变), 并在此前提下得到最高的年收获量 (捕捞总重量).

(2) 某渔业公司承包这种鱼的捕捞业务 5 年, 合同要求 5 年后鱼群的生产能力不能受到太大的破坏, 已知承包时各年龄组鱼群的数量分别为 1.22×10^{11}, 2.97×10^{10}, 1.01×10^{10} 和 2.29×10^9 条, 如仍用固定努力量的捕捞方式, 则该公司应采取怎样的策略才能使总收获量最高.

2.4.2 问题重述

人类与自然资源密切相关, 许多资源由于掠夺式的过度开发, 导致资源日益减少, 甚至枯竭, 这会严重危及人类的生存和发展. 渔业作为可再生利用资源, 必须制定合理的捕捞策略, 这样才能保持稳定的高产, 使资源不断地满足人们的需求.

根据题意, 该鱼的生长规律和捕捞方式可归纳为以下几点:

---

① 本例来自 1996 年的中国大学生数学建模竞赛 A 题.

(1) 鱼群按年龄分组. $1 \sim 4$ 龄鱼的平均体重为 $W = (5.07, 11.55, 17.86, 22.99)$ (g), 各组自然死亡均为 $r = 0.8(1/$ 年$)$.

(2) 各龄鱼的数量按年度周期性变化, 即每年年初数量保持稳定, 故时间不妨取为 $[0,1]$, 而 $\left[0, \dfrac{2}{3}\right]$ 为捕鱼期, 每年年末存活鱼苗成为 1 龄鱼, 而 4 龄鱼则在年终死亡.

(3) 繁殖规律. 每年 9 月初集中产卵, 3 龄鱼和 4 龄鱼的产卵个数分别为 $0.5a$ 和 a, 其中 $a = 1.109 \times 10^5$, 成活率为 $\dfrac{b}{b+n}$, 其中 $b = 1.22 \times 10^{11}$, n 为产卵总量.

(4) 固定努力量捕捞方式. 捕捞仅对成熟的 3 龄鱼和 4 龄鱼进行, 其捕捞强度系数分别为 $0.42E$ 和 E, 其中 E 为关键的优化参数.

2.4.3 问题分析

不妨设某龄鱼总量为 $N(t)$, 捕捞强度系数为 q, 捕捞区间为 $[0,T]$, 其中 $T = \dfrac{2}{3}$ (年).

1. 自然死亡率 r

用 r 表示无捕捞情况下单位时间内死亡数量与总量的百分比, 即

$$r = \lim_{\Delta t \to 0} \frac{N(t) - N(t+\Delta t)}{N(t)} = -\frac{N'(t)}{N(t)}. \tag{2.56}$$

由此得到相应的模型为

$$\begin{cases} N'(t) = -rN(t), \\ N(0) = N_0, \end{cases}$$

其解为 $N(t) = N(0)\mathrm{e}^{-rt}$, 从而存活率为 $\dfrac{N(1)}{N(0)} = \mathrm{e}^{-r} < 1$.

2. 有捕捞情况

记死亡率为 d, 则有

$$d = \begin{cases} r+q, & t \in [0,T], \\ r, & t \in (T,1]. \end{cases}$$

此时式 (2.56) 可改写为

$$N'(t) = -dN(t), \tag{2.57}$$

从而其解为

$$N(t) = \begin{cases} N(0)\mathrm{e}^{-(r+q)t}, & t \in [0,T], \\ N(T)\mathrm{e}^{-r(t-T)}, & t \in (T,1], \end{cases}$$

并得出

$$N(1) = N(T)\mathrm{e}^{-r(1-T)} = N(0)\mathrm{e}^{-r} \cdot \mathrm{e}^{-qT}.$$

2.4.4 基本假设

基本假设如下:

(1) 仅考虑封闭水域中单种群鱼的年龄结构模型;

(2) 死亡视为瞬时且连续发生的过程;

(3) 各年龄组鱼群数量满足连续性条件, 即

$$\lim_{t \to 1} X_j(t) = X_{j+1}(0), \quad j = 1, 2, 3;$$

(4) 繁殖规律及固定努力量捕捞方式如前所述;

(5) 参数定义如下:

$x_j(t)$ 为 j 龄鱼 t 时的数量, 其初值为 $x_j(0) = x_j^*$;

$s_j(t)$ 为 j 龄鱼 t 时的捕捞数量;

q_j 为 j 龄鱼的捕捞强度系数;

H 为总收获质量.

2.4.5 模型建立

1. 有捕捞情况

令 $q = (q_1, q_2, q_3, q_4) = (0, 0, 0.42E, E)$, 则 j 龄鱼的死亡率为

$$d_j = \begin{cases} r + q_j, & t \in [0, T], \\ r, & t \in (T, 1]. \end{cases}$$

由式 (2.57) 得到

$$x_j'(t) = -d_j x_j(t), \quad j = 1, 2, 3, 4,$$

从而有

$$x_j(t) = \begin{cases} x_j(0)\mathrm{e}^{-(r+q_j)t}, & t \in [0, T], \\ x_j(T)\mathrm{e}^{-r(t-T)}, & t \in (T, 1]. \end{cases}$$

由于

$$x_j(T) = x_j(0)\mathrm{e}^{-(r+q_j)T}, \tag{2.58}$$

故

$$x_j(1) = x_j(T)\mathrm{e}^{-(1-T)r} = x_j(0)\mathrm{e}^{-r} \cdot \mathrm{e}^{-q_j T}.$$

再令 $\lambda = \mathrm{e}^{-r}$, $\mu = (1,\ 1,\ \mathrm{e}^{-q_3},\ \mathrm{e}^{-q_4})$, 则上式可改写为

$$x_j(1) = \lambda \mu_j^T x_j(0),$$

而下周期存活的 1 龄鱼数量为

$$x_1(0) = \frac{bn}{b+n},$$

其中

$$n = 0.5a x_3(T) + a x_4(T) = n(E).$$

2. 可持续稳定捕捞情况

由周期年稳定性要求, 并由连续性条件应有

$$x_{j+1}^* = \lambda \mu_j^T x_j^*, \quad j = 1, 2, 3.$$

容易看出

$$x_2^* = \lambda x_1^*, \quad x_3^* = \lambda^2 x_1^*, \quad x_4^* = \lambda^3 \mu_3^T x_1^*,$$

进而由式 (2.58) 得

$$n = 0.5 \, a \, \lambda^T \mu_3^T x_3^* + a \, \lambda^T \mu_4^T x_4^* = (0.5 + \lambda \mu_4^T) \, a \, \lambda^{2+T} \mu_3^T x_1^*.$$

显然,

$$x_1^* = \frac{b \, n}{b + n} = g(E). \tag{2.59}$$

若能确定 E^*, 使得 x_1^* 最大, 则自然可以保证各年龄段鱼的分布 $x^* = (x_1^*, x_2^*, x_3^*, x_4^*)$ 达到最优.

3. E 的优选

由式 (2.59), 可以使用一维搜索或计算机模拟来确定最优值 E^*.

4. 总收获量的计算

由于 $[t, t + \Delta t]$ 内 $j(j = 3, 4)$ 龄鱼的捕捞量为 $q_j x_j(t) \Delta t$, 故每年的捕捞量为

$$S_j = \int_0^T q_j x_j(t) \mathrm{d}t = q_j \int_0^T x_j^* \mathrm{e}^{-(r+q_j)t} \mathrm{d}t = \frac{q_j}{r + q_j}(1 - \lambda^T \mu_j^T) x_j^*,$$

总捕捞量为 $H = W_3 S_3 + W_4 S_4$.

该模型实质上是与捕捞强度系数或固定努力量有关的连续和离散混合形式的数学模型, 最终转化为单参数 (努力量) 的函数极值问题.

此问题的答案如下:

3 龄鱼: 捕捞强度为 7.291/ 年, 捕捞率为 89.7%;

4 龄鱼: 捕捞强度为 17.36/ 年, 捕捞率为 95.6%.

最优可持续捕捞量为 38.87 万吨, 各龄鱼的分布为

$$x^* = \left(1.19 \times 10^{11}, \; 5.37 \times 10^{10}, \; 2.41 \times 10^{10}, \; 8.4 \times 10^7\right)^{\mathrm{T}}.$$

5. 5 年承包捕捞计划的最优策略

这个问题较为灵活, 既要使得 5 年内总收获量尽可能高, 同时又要考虑 5 年后如何保持鱼群的生产能力不受太大的影响. 这要求 5 年后的鱼群数量在尽可能接近可持续稳定捕捞鱼群的条件下来达到产量最高或收益最大. 注意: 这并非是一定返回原始的初始状态, 因为所给的初始鱼群并非一定是可持续捕捞的鱼群分布.

从种群稳定或资源保护的观点出发, 可对捕捞强度设置上限, 或采取从小到大不等的年捕捞强度, 使得最后一年的鱼量接近稳定鱼量, 当然也可结合生产成本最低或经济效益最佳的原则来确定最优的五年计划.

有兴趣的读者可自行设计方案来进行实验.

2.5　经　济　模　型

现代经济学正日益向着经济分析数量化的方向发展, 数学应用水平已成为衡量经济科学成熟性的重要尺度. 增强经济意识, 对于积极参与社会竞争, 经营管理决策的科学化是十分重要的.

本节介绍几个经济学方面的基本概念, 并给出相关实例, 以说明数学是如何应用到经济学领域的.

2.5.1　独家销售的广告模型

信息社会使广告成为调整商品销售的强有力的手段, 广告与销售之间有什么内在联系? 如何评价不同时期的广告效果? 关于此问题的模型很多, 这里介绍独家销售的广告模型, 2.5.2 小节介绍竞争销售的广告模型.

1. 模型假设

模型假设如下:

(1) 商品的销售速度会因做广告而增加, 但增加是有一定限度的, 当商品在市场上趋于饱和时, 销售速度将趋于极限值, 这时无论采用哪种形式的广告都不能阻止销售速度的下降;

(2) 自然衰减是销售速度的一种特性, 商品销售速度的变化率随商品销售率的增加而减少;

(3) 设 $S(t)$ 为 t 时刻商品的销售速度, M 为销售饱和水平, 即市场对商品的最大容纳能力, 它表示销售速度的上限; 常数 $\lambda\ (>0)$ 为衰减因子, 广告作用随时间增加而自然衰减的速度; $A(t)$ 为 t 时刻的广告水平 (以费用表示).

2. 模型建立与求解

根据上述假设建立模型

$$\frac{\mathrm{d}S}{\mathrm{d}t} = pA(t)\left(1 - \frac{S(t)}{M}\right) - \lambda S(t), \tag{2.60}$$

其中 p 为响应系数, 即 $A(t)$ 对 $S(t)$ 的影响力, p 为常数.

由式 (2.60) 可以看出, 当 $S = M$ 或 $A(t) = 0$ 时都有

$$\frac{\mathrm{d}S}{\mathrm{d}t} = -\lambda S. \tag{2.61}$$

假设选择如下广告策略:

$$A(t) = \begin{cases} A, & 0 < t < \tau, \\ 0, & t \geqslant \tau, \end{cases} \tag{2.62}$$

若在 $(0, \tau)$ 时间内, 用于广告的花费为 a, 则 $A = \dfrac{a}{\tau}$. 将其代入式 (2.60) 有

$$\frac{\mathrm{d}S}{\mathrm{d}t} + \left(\lambda + \frac{p}{M}\frac{a}{\tau}\right) S = p\frac{a}{\tau}. \tag{2.63}$$

令

$$\lambda + \frac{p}{M}\frac{a}{\tau} = b, \quad \frac{p}{\tau}\frac{a}{\tau} = c,$$

这时式 (2.63) 可改写为

$$\frac{\mathrm{d}S}{\mathrm{d}t} + bS = c, \tag{2.64}$$

其通解为

$$S(t) = k\,\mathrm{e}^{-bt} + \frac{c}{b}.$$

若令 $S(0) = S_0$, 则

$$S(t) = \frac{c}{b}\left(1 - \mathrm{e}^{-bt}\right) + S_0 \mathrm{e}^{-bt}.$$

当 $t \geqslant \tau$ 时, 根据式 (2.62), 则式 (2.60) 可记为

$$\frac{\mathrm{d}S}{\mathrm{d}t} = -\lambda S,$$

其解为 $S(t) = S(\tau)\mathrm{e}^{\lambda(\tau - t)}$, 故

$$S(t) = \begin{cases} \dfrac{c}{b}\left(1 - \mathrm{e}^{-bt}\right) + S_0 \mathrm{e}^{-bt}, & 0 < t < \tau, \\ S(\tau)\mathrm{e}^{\lambda(\tau - t)}, & t \geqslant \tau. \end{cases}$$

图 2.15 给出了 $S(t)$ 的图形.

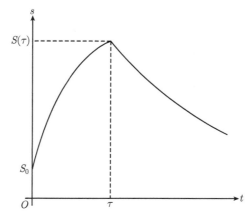

图 2.15　独家销售模型下的销售速度与时间的关系

2.5.2　竞争销售的广告模型

2.5.1 小节讨论了独家销售的广告模型, 但在现实社会中, 独家销售是比较少见的, 大多数情况下都是多家竞争的. 这里介绍有两家公司的竞争销售广告模型.

1. 模型假设

模型假设如下:

(1) 两家公司销售同一商品, 而市场容量 $M(t)$ 有限;

(2) 每一公司增加它的销售量是与可获得的市场成正比的, 比例系数为 c_i $(i = 1, 2)$.

(3) 设 $S_i(t)$ $(i = 1, 2)$ 为销售量, $N(t)$ 为可获得的市场份额.

2. 模型建立与求解

由上述假设可得到

$$N(t) = M(t) - S_1(t) - S_2(t), \tag{2.65}$$

再由假设 (2) 得到

$$\begin{cases} \dfrac{\mathrm{d}S_1}{\mathrm{d}t} = c_1 N(t), \\[2mm] \dfrac{\mathrm{d}S_2}{\mathrm{d}t} = c_2 N(t). \end{cases} \tag{2.66}$$

将方程 (2.66) 的两式相除得到 $\dfrac{\mathrm{d}S_2}{\mathrm{d}S_1} = c_3$, 其中 $c_3 = \dfrac{c_2}{c_1}$. 因此,

$$S_2(t) = c_3 S_1(t) + c_4, \tag{2.67}$$

其中 c_4 为任意常数. 假设市场容量 $M(t) = \alpha(1 - \mathrm{e}^{-\beta t})$, 其中 α, β 为常数, 则由式 (2.65) 和式 (2.67) 得到

$$N(t) = \alpha(1 - \mathrm{e}^{-\beta t}) - (1 + c_3)S_1(t) - c_4. \tag{2.68}$$

将式 (2.68) 代入方程 (2.66) 的第一式得到

$$\frac{\mathrm{d}S_1}{\mathrm{d}t} = -aS_1 + b\mathrm{e}^{-\beta t} + c, \tag{2.69}$$

其中 $a = c_1(1 + c_3)$, $b = -c_1 \alpha$, $c = c_1(\alpha - c_4)$. 解方程 (2.69) 得到

$$S_1(t) = k_1 \mathrm{e}^{-at} + k_2 \mathrm{e}^{-\beta t} + k_3,$$

其中 k_1, k_2, k_3 均为常数. 将结果代入式 (2.67) 得到

$$S_2(t) = m_1 \mathrm{e}^{-at} + m_2 \mathrm{e}^{-\beta t} + m_3,$$

其中 m_1, m_2, m_3 均为常数.

2.5.3 效用理论

1. 边际效用

所谓效用是指商品 (或劳务) 满足人的欲望或需求的能力, 而边际效用是指连续消费中最后增加的单位商品所带来的效用增量, 它满足递减规律.

设前 x 件商品的总效用为 $u(x)$ $(x = 0, 1, 2, \cdots)$, 其中 $u(0) = 0$, 则第 x 件商品的边际效用为

$$\Delta u(x) = u(x) - u(x - 1), \quad x = 1, 2, \cdots.$$

当 x 为实数且 $u(x)$ 可微时, 边际效用则为 $\dfrac{\mathrm{d}u}{\mathrm{d}x}$.

导数引入经济学领域产生了边际概念, 边际学说在经济学发展上具有极其重要的作用. 例如, 当某产品生产 x 个单位时, 总成本为可微函数 $c(x)$, 则生产 x_0 个单位产品时的边际成本为 $c'(x_0)$, 它表示生产处于某一水平时总成本的变化率.

类似地, 当商品需求量为 $Q(p)$ 时, 其中 p 为商品价格, 则 $Q'(p)$ 称为边际需求. 它表示价格在水平 p 上时, 价格上升一个单位所引起的需求改变量. 由于通常价格上升会导致需求下降, 从而有 $Q'(p) < 0$.

在经济领域中, 生产或收入的合理配置以获得最大效用的理论称为效用最大化原则. 效用最大必然在边际效用为零时达到, 此时应有 $\Delta u(x) = 0$ 或 $\dfrac{\mathrm{d}u}{\mathrm{d}x} = 0$. 通常还假定边际效用函数是关于变量的递减函数, 即 $\dfrac{\mathrm{d}^2 u}{\mathrm{d}x^2} < 0$. 因此, $u(x)$ 是一个向上凸的函数, 其图形如图 2.16 所示. 上述原则可形象地比喻为 "饥汉吃馒头", 第一个馒头解饥的效用最高; 第二个次之 $\cdots\cdots$ 当所吃掉的最后一个馒头效用为零时, 总效用为最大, 而再吃则会产生负效益或效用降低.

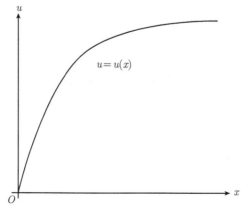

图 2.16 效用 u 与商品 x 之间的关系

2. 效用函数

设 A, B 两种商品的价格为 p_1, p_2, 数量为 x_1, x_2, 消费者占有它们时的效用记作 $u(x_1, x_2)$, 称之为效用函数, 也称为 Hicks 需求函数. 若用常数 C 的大小刻画满意度的高低, 则 $u(x_1, x_2) = C$ 的图形是一条无差别的曲线族, 如图 2.17 所示.

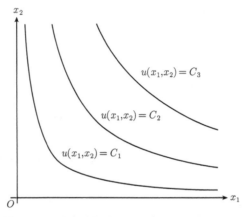

图 2.17   无差别曲线族 (其中 $C_1 < C_2 < C_3$)

同一条无差别曲线上的各点提供了同等满足的两种商品的不同组合. 曲线越向右上方移动, 其获得的满意程度就越高. 无差别曲线满足单调下降、下凸、互不相交的性质, 而曲线下凸的具体形状则反映了消费者对其偏爱的程度.

3. 消费者的选择

消费者用 y 元钱购买 A, B 两种商品时, 这两种商品的价格分别为 p_1, p_2, 其需求数量分别为 x_1, x_2, 衡量其消费的效用函数为 $u(x_1, x_2)$, 消费者面临的最优消费选择问题为

$$\begin{aligned}
\max \quad & u(x_1, x_2), \\
\text{s.t.} \quad & p_1 x_1 + p_2 x_2 = y.
\end{aligned} \tag{2.70}$$

这里假定效用函数对每个变量都是单调函数, 表示消费者对任何商品都总是感到越多越好. 于是他为追求最大效用, 总是把收入花完. 问题中的等式约束意味着 y 元钱全部用于购买商品的消费支出.

问题 (2.70) 是条件极值问题, 如果还假定效用函数是可微函数, 那么可用约束问题最优解的一阶必要条件[①] 来求解. 考虑 Lagrange 函数

$$L(x_1, x_2, \lambda) = u(x_1, x_2) + \lambda(y - p_1 x_1 - p_2 x_2).$$

---

① 关于约束问题最优解的一阶必要条件可见本书的第 5 章 (最优化模型).

若 $(\bar{x}_1, \bar{x}_2)$ 是问题 (2.70) 的最优解, 则在点 $(\bar{x}_1, \bar{x}_2)$ 处满足一阶必要条件

$$\frac{\partial L}{\partial x_1} = \frac{\partial u}{\partial x_1} - \lambda p_1 = 0,$$
$$\frac{\partial L}{\partial x_2} = \frac{\partial u}{\partial x_1} - \lambda p_2 = 0,$$
$$p_1 \bar{x}_1 + p_2 \bar{x}_2 - y = 0.$$

由此可得

$$\frac{\dfrac{\partial u}{\partial x_1}}{p_1} = \frac{\dfrac{\partial u}{\partial x_2}}{p_2} = \lambda,$$

即

$$\frac{\dfrac{\partial u}{\partial x_1}}{\dfrac{\partial u}{\partial x_2}} = \frac{p_1}{p_2}. \tag{2.71}$$

式 (2.71) 在最优状态经济学上称为"消费者均衡", 即最大效用在两种商品的边际效用比等于其价格比时达到, 并由此可确定出购物的最优比例 $p_1 x_1 : p_2 x_2$. 例如, 设

$$u(x_1, x_2) = x_1^\alpha x_2^\beta, \quad \alpha, \beta \in (0, 1),$$

由式 (2.71) 得到

$$\frac{p_1 x_1}{p_2 x_2} = \frac{\alpha}{\beta}.$$

这表明在均衡状态下, 购买这两种商品所用的货币比例与价格无关, 仅与消费者对它们的偏爱程度有关.

消费选择问题 (2.70) 也可用图解法求解, 约束条件在图中是直线 MN, 它一定与无差别曲线族 $u(x_1, x_2) = C$ 中某一条曲线相切[①], 进而 x_1, x_2 的最优值一定在切点 Q 处取得, 如图 2.18 所示.

4. 最优价格

在完全自由竞争的市场条件下, 经济学所研究的基本问题之一是资源配置的优化, 基本理论就是通过供求来决定商品价格的理论.

设单位时间产量为 Q, 总收入为 $\mathrm{TR}(Q)$, 总成本为 $C(Q)$, 则边际收入为 $\mathrm{MR} = \mathrm{TR}'(Q)$, 边际成本为 $\mathrm{MC} = C'(Q)$, 平均成本为 $\mathrm{AC} = C(Q)/Q$, 所得利润为总收-总成本, 即

$$Z = \mathrm{TR}(Q) - C(Q),$$

从而使其利润最大的条件为

---

① 第 5 章 (最优化模型) 详细介绍了约束问题的图解法.

$$Z'(Q) = \mathrm{TR}'(Q) - C'(Q) = \mathrm{MR} - \mathrm{MC} = 0,$$

即企业获得最大利润的条件是边际收入等于边际成术.

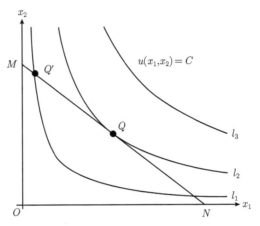

图 2.18 消费选择问题求解的图解法

设 Q^* 为平均成本 $\mathrm{AC} = \dfrac{C(Q)}{Q}$ 的极小值点, 则在 Q^* 处满足

$$\mathrm{AC}' = \frac{Q C'(Q) - C(Q)}{Q^2} = 0,$$

所以

$$C'(Q^*) = \frac{C(Q^*)}{Q^*} = \min_Q \mathrm{AC}(Q),$$

即边际成本曲线必然通过平均成本的最低点.

设商品价格为 P, 则总利润为

$$Z(Q) = P Q - C(Q) = Q\left[P - \frac{C(Q)}{Q}\right].$$

显然, 此时应有 $P > \dfrac{C(Q)}{Q}$. 由极值的一阶条件 $Z'(Q) = 0$ 得到

$$P = C'(Q).$$

也就是说, 商品价格应该大于平均成本, 并且当商品价格等于边际成本时, 企业获得的利润达到最大.

2.5.4 最优积累率模型

国民经济收入既要用于扩大再生产的积累, 又要用于人民生活需要的消费, 这两个方面相互制约, 又相互联系. 人民生活水平的高低可以用人均占有的消费资金

数量来衡量. 如何通过对积累率的控制来使人均消费资金的数量在一定意义下达到最大?

1. 模型假设与模型建立

模型假设如下:

(1) 设在时刻 t 社会资金、劳动力和国民经济收入的数量分别为 $K(t)$, $L(t)$ 和 $Q(t)$;

(2) 设生产函数为 F, 即

$$Q(t) = F(K(t), L(t)), \tag{2.72}$$

而国民经济收入 $Q(t)$ 可分成积累资金 $I(t)$ 和消费资金 $C(t)$ 两部分, 从而

$$Q(t) = I(t) + C(t); \tag{2.73}$$

(3) 假定劳动力按 Logistic 规律增长, 也就是说,

$$L'(t) = \rho L\left(1 - \frac{L}{bK}\right), \tag{2.74}$$

其中 ρ 表示劳动力的固有增长率, bK 表示经济系统可以容纳的劳动力的最大数量, 参数 b 表示在生产过程中, 单位资金所需搭配的劳动力平均数量;

(4) $K(t)$ 的变化率由两个因素构成, 第一是由折旧与消耗等因素造成 $K(t)$ 本身的贬值, 第二是由积累资金 $I(t)$ 为 $K(t)$ 提供补充, 由此得到微分方程

$$K'(t) = -\gamma K(t) + I(t), \quad K(0) = K_0, \tag{2.75}$$

其中 γ 为生产资金的贬值率.

按照惯例, 还假设

$$F_K > 0, \quad F_{KK} < 0, \quad \lim_{K \to \infty} F_K = 0, \quad F_L > 0, \quad F_{LL} < 0, \quad \lim_{L \to \infty} F_L = 0$$

和

$$F(pK, pL) = pF(K, L).$$

2. 模型求解与分析

定义人均占有生产资金数量为

$$k = \frac{K}{L}, \tag{2.76}$$

于是人均收入为

$$\frac{Q}{L} = \frac{1}{L}F(K, L) = F(k, 1) \stackrel{\text{def}}{=} f(k). \tag{2.77}$$

在式 (2.76) 两边对 t 求导数, 并利用式 (2.74) 和式 (2.76) 得到

$$k'(t) = \frac{K'(t)}{L} - \frac{KL'(t)}{L^2} = \frac{K'(t)}{L} - \rho k + \frac{\rho}{b}. \tag{2.78}$$

记人均消费资金为 $c = \dfrac{C}{L}$, 由式 (2.73), 式 (2.75) 和式 (2.78), 式 (2.77) 可写成

$$f(k) = \frac{C+I}{L} = c + \frac{K'}{L} + \gamma \frac{K}{L} = c + k' + \rho k + \gamma k - \frac{\rho}{b}. \tag{2.79}$$

令 $\mu = \rho + \gamma$, $k_0 = \dfrac{K_0}{L_0}$, 则得到关于 $k(t)$ 的微分方程

$$k' = f(k) - \mu k - c + \frac{\rho}{b}, \quad k(0) = k_0. \tag{2.80}$$

设国民经济收入的积累率 $s = \dfrac{I}{Q}$ 为常数, 由式 (2.73) 和式 (2.77) 得到

$$c = \frac{C}{L} = \frac{Q-I}{L} = (1-s)\frac{Q}{L} = (1-s)f(k). \tag{2.81}$$

将其代入式 (2.80), 则方程 (2.80) 可简化为

$$k' = sf(k) - \mu k + \frac{\rho}{b}, \quad k(0) = k_0. \tag{2.82}$$

可以证明存在唯一的平衡点 $k^* > 0$ 满足

$$sf(k^*) - \mu k^* + \frac{\rho}{b} = 0 \tag{2.83}$$

且 $k^* = k^*(s)$ 是稳定的. 当 $t \to +\infty$ 时, 设 $c(t)$ 的极限为 c^*, 从而由式 (2.81) 有

$$c^* = (1-s)f(k^*(s)). \tag{2.84}$$

下面来求稳定的人均消费资金 c^* 达到所需的条件. 由式 (2.84) 可得

$$\frac{\mathrm{d}c^*}{\mathrm{d}s} = (1-s)f'(k^*)\frac{\mathrm{d}k^*}{\mathrm{d}s} - f(k^*). \tag{2.85}$$

将式 (2.83) 的两端对 s 求导数得到

$$\frac{\mathrm{d}k^*}{\mathrm{d}s} = \frac{f(k^*)}{\mu - sf'(k^*)},$$

并代入式 (2.85) 得到

$$\frac{\mathrm{d}c^*}{\mathrm{d}s} = \frac{f(k^*)}{\mu - sf'(k^*)}\left[f'(k^*(s)) - \mu\right]. \tag{2.86}$$

如果 $s = s^*$ 使得 c^* 达到最大, 则 s^* 应该满足

$$f'(k^*(s)) = \mu. \tag{2.87}$$

把式 (2.87) 代入式 (2.83) 得到

$$s^* = \frac{k^*(s^*)f'(k^*(s^*)) - \dfrac{\rho}{b}}{f(k^*(s^*))}. \tag{2.88}$$

这是经济学中资本积累的黄金准则的推广. 式 (2.87) 可解释如下: 与最大的人均消费资金 c^* 相应的最优国民经济积累率 s^*, 使得当人均生产资金 k^* 增加一个单位时, 人均国民收入的增长恰好被劳动力的增长和资本的贬值所平衡.

2.6 药物分布模型

药物动力学是研究药物在机体内的吸收、分布、代谢和排出过程的药理学分支, 用药剂量、给药方式与药理反应间的定量关系, 对于新药研制及应用具有科学指导作用.

2.6.1 药物剂量处方模型

在药理学中, 开多少剂量的药以及确定用多少次药是一个十分重要的问题. 对于大多数药物, 浓度低于一定程度是无效的, 而浓度高于一定的程度则会发生危险.

1. 用药问题

这里需要讨论的问题是: 药物剂量和用药间隔应该如何调节, 才能保证药物在血液中维持安全有效的浓度.

单次用药在血液中产生的浓度通常随着时间降低, 最后药物从体内消失. 现在关心的是, 在固定的时间间隔用药, 血液中的药物浓度会怎样. 若用 H 表示药物的最高安全级量, L 表示最低有效量级, 则所开药物的剂量 C_0 及用药间隔的时间 T 应当希望使血液中的药物浓度在每个间隔中一直保持在 L 和 H 之间.

2. 用药方式

现在讨论几种可能的用药方式. 一种用药方式是两次用药间隔的时间使得药物无法在体内产生有效积累. 也就是说, 上一次用药的剩余浓度趋于零, 如图 2.19(a) 所示. 另一种用药方式是用药的时间间隔相对于用量及浓度而言较短, 使得每次用药时以前的残余浓度还存在, 如图 2.19 (b) 所示. 更进一步, 药物的剩余量似乎趋于一个极限. 这里所关心的问题是, 这种情况是否真的能够存在, 如果存在, 极限是多少. 这里讨论的最终目的是, 开处方时要确定用药剂量和间隔时间, 使得药物浓

度尽快达到最低的有效级 L, 并在以后维持在最低有效级 L 和最高安全级 H 之间, 如图 2.19(b) 所示.

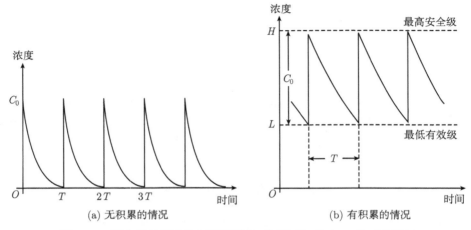

(a) 无积累的情况   (b) 有积累的情况

图 2.19   剩余量的积累依赖于用药的时间间隔, 其中 T 为时间间隔

3. 模型假设

为了解决上面的问题, 考虑在任一时刻 t 决定药物在血液中浓度 $C(t)$ 的因素. 首先有

$$C(t) = f(排出率, 吸收率, 剂量, 用药间隔, \cdots)$$

以及其他因素, 包括体重和血量. 为了便于分析问题起见, 这里假设体重和血量为常数 (如某个年龄段的平均值), 而浓度量级是决定药物效果的关键因素.

4. 排出率子模型

考虑药物从血液中排出, 这也许是一种离散现象, 但这里用一个连续函数来逼近. 临床实验显示, 血液中药物浓度的减少与浓度成比例, 即假定血液中药物在时刻 t 的浓度满足微分方程

$$C'(t) = -kC(t), \tag{2.89}$$

其中 k 为正常数, 称为药物的排出率. 时刻 t 以小时 (h) 为单位, $C(t)$ 以每毫升血液中多少毫克 (mg·mL^{-1}) 为单位, $C'(t)$ 的单位为 mg·mL^{-1}·h^{-1}, k 的单位为 h^{-1}.

假设对于一个给定的人群, 如一个年龄段的人, 浓度 H 和 L 能够通过实验确定, 于是单次用药的药物浓度位于量级

$$C_0 = H - L. \tag{2.90}$$

假定在时刻 $t = 0$ 时, 血液中的浓度为 C_0, 因此, 模型 (2.89) 和 (2.90) 就是 Malthus 模型, 容易得到方程的解为

$$C(t) = C_0 \mathrm{e}^{-kt}. \tag{2.91}$$

5. 吸收率子模型

在作出药物浓度如何随时间减少的假设后, 再来考虑用药后, 血液中的药物浓度是如何增长的. 这里假设一旦用药后, 药物就在血液中迅速扩散, 使得吸收期的浓度曲线从实用的角度来讲是竖直上升的. 也就是说, 用药后浓度就瞬时上升. 这个假设对于直接注射到血管中的药物而言, 应该是合理的, 但对于口服药物可能不太合理.

现在考虑多次用药时, 药物在血液内是如何积累的.

6. 多次用药的药物积累

考虑在每次用药后能使血液中浓度上升 C_0, 在长度为 T 的固定时间间隔内, 药物浓度 $C(t)$ 会发生什么变化.

设 $t = 0$ 时用第一剂药物, 根据模型 (2.91), 在 $T\mathrm{h}$ 之后, 血液中药物浓度的剩余量为

$$R_1 = C_0 \mathrm{e}^{-kT},$$

然后第二次用药. 由之前的假设与讨论, 第二次用药后, 药物的浓度瞬时跳跃至

$$C_1 = C_0 + C_0 \mathrm{e}^{-kT} = C_0 \left(1 + \mathrm{e}^{-kT}\right).$$

再过 $T\mathrm{h}$, 血液中药物浓度的剩余量为

$$R_2 = C_1 \mathrm{e}^{-kT} = C_0 \mathrm{e}^{-kT} + C_0 \mathrm{e}^{-2kT} = C_0 \mathrm{e}^{-kT} \left(1 + \mathrm{e}^{-kT}\right),$$

然后第三次用药. 经过类似的推导得到

$$C_{n-1} = C_0 \left(1 + \mathrm{e}^{-kT} + \cdots + \mathrm{e}^{-(n-1)kT}\right) = \frac{C_0(1 - \mathrm{e}^{-nkT})}{1 - \mathrm{e}^{-kT}}, \tag{2.92}$$

$$R_n = C_0 \mathrm{e}^{-kT} \left(1 + \mathrm{e}^{-kT} + \cdots + \mathrm{e}^{-(n-1)kT}\right)$$
$$= \frac{C_0 \mathrm{e}^{-kT}(1 - \mathrm{e}^{-nkT})}{1 - \mathrm{e}^{-kT}}. \tag{2.93}$$

图 2.20 给出了药物浓度曲线 $C = C(t)$.

7. 确定用药的时间表

注意到当 n 很大时, e^{-nkT} 接近于 0. 于是序列 C_{n-1} 和 R_n 有极限, 分别记为 C 和 R, 即

$$C = \lim_{n \to \infty} C_{n-1} = \frac{C_0}{1 - \mathrm{e}^{-kT}} = \frac{C_0 \mathrm{e}^{kT}}{\mathrm{e}^{kT} - 1}, \tag{2.94}$$

$$R = \lim_{n \to \infty} R_n = \frac{C_0 \mathrm{e}^{-kT}}{1 - \mathrm{e}^{-kT}} = \frac{C_0}{\mathrm{e}^{kT} - 1}. \tag{2.95}$$

由式 (2.94) 和式 (2.95) 得到

$$C = C_0 + R. \tag{2.96}$$

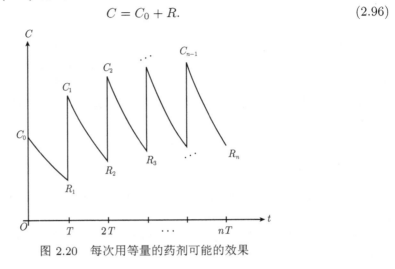

图 2.20　每次用等量的药剂可能的效果

设 H 为最高安全浓度, L 为最低有效浓度, 因此, 希望 C 和 R 满足

$$C = H, \quad R = L. \tag{2.97}$$

由式 (2.97), 将式 (2.94) 与式 (2.95) 相除得到

$$e^{kT} = \frac{H}{L}, \tag{2.98}$$

即

$$T = \frac{1}{k} \ln \frac{H}{L}. \tag{2.99}$$

8. 模型的检验

前面介绍的模型提供了一种安全有效的药物浓度配方, 这与开药方的通常医疗实践一致: 初次的用药量比以后每次的药量多几倍. 此外, 模型依据的假设是药剂在血液中浓度的减少与该浓度成正比, 这已得到临床验证. 另外, 排出常数 k 作为此关系中比例的正常数, 是一个容易测量到的参数. 式 (2.95) 可以在各种药剂比率的情况下预测浓度量级, 所以药物是可以测试的, 可以通过实验来确定最低有效级 L 和最高安全级 H, 它们具有适当的安全因素, 以容许建模过程中的不精确性. 因此, 用式 (2.90) 和式 (2.99) 可以开出一个安全有效的用药处方 (假设承载用药量比 C_0 多若干倍). 由此可见, 此模型是有用的.

模型的一个缺陷是假设用药后血液中的药物浓度就瞬时上升, 而有的药 (如阿司匹林) 口服后需要一段有限时间才能扩散到血液中, 所以该模型对此类药物并不实用.

2.6.2 药物分布的房室模型

人体是一个复杂系统, 医学家把它分解为称为 "房室" 的若干部分, 探讨药物在不同房室间的转移及排出的动态规律, 这种做法在一定条件下已被临床试验证实是正确的.

n 室模型中最简单的是 2 室模型, 它将机体划分为中心室 (由内脏器官组成) 和周边室 (如肌肉组织等) 两部分, 并分别记作 1 室和 2 室.

1. 模型假设

模型假设如下:

(1) 各室血药容积固定, 血药浓度均匀;

(2) 房室间存在药物交换, 药物转移速率与室内该物质浓度成正比;

(3) 药物吸收微少, 可忽略.

记 V_i, $X_i(t)$, $C_i(t)$, K_{ij} 分别表示第 i 室的容量、药量、血液浓度及第 i 室向第 j 室的药物转移速率系数, $f_0(t)$ 为给药速率, 由给药方式和剂量确定, K_{13} 为药物从 1 室向体外排出的转移速率系数, 如图 2.21 所示.

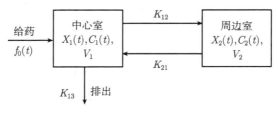

图 2.21 常用的一种 2 室模型

2. 模型建立与分析

根据假设和示意图 2.21, 不难写出两个房室中药量满足的微分方程组

$$
\begin{cases}
X_1'(t) = -K_{12}X_1 - K_{13}X_1 + K_{21}X_2 + f_0(t), \\
X_2'(t) = K_{12}X_1 - K_{21}X_2.
\end{cases}
$$

代入 $X_i(t) = V_i\, C_i(t)\, (i = 1, 2)$ 得到

$$
\begin{cases}
C_1'(t) = -(K_{12} + K_{13})C_1 + \dfrac{V_2}{V_1}K_{21}C_2 + \dfrac{f_0(t)}{V_1}, \\
C_2'(t) = \dfrac{V_1}{V_2}K_{12}C_1 - K_{21}C_2.
\end{cases}
\tag{2.100}
$$

为便于分析起见, 假设 $f_0(t) =$ 常数. 注意到方程 (2.100) 是一个常系数线性方

程组, 很容易用微分方程平衡点的稳定性来分析. 此时有

$$p = K_{12} + K_{13} + K_{21} > 0,$$
$$q = K_{13} \cdot K_{21} > 0,$$

所以平衡点是稳定的.

下面对静脉注射方式进行分析. 这里选择两种注射方式, 第一种是快速静脉注射, 第二种是恒速静脉注射.

可将快速静脉注射简化为初始瞬间将剂量 D_0 的药物输入中心室, 即 $f_0(t) = 0$, 以及初始条件 $C_1(0) = D_0/V_1$, $C_2(0) = 0$. 此时, 方程 (2.100) 的平衡点为 $(0,0)$. 由微分方程的稳定性分析得到

$$C_1(t) \to 0, \quad C_2(t) \to 0, \quad t \to \infty.$$

也就是说, 对于快速静脉注射, 药物在中心室和周边室的浓度逐渐趋于零.

可将恒速静脉注射简化为静脉点滴速率为常数, 即 $f_0(t) = K_0$, 以及初始条件 $C_1(0) = C_2(0) = 0$. 此时, 方程 (2.100) 的平衡点为 $\left(\dfrac{K_0}{K_{13}V_1}, \dfrac{K_{12}K_0}{K_{21}K_{13}V_2} \right)$. 由微分方程的稳定性分析得到

$$C_1(t) \to \frac{K_0}{K_{13}V_1}, \quad C_2(t) \to \frac{K_{12}K_0}{K_{21}K_{13}V_2}, \quad t \to \infty. \tag{2.101}$$

式 (2.101) 表明, 只要控制点滴速率 K_0, 就可以控制药物在中心室和周边室的浓度, 从而达到根治疾病的目的.

从上述分析可以看到, 恒速静脉注射的治疗效果要优于快速静脉注射.

2.7 用 MATLAB 解微分方程

MATLAB 的含义是矩阵实验室 (MATrix LABoratory), 是美国 MathWork 公司于 1982 年推出的一套高性能的数值计算和可视化软件, 它集数值分析, 矩阵计算, 信号处理和图形显示于一体, 构成一个方便的, 界面友好的用户环境. 到目前为止, 它已发展成为国际上最优秀, 应用最广泛的科技应用软件之一.

MATLAB 提供了多达 30 多个面向不同领域而扩展的工具箱 (ToolBox) 支持, 包括通信工程, 信号处理, 图形处理, 非线性控制, 神经网络, 优化处理, 统计分析等大量现代工程技术学科的内容, 使得 MATLAB 在许多学科领域中成为计算机辅助分析与设计, 算法研究和应用开发的基本工具和首选平台. 本节简单介绍一下用它解微分方程的功能.

2.7.1 微分方程 (组) 的解析解

在 MATLAB 中, 用函数 dsolve() 求解求微分方程 (组) 的解析解, 其使用格式如下:

r = dsolve('eq1, eq2, ...', 'cond1, cond2, ...', 'v')

r = dsolve('eq1', 'eq2', ..., 'cond1', 'cond2', ..., 'v')

其中 eq1, eq2 为微分方程的表达式, cond1, cond2 为微分方程的初始条件或边界条件, v 为微分方程表达式中的自变量.

在表达式中, 用字母 D 表示求微分, 即 $\dfrac{\mathrm{d}}{\mathrm{d}x}$; D2, D3 等表示求高阶微分, 即 $\dfrac{\mathrm{d}^2}{\mathrm{d}x^2}$, $\dfrac{\mathrm{d}^3}{\mathrm{d}x^3}$; 任何 D 后所跟字母为因变量, 即 Dy 表示 $\dfrac{\mathrm{d}y}{\mathrm{d}x}$.

在初始/边界条件 cond 中, 由方程 y(a)=b 或 Dy(a)=b 表示方程初始/边界值, 其中 y 为因变量, a 和 b 为常数. 当初始条件的个数少于因变量的个数时, 在其计算结果中包含常数 C1, C2 等项.

如果自变量 v 缺省, 则表示方程的自变量为 t.

例 2.2 求 $\dfrac{\mathrm{d}u}{\mathrm{d}t} = 1 + u - t$ 的通解.

解 命令 dsolve('Du=1+u-t', 't'), 结果为

ans =

t+exp(t)*C1

即

$$u = t + C\mathrm{e}^t.$$

例 2.3 求下列微分方程:

$$\begin{cases} \dfrac{\mathrm{d}^2 y}{\mathrm{d}x^2} + 4\dfrac{\mathrm{d}y}{\mathrm{d}x} + 12y = 0, \\ y(0) = 0, \ y'(0) = 5 \end{cases}$$

的特解.

解 命令

y=dsolve('D2y+4*Dy+12*y=0', 'y(0)=0, Dy(0)=5', 'x')

结果为

y =

5/4*2^(1/2)*exp(-2*x)*sin(2*2^(1/2)*x)

即

$$y = \frac{5\sqrt{2}}{4} \sin(2\sqrt{2}\,x)\,\mathrm{e}^{-2x}.$$

例 2.4　求下列微分方程组:

$$\begin{cases} \dfrac{\mathrm{d}x}{\mathrm{d}t} = 2x - 3y + 3z, \\[2mm] \dfrac{\mathrm{d}y}{\mathrm{d}t} = 4x - 5y + 3z, \\[2mm] \dfrac{\mathrm{d}z}{\mathrm{d}t} = 4x - 4y + 2z \end{cases}$$

的特解.

解　令

```
[x,y,z]=dsolve('Dx=2*x-3*y+3*z',...
               'Dy=4*x-5*y+3*z', 'Dz=4*x-4*y+2*z')
```

结果为

```
x =
C2*exp(-t)+C3*exp(2*t)
y =
C2*exp(-t)+C3*exp(2*t)+exp(-2*t)*C1
z =
C3*exp(2*t)+exp(-2*t)*C1
```

即

$$\begin{cases} x(t) = C_2\mathrm{e}^{-t} + C_3\mathrm{e}^{2t}, \\[2mm] y(t) = C_2\mathrm{e}^{-t} + C_3\mathrm{e}^{2t} + C_1\mathrm{e}^{-2t}, \\[2mm] z(t) = C_3\mathrm{e}^{2t} + C_1\mathrm{e}^{-2t}. \end{cases}$$

当 dsolve 无法求出解析解, 则会给出如下警告:

```
Warning: explicit solution could not be found
```

而且返回值为空.

2.7.2　微分方程 (组) 的数值解

对于某些稍复杂的常微分方程 (组), 使用 dsolve 命令是无法得到它的解析解的, 因此, 需要求出它的数值解.

本小节介绍的 MATLAB 函数是针对微分方程 (组) 初值问题而言的. 所谓初值问题就是方程具有如下形式:

$$\begin{cases} \dfrac{\mathrm{d}x}{\mathrm{d}t} = f(t, x), \\[2mm] x(t_0) = x_0, \end{cases} \tag{2.102}$$

其中变量 x 既可以是纯量, 也可以是向量. 如果是向量, 则表示微分方程组.

求微分方程初值问题 (2.102) 的命令格式如下:

```
[t, x] = solver(odefun, tspan, x0)
[t, x] = solver(odefun, tspan, x0, options)
```

其中 solve 为下列函数:

```
ode45, ode23, ode113, ode15s, ode23s, ode23t, ode23bt
```

之一.

在命令中, 参数 odefun 是微分方程 (2.102) 中的 $f(t, x)$. tspan 是一个二维向量, 表示求数值解的区间, 即 tspan=[t0, tf], 其中 t0 表示区间的起点, 也就是 t_0, tf 为区间的终点. x0 为因变量的初值, 即 x_0. options 用于设定某些可选参数.

1. 各种函数的特点

求解微分方程数值解的函数 ode45, ode23, ode113, ode15s, ode23s, ode23t 和 ode23bt 有不同的适用范围, 表 2.3 列出了它们所解问题的类型、求解精度和使用方法.

表 2.3 求初值问题计算函数、适用问题、求解精度和求解方法

函数名	问题类型	阶的精确度	如何使用
ode45	非刚性问题	中等	首先尝试此函数
ode23	非刚性问题	低	低精度容差或适度刚性问题
ode113	非刚性问题	从低至高	高精度容差
ode15s	刚性问题	从低至中	如果 ode45 求解很慢
ode23s	刚性问题	低	低精度容差的线性刚性系统
ode23t	适度刚性问题	低	问题是适度刚性的
ode23bt	刚性问题	低	用低精度容差求解刚性系统

例 2.5 *求微分方程初值问题*

$$\frac{\mathrm{d}x}{\mathrm{d}t} = x - 2\frac{t}{x}, \quad x(0) = 1, \quad 0 < t < 4 \tag{2.103}$$

的数值解.

解 对于微分方程, 可以选择函数 ode45() 求其数值解. 输入

```
odefun = inline('x-2*t./x', 't', 'x');
[t, x] = ode45(odefun, [0, 4], 1); [t'; x']
```

得到

```
ans =   Columns 1 through 10
              0     0.0502     0.1005     0.1507    ......
         1.0000     1.0490     1.0959     1.1408    ......
        Columns 41 through 45
         3.8010     3.8507     3.9005     3.9502     4.0000
         2.9333     2.9503     2.9672     2.9839     3.0006
```

微分方程初值问题 (2.103) 的准确解为 $x = \sqrt{1 + 2t}$, $x(4) = 3$, 其误差为 0.0006.

2. 刚性问题与非刚性问题

所谓刚性 (stiff) 问题是针对微分方程组而言的. 如果线性系统

$$\frac{\mathrm{d}x}{\mathrm{d}t} = Ax(t) + g(t),\tag{2.104}$$

其中 x 与 g 为 n 维向量函数, A 为 n 阶矩阵. 若 A 的特征值 λ_i 满足 $\Re(\lambda_i) < 0$ 且

$$s = \frac{\max\limits_{1 \leqslant i \leqslant n} |\Re(\lambda_i)|}{\min\limits_{1 \leqslant i \leqslant n} |\Re(\lambda_i)|} \gg 1,$$

则称系统 (2.104) 为刚性方程, 称 s 为刚性比.

对于一般非线性系统

$$\frac{\mathrm{d}x}{\mathrm{d}t} = f(t, x),\tag{2.105}$$

其中 x 与 f 为 n 维向量函数. 可以用 $f(t, x)$ 在 x 处的 Jacobi 矩阵 $J(t) = \dfrac{\partial f}{\partial x}$ 的特征值来定义系统是否是刚性的.

由表 2.3 可知, 共有三个函数 ode45, ode23 和 ode113 适合求解非刚性问题.

例 2.6 用函数 ode45() 求解 Lorenz 模型

$$\begin{cases} x_1'(t) = -\beta x_1(t) + x_2(t)x_3(t), \\ x_2'(t) = -\sigma x_2(t) + \sigma x_3(t), \\ x_3'(t) = -x_1(t)x_2(t) + \rho x_2(t) - x_3(t), \end{cases}$$

其中 $\sigma = 10$, $\rho = 28$, $\beta = \dfrac{8}{3}$ 且初值为 $x_1(0) = x_2(0) = 0$, $x_3(0) = \varepsilon$, ε 为一个小常数, 假设 $\varepsilon = 10^{-10}$ 且 $0 \leqslant t \leqslant 100$.

解 首先建立描述微分方程组的外部函数 (函数名: lorenz.m)

```
function xdot = lorenz(t, x)
    xdot = [-8/3*x(1)+x(2)*x(3);
            -10*x(2)+10*x(3);
            -x(1)*x(2)+28*x(2)-x(3)];
```

再调用 ode45() 求解. 输入

```
[t, x] = ode45(@lorenz, [0 100], [0 0 1e-10]);
% 绘出相空间三维图曲线
plot3(x(:,1), x(:,2), x(:,3));
axis([10 40 -20 20 -20 20]);
```

在程序中, 函数 plot3() 是画出三维曲线. 函数 axis() 是控制坐标轴的范围[①]. 运

---

① 关于这类函数的进一步介绍, 请参见附录 A.

行后得到相空间三维图曲线, 如图 2.22 所示.

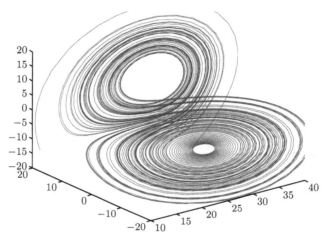

图 2.22　Lorenz 相空间三维图曲线

对于刚性问题, 用函数 ode45() 求解效率较低, 需要调用函数 ode15s().

例 2.7　分别用函数 ode45() 和函数 ode15s() 求解刚性问题

$$\begin{cases} \dfrac{\mathrm{d}x_1}{\mathrm{d}t} = -2x_1 + x_2 + 2\sin t, \\ \dfrac{\mathrm{d}x_2}{\mathrm{d}t} = 998x_1 - 999x_2 + 999(\cos t - \sin t), \\ x_1(0) = 2, \ x_2(0) = 3. \end{cases} \tag{2.106}$$

分析两个函数的计算效率.

解　微分方程组 (2.106) 可以写成式 (2.104) 的形式, 其中系数矩阵 A 为

$$A = \begin{bmatrix} -2 & 1 \\ 998 & -999 \end{bmatrix}.$$

矩阵的两个特征值分别为 $\lambda_1 = -1$ 和 $\lambda_2 = -1000$, 其刚性比 $s = 1000 \gg 1$. 因此, 微分方程组 (2.106) 是刚性方程. 如果将 ode45 等用于非刚性方程的函数求解, 则其计算效率会很低. 这时就需要用适用刚性方程求解的函数, 如 ode15s.

编写函数文件 (文件名: stiff.m)

```
function dx = stiff(t, x)
dx = [-2*x(1)+x(2)+2*sin(t);
      998*x(1)-999*x(2)+999*(cos(t)-sin(t))];
```

分别用函数 ode45 和函数 ode15s 求方程在区间 $[0,10]$ 上的数值解, 其命令格式如下:

```
[t_45,x_45]=ode45(@stiff, [0 10], [2 3]);
[t_15s,x_15s]=ode15s(@stiff, [0 10], [2 3]);
```

分析计算效率. 由于 `length(x_45)=12061`, 而 `length(x_15s)=49`, 所以后者的
效率是前者的 246.143 倍.

最后画出方程解的时间曲线与相空间曲线, 相应的命令如下:

```
plot(t_15s, x_15s(:,1), 'b-', t_15s, x_15s(:,2), 'r--')
figure; plot(x_15s(:,1), x_15s(:,2));
```

所画图形如图 2.23 所示.

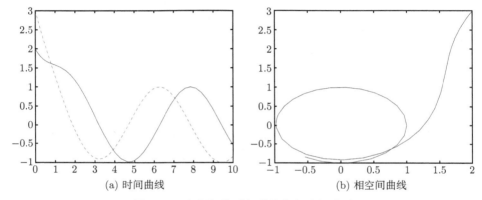

(a) 时间曲线   (b) 相空间曲线

图 2.23   方程解的时间曲线与相空间曲线

3. 求解高阶微分方程

求解高阶微分方程的方法是将高阶方程化成等价的一阶微分方程组, 然后再求
解相应的微分方程组, 从而得到数值解.

例 2.8   求解描述振荡器的经典的 van der Pol 微分方程

$$\begin{cases} \dfrac{\mathrm{d}^2 y}{\mathrm{d}t^2} - \mu\left(1 - y^2\right)\dfrac{\mathrm{d}y}{\mathrm{d}t} + y = 0, \\ y(0) = 1, \ y'(0) = 0. \end{cases}$$

解   令 $x_1 = y$, $x_2 = \dfrac{\mathrm{d}y}{\mathrm{d}t}$, 则二阶微分方程转化为一阶微分方程组

$$\begin{cases} \dfrac{\mathrm{d}x_1}{\mathrm{d}t} = x_2, \\ \dfrac{\mathrm{d}x_2}{\mathrm{d}t} = \mu(1 - x_1^2)x_2 - x_1, \\ x_1(0) = 1, \ x_2(0) = 0. \end{cases}$$

编写函数文件 (文件名: `vanderpol.m`)

```
function xprime = vanderpol(t, x, mu)
xprime = [x(2); mu*(1-x(1)^2)*x(2)-x(1)];
```

求解方程的命令为

```
mu=5;
[t,x]=ode45(@(t, x) vanderpol(t, x, mu), [0 40], [1 0]);
plot(t, x(:,1), 'b-', t, x(:,2), 'r--')
```

于是得 $x(t)$(实线), $x'(t)$(虚线) 的关系图, 如图 2.24 所示.

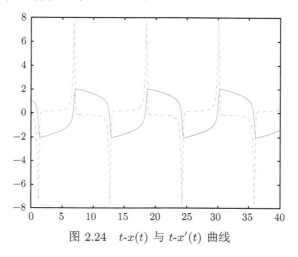

图 2.24 t-$x(t)$ 与 t-$x'(t)$ 曲线

注意: 在函数 ode45 中, @(t, x) vanderpol(t, x, mu) 是调用带有参数的使用方法, 其他函数在调用带有参数的函数时, 也可以使用同样的方法.

对于 van der Pol 方程, 当 μ 很大 (如 $\mu = 1000$) 时, 得到的方程组是刚性方程, 需要调用函数 ode15s() 求数值解.

4. 设置和修改可选参数

在前面的计算中, 函数计算时所选参数均是默认值, 有时需要根据问题的求解需求设置不同的精度要求, 这时需要用户对参数进行设置或修改. 设置或修改参数的函数为 odeset().

函数 odeset() 的使用格式如下:

```
options = odeset('name1', value1, 'name2', value2, ...)
```

其中 name 为名称, value 为相应的值. 关于 options 的选项名、选项说明和选项值 (包括缺省值) 由表 2.4 列出.

例如, 需要设置计算的相对误差和绝对误差, 则命令格式为

```
options=odeset('reltol', rt, 'abstol', at)
```

其中 rt, at 分别为设定的相对误差和绝对误差. 在缺省状态下, 相对误差为 10^{-3}, 绝对误差为 10^{-6}.

表 2.4   odeset( ) 函数选项说明表

选项名	选项说明	选项值 { 缺省值 }
RelTol	相对误差限	正实数或正向量 {1e-3}
AbsTol	绝对误差限	正实数或正向量 {1e-6}
NormControl	解向量相对误差控制	on | {off}
Refine	细化输出因子	正整数
OutputFcn	可调用的输出函数	函数
OutputSel	输出选择指标	整数向量
Stats	显示计算成本统计	on | {off}
Jacobian	Jacobi 函数	函数 | 常数矩阵
JPattern	Jacobi 稀疏模式	稀疏矩阵
Vectorized	向量 ODE 函数	on | {off}
Events	设置事件	on | {off}
InitialSlope	初始斜率相容性	向量
InitialStep	建议初始步长	正数
MaxStep	步长的上界	正数
BDF	在使用 ode15s 时使用向后差分公式	on | {off}
MaxOrder	ode15s 的最大阶	1 | 2 | 3 | 4 | {5}

例 2.9   *求微分方程组初值问题*

$$\begin{cases} \dfrac{\mathrm{d}x}{\mathrm{d}t} = rx - axy, \\[2mm] \dfrac{\mathrm{d}y}{\mathrm{d}t} = -sy + bxy, \\[2mm] x(0) = x_0, \quad y(0) = y_0, \end{cases} \tag{2.107}$$

其中 $r = 2$, $s = 1$, $a = 1$, $b = 1$.

选用 ode45( ) 函数计算, 其相对误差限为 10^{-4}, 绝对误差限为 10^{-6}, 分别画出初值条件为 $[x_0, y_0] = [1, 0.3], [1, 0.5], [1, 0.7], [1, 0.9]$ 和 $[1, 1.1]$ 解的相平面轨迹图.

解   输入

```
odefun = inline('[2*x(1)-x(1)*x(2); -x(2)+x(1)*x(2)]', ...
                't', 'x');
options = odeset('reltol', 1e-4, 'abstol', 1e-6, ...
                'outputfcn', 'odephas2');
hold on
axis([0 4 0 6]); xlabel('x'); ylabel('y');
```

```
[t, x] = ode45(odefun, [0 5], [1 0.3], options);
[t, x] = ode45(odefun, [0 5], [1 0.5], options);
[t, x] = ode45(odefun, [0 5], [1 0.7], options);
[t, x] = ode45(odefun, [0 5], [1 0.9], options);
[t, x] = ode45(odefun, [0 5], [1 1.1], options);
hold off
```

在上述命令中, odephas2 表示绘出两分量的二维相平面; hold on 表示在一张图上绘多条曲线; axis([0 4 0 6]) 表示 x 轴的范围为 0~4, y 轴的范围为 0~6. 绘出图形如图 2.25 所示.

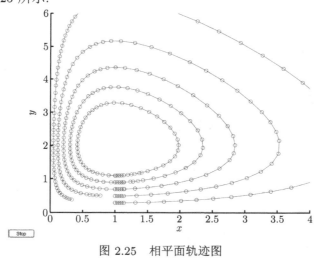

图 2.25　相平面轨迹图

2.8　实例分析 —— 油气产量和可开采储量的预测问题

本节介绍用 MATLAB 软件求解与微分方程有关的实际问题.

2.8.1　问题的提出

油气田开发试验表明, 准确预测油气产量和可开采储量, 对石油工作者来说, 始终是一项既重要又困难的工作. 1995 年, 有人通过对国内外一些油气田开发资料的研究得出结论: 油气田的产量与累积产量之比 $r(t)$ 与其开发时间 t 存在着半对数关系

$$\ln r(t) = A - Bt, \tag{2.108}$$

其中 $A > 0$, $B > 0$.

根据某气田 1957 ~ 1976 年共 20 个年度的产气量数据 (表 2.5), 建立该气田的产量预测模型, 并将预测值与实际值进行比较.

表 2.5　1957～1976 年的产气量数据表

年份	1957	1958	1959	1960	1961	1962	1963
产量/$(10^8\,\mathrm{m}^3)$	19.0	43.0	59.0	82.0	92.0	113.0	138.0
年份	1964	1965	1966	1967	1968	1969	1970
产量/$(10^8\,\mathrm{m}^3)$	148.0	151.0	157.0	158.0	155.0	137.0	109.0
年份	1971	1972	1973	1974	1975	1976	
产量/$(10^8\,\mathrm{m}^3)$	89.0	79.0	60.0	53.0	92.0	45.0	

2.8.2　模型假设

模型假设如下:

(1) 设油气田的累积产量为 N, 当开采开发时间为 t 时, 油气田产量增长率为 $r(t)$, 即它随时间 t 变化;

(2) 油气田的产量与累积产量之比与其开发时间存在着对数关系 (2.108).

2.8.3　模型建立

将指数增长模型 (Malthus 模型) 用于油气产量的预测, 于是得到累积产量 N 的关系式

$$\frac{\mathrm{d}N}{\mathrm{d}t} = r(t)N. \tag{2.109}$$

如果开发时间 t 以年为单位, 则油气田的年产量为 $Q = \dfrac{\mathrm{d}N}{\mathrm{d}t}$, 方程 (2.109) 可改写为

$$\frac{Q}{N} = r(t).$$

问题的关键是寻找油气田产量的增长率 $r(t)$. 由假设 (2) 得到

$$\ln \frac{Q}{N} = A - Bt, \tag{2.110}$$

或改写成

$$\frac{Q}{N} = \mathrm{e}^A \cdot \mathrm{e}^{-Bt} = a\mathrm{e}^{-bt}, \tag{2.111}$$

其中 $a = \mathrm{e}^A$, $b = B$.

设油气田的可开采储量为 N_r, 相对应的开发时间为 t_r, 由此便得到预测油气产量的微分方程

$$\begin{cases} \dfrac{\mathrm{d}N}{\mathrm{d}t} = a\mathrm{e}^{-bt}N, \\ N(t_r) = N_r. \end{cases} \tag{2.112}$$

这是一个可分离变量的方程, 很容易得到它的解析解

$$N = N_r \exp\left[\frac{a}{b}\left(\exp(-bt_r) - \exp(-bt)\right)\right].$$

当然, 也可以用 MATLAB 软件求其解析解, 相应的命令如下:

```
N=dsolve('DN=a*exp(-b*t)*N', 'N(tr)=Nr', 't')
simplify(N)
```

由于 t_r 很大, $e^{-bt_r} \approx 0$, 所以得到预测油气田累积产量的模型为

$$N = N_r \exp\left[-\frac{a}{b} \exp(-bt)\right]. \tag{2.113}$$

对式 (2.113) 两边求导数, 并注意到 $Q = \dfrac{\mathrm{d}N}{\mathrm{d}t}$, 由此得到油气田年产量的预测模型为

$$Q = a\, N_r \exp\left[-\frac{a}{b} \exp(-bt) - bt\right]. \tag{2.114}$$

为了确定油气田的可开采储量 N_r, 对式 (2.113) 两边取对数得

$$\ln N = \alpha - \beta x, \tag{2.115}$$

其中 $\alpha = \ln N_r$, $\beta = \dfrac{a}{b}$, $x = \mathrm{e}^{-bt}$.

2.8.4 求解过程

应用 MATLAB 软件进行求解.

第 1 步 根据油气田实际生产数据, 利用线性回归方法求得截距 A 和斜率 $-B$, 进而计算出 a 和 b 的值.

```
% 输入数据
t=[1:20];
data=[ 19.0  43.0  59.0  82.0  92.0 113.0 138.0 ...
      148.0 151.0 157.0 158.0 155.0 137.0 109.0 ...
       89.0  79.0  70.0  60.0  53.0  45.0];

% 计算油气田的累积产量和产量与累积产量之比
N(1)=data(1); r(1)=1;
for i=2:20
   N(i)=N(i-1)+data(i);
   r(i)=data(i)/N(i);
end

% 计算截距 A 和斜率 B
n=1; p=polyfit(t, log(r), n);
A=p(2); B=-p(1);

% 计算系数 a 和 b
a=exp(A); b=B;
```

上面程序中的 p=polyfit(x,y,n) 为曲线拟合命令, 其中 x 为自变量, y 为因变量, n 为要拟合的阶数, p 对应阶的系数, 由高往低排. 在这里, n=1 表示线性拟合.

第 2 步　计算出不同时间的 $x(= e^{-bt})$ 和 $\ln N$, 并由式 (2.115) 进行与 x 的线性回归[1], 求得截距 α 和斜率 β, 然后计算出油气田的可采储量 $N_r = e^{\alpha}$.

```
x=exp(-b*t); z=log(N);      % 作变换
p1=polyfit(x, z, 1);         % 作线性回归
alpha=p1(2); beta=-p1(1);    % 计算系数 alpha 和 beta
Nr = exp(alpha);             % 计算油气田的可采储量
```

第 3 步　将 a, b 和 N_r 的值代入式 (2.113) 和式 (2.114) 中, 便可得到预测油气田的累积产量和年产量, 并画出相应曲线.

```
% 预测累积产量
YN = Nr*exp(-a/b*exp(-b*t));
% 预测年产量
YQ =a* Nr*exp(-a/b*exp(-b*t)-bt);
% 累积产量预测值(实线)与实际值(虚线)
plot(t, YN, 'b-', t, N, 'r--')
% 年产量预测值(实线)与实际值(虚线)
figure; plot(t, YQ, 'b-', t, data, 'r--')
```

上述程序写在 oil.m 的文件中, 所绘曲线如图 2.26 所示. 可以看出, 预测结果是令人满意的.

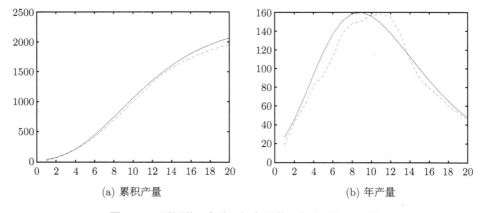

(a) 累积产量　　　　　　　　　　　　(b) 年产量

图 2.26　预测值 (实线) 与实际值 (虚线) 的对照图

---

[1] 第 8 章将系统地介绍线性回归模型与求解方法, 这里仅介绍用 MATLAB 软件作计算.

习 题 2

1. 求下列一阶微分方程稳定的平衡点, 并根据凹凸性绘出方程解的草图:

(1) $\dfrac{\mathrm{d}x}{\mathrm{d}t} = x^2 - 1$; (2) $\dfrac{\mathrm{d}x}{\mathrm{d}t} = x(x-2)(x-4)$; (3) $\dfrac{\mathrm{d}x}{\mathrm{d}t} = 16 - x^4$.

2. 找出下列自治系统的平衡点, 并进行分类:

(1) $\begin{cases} \dfrac{\mathrm{d}x}{\mathrm{d}t} = 2y, \\ \dfrac{\mathrm{d}y}{\mathrm{d}t} = -3x; \end{cases}$ (2) $\begin{cases} \dfrac{\mathrm{d}x}{\mathrm{d}t} = -(y-1), \\ \dfrac{\mathrm{d}y}{\mathrm{d}t} = x - 2; \end{cases}$ (3) $\begin{cases} \dfrac{\mathrm{d}x}{\mathrm{d}t} = -y(y-1), \\ \dfrac{\mathrm{d}y}{\mathrm{d}t} = (x-1)(y-1). \end{cases}$

3. 绘出下列自治系统相应的轨线, 并标出随 t 增加的运动方向, 确定平衡点, 并按稳定的、渐近稳定的或不稳定的进行分类:

(1) $\begin{cases} \dfrac{\mathrm{d}x}{\mathrm{d}t} = x, \\ \dfrac{\mathrm{d}y}{\mathrm{d}t} = y; \end{cases}$ (2) $\begin{cases} \dfrac{\mathrm{d}x}{\mathrm{d}t} = -x, \\ \dfrac{\mathrm{d}y}{\mathrm{d}t} = 2y; \end{cases}$ (3) $\begin{cases} \dfrac{\mathrm{d}x}{\mathrm{d}t} = y, \\ \dfrac{\mathrm{d}y}{\mathrm{d}t} = -2x; \end{cases}$ (4) $\begin{cases} \dfrac{\mathrm{d}x}{\mathrm{d}t} = -x + 1, \\ \dfrac{\mathrm{d}y}{\mathrm{d}t} = -2y. \end{cases}$

4. 一个片子上的一群病菌趋向于繁殖成一个圆菌落. 设病菌的数目为 N, 单位成员的增长率为 r_1, 则由 Malthus 生长律有 $\dfrac{\mathrm{d}N}{\mathrm{d}t} = r_1 N$. 但是, 处于周界表面的那些病菌由于寒冷而受到损伤, 它们死亡的数量与 $N^{\frac{1}{2}}$ 成比例, 其比例系数为 r_2. 求 N 满足的微分方程. 不用求解, 图示其解族. 方程是否有平衡解? 如果有, 是否为稳定的?

5. 考虑单种群开发模型

$$\frac{\mathrm{d}x}{\mathrm{d}t} = r\left(1 - \frac{x}{N}\right)x - Ex.$$

(1) 在不求解的情况下, 绘出其解族曲线;

(2) 用数学表达式证明最优捕捞率 $E^* = \dfrac{r}{2}$.

6. 设渔场鱼量自然增长服从 Compertz 模型

$$\frac{\mathrm{d}x}{\mathrm{d}t} = rx\ln\frac{N}{x},$$

其中 r, N 的意义与 Logistic 模型相同. 若单位时间内的捕捞量为 $h = Ex$, 则讨论鱼量的平衡点及其稳定性, 求最大持续产量 h_{m}, 此时的捕捞强度 E_{m} 和鱼量水平 x_0^*.

7. 荷兰数学生物学家 Verhulst 于 1837 年提出了 Malthus 模型的改进模型. 设种群数量为 p, 种群的增长与种群的数量成正比, 其增长率为 a, 但种群之间为了得到食物而进行竞争, 每单位时间内种群之间发生冲突的次数与 p^2 成比例, 其比例系数为 b, 由此得到一个初值问题

$$\begin{cases} \dfrac{\mathrm{d}p}{\mathrm{d}t} = ap - bp^2, \\ p(t_0) = p_0. \end{cases} \tag{2.116}$$

(1) 求微分方程 (2.116) 的解析解, 并证明当 $t \to \infty$ 时有 $p(t) \to \dfrac{a}{b}$;

(2) 选择使 $t_1 - t_0 = t_2 - t_1$ 的三个时间 t_0, t_1 和 t_2, 证明由 $(t_i, p(t_i))$ $(i = 0, 1, 2)$, 根据式 (2.116) 可唯一确定 a 和 b;

(3) 设 $\bar{t}$ 为达到极限总数一半所需的时间, 证明

$$p(t) = \frac{\frac{a}{b}}{1 + e^{a(t - \bar{t})}}.$$

8. 假设某群体对流行病十分敏感, 该群体总数为 $P(t)$, 可用下面的方式建立模型. 设该群体最初受 Logistic 律

$$\frac{\mathrm{d}P}{\mathrm{d}t} = aP - bP^2 \tag{2.117}$$

控制, 并且一旦 P 达到某个小于极限总数 $\frac{a}{b}$ 的特定值 Q, 则流行病开始传播, 此阶段中系数 $A < a$, $B < b$, 并且模型 (2.117) 被模型

$$\frac{\mathrm{d}P}{\mathrm{d}t} = AP - BP^2 \tag{2.118}$$

所代替, 假设 $Q > A/B$. 于是群体开始减少, 当减少到某值 $q(> A/B)$ 时, 流行病停止传播, 群体又开始遵循模型 (2.117) 而增长, 直到新的流行病发生. 这样在 q 与 Q 之间, P 发生周期性的波动, 整个周期的时间为 $T_1 + T_2$, 当 P 从 q 增长到 Q 的时间记为 T_1, 而 P 从 Q 减少到 q 的时间为 T_2, 试求 T_1 和 T_2 的表达式.

9. 如果在食饵–捕食者系统中, 捕食者掠食的对象只是成年的食饵, 而未成年的食饵因体积小而免遭捕获. 在适当的假设下建立这三者之间的关系, 并求其平衡点.

10. 1926 年, Volterra 提出了两个物种为共同的、有限的食物来源而竞争的模型

$$\begin{cases} \dfrac{\mathrm{d}x_1}{\mathrm{d}t} = [b_1 - \lambda_1(h_1 x_1 + h_2 x_2)]x_1, \\ \dfrac{\mathrm{d}x_2}{\mathrm{d}t} = [b_2 - \lambda_2(h_1 x_1 + h_2 x_2)]x_2. \end{cases}$$

假设 $\dfrac{b_1}{\lambda_1} > \dfrac{b_2}{\lambda_2}$, 称 $\dfrac{b_i}{\lambda_i}$ 为物种 i 对食物不足的敏感度.

(1) 证明当 $x_1(t_0) > 0$ 时, 物种 2 最终要灭亡;

(2) 用图形分析方法来说明物种 2 最终要灭亡.

11. 考虑 Volterra 改进模型 (2.55), 证明当 $\mu_1, \mu_2 > 0$ 时, 它的非零的平衡点是稳定的.

12. 一种耐用的新产品进入市场后, 一般会经过一个销售量先不断增加, 然后逐渐下降的过程, 称之为产品的生命周期 (product life cycle, PLC), 其中有一种为钟形. 试建立相应的微分方程模型并分析此现象.

13. 对消费者选择模型 (2.70) 进行修改, 将模型推广到消费者购买 m (> 2) 种商品的情形, 在此情况下, 得到的结论是什么?

14. 若 $k = 0.05\mathrm{h}^{-1}$, 并且最高安全浓度等于最低有效浓度乘以 e, 求两次用药间隔的时间长度, 以保证安全有效的浓度. 这些信息是否能够确定每次的用药剂量? 如果可以, 试确定相应的用药剂量.

15. 每到常规的时间间隔 T 的时刻, 给病人用一次 Q 剂量的药物. 实验表明, 血液中的药物浓度满足方程

$$\frac{\mathrm{d}C}{\mathrm{d}t} = -k\mathrm{e}^C.$$

(1) 设 R_n 为第 n 次用药后血液中药物浓度的残留余量, 试按照 2.6.1 小节的方法, 导出 R_n 的表达式, 并求 $R = \lim\limits_{n\to\infty} R_n$ 的表达式;

(2) 假设药物在低于浓度 L 时无效, 高于某个浓度 H 时有害, 试求对于药物在血液中的安全有效浓度情况下的用药间隔时间 T.

16. 考虑微分方程组

$$\begin{cases} \dfrac{\mathrm{d}x_1}{\mathrm{d}t} = ax_1 + bx_2, & x_1(0) = 1, \\ \dfrac{\mathrm{d}x_2}{\mathrm{d}t} = -bx_1 + ax_2, & x_2(0) = 1, \end{cases} \quad t \in [0, 10\pi].$$

(1) 分别取 $(a, b) = (0.1, 1), (0.1, -1), (-0.1, 1), (-0.1, -1)$, 用 MATLAB 软件求该微分方程的解析解, 写出相应的数学表达式;

(2) 分别取 $(a, b) = (0.1, 1), (0.1, -1), (-0.1, 1), (-0.1, -1)$, 用 MATLAB 软件得到相应的数值解, 并在 x_1-x_2 平面上画出相应的的图形 (相轨图);

(3) 用得到的解析表达式和相轨图, 对问题的解进行分析, 写出所得到的结论 (感想或体会).

17. 了解刚性方程组, 并考虑不同的求解方法对于刚性方程的效果. 考虑问题

$$\begin{cases} \dfrac{\mathrm{d}x}{\mathrm{d}t} = -2000x + 999.75y + 1000.25, \\ \dfrac{\mathrm{d}y}{\mathrm{d}t} = x - y, \\ x(0) = 0, \quad y(0) = -2. \end{cases}$$

(1) 用函数 ode45() 求解, t 的区间为 $[0,100]$;

(2) 用函数 ode15s() 求解, t 的区间为 $[0,100]$.

18. 考虑单种群开发模型

$$\begin{cases} \dfrac{\mathrm{d}x}{\mathrm{d}t} = r\left(1 - \dfrac{x}{N}\right)x - Ex, \\ x(0) = x_0. \end{cases}$$

(1) 假设 $r = 0.1$, $N = 100$, 分别取 $x_0 = 10, 20, 30, 40, 50, 60, 70, 80, 90, 100$, $E = \dfrac{1}{3}r$, 用 MATLAB 软件求单种群开发模型的数值解, 并画出 10 个不同初值下的 10 条 t-$x(t)$ 曲线图 (要求将 10 条曲线画在一张图上);

(2) 分别取 $E = \dfrac{1}{2}r$, $E = \dfrac{2}{3}r$, 重复 (1) 的过程, 再画两张相应的曲线图;

(3) 结合微分方程的稳定性理论, 分析得到的三张曲线图, 那么所得数值计算结果与理论分析结果是相同的吗?

19. 蝴蝶效应与混沌解.

(1) 考虑例 2.6 中的 Lorenz 模型, 用函数 ode45() 求解, 并画出 x_2-x_1, x_2-x_3 和 x_3-x_1 的平面图;

(2) 适当地调整参数 σ, ρ, β 值和初始值 $x_1(0), x_2(0), x_3(0)$, 重复 (1) 的工作, 看有什么现象发生.

提示: (1) 这种现象称为蝴蝶效应, 其解为混沌解;

(2) 最好编写带有参数的 Lorenz 函数, 这样在调用时比较方便.

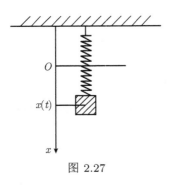

图 2.27

20. 用微分方程研究共振现象. 设物体沿 x 轴运动 (图 2.27) 其平衡位置取为原点 O, 物体的质量为 1, 在时间 t 的物体的位置为 $x(t)$, 其所受的恢复力 (如弹性力等) 与物体所在位置的坐标成正比, 即 $k^2 x$, 其中常数 k 称为恢复系数. 设运动过程所受的阻力 (由于介质及摩擦等) 与速度成正比, 即 $2h\dfrac{\mathrm{d}x}{\mathrm{d}t}, h > 0$ 称为阻尼系数.

(1) 根据 Newton 第二定律, 建立相应的微分方程. 不妨设初始位置为 1, 初始速度为 0, 取 $k = 2, h = 0$(当 $h = 0$ 时, 称为简谐振动的方程) 和 $h = 0.1$, 用 MATLAB 软件得到相应的数值解, 并在 t-x 平面上画出 $x(t)$ 的图形;

(2) 如果物体还受到附加外力的干扰, 并且外力是一个依赖于时间 t 的函数 $f(t)$(设 $f(t) = B\sin\omega t$), 建立相应的微分方程 (该方程称为强迫振动方程), 在上述参数不变的情况下, 取振幅 $B = 1$, 分别取 $\omega = 1, 1.2, 1.4, 1.6, 1.8, 2.0, 2.2, 2.4, 2.6, 2.8, 3.0$, 用 MATLAB 软件得到相应的数值解, 并在 t-x 平面上画出 $x(t)$ 的图形;

(3) 分别对上述图形进行分析, 并解释为什么会出现这些现象.

21. 表 2.6 列出的是美国 1790~1980 年的人口统计表.

表 2.6   美国 1790~1980 年的人口统计表   (单位: 百万)

年份	人口	年份	人口	年份	人口
1790	3.9	1860	31.4	1930	123.2
1800	5.3	1870	38.6	1940	131.7
1810	7.2	1880	50.2	1950	150.7
1820	9.6	1890	62.9	1960	179.3
1830	12.9	1900	76.0	1970	204.0
1840	17.1	1910	92.0	1980	226.5
1850	23.2	1920	106.5		

(1) 试用指数增长模型, 按三段时间 $(1790 \sim 1860, 1860 \sim 1910, 1910 \sim 1980)$ 分别确定其增长率 r;

(2) 利用阻滞增长模型, 重新确定固有增长率 r 和最大容量 N_m, 绘出数据散点图和阻滞增长模型的曲线图, 并分析计算结果误差, 再利用该模型预测 1990 年的人口数.

提示: (1) 对于指数增长模型, 可以先取对数, 再用拟合函数 polyfit() 求系数;

(2) 对于阻滞增长模型, 可用非线性拟合函数 lsqcurvefit() 求相应的系数.

22. 一家环保餐厅用微生物将剩余的食物变成肥料. 餐厅每天将剩余的食物制成浆状物, 并与蔬菜下脚及少量纸片混合成原料, 加入真菌菌种后放入容器内. 真菌消化这些混合原料, 变成肥料. 由于原料充足, 肥料需求旺盛, 所以餐厅希望增加肥料产量. 由于无力购置新设备, 于是餐厅希望用增加真菌活力的办法来加速肥料生产. 试通过分析以前肥料生产的记录 (表 2.7), 建立反映肥料生成机理的数学模型, 提出改善肥料生产的建议.

表 2.7 以往的肥料生产记录

泥浆/磅	绿叶菜/磅	纸片/磅	喂入日期	生成堆肥的日期
86	31	0	1990 年 7 月 13 日	1990 年 8 月 10 日
112	79	0	1990 年 7 月 17 日	1990 年 8 月 13 日
71	21	0	1990 年 7 月 24 日	1990 年 8 月 20 日
203	82	0	1990 年 7 月 27 日	1990 年 8 月 22 日
79	28	0	1990 年 8 月 10 日	1990 年 9 月 12 日
105	52	0	1990 年 8 月 13 日	1990 年 9 月 18 日
121	15	0	1990 年 8 月 20 日	1990 年 9 月 24 日
110	32	0	1990 年 8 月 22 日	1990 年 10 月 8 日
82	44	9	1991 年 4 月 30 日	1991 年 6 月 18 日
57	60	6	1991 年 5 月 2 日	1991 年 6 月 20 日
77	51	7	1991 年 5 月 7 日	1991 年 6 月 25 日
52	38	6	1991 年 5 月 10 日	1991 年 6 月 28 日

第3章　线性规划模型

本章介绍线性规划模型. 线性规划是运筹学中最重要的分支之一. 1939 年, 苏联数学家 Kantorovich (坎托罗维奇) 出版了《生产组织与计划中的线性规划模型》一书, 对列宁格勒 (现圣彼得堡) 胶合板厂的计划任务建立了一个线性规划的数学模型, 并提出了 "解乘数法" 的求解方法, 为用数学方法解决管理并使二者结合做出了开创性的工作.

由于战争的需要, 美国的经济学家 Koopmans (柯普曼斯) 重新独立地研究运输问题, 并很快看到了线性规划在经济学中应用的意义. 此后, 线性规划也被人们广泛地用于军事、经济等各个方面.

鉴于 Kantorovich 和 Koopmans 在线性规划方面的突出贡献, 他们一起获得了1975 年的诺贝尔经济学奖.

自 1947 年由美国数学家 Dantzig (丹齐格) 提出了求解一般线性规划问题的方法 —— 单纯形法之后, 线性规划在理论上日益成熟, 在实际中的应用日益广泛与深入. 特别是能用计算机来处理成千上万个变量与约束的大规模问题之后, 它适用的领域更加广泛. 从解决技术问题的最优化, 到工业、农业、商业、交通运输、军事计划、管理和决策分析都可以发挥作用. 它具有适应性强、应用面广、计算较为简单等特点, 是现代管理科学的重要基础和手段之一.

线性规划研究的是在线性不等式或等式的限制条件下, 使得某一线性目标取得最大 (或最小) 的问题. 线性规划解决的问题有在管理中如何有效地利用现有的人力、物力完成更多的任务, 或在预定的任务目标下, 如何耗用最少的人力、物力去实现.

本章首先介绍线性规划的数学模型, 简单介绍求解线性规划的单纯形法. 本章的重点是讨论如何将实际问题建立成线性规划模型, 这些问题包括城市规划、投资、生产计划与库存和下料问题等与实际工作与生活密切相关的问题. 然后, 介绍如何用 LINGO 软件求出模型的解. 最后应用本章所学知识, 对大学生数学建模竞赛问题进行分析与解答.

3.1　线性规划的数学模型

对于许多实际问题, 往往希望能在满足一定条件的情况下, 使目标达到最优 (费用最小、盈利最大或产值最高等), 而经常使用的数学方法就是线性规划. 线性规划问题被广泛地应用于军事决策、经济管理、工程设计等领域. 特别是经济领域的应用更为广泛. 有资料称, 在对 500 家有相当效益的公司所作的评述中, 有 85% 的公司都曾应用了线性规划.

3.1.1 实例

先用一些简单的实例帮助读者了解什么是线性规划模型.

例 3.1 (生产安排问题) 某工厂生产两种产品 —— 产品 I 和产品 II, 生产中用到三种原料 —— A, B 和 C. 每生产一个单位的产品用到的原料使用数量、每种原料的使用上限以及每单位产品的盈利如表 3.1 所示. 试建立生产安排问题的线性规划模型.

表 3.1 单位产品的原料数、原料使用上限及产品单位盈利

原料	产品 I	产品 II	日最大可用量
A	1	2	8
B	1	0	4
C	0	1	3
盈利	2	5	

解 一个线性规划模型通常由三个基本部分组成 —— 决策变量、目标函数和约束条件.

决策变量的恰当定义是模型建立过程中重要的第一步. 一旦决策变量确定之后, 构造目标函数和约束函数的工作就变得非常简单了.

对于生产安排问题, 需要确定两种产品的日生产量. 因此, 对模型的变量作如下定义: 令 x_1 为产品 I 的日生产数量 (单位数), x_2 为产品 II 的日生产数量 (单位数). 因此, 令 z 表示工厂的日总利润, 则公司的目标为

$$\max \quad z = 2x_1 + 5x_2.$$

然后, 构造限制原料用量和产品的需求量的约束条件. 原料限制的语言表达为

生产两种产品的原料用量 ≤ 最大原料可用量,

写成数学表达式为

$$x_1 + 2x_2 \leqslant 8, \quad \text{原料 A},$$
$$x_1 \qquad \leqslant 4, \quad \text{原料 B},$$
$$x_2 \leqslant 3, \quad \text{原料 C}.$$

最后得到完整的线性规划模型

$$
\begin{aligned}
\max \quad & z = 2x_1 + 5x_2, \\
\text{s.t.} \quad & x_1 + 2x_2 \leqslant 8, \\
& x_1 \qquad\quad \leqslant 4, \\
& \qquad\quad x_2 \leqslant 3, \\
& x_1 \geqslant 0, \ x_2 \geqslant 0.
\end{aligned}
\tag{3.1}
$$

例 3.2 (饲料配方问题) 某农场每天至少使用 800kg 混合饲料. 这种混合饲料是由玉米和大豆粉混合而成的, 并含有蛋白质和纤维两种成分. 表 3.2 给出了每种饲料所含成分的数量以及每种饲料的成本. 混合饲料的营养要求是至少 30% 的蛋白质和至多 5% 的纤维. 该农场希望确定每天成本最少的饲料混合, 试建立相应的数学模型.

表 3.2   饲料的成分数量 (g/kg) 和饲料费用 (元/kg)

饲料	蛋白质	纤维	费用
玉米	90	20	3.0
大豆粉	600	60	9.0

解   因为混合饲料是由玉米和大豆粉组成的, 所以对模型的决策变量作如下定义: 令 x_1 为混合饲料中玉米的千克数, x_2 为混合饲料中大豆粉的千克数. 目标函数使得这种混合饲料每天的总成本达到最小, 因此, 数学表达式为

$$
\min \quad z = 3x_1 + 9x_2.
$$

模型的约束反映饲料的日需要量和对营养成分的需求量. 农场一天至少需要混合饲料 800kg, 相应的约束条件可以表示为

$$
x_1 + x_2 \geqslant 800.
$$

对于到蛋白质的营养需求约束, 含在 $x_1$kg 玉米和 $x_2$kg 大豆粉中的蛋白质总量为 $(0.09x_1 + 0.6x_2)$kg. 这个量应至少等于混合饲料总量 $(x_1 + x_2)$ 的 30%, 即

$$
0.09x_1 + 0.6x_2 \geqslant 0.3(x_1 + x_2).
$$

用类似的方法, 纤维的需求至多为 5%, 构造的约束为

$$
0.02x_1 + 0.06x_2 \leqslant 0.05(x_1 + x_2).
$$

下面化简约束. 将变量 x_1 和 x_2 移到不等式的左端, 常数保留在不等式的右端. 因此, 得到完整的模型

$$
\begin{aligned}
\min \quad & z = 3x_1 + 9x_2, \\
\text{s.t.} \quad & x_1 + x_2 \geqslant 800, \\
& 0.21x_1 - 0.30x_2 \leqslant 0, \\
& 0.03x_1 - 0.01x_2 \geqslant 0, \\
& x_1 \geqslant 0, \ x_2 \geqslant 0.
\end{aligned}
\tag{3.2}
$$

在上述两个例子中, 目标函数和约束函数均是线性的, 因此, 称为线性规划. 线性性说明, 线性规划必须满足以下三个基本性质:

(1) 比例性. 这个性质要求每个决策变量无论是在目标函数还是在约束函数中, 其贡献与决策变量的值直接成比例. 例如, 在例 3.1 中, 目标函数中的 $2x_1$ 和 $5x_2$ 是确定的比例常数, 即两种产品的单位利润分别为 2 和 5. 如果给出两种产品的生产数量, 就直接得到工厂的总利润. 另一方面, 当生产安排问题中允许产品的销售量超过某个量时, 可以给出某种程度销售量折扣, 利润则不再与生产量 x_1 和 x_2 成比例, 此时利润函数变成非线性的.

(2) 可加性. 这个性质要求所有变量在目标函数和约束函数中的总贡献等于每个变量各自贡献的直接和. 在例 3.1 中, 总利润等于两个各自利润分量的和. 然而, 如果两种产品在市场的占有份额是竞争的, 即一种产品销售量的增加会影响另一种产品的销售, 则可加性不再满足, 此时模型不再是线性的.

(3) 确定性. 线性规划模型中所有目标函数和约束函数的系数都是确定的. 这意味着它们是已知的常数 —— 这在实际中很少出现, 这里的数据更可能被表示成概率分布. 本质上, 线性规划的系数是概率分布平均值的近似. 如果这些分布的标准差充分小, 则这种近似是可接受的. 大标准差问题可直接地用随机线性规划方法来求解, 而随机方法已超出本书的讲授范畴.

3.1.2 标准形式

上述两个例子给出了线性规划问题的两种形式. 对于一般的线性规划问题可以有更多的形式. 目标函数可以是求极大, 也可以是求极小. 约束条件可以是大于等于, 也可以是小于等于, 还可以是等于. 决策变量可以是非负值, 也可以是负值, 还可以正负不限. 为了便于求解和讨论起见, 对于一般线性规划问题总是先化为标准形式, 然后再予以分析或求解.

本小节给出线性规划的标准形式, 下一小节将介绍如何将非标准形式线性规划问题化为标准形式.

单纯形法所处理的线性规划问题的标准形式为

$$
\begin{aligned}
\min \quad & z = c_1 x_1 + c_2 x_2 + \cdots + c_n x_n, \\
\text{s.t.} \quad & a_{11} x_1 + a_{12} x_2 + \cdots + a_{1n} x_n = b_1, \\
& a_{21} x_1 + a_{22} x_2 + \cdots + a_{2n} x_n = b_2, \\
& \cdots \cdots \\
& a_{m1} x_1 + a_{m2} x_2 + \cdots + a_{mn} x_n = b_m, \\
& x_1 \geqslant 0, x_2 \geqslant 0, \cdots, x_n \geqslant 0,
\end{aligned}
\tag{3.3}
$$

其矩阵形式为

$$
\begin{aligned}
\min \quad & z = c^{\mathrm{T}}x, \\
\mathrm{s.t.} \quad & Ax = b, \\
& x \geqslant 0,
\end{aligned}
\tag{3.4}
$$

其中

$$
c = \begin{bmatrix} c_1 \\ c_2 \\ \vdots \\ c_n \end{bmatrix}, \quad
x = \begin{bmatrix} x_1 \\ x_2 \\ \vdots \\ x_n \end{bmatrix}, \quad
A = \begin{bmatrix} a_{11} & a_{12} & \cdots & a_{1n} \\ a_{21} & a_{22} & \cdots & a_{2n} \\ \vdots & \vdots & & \vdots \\ a_{m1} & a_{m2} & \cdots & a_{mn} \end{bmatrix}, \quad
b = \begin{bmatrix} b_1 \\ b_2 \\ \vdots \\ b_m \end{bmatrix}.
$$

通常称 $z = c^{\mathrm{T}}x$ 为目标函数, c 为目标系数, x 为决策变量, A 为约束系数矩阵, b 为约束右端项.

3.1.3　化成标准形式

从前面的例子可以看出, 线性规划问题并不是都以标准形式出现的, 它可以具有各种形式, 但是它们都可以化为标准形式. 因此, 只讨论标准形式的线性规划即可.

将非标准形式的线性规划问题化为标准形式, 有下面几种情况, 可以用下面的方法处理:

(1) 若目标函数求极大可转化为求极小,

$$
\max z = \sum_{j=1}^{n} c_j x_j \Leftrightarrow \min z' = -\sum_{j=1}^{n} c_j x_j.
$$

(2) 不等式约束转化为等式约束. 约束条件为

$$
\sum_{j=1}^{n} a_{ij} x_j \leqslant b_i \Leftrightarrow
\begin{cases}
\displaystyle\sum_{j=1}^{n} a_{ij} x_j + x_{n+i} = b_i, \\
x_{n+i} \geqslant 0.
\end{cases}
$$

此时, 称 x_{n+i} 为松弛变量; 约束条件为

$$
\sum_{j=1}^{n} a_{ij} x_j \geqslant b_i \Leftrightarrow
\begin{cases}
\displaystyle\sum_{j=1}^{n} a_{ij} x_j - x_{n+i} = b_i, \\
x_{n+i} \geqslant 0.
\end{cases}
$$

此时, 称 x_{n+i} 为剩余变量.

(3) 单纯形算法要求 $b_i \geqslant 0 (i = 1, 2, \cdots, m)$, 因此, 当 $b_i < 0$ 时, 该方程两边同乘 -1.

(4) 若某个 x_j 无限制, 则引进两个非负变量 $x_j' \geqslant 0, x_j'' \geqslant 0$. 令 $x_j = x_j' - x_j''$, 代入目标函数和约束方程中, 化为非负限制.

3.1.4 线性规划的图解法

在介绍求解线性规划问题的数学方法之前, 首先介绍线性规划问题的几何解释 —— 求解线性规划问题的图解法.

图解法的过程包括以下两步:

(1) 确定可行解集;

(2) 从可行解集中找到最优解.

例 3.3 用图解法求解例 3.1 的生产安排问题.

解 模型 (3.1) 给出了例 3.1 的线性规划模型.

(1) 画出可行解集. 首先, 可行解集一定在第一象限上, 因为有非负限制 $x_1 \geqslant 0$ 和 $x_2 \geqslant 0$. 其次, 画直线 $x_1 + 2x_2 = 8$, $x_1 = 4$ 和 $x_2 = 3$. 再次是确定可行解的范围. 选择一个参考点 (为了便于计算, 通常选择 $(0,0)$ 作为参考点), 如果参考点满足不等式约束, 则它所在的一侧的区域是可行的; 否则, 另一侧的区域是可行的. 这样就得到了问题的可行解集, 如图 3.1 所示.

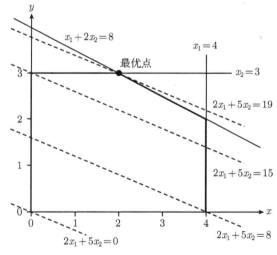

图 3.1 生产安排问题的图解

(2) 确定最优点. 画出等值线 $2x_1 + 5x_2 = z$. 当 z 取不同值时, 得到一族平行的直线. 图 3.1 给出了 $z = 0$, $z = 8$, $z = 15$ 和 $z = 19$ 时的等值线. 注意到当 $z > 19$ 后, 相应的 x 就不是可行解了. 因此, 最优点位于方程 $x_1 + 2x_2 = 8$ 和 $x_2 = 3$ 的交点处. 联立方程得到解 $x_1 = 2, x_2 = 3$, 此时, 目标函数值为 $z^* = 19$.

本题的特点是可行解集有界, 有最优解且最优解唯一.

例 3.4 如果例 3.1 中的利润由 2, 5 改为 1, 2, 再用图解法求解该问题.

解 在新的条件下, 线性规划模型为

$$\max \quad z = x_1 + 2x_2,$$
$$\text{s.t.} \quad x_1 \quad\;\; +2x_2 \leqslant 8,$$
$$x_1 \qquad\quad \leqslant 4,$$
$$x_2 \leqslant 3,$$
$$x_1 \geqslant 0, x_2 \geqslant 0.$$

按照例 3.3 的方法, 画出线性规划问题的可行解集和相应的等值线, 然后确定最优点 (图 3.2).

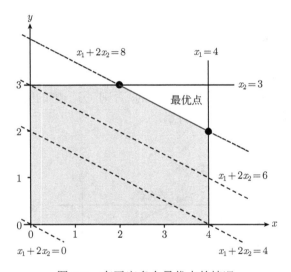

图 3.2　有无穷多个最优点的情况

注意到目标函数的等值线 $x_1 + 2x_2 = 8$ 与约束方程 $x_1 + 2x_2 = 8$ 重叠, 因此, 点 $(2, 3)$ 与点 $(4, 2)$ 之间的线段上的点均是最优点. 当然, 点 $(2, 3)$ 和点 $(4, 2)$ 也是最优点.

本题的特点是可行解集有界, 有无穷个最优解.

例 3.5　用图解法求解例 3.2 的饲料配方问题.

解　先画出可行解集, 再画出等值线, 得到最优点, 如图 3.3 所示. 联立方程

$$\begin{cases} 0.21x_1 - 0.30x_2 = 0, \\ x_1 + x_2 = 800 \end{cases}$$

得到最优点 $x^* = (470.59, 329.41)^{\mathrm{T}}$, 其最优值为 $z^* = 4376.5$.

本题的特点是可行解集无界, 但有最优解.

例 3.6　用图解法求解线性规划问题

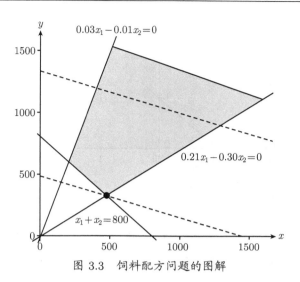

图 3.3 饲料配方问题的图解

$$\max \quad z = 3x_1 + 9x_2,$$
$$\text{s.t.} \quad x_1 + x_2 \geqslant 800,$$
$$0.21x_1 - 0.30x_2 \leqslant 0,$$
$$0.03x_1 - 0.01x_2 \geqslant 0,$$
$$x_1 \geqslant 0, \ x_2 \geqslant 0.$$

解 与例 3.5 对比, 本例只在目标函数上作了改变, 由求极小改为求极大. 注意到可行解集无界, 当 x_1, x_2 增大时, 目标函数值 z 增大. 因此, 问题无有限最优解, 也称为无最优解.

本题的特点是可行解集无界, 无最优解.

例 3.7 用图解法求解线性规划问题

$$\max \quad z = 2x_1 + 2x_2,$$
$$\text{s.t.} \quad x_1 - x_2 \leqslant -1,$$
$$x_1 + x_2 \leqslant -1,$$
$$x_1 \geqslant 0, \ x_2 \geqslant 0.$$

解 考虑区域 $D_1 = \{x|\ x_1 - x_2 \leqslant -1, x_1 + x_2 \leqslant -1\}$ 和区域 $D_2 = \{x|\ x_1 \geqslant 0, x_2 \geqslant 0\}$, 如图 3.4 所示. 由于 $D_1 \bigcap D_2 = \varnothing$, 因此, 问题无可行解, 当然也没有最优解.

本题的特点是无可行解, 即无最优解.

从图解法的 5 个例子 (例 3.3~ 例 3.7) 可以看出, 线性规划问题有以下几种情况:

(1) 有的线性规划问题有一个最优解, 有的有无穷个最优解, 有的没有最优解;

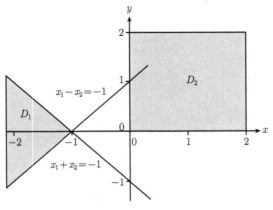

图 3.4　无可行解的情况

(2) 若线性规划问题的最优解存在, 则最优解必在可行解集 D 的某个 "顶点" 处达到;

(3) 若某两个顶点是最优解, 则在这两个顶点的连线上任取一点都是最优解.

上述结论对于一般线性规划问题也是正确的.

3.2　求解线性规划方法 —— 单纯形法

本节介绍求解线性规划的基本方法 —— 单纯形法. 单纯形法所要求解的问题是线性规划的标准形式 (3.3) 或矩阵形式 (3.4). 由前面的讨论可知, 只要得到标准形式的线性规划问题的解, 就可以得到一般线性规划问题的解.

3.2.1　基本单纯形法

定义 3.1　若 x 满足线性规划问题 (3.3) 或 (3.4) 的约束条件, 即 $Ax = b$ $(x \geqslant 0)$, 则称 x 为线性规划问题 (3.3) 或 (3.4) 的可行解或可行点. 称

$$D = \{x \mid Ax = b, x \geqslant 0\}$$

为可行解集或可行域. 如果不存在任何 x 满足问题 (3.3) 或 (3.4) 的约束条件, 则称线性规划问题无可行解, 也称为无解.

定义 3.2　设 x^* 是线性规划问题 (3.3) 或 (3.4) 的可行解, 即 $x^* \in D$. 如果对线性规划问题的一切可行点 x, 即 $\forall x \in D$ 均有

$$c^{\mathrm{T}}x \geqslant c^{\mathrm{T}}x^*,$$

则称 x^* 为线性规划问题 (3.3) 或 (3.4) 的最优解或最优点.

将问题 (3.4) 的约束方程的系数矩阵 A 按列进行分块, 记为

$$A = [p_1, \ p_2, \ \cdots, \ p_n],$$

其中 $p_j = (a_{1j}, a_{2j}, \cdots, a_{mj})^{\mathrm{T}}$ 为矩阵 A 的第 j ($j = 1, 2, \cdots, n$) 列. 由于 $\mathrm{rank}(A) = m$, 则矩阵 A 存在线性无关的 m 列向量. 不失一般性, 设 A 的前 m 列向量 p_1, p_2, $\cdots$, p_m 线性无关, 使用 Gauss-Jordan 消元法对约束方程的前 m 列进行消元, 同时将目标函数写成方程形式

$$z - c_1 x_1 - c_2 x_2 - \cdots - c_n x_n = 0. \tag{3.5}$$

对该方程进行相应的 Gauss-Jordan 消元得如下典范式:

$$\begin{aligned}
\min \quad z = & \quad -\lambda_{m+1} x_{m+1} - \cdots - \lambda_n x_n + z_0, \\
\mathrm{s.t.} \quad x_1 & \quad + \alpha_{1m+1} x_{m+1} + \cdots + \alpha_{1n} x_n = \beta_1, \\
x_2 & \quad + \alpha_{2m+1} x_{m+1} + \cdots + \alpha_{2n} x_n = \beta_2, \\
& \ddots \qquad \cdots \cdots \\
& x_m + \alpha_{mm+1} x_{m+1} + \cdots + \alpha_{mn} x_n = \beta_m, \\
& x_1 \geqslant 0, x_2 \geqslant 0, \cdots, x_n \geqslant 0.
\end{aligned} \tag{3.6}$$

在问题 (3.6) 中, 令 $x_{m+1} = x_{m+2} = \cdots = x_n = 0$, 则相应地有 $x_1 = \beta_1$, $x_2 = \beta_2$, $\cdots$, $x_m = \beta_m$. 此解称为线性规划问题 (3.3) 或 (3.4) 的基本解, 称 $x_B = (x_1, x_2, \cdots, x_m)^{\mathrm{T}}$ 为该基本解的基变量, $x_N = (x_{m+1}, x_{m+2}, \cdots, x_n)^{\mathrm{T}}$ 为非基变量. 如果问题 (3.6) 又满足 $\beta_1 \geqslant 0, \beta_2 \geqslant 0, \cdots, \beta_m \geqslant 0$, 则称该基本解为基本可行解. 称 $\lambda_{m+1}, \lambda_{m+2}, \cdots, \lambda_n$ 为当前解的检验数.

本质上, 上述 Gauss-Jordan 消元是将约束方程按基本解 x_B 划分为

$$Ax = b \Leftrightarrow B x_B + N x_N = b,$$

进而可得 $x_B = B^{-1} b - B^{-1} N x_N$, 将目标系数 c 按 x_B, x_N 划分为 c_B, c_N, 即 $c^{\mathrm{T}} = (c_B^{\mathrm{T}}, c_N^{\mathrm{T}})$, 得到

$$z = c^{\mathrm{T}} x = c_B^{\mathrm{T}} x_B + c_N^{\mathrm{T}} x_N = c_B^{\mathrm{T}} B^{-1} b - (c_B^{\mathrm{T}} B^{-1} N - c_N^{\mathrm{T}}) x_N,$$

因此, 检验数的计算公式为

$$\lambda_j = c_B^{\mathrm{T}} B^{-1} p_j - c_j, \quad j = m+1, m+2, \cdots, n,$$

其中 p_j 为矩阵 A 的第 j 列.

显然, 任取 A 的 m 个线性无关的列进行 Gauss-Jordan 消元法, 所得的基本解不一定是基本可行解, 关于第一个基本可行解的求法将在后面的内容中陈述, 这里先讨论从基本可行解开始的单纯形法.

单纯形法的基本思想是, 从某一基本可行解出发找到另一个使目标函数值更小的基本可行解, 最终到达最优解. 可以给出严格的理论证明, 线性规划问题的最优解必然在某个基本可行解上取到.

为求出线性规划问题 (3.3) 或 (3.4) 的最优解, 要解决以下两个问题:

(1) 最优性条件. 也就是说, 满足什么条件, 问题的可行解是最优解. 在典范式问题 (3.6) 中, 如果当前可行解的检验数满足 $\lambda_j \leqslant 0$ $(j = m+1, m+2, \cdots, n)$, 则改变任何非基变量 x_j 的值, 使其变为正数必然使目标函数值增大. 因此, 线性规划问题 (3.3) 或 (3.4) 的基本可行解是最优解的条件为所有检验数都小于等于 0.

(2) 基本可行解的改进. 如果当前的基本可行解不是最优, 自然希望这个基本可行解与前一个基本可行解相比, 目标函数值有所下降.

假设检验数 $\lambda_q > 0$, $m+1 \leqslant q \leqslant n$, 在其他变量保持不变的情况下, 适当增大 x_q, 则目标函数将会下降, 但新解应使约束方程仍然得到满足, 即满足如下方程:

$$
\begin{aligned}
x_1 &&& + \alpha_{1q}x_q = \beta_1, \\
& x_2 && + \alpha_{2q}x_q = \beta_2, \\
& & \ddots & \quad \vdots \quad \vdots \\
& & x_m & + \alpha_{mq}x_q = \beta_m.
\end{aligned}
\tag{3.7}
$$

令 $x_q = \theta$, 从 0 开始增加, $x_j = 0$, $j \in R$ (R 为非基变量指标集) 且 $j \neq q$, 则由式 (3.7) 得到

$$
x_i = \beta_i - \alpha_{iq}\theta, \quad i = 1, 2, \cdots, m.
\tag{3.8}
$$

为使 $x_i \geqslant 0$ $(i = 1, 2, \cdots, m)$, 应取

$$
\theta = \min\left\{ \frac{\beta_i}{\alpha_{iq}} \;\middle|\; \alpha_{iq} > 0, i = 1, 2, \cdots, m \right\} = \frac{\beta_p}{\alpha_{pq}},
\tag{3.9}
$$

则新解仍是基本可行解且满足 $x_q = \theta > 0, x_p = 0$, 称 x_q 为进基变量, x_p 为离基变量.

如果 $\lambda_q > 0$ 且 $\alpha_{iq} \leqslant 0$ $(i = 1, 2, \cdots, m)$, 则对任何的 $\theta > 0$, 由式 (3.8) 确定的 x_i 均可行. 令 $\theta \to +\infty$, 则得到 $z = z_0 - \lambda_q\theta \to -\infty$. 此时, 问题 (3.3) 或 (3.4) 无有限最优解, 称为无最优解.

为进行新一轮迭代, 需要求出对应于新基本可行解下的典范式. 事实上, 从式 (3.9) 可知 $\alpha_{pq} > 0$, 在当前基本可行解的典范式中取 α_{pq} 为主元进行一步 Gauss-Jordan 消元, 同时对目标函数进行相应的消元, 也就得到了新解的典范式. 称这一运算为转轴运算.

3.2.2　单纯形表

对于较小规模的线性规划问题, 通常将线性规划问题 (3.6) 列成表格形式, 称此表格为单纯形表, 可在表上进行计算. 为便于表上运算, 现将目标函数写成如下方程:

$$
z + \lambda_{m+1}x_{m+1} + \cdots + \lambda_n x_n = z_0,
$$

而目标函数变为 $\min z$, 则问题 (3.6) 化成如下等价的问题:

$$\min \quad z,$$

$$\text{s.t.} \quad z \qquad\qquad + \cdots + \lambda_j\, x_j + \cdots = z_0,$$

$$x_1 \qquad\qquad + \cdots + \alpha_{1j}x_j + \cdots = \beta_1,$$

$$x_2 \qquad + \cdots + \alpha_{2j}x_j + \cdots = \beta_2, \qquad (3.10)$$

$$\ddots \qquad \cdots\cdots$$

$$x_m + \cdots + \alpha_{mj}x_j + \cdots = \beta_m,$$

$$x_1 \geqslant 0, x_2 \geqslant 0, \cdots, x_n \geqslant 0.$$

将该问题列成单纯形表 (表 3.3).

表 3.3 单纯形表

变量	x_1	$\cdots$	x_p	$\cdots$	x_m	$\cdots$	x_j	$\cdots$	x_q	$\cdots$	右端项
检验数	0	$\cdots$	0	$\cdots$	0	$\cdots$	λ_j	$\cdots$	λ_q	$\cdots$	z_0
基 x_1	1	$\cdots$	0	$\cdots$	0	$\cdots$	α_{1j}	$\cdots$	α_{1q}	$\cdots$	β_1
变 $\vdots$ x_p	$\vdots$ 0		$\vdots$ 1		$\vdots$ 0		$\vdots$ α_{pj}		$\vdots$ α_{pq}		$\vdots$ β_p
量 $\vdots$ x_m	$\vdots$ 0	$\cdots$	$\vdots$ 0	$\cdots$	$\vdots$ 1	$\cdots$	$\vdots$ α_{mj}	$\cdots$	$\vdots$ α_{mq}	$\cdots$	$\vdots$ β_m

当 $x_N = (x_{m+1}, x_{m+2}, \cdots, x_n)^{\mathrm{T}} = (0, 0, \cdots, 0)^{\mathrm{T}}$ 时有 $x_B = (x_1, x_2, \cdots, x_m)^{\mathrm{T}} = (\beta_1, \beta_2, \cdots, \beta_m)^{\mathrm{T}}$, $z_0 = c_B^{\mathrm{T}} B^{-1} b$ 是当前的基本可行解和相应的目标函数值.

在实际求解问题 (3.10) 时, 首先判定最优性条件, 如果当前的基本可行解不是最优基本可行解, 则选取最大的检验数 λ_q, 将 x_q 作为入基变量, 再利用式 (3.9) 选取最小步长 $\theta = \dfrac{\beta_p}{\alpha_{pq}}$, 将 x_p 作为出基变量.

注意到单纯形算法中基本可行解、典范式方程和检验数的更新恰是对问题 (3.9) 中典范式方程施行以 α_{pq} 作为主元的 Gauss-Jordan 消元, 则线性规划问题的求解转变为一系列的转轴运算.

下面用一些例子说明单纯形法的计算过程.

例 3.8 用单纯形法求解例 3.1 的生产安排问题.

解 将例 3.1 中的线性规划表达式 (3.1) 改写成如下标准形式:

$$\min \quad z = -2x_1 - 5x_2,$$

$$\text{s.t.} \quad x_1 + 2x_2 + x_3 \qquad\qquad = 8,$$

$$x_1 \qquad + x_4 \qquad = 4,$$

$$x_2 \qquad + x_5 = 3,$$

$$x_1 \geqslant 0, x_2 \geqslant 0, \cdots, x_5 \geqslant 0.$$

列出初始单纯形表如表 3.4 所示.

注意到 $\lambda_2 = \max\{\lambda_1, \lambda_2\} = \max\{2, 5\} = 5$, $\theta = \min\left\{\dfrac{8}{2}, \dfrac{3}{1}\right\} = \dfrac{3}{1}$. 因此, 以第

3 行第 2 列的元素 (这里是 1) 为主元作转轴运算, x_2 进基, x_5 离基, 得到第二张单纯形表. 类似地, 得到第三张单纯形表如表 3.5 所示.

表 3.4

变量		x_1	x_2	x_3	x_4	x_5	右端项
检验数		2	5*	0	0	0	0
基变量	x_3	1	2	1	0	0	8
	x_4	1	0	0	1	0	4
	x_5	0	1	0	0	1	3

表 3.5

变量		x_1	x_2	x_3	x_4	x_5	右端项
检验数		2*	0	0	0	−5	−15
基变量	x_3	1	0	1	0	−2	2
	x_4	1	0	0	1	0	4
	x_2	0	1	0	0	1	3
检验数		0	0	−2	0	−1	−19
基变量	x_1	1	0	1	0	−2	2
	x_4	0	0	−1	1	2	2
	x_2	0	1	0	0	1	3

此时, $\lambda_3 = -2 < 0, \lambda_5 = -1 < 0$, 从而得到最优解 $x^* = (2, 3, 0, 2, 0)^{\mathrm{T}}$, $z^* = -19$.

例 3.9　用单纯形法求解线性规划问题

$$\begin{aligned}
\min \quad & z = -x_1 - 2x_2, \\
\text{s.t.} \quad & x_1 + 2x_2 + x_3 \qquad\qquad = 8, \\
& x_1 \qquad\qquad + x_4 \qquad = 4, \\
& \qquad x_2 \qquad\qquad + x_5 = 3, \\
& x_1 \geqslant 0, x_2 \geqslant 0, \cdots, x_5 \geqslant 0.
\end{aligned}$$

解　求解方法与例 3.8 相同, 直接列出初始单纯形表和求解过程如表 3.6 所示.

表 3.6

变量		x_1	x_2	x_3	x_4	x_5	右端项
检验数		1	2*	0	0	0	0
基变量	x_3	1	2	1	0	0	8
	x_4	1	0	0	1	0	4
	x_5	0	1	0	0	1	3
检验数		1*	0	0	0	−2	−6
基变量	x_3	1	0	1	0	−2	2
	x_4	1	0	0	1	0	4
	x_2	0	1	0	0	1	3
检验数		0	0	−1	0	0*	−8
基变量	x_1	1	0	1	0	−2	2
	x_4	0	0	−1	1	2	2
	x_2	0	1	0	0	1	3

此时, $\lambda_3 = -1 < 0, \lambda_5 = 0$, 从而得到最优解 $x^* = (2,3,0,2,0)^{\mathrm{T}}, z^* = -8$. 注意到 $\lambda_5 = 0$, 可以继续作转轴运算, 得到下一张单纯表 (表 3.7).

表 3.7

变量		x_1	x_2	x_3	x_4	x_5	右端项
检验数		0	0	-1	0	0	-8
基变量	x_1	1	0	0	1	0	4
	x_5	0	0	$-\dfrac{1}{2}$	$\dfrac{1}{2}$	1	1
	x_2	0	1	$\dfrac{1}{2}$	$-\dfrac{1}{2}$	0	2

于是得到另一个最优解 $x^* = (4,2,0,0,1)^{\mathrm{T}}$, 而最优目标值仍为 $z^* = -8$.

注意到例 3.9 本质上是例 3.4, 由前面的讨论已知, 该问题有无穷多个最优解. 这里用单纯形表得到两个最优基本可行解. 可由这两个最优基本可行解得到全部的最优解. 注意: 对于无穷多个最优解的情况, 在单纯形表中会出现某些非基变量的检验数为 0. 无论最优解取何值, 线性规划的最优目标函数值总是相同的.

例 3.10 用单纯形法求解线性规划问题
$$\begin{aligned} \min \quad & z = -x_1 - 3x_2, \\ \text{s.t.} \quad & x_1 - 2x_2 \leqslant 4, \\ & -x_1 + x_2 \leqslant 3, \\ & x_1 \geqslant 0, x_2 \geqslant 0. \end{aligned}$$

解 引进松弛变量 x_3, x_4, 将问题化为如下标准形式:
$$\begin{aligned} \min \quad & z = -x_1 - 3x_2, \\ \text{s.t.} \quad & x_1 \ -2x_2 + x_3 \quad = 4, \\ & -x_1 \ + x_2 \quad + x_4 = 3, \\ & x_1 \geqslant 0, x_2 \geqslant 0, x_3 \geqslant 0, x_4 \geqslant 0. \end{aligned}$$

直接列出初始单纯形表和求解过程如表 3.8 所示.

表 3.8

变量		x_1	x_2	x_3	x_4	右端项
检验数		1	3*	0	0	0
基变量	x_3	1	-2	1	0	4
	x_4	-1	$\boxed{1}$	0	1	3
检验数		4*	0	0	-3	-9
基变量	x_3	-1	0	1	2	10
	x_2	-1	1	0	1	3

此时, $\lambda_1 = 4 > 0$, 而该列对应的两个元素均为 -1, 因此, 该线性规划问题无有限最优解. 画出此规划问题的几何图形 (图 3.5), 可以很清楚地看到这一点.

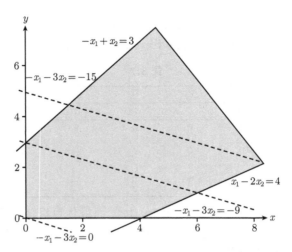

图 3.5 例 3.10 的几何图形

3.2.3 求解线性规划的两阶段方法

基本单纯形法是在已知某个初始基本可行解的情况下进行计算的, 本节将给出初始基本可行解的求法.

对于线性规划问题 (3.3) 或 (3.4), 考虑如下辅助线性规划问题:

$$
\begin{aligned}
\min \quad & x_0 = e^{\mathrm{T}} x_{\mathrm{a}}, \\
\text{s.t.} \quad & Ax + x_{\mathrm{a}} = b, \\
& x \geqslant 0, x_{\mathrm{a}} \geqslant 0,
\end{aligned}
\tag{3.11}
$$

其中 $e = (1, 1, \cdots, 1)^{\mathrm{T}} \in \mathbf{R}^m$, $x_{\mathrm{a}} = (x_{n+1}, x_{n+2}, \cdots, x_{n+m})$, $b \geqslant 0$, 称 x_{a} 为人工变量.

对于辅助线性规划问题 (3.11), 有如下结论:

(1) $x = 0, x_{\mathrm{a}} = b$ 是辅助线性规划问题 (3.11) 的一个基本可行解;

(2) 线性规划问题 (3.3) 或 (3.4) 有可行解的充分必要条件是: 辅助线性规划问题 (3.11) 的最优解中人工变量 $x_{\mathrm{a}} = 0$;

(3) 如果辅助线性规划问题 (3.11) 的最优解中 $x_{\mathrm{a}} \neq 0$, 则线性规划问题 (3.3) 或 (3.4) 无可行解.

注意到问题 (3.11) 的约束方程已是一个典范式方程, 取 $x = 0, x_{\mathrm{a}} = b$ 为初始基本可行解, 则目标函数为

$$
x_0 = e^{\mathrm{T}} x_{\mathrm{a}} = e^{\mathrm{T}}(b - Ax) = e^{\mathrm{T}} b - e^{\mathrm{T}} Ax,
$$

初始检验数为 $e^{\mathrm{T}} A$, 相应的目标值为 $e^{\mathrm{T}} b$, 对应的单纯形表如表 3.9 所示.

表 3.9　辅助问题的初始单纯形表

	变量	x	x_a	右端项
	检验数	$e^T A$	0^T	$e^T b$
基变量	x_a	A	I	b

在求出辅助问题的最优解后, 需要将辅助问题的单纯形表转换为原问题的单纯形表. 显然, 如果原问题有可行解, 则辅助问题的最终单纯形表可以写成表 3.10 所示的形式.

表 3.10　辅助问题的最优单纯形表

	变量	x_B	x_N	x_a	右端项
	检验数	0^T	0^T	$-e^T$	0
基变量	x_B	I	$B^{-1}N$	B^{-1}	$B^{-1}b$

在得到辅助问题的最优单纯表后, 计算原问题的检验数及目标函数的当前值分别为 $c_B^T B^{-1} N - c_N^T$ 和 $c_B^T B^{-1} b$, 得到原问题单纯形表, 如表 3.11 所示.

表 3.11　原问题的初始单纯形表

	变量	x_B	x_N	右端项
	检验数	0^T	$c_B^T B^{-1} N - c_N^T$	$c_B^T B^{-1} b$
基变量	x_B	I	$B^{-1}N$	$B^{-1}b$

例 3.11　考虑线性规划问题

$$\begin{aligned} \min \quad & z = -3x_1 + 4x_2, \\ \text{s.t.} \quad & x_1 + x_2 \leqslant 4, \\ & 2x_1 + 3x_2 \geqslant 18, \\ & x_1 \geqslant 0, x_2 \geqslant 0. \end{aligned}$$

解　引进松弛变量和剩余变量 x_3 和 x_4, 将问题化为如下标准形式:

$$\begin{aligned} \min \quad & z = -3x_1 + 4x_2, \\ \text{s.t.} \quad & x_1 + x_2 + x_3 \qquad\qquad = 4, \\ & 2x_1 + 3x_2 \quad - x_4 \qquad = 18, \\ & x_1 \geqslant 0, x_2 \geqslant 0, x_3 \geqslant 0, x_4 \geqslant 0. \end{aligned}$$

引进人工变量 x_5 (因 x_3 对应的列已是单位向量, 所以不需要引进人工变量 x_6), 从而得到辅助线性规划为

$$
\begin{aligned}
\min \quad & x_0 = x_5, \\
\text{s.t.} \quad & x_1 + x_2 + x_3 \qquad\qquad = 4, \\
& 2x_1 + 3x_2 \quad\ \ - x_4 + x_5 \ \ = 18, \\
& x_1 \geqslant 0, x_2 \geqslant 0, \cdots, x_5 \geqslant 0.
\end{aligned}
$$

在这里, x_3 和 x_5 为辅助线性规划的初始基, 目标系数为 $(0,1)^{\mathrm{T}}$, 计算初始检验数 $(0,1)A$ 和相应的目标值 $(0,1)b$, 得到初始单纯形表如表 3.12 所示. (注意：在初始表中, 基变量对应的检验数为 0).

表 3.12

变量		x_1	x_2	x_3	x_4	x_5	右端项
检验数		2	3*	0	-1	0	18
基	x_3	1	1	1	0	0	4
变量	x_5	2	3	0	-1	1	18
检验数		-1	0	-3	-1	0	6
基	x_2	1	1	1	0	0	4
变量	x_5	-1	0	-3	-1	1	6

此时检验数均小于等于 0, 从而得到辅助线性规划问题的最优解 $x^* = (0, 4, 0, 0, 6)^{\mathrm{T}}$, 最优目标函数值 $x_0^* = 6 > 0$. 因此, 原线性规划问题无可行解.

事实上, 容易看出, 不等式 $x_1 + x_2 \leqslant 4$ 与不等式 $2x_1 + 3x_2 \geqslant 8$ 是相互矛盾的.

例 3.12　求解线性规划问题

$$
\begin{aligned}
\min \quad & z = x_1 - 2x_2\ , \\
\text{s.t.} \quad & x_1 + x_2 \geqslant 2, \\
& -x_1 + x_2 \geqslant 1, \\
& x_2 \leqslant 3, \\
& x_1 \geqslant 0, x_2 \geqslant 0.
\end{aligned}
$$

解　引进松弛变量和剩余变量 x_3, x_4 和 x_5, 将问题化为如下标准形式：

$$
\begin{aligned}
\min \quad & z = x_1 - 2x_2, \\
\text{s.t.} \quad & x_1 + x_2 - x_3 \qquad\qquad = 2, \\
& -x_1 + x_2 \quad\ \ - x_4 \qquad = 1, \\
& x_2 \qquad\qquad + x_5 = 3, \\
& x_1 \geqslant 0, x_2 \geqslant 0, \cdots, x_5 \geqslant 0.
\end{aligned}
$$

第一阶段　构造辅助问题并求解. 注意到 x_5 对应的列已是单位向量, 因此, 只需要引进人工变量 x_6 和 x_7, 即可得到一辅助线性规划问题

$$\min \quad x_0 = x_6 + x_7,$$
$$\text{s.t.} \quad x_1 + x_2 - x_3 \qquad\qquad + x_6 \quad\; = 2,$$
$$-x_1 + x_2 \qquad - x_4 \qquad\qquad + x_7 = 1, \tag{3.12}$$
$$x_2 \qquad\qquad + x_5 \qquad\qquad = 3,$$
$$x_1 \geqslant 0, x_2 \geqslant 0, \cdots, x_7 \geqslant 0.$$

显然, x_6, x_7, x_5 为辅助问题 (3.12) 的一个初始基变量, 目标系数为 $(1,1,0)^{\mathrm{T}}$, 计算初始检验数 $(1,1,0)A$ 和相应的目标值 $(1,1,0)b$, 得到初始单纯形表如表 3.13 所示.

表 3.13

变量		x_1	x_2	x_3	x_4	x_5	x_6	x_7	右端项
检验数		0	2*	-1	-1	0	0	0	3
基	x_6	1	1	-1	0	0	1	0	2
变	x_7	-1	$\boxed{1}$	0	-1	0	0	1	1
量	x_5	0	1	0	0	1	0	0	3
检验数		2*	0	-1	1	0	0	-2	1
基	x_6	$\boxed{2}$	0	-1	1	0	1	-1	1
变	x_2	-1	1	0	-1	0	0	1	1
量	x_5	1	0	0	1	1	0	-1	2
检验数		0	0	0	0	0	-1	-1	0
基	x_1	1	0	$-\dfrac{1}{2}$	$\dfrac{1}{2}$	0	$\dfrac{1}{2}$	$-\dfrac{1}{2}$	$\dfrac{1}{2}$
变	x_2	0	1	$-\dfrac{1}{2}$	$-\dfrac{1}{2}$	0	$\dfrac{1}{2}$	$\dfrac{1}{2}$	$\dfrac{3}{2}$
量	x_5	0	0	$\dfrac{1}{2}$	$\dfrac{1}{2}$	1	$-\dfrac{1}{2}$	$-\dfrac{1}{2}$	$\dfrac{3}{2}$

于是得到辅助线性规划的最优解, 并且最优目标函数值为 0.

第二阶段 求解原线性规划问题. 由于 x_6 和 x_7 是人工变量且不在基变量中, 因此, 在原问题的单纯形表中去掉 x_6 和 x_7 相对应的列. 在表中, 对应的 $c_B = (c_1, c_2, c_5) = (1, 2, 0)^{\mathrm{T}}$, $c_N = (c_3, c_4) = (0, 0)^{\mathrm{T}}$, 计算检验数

$$\lambda_3 = c_B^{\mathrm{T}} B^{-1} p_3 - c_3 = (1, -2, 0) \begin{pmatrix} -\dfrac{1}{2} \\ -\dfrac{1}{2} \\ \dfrac{1}{2} \end{pmatrix} - 0 = \dfrac{1}{2},$$

$$\lambda_4 = c_B^{\mathrm{T}} B^{-1} p_4 - c_4 = (1, -2, 0) \begin{pmatrix} \dfrac{1}{2} \\ -\dfrac{1}{2} \\ \dfrac{1}{2} \end{pmatrix} - 0 = \dfrac{3}{2}$$

及目标函数值

$$z_0 = c_B^{\mathrm{T}} B^{-1} b = (1, -2, 0) \begin{pmatrix} \frac{1}{2} \\ \frac{3}{2} \\ \frac{3}{2} \end{pmatrix} = -\frac{5}{2},$$

构造出初始单纯形表如表 3.14 所示, 并作相应的计算.

表 3.14

变量		x_1	x_2	x_3	x_4	x_5	右端项
检验数		0	0	$\frac{1}{2}$	$\frac{3}{2}^*$	0	$-\frac{5}{2}$
基	x_1	1	0	$-\frac{1}{2}$	$\boxed{\frac{1}{2}}$	0	$\frac{1}{2}$
变	x_2	0	1	$-\frac{1}{2}$	$-\frac{1}{2}$	0	$\frac{3}{2}$
量	x_5	0	0	$\frac{1}{2}$	$\frac{1}{2}$	1	$\frac{3}{2}$
检验数		-3	0	2^*	0	0	-4
基	x_4	2	0	-1	1	0	1
变	x_2	1	1	-1	0	0	2
量	x_5	-1	0	$\boxed{1}$	0	1	1
检验数		-1	0	0	0	-2	-6
基	x_4	1	0	0	1	1	2
变	x_2	0	1	0	0	1	3
量	x_3	-1	0	1	0	1	2

　　最后得到原线性规划问题的最优解 $x^* = (0, 3, 2, 2, 0)^{\mathrm{T}}$, 最优目标函数值为 $z^* = -6$.

　　单纯形法是求解线性规划的基本方法之一, 还有其他的求解方法, 如修正单纯形法、对偶单纯形法等, 这里就不再深入讨论这些求解方法了.

3.3　用 LINGO 软件包求解线性规划问题

　　前面简单介绍了单纯形法求解方法, 但可以看到, 当变量个数 n 和约束个数 m 较大后, 用单纯形表求解就会遇到困难.

　　本节介绍用 LINGO 软件求解线性规划问题. 在阅读本节之前, 最好先阅读本书的附录 B —— LINGO 软件的使用, 这样可以帮助读者理解 LINGO 软件的求解过程.

3.3.1 初试 LINGO

例 3.13 用 LINGO 软件求解例 3.8.

解 写出相应的 LINGO 程序 (程序名: exam0313a.lg4) 如下:

```
max = 2*x1 + 5*x2;
x1+2*x2 +x3        = 8;
x1         +x4     = 4;
      x2        +x5 = 3;
```

程序中的 max 表示求极大 (求极小用 min), 每个语句必须以分号 (;) 结束, 程序的书写与格式无关. 为使程序阅读方便, 大家要有良好的写程序的习惯.

从上述程序可以看出, LINGO 程序与线性规划模型没有太大的差别, 只是少写了变量的非负限制, 这是由于 LINGO 软件还保持着单纯形法的特点, 认为所有变量都是非负限制, 因此, 就不用再对变量作这样的要求了.

运行 LINGO 程序后, 其计算结果如下:

```
Global optimal solution found.
Objective value:                    19.00000
Total solver iterations:                 2
```

Variable	Value	Reduced Cost
X1	2.000000	0.000000
X2	3.000000	0.000000
X3	0.000000	2.000000
X4	2.000000	0.000000
X5	0.000000	1.000000

Row	Slack or Surplus	Dual Price
1	19.00000	1.000000
2	0.000000	2.000000
3	0.000000	0.000000
4	0.000000	1.000000

在上述计算结果中, 共有三个部分. 第一部分有三行, 第 1 行表示已求出全局最优解; 第 2 行表示最优目标函数值, 即 $z^* = 19$; 第 3 行是求解用的迭代次数, 即迭代了两次.

第二部分有三列, 第 1 列中的 **Variable** 表示变量名, 这里是 X1 到 X5; 第 2 列中的 **Value** 表示在最优解处变量 x 的取值, 这里是 2, 3, 0, 2, 0, 这个结果与例 3.8

中用单纯形法得到的结果完全相同; 第 3 列中的 Reduced Cost(简约价格) 本质上是检验数, 由于 x_1, x_2, x_4 是基变量, 所以它们对应的检验数为 0, x_3, x_5 是非基变量, 对应值为 2 和 1, 与例 3.8 中最优单纯表中的检验数 λ_3, λ_5 只相差一个负号. 简单地理解, Reduced Cost 就是单纯形表中的检验数乘 -1.

　　第三部分也是三列, 第 1 列中的 Row 表示行, 第 1 行是目标, 第 2~4 行是问题的三个约束; 第 2 列中的 Slack or Surplus 表示松弛变量或剩余变量, 由于本问题都是等式约束, 因此, 对应位置的松弛变量或剩余变量均为 0; 第 3 列中的 Dual Price 是对偶价格, 关于它的意义稍后再介绍.

　　为便于将程序推广到可求解一般的线性规划问题, 这里采用集、循环函数、数据段[①] 的格式编写程序 (程序名: exam0313b.lg4).

```
sets:
    var_num/1..5/: c, x;
    const_num/1..3/: b;
    matrix(const_num,var_num): A;
endsets
max = @sum(var_num: c * x );
@for(const_num(i):
    @sum(var_num(j): A(i,j) * x(j)) = b(i));
data:
    c = 2, 5, 0, 0, 0;
    b = 8, 4, 3;
    A = 1, 2, 1, 0, 0,
        1, 0, 0, 1, 0,
        0, 1, 0, 0, 1;
enddata
```

程序用 sets: 和 endsets 来定义集, 它有三列分别用 "/" 隔开. 第 1 列表示集的名称, 第 2 列表示集的成员, 第 3 列是集的属性 (也就是程序中需要用到的变量).

　　程序中 @sum(var_num: c * x) 相当于 $\sum_{j=1}^{5} c_j x_j$, 而

```
@for(const_num(i):
    @sum(var_num(j): A(i,j) * x(j)) = b(i));
```

则相当于

---
　　① 关于集、数据段和循环函数的概念请参见附录 B——LINGO 软件的使用.

$$\sum_{j=1}^{5} a_{ij}x_j = b_i, \quad i = 1,2,3.$$

程序用 data: 和 enddata 来定义的数据段, 为程序提供数据.

采用通用程序的编写是有好处的, 只需更改相应的数据, 就可以对所有的标准形式的线性规划问题进行计算.

实际上, LINGO 软件求解线性规划问题是不必将问题化成标准形式的, 可以直接求解, 下面给出直接求解的程序 (程序名: exam0313c.lg4).

```
max = 2*x1 + 5*x2;
x1 + 2*x2 <= 8;
x1        <= 4;
       x2 <= 3;
```

发现它更简单, 列出计算结果如下:

```
Global optimal solution found.
Objective value:                  19.00000
Total solver iterations:              1
```

Variable	Value	Reduced Cost
X1	2.000000	0.000000
X2	3.000000	0.000000

Row	Slack or Surplus	Dual Price
1	19.00000	1.000000
2	0.000000	2.000000
3	2.000000	0.000000
4	0.000000	1.000000

通过比较发现, 计算结果是相同的. 这里第 3 行的中的 Slack or Surplus 是 2, 它表明松弛变量 x_4 为 2, 其余两行的数字为 0, 即表示 $x_3 = 0$, $x_5 = 0$.

例 3.14 用 LINGO 软件求解例 3.9.

解 编写 LINGO 程序 (程序名: exam0314.lg4) 如下:

```
max = x1 + 2*x2;
x1 + 2*x2 <= 8;
x1        <= 4;
       x2 <= 3;
```

计算结果如下:

```
Global optimal solution found.
Objective value:                        8.000000
Total solver iterations:                      0
         Variable         Value       Reduced Cost
              X1        4.000000         0.000000
              X2        2.000000         0.000000

         Row   Slack or Surplus     Dual Price
              1       8.000000         1.000000
              2       0.000000         1.000000
              3       0.000000         0.000000
              4       1.000000         0.000000
```

由例 3.9 知, 此问题有无穷多个最优解, 但用 LINGO 软件求解却无法确定这一点, 作为软件它只能找到一个最优解. 从这一点来看, 软件也有它的不足之处.

例 3.15   用 LINGO 软件求解例 3.10.

解   编写 LINGO 程序 (程序名: exam0315.lg4) 如下:

```
max = x1 + 3*x2;
   x1 - 2*x2 <= 4;
 - x1 +   x2 <= 3;
```

运行后会出现两个对话框, 如图 3.6 所示.

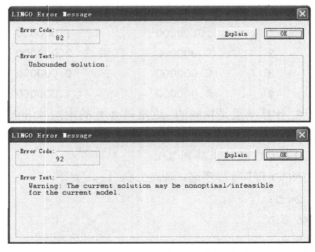

图 3.6   LINGO 求解例 3.15 出现的对话框

第一个对话框认为程序有错误, 是第 82 号错误, 即最优值无界 (这实际上就是本例的情况). 第二个对话框是一个警告, 是第 92 号错误, 告诉用户当前的解可能是不可行的, 或者不是最优解.

另外, 如果所求解的线性规划问题没有可行解, 则程序会弹出第 81 号错误信息的对话框, 上面显示 "No feasible solution found"(没有找到可行解), 然后再弹出第 92 号错误信息的对话框.

3.3.2 影子价格

若 B 为线性规划问题 (3.4) 的最优基, c_B 为当前基变量目标函数的系数向量, $x^* = \begin{bmatrix} x_B \\ x_N \end{bmatrix} = \begin{bmatrix} B^{-1}b \\ 0 \end{bmatrix}$ 为问题的最优解, $z^* = c^{\mathrm{T}}B^{-1}b$ 为线性规划问题的最优值, b 为线性规划问题约束条件的右端项. 考虑右端项的变化率, 即

$$\frac{\partial z}{\partial b_i} = \left(B^{-\mathrm{T}}c_B\right)_i \equiv y_i. \tag{3.13}$$

称 y_i 为线性规划问题 (3.4) 对应于第 i 个约束的影子价格.

影子价格, 又称为对偶价格 (LINGO 软件称它为 Dual Price), 有着明显的经济含义, 它表示右端项 b_i 改变量的变化量. 也就是说, y_i 是当 b_i 增加一个单位时的改变值.

例 3.16 (奶制品加工问题) 一奶制品加工厂用牛奶生产 A_1 和 A_2 两种奶制品, 一桶牛奶可以在甲车间用 12h 加工成 3kg 的 A_1 产品, 或者在乙车间用 8h 加工成 4kg 的 A_2 产品. 根据市场需求, 生产的 A_1, A_2 产品全部能够售出, 并且每千克 A_1 产品和 A_2 产品分别获利 24 元和 16 元. 现在加工厂每天能得到 50 桶牛奶的供应, 每天正式工人总的劳动时间为 480h, 并且甲车间的设备每天至多能加工 100kg 的 A_1 产品, 乙车间设备的加工能力可以认为没有上限限制. 试为该厂制订一个生产计划, 使每天的获利最大, 并进一步讨论以下三个问题:

(1) 若用 35 元可以买到一桶牛奶, 是否应作这项投资?

(2) 若可以聘用临时工人以增加劳动时间, 付给临时工人的工资每小时最多多少元?

(3) 是否应增加 A_1 产品的加工能力.

解 建立线性规划模型. 设 x_1 桶牛奶生产 A_1 产品, x_2 桶牛奶生产 A_2 产品, 这样每天获利 $24 \times 3x_1 + 16 \times 4x_2$. 因此, 目标函数为

$$\max \quad z = 72x_1 + 64x_2,$$

约束条件为

$$\begin{aligned} x_1 + x_2 &\leqslant 50 \text{ (原料供应)}, \\ 12x_1 + 8x_2 &\leqslant 480 \text{ (劳动时间)}, \\ 3x_1 \quad\quad &\leqslant 100 \text{ (加工能力)}, \end{aligned}$$

当然还有非负限制 $x_1 \geqslant 0, x_2 \geqslant 0$.

编写相应的 LINGO 程序 (程序名: exam0316.lg4) 如下:

```
max=72*x1+64*x2;
    x1 +   x2 <=  50;
12*x1 + 8*x2 <= 480;
 3*x1        <= 100;
```

运行 LINGO 程序后, 其计算结果如下:

```
Global optimal solution found.
Objective value:                      3360.000
Total solver iterations:                   2


          Variable           Value       Reduced Cost
                X1        20.00000           0.000000
                X2        30.00000           0.000000


          Row     Slack or Surplus       Dual Price
            1         3360.000            1.000000
            2         0.000000           48.00000
            3         0.000000            2.000000
            4        40.00000            0.000000
```

由计算结果得到每天生产 20 桶 A_1 产品和 30 桶 A_2 产品, 可获利 3360 元. 计算结果中的影子价格 (Dual Price 所在的列) 表明, 原料供应约束的影子价格为 48, 35 < 48, 所以应作这项投资. 劳动时间约束的影子价格为 2, 因此, 聘用临时工人每小时最多付 2 元的工资. 不需要增加 A_1 产品的加工能力, 因为它的影子价格为 0.

3.3.3   灵敏度分析

所谓灵敏度分析, 就是讨论在最优基不变的情况下, 目标函数的系数或右端项变化的范围. 例如, 在例 3.16 中, 若 35 元可购买一桶牛奶, 则应该购买, 但购买多少并不知道, 也不知是否应永远买下去. 另外, 产品的单位获利发生了改变, 是否应改变生产计划, 换句话说, 产品的单位获利在什么范围内变化, 工厂才不改变生产计划.

例 3.17 (续奶制品加工问题)   在例 3.16 的基础上讨论如下问题:

(1) 由于市场需求变化, 每千克 A_1 产品的获利从 24 元增加到 30 元. 在这种情况下, 是否应改变生产计划?

(2) 在 35 元可购买一桶牛奶的条件下, 每天最多购买多少桶牛奶?

解 在用 LINGO 软件作灵敏度分析之前, 需要对参数进行调整, 其方法如下: 点击 LINGO 下的 Options...(或按 Ctrl+I), 将 General Solver 窗口下 Dual Computations 窗口中的参数由 Prices 改为 Prices & Range.

在完成程序计算后, 在程序运行状态窗口下, 点击 LINGO 下的 Range(或按 Ctrl+R), LINGO 软件弹出灵敏度分析报告 (Range Report) 如下:

`Ranges in which the basis is unchanged:`

`Objective Coefficient Ranges`

Variable	Current Coefficient	Allowable Increase	Allowable Decrease
X1	72.00000	24.00000	8.000000
X2	64.00000	8.000000	16.00000

`Righthand Side Ranges`

Row	Current RHS	Allowable Increase	Allowable Decrease
2	50.00000	10.00000	6.666667
3	480.0000	53.33333	80.00000
4	100.0000	INFINITY	40.00000

在分析报告中, `Objective Coefficient Ranges` 表示目标函数系数的变化范围, 其中 `Variable` 表示变量名称, 这里是 x_1 和 x_2. `Current Coefficient` 表示当前系数, 这里是 72 和 64. `Allowable Increase` 表示当前系数允许增加的上限. `Allowable Decrease` 表示当前系数允许减少的上限.

灵敏度分析告诉我们, 在最优基不变的情况下, x_1 的系数范围为 $(64, 96)$. 注意到 x_1 的系数由 $24 \times 3 = 72$ 增加到 $30 \times 3 = 90$, 在允许变化的范围内. 因此, 当 A_1 产品的获利增加到 30 元/kg 后, 不用改变原来的生产计划.

`Righthand Side Ranges` 表示右端项的变化范围, 其中 `Row` 表示行, 即对应的约束, `Current RHS` 表示当前右端项, 即 b 的值. `Allowable Increase` 表示允许增加的上限. `Allowable Decrease` 表示允许减少的上限.

借助于灵敏度分析报告得到, 在 35 元可购买一桶牛奶的条件下, 每天最多购买 10 桶牛奶.

注意: 灵敏度分析报告列出的是在其他条件不变的情况下, 只改变一项的变化范围.

3.4   线性规划模型的应用

本节介绍若干实用的线性规划模型, 以及如何使用 LINGO 软件求解. 这些模型包括城市规划、投资分析、生产计划与库存控制、人力规划以及下料问题等.

3.4.1   城市规划

城市规划要解决如下三大问题: ① 建造新的住宅等; ② 改造城市中的陈旧房屋以及旧商业区; ③ 规划公共设施 (如学校、商店和机场等). 与这些项目相关的约束包括经济 (土地、建筑物、资金) 与社会 (学校、停车场、收入水平) 两个方面. 在城市新建项目的规划中, 目标函数会有各种情况, 通常可根据利润、社会、政治、经济和文化诸多方面的需求来考虑.

例 3.18 (旧城改造问题)   为增加市政府的财政收入和提高人民的生活水平, 某城市决定对城南某一地区进行旧城改造, 改造工程包括两个阶段: ① 拆除城南这一地区的旧住宅; ② 在该地区建造新的住宅. 下面是情况概要.

(1) 拆除大约 300 套旧住宅, 每套旧住宅平均占地 1000m^2, 拆除一套旧住宅的成本是 1 万元;

(2) 建造一套新的单、双、三和四居室住宅的土地面积分别为 720m^2, 1120m^2, 1600m^2 和 2000m^2, 街道、开阔地和公共设施占可利用面积总量的 15%;

(3) 在新的开发项目中, 三居室住宅与四居室住宅的数量总和至少占总住宅数的 25%, 单居室住宅数至少应占总住宅数的 20%, 双居室住宅数至少占总住宅数的 10%;

(4) 对于单、双、三和四居室住宅, 每套住宅征税额分别为 0.5 万元、0.95 万元、1.35 万元和 1.7 万元;

(5) 对于单、双、三和四居室住宅, 每套住宅的建筑成本分别为 25 万元、35 万元、65 万元和 80 万元, 工程部门可向银行筹措上限为 7500 万元的贷款.

问题是各种居室的住宅应建多少套, 才能使得税收总额达到最大?

解   建立线性规划模型.

(1) 变量定义. 除了确定建造每种类型住宅单元的数量外, 还需要确定有多少旧房屋必须拆除为新的住宅提供场地. 因此, 问题的变量定义如下:

令 x_1, x_2, x_3 和 x_4 分别为建造单、双、三和四居室住宅的住宅数, x_5 为拆除旧住宅的数量.

(2) 目标函数. 目标函数是在所有 4 种类型的住宅中使得总的税收达到最大, 即

$$z = 0.5x_1 + 0.95x_2 + 1.35x_3 + 1.7x_4 \ (万元).$$

(3) 约束条件. 问题的第一个约束是处理土地的可用量, 即

$$新建住宅面积 \leqslant 净可用面积.$$

从问题的数据可以得到

$$新建住宅需要的面积 = 720x_1 + 1120x_2 + 1600x_3 + 2000x_4 (\text{m}^2).$$

为确定可利用面积, 被拆除的旧住宅每套占地 1000m^2, 因此, 得到 $1000x_5\text{m}^2$. 允许用总量的 15% 用于建设公用设施, 净可利用面积为 $0.85(1000x_5) = 850x_5$, 得到的约束为

$$720x_1 + 1120x_2 + 1600x_3 + 2000x_4 \leqslant 850x_5$$

或

$$720x_1 + 1120x_2 + 1600x_3 + 2000x_4 - 850x_5 \leqslant 0.$$

被拆除住宅的数量不能超过 300 套, 将它写成

$$x_5 \leqslant 300.$$

下面加上各种类型住宅单元数量的限制约束.

$$单居室住宅数量 \geqslant 总住宅量的 20\%,$$
$$双居室住宅数量 \geqslant 总住宅量的 10\%,$$
$$三居室住宅与四居室住宅数量之和 \geqslant 总住宅量的 25\%.$$

将这些文字约束转换成数学表达式分别为

$$x_1 \geqslant 0.2(x_1 + x_2 + x_3 + x_4),$$
$$x_2 \geqslant 0.1(x_1 + x_2 + x_3 + x_4),$$
$$x_3 + x_4 \geqslant 0.25(x_1 + x_2 + x_3 + x_4).$$

还剩下一个约束就是要保证全部建设费用 (包括拆除和建造费用) 就在允许的预算之内, 即

$$拆除和建造费用的总和 \leqslant 可用预算费用.$$

因此得到

$$25x_1 + 35x_2 + 65x_3 + 80x_4 + x_5 \leqslant 7500.$$

(4) 最优化问题. 由前面的推导得到如下完整的线性规划模型:

$$
\begin{aligned}
\max \quad & z = 0.5x_1 + 0.95x_2 + 1.35x_3 + 1.7x_4, \\
\text{s.t.} \quad & 720x_1 + 1120x_2 + 1600x_3 + 2000x_4 - 850x_5 \leqslant 0, \\
& \qquad\qquad\qquad\qquad\qquad\qquad\qquad x_5 \leqslant 300, \\
& -0.8x_1 + 0.2x_2 + 0.2x_3 + 0.2x_4 \qquad\quad \leqslant 0, \\
& \ 0.1x_1 - 0.9x_2 + 0.1x_3 + 0.1x_4 \qquad\quad \leqslant 0, \\
& \ 0.25x_1 + 0.25x_2 - 0.75x_3 - 0.75x_4 \qquad \leqslant 0, \\
& \ 25x_1 + 35x_2 + 65x_3 + 80x_4 + \quad x_5 \leqslant 7500, \\
& x_1 \geqslant 0, x_2 \geqslant 0, \cdots, x_5 \geqslant 0.
\end{aligned}
$$

(5) 问题求解. 写出相应的 LINGO 程序 (程序名: exam0318a.lg4) 如下:

```
max = 0.5*x1 + 0.95*x2 + 1.35*x3 + 1.7*x4;
 720*x1 + 1120*x2 + 1600*x3 + 2000*x4 - 850*x5 <= 0;
                                          x5 <= 300;
-0.8*x1 +  0.2*x2 +  0.2*x3 +  0.2*x4         <= 0;
 0.1*x1 -  0.9*x2 +  0.1*x3 +  0.1*x4         <= 0;
0.25*x1 + 0.25*x2 - 0.75*x3 - 0.75*x4         <= 0;
  25*x1 +   35*x2 +   65*x3 +   80*x4 +   x5 <= 7500;
```

运用 LINGO 软件得到问题的最优解为 (只列出相关变量)

```
Global optimal solution found.
Objective value:                    171.9826
Total solver iterations:                 6


        Variable           Value         Reduced Cost
              X1        35.82970             0.000000
              X2        98.53168             0.000000
              X3        44.78713             0.000000
              X4        0.000000        0.4756218E-02
              X5        244.4850             0.000000
```

(6) 对最优解的解释. 政府总税收为 171.98 万元, 其中建造单居室住宅 $x_1 = 35.83 \approx 36$ 套, 双居室住宅 $x_2 = 98.53 \approx 99$ 套, 三居室住宅 $x_3 = 44.79 \approx 45$ 套, 四居室住宅 $x_4 = 0$ 套, 拆除旧住宅 $x_5 = 244.49 \approx 245$ 套.

特别值得一提的是, 线性规划并不能自动地保证得到整数解, 这就是为什么要将计算结果进行四舍五入得到整数的原因. 这个四舍五入的结果要求建造住宅 $180(= 36 + 99 + 45)$ 套, 拆除旧住宅 245 套, 税收总额为 171.98 万元.

但需要记住的是, 在一般情况下, 由四舍五入得到的结果不一定是可行的. 事实上, 现在的四舍五入的结果就破坏了最后一个约束 (资金上限的约束), 超出预算 35 万元.

(7) 计算整数解 (求解整数规划). 实际上, 用 LINGO 软件计算整数规划是非常简单的, 只需对变量加上整数要求, 即函数 @gin(). 下面给出相应的 LINGO 程序 (程序名: exam0318b.lg4). 为了便于编写, 这里采用集的编写方法.

```
sets:
    project/1..5/: x, t, a, c;
endsets

data:
```

```
        t =   0.5 0.95 1.35 1.7  0;
        a =   720 1120 1600 2000 0;
        c =    25   35   65   80 1;
        b =   850;
        d = 7500;
    enddata
    n = @size(project);
    max = @sum(project(j)|j #lt# n: t(j)*x(j));
    @sum(project(j)|j #lt# n: a(j)*x(j)) <= b*x(5);
    x(5) <= 300;
    x(1) >= .2*@sum(project(j)|j #lt# n: x(j));
    x(2) >= .1*@sum(project(j)|j #lt# n: x(j));
    x(3) + x(4) >= .25*@sum(project(j)|j #lt# n: x(j));
    @sum(project: c*x) <= d;
    @for(project: @gin(x));
```

运用 LINGO 软件得到问题的最优解为 (只列出相关变量)

```
    Global optimal solution found.
    Objective value:                  171.8500
    Extended solver steps:                  23
    Total solver iterations:                86


            Variable        Value       Reduced Cost
            X( 1)        36.00000        -0.5000000
            X( 2)        98.00000        -0.9500000
            X( 3)        45.00000        -1.350000
            X( 4)        0.000000        -1.700000
            X( 5)        245.0000         0.000000
```

这个计算结果似乎得到一个奇怪的事实, 即四舍五入的结果要优于整数规划的结果, 这似乎是矛盾的. 其原因是四舍五入得到的结果要多建一套双居室住宅, 这只有在预算超过 35 万元的情况下才能实现.

3.4.2 投资

投资问题的例子很多, 如工程项目的选择、债券与股票的投资组合以及银行的贷款策略等. 本小节介绍如何应用线性规划模型来作投资项目的选择, 将在 5.3.3 小节介绍如何应用二次规划模型来作股票的最优投资组合.

例 3.19 (投资问题)   某部门准备在今后 5 年内对以下项目投资, 并由具体情况作如下规定: 项目 A: 从第 1~4 年每年年初需要投资, 并于次年末收回本利 106%; 项目 B: 第 3 年年初需要投资, 到第 5 年年末能收回本利 115%, 但规定最大投资金额不超过 40 万元; 项目 C: 第 2 年年初需要投资, 到第 5 年年末能收回本利 120%, 但最大投资金额不超过 30 万元; 项目 D: 5 年内每年年初可卖公债, 于当年末归还, 并加利息 2%.

该部门现有资金 100 万元, 问如何确定给这些项目每年的投资金额, 使第 5 年年末手中拥有的资金本利总数额最大?

解   现在用线性规划方法来处理投资问题.

(1) 变量定义. 分别用 x_{iA}, x_{iB}, x_{iC}, x_{iD} $(i = 1, 2, 3, 4, 5)$ 表示第 i 年年初给项目 A,B,C,D 的投资金额.

(2) 约束条件. 为获得最大收益, 投资额应等于手中拥有的全部资金. 由于项目 D 每年都可以投资, 并且当年年末即能收回本息, 所以该部门每年应将全部的资金都投出去, 手中不应有剩余资金. 下面按年列约束条件.

第 1 年   该部门年初拥有资金 100 万元, 应全部投到项目 A 和项目 D 中, 所以

$$x_{1A} + x_{1D} = 100.$$

第 2 年   因为第 1 年投给项目 A 的投资需要到第 2 年年末才能收回, 所以该部门在第 2 年年初拥有的资金仅为项目 D 在第 1 年收回的本息, 即 $1.02x_{1D}$, 于是第 2 年的投资情况应为

$$x_{2A} + x_{2C} + x_{2D} = 1.02x_{1D}.$$

第 3 年   第 3 年年初手中拥有的资金是从项目 A 第 1 年投资及项目 D 第 2 年投资中收回的本息总和, 即 $1.06x_{1A} + 1.02x_{2D}$, 于是第 3 年的投资情况如下:

$$x_{3A} + x_{3B} + x_{3D} = 1.06x_{1A} + 1.02x_{2D}.$$

第 4 年   与前面同样的分析得到

$$x_{4A} + x_{4D} = 1.06x_{2A} + 1.02x_{3D}.$$

第 5 年   为使在本年年末收回全部本息, 则该年年初只能对项目 D 投资,

$$x_{5D} = 1.06x_{3A} + 1.02x_{4D}.$$

另外, 对于项目 B 和项目 C 的投资有一定限度, 即

$$x_{3B} \leqslant 40, \quad x_{2C} \leqslant 30.$$

(3) 目标函数. 该问题要求在第 5 年年末手中拥有的资金总额最大, 目标函数表示为

$$f(x) = 1.06x_{4A} + 1.20x_{2C} + 1.15x_{3B} + 1.02x_{5D}.$$

(4) 最优化问题. 最后建立数学模型, 这个问题的线性规划描述为

$$\max \quad 1.06x_{4A} + 1.20x_{2C} + 1.15x_{3B} + 1.02x_{5D},$$

$$\text{s.t.} \quad x_{1A} + x_{1D} = 100,$$

$$-1.02x_{1D} + x_{2A} + x_{2C} + x_{2D} = 0,$$

$$-1.06x_{1A} - 1.02x_{2D} + x_{3A} + x_{3B} + x_{3D} = 0,$$

$$-1.06x_{2A} - 1.02x_{3D} + x_{4A} + x_{4D} = 0,$$

$$-1.06x_{3A} - 1.02x_{4D} + x_{5D} = 0,$$

$$x_{3B} \leqslant 40,$$

$$x_{2C} \leqslant 30,$$

$$x_{iA} \geqslant 0, x_{iB} \geqslant 0, x_{iC} \geqslant 0, x_{iD} \geqslant 0, \quad i = 1, 2, 3, 4, 5.$$

(5) 问题求解. 写出相应的 LINGO 程序 (程序名: exam0319.lg4) 如下:

```
max = 1.06*X4a + 1.20*X2c + 1.15*X3b + 1.02*X5d;
X1a + X1d = 100;
-1.02*X1d + X2a + X2c + X2d = 0;
-1.06*X1a - 1.02*X2d + X3a + X3b + X3d = 0;
-1.06*X2a - 1.02*X3d + X4a + X4d = 0;
-1.06*X3a - 1.02*X4d + X5d = 0;
@bnd(0, X3b, 40);
@bnd(0, X2c, 30);
```

运用 LINGO 软件得到问题的最优解为 (只列出非零变量)

```
Global optimal solution found.
Objective value:                    119.6512
Total solver iterations:                2
```

Variable	Value	Reduced Cost
X1A	70.58824	0.000000
X1D	29.41176	0.000000
X2C	30.00000	-0.7640000E-01
X3B	40.00000	-0.6880000E-01
X3D	34.82353	0.000000
X4A	35.52000	0.000000

(6) 对最优解的解释.

第 1 年　将 100 万元资金在项目 A 上投资 70.58824 万元, 到第 3 年年初可收回本息共 74.82353 万元. 在项目 D 上投资 29.41176 万元, 到第 2 年年初收回本息 30 万元.

第 2 年　将项目 D 得到的本息 30 万元全部投资于项目 C, 到第 5 年年末可收回本息共 36 万元.

第 3 年　将项目 A 得到的本息 74.82353 万元中的 40 万元投资于项目 B, 到第 5 年年末可收回本息共 46 万元, 其余的 34.82353 万元投资于项目 D, 次年年初收回本息 35.52 万元.

第 4 年　将手中的 35.52 万元全部投资于项目 A, 到第 5 年年末收回本息共 37.6512 万元.

这样到第 5 年年末共收回本息 $36 + 46 + 37.6512 = 119.6512$(万元).

3.4.3　生产计划与库存控制

可以用线性规划模型来处理生产计划与库存控制问题, 求解的问题包括简单地配置加工能力、用库存来 "抑制" 计划期内对产品的需求变化, 以及用雇工和解雇劳动力的方法来处理较为复杂的情况.

本小节共介绍三个例子, 虽然它们都要处理生产计划问题, 但模型层次呈递进关系, 一个比一个复杂. 第一个例子是单周期生产模型, 只根据一个周期内的产品需求确定最优的生产时间; 第二个例子是多周期生产模型, 在模型中增加了产品库存, 通过库存来减少生产费用; 第三个例子是多周期生产平滑模型, 除了采用库存方式减少成本外, 还增加了雇用和解雇劳动力的手段, 通过这一手段来 "平滑" 多周期内产品需求的上下浮动, 以达到最优生产的目的.

例 3.20　(单周期生产模型)　为冬季作准备, 某服装公司正在加工皮制外衣、鹅绒外套、保暖裤和手套. 所有产品由 4 个不同的车间生产: 剪裁、保暖处理、缝纫和包装. 服装公司已收到其他公司的产品订单. 合同规定对于未按时交货的订单产品予以惩罚. 表 3.15 提供了生产、需求和利润等相关的数据. 试为公司设计最优的生产计划.

表 3.15　加工每件产品所需的时间 (h)、可用时间上限及需求、利润和惩罚

车间	皮制外衣	鹅绒外套	保暖裤	手套	可用时间上限
剪裁	0.30	0.30	0.25	0.15	1000
保暖	0.25	0.35	0.30	0.10	1000
缝纫	0.45	0.50	0.40	0.22	1000
包装	0.15	0.15	0.10	0.05	1000
需求/件	800	750	600	500	
利润/(元/件)	150	200	100	50	
惩罚/(元/件)	75	100	50	40	

解　建立线性规划模型.

(1) 变量定义. 变量的定义很简单. 令 x_1 为皮制外衣的数量, x_2 为鹅绒外衣的数量, x_3 为裤子的数量, x_4 为手套的数量.

当需求不满足时, 公司会被处罚. 这意味着问题的目标是极大化净收入, 其定义为

$$净收入 = 总利润 - 总惩罚.$$

总利润很容易地表示为 $150x_1 + 120x_2 + 100x_3 + 50x_4$. 总惩罚是短缺量 (= 需求量 − 每种产品的供应量) 的函数, 这些短缺量可以由下列需求上限来确定:

$$x_1 \leqslant 800, \quad x_2 \leqslant 750, \quad x_3 \leqslant 600, \quad x_4 \leqslant 500.$$

如果需求约束是严格的不等式, 则没有满足相应的需求. 例如, 如果生产了 650 件皮夹克, 则 $x_1 = 650$, 这样就得到了皮夹克的短缺量 $800 - 650 = 150$. 这里可以定义新的非负变量

$$s_j = 产品 \ j \ 的短缺件数, \quad j = 1, 2, 3, 4$$

来表示任何产品的短缺量.

(2) 约束条件. 由前面的定义, 可以将需求约束写成

$$x_1 + s_1 = 800, \quad x_2 + s_2 = 750, \quad x_3 + s_3 = 600, \quad x_4 + s_4 = 500,$$
$$x_j \geqslant 0, \quad s_j \geqslant 0, \quad j = 1, 2, 3, 4.$$

生产能力的约束写成

$$0.30x_1 + 0.30x_2 + 0.25x_3 + 0.15x_4 \leqslant 1000 \ (剪裁约束),$$
$$0.25x_1 + 0.35x_2 + 0.30x_3 + 0.10x_4 \leqslant 1000 \ (保暖约束),$$
$$0.45x_1 + 0.50x_2 + 0.40x_3 + 0.22x_4 \leqslant 1000 \ (缝纫约束),$$
$$0.15x_1 + 0.15x_2 + 0.10x_3 + 0.05x_4 \leqslant 1000 \ (包装约束).$$

(3) 目标函数. 用 $75s_1 + 100s_2 + 50s_3 + 40s_4$ 来计算短缺惩罚的费用. 因此, 目标函数可以写成

$$z = 150x_1 + 200x_2 + 100x_3 + 50x_4 - (75s_1 + 100s_2 + 50s_3 + 40s_4).$$

(4) 最优化问题. 由前面的推导得到完整的线性规划模型如下:

$$\max \quad z = 150x_1 + 200x_2 + 100x_3 + 50x_4 - (75s_1 + 100s_2 + 50s_3 + 40s_4),$$
$$\text{s.t.} \quad 0.30x_1 + 0.30x_2 + 0.25x_3 + 0.15x_4 \leqslant 1000,$$
$$0.25x_1 + 0.35x_2 + 0.30x_3 + 0.10x_4 \leqslant 1000,$$
$$0.45x_1 + 0.50x_2 + 0.40x_3 + 0.22x_4 \leqslant 1000,$$
$$0.15x_1 + 0.15x_2 + 0.10x_3 + 0.05x_4 \leqslant 1000,$$
$$x_1 + s_1 = 800, \ x_2 + s_2 = 750, \ x_3 + s_3 = 600, \ x_4 + s_4 = 500,$$
$$x_j \geqslant 0, \ s_j \geqslant 0, \ j = 1, 2, 3, 4.$$

(5) 问题求解. 写出相应的 LINGO 程序 (程序名：exam0320.lg4) 如下：

```
sets:
  var/1..4/: c, p, x, s;
  con/1..4/: b, d;
  CXV(con, var): A;
endsets
data:
  c =  150   200   100    50;
  p =   75   100    50    40;
  b = 1000  1000  1000  1000;
  d =  800   750   600   500;
  A = .3    .3    .25   .15
      .25   .35   .3    .1
      .45   .5    .4    .22
      .15   .15   .1    .05;
enddata
max=@sum(var: c*x-p*s);
@for(con(i):
  @sum(var(j): A(i,j)*x(j))<= b(i);
  x(i)+s(i)=d(i);
);
@for(var: @gin(x); @gin(s));
```

运用 LINGO 软件得到问题的最优解为 (只列出相关变量)

```
Global optimal solution found.
Objective value:                323110.0
Extended solver steps:                 0
Total solver iterations:               0


          Variable           Value        Reduced Cost
             X( 1)        800.0000          -150.0000
             X( 2)        750.0000          -200.0000
             X( 3)        388.0000          -100.0000
             X( 4)        499.0000          -50.00000
             S( 3)        212.0000           50.00000
             S( 4)        1.000000           40.00000
```

从计算结果得到两种外衣满足需要, 裤子短缺 212 条, 手套短缺一件.

例 3.21 (多周期生产–库存模型) 某制造公司已签订了未来 6 个月提供房屋窗户的合同. 每月的需求量分别为 100 套、250 套、190 套、140 套、220 套和 110 套. 每套窗户的生产成本与劳动力、原材料和水电费用有关, 每月不同. 公司估计在未来的 6 个月中, 每套窗户的生产成本分别为 250 元、225 元、275 元、240 元、260 元和 250 元. 为了利用生产成本变动的有利条件, 公司可以选择生产多于某个月的需求, 而保存剩余的部分为以后的各月交货. 然而, 这将导致每月每套窗户有 40 元的存储成本. 建立一个线性规划模型, 确定最优的产品生产时间表.

解 建立线性规划模型.

(1) 变量定义. 本问题的变量包括月生产量和月底的库存量. 对于 $i = 1, 2, \cdots, 6$, 令 x_i 为第 i 个月生产窗户的套数, I_i 为第 i 个月月底窗户的库存数, 这些变量与未来 6 个月范围内月需求之间的关系如图 3.7 所示. 系统以零库存开始, 这意味着 $I_0 = 0$.

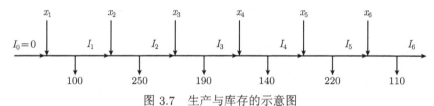

图 3.7 生产与库存的示意图

(2) 目标函数. 目标函数是求生产成本与月末库存成本之和的最小值. 这里有

$$总生产成本 = 250x_1 + 225x_2 + 275x_3 + 240x_4 + 260x_5 + 250x_6,$$
$$总库存成本 = 40(I_1 + I_2 + I_3 + I_4 + I_5 + I_6),$$

因此, 目标函数为

$$z = 250x_1 + 225x_2 + 275x_3 + 240x_4 + 260x_5 + 250x_6$$
$$+ 40(I_1 + I_2 + I_3 + I_4 + I_5 + I_6).$$

(3) 约束条件. 问题的约束可以由图 3.7 直接得到. 对于每个周期有下列平衡方程:

$$月初库存 + 生产量 - 月末库存 = 需求.$$

按月写成约束的数学表达式为

$$I_0 + x_1 - I_1 = 100 \ (第 1 个月),$$
$$I_1 + x_2 - I_2 = 250 \ (第 2 个月),$$
$$I_2 + x_3 - I_3 = 190 \ (第 3 个月),$$
$$I_3 + x_4 - I_4 = 140 \ (第 4 个月),$$

$$I_4 + x_5 - I_5 = 220 \text{ (第 5 个月)},$$
$$I_5 + x_6 - I_6 = 110 \text{ (第 6 个月)},$$
$$x_i \geqslant 0, \ I_i \geqslant 0, \forall \, i = 1, 2, \cdots, 6, \quad I_0 = 0.$$

对于本问题, $I_0 = 0$, 因为问题开始时没有初始库存. 另外, 在任何最优解中, 最终库存 I_6 也将是 0, 因为以有一定量的库存结束是不符合逻辑的, 它必然导致多余的库存成本而没有任何意义.

(4) 最优化问题. 由上述分析, 现在给出完整的线性规划模型如下:

$$\min \quad z = 250x_1 + 225x_2 + 275x_3 + 240x_4 + 260x_5 + 250x_6$$
$$+ 40(I_1 + I_2 + I_3 + I_4 + I_5 + I_6),$$
$$\text{s.t.} \quad x_1 - I_1 = 100 \text{ (第 1 个月)},$$
$$I_1 + x_2 - I_2 = 250 \text{ (第 2 个月)},$$
$$I_2 + x_3 - I_3 = 190 \text{ (第 3 个月)},$$
$$I_3 + x_4 - I_4 = 140 \text{ (第 4 个月)},$$
$$I_4 + x_5 - I_5 = 220 \text{ (第 5 个月)},$$
$$I_5 + x_6 - I_6 = 110 \text{ (第 6 个月)},$$
$$x_i \geqslant 0, \ I_i \geqslant 0, \forall \, i = 1, 2, \cdots, 6.$$

(5) 问题求解. 写出相应的 LINGO 程序 (程序名: exam0321.lg4) 如下:

```
sets:
  var/1..6/: c, d, x, I;
endsets
min = @sum(var: c*x+h*I);
x(1)-I(1)=d(1);
@for(var(k)|k #gt# 1: I(k-1)+x(k)-I(k)=d(k));
 data:
   c = 250 225 275 240 260 250;
   d = 100 250 190 140 220 110;
   h = 40;
enddata
```

运用 LINGO 软件得到问题的最优解为 (只列出相关变量)

```
Global optimal solution found.
Objective value:                    249900.0
Total solver iterations:                  0


         Variable            Value        Reduced Cost
```

X(1)	100.0000	0.000000
X(2)	440.0000	0.000000
X(4)	140.0000	0.000000
X(5)	220.0000	0.000000
X(6)	110.0000	0.000000
I(2)	190.0000	0.000000

(6) 对最优解的解释. 图 3.8 概括了问题的最优解. 它表明每月的需求由每月的生产直接满足, 除了第 2 个月生产 440 套, 用来满足第 2 个月和第 3 个月的需求, 相应的最优总费用是 249900 元.

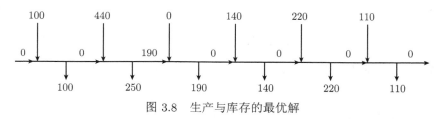

图 3.8　生产与库存的最优解

例 3.22 (多周期生产平滑模型)　一家公司将在未来的 4 个月 (3~6 月) 生产某种产品. 每月的需求量分别为 520 件、720 件、520 件和 620 件. 公司有 10 位长期工人作为的稳定劳动力, 但是如果需要, 则可通过雇用和解雇临时工来适应上下变动的生产需求. 在任何一个月, 雇用和解雇临时工的额外成本分别为每位 1000元和 2000 元. 一名长期工人每月能生产 12 件产品, 而一名临时工人, 由于缺乏经验, 每月只能生产 10 件产品. 在任何一个月, 公司的生产可以多于需求, 并将过剩的产品转到以后的某个月, 每件产品每月的库存成本为 250 元. 试为公司未来 4 个月的计划设计一种最优的雇用/解雇策略.

解　建立线性规划模型. 这个模型在一般感觉上与例 3.21 类似, 每月有它的生产、需求和月末库存. 但有两处例外: 一处是需要解决长期劳动力与临时劳动力之间的关系; 另一处是需要解决每月的雇用和解雇成本.

(1) 变量定义. 因为 10 名长期工人不能被解雇, 因此, 可以分别从每个月的需求减去他们的产量来去掉他们的影响. 对于有其余的需求, 可以通过雇用和解雇临时工人来满足. 从模型的观点来看, 每月临时工人的净余需求为

$$3 \text{ 月的需求} = 520 - 12 \times 10 = 400 \text{ 件},$$

$$4 \text{ 月的需求} = 720 - 12 \times 10 = 600 \text{ 件},$$

$$5 \text{ 月的需求} = 520 - 12 \times 10 = 400 \text{ 件},$$

$$6 \text{ 月的需求} = 620 - 12 \times 10 = 500 \text{ 件}.$$

对于 $i = 1, 2, 3, 4$, 模型的变量可以定义 x_i 为在雇用或解雇后, 第 i 个月月初临时

工人的净人数, S_i 为第 i 个月月初雇用或解雇临时工人的数量, I_i 为第 i 个月月末库存产品的件数.

由定义可知, 变量 x_i 和 I_i 是非负的. 另一方面, 变量 S_i 可以是正的, 当雇用新的临时工人时; 可以是负的, 当解雇临时工人时; 可以是零, 当没有雇用和解雇发生时. 其结果为该变量必须是无符号限制的.

(2) 目标函数和约束条件. 目标是极小化雇用与解雇成本之和, 再加上从本月到下月库存的存储成本. 库存成本的处理类似于例 3.21 给出的情况, 即

$$库存存储成本 = 250(I_1 + I_2 + I_3)$$

(注意: 在最优解中, $I_4 = 0$).

雇用和解雇成本有些复杂. 事实上, 在任何最优解中, 至少 40 名临时工人 $\left(= \dfrac{400}{10}\right)$ 必须在 3 月月初被雇用, 以适应该月的需求. 然而, 并不将这种情况作为特殊情况处理, 而是将它留给最优化过程来自动处理. 因此, 已知雇用和解雇临时工人的成本分别为 1000 元和 2000 元, 即

$$雇用和解雇的成本 = 1000 \times 在 3\sim6 月月初雇用临时工人的数量$$

$$+2000 \times 在 3\sim6 月月初解雇临时工人的数量,$$

在完成完整的线性规划之前, 需要先建立约束条件.

模型的约束涉及库存、雇用和解雇三个方面. 首先, 建立库存约束. 定义 x_i 为第 i 个月可用的临时工人的数量, 并且已知临时工人每个月的生产能力为 10 件, 所以第 i 个月的生产量为 $10x_i$. 因此, 库存约束为

$$10x_1 = 400 + I_1 \ (3 \text{ 月}),$$
$$I_1 + 10x_2 = 600 + I_2 \ (4 \text{ 月}),$$
$$I_2 + 10x_3 = 400 + I_3 \ (5 \text{ 月}),$$
$$I_3 + 10x_4 = 500 \ (6 \text{ 月}),$$
$$x_1 \geqslant 0, x_2 \geqslant 0, x_3 \geqslant 0, x_4 \geqslant 0, \ I_1 \geqslant 0, I_2 \geqslant 0, I_3 \geqslant 0.$$

接下来, 建立关于雇用和解雇的约束. 注意到临时劳动力在 3 月月初有 x_1 名工人, 然后在 4 月月初, 劳动力人数由 x_1 调整 S_2(增加或减少) 得到 x_2. 对于 x_3 和 x_4 用类似的处理方法, 得到下列方程:

$$x_1 = S_1,$$
$$x_2 = x_1 + S_2,$$
$$x_3 = x_2 + S_3,$$
$$x_4 = x_3 + S_4,$$
$$S_1, S_2, S_3, S_4 \text{ 无符号限制},$$
$$x_1 \geqslant 0, x_2 \geqslant 0, x_3 \geqslant 0, x_4 \geqslant 0.$$

变量 S_1, S_2, S_3 和 S_4, 当它们是严格正时, 表示雇用; 当它们是严格负时, 表示解雇. 然而, 这种 "定性的" 信息并不能用在数学表达式中, 而需要作下列替代:

$$S_i = S_i^- - S_i^+, \quad \text{其中 } S_i^-, S_i^+ \geqslant 0.$$

无限制变量 S_i 现在是两个非负变量 S_i^- 和 S_i^+ 的差, 这里可以认为 S_i^- 是雇用临时工人的数量, S_i^+ 是解雇临时工人的数量. 例如, 如果 $S_i^- = 5$ 和 $S_i^+ = 0$, 则 $S_i = 5 - 0 = +5$, 表示雇用. 如果 $S_i^- = 0$, $S_i^+ = 7$, 则 $S_i = 0 - 7 = -7$, 表示解雇. 在第一种情况下, 相应的雇用成本为 $1000 S_i^- = 1000 \times 5 = 5000$ 元; 在第二种情况下, 相应的解雇成本为 $2000 S_i^+ = 2000 \times 7 = 14000$ 元. 这个概念是构造目标函数的基础.

需要说明重要的一点是: 如果 S_i^- 和 S_i^+ 均为正的, 则表示什么? 其答案是, 这是不可能发生的, 因为它蕴涵着其结果要求一个月内既要雇用工人, 同时又要解雇工人. 有趣的是, 可以由线性规划理论得到 S_i^- 和 S_i^+ 不能同时为正. 这个结果与人们的直观感觉是一致的.

现在可以写出雇用成本和解雇成本如下:

$$\text{雇用成本} = 1000 \left(S_1^- + S_2^- + S_3^- + S_4^- \right),$$
$$\text{解雇成本} = 2000 \left(S_1^+ + S_2^+ + S_3^+ + S_4^+ \right).$$

(3) 最优化问题. 完整的线性规划模型为

$$
\begin{aligned}
\min \quad & z = 250 \left(I_1 + I_2 + I_3 + I_4 \right) + 1000 \left(S_1^- + S_2^- + S_3^- + S_4^- \right) \\
& + 2000 \left(S_1^+ + S_2^+ + S_3^+ + S_4^+ \right), \\
\text{s.t.} \quad & 10 x_1 = 400 + I_1, \\
& I_1 + 10 x_2 = 600 + I_2, \\
& I_2 + 10 x_3 = 400 + I_3, \\
& I_3 + 10 x_4 = 500, \\
& x_1 = S_1^- - S_1^+, \\
& x_2 = x_1 + S_2^- - S_2^+, \\
& x_3 = x_2 + S_3^- - S_3^+, \\
& x_4 = x_3 + S_4^- - S_4^+, \\
& S_1^- \geqslant 0, S_1^+ \geqslant 0, S_2^- \geqslant 0, S_2^+ \geqslant 0, S_3^- \geqslant 0, S_3^+ \geqslant 0, S_4^- \geqslant 0, S_4^+ \geqslant 0, \\
& x_1 \geqslant 0, x_2 \geqslant 0, x_3 \geqslant 0, x_4 \geqslant 0, \quad I_1 \geqslant 0, I_2 \geqslant 0, I_3 \geqslant 0.
\end{aligned}
$$

(4) 问题求解. 写出模型相应的 LINGO 程序 (程序名: exam0322.lg4) 如下:

```
sets:
  prod/1..4/: d, X, I, Splus, Sminus;
```

```
endsets

min=@sum(prod: h*I + ch*Sminus + cf*Splus);
r*X(1) = d(1) + I(1);
X(1) = sminus(1)-splus(1);
@for(prod(k)| k #gt# 1:
I(k-1) + r*x(k) = d(k) + I(k);
X(k) = X(k-1)+Sminus(k) - Splus(k);
);
data:
    d = 400   600   400   500;
    ch = 1000;  cf = 2000;
    h = 250;     r = 10;
enddata
```

运用 LINGO 软件得到问题的最优解为 (只列出相关变量)

```
Global optimal solution found.
Objective value:                      97500.00
Total solver iterations:                  7


            Variable           Value        Reduced Cost
               X( 1)        50.00000            0.000000
               X( 2)        50.00000            0.000000
               X( 3)        45.00000            0.000000
               X( 4)        45.00000            0.000000
               I( 1)        100.0000            0.000000
               I( 3)        50.00000            0.000000
           SPLUS( 3)        5.000000            0.000000
          SMINUS( 1)        50.00000            0.000000
```

计算结果表明, 在 3 月月初雇用临时工人 50 名 ($S_1^- = 50$), 并且保持稳定的劳动力到 4 月月底. 在 5 月月初解雇临时工人 5 名 ($S_3^+ = 5$), 其他的时间不再雇用和解雇工人直到 6 月月底, 那时终止所有的临时工合同. 这个结果需要在 4 月有 100 件库存, 在 6 月有 50 件的库存.

3.4.4 人力规划

可以运用 3.4.3 小节的方法 —— 雇用和解雇劳动力的方法来解决人力规划问

题. 本小节的方法是利用错开上下班的时间来减少劳动力的雇用以降低劳动成本.
对于一个一天 24h 都需要工作的单位, 如医院的急诊室, 传统的工作方法是三班倒,
8:00~16:00 为白班, 16:00~24:00 为晚班, 0:00~8:00 为夜班. 本小节介绍的方法是打
破传统的上班方法, 上班的时间可以是一天中的任意时刻. 这样做的好处是利用人
员不同的上下班时间来满足不同时段对人员的不同需求.

重新确定一班开始的概念以适应需求波动也可以扩充到其他的作业环境. 例
3.23 的问题是在满足高峰时间和低峰时间的运输需求的情况下, 求所需的最少公交
车数.

例 3.23 (公交车调度安排) 某城市正在研究引进公交系统, 以减轻城市内自
驾车引起的烟尘污染的可行性, 这项研究是寻求能满足运输所需的最小公交车数.
在收集了必要的信息之后, 市政工程师注意到所需的最小公交车数随一天中的不同
时间而变化, 而且所需要的公交车数在若干连续的 4h 间隔内可以被近似为一个常
数. 图 3.9 概述了工程师的发现. 为了完成所需的日常维护, 每辆公交车一天只能
连续运行 8h.

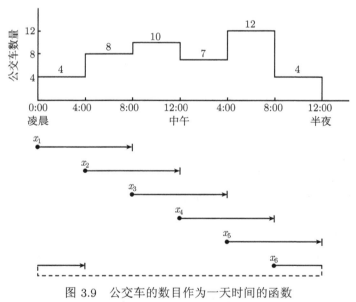

图 3.9 公交车的数目作为一天时间的函数

解 建立线性规划模型. 确定每一班运行公交车的数量 (变量), 以满足最小
需求 (约束), 使运行的公交车总数最小 (目标).

(1) 变量定义. 图 3.9 的底部解释了变量定义, 重叠的 8h 班开始时刻是凌晨
00:01, 凌晨 4:01, 上午 8:01, 下午 12:01, 下午 4:01 和晚上 8:01. 因此, 变量可以定义
x_1 为凌晨 00:01 开始的公交车数, x_2 为凌晨 4:01 开始的公交车数, x_3 为上午 8:01
开始的公交车数, x_4 为下午 12:01 开始的公交车数, x_5 为下午 4:01 开始的公交车

数, x_6 为晚上 8:01 开始的公交车数.

(2) 问题建模. 从图 3.9 可以看到, 因为排班是交错的, 在凌晨 00:01～ 凌晨 4:00, 运营的公交车数为 $x_1 + x_6$, 凌晨 4:01～ 上午 8:00, 运营的公交车数为 $x_1 + x_2$, 上午 8:01～ 中午 12:00 为 $x_2 + x_3$, 下午 12:01～ 下午 4:00 为 $x_3 + x_4$, 下午 4:01～ 晚上 8:00 为 $x_4 + x_5$, 晚上 8:01～ 半夜 00:00 为 $x_5 + x_6$. 因此, 完整的线性规划模型可写成

$$\min \quad z = x_1 + x_2 + x_3 + x_4 + x_5 + x_6,$$

$$
\begin{aligned}
\text{s.t.} \quad x_1 \qquad\qquad\qquad\qquad + x_6 &\geqslant 4 \quad (\text{凌晨 00:01～ 凌晨 4:00}), \\
x_1 + x_2 \qquad\qquad\qquad &\geqslant 8 \quad (\text{凌晨 4:01～ 上午 8:00}), \\
x_2 + x_3 \qquad\qquad &\geqslant 10 \ (\text{上午 8:01～ 中午 12:00}), \\
x_3 + x_4 \qquad &\geqslant 7 \quad (\text{下午 12:01～ 下午 4:00}), \\
x_4 + x_5 &\geqslant 12 \ (\text{下午 4:01～ 晚上 8:00}), \\
x_5 + x_6 &\geqslant 4 \quad (\text{晚上 8:01～ 半夜 00:00}), \\
x_j \geqslant 0, \ j = 1, 2, \cdots, 6.
\end{aligned}
$$

(3) 问题求解. 写出相应的 LINGO 程序 (程序名: exam0323.lg4) 如下:

```
sets:
  shift/1..6/: x, need;
endsets
data:
  need = 4 8 10 7 12 4;
enddata
min = @sum(shift: x);
@for(shift(i):
  x(@wrap(i-1+6, 6))+x(i)>=need(i);
);
```

程序中的函数 @wrap(n,k) 表示 n 整除 k 的余数, 如 @wrap(7,4) 的返回值是 3, 但 @wrap(6,6) 的返回值是 6, 而不是 0. 有了这个函数, 就可以将所有的约束用一个命令表示.

运用 LINGO 软件得到问题的最优解为 (只列出相关变量)

```
Global optimal solution found.
Objective value:                26.00000
Total solver iterations:             0


        Variable        Value        Reduced Cost
          X( 1)       4.000000          0.000000
```

X(2)	4.000000	0.000000
X(3)	6.000000	0.000000
X(4)	1.000000	0.000000
X(5)	11.00000	0.000000

(4) 对最优解的解释. 最优解要求使用 26 辆公交车就可以满足需求. 4 辆公交车在凌晨 00:01 开始运营, 到早上 8:00 下班; 4 辆车在凌晨 4:01 开始运营, 并在中午 12:00 下班; 6 辆车在早上 8:01 开始运营, 并在下午 4:00 下班; 1 辆车在下午 12:01 开始运营, 并在晚上 8:00 下班; 11 辆车在下午 4:01 开始运营, 并在半夜 00:00 下班.

注意: 这个问题的解不是唯一的.

3.4.5 下料问题

在生产中经常会遇到通过切割、剪裁、冲压等手段, 将原材料加工成所需尺寸这种工艺过程, 称之为原料下料问题. 按照工艺要求, 确定下料方案, 使用料最省或利润最大, 是典型的优化问题. 本小节讨论如何用线性规划模型来解决这类问题.

例 3.24 (下料问题) 某钢管零售商从钢管厂进货, 将钢管按照顾客要求的长度进行切割 (称之为下料问题). 假定进货时得到的原料钢管长度都是 19m. 现有一顾客需要 50 根长 4m, 20 根长 6m 和 15 根长 8m 的钢管, 应如何下料最节省?

解 (1) 问题分析. 对于下料问题首先要确定采用哪些切割模式. 所谓切割模式, 是指按照客户要求的长度在原料钢管上安排切割的一种组合. 例如, 可以将长 19m 的钢管切割成三根长 4m 的钢管, 余料为 7m; 或切割成长 4m, 6m 和 8m 的钢管各一根, 余料为 1m. 显然, 可行的切割模式是很多的.

其次, 应当明确哪些切割模式是合理的. 合理的切割模式通常假设余料不应大于或等于客户需要的钢管的最小尺寸. 例如, 将长 19m 的钢管切割成三根长 4m 的钢管是可行的, 但余料为 7m, 可以进一步将 7m 的余料切割成 4m 的钢管 (余料为 3m), 或 6m 的钢管 (余料为 1m). 经过简单的计算, 问题的合理切割模式一共有 7 种, 如表 3.16 所示.

表 3.16 钢管下料问题的合理切割模式

模式	4m 钢管的根数	6m 钢管的根数	8m 钢管的根数	余料/m
1	4	0	0	3
2	3	1	0	1
3	2	0	1	3
4	1	2	0	3
5	1	1	1	1
6	0	3	0	1
7	0	0	2	3

(2) 模型建立. 设 x_i 为第 i 种模式切割的根数. 希望切割后的余料最少, 并且

能完成用户提出的切割要求, 从而得到数学表达式

$$\min \quad z = 3x_1 + x_2 + 3x_3 + 3x_4 + x_5 + x_6 + 3x_7, \tag{3.14}$$

$$\text{s.t.} \quad 4x_1 + 3x_2 + 2x_3 + x_4 + x_5 \geqslant 50,$$

$$x_2 + 2x_4 + x_5 + 3x_6 \geqslant 20,$$

$$x_3 + x_5 + 2x_7 \geqslant 15,$$

$$x_i \geqslant 0 \text{ 且取整数}, \ i = 1, 2, \cdots, 7.$$

(3) 模型求解. 编写相应的 LINGO 程序 (程序名: exam0324.lg4) 如下:

```
sets:
    con/1..3/: b;
    var/1..7/: c, x;
    CXV(con, var): A;
endsets
data:
  b = 50 20 15;
  c = 3 1 3 3 1 1 3;
  A = 4 3 2 1 1 0 0
      0 1 0 2 1 3 0
      0 0 1 0 1 0 2;
enddata
min=@sum(var: c * x);
@for(con(i):
    @sum(var(j): A(i,j)*x(j)) >= b(i));
@for(var: @gin(x));
```

运用 LINGO 软件得到问题的最优解为 (只列出相关变量)

```
Global optimal solution found.
Objective value:              27.00000
Extended solver steps:               0
Total solver iterations:             5


        Variable        Value        Reduced Cost
         X( 2)        12.00000           1.000000
         X( 5)        15.00000           1.000000


           Row     Slack or Surplus        Dual Price
```

1	27.00000	-1.000000
2	1.000000	0.000000
3	7.000000	0.000000

在余料最少的前提下, 第 2 种模式切割 12 根, 第 5 种模式切割 15 根, 余料共 27m, 共用原料钢管 27 根.

如果要求最少的根数, 则目标函数 (3.14) 改为

$$\min \quad z = x_1 + x_2 + x_3 + x_4 + x_5 + x_6 + x_7. \tag{3.15}$$

将相应的 LINGO 程序也按式 (3.15) 改动, 得到的计算结果为 (只列出非零部分)

```
Global optimal solution found.
Objective value:                    25.00000
Extended solver steps:                     0
Total solver iterations:                   5

        Variable         Value       Reduced Cost
          X( 1)       5.000000          1.000000
          X( 2)       5.000000          1.000000
          X( 5)      15.00000          1.000000
```

即第 1 种模式切割 5 根, 第 2 种模式切割 5 根, 第 5 种模式切割 15 根, 共用原料钢管 25 根. 经计算, 此时的余料是 35m.

可能会感到上述答案有问题, 为什么采用余料最少的方法会比根数最少的方法还要多用 2 根原料钢管. 经仔细分析会发现两者并不矛盾, 第 1 种方案得到解的剩余变量的值分别是 1, 7 和 0, 也就是说, 第 1 种方案切割后, 分别得到 4m 长的是 51 根, 多 1 根, 6m 长的是 27 根, 多 7 根. 而第 2 种方案得到的剩余变量均为 0, 恰好满足要求. 因此, 零售商可根据情况选择不同的方案.

3.5 建模竞赛试题选讲

无论是美国大学生数学建模竞赛, 还是中国大学生数学建模竞赛, 都有不少竞赛试题与线性规划模型有关, 这里选择两个试题作为选讲, 重点介绍如何用线性规划模型和 LINGO 软件来求解这类竞赛试题.

3.5.1 装货问题

装货问题是 1988 年美国大学生数学建模竞赛 B 题.

有 7 种规格的包装箱要装到两节铁路平板车上去. 包装箱的宽和高是一样的, 但厚度 (t, 单位为 cm) 及重量 (w, 单位为 kg) 是不同的. 表 3.17 给出了每种包装箱的厚度、重量以及数量. 每节平板车有 10.2m 长的地方可用来装包装箱 (像面包片那样), 载重为 40t. 由于当地货运的限制, 对于 C_5, C_6, C_7 类包装箱的总数有一个特别的限制, 这类箱子所占的空间 (厚度) 不能超过 302.7cm. 试把包装箱 (表 3.17) 装到平板车上去, 使得浪费的空间最小.

表 3.17　包装箱装运明细表

种类	C_1	C_2	C_3	C_4	C_5	C_6	C_7
t/cm	48.7	52.0	61.3	72.0	48.7	52.0	64.0
w/kg	2000	3000	1000	500	4000	2000	1000
n/件	8	7	9	6	6	4	8

由于包装箱的个数只能取整数, 因此, 它是一个整数线性规划问题. 实际上, 它也是一个复杂一点的背包问题. 在这里, 用整数线性规划问题的方法求解.

1. 变量定义

令

x_{ij} 为在第 j 节车上装载第 i 件包装箱的数量, $i = 1, 2, \cdots, 7$, $j = 1, 2$,

n_i 为第 i 种包装箱需要装的件数, $i = 1, 2, \cdots, 7$,

w_i 为第 i 种包装箱的重量, $i = 1, 2, \cdots, 7$,

t_i 为第 i 种包装箱的厚度, $i = 1, 2, \cdots, 7$,

cl_j 为第 j 节车的长度, $cl_j = 1020$, $j = 1, 2$,

cw_j 为第 j 节车的载重量, $cw_j = 40000$, $j = 1, 2$,

s 为特殊限制, $s = 302.7$.

2. 问题建模

(1) 约束函数. 两节车的装箱数不能超过需要装的件数 $x_{i1} + x_{i2} \leqslant n_i$ ($i = 1, 2, \cdots, 7$). 每节车可装的长度不能超过车能提供的长度

$$\sum_{i=1}^{7} t_i x_{ij} \leqslant cl_j, \quad j = 1, 2.$$

每节车可装的重量不能超过车承受的重量

$$\sum_{i=1}^{7} w_i x_{ij} \leqslant cw_j, \quad j = 1, 2.$$

对于 C_5, C_6, C_7 类包装箱的总数的特别限制为

$$\sum_{i=5}^{7} t_i (x_{i1} + x_{i2}) \leqslant s.$$

变量 x_{ij} 只能取整数.

(2) 目标函数.

$$z = \sum_{i=1}^{7} t_i(x_{i1} + x_{i2}),$$

即装车的总厚度. 希望装得越满越好, 即目标取极大.

(3) 最优化问题. 该问题是一个整数线性规划问题, 其数学表达式如下:

$$\max \quad z = \sum_{i=1}^{7} t_i(x_{i1} + x_{i2}),$$

$$\text{s.t.} \quad x_{i1} + x_{i2} \leqslant n_i, \ i = 1, 2, \cdots, 7,$$

$$\sum_{i=1}^{7} t_i x_{ij} \leqslant cl_j, \ j = 1, 2,$$

$$\sum_{i=1}^{7} w_i x_{ij} \leqslant cw_j, \ j = 1, 2,$$

$$\sum_{i=5}^{7} t_i(x_{i1} + x_{i2}) \leqslant s,$$

$$x_{ij} \geqslant 0 \ \text{取整数}, \ i = 1, 2, \cdots, 7, \ \ j = 1, 2.$$

3. 问题求解

写出相应的 LINGO 程序 (程序名: 装货问题 .lg4) 如下:

```
sets:
    type/1..7/: t, w, n;
    car/1..2/: cl, cw;
    TXC(type, car): x;
endsets

max=@sum(TXC(i,j): t(i)*x(i,j));
@for(type(i):
    x(i,1) + x(i,2) <= n(i));
@for(car(j):
    @sum(type(i): t(i)*x(i,j)) <= cl(j);
    @sum(type(i): w(i)*x(i,j)) <= cw(j);
);
@sum(type(i)| i #GE# 5:
    t(i)*(x(i,1)+x(i,2))) <= s;
```

```
@for(TXC: @gin(x));

data:
    t = 48.7, 52.0, 61.3, 72.0, 48.7, 52.0, 64.0;
    w = 2000, 3000, 1000, 500,  4000, 2000, 1000;
    n = 8, 7, 9, 6, 6, 4, 8;
   cl = 1020,1020;
   cw = 40000, 40000;
    s = 302.7;
enddata
```

运用 LINGO 软件得到问题的最优解为 (只列出相关变量)

```
Global optimal solution found.
Objective value:                   2039.400
Extended solver steps:               49144
Total solver iterations:             85938


        Variable        Value        Reduced Cost
        X( 1, 2)       8.000000         -48.70000
        X( 2, 1)       7.000000         -52.00000
        X( 3, 1)       6.000000         -61.30000
        X( 3, 2)       3.000000         -61.30000
        X( 4, 1)       4.000000         -72.00000
        X( 4, 2)       2.000000         -72.00000
        X( 5, 2)       3.000000         -48.70000
        X( 6, 2)       3.000000         -52.00000
```

即得到的装车方案如下: 第 1 种物品 8 件装在第 2 节车厢; 第 2 种物品 7 件装在第 1 节车厢; 第 3 种物品 9 件, 第 1 节车厢装 6 件, 第 2 节车厢装 3 件; 第 4 种物品 6 件, 第 1 节车厢装 4 件, 第 2 节车厢装 2 件; 第 5 种物品 3 件装在第 2 节车厢; 第 6 种物品 3 件装在第 2 节车厢. 两辆车共装箱的总长度为 2039.4cm.

4. 对最优解的进一步探讨

这个答案不是唯一的, 如果将第 1 节车厢与第 2 节车厢的装箱方案互换看成一种方案, 则共有 30 种装箱方案, 其装箱总长度均为 2039.4cm, 表 3.18 列出了全部的方案.

表 3.18 列车装箱的全部方案

方案	车辆 1							车辆 2						
	C_1	C_2	C_3	C_4	C_5	C_6	C_7	C_1	C_2	C_3	C_4	C_5	C_6	C_7
1	0	5	6	4	0	2	0	8	2	3	2	3	1	0
2	0	6	6	4	0	1	0	8	1	3	2	3	2	0
3	0	6	9	0	0	3	0	8	1	0	6	3	0	0
4	0	7	6	4	0	0	0	8	0	3	2	3	3	0
5	0	7	9	0	0	2	0	8	0	0	6	3	1	0
6	1	4	4	3	3	3	0	7	3	5	3	0	0	0
7	1	5	4	3	3	2	0	7	2	5	3	0	1	0
8	1	6	4	3	3	1	0	7	1	5	3	0	2	0
9	2	4	4	3	2	3	0	6	3	5	3	1	0	0
10	2	5	0	5	3	3	0	6	2	9	1	0	0	0
11	2	5	4	3	2	2	0	6	2	5	3	1	1	0
12	2	6	4	3	2	1	0	6	1	5	3	1	2	0
13	2	7	4	3	2	0	0	6	0	5	3	1	3	0
14	3	0	9	1	3	2	0	5	7	0	5	0	1	0
15	3	1	9	1	3	1	0	5	6	0	5	0	2	0
16	3	2	9	1	3	0	0	5	5	0	5	0	3	0
17	3	4	4	3	1	3	0	5	3	5	3	2	0	0
18	3	5	0	5	2	3	0	5	2	9	1	1	0	0
19	3	5	4	3	1	2	0	5	2	5	3	2	1	0
20	3	6	0	5	2	2	0	5	1	9	1	1	1	0
21	3	6	4	3	1	1	0	5	1	5	3	2	2	0
22	3	7	0	5	2	1	0	5	0	9	1	1	2	0
23	3	7	4	3	1	0	0	5	0	5	3	2	3	0
24	4	0	5	3	3	3	0	4	7	4	3	0	0	0
25	4	0	9	1	2	2	0	4	7	0	5	1	1	0
26	4	1	5	3	3	2	0	4	6	4	3	0	1	0
27	4	1	9	1	2	1	0	4	6	0	5	1	2	0
28	4	2	5	3	3	1	0	4	5	4	3	0	2	0
29	4	2	9	1	2	0	0	4	4	0	5	1	3	0
30	4	3	5	3	3	0	0	4	4	4	3	0	3	0

3.5.2 DVD 在线租赁

DVD 在线租赁是 2005 年中国大学生数学建模竞赛 B 题[①].

随着信息时代的到来, 网络成为人们生活中越来越不可或缺的元素之一. 许多网站利用其强大的资源和知名度, 面向其会员群提供日益专业化和便捷化的服务. 例如, 音像制品的在线租赁就是一种可行的服务. 这项服务充分发挥了网络的诸多优势, 包括传播范围广泛、直达核心消费群、互动性强、感官性强、成本相对低廉等, 为顾客提供更为周到的服务.

考虑如下的 DVD 在线租赁问题: 顾客缴纳一定数量的月费成为会员, 订购 DVD 租赁服务. 会员对哪些 DVD 有兴趣, 只要在线提交订单, 网站就会通过快递

———————————
① 本题的部分解答摘自谢金星: DVD 在线租赁业务中的数学模型.

的方式尽可能满足要求. 会员提交的订单包括多张 DVD, 这些 DVD 是基于其偏爱程度排序的. 网站会根据手头现有的 DVD 数量和会员的订单进行分发. 每个会员每个月租赁次数不得超过两次, 每次获得三张 DVD. 会员看完三张 DVD 之后, 只需要将 DVD 放进网站提供的信封里寄回 (邮费由网站承担), 就可以继续下次租赁. 请考虑以下问题:

(1) 网站正准备购买一些新的 DVD, 通过问卷调查 1000 个会员, 得到了愿意观看这些 DVD 的人数 (表 3.19 给出了其中 5 种 DVD 的数据). 此外, 历史数据显示, 60% 的会员每月租赁 DVD 两次, 而另外的 40% 只租一次. 假设网站现有 10 万个会员, 对表 3.19 中的每种 DVD 来说, 应该至少准备多少张, 才能保证希望看到该 DVD 的会员中至少有 50% 在一个月内能够看到该 DVD? 如果要求保证在三个月内有至少 95% 的会员能够看到该 DVD 呢?

表 3.19　对 1000 个会员调查的部分结果

DVD 名称	DVD1	DVD2	DVD3	DVD4	DVD5
愿意观看的人数	200	100	50	25	10

(2) 表 3.20 中列出了网站手上 100 种 DVD 的现有张数和当前需要处理的 1000 位会员的在线订单[①], 如何对这些 DVD 进行分配, 才能使会员获得最大的满意度? 请具体列出前 30 位会员 (即 C0001~C0030) 分别获得了哪些 DVD.

表 3.20　现有 DVD 的张数和当前需要处理的会员的在线订单(表格格式示例)

	DVD 编号	D001	D002	D003	D004	…
	DVD 现有数量	10	40	15	20	…
会员	C0001	6	0	0	0	…
在线	C0002	0	0	0	0	…
订单	C0003	0	0	0	3	…
	C0004	0	0	0	0	…
	⋮	⋮	⋮	⋮	⋮	

注: D001 D100 表示 100 种 DVD, C0001 C1000 表示 1000 个会员, 会员的在线订单用数字 1, 2, ⋯ 表示, 数字越小表示会员的偏爱程度越高, 数字 0 表示对应的 DVD 当前不在会员的在线订单中.

(3) 继续考虑表 3.20, 并假设表 3.20 中 DVD 的现有数量全部为 0. 如果你是网站经营管理人员, 你如何决定每种 DVD 的购买量? 如何对这些 DVD 进行分配, 才能使一个月内 95% 的会员得到他想看的 DVD, 并且满意度最大?

(4) 如果你是网站经营管理人员, 你觉得在 DVD 的需求预测、购买和分配

① 数据格式示例如表 3.20 所示, 文件 B2005Table2.xls 给出了具体数据, 请从 http://mcm.edu.cn/mcm05/下载.

中还有哪些重要的问题值得研究? 请明确提出你的问题, 并尝试建立相应的数学模型.

1. 网站购买 DVD 的最优数量

这里仅针对一个月的情况进行建模, 三个月的情况可作相应考虑, 只是由于需要考虑的时间阶段数增加, 算法更复杂一些. 解决这个小问题时遇到的第一个假设可能就是每种 DVD 应该是独立的, 因为题中仅给出了其中 5 种 DVD 的需求预测, 显然不是网站用于出租的所有 DVD, 而且也没有说明它们之间的关联性.

DVD 在线租赁问题中要求保证希望看到该 DVD 的会员中至少有 50% 在一个月内看到该 DVD, 故首先应弄清希望看到该 DVD 的会员数量. 对问卷调查数据普遍的一种理解方式是由此得到该 DVD 被选中的概率 (记为 p), 设网站的会员总数为 n, 则该 DVD 的需求可看成二项分布 $B(n,p)$. 当 n 较大时, 该 DVD 的总需求也可用正态分布 $N(np, npq)$ $(q = 1 - p)$ 来近似. 问题中要求的虽然是 "保证" 其中至少 50% 在一个月内能看到该 DVD, 但由于抽样调查的随机性, 这种保证可理解为在一定置信水平下的保证, 也就是说, 在一定置信水平下会员能够看到该 DVD 的总需求数量的下限 (可记为 M).

确定该 DVD 的购买数量时, 一种简单的想法是先确定每张 DVD 在一个月内可被重复使用的次数. 这显然也是随机变量, 可以对它进行不同的估计. 该问题中只说明了 60% 的会员每月租赁 DVD 两次, 而另外 40% 只租一次, 一种简单近似方法是认为一个月内该 DVD 可重用的次数为 $0.6 \times 2 + 0.4 \times 1 = 1.6$ 次, 这相当于对每月租赁两次的会员把一个月简单地分成前半个月和后半个月两个阶段进行处理. 如果假设租出去的 DVD 的返还率在总体上相对稳定, 即 40% 的会员每天有 1/30 的概率归还, 60% 的会员每天有 1/15 的概率归还, 可见结果是一致的.

下面是求解问题的 LINGO 程序 (程序名: DVD在线1.lg4):

```
sets:
    kind/1..5/: x, y, M, p, mu, S;
endsets
data:
    n = 100000;
    p = 0.2 0.1 0.05 0.025 0.001;
enddata

@for(kind:
    mu = n*p; S^2 = n*p*(1-p);
    @psn((M-mu)/S) = 0.95;
```

```
    x = 0.5*M/1.6; y = 0.95*M/4.8;
);
```

在程序中, n 表示会员总数. p 为二项分布成功的概率, 其值由表 3.11 计算得到. 函数 @psn (x) 是标准正态分布函数, 即

$$\text{@psn}(x) = \varPhi(x) = \frac{1}{\sqrt{2\pi}} \int_{-\infty}^{x} \mathrm{e}^{-\frac{t^2}{2}} \mathrm{d}t.$$

@psn 后面的 0.95 表示置信水平为 95%. 这样计算出的 M 值就是在 95% 的置信水平下, 会员能够看到该 DVD 的总需求数量的下限. 这样 $x = 0.5M/1.6$ 就是一个月内有 50% 的会员能够看到该 DVD 的总需求数量的下限, $y = 0.95M/4.8$ 就是三个月内有 95% 的会员能够看到该 DVD 的总需求数量的下限. 计算结果如表 3.21 所示.

表 3.21   DVD 至少准备的张数

DVD 名称	DVD1	DVD2	DVD3	DVD4	DVD5
一个月 (50%)	6315	3174	1598	807	37
三个月 (95%)	4000	2010	1012	511	23

2. 网站分发 DVD 的数学模型

这个问题大概是 DVD 在线租赁问题中最容易数学化的部分. 由于已知手头上 DVD 的数量和会员的订单, 因此, 无须考虑会员是否会归还等多阶段问题, 只需考虑当前进行一次分发的情形. 下面用 m, n 分别表示当前需要分发的会员数量和 DVD 种类数, 用 d_j 表示第 j 种 DVD 的现有数量, a_{ij} 表示表格文件中给出的订单矩阵, 变量 x_{ij} 表示是否选择第 j 种 DVD 分配给第 i 位用户, 变量 y_i 表示第 i 位用户是否得到 DVD. 顾客的满意度可以自行定义, 如满意度定义为

$$s_{ij} = \begin{cases} \dfrac{1}{a_{ij}}, & a_{ij} > 0, \\ 0, & a_{ij} = 0 \end{cases} \quad \text{或} \quad s_{ij} = \begin{cases} 11 - a_{ij}, & a_{ij} > 0, \\ 0, & a_{ij} = 0. \end{cases}$$

一种可能的模型为

$$\begin{aligned} \max \quad & z = \sum_{i=1}^{m} \sum_{j=1}^{n} s_{ij} x_{ij}, \\ \text{s.t.} \quad & \sum_{j=1}^{n} x_{ij} = 3y_i, \ i = 1, 2, \cdots, m, \\ & \sum_{i=1}^{m} x_{ij} \leqslant d_j, \ j = 1, 2, \cdots, n, \\ & 0 \leqslant x_{ij} \leqslant a_{ij}, \ i = 1, 2, \cdots, m, \ j = 1, 2, \cdots, n, \end{aligned}$$

$$x_{ij} = 0 \text{ 或 } 1, \ i = 1, 2, \cdots, m, \ j = 1, 2, \cdots, n,$$
$$y_i = 0 \text{ 或 } 1, \ i = 1, 2, \cdots, m.$$

这个问题的困难不是在于建模, 而是在于模型求解. 因为在题目提供的 Excel 表 (见 B2005Table2.xls) 中, 会员人数为 $m = 1000$, DVD 种类为 $n = 100$, 因此, 变量 x_{ij} 有 10 万个, 再加上变量 y_i, 共 10.1 万个 0-1 变量, 所以关于数据的读取以及模型的运算都可能会遇到困难.

首先解决数据的读取问题. 打开 Excel 表 B2005Table2.xls, 在 B3:B1002 位置上定义其名称为 MEMBER, 在 C1:CX1 位置上定义其名称为 DVDKIND, 在 C2:CX2 位置上定义其名称为 DVDSUPPLY, 在 C3:CX1002 位置上定义其名称为 AIJ, 具体定义方法参见附录 B.4.3 小节, 用 @OLE 函数读、写 Excel 表, 然后编写相应的 LINGO 程序 (程序名: DVD 在线2.lg4) 如下:

```
SETS:
    MEMBER   / @ole('B2005Table2.xls', 'MEMBER')/: Y;
    DVDKIND / @ole('B2005Table2.xls', 'DVDKIND')/: D;
    MXD (MEMBER, DVDKIND): A, X;
ENDSETS
[OBJ] MAX = @SUM(MXD | A #GT# 0: X/A);
@FOR(MEMBER(I): [MEM]
    @SUM(DVDKIND(J): X(I, J)) = 3*Y(I));
@FOR(DVDKIND(J): [DVD]
    @SUM(MEMBER(I): X(I, J)) <= D(J));
@FOR(MXD: @BND(0, X, A); @BIN(X));
@FOR(MEMBER: @BIN(Y));


DATA:
    D = @ole('B2005Table2.xls','DVDSUPPLY');
    A = @ole('B2005Table2.xls','AIJ');
ENDDATA
```

其次是计算. 计算并没有想象的那么复杂, 不到 1min, LINGO 软件就给出了计算结果, 其满意度为 1631.49. 根据题目要求, 列出前 30 位会员 (即 C0001～C0030) 分别获得了哪些 DVD, 具体结果如表 3.22 所示.

如果严格分发三张, 则 C008 会员得不到 DVD. 如果将约束条件 $\sum_{j=1}^{n} x_{ij} = 3y_i$ 改为 $\sum_{j=1}^{n} x_{ij} \leqslant 3$, 则 C008 会员可以得到两张 DVD.

表 3.22   前 30 位会员得到 DVD 的结果

会员	DVD 种类			会员	DVD 种类			会员	DVD 种类		
0001	008	041	098	0002	006	044	062	0003	032	050	080
0004	007	018	041	0005	011	066	068	0006	019	053	066
0007	008	026	081	0008	—	—	—	0009	053	078	100
0010	055	060	085	0011	059	063	066	0012	002	031	041
0013	021	078	096	0014	023	052	089	0015	013	066	085
0016	010	055	097	0017	047	051	067	0018	041	060	078
0019	066	084	086	0020	045	061	089	0021	045	050	053
0022	038	055	057	0023	029	041	095	0024	037	041	076
0025	009	069	081	0026	022	068	095	0027	050	058	078
0028	008	034	047	0029	026	030	055	0030	037	062	098

3. 购买和分发同时考虑

总体来说, 这个问题需要考虑购买和分配 DVD 两个方面, 需要兼顾减少购买成本和提高满意度, 并满足一定的服务水平. 同时由于会员一个月可能租赁两次, 因此, 需要考虑多阶段决策的因素, 很难建立精确的数学模型.

为了简化计算, 对这个问题分成若干个小问题讨论.

(1) 考虑 DVD 的购买量. 从 Excel 表 B2005Table2.xls 可以得到 1000 个会员关于每种 DVD 的偏好和需求. 例如, 在 1000 个会员中, 打算租借 D001 的会员有 84 人, 打算租借 D002 的会员有 92 人 …… 这样 D001 被选中的概率为 $p = 0.084$, D002 被选中的概率为 $p = 0.092$…… 类似于第一小问的方法, 仍然要用正态分布 $N(np, npq)$ 来近似.

经统计, 在 1000 个会员中, 打算租借的 DVD 总量为 9373, 而一次租借量最多只有 3000 张, 这就说明平均每名会员选中的 DVD 的张数是一次租借量的 $3.12\left(=\dfrac{9373}{3000}\right)$ 倍. 因此, 确定购买 DVD 的张数, 只要保证大约 1/3 的会员在满足一定的置信度 (仍取 95%) 就可以了. 由此写出各种 DVD 的购买量的 LINGO 程序 (程序名: DVD在线3.lg4) 如下:

```
SETS:
    MEMBER  / @ole('B2005Table2.xls', 'MEMBER')/;
    DVDKIND / @ole('B2005Table2.xls', 'DVDKIND')/: M, p, mu, S;
    MXD (MEMBER, DVDKIND): A;
ENDSETS
MIN=@SUM(DVDKIND:M);
@FOR(DVDKIND(j):
```

```
    p(j)=@SUM(MEMBER(i): @IF(A(i,j) #GT# 0, 1, 0))/n;
    mu(j) = n*p(j); S(j)^2 = n*p(j)*(1-p(j));
    @PSN((3.12*M(j)-mu(j))/S(j)) >= 0.95;
    @GIN(M(j));
);


DATA:
    n = 1000;
    A = @ole('B2005Table2.xls','AIJ');
    @TEXT('DVDSUPPLY.sol') = M;
ENDDATA
```

程序中的 p 为 DVD 被会员选中的概率, mu 为均值, S 为标准差, M 为在 95% 的置信水平下, $\dfrac{1}{3.12}$ 的会员需要 DVD 的张数, 这里对 M 取整数, 并在满足条件下取最小, 并且将 M 的计算结果保存在文件 DVDSUPPLY.sol 中, 以备后面的计算中用到. 经计算得到需要购买 DVD 共计 3535 张, 比原 3007 张多出 528 张, 表 3.23 列出了前 10 种 DVD 需求的数量.

表 3.23 前 10 种 DVD 需要的张数

DVD 名称	D001	D002	D003	D004	D005
需要的张数	32	35	33	37	30
DVD 名称	D006	D007	D008	D009	D010
需要的张数	33	33	38	35	34

(2) 考虑第一次分发 DVD 的情况. 在计算出 DVD 的购买量后, 可以按照第二小问的方法建立线性整数规划模型, 其满意度仍定义为 $1/a_{ij}(a_{ij} \neq 0)$. 由于规划模型本质上没有差别, 这里只给出相应的 LINGO 程序 (程序名: DVD在线4.1g4) 如下:

```
SETS:
    MEMBER  / @ole('B2005Table2.xls', 'MEMBER')/;
    DVDKIND / @ole('B2005Table2.xls', 'DVDKIND')/: D;
    MXD (MEMBER, DVDKIND): A, X;
ENDSETS

[OBJ] MAX = @SUM(MXD | A #GT# 0: X/A);
@FOR(MEMBER(I): [MEM]
    @SUM(DVDKIND(J): X(I, J)) = 3);
```

```
@FOR(DVDKIND(J): [DVD]
    @SUM(MEMBER(I): X(I, J)) <= D(J));
@FOR(MXD: @BND(0, X, A); @BIN(X));

DATA:
    D = @FILE('DVDSUPPLY.sol');
    A = @ole('B2005Table2.xls','AIJ');
    @TEXT('XIJ.sol') = X;
ENDDATA
```

程序的基本结构与 DVD在线2.lg4 相同, 只是少了变量 y, 这是因为在考虑 DVD 的购买量时, 考虑了每位会员都能够得到三张 DVD. 程序增加了一小点, 就将计算结果 X 保存下来, 以备后面第二次分发 DVD 时使用.

由计算结果得到: 按照新购买方案进行分发 DVD, 其满意度为 1831.08. 为了对比, 还列出了前 30 位会员 (即 C0001∼C0030) 分别获得了哪些 DVD, 具体结果如表 3.24 所示.

表 3.24　前 30 位会员得到 DVD 的结果

会员	DVD 种类			会员	DVD 种类			会员	DVD 种类		
0001	008	082	098	0002	006	042	044	0003	004	050	080
0004	007	018	023	0005	011	066	068	0006	016	019	053
0007	008	026	081	0008	015	071	099	0009	053	078	100
0010	055	060	085	0011	019	059	063	0012	002	007	031
0013	021	078	096	0014	023	043	052	0015	013	085	088
0016	006	084	097	0017	047	051	067	0018	041	060	078
0019	067	084	086	0020	045	061	089	0021	045	053	065
0022	038	055	057	0023	029	081	095	0024	041	076	079
0025	009	069	094	0026	022	068	095	0027	022	042	058
0028	008	034	082	0029	030	044	055	0030	001	037	062

(3) 考虑第二次分发 DVD 的情况. 按题目要求, 第一次分发 DVD 后, 有 60% 的会员将 DVD 寄回, 等待第二次分发. 为了减少计算的复杂性, 这里采用模拟的方法来解决这一问题.

第 1 步　利用计算机软件 (如 MATLAB, R 等) 产生 1000 个为 0 或 1 的数, 记为 R_i, 其中 $R_i = 1$ 的数量占 60% (数据文件 RI.sol 记录了这 1000 个随机数). 如果某个会员的标记 $R_i = 1$, 则表示第 i 个会员要在半个月内归还 DVD, 等待第二次分发; 否则, 该会员不归还 DVD.

第 2 步　修改 Excel 表 B2005Table2.xls, 并改名为 temp.xls, 然后由如下

LINGO 程序 (程序名: DVD在线5.lg4) 完成表中数据的修改工作:

```
SETS:
    MEMBER   / @ole('B2005Table2.xls', 'MEMBER')/: R;
    DVDKIND / @ole('B2005Table2.xls', 'DVDKIND')/: D, Z;
    MXD (MEMBER, DVDKIND): A, X, Y;
ENDSETS

@FOR(MXD: Y=@IF(X #EQ# 0, A, 0));
@FOR(DVDKIND(j):
    z(j)=D(j)-@SUM(MEMBER(i)| R(i) #EQ# 0: x(i,j)));
DATA:
    D = @FILE('DVDSUPPLY.sol');
    X = @FILE('XIJ.sol');
    R = @FILE('RI.sol');
    A = @ole('B2005Table2.xls','AIJ');
    @ole('temp.xls','AIJ') = Y;
    @ole('temp.xls','DVDSUPPLY') = Z;
ENDDATA
```

程序的编写思想是这样的: 如果第 i 个会员在第一次分发中已得到了他需要的第 j 种 DVD, 则在 Excel 表中对应的 a_{ij} 位置赋为 0 (即第一次分发已得到, 所以不需要第二次分发); 否则, 其值保持不变. 另外, 如果会员的标记为 0 (程序中 R(i)=0), 则他所租借的 DVD 在本月内不会归还, 所以能够供出的 DVD 总量中应除去这部分 DVD. 计算结果放在临时文件 temp.xls 中.

第 3 步 求解相应的线性整数规划问题. 这里只列出相应的 LINGO 程序 (程序名: DVD在线6.lg4) 如下:

```
SETS:
    MEMBER   / @ole('temp.xls', 'MEMBER')/: R;
    DVDKIND / @ole('temp.xls', 'DVDKIND')/: D;
    MXD (MEMBER, DVDKIND): A, X;
ENDSETS
MAX = @SUM(MXD | A #GT# 0: X/A);
@FOR(MEMBER(I):
    @SUM(DVDKIND(J): X(I, J)) = 3 * (R(I) #EQ# 1));
@FOR(DVDKIND(J):
    @SUM(MEMBER(I): X(I, J)) <= D(J));
```

```
@FOR(MXD: @BND(0, X, A); @BIN(X));

DATA:
    R = @FILE('RI.sol');
    D = @ole('temp.xls','DVDSUPPLY');
    A = @ole('temp.xls','AIJ');
ENDDATA
```

程序编写与前面基本相同, 只需注意一点, 这次分发只分发给将 DVD 归还的会员 (即 $R_i = 1$ 的会员).

计算结果表明第二次分发 DVD 的满意度为 366.433. 这只是一次模拟的结果, 要想得到进一步的准确结果, 还需要模拟多次.

(4) 关于本问题的进一步讨论. 注意到这种方法并不是最优结果, 因为它只是求每一次分发的最优, 而不是整体上的最优, 但可以认为这种分发方法也应该是不错的选择, 它可以简化计算, 而且便于操作.

另外, 为了减少 DVD 的购买数量, 可以调整程序 DVD在线3.1g4 中 M 前面的系数, 由 3.12 调整到 3.67, 这样得到的 DVD 总张数为 3014, 比前一方案减少了 521 张, 而得到两次分发的满意度分别为 1816.91 和 369.17, 其总满意度只下降了 11.43.

4. 其他问题

关于题目的第 4 问是一个综合性的问题. 例如, 可以考虑 DVD 的预测、采购和分发等问题. 就预测问题而言, 可以通过市场调查, 考虑不同类型 DVD 的需求情况, 通常来讲, 新的光盘需求会高一些, 而老的光盘的需求率会随着时间的推移而逐步下降. 另外, 采购光盘也不是一次性采购 (现实生活中也不可能一次购买), 而是多次采购, 所以应采用分段采购的方法, 这里可能会涉及多阶段问题 (动态规划). DVD 的分发也是连续的, 每天都会分发光盘, 而每天也会收到会员归还的 DVD. 换句话说, 得到的数据是在线的, 而不是题目所给出的数据形式 —— 离线的. 因此, 考虑在线数据, 可能更科学、更合理, 但这样就大大增加了问题的难度.

鉴于这部分内容已超出了用 LINGO 软件求解的范围, 因此, 对这部分内容就不作讨论了.

习 题 3

1. 某工厂生产 A, B, C 三种产品, 每件产品所消耗的材料、工时以及盈利如表 3.25 所示. 已知该工厂每天的材料消耗不超过 600kg, 工时不得超过 1400h, 问每天生产 A, B, C 三种产品各多少才可使得盈利最大? 请写出相应的线性规划模型.

表 3.25　产生每件产品消耗的材料、工时以及盈利表

产品	A	B	C
材料/(kg/件)	4	4	5
工时/(h/件)	4	2	3
盈利/(元/件)	7	3	6

2. 有两个煤厂 A 和 B, 每月分别进煤不小于 60t 和 100t, 它们担负供应三个居民区的用煤任务, 这三个居民区每月需用煤分别为 45t、75t 和 40t, A 厂离这三个居民区分别为 10km、5km 和 6km, B 厂离这三个居民区分别为 4km, 8km 和 15km, 问这两个煤厂应如何分配供煤才能使运量最小? 请写出相应的线性规划模型.

3. 用单纯形法求解下列线性规划问题:

(1) max　$5x_1 + 4x_2$,
　　s.t.　$x_1 + 2x_2 \leqslant 6$,
　　　　$2x_1 - x_2 \leqslant 4$,
　　　　$5x_1 + 3x_2 \leqslant 15$,
　　　　$x_1 \geqslant 0,\ x_2 \geqslant 0$;

(2) max　$3x_1 + 2x_2$,
　　s.t.　$2x_1 - 3x_2 \leqslant 3$,
　　　　$-x_1 + x_2 \leqslant 5$,
　　　　$x_1 \geqslant 0,\ x_2 \geqslant 0$.

4. 用二阶段法求解下列线性规划问题:

(1) min　$3x_1 - 2x_2 + x_3$,
　　s.t.　$2x_1 + x_2 - x_3 \leqslant 3$,
　　　　$3x_1 + x_2 + x_3 = 2$,
　　　　$x_1 \quad\ + x_3 = 3$,
　　　　$x_1 \geqslant 0, x_2 \geqslant 0, x_3 \geqslant 0$;

(2) max　$2x_1 - x_2 + x_3$,
　　s.t.　$x_1 + x_2 - 2x_3 \leqslant 8$,
　　　　$4x_1 - x_2 + x_3 \geqslant 2$,
　　　　$2x_1 + 3x_2 - x_3 \geqslant 4$,
　　　　$x_1 \geqslant 0, x_2 \geqslant 0, x_3 \geqslant 0$;

(3) min　$x_1 - x_2 - 2x_3$,
　　s.t.　$x_1 - 2x_2 = 2$,
　　　　$x_1 - 3x_2 - x_3 = 1$,
　　　　$x_1 - x_2 + x_3 = 3$,
　　　　$x_1 \geqslant 0, x_2 \geqslant 0, x_3 \geqslant 0$;

(4) min　$x_1 - x_2 + x_3$,
　　s.t.　$2x_1 - x_2 + x_3 = 4$,
　　　　$x_1 \quad\ + x_3 = 2$,
　　　　$x_1 \geqslant 0, x_2 \geqslant 0, x_3 \geqslant 0$.

5. 某饲养场饲养动物出售, 设每头动物每天至少需 700g 蛋白质、30g 矿物质和 100mg 维生素. 现有 5 种饲料可供选用, 各种饲料每千克中营养成分的含量及单价如表 3.26 所示. 要求确定既满足动物生长的营养需要, 又使费用最省的选用饲料的方案. 试建立这个问题的线性规划模型, 并用 LINGO 软件求解.

表 3.26　各种饲料每千克中营养成分的含量及单价表

饲料	蛋白质/g	矿物质/g	维生素/mg	价格/(元/kg)
1	3	1	0.5	0.2
2	2	0.5	1.0	0.7
3	1	0.2	0.2	0.4
4	6	2	2	0.3
5	18	0.5	0.8	0.8

6. 续例 3.16 的奶制品深加工问题, 建模并用 LINGO 求解.

在例 3.16 中条件不变的情况下, 继续考虑 1kg A_1 产品在甲车间用 2h 和 3 元的成本加工成 0.8kg B_1 产品, 每千克 B_1 产品可获利 44 元. 1kg A_2 产品在乙车间用 2h 和 3 元的成本加工成 0.75kg B_2 产品, 每千克 B_2 产品可获利 32 元. 加工厂仍然每天得到 50 桶牛奶的供应, 每天正式工人总的劳动时间仍然为 480h, 甲车间的设备上限为每天 100kg, 乙车间无限制.

对于新的情况制订一个生产计划, 使每天获利最大, 并进一步讨论以下问题:

(1) 30 元可增加一桶牛奶, 3 元可增加 1h 时间, 是否应投资? 现投资 150 元, 可赚回多少?

(2) B_1, B_2 的获利经常有 10% 的波动, 对计划有无影响?

7. 用 LINGO 软件对如下生产安排问题进行分析和求解:

某工厂生产 A, B, C 三种产品, 其所需劳动力、材料等有关数据如表 3.27 所示, 求

(1) 确定获利最大的生产方案;

(2) 产品 A, B, C 的利润分别在什么范围内变动时, 上述最优方案不变?

(3) 如果生产一种新产品 D, 单件劳动力消耗 8 个单位, 材料消耗 2 个单位, 每件可获利 3 元, 问该种产品是否值得生产?

(4) 如果劳动力数量不增, 材料不足时可从市场购买, 每单位 0.4 元, 问该厂要不要购进原材料扩大生产, 以购多少为宜?

表 3.27　不同产品的消耗定额

资源	产品			可用量/单位
	A	B	C	
劳动力	6	3	5	45
材料	3	4	5	30
产品利润/(元/件)	3	1	4	

8. 某城市在未来的 5 年内将启动 4 个城市的住房改造工程. 每项工程有不同的开始时间, 工程周期也不一样. 表 3.28 提供这些项目的基本数据. 工程 1 和工程 4 必须在规定的周期内全部完成. 必要时, 其余的两项工程可以在预算的限制内完成部分. 然而, 每个工程在它的规定时间内至少要完成 25%. 每年年底, 工程完成的部分立刻入住, 并且实现一定的比例收入. 例如, 如果工程 1 在第 1 年完成 40%, 在第 3 年完成剩下的 60%, 在 5 年计划范围内的相应收入为 0.4×50000 (第 2 年)$+0.4 \times 50000$ (第 3 年) $+(0.4 + 0.6) \times 50000$ (第 4 年)$+(0.4 + 0.6) \times 50000$ (第 5 年) $= (4 \times 0.4 + 2 \times 0.6) \times 50000$. 试为工程确定最优的时间进度表, 使得 5 年内的总收入达到最大. 建立线性规划模型, 并用 LINGO 求解.

表 3.28　各项工程的基本数据

	第 1 年	第 2 年	第 3 年	第 4 年	第 5 年	总费用/百万元	年收入/百万元
工程 1	开始		结束			5.0	0.05
工程 2		开始			结束	8.0	0.07
工程 3	开始				结束	15.0	0.15
工程 4			开始	结束		1.2	0.02
预算/百万元	3.0	6.0	7.0	7.0	7.0		

9. 假设投资者有如下 4 个投资的机会: A 项目: 在三年内, 投资人应在每年年初投资, 每年每元投资可获利息 0.2 元, 每年取息后可重新将本息投入生息. B 项目: 在三年内, 投资人应在第一年年初投资, 每两年每元投资可获利息 0.5 元. 两年后取息, 可重新将本息投入生息. 这种投资最多不得超过 20 万元. C 项目: 在三年内, 投资人应在第二年年初投资, 两年后每元可获利息 0.6 元, 这种投资最多不得超过 15 万元. D 项目: 在三年内, 投资人应在第三年年初投资, 一年内每元可获利息 0.4 元, 这种投资不得超过 10 万元.

假定在这三年为一期的投资中, 每期的开始有 30 万元的资金可供投资, 投资人应怎样决定投资计划, 才能在第三年年底获得最高的收益. 试建立此问题的线性规划模型, 并用 LINGO 软件求解.

10. 某个制造商使用原料 A 和 B 生产某种产品的三种型号: I, II 和III. 表 3.29 给出了问题的数据. 每件型号 I 产品的劳动时间是型号 II 的 2 倍, 是型号III的 3 倍. 该厂的全部劳动力能够生产相当于 1500 件型号 I 的产品. 市场对于三种不同型号产品需求的特定比例是 3:2:5. 将问题建立成一个线性规划模型, 并用 LINGO 软件求出最优解.

表 3.29 每件产品对原料的需求

原料	I	II	III	可用量
A	2	3	5	4000
B	4	2	7	6000
最小需求量	200	200	150	
单位利润/元	150	100	250	

11. 某冰淇淋店在整个夏季的三个月 (6~8 月) 中对于冰淇淋的需求估计分别是 500 箱、600 箱和 400 箱. 有两个冰淇淋批发商 1 和 2 向该冰淇淋店供货. 虽然这两个供应商冰淇淋的口味不同, 但可以互相交换. 任何一个供应商能够提供冰淇淋的最大箱数是每月 400 箱. 另外, 这两个供应商的供货价格按照表 3.30 逐月变化. 为了利用价格波动, 该冰淇淋店购买的冰淇淋可以多于某个月的需求, 并且储存剩余的部分以满足以后各月的需求. 冷藏一箱冰淇淋的成本是每月 25 元. 建立一个从这两个供应商购买冰淇淋的最优采购计划.

表 3.30 每箱冰淇淋的价格 (单位: 元)

月份	6 月	7 月	8 月
供应商 1	500	550	600
供应商 2	575	540	625

12. 某产品的制造过程由前后两道工序 I 和 II 组成. 表 3.31 提供了在未来 6~8 月份的相关数据. 生产一件产品在工序 I 上花 0.6h, 在工序 II 另外花 0.8h. 在任何一个月过剩的产品 (可以是半成品 (工序 I), 也可以是成品 (工序 II)) 允许在后面的月中使用. 相应的储存成本是每件每月 1.00 元和 2.00 元. 生产成本随工序和月份变化. 对于工序 I, 单位生产成本在 6~8 月分别为 50 元、60 元和 55 元. 对于工序 II, 相应的单位生产费用分别为 75 元、90 元和 80 元. 确定这两道工序在未来三个月内最优的生产进度安排 (列出线性规划模型, 并用 LINGO 软件求解).

表 3.31   未来三个月的相关数据

月份	6 月	7 月	8 月
成品的需求/件	500	450	600
工序 I 的能力/h	800	700	550
工序 II 的能力/h	1000	850	700

13. 一家医院雇用志愿者作为接待处的工作人员, 接待时间是从早上 8:00~ 晚上 10:00. 每名志愿者连续工作 3h, 但晚上 8:00 开始工作的人员除外, 他们只工作 2h. 对于志愿者的最小需求可以近似成 2h 间隔的阶梯函数, 其函数在早上 8:00 开始, 相应的需求人数分别为 4, 6, 8, 6, 4, 6, 8. 因为大多数志愿者是退休人员, 他们愿意在一天的任何时间 (早上 8:00~ 晚上 10:00) 提供服务. 然而, 由于大多数慈善团体竞争他们的服务, 所以所需的数目必须保持尽可能的低. 为志愿者工作的开始时间确定最优的时间表.

14. 在第 13 题中, 考虑到午饭和晚饭, 假定没有志愿者愿意在中午 12:00 和晚上 6:00 开始工作, 试重新确定最优的时间表.

15. 用长度为 500cm 的条材, 截成长度分别为 98cm 和 78cm 的两种毛坯, 要求共截出长 98cm 的毛坯 10000 根, 78cm 的 20000 根, 问怎样的截法才能使所用的原料最少? 建立相应的数学模型, 并用 LINGO 软件求解 (注意: 请考虑余料最少和根数最少两种情况).

16. 某厂准备在电视台做广告, 根据电视台的收费办法, 播出时间有三种选择, 其数据如表 3.32 所示. 工厂希望每天都能播出半分钟的广告, 电视台希望放在时间段 II 播出的次数不要超过时间段 I 的次数. 工厂经理希望不要都放在周一至周五的热门时间内播出, 以便平时也能看到他们的广告, 所以规定在时间段 I 的播出, 每月不超过 15 次. 他还希望在周六和周日的热门时间内播出平均每周一次, 故规定在时间段 II 的播出每月不少于 4 次. 工厂估计在时间段 I 的观众为时间段III的 3 倍, 在时间段 II 的观众为时间段III的 5 倍. 试列出数学模型, 确定一个月内播送广告的方案, 使得 (1) 观众最多; (2) 费用最少 (注意: 每天 18:30~22:30 为热门时间, 每月按 30 天计算, 周六和周日共 9 天. 建立数学模型后, 用 LINGO 软件求解).

表 3.32   广告播出时间及相应的收费标准

时间段	日期	播出时间	收费标准/(元/半分钟)
I	周一至周五	18:30~22:30	300
II	周六和周日	18:30~22:30	420
III	周一至周日	22:30~18:30(次日)	180

17. 一家石油公司的炼油厂提供两种无铅汽油燃料: 无铅高级汽油和无铅普通汽油. 炼油厂购买 4 种不同的石油原料, 每种石油原料的化学成分分析、价格及购买上限如表 3.33 所示. 无铅高级汽油的售价是 5.00 元/L, 它应至少含有 60% 的 A 成分、20% 的 B 成分和不能超过 10% 的 C 成分. 无铅普通汽油的售价是 4.5 元/L, 它应至少含有 50% 的 A 成分、15% 的 B 成分和不能超过 15% 的 C 成分. 公司预测无铅高级汽油的销售量为 60000L, 无铅普通汽油的销售量为 90000L.

(1) 试建立线性规划模型, 确定每种汽油中各种原料的用量, 使得公司获得最大的利润;

(2) 写出相应的 LINGO 程序, 用 LINGO 软件包求解;

(3) 对计算结果加以说明 (给出非数学语言的解释).

表 3.33 每种石油原料的化学成分分析、价格及购买上限

原料种类	含化学成分的比例			价格/(元/L)	购买上限/L
	A	B	C		
1	0.90	0.07	0.03	3.50	40000
2	0.70	0.20	0.10	2.50	60000
3	0.10	0.70	0.20	3.25	50000
4	0.60	0.30	0.10	4.25	50000

18. 一家采矿公司获得了在某地区未来连续 5 年的开采权, 这个地区有 4 个矿, 产同一种矿石. 但在每一年中, 该公司最多有能力开采三个矿, 而有一个矿闲置. 对于闲置的矿, 如果在这 5 年期内随后的某年还要开采, 则不能关闭; 如果从闲置起在 5 年内不再开采, 就关闭. 对于开采和保持不关闭的矿, 公司应交付土地使用费. 各矿每年矿砂的产量均有上限, 而且不同矿所产矿砂的质量不同. 土地使用费、矿砂产量上限和矿砂质量指数如表 3.34 所示. 将不同矿的矿砂混合所成的矿砂, 其质量指数为各组分指数的线性组合, 组合系数为各组分在混成矿砂中所占的重量百分数. 例如, 等量的两种矿砂混合, 混成矿砂的质量指数为二组分指数的平均值. 每一年度公司将各矿全年产出的矿砂混合, 要生成具有约定质量指数的矿砂. 不同年度的约定质量指数如表 3.35 所示. 各年度成品矿砂的售价为 10 元/t. 年度总收入和费用开支 (为扣除物价上涨因素) 以逐年 9 折计入 5 年总收入和总费用中.

表 3.34 各矿的土地使用费、矿砂产量上限及矿砂质量指数

矿	1	2	3	4
土地使用费/万元	500	400	400	500
产量上限/万吨	200	250	130	300
质量指数	1.0	0.7	1.5	0.5

表 3.35 不同年度的约定质量指数

年度	1	2	3	4	5
质量指标	0.9	0.8	1.2	0.6	1.0

(1) 试建立数学规划模型, 确定各年度应开采哪几个矿, 产量应各为多少, 使得采矿公司获得最大的利润;

(2) 写出相应的 LINGO 程序, 用 LINGO 软件包求解;

(3) 对计算结果加以说明 (给出非数学语言的解释).

第4章 动态规划模型

本章讨论动态规划模型. 动态规划的本质是从时间或空间上将问题化为若干个相互联系的阶段, 要求在每个阶段作出一个决策, 称这样的问题为多阶段决策问题. 如果把每个阶段作出的决策所形成的序列称为一个策略, 那么求解多阶段决策问题便是找出问题的最优策略. 动态规划方法就是用于寻求某些多阶段决策问题最优决策的一种方法.

动态规划方法是由美国数学家 Richard Bellman (理查德·贝尔曼) 等在 20 世纪 50 年代提出的一种方法, 他们针对多阶段决策过程问题的特点, 提出了解决这类问题的最优化原理, 成功地解决了生产管理、工程技术、经济、工业生产及军事等方面的许多实际问题, 并获得了显著效果.

与线性规划相比较, 动态规划不存在所谓求解动态规划问题的标准的数学公式, 而是提供了适应于某一类问题的求解方法、特定的方程以及分析问题的基本思想. 因此, 在求解动态规划问题时, 更应注重从解题过程中来培养对问题求解的洞察力与创造力.

本章介绍动态规划建模的基本方法, 介绍动态规划的求解方法 —— 顺序法和逆序法, 其重点放在动态规划模型的应用方面. 最后用一节的内容介绍如何用 LINGO 软件求解动态规划问题 —— 设备更新问题、多阶段生产安排问题、产品销售问题和零件加工问题等.

4.1 最短路问题与动态规划的基本思想

为了更好地了解动态规划的特点与基本思想, 先从一个问题 (最短路问题) 开始进行讨论, 使大家对动态规划问题有一个初步的认识.

4.1.1 最短路问题

例 4.1(最短路问题) 在图 4.1 中, 用圈表示城市, 现有 A, B_1, B_2, C_1, C_2, C_3 和 D 共 7 个城市. 圈间的连线表示城市间有道路相连, 连线旁的数字表示道路的长度. 现要寻找一条从城市 A 到城市 D 的最短路线.

最短路问题有很强的应用背景, 如要建设一条从城市 A 到城市 D 的输油管道, 如何找出铺设的最短路线; A 表示商品的出口国, D 表示商品的进口国, 而 B 和 C 的各点表示有可能发货和收货的海关口岸, 如何找一条最短的进出口渠道等.

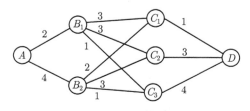

图 4.1 最短路问题

还可以换个轻松点的话题. 有一些学生, 暑假要从城市 A 到城市 D 去旅游, 中间想在 B 和 C 的某个城市短暂停留, 顺便看看那里的风景. 但由于经济能力有限, 他们又不想花更多的钱, 请帮他们设计出一条最短的旅游路线.

还有许许多多的问题可以归结为最短路问题. 最短路问题也称为驿站问题, 问题起源于 19 世纪中期, 住在美国 Missouri (密苏里) 的人们要去美国西部的 California (加利福尼亚) 淘金, 尽管他们出发的起点和到达目的地的终点是固定的, 但中间途经的一些州和要选择的一些驿站是不确定的. 在当时的情况下, 旅途是不安全的, 因为可能会受到各种各样的抢劫者的攻击, 因此, 需要设计一条安全到达目的地的路线. 有一位小心谨慎的旅行者要认真考虑他的安全问题. 经过一段时间的思考后, 他提出了一个相当聪明的确定安全路线的方法. 过往驿站的旅客可以拿到人身保险单, 而保险单的费用是基于驿站的旅客安全的一个细致的估计, 因此, 最安全的路线就是那一条使得总保险单费用最低的路线.

4.1.2 问题的求解

从图 4.1 来看, 该问题的解决似乎并不困难. 直观的想法就是枚举法, 列出从城市 A 到城市 D 的全部路线, 即从 $2 \times 3 \times 1 = 6$ 条路线中, 挑出一条最好的方案就可以了. 但是当城市的个数增加或情况变得复杂后, 这种方法是不可取的. 因为枚举法的计算量太大, 即使是目前的高速计算机, 在城市的个数稍大一点后, 计算量也是不可接受的.

如何解决这个问题呢? 将问题进行分解, 先不急于求出城市 A 到城市 D 的最短路, 而是先考虑最后的城市到城市 D 的最短路, 也就是从 C 的各城市到城市 D 的最短路. 这个问题好解决, 因为从 C 的各点到 D 点之间只有一条路线, 即 $C_i \to D (i = 1, 2, 3)$.

这个问题解决后, 再考虑从 B 的各点到 D 点的最短路. 这个问题也不难, 因为从 B 的各点到 D 点之间, 只经过 C 的各点, 而 C 的各点到 D 点之间的最短路已经计算过.

当得到 B 的各点到 D 点的最短路后, 就可以考虑从 A 点到 D 点的最短路. 因为有了前面的计算, 这个问题已经简单多了.

这就给求解问题提供了一种思想, 即将问题分成多个阶段, 一个阶段一个阶段地考虑问题, 将一个复杂的问题简单化, 这就是动态规划问题求解的基本思想. 图 4.2 给出了对求解问题的思考图.

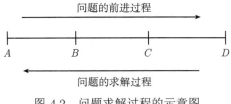

图 4.2   问题求解过程的示意图

在介绍动态规划的方法之前, 先结合最短路实例对几个术语进行解释, 这些术语在动态规划中常常提到.

(1) 阶段. 在采用动态规划求解时, 首先要把整个过程分为几个阶段. 对于上述最短路线问题, 可分为三个阶段来进行讨论. 第 1 阶段: A 到 $\{B_1, B_2\}$. 第 2 阶段: $\{B_1, B_2\}$ 到 $\{C_1, C_2, C_3\}$. 第 3 阶段: $\{C_1, C_2, C_3\}$ 到 D.

(2) 状态. 状态表示某个阶段的起点, 也是前一阶段的终点. 描述状态的变量称为状态变量. 例如, 在最短路问题中, 第 1 阶段的起点只有一个, 就是 A, 因而有一个状态. 但第 2 阶段有两个状态 $\{B_1, B_2\}$, 第 3 阶段有三个状态 $\{C_1, C_2, C_3\}$. 状态的选取具有无后效性. 所谓无后效性就是指状态有这样的性质: 在某阶段的状态给定后, 今后的发展过程仅与当前状态有关, 而与过去的历史和它怎样到达当前状态无关. 对于最短路线来讲, 假如当前处于 C_1 状态, 则从 C_1 到 D 的最短路线仅与当前状态 C_1 有关, 而与前面两阶段怎样到达 C_1 无关.

(3) 决策. 决策就是作出决定. 例如, 在第 1 阶段过程处于状态 A, 此时从 A 到 $\{B_1, B_2\}$ 有两种可能性, 即由 A 到 B_1 或由 A 到 B_2. 此时, 称 $\{B_1, B_2\}$ 为第 1 阶段的允许决策集合, 记为 $D(A) = \{B_1, B_2\}$. 当作出决定从 A 到 B_1 后, 记为 $u_1(A) = B_1$, 称为第 1 阶段决策. 反之, 若从 A 到 B_2, 则此阶段决策写成 $u_1(A) = B_2$. 在第 2 阶段中, 同样, $D(B_1) = \{C_1, C_2, C_3\}$, $D(B_2) = \{C_1, C_2, C_3\}$. 若选择由 B_1 到 C_1, 则第 2 阶段决策为 $u_2(B_1) = C_1$. 以此类推, 可以得出各个阶段的决策.

(4) 策略. 策略是一个按顺序排列的决策组成的集合. 例如, 在最短路的例子中, 选择一条路线 $A \to B_1 \to C_1 \to D$ 就是一个策略. 在实际问题中, 可供选择的策略有一定的范围, 这些范围称为允许策略集合. 例如, 在最短路中, 允许的策略集合为

$$A \to B_1 \to C_1 \to D, \quad A \to B_2 \to C_1 \to D,$$
$$A \to B_1 \to C_2 \to D, \quad A \to B_2 \to C_2 \to D,$$
$$A \to B_1 \to C_3 \to D, \quad A \to B_2 \to C_3 \to D.$$

从允许策略集合中找出最优效果的策略称为最优策略.

(5) 状态转移方程. 状态转移方程是确定前一阶段的状态转变到后一状态的过程. 如果给定了第 k 阶段的状态变量 x_k 和决策变量 $u_k(x_k)$, 则第 $k+1$ 阶段的状态变量 x_{k+1} 也就随之确定了. 记为

$$x_{k+1} = T_k(x_k, u_k(x_k)).$$

(6) 指标函数和最优值函数. 用来衡量过程优劣的数量指标称为指标函数. 指标函数与该阶段的状态变量和该阶段后各阶段的决策变量有关, 记为 $V_{k,n}$, 即

$$V_{k,n} = V_{k,n}(x_k, u_k, x_{k+1}, \cdots, x_n).$$

称指标函数的最优值为最优值函数, 记为 $f_k(x_k)$, 即

$$f_k(x_k) = \mathrm{opt}\, V_{k,n},$$

其中 opt 表示求最优, 有时为求最大 (max), 有时为求最小 (min).

下面来求解最短路问题. 按照前面讲的思想, 从最后一段开始计算, 由后向前逐步移至 A.

第 3 阶段 由 C_1 到终点 D 只有一条路, 因此, $f_3(C_1) = 1$. 同理得到 $f_3(C_2) = 3$, $f_3(C_3) = 4$.

第 2 阶段 有两个出发点 B_1, B_2. 若从 B_1 出发, 则有三种选择, 分别是由 C_1, C_2 和 C_3 到 D. 因此,

$$f_2(B_1) = \min \left\{ \begin{array}{l} d(B_1, C_1) + f_3(C_1) \\ d(B_1, C_2) + f_3(C_2) \\ d(B_1, C_3) + f_3(C_3) \end{array} \right\} = \min \left\{ \begin{array}{l} 3 + 1 \\ 3 + 3 \\ 1 + 4 \end{array} \right\} = 4.$$

相应的决策为 $u_2(B_1) = C_1$. 这说明由 B_1 到终点 D 的最短距离为 4, 其最短路线为 $B_1 \rightarrow C_1 \rightarrow D$.

同理, 从 B_2 出发有

$$f_2(B_2) = \min \left\{ \begin{array}{l} d(B_2, C_1) + f_3(C_1) \\ d(B_2, C_2) + f_3(C_2) \\ d(B_2, C_3) + f_3(C_3) \end{array} \right\} = \min \left\{ \begin{array}{l} 2 + 1 \\ 3 + 3 \\ 1 + 4 \end{array} \right\} = 3.$$

相应的决策为 $u_2(B_2) = C_1$. 这说明由 B_2 到终点 D 的最短距离为 3, 其最短路线为 $B_2 \rightarrow C_1 \rightarrow D$.

第 1 阶段 只有一个出发点 A, 则有

$$f_1(A) = \min \left\{ \begin{array}{l} d(A,B_1)+f_2(B_1) \\ d(A,B_2)+f_2(B_2) \end{array} \right\} = \min \left\{ \begin{array}{l} 2+4 \\ 4+3 \end{array} \right\} = 6.$$

相应的决策为 $u_1(A) = B_1$, 于是得到从起点 A 到终点 D 的最短距离为 6.

为了找出最短路, 再按计算的顺序反过来推. 由 $u_1(A) = B_1$, $u_2(B_1) = C_1$, $u_3(C_1) = D$ 组成一个最优策略, 从而找出相应的最短路线 $A \to B_1 \to C_1 \to D$.

事实上, 该方法不但找到了从起点 A 到终点 D 的最短路, 而且找到了从各点到终点的最短路.

从上述计算过程可以看出, 在求解的各阶段中, 利用了 k 阶段与 $k+1$ 阶段之间的递推关系

$$f_k(x_k) = \min_{u_k \in D_k(x_k)} \{d(x_k, u_k) + f_{k+1}(x_{k+1})\}, \quad k = 3, 2, 1, \tag{4.1}$$

$$f_4(x_4) = 0. \tag{4.2}$$

称式 (4.1) 和式 (4.2) 为动态规划的基本方程.

上述最短路线问题的计算过程也可借助于图形直观简明地表示出来, 如图 4.3 所示, 图中的粗线为各个点到终点 D 的最短路.

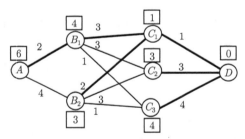

图 4.3　最短路问题的计算结果 (粗线)

求解动态规划问题的基本思想需要用到最优化原理, 它是 Bellman 在 1957 年提出的, 因此, 也称为 Bellman 最优化原理.

4.1.3　最优化原理

定理 4.1(Bellman 最优化原理)　一个过程的最优策略具有这样的性质, 即无论其初始状态及其初始决策如何, 其后诸决策对以第一个决策所形成的状态作为初始状态而言, 必须构成最优策略.

根据定理 4.1, 对于多阶段决策过程的最优化问题, 可以通过逐段递推求后部最优化决策的方法求得全过程的最优决策.

为了更好地体会用最优化原理求解动态规划的过程, 再看一个例子.

例 4.2　求如图 4.4 所示的 A 到 G 的最短路.

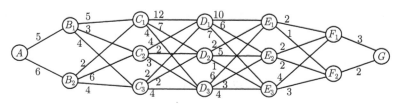

图 4.4 最短路问题

解 将最短路问题分成 6 个阶段，$A \to B \to C \to D \to E \to F \to G$. 首先考虑 F_i 到 G 的最短路，如果将 F_i 作为初始状态，按照最优化原理所述的基本思想，一定要找到 F_i 到 G 的最短路 (由于只有一条，这一点很容易做到). 再考虑从 E_i 到 G 的最短路，同样，如果将 E_i 作为初始状态，则需要找到 E_i 到 G 的最短路，这虽然不像 F_i 到 G 那样容易，但由于知道了 F_i 到 G 的最短路，还是可以利用递推公式来得到. 剩下的过程以此类推，最后得到从 A 到 G 的最短路，其计算结果如图 4.5 所示.

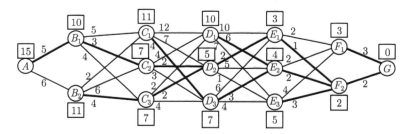

图 4.5 最短路问题的计算结果 (粗线)

上述求解过程用到递推公式

$$f_k(x_k) = \min_{u_k \in D_k(x_k)} \{d(x_k, u_k) + f_{k+1}(x_{k+1})\}, \quad k = 6, 5, \cdots, 1,$$
$$f_7(x_7) = 0.$$

还可以将最优化原理的基本思想用在其他方面，如求解一些智力测验题.

例 4.3(海盗分宝问题) 从前有 5 个海盗，获得了 100 颗大钻石. 他们不想平均分配，就想出了这样一种办法：先做 5 个签，分别为 1~5，然后进行抽签. 由抽到第一签的那个海盗先说出一种分配方案，如果半数 (不含半数) 以上的人同意，就按照他提出的方案进行分配；否则，他就会被扔进海里淹死. 再由抽到第二签的人说出下一种分配方案，以此类推. 问抽到第一个签的海盗如何分配才能使自己的利益最大化？

注意：在思考问题时应注意以下几点：① 半数同意也要被推下海；② 如果海盗获得的钻石不变，那么他认为死的人越多越好；③ 每个海盗都是聪明绝顶的.

请读者借助于最优化原理的基本思想来考虑这个问题, 经过仔细的思考会发现, 第一个海盗获得的钻石数可能会大大超过你最初的想象.

4.2   逆序法和正序法

动态规划问题的求解有两种基本方法 —— 逆序法和正序法.

4.2.1   逆序法

所谓逆序法就是从问题的最后一个阶段开始, 逆多阶段决策的实际过程反向寻优. 前面介绍的最短路问题的求解方法就是逆序法.

设 x_k 为某一状态, $u_k(x_k)$ 为决策变量, 则逆序法的状态转移方程为

$$x_{k+1} = T_k(x_k, u_k(x_k)). \tag{4.3}$$

设 $D_k(x_k)$ 为状态 x_k 的允许决策集合, 当采用逆序法时, 动态规划的最优函数可表示如下:

当指标函数 $V_{k,n} = \sum\limits_{i=k}^{n} v_i(x_i, u_i)$ 时, 其最优函数 $f_k(x_k)$ 为

$$f_k(x_k) = \mathop{\text{opt}}_{u_k \in D_k(x_k)} \{v_k(x_k, u_k) + f_{k+1}(x_{k+1})\}, \quad k = n, n-1, \cdots, 1, \tag{4.4}$$

其边界条件为 $f_{n+1}(x_{n+1}) = 0$;

当指标函数 $V_{k,n} = \prod\limits_{i=k}^{n} v_i(x_i, u_i)$ 时, 其最优函数 $f_k(x_k)$ 为

$$f_k(x_k) = \mathop{\text{opt}}_{u_k \in D_k(x_k)} \{v_k(x_k, u_k) \cdot f_{k+1}(x_{k+1})\}, \quad k = n, n-1, \cdots, 1, \tag{4.5}$$

其边界条件为 $f_{n+1}(x_{n+1}) = 1$.

回顾一下, 最短路问题 (见例 4.1 和例 4.2) 就是由式 (4.3) 和式 (4.4) 推导出来的.

4.2.2   正序法

正序法则是从问题的最初阶段开始的, 同多阶段的实际过程顺序寻优.

设阶段的编号 $k = 1, 2, \cdots, n$, x_k 为状态变量, u_k 为决策变量, 此时, 状态转移不是由 x_k, u_k 去确定 x_{k+1}, 而是反过来, 由 x_{k+1}, u_k 去确定 x_k, 则状态转移方程的一般形式为

$$x_k = T_k(x_{k+1}, u_k), \tag{4.6}$$

因而第 k 阶段的允许决策集合也作相应的改变, 记为 $D_k(x_{k+1})$, 即到达状态 x_{k+1} 的允许决策集合.

第 k 阶段的指标函数可表示为 $v_k(x_{k+1}, u_k)$. 用 $f_{k-1}(x_k)$ 表示第 k 阶段的初始状态 x_k, 从第 1 阶段到第 $k-1$ 阶段采取的是最优子策略时前 $k-1$ 个阶段的最优指标函数, 则由最优化原理, 当采用正序法时, 动态规划的最优函数可表示如下:

当各阶段的指标函数为求和函数时有

$$f_k(x_{k+1}) = \mathop{\mathrm{opt}}_{u_k \in D_k(x_{k+1})} \{v_k(x_{k+1}, u_k) + f_{k-1}(x_k)\}, \quad k = 1, 2, \cdots, n, \tag{4.7}$$

其边界条件为 $f_0(x_1) = 0$;

当各阶段的指标函数为求积函数时有

$$f_k(x_{k+1}) = \mathop{\mathrm{opt}}_{u_k \in D_k(x_{k+1})} \{v_k(x_{k+1}, u_k) \cdot f_{k-1}(x_k)\}, \quad k = 1, 2, \cdots, n, \tag{4.8}$$

其边界条件为 $f_0(x_1) = 1$.

例 4.4 用正序法求解最短路问题 (例 4.1).

解 对于最短路问题有 $x_k = u_k(x_{k+1})$,

$$D_1(x_2) = D_1(B_i) = A,$$
$$D_2(x_3) = D_2(C_i) = \{B_1, B_2\},$$
$$D_3(x_4) = D_3(D) = \{C_1, C_2, C_3\}.$$

下面给出了各段的计算结果.

第 1 阶段 $x_1 = u_1$, $x_2 = B_1$ 或 $x_2 = B_2$. 因此,

$$\begin{aligned}
f_1(B_1) &= \mathop{\min}_{u_1 \in D_1(B_1)} \{d(B_1, u_1) + f_0(u_1)\} \\
&= d(A, B_1) + f_0(A) = d(A, B_1) = 2, \\
f_1(B_2) &= \mathop{\min}_{u_1 \in D_1(B_2)} \{d(B_2, u_1) + f_0(u_1)\} \\
&= d(A, B_2) + f_0(A) = d(A, B_2) = 4,
\end{aligned}$$

这里用到 $f_0(A) = 0$.

第 2 阶段 $x_2 = u_2$, $x_3 = C_1$ 或 $x_3 = C_2$, 或 $x_3 = C_3$. 因此,

$$\begin{aligned}
f_2(C_1) &= \mathop{\min}_{u_2 \in D_2(C_1)} \{d(C_1, u_2) + f_1(u_2)\} \\
&= \min\left\{ \begin{array}{c} d(C_1, B_1) + f_1(B_1) \\ d(C_1, B_2) + f_1(B_2) \end{array} \right\} = \min\left\{ \begin{array}{c} 3+2 \\ 2+4 \end{array} \right\} = 5,
\end{aligned}$$

$$f_2(C_2) = \min_{u_2 \in D_2(C_2)} \{d(C_2, u_2) + f_1(u_2)\}$$

$$= \min \left\{ \begin{array}{l} d(C_2, B_1) + f_1(B_1) \\ d(C_2, B_2) + f_1(B_2) \end{array} \right\} = \min \left\{ \begin{array}{l} 3 + 2 \\ 3 + 4 \end{array} \right\} = 5,$$

$$f_2(C_3) = \min_{u_2 \in D_2(C_3)} \{d(C_3, u_2) + f_1(u_2)\}$$

$$= \min \left\{ \begin{array}{l} d(C_3, B_1) + f_1(B_1) \\ d(C_3, B_2) + f_1(B_2) \end{array} \right\} = \min \left\{ \begin{array}{l} 1 + 2 \\ 1 + 4 \end{array} \right\} = 3.$$

第 3 阶段 $x_3 = u_3$, $x_4 = D$. 因此,

$$f_3(D) = \min_{u_3 \in D_3(D)} \{d(D, u_3) + f_2(u_3)\}$$

$$= \min \left\{ \begin{array}{l} d(D, C_1) + f_2(C_1) \\ d(D, C_2) + f_2(C_2) \\ d(D, C_3) + f_2(C_3) \end{array} \right\} = \min \left\{ \begin{array}{l} 1 + 5 \\ 4 + 5 \\ 4 + 3 \end{array} \right\} = 6.$$

计算结果如图 4.6 所示, 图中的粗线为起点 A 到各个点的最短路.

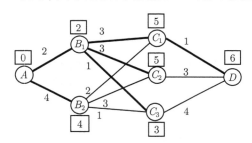

图 4.6   正序法计算最短路问题的结果 (粗线)

4.3   动态规划应用举例

本节介绍若干个应用的例子, 每项应用都体现了运用动态规划的一个新思路. 在学习每项应用时, 特别要关注动态规划模型的如下三个基本要素:

(1) 定义阶段;

(2) 定义每个阶段的允许决策集合;

(3) 定义每个阶段的状态和与状态有关的递推公式.

在这三个要素中, 状态定义往往是最微妙的. 这里介绍的应用表明, 状态定义会根据要建模的实际情况有很大的不同. 然而, 随着对每项应用问题的深入研究会发现考虑如下问题大有帮助:

(1) 是什么关系将各个阶段联系在一起?

(2) 要在当前的阶段作出可行的决策, 而又不用重新考察前面阶段所作出的决策, 这需要什么样的信息?

4.3.1 资源分配模型

资源分配问题就是将有限的资源分配给若干个使用者, 使得总的效益最大.

设某公司现有一笔资金 a(万元), 打算分配给它下属的 n 个子公司, 用于扩大再生产. 假设 u_i(万元) 为第 i 个子公司分配到的资金数, $g(u_i)$ 为第 i 个子公司在得到 u_i(万元) 的资金后所产生的利润 (万元). 总公司将如何投资才能使得总利润达到最大?

这种投资问题的数学规划模型为

$$
\begin{aligned}
\max \quad & \sum_{i=1}^{n} g_i(u_i), \\
\text{s.t.} \quad & \sum_{i=1}^{n} u_i = a, \\
& u_i \geqslant 0, i = 1, 2, \cdots, n.
\end{aligned}
\tag{4.9}
$$

考虑用动态规划模型来求解. 关注如下三个基本要素:

(1) 阶段. 用子公司 k 表示阶段 k, $k = 1, 2, \cdots, n$.

(2) 阶段 k 的允许决策集合 D_k. 如果允许使用的总资金为 a, 则子公司 k 所得资金 u_k 的允许决策集合为

$$
D_k = \{u_k \mid 0 \leqslant u_k \leqslant a\}.
$$

(3) 每个阶段的状态为 x_k. 设 $f_k(x_k)$ 为以数量 x_k 的资金分配给前 k 个子公司产生的最大利润, 则相应的递推关系为

$$
f_k(x_k) = \max_{0 \leqslant u_k \leqslant x_k} \{g_k(u_k) + f_{k-1}(x_{k-1})\},
\tag{4.10}
$$

其状态转移方程为

$$
x_{k-1} = x_k - u_k,
\tag{4.11}
$$

即以 x_k 的资金分配给前 k 个公司, 将资金 u_k 分配给第 k 个公司, 则余下的部分 $x_k - u_k$ 分配给前 $k-1$ 个子公司.

由式 (4.10) 和式 (4.11) 得到如下递推公式:

$$
f_k(x_k) = \max_{0 \leqslant u_k \leqslant x_k} \{g_k(u_k) + f_{k-1}(x_k - u_k)\},
\tag{4.12}
$$

其中边界条件为

$$f_1(x_1) = \max_{0 \leqslant u_1 \leqslant x_1} g_1(u_1), \tag{4.13}$$

即将不超过数量为 x_1 的资金分配给第 1 个子公司所产生的最大利润.

由上述推导得到投资分配问题 (4.9) 转化为求 $f_n(a)$.

例 4.5　设 $a = 60$, $n = 4$, 每个子公司产生的利润 $g_i(u_i)$ 由表 4.1 给出.

表 4.1　各子公司投资后的利润表

投资 u	0	10	20	30	40	50	60
$g_1(u)$	0	20	50	65	80	85	85
$g_2(u)$	0	20	40	50	55	60	65
$g_3(u)$	0	25	60	85	100	110	115
$g_4(u)$	0	25	40	50	60	65	70

解　由于表 4.1 给出的数据是离散的, 所以允许决策集合 D_k 也是离散的, 即

$$D_k = \{u_k \mid u_k = 0, 10, 20, \cdots\}.$$

第 1 阶段　求 $f_1(x_1)$. 由边界条件 (4.13) 得到 $f_1(x_1)$ 的取值及最优策略 (表 4.2).

表 4.2　只分配给第 1 个子公司的最优策略

投资 x_1	0	10	20	30	40	50	60
$f_1(x_1)$	0	20	50	65	80	85	85
最优策略	0	10	20	30	40	50	60

第 2 阶段　求 $f_2(x_2)$. 用递推公式 (4.12) 计算 $f_2(x_2)$. 在这里只取离散值, 即取 $x_2 = 0, 10, 20, 30, 40, 50, 60$ 的情况. 显然有 $f_2(0) = 0$.

当 $x_2 = 10$ 时有

$$\begin{aligned} f_2(10) &= \max_{u_2=0,10} \{g_2(u_2) + f_1(10 - u_2)\} \\ &= \max\{\underline{g_2(0) + f_1(10)}, \underline{g_2(10) + f_1(0)}\} = \max\{\underline{0 + 20}, \underline{20 + 0}\} \\ &= 20, \end{aligned}$$

其最优策略为 $(10, 0)$ 或 $(0, 10)$.

当 $x_2 = 20$ 时有

$$\begin{aligned} f_2(20) &= \max_{u_2=0,10,20} \{g_2(u_2) + f_1(20 - u_2)\} \\ &= \max\{\underline{g_2(0) + f_1(20)}, g_2(10) + f_1(10), g_2(20) + f_1(0)\} \\ &= \max\{\underline{0 + 50}, 20 + 20, 40 + 0\} \\ &= 50, \end{aligned}$$

其最优策略为 $(20, 0)$.

当 $x_2 = 30$ 时有

$$
\begin{aligned}
f_2(30) &= \max_{u_2 = 0, 10, 20, 30} \{g_2(u_2) + f_1(30 - u_2)\} \\
&= \max\{g_2(0) + f_1(30), \underline{g_2(10) + f_1(20)}, g_2(20) + f_1(10), g_2(30) + f_1(0)\} \\
&= \max\{0 + 65, \underline{20 + 50}, 40 + 20, 50 + 0\} \\
&= 70,
\end{aligned}
$$

其最优策略为 $(20, 10)$.

当 $x_2 = 40$ 时有

$$
\begin{aligned}
f_2(40) &= \max_{u_2 = 0, 10, \cdots, 40} \{g_2(u_2) + f_1(40 - u_2)\} \\
&= \max\{g_2(0) + f_1(40), g_2(10) + f_1(30), \underline{g_2(20) + f_1(20)}, \\
&\qquad g_2(30) + f_1(10), g_2(40) + f_1(0)\} \\
&= \max\{0 + 80, 20 + 65, \underline{40 + 50}, 50 + 20, 55 + 0\} \\
&= 90,
\end{aligned}
$$

其最优策略为 $(20, 20)$.

当 $x_2 = 50$ 时有

$$
\begin{aligned}
f_2(50) &= \max_{u_2 = 0, 10, \cdots, 50} \{g_2(u_2) + f_1(50 - u_2)\} \\
&= \max\{g_2(0) + f_1(50), g_2(10) + f_1(40), \underline{g_2(20) + f_1(30)}, \\
&\qquad g_2(30) + f_1(20), g_2(40) + f_1(10), g_2(50) + f_1(0)\} \\
&= \max\{0 + 85, 20 + 80, \underline{40 + 65}, 50 + 50, 55 + 20, 60 + 0\} \\
&= 105,
\end{aligned}
$$

其最优策略为 $(30, 20)$.

当 $x_2 = 60$ 时有

$$
\begin{aligned}
f_2(60) &= \max_{u_2 = 0, 10, \cdots, 60} \{g_2(u_2) + f_1(60 - u_2)\} \\
&= \max\{g_2(0) + f_1(60), g_2(10) + f_1(50), \underline{g_2(20) + f_1(40)}, \\
&\qquad g_2(30) + f_1(30), g_2(40) + f_1(20), g_2(50) + f_1(10), g_2(60) + f_1(0)\} \\
&= \max\{0 + 85, 20 + 85, \underline{40 + 80}, 50 + 65, 55 + 50, 60 + 20, 65 + 0\} \\
&= 120,
\end{aligned}
$$

其最优策略为 $(40, 20)$.

由上述计算得到前两个子公司的最优方案, 如表 4.3 所示.

表 4.3   只分配给前两个子公司的最优策略

投资 x_2	0	10	20	30	40	50	60
$f_2(x_2)$	0	20	50	70	90	105	120
最优策略	(0, 0)	(10,0) (0,10)	(20,0)	(20,10)	(20,20)	(30,20)	(40,20)

第 3 阶段   当 $x_3 = 10$ 时有

$$
\begin{aligned}
f_3(10) &= \max_{u_3=0,10}\{g_3(u_3) + f_2(10-u_3)\} \\
&= \max\{g_3(0) + f_2(10), \underline{g_3(10) + f_2(0)}\} = \max\{0 + 20, \underline{25 + 0}\} \\
&= 25,
\end{aligned}
$$

其最优策略为 $(0, 0, 10)$.

当 $x_3 = 20$ 时有

$$
\begin{aligned}
f_3(20) &= \max_{u_3=0,10,20}\{g_3(u_3) + f_2(20-u_3)\} \\
&= \max\{g_3(0) + f_2(20), g_3(10) + f_2(10), \underline{g_3(20) + f_2(0)}\} \\
&= \max\{0 + 50, 25 + 20, \underline{60 + 0}\} \\
&= 60,
\end{aligned}
$$

其最优策略为 $(0, 0, 20)$.

当 $x_3 = 30$ 时有

$$
\begin{aligned}
f_3(30) &= \max_{u_3=0,10,20,30}\{g_3(u_3) + f_2(30-u_3)\} \\
&= \max\{g_3(0) + f_2(30), g_3(10) + f_2(20), g_3(20) + f_2(10), \underline{g_3(30) + f_2(0)}\} \\
&= \max\{0 + 70, 25 + 50, 60 + 20, \underline{85 + 0}\} \\
&= 85,
\end{aligned}
$$

其最优策略为 $(0, 0, 30)$.

当 $x_3 = 40$ 时有

$$
\begin{aligned}
f_3(40) &= \max_{u_3=0,10,\cdots,40}\{g_3(u_3) + f_2(40-u_3)\} \\
&= \max\{g_3(0) + f_2(40), g_3(10) + f_2(30), \underline{g_3(20) + f_2(20)}, \\
&\qquad g_3(30) + f_2(10), g_3(40) + f_2(0)\} \\
&= \max\{0 + 90, 25 + 70, \underline{60 + 50}, 85 + 20, 100 + 0\} \\
&= 110.
\end{aligned}
$$

由于 $f_2(20)$ 的最优策略为 $(20,0)$, 所以最优策略为 $(20,0,20)$.

当 $x_3 = 50$ 时有

$$
\begin{aligned}
f_3(50) &= \max_{u_3=0,10,\cdots,50} \{g_3(u_3) + f_2(50 - u_3)\} \\
&= \max\{g_3(0) + f_2(50), g_3(10) + f_2(40), g_3(20) + f_2(30), \\
&\qquad \underline{g_3(30) + f_2(20)}, g_3(40) + f_2(10), g_3(50) + f_2(0)\} \\
&= \max\{0 + 105, 25 + 90, 60 + 70, \underline{85 + 50}, 100 + 20, 110 + 0\} \\
&= 135,
\end{aligned}
$$

其最优策略为 $(20,0,30)$.

当 $x_3 = 60$ 时有

$$
\begin{aligned}
f_3(60) &= \max_{u_3=0,10,\cdots,60} \{g_3(u_3) + f_2(60 - u_3)\} \\
&= \max\{g_3(0) + f_2(60), g_3(10) + f_2(50), g_3(20) + f_2(40), \\
&\qquad \underline{g_3(30) + f_2(30)}, g_3(40) + f_2(20), g_3(50) + f_2(10), g_3(60) + f_2(0)\} \\
&= \max\{0 + 120, 25 + 105, 60 + 90, \underline{85 + 70}, 100 + 50, 110 + 20, 115 + 0\} \\
&= 155.
\end{aligned}
$$

由于 $f_2(30)$ 的最优策略为 $(20,10)$, 所以最优策略为 $(20,10,30)$.

最后得到前三个子公司的最优方案, 如表 4.4 所示. 注意: 在上述计算最优策略的过程中, 需要用到表 4.3.

表 4.4　只分配给前三个子公司的最优策略

投资 x_3	0	10	20	30	40	50	60
$f_3(x_3)$	0	25	60	85	110	135	155
最优策略	(0,0,0)	(0,0,10)	(0,0,20)	(0,0,30)	(20,0,20)	(20,0,30)	(20,10,30)

第 4 阶段　这里只需计算 $f_4(60)$.

$$
\begin{aligned}
f_4(60) &= \max_{u_4=0,10,\cdots,60} \{g_4(u_4) + f_3(60 - u_4)\} \\
&= \max\{g_4(0) + f_3(60), \underline{g_4(10) + f_3(50)}, g_4(20) + f_3(40), \\
&\qquad g_4(30) + f_3(30), g_4(40) + f_3(20), g_4(50) + f_3(10), g_4(60) + f_3(0)\} \\
&= \max\{0 + 155, \underline{25 + 135}, 40 + 110, 50 + 85, 60 + 60, 65 + 25, 70 + 0\} \\
&= 160.
\end{aligned}
$$

再计算最优策略. 由上式可知, 得到最大利润的策略是将 50 万元的资金分配给前三个子公司, 第 4 个子公司分配 10 万元. 再由表 4.4 知, 前三个子公司得到 50 万元的最优策略为 $(20, 0, 30)$, 这样最终的最优策略为 $(20, 0, 30, 10)$.

在例 4.5 中, $g_i(u_i)$ 是离散函数, 还可以考虑 $g_i(u_i)$ 是连续函数的情况, 其求解可能会复杂一些, 但它给出了求解下列优化问题的一种方法:

$$
\begin{aligned}
\max \quad & g_1(u_1) + g_2(u_2) + \cdots + g_n(u_n), \\
\text{s.t.} \quad & a_1 u_1 + a_2 u_2 + \cdots + a_n u_n = b, \\
& u_1 \geqslant 0, u_2 \geqslant 0, \cdots, u_n \geqslant 0,
\end{aligned}
\tag{4.14}
$$

其中 $a_1, a_2, \cdots, a_n$ 均为正数.

求解问题 (4.14) 仍然需要关注如下三个基本要素:

(1) 阶段. 用函数 g_k 表示阶段 k, $k = 1, 2, \cdots, n$.

(2) 阶段 k 的允许决策集合 D_k. 如果约束方程的右端项为 b, 则第 k 个变量 u_k 的允许决策集合为

$$
D_k = \{u_k \mid 0 \leqslant a_k u_k \leqslant b\}.
$$

(3) 每个阶段的状态为 x_k. 设 $f_k(x_k)$ 为在条件 $\sum_{i=1}^{k} a_i u_i = x_k$ 下前 k 个函数和 $\sum_{i=1}^{k} g_i(u_i)$ 的最大值, 则相应的递推关系为

$$
f_k(x_k) = \max_{a_k u_k \leqslant x_k} \{g_k(u_k) + f_{k-1}(x_{k-1})\},
$$

其状态转移方程为

$$
x_{k-1} = x_k - a_k u_k.
$$

由此得到递推公式

$$
f_k(x_k) = \max_{a_k u_k \leqslant x_k} \{g_k(u_k) + f_{k-1}(x_k - a_k u_k)\},
\tag{4.15}
$$

其中边界条件为

$$
f_1(x_1) = \max_{a_1 u_1 \leqslant x_1} g_1(u_1).
\tag{4.16}
$$

因此, 问题的解为 $f_n(b)$.

例 4.6 求解非线性规划问题

$$
\begin{aligned}
\max \quad & 4u_1^2 - u_2^2 + 2u_3^2 + 12, \\
\text{s.t.} \quad & 3u_1 + 2u_2 + u_3 = 9, \\
& u_1 \geqslant 0, u_2 \geqslant 0, u_3 \geqslant 0.
\end{aligned}
$$

解 按题意, 令 $g_1(u_1) = 4u_1^2$, $g_2(u_2) = -u_2^2$, $g_3(u_3) = 2u_3^2 + 12$. 由式 (4.16) 计算出 $f_1(x_1)$,

$$f_1(x_1) = \max_{0 \leqslant 3u_1 \leqslant x_1} 4u_1^2 = \frac{4}{9}x_1^2, \quad u_1^* = \frac{x_1}{3}.$$

此时, $u_1^* = \dfrac{x_1}{3}$ 取到最大值. 再由式 (4.15) 计算出 $f_2(x_2)$,

$$f_2(x_2) = \max_{0 \leqslant 2u_2 \leqslant x_2} \left\{ -u_2^2 + \frac{4}{9}(x_2 - 2u_2)^2 \right\} = \max_{0 \leqslant u_2 \leqslant \frac{x_2}{2}} \left\{ \frac{1}{9}(7u_2^2 - 16x_2 u_2 + 4x_2^2) \right\}$$

$$= \frac{4}{9}x_2^2, \quad u_2^* = 0.$$

最后再利用式 (4.15) 计算 $f_3(9)$,

$$f_3(9) = \max_{0 \leqslant u_3 \leqslant 9} \left\{ 2u_3^2 + 12 + \frac{4}{9}(9 - u_3)^2 \right\} = \max_{0 \leqslant u_3 \leqslant 9} \left\{ \frac{1}{9}(22u_3^2 - 72u_3 + 432) \right\}$$

$$= 174, \quad u_3^* = 9.$$

现在来分析一下问题的最优解是多少? 注意到在第 3 阶段, $x_3 = 9$, $u_3^* = 9$, 因此,

$$x_2 = 9 - 9 = 0.$$

在第 2 阶段, 由 $f_2(x_2) = \dfrac{4}{9}x_2^2$ 且 $u_2^* = 0$, 所以 $f_2(0) = 0$, 于是

$$x_1 = x_2 - a_2 u_2^* = 0 - 2 \times 0 = 0.$$

在第 1 阶段, 由 $f_1(x_1) = \dfrac{4}{9}x_1^2$ 得到 $f_1(0) = 0$, $u_1^* = x_1 = 0$, 所以最优点为 $u^* = (0, 0, 9)^{\mathrm{T}}$.

还有一类连乘积的问题

$$\begin{aligned}
\max \quad & g_1(u_1)g_2(u_2) \cdots g_n(u_n), \\
\text{s.t.} \quad & a_1 u_1 + a_2 u_2 + \cdots + a_n u_n = b, \\
& u_1 \geqslant 0, u_2 \geqslant 0, \cdots, u_n \geqslant 0
\end{aligned}$$

也可以用类似的方法计算. 下面的问题留作练习.

例 4.7 求解非线性规划问题

$$\begin{aligned}
\max \quad & u_1 u_2 \cdots u_n, \\
\text{s.t.} \quad & u_1 + u_2 + \cdots + u_n = c, \\
& u_1 \geqslant 0, u_2 \geqslant 0, \cdots, u_n \geqslant 0.
\end{aligned} \tag{4.17}$$

问题 (4.17) 是一个典型的几何规划问题, 求解并证明当 n 个数的和为一常数时, 其乘积在什么时候达到最大 (结论为当 n 个数均相等时乘积达到最大).

4.3.2　背包问题的模型

背包问题是一类整数规划问题, 叙述如下: 设有 n 件物品, 并且第 i 件物品的重量为 a_i, 其价值为 c_i, 而背包能承受的总重量是 b, 问应如何选择这些物品, 才可使背包中所装物品的价值最大?

设第 i 件物品装 u_i 件, 则背包问题有如下的数学表达式:

$$\begin{aligned}
\max \quad & c_1u_1 + c_2u_2 + \cdots + c_nu_n, \\
\text{s.t.} \quad & a_1u_1 + a_2u_2 + \cdots + a_nu_n \leqslant b, \\
& u_1 \geqslant 0, u_2 \geqslant 0, \cdots, u_n \geqslant 0 \text{且 } u_i \text{ 取整数.}
\end{aligned}$$

这是一个整数规划问题, 当然可以用整数规划的方法求解. 这里还是考虑用动态模型求解该问题, 模型的三个要素如下:

(1) 阶段. 用物品 k 表示阶段 k, $k = 1, 2, \cdots, n$.

(2) 阶段 k 的允许决策集合 D_k. 如果背包在阶段 k 能承受的重量为 x_k, 则第 k 件物品数量 u_k 的允许决策集合为

$$D_k = \{u_k \mid 0 \leqslant a_ku_k \leqslant x_k \text{且 } u_k \text{ 为整数}\}.$$

(3) 每个阶段的状态为 x_k. 设 $f_k(x_k)$ 为表示包中只能装 k 件物品, 并且总重量不能超过 x_k 的最大价值, 则相应的递推关系为

$$f_k(x_k) = \max_{0 \leqslant u_k \leqslant \frac{x_k}{a_k} \text{且取整数}} \{c_ku_k + f_{k-1}(x_{k-1})\},$$

其状态转移方程为

$$x_{k-1} = x_k - a_ku_k.$$

由此得到递推公式

$$f_k(x_k) = \max_{0 \leqslant u_k \leqslant \frac{x_k}{a_k} \text{且取整数}} \{c_ku_k + f_{k-1}(x_k - a_ku_k)\}, \tag{4.18}$$

其中边界条件为

$$f_1(x_1) = \max_{\substack{0 \leqslant a_1u_1 \leqslant x_1 \\ \text{且} u_1 \text{取整数}}} c_1u_1 = \max_{0 \leqslant u_1 \leqslant \lfloor \frac{x_1}{a_1} \rfloor \text{且取整数}} c_1u_1 = c_1 \left\lfloor \frac{x_1}{a_1} \right\rfloor, \tag{4.19}$$

其中 $\lfloor \cdot \rfloor$ 表示下取整, 即小于该值的最大整数.

例 4.8　设有背包问题如表 4.5 所示, 并且背包的总重量为 5.

表 4.5 背包问题数据表

i	1	2	3
a_i	3	2	5
c_i	8	5	12

解 现在的具体问题是有三件物品可以装, 背包允许装的总重量为 5, 也就是说, 求 $f_3(5)$.

利用式 (4.18) 来计算 $f_3(5)$ 得到

$$f_3(5) = \max_{0 \leqslant u_3 \leqslant \lfloor \frac{5}{5} \rfloor \text{且取整数}} \{12u_3 + f_2(5 - 5u_3)\} = \max_{u_3=0,1} \{12u_3 + f_2(5 - 5u_3)\}$$
$$= \max\{0 + f_2(5), \ 12 + f_2(0)\}, \tag{4.20}$$

其中 $f_2(5)$ 和 $f_2(0)$ 是未知的. 下面仍用式 (4.18) 来计算它们, 可以得到

$$f_2(5) = \max_{0 \leqslant u_2 \leqslant \lfloor \frac{5}{2} \rfloor \text{且取整数}} \{5u_2 + f_1(5 - 2u_2)\} = \max_{u_2=0,1,2} \{5u_2 + f_1(5 - 2u_2)\}$$
$$= \max\{0 + f_1(5), \ 5 + f_1(3), \ 10 + f_1(1)\}, \tag{4.21}$$

其中 $f_1(5)$, $f_1(3)$ 和 $f_1(1)$ 仍是未知的.

再计算 $f_2(0)$. 由式 (4.18) 得到

$$f_2(0) = \max_{0 \leqslant u_2 \leqslant \lfloor \frac{0}{2} \rfloor \text{且取整数}} \{5u_2 + f_1(0 - 2u_2)\} = \max_{u_2=0} \{5u_2 + f_1(0 - 2u_2)\}$$
$$= 0 + f_1(0). \tag{4.22}$$

最后由边界条件为 (4.19) 计算 $f_1(5)$, $f_1(3)$, $f_1(1)$ 和 $f_1(0)$.

$$f_1(5) = 8 \left\lfloor \frac{5}{3} \right\rfloor = 8, \quad f_1(3) = 8 \left\lfloor \frac{3}{3} \right\rfloor = 8, \quad f_1(1) = 8 \left\lfloor \frac{1}{3} \right\rfloor = 0, \quad f_1(0) = 8 \left\lfloor \frac{0}{3} \right\rfloor = 0. \tag{4.23}$$

将式 (4.23) 代回式 (4.22) 和式 (4.21) 得到

$$f_2(0) = 0 + f_1(0) = 0, \quad u_2^* = 0, \tag{4.24}$$
$$f_2(5) = \max\{0 + f_1(5), \ \underline{5 + f_1(3)}, \ 10 + f_1(1)\}$$
$$= \max\{0 + 8, \ \underline{5 + 8}, \ 10 + 0\} = 13, \quad u_2^* = 1. \tag{4.25}$$

再将式 (4.24) 和式 (4.25) 代入式 (4.20) 得到

$$f_3(5) = \max\{\underline{0 + f_2(5)}, \ 12 + f_2(0)\} = \max\{\underline{0 + 13}, \ 12 + 0\}$$
$$= 13, \quad u_3^* = 0. \tag{4.26}$$

下面找出问题的解. 由式 (4.26) 知, 当 $u_3^* = 0$ 时, $f_3(5)$ 达到最大值. 在这种情况下, 由式 (4.25) 知, 当 $u_2^* = 1$ 时, $f_2(5)$ 达到最大值. 再由式 (4.23) 知, $f_1(3)$ 是 $u_1^* = 1$, 所以最优解为 $u^* = (1, 1, 0)$, 即第一件物品装一件, 第二件物品装一件, 而第三件物品不装, 此时总重量为 5, 最优的目标值为 13.

4.3.3 多阶段生产模型

某种材料可用于两种方式生产, 用后除产生效益外, 还有一部分回收, 表 4.6 表示的是生产方式、效益及回收之间的关系. 表中, $a_1 \in (0, 1)$, $a_2 \in (0, 1)$.

表 4.6　生产方式、效益与回收表

生产方式	I	II
效益函数	$g_1(x)$	$g_2(x)$
回收函数	$a_1 x$	$a_2 x$

问题是: 若有材料 $\bar{x}$ 个单位, 计划进行 n 个阶段的生产, 如何投入材料, 才可使总效益达到最大?

考虑动态规划模型求解. 模型的三个要素如下:

(1) 阶段. 用年度 k 表示阶段 k, $k = 1, 2, \cdots, n$.

(2) 阶段 k 的允许决策集合. 假设第 k 年度有材料 x_k 个单位, 如果生产方式 I 投入 $u_k (0 \leqslant u_k \leqslant x_k)$ 个单位, 则生产方式 II 投入 $x_k - u_k$ 个单位.

(3) 每个阶段的状态为 x_k. 设 $f_k(x_k)$ 表示投入 x_k 个单位的材料第 k 年产生的最大效益, 则相应的递推关系为

$$f_k(x_k) = \max_{0 \leqslant u_k \leqslant x_k} \{g_1(u_k) + g_2(x_k - u_k) + f_{k+1}(x_{k+1})\},$$

其状态转移方程为

$$x_{k+1} = a_1 u_k + a_2 (x_k - u_k).$$

由此得到递推公式

$$f_k(x_k) = \max_{0 \leqslant u_k \leqslant x_k} \{g_1(u_k) + g_2(x_k - u_k) + f_{k+1}(a_1 u_k + a_2(x_k - u_k))\}, \qquad (4.27)$$

其中边界条件为

$$f_{n+1}(x_{n+1}) = 0. \qquad (4.28)$$

这样问题就简化为求 $f_1(\bar{x})$.

例 4.9 假设现有材料 $\bar{x} = 100$ 个单位, 计划进行三个阶段 $(n = 3)$ 的生产, 其效益函数分别为 $g_1(x) = 0.6x$, $g_2(x) = 0.5x$, 回收率分别为 $a_1 = 0.1$, $a_2 = 0.4$, 问应如何安排生产方式?

解 由式 (4.27) 和边界条件 (4.28) 得到

$$f_3(x_3) = \max_{0 \leqslant u_3 \leqslant x_3} \{g_1(u_3) + g_2(x_3 - u_3)\}$$

$$= \max_{0 \leqslant u_3 \leqslant x_3} \{0.6u_3 + 0.5(x_3 - u_3)\}$$

$$= \max_{0 \leqslant u_3 \leqslant x_3} \{0.5x_3 + 0.1u_3\} = 0.6x_3, \quad u_3^* = x_3,$$

$$f_2(x_2) = \max_{0 \leqslant u_2 \leqslant x_2} \{g_1(u_2) + g_2(x_2 - u_2) + f_3(a_1u_2 + a_2(x_2 - u_2))\}$$

$$= \max_{0 \leqslant u_2 \leqslant x_2} \{0.6u_2 + 0.5(x_2 - u_2) + 0.6(0.1u_2 + 0.4(x_2 - u_2))\}$$

$$= \max_{0 \leqslant u_2 \leqslant x} \{0.74x_2 - 0.08u_2\} = 0.74x_2, \quad u_2^* = 0,$$

$$f_1(x_1) = \max_{0 \leqslant u_1 \leqslant x} \{g_1(u_1) + g_2(x_1 - u_1) + f_2(a_1u_1 + a_2(x_1 - u_1))\}$$

$$= \max_{0 \leqslant u_1 \leqslant x_1} \{0.6u_1 + 0.5(x_1 - u_1) + 0.74(0.1u_1 + 0.4(x_1 - u_1))\}$$

$$= \max_{0 \leqslant u_1 \leqslant x_1} \{0.796x_1 - 0.122u_1\} = 0.796x_1, \quad u_1^* = 0.$$

当 $x_1 = \bar{x} = 100$ 时有 $f_1(100) = 79.6$.

下面来看一下生产方式.

第一年 全部用方式 II 生产 ($u_1^* = 0$);

第二年 全部用方式 II 生产 ($u_2^* = 0$);

第三年 全部用方式 I 生产 ($u_3^* = x_3$).

4.3.4 设备更新模型

一台机器用得越久, 维修成本也就越高, 而且生产能力也就越低. 当一台机器到了某个年头后, 对其及时更新可能会更加经济. 因此, 这就成了一个确定最经济的机器更新年限的问题.

假设研究一个 n 年期间的设备更新问题, 在每年年初决定一台设备是再使用一年, 还是要用一台新设备来更新它. 令 $r(t), c(t)$ 和 $s(t)$ 表示某台 t 龄设备的年收入、运行费用和折旧现值, 购买一台新设备的费用每年都是 I.

考虑动态规划模型求解. 模型的三个要素如下:

(1) 用年度 k 代表阶段 k, $k = 1, 2, \cdots, n$.

(2) 阶段 (年度)k 的允许决策集合. 在年度 k 年初继续使用 (keep) 这台旧设备或者进行更新 (replacement).

(3) 每个阶段的状态. 状态 x_k 为该台设备在第 k 年年初已经使用的年数, 定义 $f_k(x_k)$ 表示第 k 年年初已使用 x_k 年的设备使用到 n 年末的最大净收入, 则相应的状态转移方程为

$$x_{k+1} = \begin{cases} x_k + 1, & u_k = K, \\ 1, & u_k = R, \end{cases} \tag{4.29}$$

递推关系为

$$f_k(x_k) = \max_{u_k = K \text{ 或 } R} \{v_k(x_k, u_k) + f_{k+1}(x_{k+1})\}, \tag{4.30}$$

其中

$$v_k(x_k, u_k) = \begin{cases} r(x_k) - c(x_k), & u_k = K, \\ s(x_k) - I + r(0) - c(0), & u_k = R, \end{cases} \tag{4.31}$$

即如果第 k 年年初继续使用旧设备, 则产生的净收入是该设备的运行收入减去运行成本; 如果第 k 年年初更新, 则产生的净收入是旧设备的折旧费减去新设备的购置费, 加上新设备的运行收入, 再减去新设备的运行成本.

边界条件根据情况来确定. 如果在第 $n+1$ 年, 该台设备报废, 则 $f_{n+1}(\cdot) = 0$; 否则, 根据设备的残留价值来计算 $f_{n+1}(\cdot)$.

例 4.10　某公司需要对一台已经使用了三年的机器确定今后 4 年 $(n = 4)$ 的最优更新策略. 公司要求用了 6 年的机器必须更新, 购买一台新机器的价格是 100 万元, 表 4.7 给出了该问题的数据.

表 4.7　每年设备运行收入、运行成本以及折旧现值　　　　　　　　　（单位：万元）

使用年数 t	收入 $r(t)$	运行成本 $c(t)$	折旧现值 $s(t)$
0	20.0	0.2	—
1	19.0	0.6	80.0
2	18.5	1.2	60.0
3	17.2	1.5	50.0
4	15.5	1.7	30.0
5	14.0	1.8	10.0
6	12.2	2.2	5.0

解　在第 1 年年初, 有一台使用了三年的机器, 即状态 $x_1 = 3$, 既可以更新它 (R), 也可以继续使用一年 (K). 在第 2 年年初, 如果那台机器更新了, 则这台新机器就已经使用一年了, 即状态 $x_2 = 1$; 否则, 旧机器就使用 4 年了, 即 $x_2 = 4$. 对第 3 年到第 4 年应用同样的逻辑, 假如 1 年龄的机器在第 2~4 年进行更新, 则在下一年年初, 这台更新了的机器就成了 1 年龄的旧机器. 另外, 在第 4 年年初, 一台使用了 6 年的机器必须更新, 在第 4 年年末 (整个计划期末) 时, 将所有这些机器折旧. 这样各阶段的状态为 $x_1 = 3$, $x_2 = 1$ 或 4, $x_3 = 1$ 或 2 或 5, $x_4 = 1$ 或 2 或 3 或 6.

先计算 $f_4(x_4)$. 由于第 4 年年末时, 将机器折旧, 因此, 边界条件为

$$f_5(x_5) = \begin{cases} s(x_4 + 1), & u_4 = K, \\ s(1), & u_4 = R. \end{cases} \tag{4.32}$$

由式 (4.30), 式 (4.31) 和边界条件 (4.32) 得到

$$f_4(x_4) = \max\{r(x_4) - c(x_4) + s(x_4 + 1), s(x_4) - I + r(0) - c(0) + s(1)\}.$$

下面分别计算 $x_4 = 1, 2, 3, 6$ 的情况,

$$
\begin{aligned}
f_4(1) &= \max\{r(1) - c(1) + s(2), s(1) - I + r(0) - c(0) + s(1)\} \\
&= \max\{19.0 - 0.6 + 60.0, 80.0 - 100.0 + 20.0 - 0.2 + 80.0\} \\
&= 79.8, \quad u_4^* = R, \\
f_4(2) &= \max\{r(2) - c(2) + s(3), s(2) - I + r(0) - c(0) + s(1)\} \\
&= \max\{18.5 - 1.2 + 50.0, 60.0 - 100.0 + 20.0 - 0.2 + 80.0\} \\
&= 67.3, \quad u_4^* = K, \\
f_4(3) &= \max\{r(3) - c(3) + s(4), s(3) - I + r(0) - c(0) + s(1)\} \\
&= \max\{17.2 - 1.5 + 30.0, 50.0 - 100.0 + 20.0 - 0.2 + 80.0\} \\
&= 49.8, \quad u_4^* = R, \\
f_4(6) &= s(6) - I + r(0) - c(0) + s(1)(必须更新) \\
&= 5.0 - 100 + 20.0 - 0.2 + 80.0 \\
&= 4.8, \quad u_4^* = R.
\end{aligned}
$$

再计算 $f_3(x_3)$. 由式 (4.29)~ 式 (4.31) 得到

$$
f_3(x_3) = \max\{r(x_3) - c(x_3) + f_4(x_3 + 1), s(x_k) - I + r(0) - c(0) + f_4(1)\}.
$$

下面分别计算 $x_3 = 1, 2, 5$ 的情况,

$$
\begin{aligned}
f_3(1) &= \max\{r(1) - c(1) + f_4(2), s(1) - I + r(0) - c(0) + f_4(1)\} \\
&= \max\{19.0 - 0.6 + 67.3, 80.0 - 100.0 + 20.0 - 0.2 + 79.8\} \\
&= 85.7, \quad u_3^* = K, \\
f_3(2) &= \max\{r(2) - c(2) + f_4(3), s(2) - I + r(0) - c(0) + f_4(1)\} \\
&= \max\{18.5 - 1.2 + 49.8, 60.0 - 100.0 + 20.0 - 0.2 + 79.8\} \\
&= 67.1, \quad u_3^* = K, \\
f_3(5) &= \max\{r(5) - c(5) + f_4(6), s(5) - I + r(0) - c(0) + f_4(1)\} \\
&= \max\{14.0 - 1.8 + 4.8, 10.0 - 100.0 + 20.0 - 0.2 + 79.8\} \\
&= 17.0, \quad u_3^* = K.
\end{aligned}
$$

接下来计算 $f_2(x_2)$. 由式 (4.30), 式 (4.31) 得到

$$
f_2(x_2) = \max\{r(x_2) - c(x_2) + f_3(x_2 + 1), s(x_2) - I + r(0) - c(0) + f_3(1)\}.
$$

下面分别计算 $x_2 = 1, 4$ 的情况,

$$
\begin{aligned}
f_2(1) &= \max\{r(1) - c(1) + f_3(2), s(1) - I + r(0) - c(0) + f_3(1)\} \\
&= \max\{19.0 - 0.6 + 67.1, 80.0 - 100.0 + 20.0 - 0.2 + 85.7\} \\
&= 85.5 \quad u_2^* = K \text{ 或 } R, \\
f_2(4) &= \max\{r(4) - c(4) + f_3(5), s(4) - I + r(0) - c(0) + f_3(1)\} \\
&= \max\{15.5 - 1.7 + 17.0, 30.0 - 100.0 + 20.0 - 0.2 + 85.7\} \\
&= 35.5, \quad u_2^* = R.
\end{aligned}
$$

最后计算 $f_1(x_1)$. 由式 $(4.29) \sim (4.31)$ 得到

$$
f_1(x_1) = \max\{r(x_1) - c(x_1) + f_2(x_1 + 1), s(x_1) - I + r(0) - c(0) + f_2(1)\}.
$$

下面计算 $x_1 = 3$ 的情况,

$$
\begin{aligned}
f_1(3) &= \max\{r(3) - c(3) + f_2(4), s(3) - I + r(0) - c(0) + f_2(1)\} \\
&= \max\{17.2 - 1.5 + 35.5, 50.0 - 100.0 + 20.0 - 0.2 + 85.5\} \\
&= 55.3, \quad u_1^* = R.
\end{aligned}
$$

因此, 从第 1 年开始的可能方案的最优策略为 (R, K, K, R) 和 (R, R, K, K), 总费用为 55.3 万元.

4.4　用 LINGO 软件包求解动态规划问题

4.1 节 ~4.3 节介绍了动态规划问题求解的基本思想以及相关的应用问题. 在动态规划问题中, 有些问题属于组合优化问题, 因此, 可以用软件求解. 本节介绍如何用 LINGO 软件来求解动态规划模型, 尽管两者在求解思想方法上有很大的差别, 但利用动态规划的求解思想为问题建模还是很有帮助的.

4.4.1　最短路问题

最短路问题既属于动态规划问题, 也属于图论中的问题. 前面介绍了如何用动态规划方法求解最短路问题, 在第 6 章还将介绍如何用图论方法求解此类问题, 这里介绍如何用 LINGO 软件求解.

首先建立最短路问题的数学模型. 设最短路问题有 n 个点, 其中顶点 1 为起点, 顶点 n 为终点. 将连接顶点 i 到顶点 j 的边设成决策变量 x_{ij}, 当 $x_{ij} = 1$ 时表示最短路选择了这条边; 当 $x_{ij} = 0$ 时表示最短路不选此边. 用最短路中的顶点 i

建立约束方程, $\sum_{j=1}^{n} x_{ij}$ 表示从顶点 i 到各点的 "流出" 值, $\sum_{j=1}^{n} x_{ji}$ 表示从各点到顶点 i 的 "流入" 值. 对于起点 $(i=1)$, 流出值为 1, 流入值为 0; 对于终点 $(i=n)$, 其流出值为 0, 流入值为 1; 对于中间点 $(i \neq 1$ 和 $n)$, 流入值等于流出值. 因此, 对于顶点 i 的约束条件为

$$\sum_{\substack{j=1 \\ (i,j) \in E}}^{n} x_{ij} - \sum_{\substack{j=1 \\ (j,i) \in E}}^{n} x_{ji} = \begin{cases} 1, & i=1, \\ 0, & i \neq 1, n, \\ -1, & i=n. \end{cases}$$

最短路要求各边决策变量的取值达到最小, 所以写出完整的数学规划表达式如下:

$$\min \quad z = \sum_{(i,j) \in E} c_{ij} x_{ij}, \tag{4.33}$$

$$\text{s.t.} \quad \sum_{\substack{j=1 \\ (i,j) \in E}}^{n} x_{ij} - \sum_{\substack{j=1 \\ (j,i) \in E}}^{n} x_{ji} = \begin{cases} 1, & i=1, \\ 0, & i \neq 1, n, \ i = 1, 2, \cdots, n, \\ -1, & i=n, \end{cases} \tag{4.34}$$

$$x_{ij} = 0 \text{ 或 } 1, \quad (i,j) \in E, \tag{4.35}$$

其中 E 为最短路的边所构成的集合.

例 4.11 用 LINGO 软件求图 4.4 所示的 A 到 G 的最短路.

解 按模型 (4.33)~(4.35) 编写 LINGO 程序 (程序名: exam0411.lg4) 如下:

```
MODEL:
  1]sets:
  2]   nodes/A, B1, B2, C1, C2, C3, D1, D2, D3,
  3]        E1, E2, E3, F1, F2, G/;
  4]   arcs(nodes, nodes)/
  5]        A,B1   A,B2
  6]        B1,C1  B1,C2  B1,C3
  7]        B2,C1  B2,C2  B2,C3
  8]        C1,D1  C1,D2  C1,D3
  9]        C2,D1  C2,D2  C2,D3
 10]        C3,D1  C3,D2  C3,D3
 11]        D1,E1  D1,E2  D1,E3
 12]        D2,E1  D2,E2  D2,E3
 13]        D3,E1  D3,E2  D3,E3
```

```
14]        E1,F1  E1,F2
15]        E2,F1  E2,F2
16]        E3,F1  E3,F2
17]        F1,G
18]        F2,G
19]   /: c, x;
20]endsets
21]data:
22]   c =   5 6    !A,B1   A,B2;
23]         5 3 4  !B1,C1  B1,C2  B1,C3;
24]         2 6 4  !B2,C1  B2,C2  B2,C3;
25]        12 7 4  !C1,D1  C1,D2  C1,D3;
26]         4 2 3  !C2,D1  C2,D2  C2,D3;
27]         2 2 4  !C3,D1  C3,D2  C3,D3;
28]        10 6 7  !D1,E1  D1,E2  D1,E3;
29]         2 5 1  !D2,E1  D2,E2  D2,E3;
30]         6 3 4  !D3,E1  D3,E2  D3,E3;
31]         2 1    !E1,F1  E1,F2;
32]         2 2    !E2,F1  E2,F2;
33]         4 3    !E3,F1  E3,F2;
34]         3      !F1,G;
35]         2;     !F2,G;
36]enddata
37]n = @size(nodes);
38]min = @sum(arcs: c * x);
39]@sum(arcs(i,j)| i #eq# 1 : x(i,j)) = 1;
40]@for(nodes(i)| i #ne# 1 #and# i #ne# n:
41]   @sum(arcs(i,j): x(i,j)) - @sum(arcs(j,i): x(j,i))=0
42]);
43]@sum(arcs(j,i)| i #eq# n : x(j,i)) = 1;
44]@for(arcs: @bin(x));
END
```

在程序中, 第 2, 3 行定义顶点集, 第 4~19 行定义边集, 第 37 行为计算顶点集的个数[①], 第 39~43 行对应于约束 (4.34), 第 44 行对应于约束 (4.35).

---

① 这个语句看似多余, 但对通用程序的编写是很有帮助的.

程序的计算结果如下 (只列出相关部分):

```
Global optimal solution found.
    Objective value:                    15.00000
    Extended solver steps:                     0
    Total solver iterations:                   0

            Variable          Value      Reduced Cost
            X( A, B1)       1.000000          5.000000
            X( B1, C2)      1.000000          3.000000
            X( C2, D2)      1.000000          2.000000
            X( D2, E1)      1.000000          2.000000
            X( E1, F2)      1.000000          1.000000
            X( F2, G)       1.000000          2.000000
```

即最短路线为 $A \to B_1 \to C_2 \to D_2 \to E_1 \to F_2 \to G$, 最短路的长度为 15.

4.4.2 背包问题

背包问题本质上是整数规划问题, 因此, 用 LINGO 软件求解很容易, 并不需要任何技巧. 这里将串–并联系统的可靠性问题作为背包问题的一个应用.

所谓串–并联系统的可靠性问题就是这样一个问题: 一个系统由 n 个部件串联而成, 部件 i 的故障率为 p_i, 而部件 i 上并联 x_i 个元件, 装一个元件的费用为 c_i, 重量为 w_i, 为使整个系统的总费用不超过 b, 在总重量不超过 a 的限制下, 如何选用各部件的元件数, 才可使整个系统的可靠性最大?

由于在每个部件处都采用并联系统, 因此, 每个部件的故障率为 $p_i^{x_i}$(并联的元件同时发生故障, 该部件才出现故障), 于是, 整个串联系统的可靠性为 $\prod\limits_{i=1}^{n}(1-p_i^{x_i})$. 费用约束为 $\sum\limits_{i=1}^{n} c_i x_i \leqslant b$, 重量约束为 $\sum\limits_{i=1}^{n} w_i x_i \leqslant a$, 从而, 得到相应的数学规划模型如下:

$$\max \quad \prod_{i=1}^{n}(1 - p_i^{x_i}), \tag{4.36}$$

$$\text{s.t.} \quad \sum_{i=1}^{n} c_i x_i \leqslant b, \tag{4.37}$$

$$\sum_{i=1}^{n} w_i x_i \leqslant a, \tag{4.38}$$

$$x_i \geqslant 0 \text{且取整数}. \tag{4.39}$$

下面看一个具体的例子.

例 4.12　某系统由三个工作部件 A, B, C 串联而成, 三个部件的工作是相互独立的. 根据统计资料, 各部件的故障率 (以在统计时间内引发故障而停止工作的时间与统计时间之比表示) 如下: A 为 0.3, B 为 0.2, C 为 0.4. 如果三个环节各只配一个部件, 则系统正常工作的概率 (它是衡量系统工作可靠性的尺度) 为

$$P\{正常\} = (1 - 0.3)(1 - 0.2)(1 - 0.4) = 0.336.$$

现在管理部门决定, 各环节除工作部件外也可增加备用部件, 以使系统具有较高的可靠性. 用于购买部件的金额为 10 万元, 各部件的单价如下: A 为 2 万元, B 为 3 万元, C 为 1 万元. 问三个环节各应配备多少部件, 才能使系统的正常工作概率达到最大? 试用 LINGO 软件求解.

解　按数学规划问题 (4.36)~(4.39) 写出相应的 LINGO 程序 (这里没有重量约束, 程序名: exam0412.lg4) 如下:

```
sets:
    part/A,B,C/: c, p, x;
endsets
data:
    c = 2 3 1;
    b = 10;
    p = 0.3 0.2 0.4;
enddata
max = @prod(part: 1-p^x);
@sum(part: c*x) <= b;
@for(part: @gin(x));
```

(注意: 程序中的联乘积函数 @prod() 只有在 9.0 以上的版本才有.)

计算结果如下:

```
Local optimal solution found.
Objective value:                      0.6814080
Extended solver steps:                      7
Total solver iterations:                  319


            Variable          Value        Reduced Cost
              X( A)        2.000000          0.1016421
              X( B)        1.000000          0.000000
              X( C)        3.000000          0.4869829
```

即 A 部件并联两个元件, B 部件装一个元件, C 部件并联三个元件, 则整个串联系统的可靠性达到最大, 为 0.6814.

4.4.3 设备更新问题

在 4.3 节已经介绍过如何用动态规划模型求解设备更新问题, 这里介绍如何用 LINGO 软件求解该问题.

例 4.13　用 LINGO 软件求解例 4.10.

解　图 4.7 给出了这个问题的网络表示, 其中横坐标表示决策年度, 纵坐标表示机器年龄, K 表示继续使用, R 表示更新设备, S 表示将剩余设备折旧, 圆圈中的数为机龄, 弧边的数字表示设备继续使用或更新所产生的价值 (记为 V), 其计算方法如下:

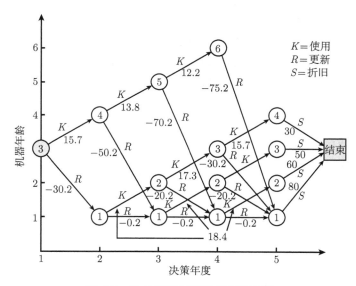

图 4.7　设备更新问题的网络表示图

设 r_k, c_k 和 s_k 表示某台 k 龄机器的年收入、运行费用和折旧现值 (其数据如表 4.7 所示), 购买一台新机器的费用每年都是 I, 则每项决策所产生的价值为

$$V = \begin{cases} r_k - c_k, & \text{继续使用,} \\ s_k - I + r_0 - c_0, & \text{更新.} \end{cases}$$

例如, 在第 1 年的决策中, 如果继续使用, 则其旧设备产生的价值 $V = r_3 - c_3 = 17.2 - 1.5 = 15.7$; 如果更新设备, 则其产生的价值由卖掉已使用三年的旧设备、购买新设备、新设备运行的收入及新设备的运行成本 4 部分组成, 即 $V = s_3 - I + r_0 - c_0 = 50 - 100 + 20 - 0.2 = -30.2$, 图中其他的弧值以此类推. 注意: 第 5 年年初只能将

设备作折旧处理.

下面编写 LINGO 程序. 如果用图的方法求解设备更新问题, 本质上就是求解图 4.7 中从起点到终点的最长路, 因此, 模型的数学表达式与最短路模型的表达式基本相同, 只需将求极小改为求极大, 其他不变, 所以这里只给出相应的 LINGO 程序 (程序名: exam0413.lg4), 而不再写出其具体的数学表达式.

```
    MODEL:
    1]sets:
    2]    nodes/A3, B4, B1, C5, C2, C1, D6, D3, D2, D1
    3]         E4, E3, E2, E1, F/;
    4]    arcs(nodes, nodes)/
    5]        A3,B4   A3,B1
    6]        B4,C5   B4,C1   B1,C2   B1,C1
    7]        C5,D6   C5,D1   C2,D3   C2,D1   C1,D2   C1,D1
    8]        D6,E1   D3,E4   D3,E1   D2,E3   D2,E1   D1,E2  D1,E1
    9]        E4,F    E3,F    E2,F    E1,F
    10]   /: c, x;
    11]endsets
    12]data:
    13]   c = 15.7   -30.2
    14]        13.8   -50.2   18.4    -0.2
    15]        12.2   -70.2   17.3  -20.2   18.4   -0.2
    16]        -75.2   15.7  -30.2   17.3  -20.2  18.4  -0.2
    17]        30     50      60      80;
    18]enddata
    19]n = @size(nodes);
    20]max = @sum(arcs: c * x);
    21]@sum(arcs(i,j)| i #eq# 1 : x(i,j)) = 1;
    22]@for(nodes(i)| i #ne# 1 #and# i #ne# n:
    23]    @sum(arcs(i,j): x(i,j)) - @sum(arcs(j,i): x(j,i))=0
    24]);
    25]@sum(arcs(j,i)| i #eq# n: x(j,i)) = 1;
    26]@for(arcs: @bin(x));
    END
```

为便于写程序起见, 用 A, B, ⋯ 表示决策年度, 用数字表示机龄. 因此, 第 1 年决策的节点就是 A3; 第 2 年只有两种可能, 就是 B4(第 1 年不更新) 或 B1(第 1

年更新), 以此类推. 程序中的第 2,3 行定义节点集, 第 4~10 行定义弧集, 第 12~18 行给出各弧的值.

LINGO 程序的计算结果如下 (只列出相关结果):

```
Global optimal solution found.
Objective value:                  55.30000
Extended solver steps:                   0
Total solver iterations:                 0


        Variable         Value        Reduced Cost
        X( A3, B1)       1.000000         30.20000
        X( B1, C1)       1.000000        0.2000000
        X( C1, D2)       1.000000        -18.40000
        X( D2, E3)       1.000000        -17.30000
        X( E3, F)        1.000000        -50.00000
```

其结果为 A3 → B1 → C1 → D2 → E3 → F, 即为 (R, R, K, K).

4.4.4　多阶段生产安排问题

多阶段生产安排问题也是动态规划的一类问题, 这里介绍用 LINGO 软件求解的方法. 注意: 前面介绍的动态规划的基本思想对建模会有很大帮助.

例 4.14　用 LINGO 软件求解例 4.9.

解　为利用 LINGO 软件求解, 先建立多阶段生产安排问题的数学规划表达式.

设 x_k 是第 k 阶段生产方式 I 投入的材料, y_k 是第 k 阶段生产方式 II 投入的材料, 因此, 目标函数为 $\sum_{k=1}^{n}(g_1(x_k) + g_2(y_k))$. 约束函数

$$x_1 + y_1 = b,$$

$$x_{k+1} + y_{k+1} = a_1 x_k + a_2 y_k, \quad k = 1, 2, \cdots, n-1,$$

即第 1 阶段投入的材料应等于最初的材料数 b, 而以后各阶段所投入的材料应等于上一阶段的回收数.

由此得到多阶段生产安排问题的数学规划表达式为

$$\min \quad \sum_{k=1}^{n}(g_1(x_k) + g_2(y_k)), \tag{4.40}$$

$$\text{s.t.} \quad x_1 + y_1 = b, \tag{4.41}$$

$$x_{k+1} + y_{k+1} = a_1 x_k + a_2 y_k, \quad k = 1, 2, \cdots, n-1, \tag{4.42}$$

$$x_k \geqslant 0, y_k \geqslant 0, \quad k = 1, 2, \cdots, n. \tag{4.43}$$

写出相应的 LINGO 程序 (程序名: exam0414.lg4) 如下:

```
sets:
    stage/1..3/: x, y;
endsets
data:
    c1 = 0.6; c2 = 0.5;
    a1 = 0.1; a2 = 0.4;
enddata
max = @sum(stage: c1*x+c2*y);
@for(stage(k)| k #lt# @size(stage):
    x(k+1)+y(k+1)=a1*x(k)+a2*y(k));
x(1)+y(1)=100;
```

计算得到 (只列出相关非零部分)

```
Global optimal solution found.
Objective value:                    79.60000
Total solver iterations:                  0


        Variable        Value        Reduced Cost
           X( 3)        16.00000        0.000000
           Y( 1)        100.0000        0.000000
           Y( 2)        40.00000        0.000000
```

即第一年将最初的全部材料 (100 个单位) 用方式 II 生产 ($y_1 = 100$),第二年将第一年回收的全部材料 (40 个单位) 用方式 II 生产 ($y_2 = 40$),第三年将第二年回收的全部材料 (16 个单位) 用方式 I 生产 ($x_3 = 16$),总效益为 79.6 个单位.

4.4.5 产品销售问题

产品销售问题也是一类动态规划问题,这里所要做的工作是将动态规划问题转化为静态规划,用 LINGO 软件进行求解.

例 4.15 设某炼油厂原油允许的储存量为 200 万桶,第一个月已经储存 100 万桶,如果购买原油,则要到下月初取货. 现假定市场需求无限制,并且已知以后 4 个月中每月的原油成本与售价如表 4.8 所示,请制定为期 4 个月的定购与销售计划,使总的利润最大.

解 首先列出销售问题的数学规划. 设 x_k 为第 k 个月的储油量,u_k 为第 k 个月的销售量,p_k 为第 k 个月的单位销售价,w_k 为第 k 个月的订购量,c_k 为第 k

表 4.8 每月的原油成本与售价

月	成本/(百元/桶)	售价/(百元/桶)
1	0.9	1.5
2	1.3	1.4
3	1.1	1.4
4	—	1.6

个月的订购成本, 因此, 目标函数为

$$\max \ \sum_{k=1}^{n} \left(p_k u_k - c_k w_k \right),$$

约束函数为

$$0 \leqslant u_k \leqslant x_k \leqslant 200, \quad k = 1, 2, \cdots, n,$$
$$0 \leqslant w_k \leqslant 200 - x_k + u_k, \quad k = 1, 2, \cdots, n,$$
$$x_{k+1} = x_k - u_k + w_k, \quad k = 1, 2, \cdots, n-1,$$
$$x_1 = 100,$$

即每月的销售量不能超过每月的储油量; 每月的订购量不能超过储油量的上界 (200 万桶) 减去每月的储存量再加上每月的销售量; 下月的储油量应等于本月的储油量减去本月的销售量再加上本月的订购量, 已有储存量为 100 万桶.

编写 LINGO 程序 (程序名: exam0415.lg4) 如下:

```
sets:
    stage/1..4/: p, c, u, w, x;
endsets
data:
    p = 1.5 1.4 1.4 1.6;
    c = 0.9 1.3 1.1 999;
enddata

max = @sum(stage: p*u-c*w);
@for(stage: x<=200; u-x<=0; w+x-u<= 200);
@for(stage(k)| k #lt# @size(stage):
    x(k+1)=x(k)-u(k)+w(k));
x(1)=100;
```

因为第 4 个月不进货, 可以认为成本是 ∞ 大 (这里选择一个较大的数值). 计算结果如下 (只列出相关变量):

```
Global optimal solution found.
Objective value:                    370.0000
```

```
Total solver iterations:                      0

        Variable           Value       Reduced Cost
         U( 1)           100.0000         0.000000
         U( 2)           200.0000         0.000000
         U( 3)           200.0000         0.000000
         U( 4)           200.0000         0.000000
         W( 1)           200.0000         0.000000
         W( 2)           200.0000         0.000000
         W( 3)           200.0000         0.000000
```

即 4 个月的销售量分别为 100 万桶、200 万桶、200 万桶和 200 万桶, 订购量分别
为 200 万桶、200 万桶、200 万桶和 0 万桶, 共盈利 370 百万元.

习　题　4

1. 用最优化原理的基本思想求解海盗分宝问题 (见例 4.3), 试给出第一个海盗的分宝
方案.

2. 用正序法和逆序法求图 4.8 中 A 点到各点和各点到 E 点的最短路线及其长度.

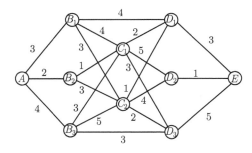

图 4.8　最短路问题

3. 某公司打算在三个不同的地区设置 4 个销售点, 根据市场预测部门估计, 在不同的地
区设置不同的销售店, 每月可得到的利润如表 4.9 所示. 试问在各个地区应如何设置销售点,
才能使每月获得的总利润最大? 其值是多少?

表 4.9　不同地区不同销售店每月可获得的利润

地区	销 售 店				
	0	1	2	3	4
1	0	16	25	30	32
2	0	12	17	21	22
3	0	10	14	16	17

4. 某学生必须在 4 个不同的系里选修 10 门课程, 每个系至少选一门. 选择分布在 4 个系里的 10 门课程, 要争取获得的"知识量"达到最大. 这个学生按照百分制来度量能学到的知识, 得出的结果如表 4.10 所示. 试用动态规划模型为这位学生设计最优选课方案.

表 4.10　学习课程后所获得的"知识量"

系号	选课数						
	1	2	3	4	5	6	≥ 7
I	25	50	60	80	100	100	100
II	20	70	90	100	100	100	100
III	40	60	80	100	100	100	100
IV	10	20	30	40	50	60	70

5. 用动态规划模型求解例 4.7.

6. 用动态规划模型求解以下问题:

$$\max \quad z = y_1^2 + y_2^2 + \cdots + y_n^2,$$
$$\text{s.t.} \quad \prod_{i=1}^{n} y_i = c,$$
$$y_i \geqslant 0, i = 1, 2, \cdots, n.$$

7. 某人外出旅游, 需将 5 件物品装入包裹, 但包裹质量有限制, 总重量不超过 13kg. 物品重量及其价值的关系如表 4.11 所示. 试问如何装这些物品, 才可使整个包裹价值最大?

表 4.11　物品质量及其价值的关系表

物品	质量/kg	价值/元
A	7	9
B	5	4
C	4	3
D	3	2
E	1	0.5

8. 有一台电器由三个部件组成, 这三个部件串联, 假如有一个部件发生故障, 电器就不能工作, 可以通过在每个部件里安装 1~2 个备份元件来提高该电器的可靠性 (不发生故障的概率). 表 4.12 列出了可靠性和成本费用. 假设制造该电器的已有资金共 10 万元, 那么怎样来构造这件电器呢?

表 4.12　每种元件的可靠性及成本费用　　　　　(单位: 万元)

并联元件数	部件 1		部件 2		部件 3	
	可靠性	费用	可靠性	费用	可靠性	费用
1	0.6	1	0.7	3	0.5	2
2	0.8	2	0.8	5	0.7	4
3	0.9	3	0.9	6	0.9	5

9. 某工厂购进 100 台机器, 准备生产 A, B 两种产品. 若生产 A 产品, 则每台机器年可收入 45 万元, 损坏率为 65%; 若生产 B 产品, 则每台机器年收入为 35 万元, 但损坏率只有 35%; 估计三年后将会有新的机器出现, 到时旧机器全部淘汰. 试问每年应如何安排生产, 才可使三年内收入最多?

10. 考虑 n 年期间的设备更新问题. 某种新设备价值 c 元, 使用 t 年后的二手设备价值为 $s(t)$ 元, 其中

$$s(t) = \begin{cases} n-t, & t < n, \\ 0, & \text{否则.} \end{cases}$$

年收益为设备年龄的函数, 表示为 $r(t)$, 其中

$$r(t) = \begin{cases} n^2 - t^2, & t < n, \\ 0, & \text{否则.} \end{cases}$$

(1) 建立该问题的动态规划模型;

(2) 对给定的 $c = 10$ 万元, $n = 5$ 且这是一台使用两年的设备, 求出最优更新策略.

11. 假定设备使用了一年且 $n = 4$, $c = 6$ 万元, $r(t) = \dfrac{n}{1+t}$, 求解第 10 题.

12. 用 LINGO 软件求解第 2 题中顶点 A 到顶点 E 的最短路.

13. 试用 LINGO 软件求解第 8 题 (提示：可能需要用到 LINGO 软件中的 @if 语句).

14. 设有一辆载重卡车, 现有 4 种货物均可用此车运输. 已知这 4 种货物的质量、容积及价值关系如表 4.13 所示. 若该车的最大载质量为 15t, 最大允许装载容积为 10m³, 在许可的条件下, 每车载任一种货物的件数不限. 问应如何搭配这 4 种货物, 才能使每年装载货物的价值最大? 试用 LINGO 软件求解.

表 4.13　货物的质量、容积及价值的关系表

货物代号	质量/t	容积/m³	价值/千元
1	2	2	3
2	3	2	4
3	4	2	5
4	5	3	6

15. 试用 LINGO 软件求解第 10(2) 题和第 11 题.

16. 某公司现有同一种类的施工机械 100 台, 分别用于两类轻重不同的施工任务, 该公司的施工工期为两年. 每年年初将如何分配这些机械, 才能使总的收益达到最大? 若将 x 台机械用于重任务, 则当年收入为 $g(x) = 10x^2$(万元), 有 30% 的机械于当年末报废; 若将 y 台机械用于轻的施工任务, 则当年收入为 $g(y) = 5y^2$(万元), 但有 10% 的机械于年末报废. 两年施工结束后, 未报废的机械可以每台 7 万元的售价卖出. 试为该公司提供你的决策建议 (试用 LINGO 软件求解).

17. 某单位计划购买一台设备在今后 4 年内使用, 可以在第 1 年年初购买该设备, 连续使用 4 年, 也可以在任何一年年末将设备卖掉, 于下年年初更换新设备. 表 4.14 给出了各年年

初购置新设备的价格, 表 4.15 给出了设备的维护费及卖掉旧设备的回收费. 如何确定设备的更新策略, 才可使 4 年内的总费用最少? 试用 LINGO 软件求解.

表 4.14 年初设备购置价格 (单位: 万元)

	第 1 年	第 2 年	第 3 年	第 4 年
年初购置价	2.5	2.6	2.8	3.1

表 4.15 设备维护费和设备折旧费 (单位: 万元)

设备役龄	$0 \sim 1$	$1 \sim 2$	$2 \sim 3$	$3 \sim 4$
年维护费	0.3	0.5	0.8	1.2
年末处理回收费	2.0	1.6	1.3	1.1

18. 某商店在未来的 4 个月里, 准备利用商店里的一个仓库来专门经销某种商品, 该仓库最多能装这种商品 1000 个单位. 假定商店每月只能卖出它仓库现有的货, 当商店决定在某个月购货时, 只有在该月的下个月开始才能得到该货. 据估计, 未来 4 个月这种商品的买卖价格如表 4.16 所示. 假定商店在 1 月开始经销时, 仓库储存商品 500 个单位. 如何制订这 4 个月的订购与销售计划, 才可使获得利润最大 (不考虑仓库的储存费用)? 试用 LINGO 软件求解.

表 4.16 未来 4 个月商品的买卖价格表

月份	买价	卖价	月份	买价	卖价
1	10	12	3	11	13
2	9	9	4	15	17

第5章　最优化模型

本章讨论的最优化模型, 本质上是非线性最优化模型, 也是非线性规划问题, 它是数学规划的一个重要分支, 主要研究有关非线性函数的极值问题和约束极值问题的理论与算法. 非线性规划具有非常鲜明的实际应用背景, 因而它在自然科学、工程、经济、管理等诸多领域都有着广泛的应用.

非线性规划问题的求解比较复杂, 这里将主要精力放在最优化问题的建模上, 而将模型的求解交给 LINGO 软件来完成. 本章以存储模型为背景, 给出了存储问题的数学模型以及相关的求解方法.

本章介绍如何用 LINGO 软件求解优化问题 —— 曲线拟合问题和投资组合问题, 并在最后介绍中国大学生数学建模竞赛试题 —— 飞行管理问题.

5.1　最优化问题的数学模型

本节用两个例子引入无约束优化问题和约束优化问题, 并介绍相应的最优性条件.

5.1.1　无约束优化问题

1. 无约束优化问题

例 5.1 (曲线拟合问题)　设有两个物理量 ξ 和 η, 根据某一物理定律得知它们满足如下关系:

$$\eta = a + b\xi^c,$$

其中 a, b, c 为三个常数, 在不同的情况下取不同的值. 现由实验得到一组数据 (ξ_i, η_i) $(i = 1, 2, \cdots, m)$, 试选择 a, b, c 的值, 使曲线 $\eta = a + b\xi^c$ 尽可能地靠近所有的实验点. 试建立其数学模型.

解　这个问题可用最小二乘原理求解, 即选择 a, b, c 的一组值, 使得偏差的平方和

$$\delta(a, b, c) = \sum_{i=1}^{m} \left(a + b\xi_i^c - \eta_i \right)^2$$

达到最小. 换句话说, 就是求三个变量的函数 $\delta(a, b, c)$ 的极小点作为问题的解.

为了便于今后的讨论起见, 将最小二乘问题写成统一的形式. 将 a, b, c 换成 x_1, x_2, x_3, 记为 $x = (x_1, x_2, x_3)^{\mathrm{T}}$. 将 δ 换成 f, 这样例 5.1 归纳为求解无约束问题

$$\min \quad f(x) = \sum_{i=1}^{m} \left(x_1 + x_2 \xi_i^{x_3} - \eta_i \right)^2.$$

将例 5.1 推广到一般形式, 无约束最优化问题的数学模型为

$$\min \quad f(x), \quad x = (x_1, x_2, \cdots, x_n)^{\mathrm{T}} \in \mathbf{R}^n. \tag{5.1}$$

称 $f(x)$ 为目标函数, x 为 n 维变量.

2. 无约束问题局部解与全局解

下面给出无约束问题 (5.1) 最优解的严格定义.

定义 5.1 若存在 $x^* \in \mathbf{R}^n$, $\varepsilon > 0, \forall x \in \mathbf{R}^n$, 使得当 $\|x - x^*\| < \varepsilon$ 时恒有

$$f(x) \geqslant f(x^*),$$

则称 x^* 为 $f(x)$ 的局部极小点, 或称 x^* 为无约束问题的局部解. 若对 $x \in \mathbf{R}^n$, 使得当 $0 < \|x - x^*\| < \varepsilon$ 时恒有

$$f(x) > f(x^*),$$

则称 x^* 为 $f(x)$ 的严格局部极小点, 或称 x^* 为无约束问题的严格局部解.

去掉定义 5.1 中的 $\|x - x^*\| < \varepsilon$, 则称 x^* 为 $f(x)$ 的 (严格) 全局极小点, 或称 x^* 为无约束问题的 (严格) 全局解.

无约束问题的全局解和局部解均称为无约束问题的最优解.

在定义 5.1 中, $\| \cdot \|$ 是向量的 2 范数, 也称为向量的模. 设 $x = (x_1, x_2, \cdots, x_n)^{\mathrm{T}}$, 则 x 的 2 范数定义为

$$\|x\| = (x^{\mathrm{T}} x)^{\frac{1}{2}} = \sqrt{\sum_{i=1}^{n} x_i^2},$$

即通常意义下的距离.

3. 局部解的最优性条件

用定义 5.1 检验无约束问题的局部解是十分困难的, 因此, 需要给出它的必要条件和充分条件. 在介绍必要条件和充分条件之前, 先给出一个概念.

定义 5.2 称 n 维向量 $\left(\dfrac{\partial}{\partial x_1} f(\bar{x}), \dfrac{\partial}{\partial x_2} f(\bar{x}), \cdots, \dfrac{\partial}{\partial x_n} f(\bar{x}) \right)^{\mathrm{T}}$ 为函数 $f(x)$ 在 $x = \bar{x}$ 处的梯度, 记为 $\nabla f(\bar{x})$, 即

$$\nabla f(\bar{x}) = \left(\frac{\partial}{\partial x_1} f(\bar{x}), \ \frac{\partial}{\partial x_2} f(\bar{x}), \ \cdots, \ \frac{\partial}{\partial x_n} f(\bar{x}) \right)^{\mathrm{T}}.$$

称 $\nabla f(x)$ 为梯度函数, 简称为梯度.

定理 5.1(无约束问题局部解的一阶必要条件)　设 $f(x)$ 具有连续的一阶偏导数, 若 x^* 为无约束问题 (5.1) 的局部解, 则

$$\nabla f(x^*) = 0. \tag{5.2}$$

注意: 定理 5.1 与《高等数学》中无条件极值的必要条件是相同的.

定理 5.1 的逆命题不成立, 即梯度为 0 的点不一定是局部解. 这种情况由一元函数就可以得到验证, 但此类点也是很重要的点, 称梯度为 0 的点为稳定点.

再介绍充分条件, 仍然先给出一个概念.

定义 5.3　称 $n \times n$ 阶矩阵

$$\begin{bmatrix} \dfrac{\partial^2}{\partial x_1^2} f(\bar{x}) & \dfrac{\partial^2}{\partial x_1 \partial x_2} f(\bar{x}) & \cdots & \dfrac{\partial^2}{\partial x_1 \partial x_n} f(\bar{x}) \\[2mm] \dfrac{\partial^2}{\partial x_2 \partial x_1} f(\bar{x}) & \dfrac{\partial^2}{\partial x_2^2} f(\bar{x}) & \cdots & \dfrac{\partial^2}{\partial x_2 \partial x_n} f(\bar{x}) \\[2mm] \vdots & \vdots & & \vdots \\[2mm] \dfrac{\partial^2}{\partial x_n \partial x_1} f(\bar{x}) & \dfrac{\partial^2}{\partial x_n \partial x_2} f(\bar{x}) & \cdots & \dfrac{\partial^2}{\partial x_n^2} f(\bar{x}) \end{bmatrix}$$

为函数 $f(x)$ 在 $x = \bar{x}$ 处的 Hesse 矩阵, 记为 $\nabla^2 f(\bar{x})$, 即

$$\nabla^2 f(\bar{x}) = \left(\frac{\partial^2}{\partial x_i \partial x_j} f(\bar{x}) \right)_{n \times n}.$$

称 $\nabla^2 f(x)$ 为 Hesse 矩阵函数.

定理 5.2(无约束问题局部解的二阶充分条件)　设 $f(x)$ 具有连续的二阶偏导数, 在 x^* 处满足

$$\nabla f(x^*) = 0 \quad \text{且} \quad \nabla^2 f(x^*) \text{ 正定}, \tag{5.3}$$

则 x^* 为无约束问题 (5.1) 的严格局部解.

可以用无约束问题的一阶必要条件和二阶充分条件来求解无约束最优化问题.

例 5.2　用无约束问题的最优性条件求 Rosenbrock 函数 (也称为香蕉函数)

$$\min \quad f(x) = 100(x_2 - x_1^2)^2 + (1 - x_1)^2$$

的极小点.

解　计算函数的梯度, 并令其等于 0, 即

$$\nabla f(x) = \begin{bmatrix} -400x_1(x_2 - x_1^2) - 2(1 - x_1) \\ 200(x_2 - x_1^2) \end{bmatrix} = \begin{bmatrix} 0 \\ 0 \end{bmatrix}.$$

解该非线性方程组得到 $x^* = (1,1)^{\mathrm{T}}$, 在 x^* 处的 Hesse 矩阵

$$\nabla^2 f(x^*) = \begin{bmatrix} 802 & -400 \\ -400 & 200 \end{bmatrix}$$

正定. 因此, 由定理 5.2 得到 x^* 是极小值点, 计算得到 $f(x^*) = 0$.

用必要条件和充分条件求解问题, 有时是很困难的, 有时甚至是不可能的, 因此, 相关问题的求解需要由相关的算法来实现的. 在本书中, 对于无约束最优化问题的求解将由 LINGO 软件来完成, 所以这里不再介绍相关的算法.

5.1.2 约束优化问题

类似于无约束问题, 仍用一个例子导出约束最优化问题的数学模型.

1. 约束问题

例 5.3(人字架最优设计问题) 考虑如图 5.1 所示的钢管构造的人字架, 设钢管壁厚 $t = \bar{t}$ 和半跨度 $s = \bar{s}$ 已给定, 试求能承受负荷 $2P$ 的最轻设计, 并建立其数学模型.

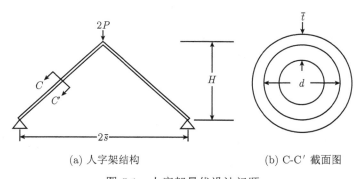

(a) 人字架结构   (b) C-C′ 截面图

图 5.1 人字架最优设计问题

分析 先来定性地分析此问题. 壁厚和跨度一定, 欲求最轻设计, 需要杆短. 这样做必使张角增大, 则负荷 $2P$ 就会在钢管上有很大的张力. 为了能承受这样的应力, 钢管需变粗, 其结果是杆变重.

解 下面进行定量的分析. 给定一组 d 和 H 值后, 可以计算出钢管的截面积 A 和钢管的长度 L 分别为

$$A = \frac{1}{4}\pi(D_2^2 - D_1^2) = \frac{\pi}{4}(D_2 + D_1)(D_2 - D_1) = \pi d\bar{t},$$
$$L = (\bar{s}^2 + H^2)^{\frac{1}{2}}.$$

因此, 钢管的重量为

$$w(d, H) = 2\rho\pi d\bar{t}(\bar{s}^2 + H^2)^{\frac{1}{2}},$$

其中 ρ 为比重.

下面考虑 d 和 H 受到的限制. 当负荷为 $2P$ 时, 杆件受到的压力为

$$\sigma(d,H) = \frac{P}{\pi \bar{t}} \cdot \frac{(\bar{s}^2 + H^2)^{\frac{1}{2}}}{Hd}.$$

根据结构力学原理, 对于选定的钢管, 不出现断裂的条件 (屈服条件) 为

$$\sigma(d,H) \leqslant \sigma_y,$$

其中 σ_y 为钢管最大许可的抗压强度. 不出现弹性弯曲的条件 (屈曲条件) 为

$$\sigma(d,H) \leqslant \frac{\pi^2 E(d^2 + \bar{t}^2)}{8(\bar{s}^2 + H^2)},$$

其中 E 为钢管材料的杨氏模量. 因此, 人字架最优设计问题是在上述两个条件下使得 $w(d,H)$ 达到最小.

为了方便起见, 写成统一的数学表达式, 分别用 x_1 和 x_2 代替 d 和 H, 记 $x = (x_1, x_2)^{\mathrm{T}}$, 用 f 代替 w. 因此, 人字架最优设计问题的数学表达式为

$$\min \quad f(x) = 2\pi\rho\bar{t}x_1(\bar{s}^2 + x_2^2)^{\frac{1}{2}},$$
$$\text{s.t.} \quad c_1(x) = \frac{P}{\pi\bar{t}} \cdot \frac{(\bar{s}^2 + x_2^2)^{\frac{1}{2}}}{x_1 x_2} - \sigma_y \leqslant 0,$$
$$c_2(x) = \frac{P}{\pi\bar{t}} \cdot \frac{(\bar{s}^2 + x_2^2)^{\frac{1}{2}}}{x_1 x_2} - \frac{\pi^2 E}{8} \cdot \frac{\bar{t}^2 + x_1^2}{\bar{s}^2 + x_2^2} \leqslant 0.$$

对于其他的约束问题可能还有等式约束, 所以一般形式的约束最优化问题的数学模型为

$$\min \quad f(x), x \in \mathbf{R}^n, \tag{5.4}$$
$$\text{s.t.} \quad c_i(x) = 0, i \in E = \{1, 2, \cdots, l\}, \tag{5.5}$$
$$c_i(x) \leqslant 0, i \in I = \{l+1, l+2, \cdots, l+m\}. \tag{5.6}$$

称 $f(x)$ 为目标函数, 称 $c_i(x) = 0(i \in E)$ 或 $c_i(x) \leqslant 0(i \in I)$ 为约束条件, 其中 E 为等式约束指标集, I 为不等式约束指标集.

2. 约束问题局部解与全局解

定义 5.4 称满足约束条件 (5.5), (5.6) 的点为可行点, 称可行点的全体组成的集合为可行域, 记作 D, 即

$$D = \{x | c_i(x) = 0, i \in E; c_i(x) \leqslant 0, i \in I\}. \tag{5.7}$$

定义 5.5 若对 $x^* \in D$, 存在 $\varepsilon > 0$, 使得当 $x \in D$ 且 $\|x - x^*\| \leqslant \varepsilon$ 时总有

$$f(x) \geqslant f(x^*),$$

则称 x^* 为约束问题 (5.4)~(5.6) 的局部解, 或简称 x^* 为最优解. 若当 $x \in D$ 且 $0 < \|x - x^*\| \leqslant \varepsilon$ 时总有

$$f(x) > f(x^*),$$

则称 x^* 为约束问题的严格局部解.

去掉定义 5.5 中的 $\|x - x^*\| < \varepsilon$, 则称 x^* 为约束问题 (5.4)~(5.6) 的 (严格) 全局解.

3. 局部解的最优性条件

这里只给出约束问题的一阶必要条件.

定理 5.3(约束问题局部解的一阶必要条件) 设在约束问题 (5.4)~(5.6) 中, $f(x)$, $c_i(x)$ $(i = 1, 2, \cdots, l + m)$ 具有连续的一阶偏导数, 若 x^* 是约束问题 (5.4)~(5.6) 的局部解, 并且在 x^* 处满足 $\nabla c_i(x^*)(i \in E \bigcup I^*)$ 线性无关, 则存在常数 $\lambda^* = (\lambda_1^*, \lambda_2^*, \cdots, \lambda_{l+m}^*)^{\mathrm{T}}$, 使得

$$\nabla_x L(x^*, \lambda^*) = \nabla f(x^*) + \sum_{i=1}^{l+m} \lambda_i^* \nabla c_i(x^*) = 0, \tag{5.8}$$

$$c_i(x^*) = 0, \quad i \in E = \{1, 2, \cdots, l\}, \tag{5.9}$$

$$c_i(x^*) \leqslant 0, \quad i \in I = \{l+1, l+2, \cdots, l+m\}, \tag{5.10}$$

$$\lambda_i^* \geqslant 0, \quad i \in I = \{l+1, l+2, \cdots, l+m\}, \tag{5.11}$$

$$\lambda_i^* c_i(x^*) = 0, \quad i \in I = \{l+1, l+2, \cdots, l+m\}, \tag{5.12}$$

其中 I^* 为 x^* 处的有效约束指标集, 简称为有效集, 即

$$I(x^*) = \{i \mid c_i(x^*) = 0, i \in I\}. \tag{5.13}$$

$L(x, \lambda)$ 为 Lagrange 函数, 即

$$L(x, \lambda) = f(x) + \sum_{i=1}^{l+m} \lambda_i c_i(x). \tag{5.14}$$

通常称上述一阶必要条件为 Karush-Kuhn-Tucker 条件, 或简称为 KKT 条件. 称满足 KKT 条件的点为 KKT 点, 称 λ^* 为 x^* 处的 Lagrange 乘子.

由于约束问题的二阶充分条件涉及较深的数学知识, 这里就不作介绍了.

例 5.4   求约束问题

$$\min \quad f(x) = x_1^2 + x_2,$$
$$\text{s.t.} \quad c_1(x) = x_1^2 + x_2^2 - 9 \leqslant 0,$$
$$c_2(x) = x_1 + x_2 - 1 \leqslant 0$$

的 KKT 点.

解   由 KKT 条件得到

$$2x_1 + 2\lambda_1 x_1 + \lambda_2 = 0, \qquad\qquad ①$$

$$1 + 2\lambda_1 x_2 + \lambda_2 = 0, \qquad\qquad ②$$

$$x_1^2 + x_2^2 - 9 \leqslant 0, \qquad\qquad ③$$

$$x_1 + x_2 - 1 \leqslant 0, \qquad\qquad ④$$

$$\lambda_1 \geqslant 0, \qquad\qquad ⑤$$

$$\lambda_2 \geqslant 0, \qquad\qquad ⑥$$

$$\lambda_1(x_1^2 + x_2^2 - 9) = 0, \qquad\qquad ⑦$$

$$\lambda_2(x_1 + x_2 - 1) = 0. \qquad\qquad ⑧$$

分以下几种情况进行讨论:

(1) $\lambda_1 = 0, \lambda_2 = 0$, 与②矛盾.

(2) $\lambda_1 = 0, \lambda_2 \neq 0$, 由①, ②得到 $\lambda_2 = -1$, 与⑥矛盾.

(3) $\lambda_1 \neq 0, \lambda_2 = 0$, 由①, ②, ⑦得到

$$\begin{cases} (1 + \lambda_1)x_1 = 0, \\ 1 + 2\lambda_1 x_2 = 0, \\ x_1^2 + x_2^2 = 9. \end{cases}$$

解方程组得到

$$x_1 = 0, \quad x_2 = -3, \quad \lambda_1 = \frac{1}{6}.$$

因此, KKT 点为 $x^* = (0, -3)^{\mathrm{T}}$, 相应的乘子为 $\lambda^* = \left(\dfrac{1}{6}, 0\right)^{\mathrm{T}}$.

(4) $\lambda_1 \neq 0, \lambda_2 \neq 0$, 由⑦, ⑧得到

$$\begin{cases} x_1^2 + x_2^2 = 9, \\ x_1 + x_2 = 1, \end{cases}$$

解方程组得到

$$x_1 = \frac{1 \pm \sqrt{17}}{2}, \quad x_2 = \frac{1 \mp \sqrt{17}}{2},$$

将得到的 x_1, x_2 代入①, ②得到 $\lambda_1 < 0$. 因此, 该点不是 KKT 点.

综上所述, 约束问题有唯一的 KKT 点 $x^* = (0, -3)^{\mathrm{T}}$, 相应的乘子为 $\lambda^* = \left(\frac{1}{6}, 0\right)^{\mathrm{T}}$. 由几何直观 (图 5.2 中的 * 点) 可以看出, x^* 为约束问题的最优解.

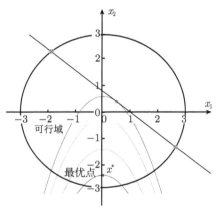

图 5.2 例 5.4 的几何解释

再看 (2) 的情况. 得到 $\lambda_2 = -1$ 后, 再求解方程①和⑧, 得到 $x_1 = \frac{1}{2}$, $x_2 = \frac{1}{2}$, 即 $\tilde{x} = \left(\frac{1}{2}, \frac{1}{2}\right)$(图 5.2 中的 ○ 点), 它实际上是问题的最大值点.

(4) 得到的两点就是直线与圆的交点 (图 5.2 中的□点).

注意到如果去掉不等式约束条件, 则约束问题的一阶必要条件与《高等数学》中讲到的条件极值的必要条件相同. 在增加不等式约束之后, 一阶必要条件变得复杂得多. 因此, 用一阶必要条件求解约束最优化问题, 比求解无约束问题更困难, 所以本章只介绍如何用 LINGO 软件求解约束优化问题.

4. Lagrange 乘子的意义

在线性规划模型中曾介绍过影子价格 (或对偶价格), 而对于非线性规划问题, 相应的 Lagrange 乘子 λ^* 又有什么意义呢?

考虑约束问题

$$\begin{aligned} \min \quad & f(x), x \in \mathbf{R}^n, \\ \text{s.t.} \quad & c_i(x) = 0, i \in E = \{1, 2, \cdots, l\}, \\ & c_i(x) \geqslant 0, i \in I = \{l+1, l+2, \cdots, l+m\}. \end{aligned} \tag{5.15}$$

对于问题 (5.15) 每个约束的右端增加扰动项 ε_i, 得到其扰动问题

$$
\begin{aligned}
\min \quad & f(x), x \in \mathbf{R}^n, \\
\text{s.t.} \quad & c_i(x) = \varepsilon_i, i \in E = \{1, 2, \cdots, l\}, \\
& c_i(x) \geqslant \varepsilon_i, i \in I = \{l+1, l+2, \cdots, l+m\}.
\end{aligned} \tag{5.16}
$$

令 $\varepsilon = (\varepsilon_1, \varepsilon_2, \cdots, \varepsilon_{l+m})^{\mathrm{T}}$, 记扰动问题 (5.16) 的最优解为 $x^*(\varepsilon)$, 相应的 Lagrange 乘子为 $\lambda^*(\varepsilon)$, 特别地, 当 $\varepsilon = 0$ 时有 $x^*(0) = x^*$, $\lambda^*(0) = \lambda^*$. 现考虑梯度 $\nabla_\varepsilon f(x^*(\varepsilon))$ 在 $\varepsilon = 0$ 处的值.

可以证明在目标和约束函数满足一定的条件下, 有如下结论:

$$
\left. \frac{\partial}{\partial \varepsilon_i} f\left(x^*(\varepsilon)\right) \right|_{\varepsilon=0} = \lambda_i^*, \quad i \in E \cup I, \tag{5.17}
$$

其中 λ_i^* 为约束问题 (5.15) 最优解处第 i 个约束的 Lagrange 乘子.

因此, Lagrange 乘子 λ^* 的意义是: 最优目标函数在最优解处关于约束右端项扰动的变化率. 这个意义与线性规划中的影子价格 (对偶价格) 是相同的.

5.2　存储模型 —— 最优化问题的应用

关于最优化问题的建模多种多样, 本节仅以存储模型为例, 介绍最优化问题的建模方法, 以及如何用最优性条件以及 LINGO 软件求解存储模型.

存储论 (也称为库存论) 是定量方法和技术最早的领域之一, 是研究存储系统的性质、运行规律以及如何寻找最优存储策略的一门学科, 是运筹学的重要分支.

5.2.1　存储模型的基本概念

存储模型用来确定企业为保证正常生产所必需持有某种商品的库存水平. 这种决策的基础是利用一种模型, 能够在由于库存过剩造成资金占用与由于库存不足造成的损失之间达到平衡.

所谓存储实质上是将供应与需求两个环节以存储为中心连接起来, 起到协调与缓和供需之间的矛盾的作用. 存储模型的基本形式如图 5.3 所示.

图 5.3　存储问题基本模型

为了更清楚地说明存储模型的基本概念, 先引入一个例子.

例 5.5　某电器公司的生产流水线需要某种零件, 该零件需要靠订货得到. 为此, 该公司考虑了如下费用结构:

(1) 批量订货的订货费 12000 元/次;

(2) 每个零件的单位成本为 10 元/件;

(3) 每个零件的存货费为 0.3 元/(件·月);

(4) 每个零件的缺货损失费为 1.1 元/(件·月).

公司应如何安排这些零件的订货时间与订货规模, 才可使得库存费用最少?

例 5.5 就涉及存储模型, 它需要回答两个问题, 第一是何时需要补充库存? 第二是补充库存时的订货量为多少?

1. 库存费用

回答上述问题的依据是使得库存总费用达到最小, 而库存费用涉及以下概念:

(1) 采购费, 记为 C. 采购费是指库存货物的单价, 有时采购费会与订货量有关, 当订货量超过某个数目时, 可能得到折扣. 折扣也是决定订多少货的一个因素. 例如, 例 5.5 中的采购费是 10 元/件, 它是一个常数, 与存储费用无关. 如果采购费随订货量而发生改变, 当订货量超过 1000 件时, 其采购费为 9.5 元/件, 则采购费就与存储费有关了.

(2) 订货费, 记为 C_D. 订货费表示每次进货所要支付的固定费用, 与订货量无关. 例如, 例 5.5 中的订货费为 12000 元/次. 根据已知需求增加订货量会减少订货费, 但会增加平均库存水平, 造成资金积压. 另一方面, 减少订货量会增加订货次数, 从而增加了相应的订货费. 存储模型要在这两种费用之间进行平衡.

(3) 存储费, 记为 C_P. 存储费表示维持库存的费用, 包括占用资金的利息、存储成本、维护和管理费用. 例如, 例 5.5 中的存储费用为 0.3 元/(件·月).

(4) 缺货损失费, 记为 C_S. 缺货损失费指发生缺货的情况下所导致的惩罚费用, 包括可能的收入损失以及对顾客丧失信誉的主观费用. 例如, 例 5.5 中的缺货损失为 1.1 元/(件·月).

另外, 对于一个存储模型, 还涉及以下一些概念:

2. 需求

对于存储来说, 由于需求, 从存储中提取一定的数量物品, 使库存量减少, 这就是存储的输出. 一般来说, 存储模型的复杂性取决于对某种货物的需求的复杂性, 因为需求可分为确定性需求和随机需求. 不论在哪种情况下, 需求都有可能随着时间发生改变. 例如, 家庭取暖所用天然气的消耗量, 是一年内不同时间的函数, 隆冬季节达到最大, 春季和夏季月份里逐渐减少. 虽然这种季节性的变化每年都会重演, 但每年同一月份的消耗量还是有所变化的, 如根据天气的情况而不同.

在实际情况下, 存储模型中的需求模式可分为 4 类: ① 确定性的, 与时间无关的常数 (静态); ② 确定性的, 但随时间变化 (动态); ③ 随机的, 时间平稳的; ④ 随机的, 时间非平稳的.

从建立存储模型的角度来看, 第 1 类最简单, 第 4 类最复杂. 另一方面, 第 1 类在实际情况下最少发生, 而第 4 类最普遍. 实际上, 建模需要在模型简化和模型精确性方面作出某种平衡, 可以理解为既不想用最简单但不反映现实的模型, 也不想用分析不出来的复杂模型.

3. 补充

补充相当于存储的输入, 库存物由于需求而不断地输出, 不断减少, 必须及时进行补充, 否则, 最终将不能满足需求. 补充的方式可以向其他工厂或公司购买 (简记为订货), 也可以自己组织生产 (简记为生产). 从订货到货物进入 “存储”, 或是从组织生产到产品入库往往需要一段时间, 这段时间称为滞后时间. 从另一角度来看, 为了能够及时补充存储, 必须提前订货或生产, 因此, 这段时间也可以称为提前时间.

滞后时间可能很长, 也可能较短; 可能是确定性的, 也可能是随机性的.

存储论要解决的问题是多长时间补充一次, 每次应该补充的数量是多少. 决定多长时间补充一次以及每次补充数量的策略称为存储策略.

5.2.2   经济订购批量存储模型

所谓经济订购批量存储模型 (economic ordering quantity, EOQ) 是指不允许缺货、货物补充的时间很短 (通常近似为 0) 的模型.

1. 经济订购批量存储模型

在经济订购批量存储模型中, 假设

D 为需求率, 是指单位时间内对某种物品的需求量;

Q 为订货量, 表示在一次订货中, 包含某种货物的数量;

t 为订货间隔, 表示两次订货之间的时间间隔.

所讨论的存储模型有以下特点:

(1) 不允许缺货, 或缺货损失费为无穷 ($C_S = \infty$);

(2) 当库存量降至零后, 可以立即得到补充;

(3) 需求是连续的、均匀的;

(4) 每次订货的订货量不变, 订购费不变;

(5) 单位存储费不变.

由上述假设, 存储量的变化情况如图 5.4 所示.

在一个周期内, 最大库存量为 Q, 最小的库存量为 0, 并且需求是连续均匀的, 于是. 在一个周期内, 其平均库存量为 $\frac{1}{2}Q$. 因此,

$$平均存货费 = 存储费 \times 平均库存量 = \frac{1}{2}C_P Q. \tag{5.18}$$

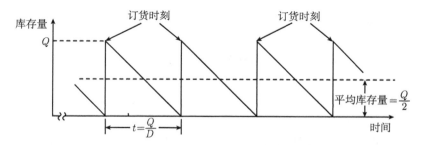

图 5.4 经典 EOQ 模型的存储量曲线

由于在最初时刻, 订货量为 Q, 经过时间 t 后, 存储量为 0, 需求量为 D 且连续均匀变化, 因此, 得到订货量 Q, 需求量 D 和订货周期 t 之间的关系为 $t = \dfrac{Q}{D}$. 设每次的订货费为 C_{D}, 于是得到

$$\text{平均订货费} = \frac{\text{订货费}}{\text{订货时间间隔}} = \frac{C_{\mathrm{D}}}{t} = \frac{C_{\mathrm{D}}D}{Q}. \tag{5.19}$$

对于经济订购批量存储模型,

$$\text{平均库存总费用} = \text{平均存货费} + \text{平均订货费},$$

即

$$\mathrm{TC}(Q) = \frac{1}{2}C_{\mathrm{P}}Q + \frac{C_{\mathrm{D}}D}{Q}. \tag{5.20}$$

订货量 Q 的最优值由 $\mathrm{TC}(Q)$ 关于 Q 的最小值求出. 假设 Q 是连续的, 找到 Q 的最优值的一阶必要条件为

$$\frac{\mathrm{dTC}(Q)}{\mathrm{d}Q} = \frac{1}{2}C_{\mathrm{P}} - \frac{C_{\mathrm{D}}D}{Q^2} = 0, \tag{5.21}$$

即得到

$$Q^* = \sqrt{\frac{2C_{\mathrm{D}}D}{C_{\mathrm{P}}}}. \tag{5.22}$$

验证二阶条件. 由于 $\dfrac{\mathrm{d}^2\mathrm{TC}(Q^*)}{\mathrm{d}Q^2} = \dfrac{2C_{\mathrm{D}}D}{Q^{*3}} > 0$, 所以 Q^* 是费用函数 $\mathrm{TC}(Q)$ 的最小值点, 其最优库存费用为

$$\mathrm{TC}^* = \frac{1}{2}C_{\mathrm{P}}Q^* + \frac{C_{\mathrm{D}}D}{Q^*} = \sqrt{2C_{\mathrm{D}}C_{\mathrm{P}}D}. \tag{5.23}$$

因此, 经济订购批量存储模型的最优存储策略为每隔

$$t^* = \frac{Q^*}{D} \tag{5.24}$$

单位时间, 就订 Q^* 单位货物. 每个单位时间的最优库存总费用为 $\sqrt{2C_{\mathrm{D}}C_{\mathrm{P}}D}$ 个单位费用.

式 (5.22) 是经典公式, 称为 EOQ 公式, 该公式的最大优点是对参数的误差不很敏感.

例 5.6(继例 5.5)   设该零件的每月需求量为 800 件.

(1) 试求今年该公司对零件的最佳订货存储策略及费用;

(2) 若明年对该零件的需求将提高一倍, 则需零件的订货批量应比今年增加多少? 订货次数为多少?

解   (1) 根据题意知, 订货费 $C_D = 12000$ 元/次, 存储费 $C_P = 3.6$ 元/(件·年), 需求率 $D = 96000$ 件/年, 代入式 (5.22)～式 (5.24) 得到

$$Q^* = \sqrt{\frac{2C_D D}{C_P}} = \sqrt{\frac{2 \times 12000 \times 96000}{3.6}} = 25298 \text{ (件)},$$

$$t^* = \frac{Q^*}{D} = \frac{25298}{96000} = 0.2635 \text{ (年)},$$

$$\text{TC}^* = \sqrt{2C_D C_P D} = \sqrt{2 \times 3.6 \times 12000 \times 96000} = 91073.6 \text{ (元/年)}.$$

这样全年的订货次数为 $n^* = \dfrac{1}{t^*} = \dfrac{1}{0.2635} = 3.795$ 次. 如果要求 n 必须为正整数, 则还需要比较当 $n = 3$ 和 $n = 4$ 时全年的库存总费用. 当 $n = 3$ 时, $t = \dfrac{1}{3}$, 于是得到

$$Q = tD = \frac{96000}{3} = 32000 \text{ (件)},$$

$$\text{TC} = \frac{1}{2}C_P Q + \frac{C_D D}{Q} = \frac{1}{2} \times 3.6 \times 32000 + 3 \times 12000 = 93600 \text{ (元/年)}.$$

当 $n = 4$ 时, $t = \dfrac{1}{4}$, 于是得到

$$Q = tD = \frac{96000}{4} = 24000 \text{ (件)},$$

$$\text{TC} = \frac{1}{2}C_P Q + \frac{C_D D}{Q} = \frac{1}{2} \times 3.6 \times 24000 + 4 \times 12000 = 91200 \text{ (元/年)},$$

故应取 $n = 4$, 即全年组织 4 次 (每三个月一次) 订货, 每次的订货量为 24000 件, 全年的库存总费用为 91200 元, 比 TC* 多出 126.4 元.

(2) 若明年的需求量增加一倍, 则由式 (5.22) 得到明年的订货量是今年的 $\sqrt{2}$ 倍, 即

$$Q^* = \sqrt{2} \times 25298 \approx 35777 \text{(件)}.$$

由 t, n, Q, D 之间的关系知, 明年的订货周期是今年的 $\dfrac{\sqrt{2}}{2}$ 倍, 明年的订货次数是今年的 $\sqrt{2}$ 倍, 即 $n^* = \sqrt{2} \times 3.79 = 5.367$ 次. 类似地, 比较 $n = 5$ 和 $n = 6$ 的库存

总费用情况, 其结果为

$$n = 5, \quad Q = 38400 \text{ (件)}, \quad \text{TC} = 129120 \text{ (元/年)}.$$

2. 允许缺货的经济订购批量存储模型

所谓允许缺货是指这样一种存储策略, 当库存量降至零后, 还可以再等一段时间然后订货, 当顾客遇到缺货时不受损失, 或损失很小, 并假设顾客耐心等待, 直到新的货物补充到来.

设 t 为一个周期的时间间隔, 其中 t_1 表示 t 中不缺货时期, t_2 表示 t 中缺货时期, 即 $t = t_1 + t_2$. S 为最大缺货量, C_S 为缺货损失单价, Q 为每次的最高订货量, 则 $Q - S$ 为最大库存量, 因为每次得到订货量 Q 后, 立即支付给顾客, 以补充最大缺货量 S. 图 5.5 给出了允许缺货模型的存储曲线.

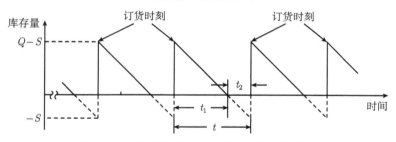

图 5.5 允许缺货的 EOQ 模型的存储量曲线

设 D 为需求率, 由于最大库存量为 $Q - S$ 和最大缺货量为 S, 因此, 得到需求率、最大库存量、最大缺货量、不缺货时期和缺货时期之间的关系为

$$t_1 = \frac{Q - S}{D}, \quad t_2 = \frac{S}{D}, \quad t = \frac{Q}{D}. \tag{5.25}$$

在不缺货时期 t_1 内, 最大库存量为 $Q - S$, 最小库存量为 0, 因此, 其平均库存量为 $\frac{1}{2}(Q - S)$. 在缺货时期 t_2 内, 库存量为 0. 因此, 一个周期内的平均库存量为

$$平均库存量 = \frac{\frac{1}{2}(Q - S)t_1 + 0 \cdot t_2}{t_1 + t_2} = \frac{(Q - S)t_1}{2t}. \tag{5.26}$$

由式 (5.25) 得到

$$平均库存量 = \frac{(Q - S)^2}{2Q}. \tag{5.27}$$

类似地, 可得到一个周期内的平均缺货量为

$$平均缺货量 = \frac{0 \cdot t_1 + \frac{1}{2}St_2}{t_1 + t_2} = \frac{St_2}{2t} = \frac{S^2}{2Q}. \tag{5.28}$$

对于允许缺货的经济订购批量存储模型,

平均库存总费用 = 平均存货费 + 平均缺货费 + 平均订货费

　　　　　　　　= 存储费 × 平均库存量 + 缺货损失费 × 平均缺货量

　　　　　　　　+ 平均订货费,

即

$$\mathrm{TC}(Q, S) = \frac{C_\mathrm{P}(Q-S)^2}{2Q} + \frac{C_\mathrm{S}S^2}{2Q} + \frac{C_\mathrm{D}D}{Q}. \tag{5.29}$$

利用多元函数极值最优性条件求 $\mathrm{TC}(Q, S)$ 的极小点. 由一阶必要条件得

$$\frac{\partial \mathrm{TC}}{\partial S} = \frac{1}{Q}\left[(C_\mathrm{P} + C_\mathrm{S})S - C_\mathrm{P}Q\right] = 0, \tag{5.30}$$

$$\begin{aligned}
\frac{\partial \mathrm{TC}}{\partial Q} &= -\frac{1}{Q^2}\left[\frac{1}{2}C_\mathrm{P}(Q-S)^2 + \frac{1}{2}C_\mathrm{S}S^2 + C_\mathrm{D}D\right] + \frac{1}{Q}C_\mathrm{P}(Q-S) \\
&= -\frac{1}{2Q^2}\left[C_\mathrm{P}(Q-S)^2 + C_\mathrm{S}S^2 - 2C_\mathrm{P}(Q-S)Q + 2C_\mathrm{D}D\right] \\
&= 0,
\end{aligned} \tag{5.31}$$

于是得到

$$S^* = \frac{C_\mathrm{P}}{C_\mathrm{P} + C_\mathrm{S}}Q^*, \tag{5.32}$$

$$Q^* = \sqrt{\frac{2C_\mathrm{D}D(C_\mathrm{P} + C_\mathrm{S})}{C_\mathrm{P}C_\mathrm{S}}}. \tag{5.33}$$

接下来验证二阶充分条件. 由于函数 $\mathrm{TC}(Q, S)$ 的 Hesse 矩阵

$$\begin{bmatrix} \dfrac{\partial^2 \mathrm{TC}}{\partial Q^2} & \dfrac{\partial^2 \mathrm{TC}}{\partial Q\partial S} \\[2mm] \dfrac{\partial^2 \mathrm{TC}}{\partial S\partial Q} & \dfrac{\partial^2 \mathrm{TC}}{\partial S^2} \end{bmatrix} = \begin{bmatrix} \dfrac{(C_\mathrm{P} + C_\mathrm{S})S^2 + 2C_\mathrm{D}D}{Q^3} & -\dfrac{(C_\mathrm{P} + C_\mathrm{S})S}{Q^2} \\[2mm] -\dfrac{(C_\mathrm{P} + C_\mathrm{S})S}{Q^2} & \dfrac{C_\mathrm{P} + C_\mathrm{S}}{Q} \end{bmatrix}$$

正定, 所以由式 (5.32) 和式 (5.33) 得到的 Q^* 和 S^* 为极小点. 利用式 (5.29), 式 (5.25), 式 (5.32) 和式 (5.33) 得到

$$t^* = \frac{Q^*}{D}, \tag{5.34}$$

$$\mathrm{TC}^* = \frac{C_\mathrm{P}(Q^* - S^*)^2}{2Q^*} + \frac{C_\mathrm{D}D}{Q^*} + \frac{C_\mathrm{S}(S^*)^2}{2Q^*} = \sqrt{\frac{2C_\mathrm{P}C_\mathrm{S}C_\mathrm{D}D}{C_\mathrm{P} + C_\mathrm{S}}}, \tag{5.35}$$

即允许缺货的经济订购批量存储模型的最优存储策略为每隔 t^* 单位时间, 就订 Q^* 单位货物, 其允许缺货量为 S^* 单位货物, 每个单位时间内的最优库存总费用为 $\sqrt{\dfrac{2C_\mathrm{P}C_\mathrm{S}C_\mathrm{D}D}{C_\mathrm{P} + C_\mathrm{S}}}$ 个单位费用.

当 $C_S > 0$, $C_P > 0$ 时有 $\dfrac{C_P + C_S}{C_S} > 1$, 因此, 由式 (5.33)~ 式 (5.35) 和式 (5.22)~ 式 (5.24) 得到

$$Q^*_{缺货} = \sqrt{\frac{2C_D D(C_P + C_S)}{C_P C_S}} > \sqrt{\frac{2C_D D}{C_P}} = Q^*_{不缺货}, \tag{5.36}$$

$$t^*_{缺货} \frac{Q^*_{缺货}}{D} > \frac{Q^*_{不缺货}}{D} = t^*_{不缺货}, \tag{5.37}$$

$$\mathrm{TC}^*_{缺货} = \sqrt{\frac{2C_P C_S C_D D}{C_P + C_S}} < \sqrt{2C_P C_D D} = \mathrm{TC}^*_{不缺货}. \tag{5.38}$$

式 (5.36)~ 式 (5.38) 表明, 允许缺货模型的最优库存量要大于不允许缺货模型的最优库存量, 每次订货的时间间隔要比不允许缺货模型的间隔长, 而最优库存总费用会下降, 因此, 在条件允许的情况下, 应当利用允许缺货模型来降低库存总费用.

考虑当 $C_S \to \infty$ 时 (即不允许缺货) 有 $S^* \to 0$ 和 $\dfrac{C_P + C_S}{C_S} \to 1$, 因此得到

$$Q^*_{缺货} \to Q^*_{不缺货}, \quad t^*_{缺货} \to t^*_{不缺货}, \quad \mathrm{TC}^*_{缺货} \to \mathrm{TC}^*_{不缺货}.$$

因此, 从这个角度来看, 不允许缺货模型实际上是允许缺货模型的特例.

例 5.7 将例 5.6 中的条件改为允许缺货, 并且缺货损失费为每年每件 13.2 元, 其他条件不变. 求全年的最优订货次数、订货量以及库存总费用.

解 根据题意得到订货费 $C_D = 12000$ 元/次, 存储费 $C_P = 3.6$ 元/(件·年), 需求率 $D = 96000$ 件/年, 缺货损失费 $C_S = 13.2$ 元/(件·年), 代入式 (5.32)~ 式 (5.35) 得到

$$Q^* = \sqrt{\frac{2C_D D(C_P + C_S)}{C_P C_S}} = \sqrt{\frac{2 \times 12000 \times 96000 \times (3.6 + 13.2)}{3.6 \times 13.2}}$$
$$= 28540 \ (件),$$
$$S^* = \frac{C_P Q^*}{C_P + C_S} = \frac{3.6 \times 28540}{3.6 + 13.2} = 6116 \ (件),$$
$$t^* = \frac{Q^*}{D} = \frac{28540}{96000} = 0.2973 \ (年),$$
$$\mathrm{TC}^* = \sqrt{\frac{2C_P C_S C_D D}{C_P + C_S}} = \sqrt{\frac{2 \times 3.6 \times 13.2 \times 12000 \times 96000}{3.6 + 13.2}}$$
$$= 80728.12 \ (元/年).$$

如果需要讨论全年的订货次数, 则同样需要比较当 $n = 3$ 和 $n = 4$ 时全年的库存总费用. 当 $n = 3$ 时, $t = \dfrac{1}{3}$, 于是有

$$Q = tD = \frac{96000}{3} = 32000 \text{ (件)},$$

$$S = \frac{C_{\mathrm{P}}Q}{C_{\mathrm{P}} + C_{\mathrm{S}}} = \frac{3.6 \times 32000}{3.6 + 13.2} = 6857 \text{ (件)},$$

$$\mathrm{TC} = \frac{1}{Q}\left[\frac{1}{2}C_{\mathrm{P}}(Q - S)^2 + \frac{1}{2}C_{\mathrm{S}}S^2 + C_{\mathrm{D}}D\right]$$

$$= \frac{1}{32000}\left[\frac{1}{2} \times 3.6 \times (32000 - 6857)^2 + \frac{1}{2} \times 13.2 \times 6857^2 + 12000 \times 96000\right]$$

$$= 81257.14 \text{ (元/年)}.$$

当 $n = 4$ 时, $t = \dfrac{1}{4}$, 于是有

$$Q = tD = \frac{96000}{4} = 24000 \text{ (件)},$$

$$S = \frac{C_{\mathrm{P}}Q}{C_{\mathrm{P}} + C_{\mathrm{S}}} = \frac{3.6 \times 24000}{3.6 + 13.2} = 5143 \text{ (件)},$$

$$\mathrm{TC} = \frac{1}{Q}\left[\frac{1}{2}C_{\mathrm{P}}(Q - S)^2 + \frac{1}{2}C_{\mathrm{S}}S^2 + C_{\mathrm{D}}D\right]$$

$$= \frac{1}{24000}\left[\frac{1}{2} \times 3.6 \times (24000 - 5143)^2 + \frac{1}{2} \times 13.2 \times 6857^2 + 12000 \times 96000\right]$$

$$= 81942.86 \text{ (元/年)}.$$

因此, 全年组织三次订货, 每次的订货量为 32000 件, 允许的最大缺货量为 6857 件, 全年库存总费用为 81257.14 元.

3. 经济订购批量折扣模型

所谓经济订购批量折扣模型是经济订购批量存储模型的一种发展, 即商品的价格不固定, 它是随着订货量的多少而改变的. 就一般情况而论, 物品订购得越多, 物品的单价也就越低, 因此, 折扣模型就是讨论这种情况下物品的订购数量.

对于经济订购批量折扣模型, 库存费用由三个方面组成,

平均库存总费用 = 平均存货费 + 平均订货费 + 平均购买费用.

设 $C(Q)$ 是采购费, 也就是库存货物的单价, 由于是折扣模型, 所以它与订货量 Q 有关. 这样

$$\text{货物的平均购买费} = \frac{\text{采购费} \times \text{订货量}}{\text{订货周期}} = \frac{C(Q)Q}{t} = \frac{C(Q)Q}{Q/D}$$

$$= C(Q)D. \tag{5.39}$$

因此得到

$$\mathrm{TC}(Q) = \frac{1}{2}C_{\mathrm{P}}Q + \frac{C_{\mathrm{D}}D}{Q} + C(Q)D. \tag{5.40}$$

事实上, 在经济订购批量存储模型中, 也可以包含货物的平均购买费一项, 只是在该模型中, $C(Q) = C$ 为常数, 与目标函数求极值无关. 因此, 在分析时, 就没有必要讨论了.

在通常的情况下, 可用分段函数表示采购费 $C(Q)$, 即

$$C(Q) = \begin{cases} C_1, & 0 \leqslant Q < Q_1, \\ C_2, & Q_1 \leqslant Q < Q_2, \\ \vdots & \\ C_m, & Q_{m-1} \leqslant Q < \infty, \end{cases} \tag{5.41}$$

其中 Q_k 为单调递增的. 假设 C_k 为单调递减的, 其目的是鼓励人们大量地购买货物. 当然也会出现 C_k 单调递增的情况, 这是利用价格的变化来限制货物的购买. 这里仅讨论 C_k 递减的情况, 对于递增的情况, 只需对介绍的方法稍加处理就可以解决了.

为了便于求解起见, 将平均库存费用函数 (5.40) 改写成

$$\text{TC}(Q) = \{\text{TC}_k(Q) \mid Q \in [Q_{k-1}, Q_k), \quad k = 1, 2, \cdots, m\}, \tag{5.42}$$

其中 $Q_0 = 0, Q_m = \infty$,

$$\text{TC}_k(Q) = \frac{1}{2} C_{\text{P}} Q + \frac{C_{\text{D}} D}{Q} + C_k D. \tag{5.43}$$

注意到在式 (5.43) 的右端项中, 只有常数项改变, 因此, 函数 $\text{TC}_k(Q)$ 是一平行的函数族, 它们有共同的极小点

$$Q_k^* = \sqrt{\frac{2 C_{\text{D}} D}{C_{\text{P}}}}. \tag{5.44}$$

当 $Q_k^* \in [Q_{k-1}, Q_k)$ 时, Q_k^* 是函数 $\text{TC}_k(Q)$ 的极小值; 当 $Q_k^* \notin [Q_{k-1}, Q_k)$ 时, $\text{TC}_k(Q)$ 的极小值应在端点处取到, 即

如果 $Q_k^* < Q_{k-1}$, 则令 $Q_k^* = Q_{k-1}$ (Q_{k-1} 为极小点);

如果 $Q_k^* > Q_k$, 则令 $Q_k^* = Q_k$ (Q_k 为极小点).

比较相应的函数值 $\text{TC}_k(Q_k^*)$, 若

$$\text{TC}^* = \min\{\text{TC}_k(Q_k^*), \ k = 1, 2, \cdots, m\} = \text{TC}_{k_0}(Q_{k_0}^*),$$

则 $Q_{k_0}^*$ 为最优订货量, TC^* 为最优库存费用.

例 5.8 某汽修公司是给汽车快速换机油的专业公司. 汽修公司批量购买机油, 每升 3 元. 如果公司采购 1000L 以上, 则每升的优惠价为 2.5 元. 汽修公司每

天可为 150 辆车提供服务, 每次换机油要用掉 1.25L. 公司储存成批机油的费用是每升每天 0.02 元. 此外, 每次订货费为 20 元, 供货的提前时间为 2 天. 求出最优的存储策略.

解　由题意得到需求率 $D = 150 \times 1.25 = 187.5$L/天, 存储费 $C_P = 0.02$ 元/(天 · L), 订货费 $C_D = 20$ 元/次, 采购费 $C_1 = 3$ 元/L, 采购费 $C_2 = 2.5$ 元/L, 分界点 $Q_1 = 1000$L, 提前时间 $L = 2$ 天.

计算公共的极小点

$$Q_{1,2}^* = \sqrt{\frac{2C_D D}{C_P}} = \sqrt{\frac{2 \times 20 \times 187.5}{0.02}} = 612.37 \text{ (L)}.$$

因为 $Q_1^* \in [0, Q_1) = [0, 1000)$, 所以 Q_1^* 是 $TC_1(Q)$ 的极小点. $Q_2^* \notin [Q_1, Q_2) = [1000, \infty)$ 且 $Q_2^* < Q_1$, 因此, 令 $Q_2^* = Q_1 = 1000$, 它是 $TC_2(Q)$ 的极小点.

计算两极小点的函数值

$$
\begin{aligned}
TC_1(Q_1^*) &= \frac{1}{2} C_P Q_1^* + \frac{C_D D}{Q_1^*} + C_1 D \\
&= \frac{1}{2} \times 0.02 \times 612.37 + \frac{20 \times 187.5}{612.37} + 3 \times 187.5 \\
&= 574.75 \text{ (元/天)}.
\end{aligned}
$$

$$
\begin{aligned}
TC_2(Q_2^*) &= \frac{1}{2} C_P Q_2^* + \frac{C_D D}{Q_2^*} + C_2 D \\
&= \frac{1}{2} \times 0.02 \times 1000 + \frac{20 \times 187.5}{1000} + 2.5 \times 187.5 \\
&= 482.5 \text{ (元/天)}.
\end{aligned}
$$

经比较得到最优订货量为 $Q^* = Q_2^* = 1000$L, 最优存储费用为 482.5 元/天.

根据提前时间 $L = 2$ 天, 订货点为 $2D = 2 \times 187.5 = 375$L. 这样最优库存策略为当存储量下降到 375L 时, 订货 1000L, 其最优库存总费用为每天 482.5 元.

5.2.3　经济生产批量存储模型

经济生产批量存储模型的特征是不允许缺货、生产需要一定时间, 也是一种确定型存储模型.

1. 经济生产批量存储模型

经济生产批量存储模型除满足基本假设外, 其最主要的假设是: 当存储量降到零后, 开始进行生产, 生产率为 P 且 $P > D$, 即生产的产品一部分满足需求, 剩余部分才作为存储.

将一个生产存储周期 (记为 t) 分成两个部分, 一个是生产时期 (记为 t_1), 在该时期库存增加; 另一个是存储时期 (记为 t_2), 在该时期库存减少. 因此, $t = t_1 + t_2$. 经济生产批量模型存储量的变化情况如图 5.6 所示, 图中 V 为最大库存量.

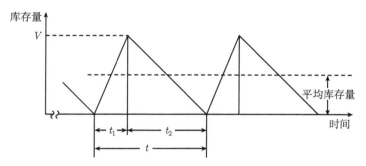

图 5.6 经济生产批量模型存储量的变化情况

设 Q 为一次的生产量, t 为生产存储周期, 当一个周期结束时, 生产量 Q 将全部用尽, 由此得到生产存储周期 t 与生产量 Q 和需求率 D 的关系为 $t = \dfrac{Q}{D}$.

类似地, t_1 为生产时期, 当生产结束后, 完成生产量 Q, 这样可以得到生产周期 t_1 与生产量 Q 和生产率 P 之间的关系为 $t_1 = \dfrac{Q}{P}$, 从而可计算出

$$t_2 = t - t_1 = \frac{Q}{D} - \frac{Q}{P} = \left(1 - \frac{D}{P}\right)\frac{Q}{D}.$$

设 V 为最大库存量, t_2 为存储时期, 则得到 $t_2 = \dfrac{V}{D}$. 因此, 最大库存量为

$$V = Dt_2 = \left(1 - \frac{D}{P}\right)Q. \tag{5.45}$$

因为 Q 为生产量, V 为最大库存量, 则 $Q - V$ 为满足需求的部分, 因此,

$$Q = (Q - V) + V = \frac{D}{P}Q + \left(1 - \frac{D}{P}\right)Q, \tag{5.46}$$

即生产量 Q 中的 $\dfrac{D}{P}$ 部分满足需求, $\left(1 - \dfrac{D}{P}\right)$ 部分用于库存.

在计算平均库存总费用时, 经济生产批量存储模型与经济订购批量存储模型相同, 即

平均库存总费用 = 平均存货费 + 平均订货费.

所不同的是, 其平均库存量是最大库存量 V 的一半, 而不是订货量 Q 的一半. 因此得到

$$\mathrm{TC}(Q) = \frac{1}{2}C_{\mathrm{P}}V + \frac{C_{\mathrm{D}}D}{Q} = \frac{1}{2}C_{\mathrm{P}}\left(1 - \frac{D}{P}\right)Q + \frac{C_{\mathrm{D}}D}{Q}. \tag{5.47}$$

类似于经典 EOQ 模型中最优解的推导, 可以得到最优生产量、最大存储量和最优

存储费用分别为

$$Q^* = \sqrt{\frac{2C_D D}{C_P \left(1 - \dfrac{D}{P}\right)}}, \tag{5.48}$$

$$V^* = \left(1 - \frac{D}{P}\right) Q^*, \tag{5.49}$$

$$\mathrm{TC}^* = \sqrt{2C_D C_P \left(1 - \frac{D}{P}\right) D}. \tag{5.50}$$

相应的存储周期 t^*, 生产时期 (库存增加)t_1^* 和存储时期 (库存减少)t_2^* 分别为

$$t^* = \frac{Q^*}{D}, \quad t_1^* = \frac{Q^*}{P}, \quad t_2^* = \left(1 - \frac{D}{P}\right) \frac{Q^*}{D}, \tag{5.51}$$

即经济生产批量存储模型的最优存储策略为每隔 t^* 单位时间开始生产, 其中生产量为 $Q^* = \sqrt{\dfrac{2C_D PD}{C_P (P - D)}}$ 单位货物, 生产时间为 t_1^* 单位时期, 能够达到的最大库存量为 V^* 单位货物. 每个单位时间内的最优库存总费用为 $\sqrt{2C_D C_P \left(1 - \dfrac{D}{P}\right) D}$ 个单位费用.

例 5.9　有一个生产和销售图书设备的公司, 经营一种图书专用书架. 基于以往的销售记录和今后的市场预测, 估计今后一年的需求量为 4900 个, 由于占用资金的利息以及存储库房和其他人力、物力的费用, 储存一个书架一年要花费 1000 元, 这种书架是该公司自己生产的, 每年的生产量为 9800 个, 而组织一次生产要花费设备调试等生产准备费 500 元. 该公司为了把成本降到最低, 应如何组织生产? 要求出全年的生产次数、每次的最优生产量以及年最优生产存储费用.

解　根据题意, 需求率 $D = 4900$ 个/年, 存储费 $C_P = 1000$ 元/(个 · 年), 生产率 $P = 9800$ 个/年, 生产费 $C_D = 500$ 元/次, 代入公式计算得

$$Q^* = \sqrt{\frac{2C_D D}{C_P \left(1 - \dfrac{D}{P}\right)}} = \sqrt{\frac{2 \times 500 \times 4900}{1000 \times \left(1 - \dfrac{4900}{9800}\right)}} = 99 \ (\text{个}),$$

$$n^* = \frac{1}{t^*} = \frac{D}{Q^*} = \frac{4900}{99} = 49.5 \ (\text{次/年}),$$

$$\mathrm{TC}^* = \sqrt{2C_D C_P \left(1 - \frac{D}{P}\right) D} = \sqrt{2 \times 500 \times 1000 \times \left(1 - \frac{4900}{9800}\right) \times 4900} = 49497.47 \ (\text{元}),$$

即一年组织生产 49.5 次 (两年 99 次), 每次生产 99 个书架, 最优生产存储费用为 49497.47 元.

2. 允许缺货的经济生产批量存储模型

此模型与经济生产批量存储模型相比, 放松了假设条件, 允许缺货. 与允许缺货的经济订货批量存储模型相比, 其补充不是订货而是靠生产, 其基本的存储图形如图 5.7 所示.

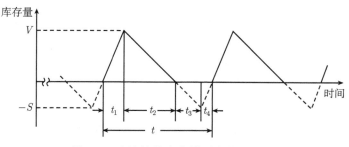

图 5.7 允许缺货生产模型存储量图形

在图 5.7 中, t 为一个生产存储周期, 其中 t_1 为 t 中的生产时期 (库存增加), t_2 为 t 中的存储时期 (库存减少), t_3 为 t 中缺货量增加的时期, t_4 为 t 中缺货量减少的时期, 即 $t = t_1 + t_2 + t_3 + t_4$.

设 P 为生产率, D 为需求率且 $P > D$, V 为最大存储量, 因此, 最大存储量 V 与生产时期 t_1, 存储时期 t_2 的关系为

$$t_1 = \frac{V}{P - D}, \quad t_2 = \frac{V}{D}. \tag{5.52}$$

设 S 为最大缺货量, 这样最大缺货量 S 与缺货量增加的时期 t_3, 缺货量减少的时期 t_4 之间的关系为

$$t_3 = \frac{S}{D}, \quad t_4 = \frac{S}{P - D}. \tag{5.53}$$

设 Q 为生产量, 则 Q 中的 $\dfrac{D}{P}$ 部分满足当时的需求, $\left(1 - \dfrac{D}{P}\right)$ 部分用于偿还缺货和储存, 由此得到最大库存量、最大缺货量与生产率、需求率之间的关系为

$$V + S = \left(1 - \frac{D}{P}\right) Q. \tag{5.54}$$

下面计算平均库存量. 在不缺货期间 $(t_1 + t_2)$ 内, 平均库存量为 $\dfrac{1}{2} V$, 而在缺货期间 $(t_3 + t_4)$ 的库存量为 0. 因此, 一个周期内的平均库存量为

$$
\begin{aligned}
平均库存量 &= \frac{\dfrac{1}{2} \left[\left(1 - \dfrac{D}{P}\right) Q - S \right] (t_1 + t_2) + 0 \cdot (t_3 + t_4)}{t_1 + t_2 + t_3 + t_4} \\
&= \frac{\left[\left(1 - \dfrac{D}{P}\right) Q - S \right] (t_1 + t_2)}{2(t_1 + t_2 + t_3 + t_4)}.
\end{aligned}
\tag{5.55}
$$

将式 (5.52) 和式 (5.53) 代入式 (5.55) 中, 并利用式 (5.54) 得到

$$\text{平均库存量} = \frac{\left[\left(1 - \dfrac{D}{P}\right)Q - S\right]\left(\dfrac{V}{P-D} + \dfrac{V}{D}\right)}{2\left(\dfrac{V}{P-D} + \dfrac{V}{D} + \dfrac{S}{D} + \dfrac{S}{P-D}\right)} = \frac{\left[\left(1 - \dfrac{D}{P}\right)Q - S\right]\cdot V}{2\left(V + S\right)}$$

$$= \frac{\left[\left(1 - \dfrac{D}{P}\right)Q - S\right]^2}{2\left(1 - \dfrac{D}{P}\right)Q}. \tag{5.56}$$

同样计算平均缺货量. 在不缺货期间 $(t_1 + t_2)$ 内, 缺货量为 0, 而在缺货期间 $(t_3 + t_4)$ 的缺货量为 $\dfrac{1}{2}S$. 因此, 一个周期内的平均缺货量为

$$\text{平均缺货量} = \frac{0 \cdot (t_1 + t_2) + \dfrac{1}{2}S(t_3 + t_4)}{t_1 + t_2 + t_3 + t_4} = \frac{S(t_3 + t_4)}{2(t_1 + t_2 + t_3 + t_4)}. \tag{5.57}$$

将式 (5.52) 和式 (5.53) 代入式 (5.55) 中, 并利用式 (5.54) 得到

$$\text{平均缺货量} = \frac{S\left(\dfrac{S}{D} + \dfrac{S}{P-D}\right)}{2\left(\dfrac{V}{P-D} + \dfrac{V}{D} + \dfrac{S}{D} + \dfrac{S}{P-D}\right)} = \frac{S^2}{2\left(V + S\right)}$$

$$= \frac{S^2}{2\left(1 - \dfrac{D}{P}\right)Q}. \tag{5.58}$$

对于允许缺货的经济生产批量存储模型,

平均库存总费用 = 平均存货费 + 平均生产费 + 平均缺货损失费

= 存储费 × 平均存储量 + $\dfrac{\text{生产费}}{\text{生产存储周期}}$

+ 缺货损失费 × 平均缺货量,

即

$$\text{TC}(Q, S) = \frac{C_{\text{P}}\left[\left(1 - \dfrac{D}{P}\right)Q - S\right]^2}{2\left(1 - \dfrac{D}{P}\right)Q} + \frac{C_{\text{D}}D}{Q} + \frac{C_{\text{S}}S^2}{2\left(1 - \dfrac{D}{P}\right)Q}. \tag{5.59}$$

因此, 所谓允许缺货的经济生产批量存储模型就是求变量 (Q, S), 使得目标函数 TC 达到极小.

利用最优化问题的一阶必要条件得

$$\frac{\partial \text{TC}}{\partial S} = \frac{1}{Q}\left[-C_{\text{P}}Q + \frac{(C_{\text{P}}+C_{\text{S}})S}{\left(1-\dfrac{D}{P}\right)} \right] = 0,$$

$$\frac{\partial \text{TC}}{\partial Q} = -\frac{1}{Q^2}\left[\frac{C_{\text{P}}\left[Q\left(1-\dfrac{D}{P}\right)-S\right]^2}{2\left(1-\dfrac{D}{P}\right)} + C_{\text{D}}D + \frac{C_{\text{S}}S^2}{2\left(1-\dfrac{D}{P}\right)} \right]$$

$$+ \frac{C_{\text{P}}\left[\left(1-\dfrac{D}{P}\right)Q-S\right]}{Q}$$

$$= 0,$$

从而得到最优生产量 Q^* 和最大缺货量 S^* 分别为

$$S^* = \frac{C_{\text{P}}}{C_{\text{P}}+C_{\text{S}}}\left(1-\frac{D}{P}\right)Q^*, \tag{5.60}$$

$$Q^* = \sqrt{\frac{2C_{\text{D}}D(C_{\text{P}}+C_{\text{S}})}{C_{\text{P}}C_{\text{S}}\left(1-\dfrac{D}{P}\right)}}. \tag{5.61}$$

可以验证 (利用二阶充分条件), Q^* 和 S^* 是函数 $\text{TC}(Q,S)$ 的极小点.

再计算出生产存储周期 t^*, 最大存储量 V^* 和最优库存总费用 TC^* 分别为

$$t^* = \frac{Q^*}{D}, \quad t_1^* + t_4^* = \frac{Q^*}{P}, \tag{5.62}$$

$$V^* = \frac{C_{\text{S}}}{C_{\text{P}}+C_{\text{S}}}\left(1-\frac{D}{P}\right)Q^*, \tag{5.63}$$

$$\text{TC}^* = \sqrt{\frac{2C_{\text{P}}C_{\text{S}}\left(1-\dfrac{D}{P}\right)C_{\text{D}}D}{C_{\text{P}}+C_{\text{S}}}}, \tag{5.64}$$

即允许缺货的经济生产批量存储模型的最优存储策略为每隔 t^* 单位时间开始生产, 其中生产量为 $Q^* = \sqrt{\dfrac{2C_{\text{D}}DP(C_{\text{P}}+C_{\text{S}})}{C_{\text{P}}C_{\text{S}}(P-D)}}$ 单位货物, 生产时间为 $t_1^* + t_4^*$ 单位时间, 能够达到的最高存储量为 V^* 单位货物. 每个单位时间内的库存总费用为 $\sqrt{\dfrac{2C_{\text{P}}C_{\text{S}}(P-D)C_{\text{D}}D}{P(C_{\text{P}}+C_{\text{S}})}}$ 个单位费用.

例 5.10   假设在例 5.9 中, 生产与销售图书馆设备公司允许缺货, 但缺货费为每年每件 2000 元, 其他参数不变. 在允许缺货的情况下, 试求出其生产、存储周期、每个周期的最优生产量以及最优的年生产存储费用.

解   根据题意, 需求率 $D = 4900$ 个/年, 存储费 $C_P = 1000$ 元/(个 · 年), 生产率 $P = 9800$ 个/年, 生产费 $C_D = 500$ 元/次, 缺货损失费 $C_S = 2000$ 元/(个 · 年), 代入公式计算得

$$Q^* = \sqrt{\frac{2C_D D(C_P + C_S)}{C_P C_S \left(1 - \dfrac{D}{P}\right)}} = \sqrt{\frac{2 \times 500 \times 4900 \times (1000 + 2000)}{1000 \times 2000 \times \left(1 - \dfrac{4900}{9800}\right)}}$$

$$= 121.24 \ (\text{个}),$$

$$t^* = \frac{Q^*}{D} = \frac{121.24}{4900} \ (\text{年}) \times 365 = 9.031 \ (\text{天}),$$

$$\mathrm{TC}^* = \sqrt{\frac{2C_P C_S \left(1 - \dfrac{D}{P}\right) C_D D}{C_P + C_S}}$$

$$= \sqrt{\frac{2 \times 1000 \times 2000 \times \left(1 - \dfrac{4900}{9800}\right) \times 500 \times 4900}{1000 + 2000}}$$

$$= 40414.52 \ (\text{元}),$$

其中

$$\text{生产时期} = t_1^* + t_4^* = \frac{Q^*}{P} = \frac{121.24}{9800} \ (\text{年}) \times 365 = 4.516 \ (\text{天}),$$

$$\text{缺货时期} = t_3^* + t_4^* = \frac{C_P}{C_P + C_S} t^* = \frac{1000 \times 9.031}{1000 + 2000} = 3.010 \ (\text{天}),$$

即每 9 天组织一次生产, 并且在这 9 天中, 有 4.5 天为生产时期, 3 天为缺货时期. 每次的生产量为 121 件, 全年库存总费用 (包括存货费、订货费和缺货损失费) 为 40414.52 元.

5.3   用 LINGO 软件包求解最优化问题

在第 3 章中介绍了用 LINGO 软件求解线性规划问题的方法, 本节介绍用 LINGO 软件求解最优化问题的方法. 在求解方法上, 用 LINGO 软件求解最优化问题与求解线性规划问题基本上是相同的, 所不同的是所定的目标函数与约束函数是非线性函数而已.

5.3.1 求解最优化问题

1. 求解无约束问题

用 LINGO 软件求解无约束最优化问题

$$\min \quad f(x)$$

较为简单, 只需直接给出 $f(x)$ 的表达式即可.

例 5.11　用 LINGO 软件求解无约束问题

$$\min \quad f(x) = 100\left(x_2 - x_1^2\right)^2 + (1 - x_1)^2.$$

解　在例 5.2 中已用最优性条件计算出了它的最优点 $x^* = (1,1)^{\mathrm{T}}$, $f^* = 0$. 下面看一下 LINGO 软件计算的情况. 写出 LINGO 程序 (程序名: `exam0511.lg4`) 如下:

```
sets:
    var/1..2/: x;
endsets
min=100*(x(2)-x(1)^2)^2+(1-x(1))^2;
@for(var: @free(x));
```

注意: 由于是求无约束问题的最优解, 因此, 对变量 x 不应有任何限制, 所以程序中的语句 `@for(var: @free(x))` 是不可少的. 程序的计算结果为

```
Local optimal solution found.
Objective value:                0.1261436E-19
Extended solver steps:                   5
Total solver iterations:                38
```

Variable	Value	Reduced Cost
X(1)	1.000000	0.4376600E-08
X(2)	1.000000	-0.2208744E-08

与理论值是相同的.

2. 求解约束问题

对于一般约束优化问题

$$\min \ f(x),$$
$$\mathrm{s.t.} \quad c_i(x) = 0, i \in E,$$
$$c_i(x) \leqslant 0, i \in I,$$

只需在 LINGO 语句中给出相应的目标函数和约束函数的表达式即可.

例 5.12   用 LINGO 软件求解约束问题

$$\min\ f(x) = x_1^2 + x_2,$$
$$\text{s.t.}\ \ c_1(x) = x_1^2 + x_2^2 - 9 \leqslant 0,$$
$$c_2(x) = x_1 + x_2 - 1 \leqslant 0.$$

解   编写相应的 LINGO 程序 (程序名: exam0512.lg4) 如下:

```
sets:
    var/1..2/: x;
endsets
[OBJ] min = x(1)^2 + x(2);
[C1]   x(1)^2 + x(2)^2 <= 9;
[C2]   x(1) + x(2) <= 1;
@for(var: @free(x));
```

其计算结果为

```
Local optimal solution found.
Objective value:                    -3.000000
Extended solver steps:                      5
Total solver iterations:                    4
```

Variable	Value	Reduced Cost
X(1)	0.000000	0.000000
X(2)	-3.000000	0.000000

Row	Slack or Surplus	Dual Price
OBJ	-3.000000	-1.000000
C1	0.000000	0.1666667
C2	4.000000	0.000000

与例 5.4 相比较, 不难发现, 最优解是相同的, 这里的 Dual Price 就是对应于约束的乘子.

3. Dual Price 在约束优化问题中的意义

在 5.1.2 小节中介绍了 Lagrange 乘子的意义, 这里又知道 Dual Price 的值就对应着 Lagrange 乘子, 因此得到 LINGO 软件求解中 Dual Price 的意义: 当约束的右端项发生微小变化时, 最优目标函数值在最优解处的变化率.

例 5.13   某企业预算以 2 千元作为广告费, 根据以往的经验, 若以 x_1 千元作广播广告, x_2 千元作报纸广告, 则销售金额为 $-2x_1^2 - 10x_2^2 - 8x_1x_2 + 18x_1 + 34x_2$ (单位: 千元), 试问

(1) 如何分配 2 千元广告费?

(2) 广告费预算作微小改变的影响如何?

解   首先建立最优化问题的模型如下:

$$\begin{aligned} \max \quad & f(x) = -2x_1^2 - 10x_2^2 - 8x_1x_2 + 18x_1 + 34x_2, \\ \text{s.t.} \quad & x_1 + x_2 - 2 = 0, \\ & x_1 \geqslant 0, \ x_2 \geqslant 0. \end{aligned}$$

用 LINGO 软件求解 (程序名: exam0513.lg4) 如下:

[obj] max = -2*x1^2 - 10*x2^2 - 8*x1*x2 + 18*x1 + 34*x2;

[constr] x1 + x2 - 2 = 0;

其计算结果为

```
Local optimal solution found.
Objective value:              32.00000
Extended solver steps:            5
Total solver iterations:         20


     Variable         Value        Reduced Cost
           X1      1.000000          0.000000
           X2      1.000000          0.000000


          Row    Slack or Surplus     Dual Price
          OBJ      32.00000           1.000000
       CONSTR       0.000000          6.000000
```

由计算结果得到 $x^* = (1,1)^{\mathrm{T}}$, $f^* = 32$, 对应的 Dual Price 为 6. 因此, 当约束的右端项增加时, 函数的最优值也增加. 对应于本问题就是当广告费增加后, 销售金额也随着增加. 由 Dual Price 的值可知, 销售金额的增加大约是广告费增加的 6 倍, 可见适当增加广告费的预算是有利的.

5.3.2   曲线拟合问题

例 5.14   已知一个量 y 依赖于另一个量 x. 现有收集的数据如表 5.1 所示.

(1) 求拟合以上数据的直线 $y = ax + b$, 目标为使 y 的各个观察值同按直线关系所预期的值的平方总和为最小;

(2) 求拟合以上数据的直线 $y = ax + b$, 目标为使 y 的各个观察值同按直线关系所预期的值的绝对偏差总和为最小;

(3) 求拟合以上数据的直线 $y = ax + b$, 目标为使 y 的观察值同预期值的最大偏差为最小.

表 5.1 x 与 y 的数据表

x	0.0	0.5	1.0	1.5	1.9	2.5	3.0	3.5	4.0	4.5
y	1.0	0.9	0.7	1.5	2.0	2.4	3.2	2.0	2.7	3.5
x	5.0	5.5	6.0	6.6	7.0	7.6	8.5	9.0	10.0	
y	1.0	4.0	3.6	2.7	5.7	4.6	6.0	6.8	7.3	

解 问题 (1) 的本质是最小二乘法, 相应的无约束问题为

$$\min_{a,b} \quad z = \sum_{i=1}^{n} (ax_i + b - y_i)^2.$$

写出相应的 LINGO 程序 (程序名: exam0514a.lg4) 如下:

```
sets:
    quantity/1..19/: x,y;
endsets
data:
    x = 0.0, 0.5, 1.0, 1.5, 1.9, 2.5, 3.0, 3.5, 4.0, 4.5,
        5.0, 5.5, 6.0, 6.6, 7.0, 7.6, 8.5, 9.0, 10.0;
    y = 1.0, 0.9, 0.7, 1.5, 2.0, 2.4, 3.2, 2.0, 2.7, 3.5,
        1.0, 4.0, 3.6, 2.7, 5.7, 4.6, 6.0, 6.8, 7.3;
enddata
min = @sum(quantity: (a*x+b-y)^2);
@free(a); @free(b);
```

程序中的 @free(a); @free(b); 是必须的, 因为系数 a, b 有可能为负数.

问题 (2) 和问题 (3) 的本质是最小一乘法和最小无穷模方法, 相应的无约束问题分别为

$$\min_{a,b} \quad z = \sum_{i=1}^{n} |ax_i + b - y_i|$$

和

$$\min_{a,b} \quad z = \max_{1 \leqslant i \leqslant n} |ax_i + b - y_i|.$$

相应的 LINGO 程序只需作简单的修改, 将 min=@sum(quantity:(a*x+b-y)^2); 改为 min=@sum(quantity: @abs(a*x+b-y));(程序名: exam0514b.lg4, 最小一乘法)

和 min=@max(quantity: @abs(a*x+b-y)); (程序名: exam0514c.lg4, 最小无穷模方法).

这里不给出 LINGO 程序的具体计算结果, 而是给出数据的散点图和三种方法的回归直线 (图 5.8). 具体的绘图方法可用后面讲到的 R 软件 (见附录 C).

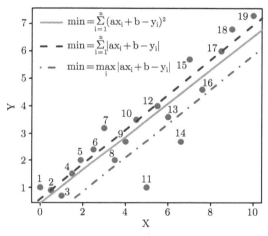

图 5.8 数据散点图和相关的回归直线

从图 5.8 可以看到, 三条回归直线还是有差别的. 最小二乘法是最常用的回归方法, 当回归残差满足正态分布时, 它有很好的统计性质, 但它不是稳健的回归方法. 从图形可以看出, 11 号样本和 14 号样本可能是异常值点, 因此, 它们偏离整体的回归数据. 由于这两个样本的影响, 最小二乘回归直线向下偏移, 而最小一乘回归直线受这两个样本的影响较小, 基本上在主流数据之间. 最大偏差最小回归直线受最大偏差影响最大, 因此, 它距 11 号样本和 14 号样本最近.

上述三种情况可以从某些方面反映出三种回归的特点, 对于一般情况, 这个结论也是正确的. 因此, 可以根据具体的问题选择不同的回归方法.

5.3.3 经济订购批量存储模型

对于经济订购批量存储模型, 无论是不允许缺货模型还允许缺货模型, 本质上都是求解无约束极小化问题. 在求解方法上, 无论是直接求函数的极小值, 还是应用一阶必要条件求极值, 若用 LINGO 软件求解都非常简单. 因此, 本小节仅讨论如何用 LINGO 软件求解经济订购批量折扣模型.

1. 利用 @if 函数

如果折扣价格只有两项, 则可用 LINGO 软件中的 @if 函数写程序, 使求解变得非常简单.

例 5.15   用 LINGO 软件求解例 5.8.

解   按式 (5.40), 即按

$$\mathrm{TC}(Q) = \frac{1}{2}C_{\mathrm{P}}Q + \frac{C_{\mathrm{D}}D}{Q} + C(Q)D$$

编写程序, 其中

$$C(Q) = \begin{cases} 3, & Q < 1000, \\ 2.5, & Q \geqslant 1000. \end{cases}$$

写出相应的 LINGO 程序 (程序名: exam0515.lg4) 如下:

```
D=187.5; C_P=0.02; C_D=20;
C=@if(Q #lt# 1000, 3, 2.5);
min=1/2*C_P*Q+C_D*D/Q+C*D;
```

得到计算结果如下 (只列出主要部分):

```
Local optimal solution found.
Objective value:                      482.5000
Extended solver steps:                       0
Total solver iterations:                    11
```

Variable	Value	Reduced Cost
D	187.5000	0.000000
C_P	0.2000000E-01	0.000000
C_D	20.00000	0.000000
C	2.500000	0.000000
Q	1000.000	0.000000

通过比较可以发现, 与例 5.8 手工计算的结果相同.

2. 一般方法

当折扣价格多于两项时, 用上述方法编程就不方便了. 这里采用折扣模型的基本思想来编程. 下面看一个例子.

例 5.16   某公司计划订购一种商品用于销售. 该商品的年销售量为 40000 件, 每次订货费为 9000 元, 商品的价格与订货量的大小有关,

$$C(Q) = \begin{cases} 35.225, & 0 \leqslant Q \leqslant 10000, \\ 34.525, & 10000 < Q \leqslant 20000, \\ 34.175, & 20000 < Q \leqslant 30000, \\ 33.825, & 30000 < Q. \end{cases}$$

存储费是商品价格的 20%. 问如何安排订货量与订货时间.

解 按照折扣模型的基本思想编写 LINGO 程序 (程序名: exam0516.lg4) 如下:

```
MODEL:
 1]sets:
 2]    range/1..4/: B, C, C_P,  EOQ, Q, TC;
 3]endsets
 4]data:
 5]    D = 40000;
 6]    C_D = 9000;
 7]     R = .2;
 8]     B =  10000,  20000,  30000,  99999;
 9]     C = 35.225, 34.525, 34.175, 33.825;
10]enddata
11]@for(range:
12]      C_P = R*C;
13]      EOQ^2 = 2*C_D*D/C_P;
14]);
15]Q(1) = EOQ(1)-(EOQ(1)-B(1))*(EOQ(1) #ge# B(1));
16]@for(range(i) | i #gt# 1:
17]    Q(i)=EOQ(i)+(B(i-1)-EOQ(i))*(EOQ(i) #lt# B(i-1))
18]              -(EOQ(i)- B(i))*(EOQ(i) #ge# B(i));
19]);
20]@for(range(i):
21]      TC(i)=0.5*C_P(i)*Q(i)+C_D*D/Q(i)+C(i)*D);
22]TC_min = @min(range: TC);
23]Q_star = @max(range: Q*( TC #eq# TC_min));
24]T_star = Q_star/D;
END
```

在程序中, 第 8, 9 行定义物品的批量订货单价, 其中 B 为上断点, C 为对应的价格. 第 13 行中的 EOQ 是按式 (5.44) 计算出 $TC_k(Q)$ 的极小值点, 其中第 $15 \sim 19$ 行中定义的 Q 是将 EOQ 值调整到对应区间上. 第 20, 21 行中的 TC 是对应于 Q 处的库存费用. 第 22 行中的 TC_min 是最优库存费用. 第 23 行中的 Q_star 是最优订货量. 第 24 行中的 T_star 是最优订货周期.

计算结果如下 (只列相关数据):

```
Feasible solution found.
Total solver iterations:            0


                 Variable              Value
                 TC_MIN              1451510.
                 Q_STAR              10211.38
                 T_STAR              0.2552845
```

即最优订货量为 10211 件, 最优存储费用为 1451510 元, 最优订货周期为平均 0.255
年一次.

5.3.4　投资组合模型

1. 基本投资组合模型

每位投资者都知道风险与利润并存. 为了增加在投资方面的预期利润, 投资者
可能要面对较高的风险. 投资理论是研究应该如何建立数学模型, 使投资者在一定
的风险下得到最大的利润, 或者是在一定的利润下使风险达到最小.

设有 n 个投资机会, 每一种投资的利润为 $r_i(i = 1, 2, \cdots, n)$. 在通常情况下,
利润 r_i 是未知的, 并假设它是服从正态分布的随机变量. 用 $\mu_i = E[r_i]$ 表示其数学
期望, 因此, μ_i 为第 i 项投资的平均利润. 用 $\sigma_i^2 = E[(r_i - \mu_i)^2]$ 表示利润 r_i 的方
差, 而方差越大, 其利润的变化范围也就越大. 因此, 可以定义方差为该项投资的风
险.

现有一笔资金, 打算对 n 个项目进行投资. 设第 i 个项目投资的百分比为
$x_i(i = 1, 2, \cdots, n)$, 并假设这笔资金全部用于投资, 即得到 $\sum\limits_{i=1}^{n} x_i = 1(x_i \geqslant 0,$
$i = 1, 2, \cdots, n)$, 所以相应的投资组合的利润为

$$R = \sum_{i=1}^{n} x_i r_i. \tag{5.65}$$

这样投资组合的平均利润为

$$E[R] = E\left[\sum_{i=1}^{n} x_i r_i\right] = \sum_{i=1}^{n} x_i E[r_i] = x^{\mathrm{T}} \mu.$$

下面考虑投资组合的风险, 也就是方差,

$$E\left[(R - E[R])^2\right] = E\left[\left(\sum_{i=1}^{n} x_i r_i - \sum_{i=1}^{n} x_i \mu_i\right)^2\right] = E\left[\left(\sum_{i=1}^{n} x_i (r_i - \mu_i)\right)^2\right]$$

$$= E\left[\sum_{i=1}^{n}\sum_{i=1}^{n}x_ix_j(r_i-\mu_i)(r_j-\mu_j)\right]$$

$$= \sum_{i=1}^{n}\sum_{i=1}^{n}x_ix_j E[(r_i-\mu_i)(r_j-\mu_j)] = \sum_{i=1}^{n}\sum_{i=1}^{n}\sigma_{ij}x_ix_j,$$

其中 $\sigma_{ij} = E[(r_i-\mu_i)(r_j-\mu_j)]$ 为 r_i 与 r_j 的协方差.

令 $x = (x_1, x_2, \cdots, x_n)^{\mathrm{T}}$, $\Sigma = (\sigma_{ij})_{n\times n}$, 则

$$E\left[(R-E[R])^2\right] = x^{\mathrm{T}}\Sigma x.$$

如果期望预期的平均利润为 μ_0, 而风险越小越好, 这样投资组合问题就是一个二次规划模型

$$\begin{aligned} \min\ & z = x^{\mathrm{T}}\Sigma x,\\ \text{s.t.}\ & \mu^{\mathrm{T}}x \geqslant \mu_0,\\ & e^{\mathrm{T}}x = 1,\\ & x \geqslant 0, \end{aligned} \tag{5.66}$$

其中 $e = (1, 1, \cdots, 1)^{\mathrm{T}}$.

例 5.17 美国某三种股票 (A,B,C)12 年 (1943~1954 年) 的价格 (已经包括了分红在内) 每年的增长情况如表 5.2 所示 (表中还给出了相应年份的 500 种股票价格指数的增长情况). 例如, 表中第一个数据 1.300 的含义是股票 A 在 1943 年年末的价值是其年初价值的 1.300 倍, 即收益为 30%, 其余数据的含义以此类推. 假设在 1955 年有一笔资金准备投资这三种股票, 并期望年收益率至少达到 15%, 那么应当如何投资? 当期望的年收益率变化时, 投资组合和相应的风险如何变化?

表 5.2　三种股票的收益数据

年份	股票 A	股票 B	股票 C	股票指数
1943	1.300	1.225	1.149	1.258997
1944	1.103	1.290	1.260	1.197526
1945	1.216	1.216	1.419	1.364361
1946	0.954	0.728	0.922	0.919287
1947	0.929	1.144	1.169	1.057080
1948	1.056	1.107	0.965	1.055012
1949	1.038	1.321	1.133	1.187925
1950	1.089	1.305	1.732	1.317130
1951	1.090	1.195	1.021	1.240164
1952	1.083	1.390	1.131	1.183675
1953	1.035	0.928	1.006	0.990108
1954	1.176	1.715	1.908	1.526236

解   模型 (5.66) 给出了投资组合问题的优化模型, 但还有一个问题, 就是并不知道各股票的均值和股票之间的协方差, 因此, 只能用各股票的样本均值和方差来代替. 写出相应的 LINGO 程序 (程序名: exam0517.lg4) 如下:

```
sets:
    year/1..12/;
    stocks/A, B, C/: mean, x;
    YXS(year, stocks): r;
    SXS(stocks, stocks): cov;
endsets
data:
    target = 1.15;
    r =
        1.300 1.225 1.149
        1.103 1.290 1.260
        1.216 1.216 1.419
        0.954 0.728 0.922
        0.929 1.144 1.169
        1.056 1.107 0.965
        1.038 1.321 1.133
        1.089 1.305 1.732
        1.090 1.195 1.021
        1.083 1.390 1.131
        1.035 0.928 1.006
        1.176 1.715 1.908;
enddata
calc:
    @for(stocks(j):
        mean(j) = @sum(year(i): r(i,j)) / @size(year));
    @for(SXS(i,j):
        cov(i,j) = @sum(year(k):
            (r(k,i)-mean(i))*(r(k,j)-mean(j)))/(@size(year)-1));
endcalc
min = @sum(SXS(i,j): cov(i,j)*x(i)*x(j));
@sum(stocks: x) = 1;
@sum(stocks: mean*x) >= target;
```

程序采用的是原始数据输入, 这样做的好处是一旦数据作了改动, 由计算程序可以直接计算出改动后数据的均值和方差. 为了计算均值和方差, 这里采用了计算段的方法 (calc: 和 endcalc) 得到二次规划需要的均值 (mean) 和协方差 (cov).

程序的计算结果如下 (只保留 x 的值):

```
Local optimal solution found.
Objective value:              0.2241378E-01
Extended solver steps:               2
Total solver iterations:            16


        Variable        Value      Reduced Cost
          X( A)      0.5300926       0.000000
          X( B)      0.3564076       0.000000
          X( C)      0.1134998       0.000000
```

由计算结果得到投资三种股票的比例大致为 A 占 53.0%, B 占 35.6%, C 占 11.4%, 风险 (方差) 为 0.02241378.

2. 存在无风险资产时的投资组合模型

例 5.18 假设除了例 5.17 中的三种股票外, 投资人还有一种无风险的投资方式, 如购买国库券. 假设国库券的年收益率为 5%, 如何考虑例 5.17 中的问题?

解 其实无风险的投资方式 (如国库券、银行存款等) 是有风险的投资方式 (如股票) 的一种特例, 所以这就意味着例 5.17 中的模型仍然是适用的, 只不过无风险的投资方式的收益是固定的, 所以方差 (包括它与其他投资方式的收益的协方差) 都是 0.

假设国库券的投资方式记为 D, 则当希望回报率为 15% 时, 对应的 LINGO 程序 (程序名: exam0518.lg4) 为

```
sets:
    stocks/A, B, C, D/: mean, x;
    SXS(stocks, stocks): cov;
endsets
data:
    target = 1.15;
  mean = 1.089083 1.213667 1.234583 1.05;
    cov =
      0.01080754 0.01240721 0.01307513 0
      0.01240721 0.05839170 0.05542639 0
```

```
        0.01307513  0.05542639  0.09422681  0
        0           0           0           0;
enddata
min = @sum(SXS(i,j): cov(i,j)*x(i)*x(j));
@sum(stocks: x) = 1;
@sum(stocks: mean*x) >= target;
```

由于例 5.17 的 LINGO 程序 (程序名: exam0517.lg4) 已计算出了股票 A, B, C 的均值和协方差, 所以程序就直接给出均值 (mean) 和协方差阵 (cov) 的值.

程序的计算结果如下 (只保留 x 的值):

```
Local optimal solution found.
Objective value:                   0.2080344E-01
Extended solver steps:                  5
Total solver iterations:                4


        Variable          Value        Reduced Cost
           X( A)      0.8686549E-01       0.000000
           X( B)      0.4285286           0.000000
           X( C)      0.1433992           0.000000
           X( D)      0.3412068           0.000000
```

计算结果说明投资 A 大约占 8.7%, B 占 42.9%, C 占 14.3%, D(国库券) 占 34.1%, 风险 (方差) 为 0.02080344. 与例 5.17 中的风险 (方差为 0.02241378) 相比较, 无风险资产的存在可以使得投资风险减小. 虽然国库券的收益率只有 5%, 比希望得到的收益率 15% 小很多, 但在国库券上的投资要占到 34%, 其原因是为了减少风险.

3. 考虑交易成本的投资组合模型

例 5.19   继续考虑例 5.17(期望收益率仍定为 15%). 假设手上目前握有的股票比例为股票 A 占 50%, B 占 35%, C 占 15%. 这个比例与例 5.17 中得到的最优解有所不同, 但实际股票市场上每次股票买卖通常总有交易费, 如按交易额的 1% 收取交易费, 则这时是否仍需要对手上的股票进行买卖, 以便满足 "最优解" 的要求?

解   建立模型. 仍用决策变量 x_1, x_2 和 x_3 分别表示投资人应当投资股票 A, B, C 的比例, 进一步假设购买股票 A, B, C 的比例为 y_1, y_2 和 y_3, 卖出股票 A, B, C 的比例为 z_1, z_2 和 z_3, 其中 y_i 与 z_i $(i = 1, 2, 3)$ 中显然最多只能有一个严格取正数, 并且

$$x_1, x_2, x_3 \geqslant 0, \quad y_1, y_2, y_3 \geqslant 0, \quad z_1, z_2, z_3 \geqslant 0. \tag{5.67}$$

由于交易费用的存在, 这时约束 $x_1 + x_2 + x_3 = 1$ 不一定还成立 (只有当不进行股票交易, 即 $y_1 = y_2 = y_3 = z_1 = z_2 = z_3 = 0$ 时, 这个约束才成立). 其实这个关系式的本质是: 手上当前握有的总资金是守恒的 (假设为 "一个单位"), 在有交易成本 (1%) 的情况下, 应当表示成如下形式:

$$x_1 + x_2 + x_3 + 0.01(y_1 + y_2 + y_3 + z_1 + z_2 + z_3) = 1. \tag{5.68}$$

另外, 考虑到手上当前握有的各支股票的份额 c_i, x_i, y_i 与 z_i $(i = 1, 2, 3)$ 之间也应该满足守恒关系式

$$x_i = c_i + y_i - z_i, \quad i = 1, 2, 3. \tag{5.69}$$

这就是新问题的约束条件, 模型的其他部分不用改变. 因此, 考虑交易成本的投资组合模型为

$$
\begin{aligned}
\min \ & z = \sum_{i=1}^{3}\sum_{j=1}^{3}\sigma_{ij}x_i x_j, \\
\text{s.t.} \ & x_i - y_i + z_i = c_i, i = 1, 2, 3, \\
& \sum_{i=1}^{3}(x_i + 0.01y_i + 0.01z_i) = 1, \\
& \sum_{i=1}^{3}\mu_i x_i \geqslant \mu_0, \\
& x_i, y_i, z_i, \geqslant 0, i = 1, 2, 3.
\end{aligned}
\tag{5.70}
$$

模型 (5.70) 对应的 LINGO 程序 (程序名: exam0519.lg4) 如下:

```
sets:
    stocks/A, B, C/: mean, c, x, y, z;
    SXS(stocks, stocks): cov;
endsets
data:
    target = 1.15;
    c = 0.5 0.35 0.15;
    mean = 1.089083 1.213667 1.234583;
    cov =
        0.01080754 0.01240721 0.01307513
        0.01240721 0.05839170 0.05542639
        0.01307513 0.05542639 0.09422681;
enddata
```

```
min = @sum(SXS(i,j): cov(i,j)*x(i)*x(j));
@for(stocks: x-y+z=c);
@sum(stocks: x+0.01*y+0.01*z) = 1;
@sum(stocks: mean*x) >= target;
```

其计算结果如下 (只列出相关部分):

```
Local optimal solution found.
Objective value:                  0.2261146E-01
Total solver iterations:                4
      Variable            Value          Reduced Cost
         X( A)         0.5264748          0.000000
         X( B)         0.3500000          0.000000
         X( C)         0.1229903          0.000000
         Y( A)         0.2647484E-01      0.000000
         Y( B)         0.000000           0.4824886E-02
         Y( C)         0.000000           0.6370753E-02
         Z( A)         0.000000           0.6370753E-02
         Z( B)         0.000000           0.1545867E-02
         Z( C)         0.2700968E-01      0.000000
```

计算结果表明, 只需要买入少量的 A, 卖出少量的 C, 而不需要改变 B 的持股情况. 最后的持股情况是 A 占初始时刻总资产的 52.6%, B 占 35.0%, C 占 12.3%, 三者之和略小于 100%, 这是因为付出了 1% 交易费的结果.

4. 利用股票指数简化投资组合模型

例 5.20   继续考虑例 5.17(期望收益率仍定为 15%). 在实际的股票市场上, 一般存在成千上万的股票, 这时计算两两之间的相关性 (协方差阵) 将是一件非常费事, 甚至不可能的事情. 例如, 1000 只股票就需要计算 $C_{1000}^2 = 499500$ 个协方差. 能否通过一定的方式避免协方差的计算, 对模型进行简化呢?

解   表 5.2(见例 5.17) 还给出了当时股票指数的信息, 但到此为止一直没有利用. 本小节就考虑利用股票指数对前面的模型进行修改和简化.

可以认为, 股票指数反映的是股票市场的大势信息, 对具体每只股票的涨跌通常有显著影响. 这里最简单化地假设每只股票的收益与股票指数成线性关系, 从而可以通过线性回归方法找出这个线性关系.

具体地说, 用 M 表示股票指数 (也是一个随机变量), 其均值为 $M_0 = E(M)$, 方差为 $S_0^2 = \text{var}(M)$. 根据上面线性关系的假定, 对某只具体的股票 i, 其价值 R_i(随机变量) 可以表示成

$$R_i = a_i + b_i M + \varepsilon_i, \quad i = 1, 2, 3, \tag{5.71}$$

其中 a_i 和 b_i 需要根据所给数据经过回归计算得到，ε_i 为一个随机误差项，其均值为 $E(\varepsilon_i) = 0$，方差为 $S_i^2 = \text{var}(\varepsilon_i)$. 此外，假设随机误差项 ε_i 与其他股票 $j (j \neq i)$ 和股票指数 M 都是独立的，所以 $E(\varepsilon_i \varepsilon_j) = E(\varepsilon_i M) = 0$.

由式 (5.71) 和上述关系式得到

$$\begin{aligned} E(R_i) &= E(a_i + b_i M + \varepsilon_i) = a_i + b_i E(M) \\ &= a_i + b_i M_0, \end{aligned} \tag{5.72}$$

$$\begin{aligned} \text{var}(R_i) &= \text{var}(a_i + b_i M + \varepsilon_i) = b_i^2 \text{var}(M) + \text{var}(\varepsilon_i) \\ &= b_i^2 S_0^2 + S_i^2. \end{aligned} \tag{5.73}$$

现在仍用决策变量 x_1, x_2 和 x_3 分别表示投资人应当投资股票 A, B, C 的比例，其中

$$x_1 + x_2 + x_3 = 1, \quad x_1, x_2, x_3 \geqslant 0.$$

类似于基本投资组合模型的讨论，对应的收益应该表示成 $R = \sum\limits_{i=1}^{3} x_i R_i$，则收益的数学期望为

$$E(R) = \sum_{i=1}^{3} x_i E(R_i) = \sum_{i=1}^{3} x_i (a_i + b_i M_0), \tag{5.74}$$

收益的方差为

$$\text{var}(R) = \sum_{i=1}^{3} x_i^2 \text{var}(R_i) = \sum_{i=1}^{3} x_i^2 (b_i^2 S_0^2 + S_i^2). \tag{5.75}$$

因此得到相应的数学模型为

$$\min \quad \text{var}(R) = \sum_{i=1}^{3} x_i^2 (b_i^2 S_0^2 + S_i^2), \tag{5.76}$$

$$\text{s.t.} \quad \sum_{i=1}^{3} x_i (a_i + b_i M_0) \geqslant 1.15, \quad \sum_{i=1}^{3} x_i = 1, \tag{5.77}$$

$$x_j \geqslant 0, \quad j = 1, 2, 3. \tag{5.78}$$

下面编写 LINGO 程序. 在编写程序之前，需要知道 $a_i, b_i, S_i (i = 1, 2, 3)$ 以及 M_0, S_0 的值. 这些值可以利用相关公式由 LINGO 程序进行计算，但这里略去相关的计算过程，其原因有两个：第一，需要用一些篇幅介绍相关的计算公式，这与优化问题相差较远；第二，后面介绍的 R 软件可以很容易地得到相关值. 在学习完回归分析的内容 (见第 8 章) 后，对于这些值的计算就不陌生了.

写出数学模型 (5.76)~(5.78) 的 LINGO 程序 (程序名：exam0520.lg4) 如下：

```
sets:
    stocks/A, B, C/: a, b, S, x;
endsets
data:
    target = 1.15;
    M0 = 1.191458;
    S0 = 0.1695188;
    S = 0.07582 0.1251 0.1739;
    a = 0.5640, -0.2635, -0.5810;
    b = 0.4407,  1.2398,  1.5238;
enddata
min = @sum(stocks: x^2*(b^2*S0^2+S^2));
@sum(stocks: x*(a+b*M0)) >= target;
@sum(stocks: x) = 1;
```

计算结果如下 (只列出相关部分):

```
Local optimal solution found.
Objective value:              0.1110511E-01
Extended solver steps:              2
Total solver iterations:            15


        Variable        Value       Reduced Cost
            X( A)     0.5421033       0.000000
            X( B)     0.2723439       0.000000
            X( C)     0.1855528       0.000000
```

由计算结果得到投资三种股票的比例大致为 A 占 54.2%, B 占 27.2%, C 占 18.6%. 这个结果与例 5.17 中的结果略有差异.

5.4　建模竞赛试题选讲 —— 飞行管理问题

飞行管理问题是 1995 年全国大学生数学建模竞赛 A 题.

5.4.1　飞行管理问题

在约 10000m 高空的某边长 160km 的正方形区域内, 经常有若干架飞机做水平飞行. 区域内每架飞机的位置和速度向量均由计算机记录其数据, 以便进行飞行管理. 当一架欲进入该区域的飞机到达区域的边缘时, 记录其数据后, 要立即计算并判断是否会与区域内的飞机发生碰撞. 如果会碰撞, 则应计算如何调整各架 (包括新进入的) 飞机飞行的方向角, 以避免碰撞. 现假定条件如下:

(1) 不碰撞的标准为任意两架飞机的距离大于 8km;

(2) 飞机飞行方向角调整的幅度不应超过 30°;

(3) 所有飞机飞行速度均为 800km/h;

(4) 进入该区域的飞机在到达区域边缘时, 与区域内飞机的距离应在 60km 以上;

(5) 最多需考虑 6 架飞机;

(6) 不必考虑飞机离开此区域后的状况.

请你对这个避免碰撞的飞行管理问题建立数学模型, 列出计算步骤, 对以下数据进行计算 (方向角误差不超过 0.01°), 要求飞机飞行方向角调整的幅度尽量小:

设该区域 4 个顶点的坐标分别为 $(0,0)$, $(160,0)$, $(160,160)$, $(0,160)$, 记录数据如表 5.3 所示.

表 5.3　飞行数据表

飞机编号	横坐标 X	纵坐标 Y	方向角 */°
1	150	140	243
2	85	85	236
3	150	155	220.5
4	145	50	159
5	130	150	230
新进入	0	0	52

* 方向角指飞行方向与 X 轴正向的夹角.

试根据实际应用前景对你的模型进行评价与推广.

5.4.2　数学模型的建立

设 $(x_{i0}, y_{i0}, \theta_{i0})$ 为第 i 架飞机的初始位置和初始方位角, d_i 为第 i 架飞机方位角的改变量, 调整后的方位角为

$$\theta_i = \theta_{i0} + d_i, \quad i = 1, 2, \cdots, 6. \tag{5.79}$$

根据相对运动原理, 两架飞机的相对速度方向为

$$\left(v(\cos\theta_i - \cos\theta_j), v(\sin\theta_i - \sin\theta_j) \right),$$

在 t 时刻的相对位置为

$$(x_{i0} - x_{j0} + vt(\cos\theta_i - \cos\theta_j), y_{i0} - y_{j0} + vt(\sin\theta_i - \sin\theta_j)). \tag{5.80}$$

令 $vt = l$, 则有

$$c_{ij}(\theta_i, \theta_j, l) = (x_{i0} - x_{j0} + l(\cos\theta_i - \cos\theta_j))^2 + (y_{i0} - y_{j0} + l(\sin\theta_i - \sin\theta_j))^2,$$
(5.81)

因此, 飞行管理问题归纳为

$$\begin{aligned}
&\min \sum_{i=1}^{6} d_i^2, \\
&\text{s.t.} \quad c_{ij}(\theta_i, \theta_j, l) \geqslant 64, 1 \leqslant i, j \leqslant 6, \ i \neq j, \\
&\qquad |d_i| \leqslant 30, i = 1, 2, \cdots, 6,
\end{aligned}$$
(5.82)

其中 θ_i 的表达式由式 (5.79) 给出, $c_{ij}(\theta_i, \theta_j, l)$ 的表达式由式 (5.81) 给出.

问题 (5.82) 是一个非线性规划问题, 但约束中含有参数 l, 根据题意, 其范围为 $0 \leqslant l \leqslant 160\sqrt{2}$, 这实际上是一个参数规划或半无穷规划问题.

5.4.3　问题的求解

如何利用前面讲过的方法求解问题 (5.82)? 一种简单而又直观的方法是将参数 l 离散化, 于是得到

$$\begin{aligned}
&\min \sum_{i=1}^{6} d_i^2, \\
&\text{s.t.} \quad c_{ij}(\theta_i, \theta_j, l_k) \geqslant 64, 1 \leqslant i, j \leqslant 6, \ i \neq j, \ k = 1, 2, \cdots, r, \\
&\qquad -30 \leqslant d_i \leqslant 30, i = 1, 2, \cdots, 6.
\end{aligned}$$
(5.83)

通过求解 (5.83) 来近似得到 (5.82) 的最优解.

但这又出现了新的问题: ① 如何确定 r 和 l_k 的值? ② 由问题 (5.83) 得到的最优解能否满足问题 (5.82) 的约束条件?

对于一般情况, 这两个问题是较难解决的, 但对于飞行管理问题, 通过分析, 还是能够得到解决的.

当第 i 架飞机与第 j 架飞机在飞行中达到最近距离时, 其参数 l_{ij} 为

$$l_{ij} = -\frac{(x_{i0} - x_{j0})(\cos\theta_i - \cos\theta_j) + (y_{i0} - y_{j0})(\sin\theta_i - \sin\theta_j)}{(\cos\theta_i - \cos\theta_j)^2 + (\sin\theta_i - \sin\theta_j)^2}.$$
(5.84)

当 $\theta_i = \theta_{i0}$ 时, 任意两架飞机达到最近时的参数值如表 5.4 所示.

表 5.4　在初始状态下, 任意两架飞机达到最近时的参数值

飞机编号	2	3	4	5	6
1	99.7943	59.40028	108.392059	95.22114	99.20688
2		−230.07332	−23.800284	61.44570	−98.04088
3			6.978099	41.30219	−30.37476
4				100.36967	64.50830
5					86.59373

经验证, 当参数 $l = 108.392059$ 时, 第 1 架飞机与第 4 架飞机之间的距离小于 8 km; 当参数 $l = 99.20688$ 时, 第 1 架飞机与第 6 架飞机之间的距离小于 8 km. 因此, 选择 $r = 2$, $l_1 = 99.20688$, $l_2 = 108.392059$, 求解非线性规划问题 (5.83), 编写 LINGO 程序 (程序名: 飞行管理 _1.lg4) 如下:

```
sets:
    num/1..6/: x, y, t, d;
    break/1..2/:l;
    NXN(num, num)| &1 #lt# &2: C;
    NXNXB(NXN, break);
endsets
data:
    x = 0, 150, 85, 150, 145, 130;
    y = 0, 140, 85, 155, 50, 150;
    t = 52, 243, 236, 220.5, 159, 230;
    pi = 3.1415926;
    l = 99.20688 108.392059;
enddata
min = @sum(num: d^2);
@for(NXNXB(i,j, k):
    ( x(i)-x(j)+l(k)
    *(@cos((t(i)+d(i))*pi/180)-@cos((t(j)+d(j)*pi/180)))^2
    +( y(i)-y(j)+l(k)
    *(@sin((t(i)+d(i))*pi/180)-@sin((t(j)+d(j))*pi/180)))^2
    >= 64.1;
);
@for(num: @free(d); @bnd(-30,d,30));
```

程序中的 @free(d) 是必须的, 它保证 d (方位角的改变量) 可正可负. 而约束右端项大于等于 64.1 是为了计算方便. 因为求解约束优化问题在大多数情况下采用的是惩罚函数法, 当算法终止时, 得到的最优解一般不满足约束条件, 而加上一个较小的值, 就可以保证得到的结果是可行的.

程序的计算结果如下 (只列出相关部分):

```
Local optimal solution found.
Objective value:            6.595993
Total solver iterations:         18
```

Variable	Value	Reduced Cost
D(1)	1.812687	0.000000
D(2)	0.7072742E-08	0.000000
D(3)	-0.5526004E-08	-0.1105201E-07
D(4)	1.819385	0.000000
D(5)	-0.2560630E-07	0.000000
D(6)	0.4068723E-07	0.000000

即 $d_1 = 1.812687$, $d_4 = 1.819385$, $d_2 = d_3 = d_5 = d_6 = 0$, 然后用式 (5.79) 调整 $\theta_i(i = 1, 2, \cdots, 6)$.

下面检验调整后 θ_i 是否满足参数规划问题 (5.82) 的约束条件. 经验证, 当 $l = 96.44293$ 时, 第 1 架飞机与第 5 架飞机之间的距离小于 8km. 因此, 需要继续进行调整. 此时, 取 $r = 3$, $l_1 = 96.44293$, $l_2 = 99.20688$, $l_3 = 108.392059$, 用 LINGO 软件继续求解 (将飞行管理 _1.1g4 增加一个参数, 命名为飞行管理 _2.1g4), 其计算结果如下 (只列出相关部分):

```
Local optimal solution found.
Objective value:                6.963254
Total solver iterations:             15
```

Variable	Value	Reduced Cost
D(1)	1.569495	0.000000
D(2)	-0.1407321E-08	0.000000
D(3)	-0.2071138E-07	-0.4142276E-07
D(4)	2.061431	0.000000
D(5)	-0.5004377	0.000000
D(6)	-0.3928374E-07	0.000000

再用式 (5.79) 调整 θ_i, 经验证, 所有飞机满足约束优化问题 (5.82) 的约束条件. 注意: 虽然不能保证上述结果是问题 (5.82) 的最优解, 但这个结果还是可以接受的, 也许还是比较好的. 由此得到最后结论: 第 1 架飞机的方位角调整 1.57°, 第 4 架飞机的方位角调整 2.06°, 第 5 架飞机的方位角调整 -0.50°, 其他飞机不用调整.

习 题 5

1. 设经验模型为 $y = \beta_0 + \beta_1 x_1 + \beta_2 x_2$, 并且已知 N 组数据 $(x_{1i}, x_{2i}, y_i)(i = 1, 2, \cdots, N)$. 欲选择 β_0, β_1 和 β_2, 使按模型计算出的值与实测值偏离的平方和最小, 试导出相应的最优化问题.

2. 某单位拟建一排 4 间的猪舍, 平面布置如图 5.9 所示. 由于资金及材料的限制, 围墙和隔墙的总长度不能超过 40m. 为使猪舍的面积最大, 问如何选择长和宽的尺寸? 试建立相应的最优化问题.

图 5.9　猪舍的平面布置图

3. 根据无约束问题局部解的必要条件和充分条件, 求解下列无约束问题：

(1) min $\quad f(x) = \dfrac{1}{3}x_1^2 + \dfrac{1}{2}x_2^2$;

(2) min $\quad f(x) = 2x_1^2 - 2x_1x_2 + x_2^2 + 2x_1 - 2x_2$;

(3) min $\quad f(x) = x_1^2 + 2x_1x_2 + 4x_1x_3 + 3x_2^2 + 2x_2x_3 + 5x_3^2 + 4x_1 - 2x_2 + 3x_3$.

4. 根据无约束问题局部解的必要条件和充分条件, 求解无约束问题

$$\text{min} \quad f(x) = 2x_1^3 - 3x_1^2 - 6x_1x_2(x_1 - x_2 - 1).$$

5. 利用等式约束问题的一阶必要条件, 求解约束问题

$$\begin{aligned} \text{min} \quad & f(x) = \sum_{i=1}^{n} x_i^p, \\ \text{s.t.} \quad & c(x) = \sum_{i=1}^{n} x_i - a = 0, \end{aligned}$$

其中 $p > 1, a > 0$.

6. 利用约束问题局部解的一阶必要条件, 求解约束问题

$$\begin{aligned} \text{min} \quad & f(x) = x_1x_2, \\ \text{s.t.} \quad & c(x) = x_1^2 + x_2^2 - 1 \leqslant 0 \end{aligned}$$

的最优解和相应的乘子, 并用图解法验证结论.

7. 某建筑工地每月需求的水泥量为 1800t, 每吨水泥的定价为 1500 元, 不允许缺货. 设每吨每月的存储费为价格的 2%, 每次订货费为 500 元. 试求经济订购批量和每月的总费用.

8. 某旅馆把毛巾送到外面的清洗店去洗. 旅馆每天有 600 条脏毛巾要洗, 清洗店定期上门来取这些脏毛巾, 并换成洗好的干净毛巾. 洗衣店每次取送服务收取上门费 81 元, 外加每条毛巾的清洗费 0.60 元. 旅店每天存放一条脏毛巾的费用为 0.02 元, 存放一条干净毛巾每天的费用为 0.01 元. 旅店该如何使用清洗店的送货上门服务呢? (提示：本题有两种物品, 随着脏毛巾的增多, 干净毛巾以同样的速率减少.)

9. 某公司每月需购进某种零件 2000 件, 每件 150 元. 已知每件的年存储费为成本的 16%, 每组织一次订货需 1000 元.

(1) 求经济订货批量模型的最佳订货量、订货周期和年最小费用;

(2) 如果该零件允许缺货, 则每短缺一件的损失费为 5 元/(件·年), 求最佳订货量、订货周期、最小费用和最大允许缺货量.

10. 继续考虑第 8 题的旅馆毛巾清洗问题. 清洗一条脏毛巾的正常收费是 0.60 元, 但如果旅馆给清洗店至少 2500 条大批毛巾清洗, 则清洗店清洗每条毛巾只收取 0.50 元. 旅馆应该利用这项打折服务吗?

11. 某类货物的日消耗量是 30 件, 每天每件库存的费用为 0.05 元, 订货费 100 元. 假设不允许缺货, 而且一次购买量不超过 500 件, 则采购单价为 10 元; 否则, 为 8 元. 订货提前时间为 21 天, 请求出最优存储策略.

12. 某公司可自己生产某种产品, 也可向某个合同商购买. 假如自产, 则每次启动机器的成本为 20 元, 生产速度为每天 100 个; 如果是向合同商购买, 则每次订货费 15 元. 不论自产还是购买, 每件产品的库存费用都为每天 0.02 元. 公司对该产品的年使用量为 26000 个. 假定不允许出现缺货, 公司是该购买还是该自己生产呢?

13. 某电器专卖店年销某种电器 1400 件, 并且全年内基本均匀. 若商店每组织一次进货需订货费 200 元, 存储费为每年每件 55 元, 当供应短缺时, 每缺短一件就会损失 100 元.

(1) 求经济订货批量模型中的最优订货量、最优订货周期、最小费用和最大短缺数量;

(2) 若每提出一批订货, 所订电器将从订货之日起, 按每天 10 件速率送货, 重新计算最优订货量、最优订货周期、最小费用和最大短缺数量.

14. 一位医院管理人员想建立一个模型, 对重伤病人出院后的长期恢复情况进行预测. 自变量是病人住院的天数 (ξ), 因变量是病人出院后长期恢复的预后指数 (η), 指数的数值越大表示预后结局越好. 为此, 研究了 15 个病人的数据, 这些数据列在表 5.5 中. 根据经验, 病人住院的天数 (ξ) 和预后指数 (η) 服从非线性模型

$$\eta = a + be^{c\xi}.$$

试用最小二乘法、最小一乘法和最大偏差最小的方法估计参数 a, b, c, 并分析三种方法的估计效果 (注意: 用 LINGO 软件求解, 用其他软件画出散点图和回归曲线).

表 5.5　关于重伤病人的数据

病号	住院天数 (ξ)	预后指数 (η)	病号	住院天数 (ξ)	预后指数 (η)
1	2	54	9	34	18
2	5	50	10	38	13
3	7	45	11	45	8
4	10	37	12	52	11
5	14	35	13	53	8
6	19	25	14	60	4
7	26	20	15	65	6
8	31	16			

15. 根据估计, 本年度的经济形势会有三种可能, 分别记为 A, B, C, 出现的可能性分别为

0.7, 0.1 和 0.2. 在每种情形下, 投资股票、国债、地产、黄金的收益率 (%) 如表 5.6 所示. 如果希望今年的投资收益率至少为 6.5%, 则应当如何投资, 才能使风险最小?

表 5.6　不同情形下投资股票、国债、地产、黄金的收益率

情形	股票	国债	地产	黄金
A	9	7	8	−2
B	−1	5	10	12
C	10	4	−1	15

16. 建立相应的最优化模型, 并用 LINGO 软件求解, 最后给出相应的结论.

(1) 一家石油公司现有 5000 桶 A 类原油和 10000 桶 B 类原油. 公司销售两种石油产品: 汽油与民用燃料油. 两种产品是由 A 类原油和 B 类原油化合而成的. 每种原油的质量指数如下: A 类原油为 10, B 类原油为 5. 汽油的质量指数至少为 8, 民用燃料油至少为 6. 每种产品的需求量与该产品的广告有关: 10 元的广告费可以带来 5 桶的汽油需求量, 或 10 桶民用燃料油的需求量. 汽油的售价为每桶 250 元, 民用燃料油的售价为每桶 200 元. 建立相应的数学模型帮助公司获得最大利润 (假定没有其他类型的产品可以购买).

(2) 考虑问题 (1), 并作如下修正: 假定添加称为 SQ 的化学添加剂来改善汽油和民用燃料油的质量指数. 如果在每桶汽油中添加 x 量的 SQ, 则汽油的质量指数将比原指数提高 $x^{0.5}$; 如果在每桶民用燃料油中添加 x 量的 SQ, 则民用燃料油的质量指数将比原指数提高 $0.6x^{0.6}$. 加到民用燃料油的 SQ 不能超过原体积的 5%, 类似地, 加到汽油的 SQ 也不能超过原体积的 5%. SQ 可以在市场上买到, 其售价为每桶 200 元.

(3) 考虑问题 (2), 并作如下修改: 在购买 400 桶 SQ 后, 每桶 SQ 的价格可以折扣 100 元. 注意:

(i) x 桶的 A 类原油与 y 桶的 B 类原油混合, 其质量指数为 $\dfrac{10x + 5y}{x + y}$;

(ii) 汽油 (或民用燃料油) 的体积将随着 SQ 的添加而增加.

第6章 图论与网络模型

图论作为数学的一个分支, 迄今已有二百多年的历史了. 在生产管理中会经常遇到工序间的合理衔接搭配问题, 在设计中会经常碰到研究各种管道、线路的通过能力问题, 以及仓库、附属设施布局的问题 …… 许多运筹问题可以化为图论问题, 使用图论的理论和方法来求解会十分方便.

本章介绍图论的基本概念、基本方法和一些图论中的重要问题, 如最短路问题、Euler 环游与中国邮递员问题、Hamilton 图与旅行商问题、树与最优连线问题以及最大流问题等. 本章的重点是从图论的角度出发引出这些问题, 建立相应的数学模型, 然后讨论如何运用 LINGO 软件进行求解, 而对传统的算法则采用少量篇幅作简单介绍, 或者根本不介绍.

本章在最后用一节的内容介绍了与图论和网络模型有关的数学建模竞赛试题 —— 通信网络最优连线问题 (美国大学生数学建模竞赛试题 1991 年 B 题) 和灾情巡视路线问题 (中国大学生数学建模竞赛试题 1998 年 B 题).

6.1 图的基本概念

本节介绍图和图的一些概念, 这些概念是最基本的, 是进一步讨论问题的基础, 同时也是非常重要的.

6.1.1 从 Königsberg 七桥问题谈起

Königsberg(哥尼斯堡) 城中有一条河叫 Pregel(普雷格乐) 河, 该河中有两个岛, 河上有 7 座桥连接着岛与岛及岛与陆地, 如图 6.1(a) 所示. 当时那里的居民热衷于这样的问题: 一个散步者能否走过 7 座桥, 并且每座桥只走过一次, 最后回到出发点.

将陆地和岛抽象为点, 将桥抽象为边, 如图 6.1(b) 所示. 这样 Königsberg 七桥问题就归结为一个图形的一笔画问题, 即能否从某一点开始, 一笔画完这个图形, 最后回到原点, 而不重复.

Euler (欧拉) 在 1736 年发表的论文中, 圆满地解决了著名的 Königsberg 七桥问题, 证明这是不可能的. 人们将 Euler 的文章作为图论的第一篇论文, 从此逐渐形成了一个具有广泛应用的运筹学分支 —— 图论. 图论目前已广泛地应用在物理学、化学、控制论、信息论、科学管理、电子计算机等各个领域. 特别地, 随着计算机的发展, 图论的理论与应用得到了进一步的发展.

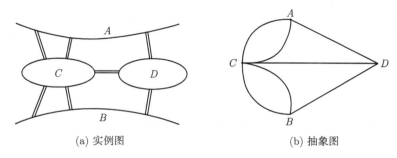

(a) 实例图   (b) 抽象图

图 6.1   Königsberg 七桥问题

6.1.2 图的基本概念

从直观上来看, 所谓图是由点与边组成的图形, 如图 6.2 和图 6.3 所示. 下面给出图的定义.

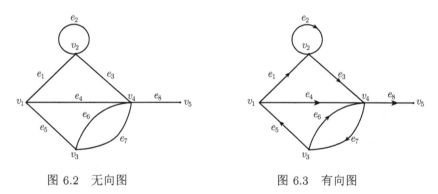

图 6.2   无向图   图 6.3   有向图

定义 6.1 图 G 是一个偶对 (V, E), 其中 V 为一个非空集合, 其元素 $v \in V$ 称为图的顶点; E 为由 V 中的点构成的点对, 其元素 $e \in E$ 称为图的边或弧. 若 e 是无序对, 则称 G 为无向图; 若 e 是有序对, 则称 G 为有向图. 若 $e = (u, v)$, 则称 u 为 e 的起点, 称 v 为 e 的终点. 称去掉有向图的方向得到的图为基础图.

注意: 通常称有向图的边为弧, 由弧构成的集记为 A, 因此, 有向图记为 $G(V, A)$, 而无向图记为 $G(V, E)$. 为方便起见, 在以后的描述中, 有时也用 $G(V, E)$ 表示有向图. 如果不是特别声明, 通常指的图都是无向图.

图 6.2 表示的是一个无向图, 其中 $V = \{v_1, v_2, \cdots, v_5\}$, $E = \{e_1, e_2, \cdots, e_8\}$. 图 6.3 是一个有向图, 其中 V 与 E 的表示与图 6.2 是相同的, 不同的是 e_i 有方向. 图 6.3 的基础图就是图 6.2.

在图 $G(V, E)$ 中, 顶点集 V 也记为 $V(G)$, 边集 E 也记为 $E(G)$. 记 n 为集合

V 的个数, m 为集合 E 的个数, 分别称 n 和 m 为图 G 的顶点数或阶和边数. 若 n 和 m 是有限的, 则称图 G 为有限图. 称只有一个顶点的无边图 $(n=1, m=0)$ 为平凡图; 否则, 称为非平凡图. 称无边 $(m=0)$ 的图为空图.

端点重合为一点的边称为环. 连接两个相同顶点的边的条数称为边的重数, 重数大于 1 的边称为重边. 在有向图中, 两个顶点相同但方向相反的边称为对称边. 对于图 6.2 和图 6.3, e_2 是环, e_6 与 e_7 是重边. 在图 6.3 中, e_6 与 e_7 是对称边.

在无向图中, 每对顶点至多有一条边的图称为简单图. 由于简单图的任意两点间至多有一条边, 因此, 可以用顶点表示边, 如 $(u, v) \in E$. 图 6.4~ 图 6.6 都是简单图. 每一对不同的顶点都有一条边相连的简单图称为完全图. n 个顶点的完全图只有一个, 记为 K_n. 图 6.4 是 5 个点的完全图 K_5.

图 6.4　完全图 K_5

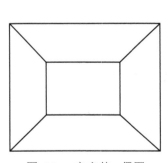

图 6.5　立方体、偶图

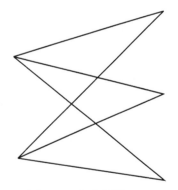

图 6.6　完全偶图 $K_{2,3}$

若一个图中的顶点集可以分解为两个子集 V_1 和 V_2, 使得任何一条边都有一个端点在 V_1 中, 另一个端点在 V_2 中, 则称这种图为二部图或偶图. 完全偶图是指具有二分类 (V_1, V_2) 的简单偶图, 其中 V_1 的每个顶点均与 V_2 的每个顶点相连. 若记 n_1 和 n_2 分别为 V_1 和 V_2 的个数, 则这样的完全偶图记为 K_{n_1, n_2}. 图 6.5 表示的是立方体, 它还是偶图, 图 6.6 是完全偶图 $K_{2,3}$.

定义 6.2　对于图 $G(V, E)$, 如果 $e \in E$, u, v 是 e 的端点, 则称 u 与 v 邻接, 或 v 与 u 邻接. 称 e 与 u(或 v) 关联, 也称 u(或 v) 与 e 关联.

设图 G 有 n 个顶点, m 条边. 图 G 的邻接矩阵定义为 $A = (a_{ij})_{n \times n}$, 其中 a_{ij} 为连接顶点 v_i 与 v_j 的边数. 图 G 的关联矩阵定义为 $M = (m_{ij})_{n \times m}$, 其中对于无向图, m_{ij} 为 v_i 与 e_j 关联的次数 (0, 1 或 2). 对于无环有向图, 定义

$$m_{ij} = \begin{cases} 1, & v_i \ \text{与} \ e_j \ \text{关联且} \ v_i \ \text{为起点}, \\ -1, & v_i \ \text{与} \ e_j \ \text{关联且} \ v_i \ \text{为终点}, \\ 0, & \text{否则}. \end{cases}$$

例 6.1 求图 6.7 的邻接矩阵 A 和关联矩阵 M, 并计算 A^2, MM^{T}.

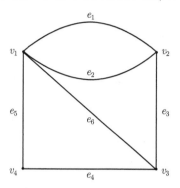

图 6.7 4 个顶点 6 条边的图

解

$$A = \begin{array}{c} \\ v_1 \\ v_2 \\ v_3 \\ v_4 \end{array} \begin{array}{cccc} v_1 & v_2 & v_3 & v_4 \\ \left[\begin{array}{cccc} 0 & 2 & 1 & 1 \\ 2 & 0 & 1 & 0 \\ 1 & 1 & 0 & 1 \\ 1 & 0 & 1 & 0 \end{array}\right] \end{array}, \quad M = \begin{array}{c} \\ v_1 \\ v_2 \\ v_3 \\ v_4 \end{array} \begin{array}{cccccc} e_1 & e_2 & e_3 & e_4 & e_5 & e_6 \\ \left[\begin{array}{cccccc} 1 & 1 & 0 & 0 & 1 & 1 \\ 1 & 1 & 1 & 0 & 0 & 0 \\ 0 & 0 & 1 & 1 & 0 & 1 \\ 0 & 0 & 0 & 1 & 1 & 0 \end{array}\right] \end{array}.$$

计算得到

$$A^2 = \left[\begin{array}{cccc} 6 & 1 & 3 & 1 \\ 1 & 5 & 2 & 3 \\ 3 & 2 & 3 & 1 \\ 1 & 3 & 1 & 2 \end{array}\right], \quad MM^{\mathrm{T}} = \left[\begin{array}{cccc} 4 & 2 & 1 & 1 \\ 2 & 3 & 1 & 0 \\ 1 & 1 & 3 & 1 \\ 1 & 0 & 1 & 2 \end{array}\right].$$

矩阵 A^2 有它的几何意义: A^2 的元素 $a_{ij}^{(2)}$ 表示从顶点 i 到顶点 j 长度为 2 的路径的数目 (后面将详细给出两顶点间的路径及其长度的严格定义).

有时所要考虑的图, 其边是有长度的, 这就是赋权图.

定义 6.3 对于图 $G(V, E)$, 如果 $(u, v) \in E$, 赋予一个实数 $w(u, v)$, 则称 $w(u, v)$ 为边 (u, v) 的权, G 连同边上的权称为赋权图.

设图 G 是 n 个顶点的赋权图, 则赋权矩阵是一个 $n \times n$ 阶矩阵 $W = (w_{ij})_{n \times n}$,

其分量为

$$w_{ij} = \begin{cases} w(v_i, v_j), & (v_i, v_j) \in E, \\ \infty, & \text{其他}. \end{cases}$$

例 6.2　图 6.8 为一个赋权图, 求它的赋权矩阵.

解　图 6.8 的赋权矩阵为

$$W = \begin{bmatrix} \infty & 1 & 3 & 2 & 8 & 3 \\ 1 & \infty & 6 & 2 & 7 & 1 \\ 3 & 6 & \infty & 4 & \infty & \infty \\ 2 & 2 & 4 & \infty & 5 & 6 \\ 8 & 7 & \infty & 5 & \infty & 2 \\ 3 & 1 & \infty & 6 & 2 & \infty \end{bmatrix}.$$

定义 6.4　对于图 $G(V, E)$, 如果 $H(V', E')$ 是一个图, 并且 $V' \subset V$, $E' \subset E$, 则称 H 为 G 的子图. 如果 $V' = V$, $E' \subset E$, 则称 $H(V, E')$ 为 G 的生成子图 (或支撑子图). 如果 $E_1 = \{(u, v) \, | u, v \in V, u \neq v\}$, 则称图 $H(V, E_1 \backslash E)$ 为图 G 的补图, 记为 $\overline{G}$.

图 6.9 是图 6.2 的一个子图, 图 6.10 是图 6.4 的一个子图, 也是生成子图, 图 6.11 是图 6.10 的补图.

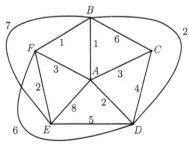

图 6.8　赋权图

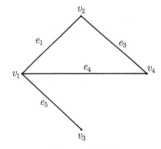

图 6.9　子图

图 6.10　生成子图

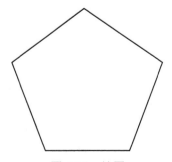

图 6.11　补图

定理 6.1 设图 G 是没有孤立点的简单图, 其边数为 m, 则所有不同的生成子图 (包括 G 和空图) 的个数为 2^m.

证明

$$\binom{m}{0} + \binom{m}{1} + \cdots + \binom{m}{m} = 2^m.$$

下面讨论顶点度的概念.

定义 6.5 对于图 $G(V, E)$, $v \in V$ 的顶点度定义为与 v 关联的边数, 记为 $d(v)$. 对于有向图, $v \in V$ 的顶点出度定义为以 v 为起点的有向边数, 记为 $d^+(v)$; $v \in V$ 的顶点入度定义为以 v 为终点的有向边数, 记为 $d^-(v)$. v 的顶点度定义为 $d(v) = d^+(v) + d^-(v)$.

称顶点度为 d 的顶点为 d 度点, 零度点为孤立点. 称顶点度为奇数的顶点为奇点, 顶点度为偶数的顶点为偶点. 用 $\Delta(G)$ 和 $\delta(G)$ 分别表示图 G 中最大和最小的顶点度.

在图 6.7 中, $d(v_1) = 4$, $d(v_2) = 3$, $d(v_3) = 3$, $d(v_4) = 2$. v_2 和 v_3 是奇点, v_1 和 v_4 是偶点. $\Delta(G) = 4$, $\delta(G) = 2$. 令 $D = \text{diag}(d(v_i))$, 可以验证

$$MM^{\mathrm{T}} = D + A. \tag{6.1}$$

式 (6.1) 对一般的无向图也成立.

对于图 $G(V, E)$, 如果对于每个 $v \in V$ 均有 $d(v) = k$, 则称图 G 为 k 正则的. 例如, 完全图 K_n 是 $n - 1$ 正则的, 完全偶图 $K_{n,n}$ 是 n 正则的.

在图 $G(V, E)$ 中, 边 (u, v) 与 u 关联, 也与 v 关联. 因此, 边 (u, v) 对 $d(u)$ 贡献一次, 对 $d(v)$ 贡献一次, 故得到如下定理:

定理 6.2 对任何的无向图均有

$$\sum_{v \in V} d(v) = 2m. \tag{6.2}$$

推论 6.1 任何无向图中, 奇点的个数为偶数.

证明 设 V_1 表示奇点的集合, V_2 表示偶点的集合, 由式 (6.2) 可知

$$\sum_{v \in V_1} d(v) + \sum_{v \in V_2} d(v) = 2m,$$

而 $\sum_{v \in V_2} d(v)$ 为偶数, 因此, $\sum_{v \in V_1} d(v)$ 为偶数, 即 V_1 的个数为偶数.

由推论 6.1 可以得出这样的结论: 在任何会议上, 与奇数个人握手的人数是偶数个.

对于有向图有如下结论:

定理 6.3   对任何的有向图均有

$$\sum_{v \in V} d^+(v) = \sum_{v \in V} d^-(v) = m. \tag{6.3}$$

6.1.3   图的连通性

定义 6.6   无向图 G 的一条途径是指一个有限的非空序列 $W = v_0 e_1 v_1 e_2 \cdots$ $e_n v_n$, 它的项为交替的顶点和边. 称 n 为 W 的长. 若途径的边 $e_1, e_2, \cdots, e_n$ 互不相同, 则称 W 为迹. 若途径的顶点 $v_0, v_1, \cdots, v_n$ 互不相同, 则称 W 为路. 如果 $v_0 = v_n$, 并且没有其他相同的顶点, 则称 W 为圈.

考察图 6.2, $W_1 = v_1 e_1 v_2 e_3 v_4 e_7 v_3 e_6 v_4 e_7 v_3 e_5 v_1 e_4 v_4 e_8 v_5$ 是一条途径, $W_2 = v_1 e_1 v_2 e_3 v_4 e_7 v_3 e_5 v_1 e_4 v_4 e_8 v_5$ 是一条迹, $W_3 = v_1 e_1 v_2 e_3 v_4 e_8 v_5$ 是一条路, $W_4 = v_1 e_1\ v_2 e_3 v_4 e_7 v_3 e_5 v_1$ 是一个圈.

对于有向图 G, 若 $W = v_0 e_1 v_1 e_2 \cdots e_m v_m$ 且 e_i 有头 v_i 和尾 v_{i-1}, 则称 W 为有向途径. 类似地, 可以定义有向迹、有向路和有向圈.

对于图 6.3, $W_1 = v_1 e_1 v_2 e_3 v_4 e_7 v_3 e_6 v_4 e_7 v_3 e_5 v_1 e_4 v_4 e_8 v_5$ 是一条有向途径, $W_2 = v_1 e_1 v_2 e_3 v_4 e_7 v_3 e_5 v_1 e_4 v_4 e_8 v_5$ 是一条有向迹, $W_3 = v_1 e_1 v_2 e_3 v_4 e_8 v_5$ 是一条有向路, $W_4 = v_1 e_1 v_2 e_3 v_4 e_7 v_3 e_5 v_1$ 是一个有向圈.

定理 6.4   如果存在 u 到 v 的途径, 则一定存在 u 到 v 的路. 如果图 G 的顶点个数为 n, 则这个路的长度小于等于 $n-1$.

证明   对于连接 u 到 v 的途径, 去掉相同的顶点以及相同顶点之间的圈, 得到的就是一条 u 到 v 的路. 由于顶点个数为 n, 所以路的长度至多为 $n-1$.

定义 6.7   设 u 和 v 是图 $G(V, E)$ 的两个顶点, 若存在一条连接 u 与 v 的路, 则称 u 与 v 连通, 并规定 u 与 u 是连通的. 如果图 G 中的任意两点均为连通的, 则称图 G 为连通的. 对于有向图, 若对任意两点均存在一条有向路, 则称有向图为强连通的. 如果去掉有向图的方向得到的基础图是连通的, 则称该有向图为弱连通的.

例 6.3   考察图 6.12 中图的连通情况.

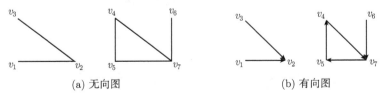

(a) 无向图   (b) 有向图

图 6.12   无向图和有向图

图 6.12(a) 不是连通图, 因为没有从 v_2 到 v_5 的路, 但它有两个连通的子集, 其顶点集分别为 $V_1 = \{v_1, v_2, v_3\}$, $V_2 = \{v_4, v_5, v_6, v_7\}$. 对于有向图 6.12(b), 对应于前

面提到的两个子图也不是连通的, 因为没有 v_2 到 v_3 的路和 v_7 到 v_6 的路, 顶点集 $\{v_4, v_5, v_7\}$ 构造连通的子图, 因为任意两点均存在一条路. 去掉图 6.12(b) 的方向, 图 6.12(b) 与图 6.12(a) 相同, 相应的子图是弱连通的.

下面给出一个判断图是否连通的定理.

定理 6.5 设 A 为 n 个顶点图 G 的邻接矩阵, a_{ij}^k 为矩阵 A^k 第 i 行第 j 列的元素, 则 a_{ij}^k 为从顶点 v_i 到顶点 v_j 长度为 k 的途径的数目. 因此, 图 G 是连通的充分必要条件是对任意的 (i,j), 存在 $1 \leqslant k \leqslant n$, 使得 $a_{ij}^k \geqslant 1$.

证明 用数学归纳法.

当 $k = 1$ 时, A 是邻接矩阵, 命题为真.

假设对于 k, 命题为真, 即 a_{ij}^k 是从顶点 v_i 到 v_j 长度为 k 的途径的数目, 则由 $A^{k+1} = A A^k$ 得到

$$a_{ij}^{k+1} = \sum_{q=1}^{n} a_{iq} a_{qj}^k, \tag{6.4}$$

其中 $a_{iq} \neq 0$ 为顶点 v_i 到 v_q 长度为 1 的途径的数目, a_{qj}^k 为从顶点 v_q 到 v_j 长度为 k 的途径的数目, 所以 a_{ij}^{k+1} 表示的是从顶点 v_i 到 v_j 长度为 $k+1$ 的途径的数目.

由定理 6.4, 定理的第二部分显然.

定义 6.8 称图 G 的最大连通子图 G' 为图 G 的连通分支.

若图 G 只有一个连通分支, 则称 G 为连通的; 否则, 称 G 为不连通的. G 的连通分支的个数记为 $\omega(G)$. 对于图 6.12(a), $\omega(G) = 2$.

定理 6.6 若图 G 不连通, 则它的补图 $\overline{G}$ 一定是连通的.

证明 设 u, v 是任意两个顶点, 若 u, v 在 G 中不邻接, 则 u, v 一定在 $\overline{G}$ 中邻接. 若 u, v 在 G 中邻接, 由于 G 不连通, 则一定存在一个顶点 w, 与顶点 u, v 均不邻接. 因此, 在 $\overline{G}$ 中, u, w, v 是一条从 u 到 v 的路.

对于图 G, 有一种边很重要, 去掉它后, 图的连通分支会增加.

定义 6.9 对于图 $G(V, E)$, 若 $e \in E$, $\omega(G - e) > \omega(G)$, 则称 e 为割边.

在图 6.13 中, 边 a, b, c 为割边.

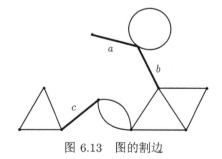

图 6.13 图的割边

6.1.4 最短路问题

若 H 是赋权图的一个子图, 则 H 的权 $w(H)$ 是指它各边的权和 $\displaystyle\sum_{e \in E(H)} w(e)$. 所

谓最短路问题就是找出赋权图中指定两点 u_0, v_0 之间的最小权路, 这里假定 $w(e) \geqslant 0 \, (\forall e \in E)$.

1. Dijkstra (戴克斯特拉) 算法

为了叙述清楚起见, 把赋权图中一条路的权称为它的长, 把 (u, v) 路的最小权称为 u 和 v 之间的距离, 并记作 $d(u, v)$. 在下面的算法中, 假定所有的权均为正, 并且若 $(u, v) \notin E$, 则规定 $w(u, v) = +\infty$.

下面所叙述的算法是 Dijkstra 于 1959 年以及 Whiting 和 Hillier 于 1960 年各自独立发现的, 这个算法不仅找到了最短的 (u_0, v_0) 路, 而且给出了从 u_0 到 G 的所有其他顶点的最短路, 其基本思想如下:

假设 S 是 V 的真子集且 $u_0 \in S$, 记 $\bar{S} = V \backslash S$. 若 $P = u_0 \cdots \bar{u} \bar{v}$ 是从 u_0 到 $\bar{S}$ 的最短路, 显然, $\bar{u} \in S$ 且 P 的 $(u_0, \bar{u})$ 节必然是最短 $(u_0, \bar{u})$ 路, 所以

$$d(u_0, \bar{v}) = d(u_0, \bar{u}) + w(\bar{u}, \bar{v}),$$

并且从 u_0 到 $\bar{S}$ 的距离由下面的公式给出:

$$d(u_0, \bar{S}) = \min_{u \in S, v \in \bar{S}} \{d(u_0, u) + w(u, v)\}. \tag{6.5}$$

式 (6.5) 是 Dijkstra 算法的基础. 从集 $S_0 = \{u_0\}$ 开始, 用下述方法构造一个由 V 的子集组成的递增序列 $S_0, S_1, \cdots, S_{n-1}$, 使得在第 i 步结束时, 由 u_0 到 S_i 的所有顶点的最短路均已知:

先确定距 u_0 最近的一个顶点. 为此, 只要算出 $d(u_0, \bar{S}_0)$, 并选取顶点 $u_1 \in \bar{S}_0$, 使得 $d(u_0, u_1) = d(u_0, \bar{S}_0)$ 即可. 由式 (6.5) 容易算出 $d(u_0, \bar{S}_0)$ 为

$$d(u_0, \bar{S}_0) = \min_{u \in S_0, v \in \bar{S}_0} \{d(u_0, u) + w(u, v)\} = \min_{v \in \bar{S}_0} \{w(u_0, v)\} = w(u_0, u_1).$$

然后置 $S_1 = \{u_0, u_1\}$, 并用 P_1 记路 $u_0 u_1$. 显然, 这是最短的 (u_0, u_1) 路. 一般来说, 若集 $S_k = \{u_0, u_1, \cdots, u_k\}$ 以及相应的最短路 $P_1, P_2, \cdots, P_k$ 已经确定, 则可用式 (6.5) 来计算 $d(u_0, \bar{S}_k)$, 并选取顶点 $u_{k+1} \in \bar{S}_k$, 使得 $d(u_0, u_{k+1}) = d(u_0, \bar{S}_k)$. 根据式 (6.5) 有

$$d(u_0, u_{k+1}) = d(u_0, u_j) + w(u_j, u_{k+1})$$

对某个 $j \leqslant k$ 成立. 将边 $u_j u_{k+1}$ 连接到路 P_j 上, 即得最短路.

下面叙述 Dijkstra 算法, 它是由上述过程改进得到的.

算法 6.1(Dijkstra 算法)

(1) 置 $l(u_0) = 0, l(v) = \infty \, (v \neq u_0)$, $S_0 = \{u_0\}$, $P_0 = u_0$. 置 $k = 0$.

(2) 置

$$l(v) = \min\left\{l(v), \min_{u \in S_k}\{l(u) + w(u,v)\}\right\}, \quad \forall\, v \in \bar{S}_k.$$

记

$$l(u_{k+1}) = \min_{v \in \bar{S}_k}\{l(v)\} = l(u_j) + w(u_j, u_{k+1}),$$

置 $S_{k+1} = S_k \cup \{u_{k+1}\}$，$P_{k+1} = P_j + (u_j, u_{k+1})$.

(3) 若 $k = n - 1$，则停止 (P_n 就是需要计算的最短路)；否则，置 $k = k + 1$，转 (2).

例 6.4 用 Dijkstra 算法求图 6.14 中 u_0 到 v_{10} 的最短路.

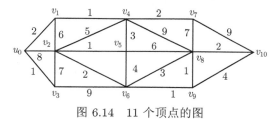

图 6.14 11 个顶点的图

解 第 1 步 置 $l(u_0) = 0, l(v_i) = \infty\,(i = 1, 2, \cdots, 10)$. 置 $S_0 = \{u_0\}$，$P_0 = u_0$，其图形如图 6.15 所示.

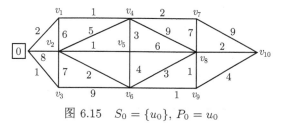

图 6.15 $S_0 = \{u_0\}, P_0 = u_0$

第 2 步 计算 $l(v_i) = w(u_0, v_i)\,(i = 1, 2, \cdots, 10)$ 得到 $l(v_1) = 2$，$l(v_2) = 8$，$l(v_3) = 1$，其余 $l(v_i) = \infty$，所以

$$l(v_3) = \min\{l(v_i) \mid i = 1, 2, \cdots, 10\} = 1.$$

置 $S_1 = \{u_0, v_3\}$，$P_1 = (u_0, v_3)$，其图形如图 6.16 所示.

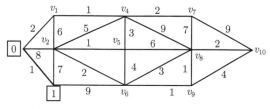

图 6.16 $S_1 = \{u_0, v_3\}, P_1 = (u_0, v_3)$

第 3 步　计算

$$l(v_i) = \min\left\{ l(v_i), \min_{u \in \{u_0, v_3\}} \{l(u) + w(u, v_i)\} \right\}, \quad i \neq 3$$

得到 $l(v_1) = 2$, $l(v_2) = 8$, $l(v_6) = 10$, 其余 $l(v_i) = \infty$, 所以 $l(v_1) = \min\{l(v_i)\} = 2$.
置 $S_2 = \{u_0, v_3, v_1\}$, $P_2 = (u_0, v_1)$, 其图形如图 6.17 所示.

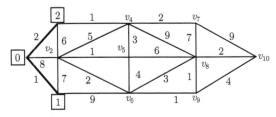

图 6.17　$S_2 = \{u_0, v_3, v_1\}$, $P_2 = (u_0, v_1)$

　　图 6.18～ 图 6.25 是按算法得到的, 其中粗线为由算法得到的最短路. 事实上,
该算法不仅得到了从 u_0 到 v_{10} 的最短路, 而且还得到了 u_0 到 v_i 各点的最短路, 具
体计算过程略.

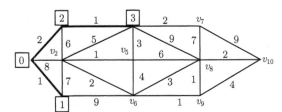

图 6.18　$S_3 = \{u_0, v_3, v_1, v_4\}$, $P_3 = (u_0, v_1, v_4)$

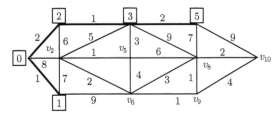

图 6.19　$S_4 = \{u_0, v_3, v_1, v_4, v_7\}$, $P_4 = (u_0, v_1, v_4, v_7)$

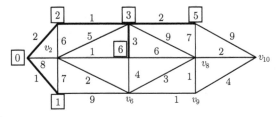

图 6.20　$S_5 = \{u_0, v_3, v_1, v_4, v_7, v_5\}$, $P_5 = (u_0, v_1, v_4, v_5)$

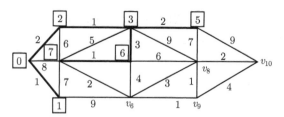

图 6.21 $S_6 = \{u_0, v_3, v_1, v_4, v_7, v_5, v_2\}$, $P_6 = (u_0, v_1, v_4, v_5, v_2)$

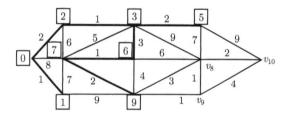

图 6.22 $S_7 = \{u_0, v_3, v_1, v_4, v_7, v_5, v_2, v_6\}$, $P_7 = (u_0, v_1, v_4, v_5, v_2, v_6)$

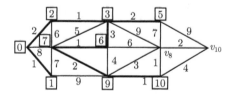

图 6.23 $S_8 = \{u_0, v_3, v_1, v_4, v_7, v_5, v_2, v_6, v_9\}$, $P_8 = (u_0, v_1, v_4, v_5, v_2, v_6, v_9)$

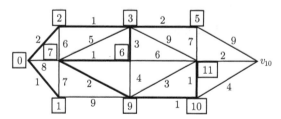

图 6.24 $S_9 = \{u_0, v_3, v_1, v_4, v_7, v_5, v_2, v_6, v_9, v_8\}$, $P_9 = (u_0, v_1, v_4, v_5, v_2, v_6, v_9, v_8)$

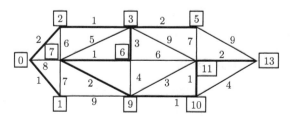

图 6.25 $S_{10} = \{u_0, v_3, v_1, v_4, v_7, v_5, v_2, v_6, v_9, v_8, v_{10}\}$, $P_{10} = (u_0, v_1, v_4, v_5, v_2, v_6, v_9, v_8, v_{10})$

对于一个具有 n 个顶点 m 条边的图 G, 若算法所需要的计算步数可以由一个 n 和 m 的多项式为其上界, 则称这个算法为好算法; 否则 (如上界是指数步), 就称它不是一个好算法.

Dijkstra 算法共需作 $n(n-1)/2$ 次加法运算和 $n(n-1)$ 次比较运算, 因此, Dijkstra 算法是个好算法.

从例 6.4 的求解结果来看, 用 Dijkstra 算法求解最短路问题的计算结果有点像动态规划的正序法, 得到起点到各点的最短路.

2. Floyd 算法

前面介绍的 Dijkstra 算法是求固定两点间的最短路, 下面介绍的算法是求图中任意两点间的最短路的算法, 这个算法是由 Floyd 给出的.

算法 6.2 (Floyd 算法)

(1) 构造矩阵 $D^{(0)} = \left\{ d_{ij}^{(0)} \right\}_{n \times n}$, 其中 n 为图 $G(V, E)$ 的顶点个数,

$$
d_{ij}^{(0)} = \begin{cases}
0, & i = j, \\
w(v_i, v_j), & i \neq j, (v_i, v_j) \in E, \\
\infty, & i \neq j, (v_i, v_j) \notin E;
\end{cases}
$$

(2) 对于 $k = 1, 2, \cdots, n$, 计算

$$
d_{ij}^{(k)} = \min \left\{ d_{ij}^{(k-1)}, d_{ik}^{(k-1)} + d_{kj}^{(k-1)} \right\}, \quad i, j = 1, 2, \cdots, n;
$$

(3) $D^{(n)}$ 中的元素 $d_{ij}^{(n)}$ 就是 v_i 到 v_j 的距离.

例 6.5　用 Floyd 算法求图 6.8 中任意两点的最短路.

解

$$
D^{(0)} = \begin{bmatrix}
0 & 1 & 3 & 2 & 8 & 3 \\
1 & 0 & 6 & 2 & 7 & 1 \\
3 & 6 & 0 & 4 & \infty & \infty \\
2 & 2 & 4 & 0 & 5 & 6 \\
8 & 7 & \infty & 5 & 0 & 2 \\
3 & 1 & \infty & 6 & 2 & 0
\end{bmatrix}, \quad
D^{(6)} = \begin{bmatrix}
0 & 1 & 3 & 2 & 4 & 2 \\
1 & 0 & 4 & 2 & 3 & 1 \\
3 & 4 & 0 & 4 & 7 & 5 \\
2 & 2 & 4 & 0 & 5 & 3 \\
4 & 3 & 7 & 5 & 0 & 2 \\
2 & 1 & 5 & 3 & 2 & 0
\end{bmatrix}.
$$

6.1.5　最短路问题的 LINGO 求解

在 4.4 节中曾介绍过如何用 LINGO 软件求解最短路问题, 但仔细研究会发现, 本节所讨论的最短路问题与第 4 章讨论的问题还是有差别的. 事实上, 第 4 章讨论的最短路问题是有方向的, 即为有向图的最短路问题, 问题前进的方向是从左到

右, 而这里讨论的最短路问题, 其前进过程可以从右到左, 尽管整体上还是从左到右. 也就是说, 本章讨论的是无向图的最短路问题.

认识到这一点, 编写求最短路的 LINGO 程序就容易了, 只需对 4.4 节中的 LINGO 程序作微小修改.

例 6.6 用 LINGO 软件求图 6.14 (见例 6.4) 中 u_0 到 v_{10} 的最短路.

解 由于数学模型与 4.4 节介绍的方法类似, 因此, 这里只给出相应的 LINGO 程序 (程序名: exam0606.lg4) 如下:

```
MODEL:
1]sets:
2]    nodes/U0, V1, V2, V3, V4, V5, V6, V7, V8, V9, V10/;
3]    arcs(nodes, nodes): w, x;
4]endsets
5]data:
6]        !U0 V1 V2 V3 V4 V5 V6 V7 V8 V9 V10;
7]    w =  99  2  8  1 99 99 99 99 99 99 99    !U0;
8]          2 99  6 99  1 99 99 99 99 99 99    !V1;
9]          8  6 99  7  5  1  2 99 99 99 99    !V2;
10]         1 99  7 99 99 99  9 99 99 99 99    !V3;
11]        99  1  5 99 99  3 99  2  9 99 99    !V4;
12]        99 99  1 99  3 99  4 99  6 99 99    !V5;
13]        99 99 99  9 99  4 99 99  3  1 99    !V6;
14]        99 99 99 99  2 99 99  7 99  9       !V7;
15]        99 99 99 99  9  6  3  7 99  1  2    !V8;
16]        99 99 99 99 99 99  1 99  1 99  4    !V9;
17]        99 99 99 99 99 99 99  9  2  4 99;   !V10;
18]enddata
19]
20]min = @sum(arcs: w * x);
21]s = 1; t = 11;
22]@sum(nodes(j): x(s,j))=1; @sum(nodes(j): x(j,s))=0;
23]@for(nodes(i)| i #ne# s #and# i #ne# t:
24]    @sum(arcs(i,j): x(i,j)) - @sum(arcs(j,i): x(j,i))=0
25]);
26]@sum(nodes(j): x(j,t))=1; @sum(nodes(j): x(t,j))=0;
27]@for(arcs(i,j)| i #ne# j:   x(i,j)+x(j,i)<=1);
```

```
28]@for(arcs: @bin(x));
```
END

程序的第 2 行定义顶点集. 第 3 行定义边集, 是稠密的生成集, 而数据 w 是赋权矩阵 (见第 5~18 行). 这样做的好处是不必修改程序, 只需给出赋权矩阵就可以求图中任何固定两点的最短路. 第 21 行中的 s 表示起点, t 表示终点, 其中 s=1, t=11, 即以 u_0 为起点, 以 v_{10} 为终点, 求 $u_0 \to v_{10}$ 的最短路 (更改这里的数字, 可求其他任意两点间的最短路). 第 22 行表示起点只能出不入. 第 26 行表示终点只能入不能出. 第 27 行表示对于任何边, 两个方向只能选择一个.

下面列出计算结果 (只列出相关数据):

Global optimal solution found.

Objective value: 13.00000

Extended solver steps: 0

Total solver iterations: 22

Variable	Value	Reduced Cost
X(U0, V1)	1.000000	2.000000
X(V1, V4)	1.000000	1.000000
X(V4, V5)	1.000000	3.000000
X(V5, V2)	1.000000	1.000000
X(V2, V6)	1.000000	2.000000
X(V6, V9)	1.000000	1.000000
X(V9, V8)	1.000000	1.000000
X(V8, V10)	1.000000	2.000000

即 $u_0 \to v_1 \to v_4 \to v_5 \to v_2 \to v_6 \to v_9 \to v_{10}$, 最短路长为 13. 这个结果与例 6.4 的计算结果完全相同.

至于任意两点间的最短路问题, 可直接按 Floyd 算法编写程序, 对于任何软件 (如 C, MATLAB) 都很容易计算, 但如果一定要用 LINGO 软件编程计算, 在 9.0 以上的版本也可以做到.

在 9.0 以上的版本增加计算段 (calc: endcalc), 在计算段内, LINGO 程序可以像普通程序一样, 进行迭代计算.

例 6.7　用 LINGO 软件编程求解图 6.8 中任意两点的最短路.

解　按 Floyd 算法编写 LINGO 程序 (程序名: exam0607.lg4) 如下:

MODEL:

　1]sets:

　2]　　nodes/1..6/;

```
3]    arcs(nodes, nodes): d;
4]endsets
5]data:
6]    d= 0  1  3  2  8  3
7]       1  0  6  2  7  1
8]       3  6  0  4 99 99
9]       2  2  4  0  5  6
10]      8  7 99  5  0  2
11]      3  1 99  6  2  0;
12]enddata
13]calc:
14]    @for(nodes(k):
15]       @for(arcs(i,j):
16]          d(i,j) = @smin(d(i,j), d(i,k)+d(k,j)) ) );
17]endcalc
END
```

程序的第 13~19 行是计算段, 在计算段内按 Floyd 算法进行迭代计算. 这里略去计算结果, 因为它与例 6.5 的结果完全相同.

6.2 运输问题与指派问题

运输问题既是典型的线性规划问题, 又是图论中的问题, 这里主要介绍如何用 LINGO 软件求解运输问题, 以及与运输问题相关的一些问题 —— 转运问题和最优指派问题.

6.2.1 运输问题

运输问题可以看成偶图在实际问题中的应用. 一般的运输问题可用图 6.26 的网络图表示. 图中有 m 个起点和 n 个终点, 起点或终点用节点表示. 连接起点和终点的路线用边表示. 连接起点 i 到终点 j 的边 (i,j) 带有两个信息: 每单位运输费用为 c_{ij}, 运输量为 x_{ij}. 起点 i 的供应量为 a_i, 终点 j 的需求量为 b_j. 这一模型的目标是确定未知变量 x_{ij}, 在满足供应和需求约束的情况下, 使得运输总费用最小.

先考虑这个问题的数字模型的约束条件, 由 A_i 调出的物资总量小于等于它的供应量 a_i, 所以 x_{ij} 应满足

$$\sum_{j=1}^{n} x_{ij} \leqslant a_i, \quad i = 1, 2, \cdots, m.$$

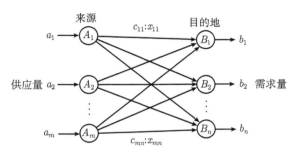

图 6.26　用节点和边表示的运输模型

同样, 运到 B_j 的物资总量应大于等于它的需求量 b_j, 所以 x_{ij} 应满足

$$\sum_{i=1}^{m} x_{ij} \geqslant b_j, \quad j = 1, 2, \cdots, n.$$

总的运费应该为

$$z = \sum_{i=1}^{m} \sum_{j=1}^{n} c_{ij} x_{ij}.$$

因此, 所要解决的问题的数学模型为

$$\min \quad z = \sum_{i=1}^{m} \sum_{j=1}^{n} c_{ij} x_{ij}, \tag{6.6}$$

$$\text{s.t.} \quad \sum_{j=1}^{n} x_{ij} \leqslant a_i, \ i = 1, 2, \cdots, m, \tag{6.7}$$

$$\sum_{i=1}^{m} x_{ij} \geqslant b_j, \ j = 1, 2, \cdots, n, \tag{6.8}$$

$$x_{ij} \geqslant 0, i = 1, 2, \cdots, m, j = 1, 2, \cdots, n. \tag{6.9}$$

例 6.8　设有 3 个产地的产品需要运往 4 个销地, 各产地的产量、各销地的销量以及各产地到各销地的单位运费如表 6.1 所示, 问如何调运, 才可使总的运费最少?

表 6.1　三个产地 4 个销地的运输问题

	B_1	B_2	B_3	B_4	产量
A_1	6	2	6	7	30
A_2	4	9	5	3	25
A_3	8	8	1	5	21
销量	15	17	22	12	

解　按照模型 (6.6)~(6.9) 编写 LINGO 程序 (程序名: `exam0608.lg4`) 如下:

```
MODEL:
 1]sets:
 2]   From / A1, A2, A3/: Capacity;
 3]   To   / B1, B2, B3, B4/: Demand;
 4]   Routes( From, To): c, x;
 5]endsets
 6]
 7]! The objective;
 8][OBJ] min = @sum(Routes: c * x);
 9]! The supply constraints;
10]@for(From(i): [SUP]
11]   @sum(To(j): x(i,j)) <= Capacity(i));
12]! The demand constraints;
13]@for(To(j): [DEM]
14]   @sum(From(i): x(i,j)) >= Demand(j));
15]! Here are the parameters;
16]data:
17]   Capacity = 30, 25, 21 ;
18]   Demand   = 15, 17, 22, 12;
19]   c        = 6, 2, 6, 7,
20]              4, 9, 5, 3,
21]              8, 8, 1, 5;
22]enddata
END
```

程序的第 2 行定义产地和产地的供应量 Capacity. 第 3 行定义销地和需求量 Demand, 生成集 Routes 定义了 $12(= 3 \times 4)$ 条路线, 第 16~22 行是相应的数据. 第 8 行是目标函数 (6.6). 第 10~14 行是约束条件 (6.7)~(6.8).

程序的计算结果如下 (只列出相关非堆变量):

```
Global optimal solution found.
Objective value:              161.0000
Total solver iterations:            6


      Variable        Value      Reduced Cost
     X( A1, B1)     2.000000        0.000000
     X( A1, B2)     17.00000        0.000000
```

X(A1, B3)	1.000000	0.000000
X(A2, B1)	13.00000	0.000000
X(A2, B4)	12.00000	0.000000
X(A3, B3)	21.00000	0.000000

Row	Slack or Surplus	Dual Price
OBJ	161.0000	-1.000000
SUP(A1)	10.00000	0.000000

即由 A_1 运输到 B_1, B_2, B_3, B_4 的运量分别为 2, 17, 1 和 0, 此处, 还余 10 个单位 (松弛变量为 10). 由 A_2 运输到 B_1, B_2, B_3, B_4 的运量分别为 13, 0, 0 和 12, 余量为 0. 由 A_3 运输到 B_1, B_2, B_3, B_4 的运量分别为 0, 0, 21 和 0, 余量为 0, 最优总运费为 161.

6.2.2 转运问题

在前面讨论的问题中, 所有的货物都是从发点到收点, 但在实际问题中, 常会遇到这样的运输路线, 它包括发点到发点、收点对收点、发点到收点, 甚至包括收点到发点的运输, 则此类问题称为转运问题.

例 6.9　研究图 6.27 的转运问题, 其中圈 (○) 表示发点, 方框 (□) 表示收点, 旁边的数字表示收量或发量, 边旁边的数字表示单位运费. 每个发点或收点也可以是转运点, 求问题的最小总运费.

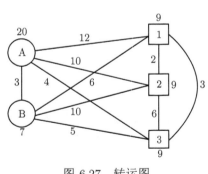

图 6.27　转运图

解　先讨论一般情况.

将转运问题扩充 (即将中间点既看成发点, 又看成收点), 可将转运问题转换成运输问题. 但这样做的缺点是使用变量的个数迅速增大, 从而增加了不必要的计算量. 这里直接对转运问题建模, 其基本要求是产销平衡, 即 $\sum\limits_{i=1}^{m} a_i = \sum\limits_{j=1}^{n} b_j$.

设 d_i $(i = 1, 2, \cdots, n)$ 为各点的发货量, 其中 n 为图中顶点的个数. 当该点为收点时, 发货量为收货量的负值; 当该点为中间点时, 该点的发货量为 0. c_{ij} 表示第 i 点到第 j 点的运费 (当两点间无边时, 可认为运费为 ∞), x_{ij} 为第 i 点到第 j 点的运量. 对于顶点 i, 有如下约束条件:

$$\sum_{\substack{j=1 \\ j \neq i}}^{n} x_{ij} - \sum_{\substack{j=1 \\ j \neq i}}^{n} x_{ji} = d_i,$$

即第 i 点的 "流出" 与 "流入" 之差是第 i 点的发货量. 因此得到相应的线性规划问题为

$$\min \quad z = \sum_{i=1}^{n} \sum_{j=1}^{n} c_{ij} x_{ij}, \tag{6.10}$$

$$\text{s.t.} \quad \sum_{\substack{j=1 \\ j \neq i}}^{n} x_{ij} - \sum_{\substack{j=1 \\ j \neq i}}^{n} x_{ji} = d_i, i = 1, 2, \cdots, n, \tag{6.11}$$

$$x_{ij} \geqslant 0, \quad i, j = 1, 2, \cdots, n. \tag{6.12}$$

按照模型 (6.10)~(6.12) 写出相应的 LINGO 程序 (程序名: exam0609.lg4) 如下:

```
sets:
    points/A, B, 1, 2, 3/: d;
    roads(points, points): c, x;
endsets
data:
    c =  0  3 12 10 14
         3  0  6 10  5
        12  6  0  2  3
        10 10  2  0  6
        14  5  3  6  0;
    d = 20  7 -9 -9 -9;
enddata
min=@sum(roads: c * x);
@for(points(i):
    @sum(points(j)| j #ne# i: x(i,j))
        - @sum(points(j)| j #ne# i: x(j,i)) = d(i));
```

经计算得到 (只列出变量 x 的非零解) 结果为

```
Global optimal solution found.
Objective value:            222.0000
Total solver iterations:          6


    Variable        Value        Reduced Cost
    X( A, B)     11.00000          0.000000
    X( A, 2)      9.000000         0.000000
    X( B, 1)      9.000000         0.000000
```

X(B, 3)   9.000000   0.000000

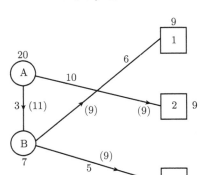

图 6.28   最佳调运方案

即有 11 个单位的货物从产地 A 发送到产地 B, 有 9 个单位的货物从产地 A 发送到销地 2, 分别有 9 个单位的货物从产地 B 发送到销地 1 和销地 3, 货物总运费为 222 个单位, 其运输方案如图 6.28 所示.

6.2.3   生产计划与库存管理 —— 运输问题的应用

有些问题看上去不是运输问题, 但它本质上还是运输问题, 可以用运输问题的数学模型去求解.

例 6.10 (生产计划与库存管理)   某公司生产一种除臭剂, 它在 1~4 季度的生产成本、生产量及订货量如表 6.2 所示. 如果除臭剂在生产当季没有交货, 则保管在仓库里, 除臭剂每盒每季度还需 1 元的储存费用. 公司希望制订一个成本最低 (包括储存费用) 的生产计划, 问各季度应生产多少?

表 6.2   公司的生产成本、生产量及订货量

季度	生产成本/(盒/元)	订货量/万盒	生产量/万盒
I	5	10	14
II	5	14	15
III	6	20	15
IV	6	8	13

解   初看起来, 这个问题似乎与运输问题很少有相似之处, 有必要通过问题的描述和分析来探讨问题模型的结构. 一旦完成这一步, 将看到该问题与运输问题雷同. 可以将各季度既看成产地, 又看成销地, 所不同的是后面季度生产的产品不能给前面的季度需求使用.

写出该问题一般形式的数学模型. 假设将生产分成 n 个阶段 (如一年有 4 季, 12 个月, 52 个星期等), 每个阶段的生产量为 $a_i\,(i=1,2,\cdots,n)$, 订货量为 $b_i\,(i=1,2,\cdots,n)$, 成本为 $c_{ij}\,(j\geqslant i)$, 其中成本由第 i 阶段的生产成本与第 $j-i$ 时间段的存储成本之和构成. 设 $x_{ij}\,(j\geqslant i)$ 为第 i 阶段生产在第 j 阶段交货的交货量, 则得出如下线性规划模型:

$$\min \sum_{i=1}^{n}\sum_{j=i}^{n} c_{ij}x_{ij}, \tag{6.13}$$

$$\text{s.t.} \sum_{j=i}^{n} x_{ij} \leqslant a_i,\ i=1,2,\cdots,m, \tag{6.14}$$

$$\sum_{i=1}^{j} x_{ij} = b_j,\ j = 1, 2, \cdots, n,\tag{6.15}$$

$$x_{ij} \geqslant 0,\ i = 1, 2, \cdots, n,\ j = 1, 2, \cdots, n.\tag{6.16}$$

按照线性规划模型 (6.13)~(6.16) 编写 LINGO 程序 (程序名: exam0610.lg4) 如下:

```
MODEL:
 1]sets:
 2]    season / 1..4/: a, b;
 3]    Routes(season, season)|&1 #le# &2 : c, x;
 4]endsets
 5][obj] min = @sum(Routes: c * x);
 6]@for(season(i): [SUP]
 7]    @sum(season(j) | i #le# j: x(i,j)) <= a(i));
 8]@for(season(j): [DEM]
 9]    @sum(season(i) | i #le# j: x(i,j)) = b(j));
10]data:
11]    a = 14, 15, 15, 13;
12]    b = 10, 14, 20,  8;
13]    c = 5,  6,  7,  8,
14]           5,  6,  7,
15]               6,  7,
16]                   6;
17]enddata
END
```

计算结果如下 (只列出相关部分):

```
Global optimal solution found.
Objective value:              292.0000
Total solver iterations:          4


        Variable        Value      Reduced Cost
        X( 1, 1)      10.00000        0.000000
        X( 1, 2)      4.000000        0.000000
        X( 2, 2)      10.00000        0.000000
        X( 2, 3)      5.000000        0.000000
```

X(3, 3)	15.00000	0.000000
X(4, 4)	8.000000	0.000000

结果解释如下: 第一季度生产 14 万盒, 其中 10 万盒为本季度供货, 4 万盒储存后为下一季度使用. 第二季度生产 15 万盒, 其中 10 万盒为本季度供货, 5 万盒储存后为第三季度使用. 第三季度生产 15 万盒, 为本季度供货. 第四季度生产 8 万盒, 为本季度供货. 总成本为 292 万元.

6.2.4　最优指派问题

最优指派问题也称为最优匹配问题, 它既属于图论中的问题, 又可以看成运输问题的特殊情况. 在图论中, 通常的求解方法是匈牙利算法. 由于它是运输问题的特例, 所以这里只介绍如何用 LINGO 软件求解, 而求解最优指派问题的匈牙利算法可以参见任何一本图论教材.

1. n 人 n 项工作的情况

设有 n 个人, 计划做 n 项工作, 其中 c_{ij} 表示第 i 个人做第 j 项工作的收益. 现求一种指派方式, 使得每个人完成一项工作, 总收益最大.

下面给出指派问题的数学规划表达式.

设决策变量为 x_{ij}, 当第 i 个人做第 j 项工作时, 决策变量 $x_{ij} = 1$; 否则, 决策变量 $x_{ij} = 0$. 因此, 将最优指派问题写成如下 0-1 规划问题:

$$\max \quad z = \sum_{i=1}^{n}\sum_{j=1}^{n} c_{ij}x_{ij}, \tag{6.17}$$

$$\text{s.t.} \quad \sum_{j=1}^{n} x_{ij} = 1, \; i = 1,2,\cdots,n, \text{ (每个人做一项工作)} \tag{6.18}$$

$$\sum_{i=1}^{n} x_{ij} = 1, \; j = 1,2,\cdots,n, \text{ (每项工作有一个人去做)} \tag{6.19}$$

$$x_{ij} = 0 \text{ 或 } 1, \; i, \; j = 1,2,\cdots,n. \tag{6.20}$$

如果 c_{ij} 表示 i 个人做第 j 项工作所用的花费, 目标函数则求极小.

例 6.11　考虑 $n = 6$ 的情况, 即 6 个人做 6 项工作的最优指派问题, 其收益矩阵如表 6.3 所示. 表中, — 表示某人无法做某项工作.

解　按照数学规划表达式 (6.17)~(6.20) 写出相应的 LINGO 程序 (程序名: exam0611.lg4) 如下:

```
MODEL:
1]sets:
2]    Flight/1..6/;
```

表 6.3 6 个人做 6 项工作的收益情况

人	工 作					
	1	2	3	4	5	6
1	20	15	16	5	4	7
2	17	15	33	12	8	6
3	9	12	18	16	30	13
4	12	8	11	27	19	14
5	—	7	10	21	10	32
6	—	—	—	6	11	13

```
3]    Assign(Flight, Flight): c, x;
4]endsets
5]data:
6]    c = 20   15   16    5    4    7
7]         17   15   33   12    8    6
8]          9   12   18   16   30   13
9]         12    8   11   27   19   14
10]       -99    7   10   21   10   32
11]       -99  -99  -99    6   11   13;
12]enddata
13]
14]max = @sum(Assign: c*x);
15]@for(Flight(i):
16]    @sum(Flight(j): x(i,j)) = 1;
17]    @sum(Flight(j): x(j,i)) = 1;
18]);
END
```

当某人无法做某项工作时, 可以用 $-\infty$ 表示某人做该项工作的收益, 在计算中, 通常取一个较大的负数就可以了. 例如, 在上述程序中, 第 10, 11 行定义收益为 -99.

在上述程序中, 没有用任何语句说明决策变量 x 是 0-1 型变量, 这是因为对于此类问题, 线性规划理论已保证了变量 x 的取值只可能是 0 或 1.

LINGO 软件计算结果如下 (只列出非零变量):

Global optimal solution found.

Objective value: 135.0000

```
Total solver iterations:                    12

            Variable          Value          Reduced Cost
            X( 1, 1)       1.000000            0.000000
            X( 2, 3)       1.000000            0.000000
            X( 3, 2)       1.000000            0.000000
            X( 4, 4)       1.000000            0.000000
            X( 5, 6)       1.000000            0.000000
            X( 6, 5)       1.000000            0.000000
```

即第 1 个人做第 1 项工作, 第 2 个人做第 3 项工作, 第 3 个人做第 2 项工作, 第 4 个人做第 4 项工作, 第 5 个人做第 6 项工作, 第 6 个人做第 5 项工作, 总效益值为 135.

2. 人多工作的情况

例 6.12 (游泳队员选拔问题)   某高校准备从 5 名游泳队员中选择 4 人组成接力队, 参加市里的 $4 \times 100\text{m}$ 混合泳接力比赛. 5 名队员 4 种泳姿的百米平均成绩如表 6.4 所示, 应如何选拔队员组成接力队?

表 6.4   5 名队员 4 种泳姿的百米平均成绩

队员	蝶泳	仰泳	蛙泳	自由泳
甲	1′06″8	1′15″6	1′27″	58″6
乙	57″2	1′06″	1′06″4	53″
丙	1′18″	1′07″8	1′24″6	59″4
丁	1′10″	1′14″2	1′09″6	57″2
戊	1′07″4	1′11″	1′23″8	1′02″4

解   设决策变量为 x_{ij}, 当第 i 个人游第 j 种泳姿时, 决策变量 $x_{ij} = 1$; 否则, 决策变量 $x_{ij} = 0$, t_{ij} 表示第 i 个人游第 j 种泳姿所需的时间. 因此, 该类指派问题的线性规划问题为

$$\min \quad \sum_{i=1}^{m} \sum_{j=1}^{n} t_{ij} x_{ij}, \tag{6.21}$$

$$\text{s.t.} \quad \sum_{j=1}^{n} x_{ij} \leqslant 1, \quad i = 1, 2, \cdots, m, \tag{6.22}$$

$$\sum_{i=1}^{m} x_{ij} = 1, \quad j = 1, 2, \cdots, n, \tag{6.23}$$

$$x_{ij} = 0 \text{ 或 } 1, \quad i = 1, 2, \cdots, m, \ j = 1, 2, \cdots, n. \tag{6.24}$$

由于人多于事, 因此, 约束 (6.22) 为小于等于, 而不是等于.

写出相应的 LINGO 程序 (程序名: exam0612.lg4) 如下:

```
MODEL:
 1]sets:
 2]    person /A, B, C, D, E/;
 3]    swim   /Die, Yang, Wa, ZiYou/;
 4]    assign( person, swim) : t, x;
 5]endsets
 6]data:
 7]    t =  66.8, 75.6, 87,   58.6,
 8]         57.2, 66,   66.4, 53,
 9]         78,   67.8, 84.6, 59.4,
10]         70,   74.2, 69.6, 57.2,
11]         67.4, 71,   83.8, 62.4;
12]enddata
13][OBJ] min = @sum( assign: t * x);
14]@for( person(i): [P]
15]    @sum( swim(j): x(i,j)) <= 1);
16]@for( swim(j): [S]
17]    @sum( person(i): x(i,j)) = 1);
END
```

计算结果 (仅保留非零变量) 如下:

```
Global optimal solution found.
Objective value:                  253.2000
Total solver iterations:              17


          Variable        Value     Reduced Cost
       X( A, ZIYOU)     1.000000        0.000000
         X( B, DIE)     1.000000        0.000000
        X( C, YANG)     1.000000        0.000000
          X( D, WA)     1.000000        0.000000
```

即甲游自由泳, 乙游蝶泳, 丙游仰泳, 丁游蛙泳, 戊没有被选拔上, 平均成绩为
$4'13''2$.

6.3 Euler 环游和 Hamilton 圈

6.3.1 Euler 图

定义 6.10 经过连通图 G 的每条边的迹称为 Euler 迹. 图 G 的环游是指经过 G 的每条边至少一次的闭途径. Euler 环游是指经过每条边恰好一次的环游 (即闭 Euler 迹). 一个图若包含 Euler 环游, 则称该图为 Euler 图.

由定义 6.10 可知, Euler 图是具有如下性质的图：从任意一点出发, 每边经过且仅经过一次又回到原点. 因此, 从直观上看, 对于某个顶点, 如果有一条边进入, 则一定有一条边出去. 同样, 有一条出去的边就会有一条进来的边. 因此有如下定理：

定理 6.7 一个非空连通图是 Euler 图的充分必要条件是没有奇点.

由定理 6.7 可知, Königsberg 七桥问题无解, 因为该图的 4 个顶点度全是奇数.

推论 6.2   一个连通图有 Euler 迹的充分必要条件是至多有两个奇点.

推论 6.2 实际上说明了什么样的图可以一笔画, 并且如何一笔画.

对于有向图, 与定理 6.7 相对应的定理如下：

定理 6.8   一个非空有向连通图是 Euler 图的充分必要条件是图 G 中每个顶点的入度等于出度.

6.3.2 Hamilton 圈

定义 6.11   包含图 G 的每个顶点的路称为 Hamilton 路, 包含图 G 的每个顶点的圈称为 Hamilton 圈. 一个图若包含 Hamilton 圈, 则称这个图为 Hamilton 图.

这种路和圈用 Hamilton 的名字命名, 是因为他在给他的朋友 Graves 的一封信中描述了关于十二面体 (图 6.29(a)) 的一个数学游戏: 一个人在十二面体的任意 5 个相继的顶点上插上 5 根大头针, 形成一条路, 要求另一个人扩展这条路以形成一个圈.

图 6.29 给出了典型的 Hamilton 图和非 Hamilton 图. 图 6.29(a) 是 Hamilton 图, 图中的粗线给出了图的一个 Hamilton 圈. 图 6.29(b) 称为 Hersche 图, 它是一个偶图且有奇数个顶点, 因此, 它是一个非 Hamilton 图.

Hamilton 图与 Euler 图的情形相反, 还没有找到 Hamilton 图的非平凡充要条件. 事实上, 这是图论中尚未解决的主要问题之一, 关于 Hamilton 图的研究仍是当前图论中比较活跃的领域. 受篇幅限制, 这里就不介绍有关 Hamilton 图的一些性质了.

对于有向图, 包含 G 的每个顶点的有向路称为 Hamilton 路, 包含每个顶点的有向圈称为 Hamilton 圈, 含有 Hamilton 圈的有向图称为有向 Hamilton 图.

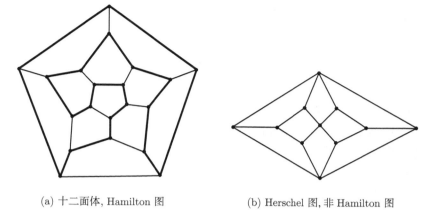

(a) 十二面体, Hamilton 图　　　　　　　(b) Herschel 图, 非 Hamilton 图

图 6.29　Hamilton 图与非 Hamilton 图

6.3.3　中国邮递员问题

邮递员的工作是在邮局里选出邮件, 递送邮件, 然后再返回邮局. 自然, 他必须走过他投递范围内的每一条街道至少一次. 在这个前提下, 希望选择一条尽可能短的路线. 该问题是由中国数学家管梅谷首次研究的, 因此, 称之为中国邮递员问题.

中国邮递员问题本质上是在非负赋权连通图中找出一个最小权的环游, 称这种环游为最优环游.

如果非负赋权图 G 是 Euler 图, 则只要找出它的 Euler 环游, 就得到了最优环游, 因为 Euler 环游每条边仅经过一次. Fleury 算法提供了一个求 Euler 环游的好算法.

算法 6.3(Fleury 算法)

(1) 任意取一个顶点 v_0, 置 $W_0 = v_0$;

(2) 假设迹 $W_i = v_0 e_1 v_1 e_2 \cdots v_{i-1} e_i v_i$ 已经选定, 那么下述方法从 $E \backslash \{e_1, e_2 \cdots, e_i\}$ 中选取边 e_{i+1},

(i) e_{i+1} 与 v_i 相关联;

(ii) 除非没有别的边可选择, 否则, e_{i+1} 不是 $G_i = G - \{e_1, e_2 \cdots, e_i\}$ 的割边;

(3) 当步骤 (2) 不能执行时, 算法停止计算.

定理 6.9　若 G 是 Euler 图, 则 G 中任意用 Fleury 算法作出的迹都是 G 的 Euler 环游.

可以证明 Fleury 算法是一个好算法.

若具有非负权的赋权图 G 不是 Euler 图, 则 G 的任何环游通过某些边不止一次. 在这种情况下, 可以通过下面两个步骤求出 G 的最优环游.

(1) 用添加重复边的方法, 使图 G 扩充为一个 Euler 图 G^*, 并要求

$$\sum_{e \in E(G^*) \setminus E(G)} w(e)$$

尽可能小;

(2) 求 G^* 的 Euler 环游.

通过上述两个步骤, 可以得到中国邮递员问题的解.

对于步骤 (2), 可用 Fleury 算法得到 G^* 的 Euler 环游.

在步骤 (1) 中要注意两点: 第一, 在最佳方案中, 图中各条边的重数小于等于 2; 第二, 在最佳方案中, 图中每个圈上重复边的总权值不大于该圈权值的一半. 对于求解步骤 (1), Edmonds 和 Johnson 给出了一个好算法. 下面讨论一种容易求解的特殊情形, 即 G 恰好有两个奇点.

为了理解上述方法的思想, 这里举一个简单的例子. 在例中, 图 G 仅有两个奇点.

例 6.13   用上述方法求图 6.30 中图 G 的中国邮递员问题的解.

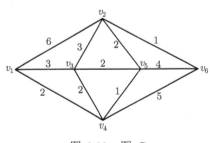

图 6.30   图 G

解   在图 G 中, 添加边生成 Euler 图 G_1(图 6.31(a)), 但这样添加的边并不能满足算法的步骤 (1), 也就是说, 不满足添加的边尽可能的小. 事实上, 在圈 $v_6 v_5 v_2 v_6$ 中, 边 $v_5 v_6$ 的长度大于圈长度的一半, 因此, 将 v_5, v_6 之间的加边去掉, 改为边 $v_6 v_2$, $v_2 v_5$, 构成图 G_2(图 6.31(b)). 再考虑图 G_2, 在圈 $v_5 v_4 v_1 v_3 v_5$ 中, 边 $v_5 v_3$ 与边 $v_3 v_1$ 的和大于圈

的另一半, 即边 $v_5 v_4$ 与边 $v_4 v_1$ 的和. 因此, 在 $v_5 v_3$, $v_3 v_1$ 添加的边去掉, 改为在边 $v_5 v_4$, $v_4 v_1$ 上添加边, 得到 G^*. 可以证明此时 G^* 已满足算法的步骤 (1), 使添加的边达到最小.

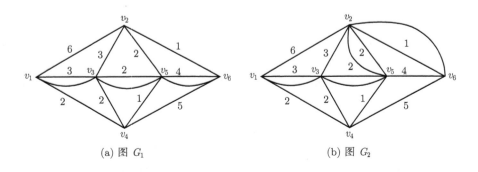

(a) 图 G_1 (b) 图 G_2

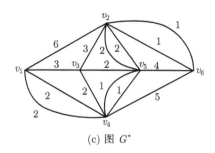

(c) 图 G^*

图 6.31 从图 G 到图 G^* 的计算过程

再在图 G^* 中寻找 Euler 环游, 就得到了中国邮递员问题的解.

6.3.4 旅行商问题

一个旅行商想去走访若干城市, 然后回到他的出发地. 给定各城市之间所需的旅行时间后, 怎样计划他的路线, 使得他能对每个城市恰好进行一次访问, 而总时间最短, 这个问题称为旅行商问题 (或货郎担问题).

旅行商问题就是在一个赋权图中, 找出最小权 Hamilton 圈, 称这种圈为最优圈. 目前还没有求解旅行商问题的有效算法, 因此, 只能找一种求出相当好 (不一定最优) 的解.

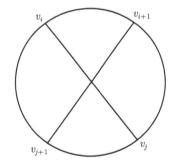

一个可行的办法是先求一个 Hamilton 圈 C, 然后适当修改 C, 得到具有较小权的另一个 Hamilton 圈.

设 $C = v_1 v_2 \cdots v_n v_1$, 则对于所有适合 $1 < i+1 < j < n$ 的 i 和 j 都可以得到一个新 Hamilton 圈. 如图 6.32 所示, $C_{ij} = v_1 v_2 \cdots v_i v_j v_{j-1} \cdots v_{i+1} v_{j+1} v_{j+2} \cdots v_n v_1$, 它是由 C 中删去边 $v_i v_{i+1}$ 和 $v_j v_{j+1}$ 添加 $v_i v_j$ 和 $v_{i+1} v_{j+1}$ 得到的.

图 6.32 改进 Hamilton 圈的示意图

若对于某一对 i 和 j 有

$$w(v_i v_j) + w(v_{i+1} v_{j+1}) < w(v_i v_{i+1}) + w(v_j v_{j+1}),$$

则圈 C_{ij} 将是圈 C 的一个改进. 若在接连进行上述的一系列修改之后, 最后得到的一个圈不能再用此法改进了, 则停止计算.

例 6.14 已知世界 6 大城市: 北京 (Pe)、东京 (T)、巴黎 (Pa)、墨西哥 (M)、纽约 (N)、伦敦 (L), 任意两城市之间的距离如表 6.5 所示. 试用启发式算法确定的交通网络中的最优 Hamilton 圈.

表 6.5 各大城市之间的距离				(单位: 百英里)	
地点	Pe	T	Pa	M	N	L
Pe	—	13	51	77	68	50
T	13	—	60	70	67	59
Pa	51	60	—	57	36	2
M	77	70	57	—	20	55
N	68	67	36	20	—	34
L	50	59	2	55	34	—

解   根据表 6.5 提供的数据绘出网络图, 如图 6.33 所示.

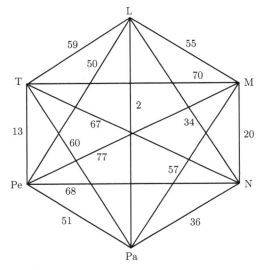

图 6.33   各大城市之间的网络交通图

构造初始 Hamilton 圈 $C_1 : \mathrm{L} \to \mathrm{M} \to \mathrm{N} \to \mathrm{Pa} \to \mathrm{Pe} \to \mathrm{T} \to \mathrm{L}$, 其初始图 C_1 如图 6.34(a) 所示, 全长 $w(C_1) = 55 + 20 + 36 + 51 + 13 + 59 = 234$.

修改圈 C_1. 由图 6.34(a) 得到

$$w(\mathrm{LPa}) + w(\mathrm{PeM}) = 2 + 77 < 55 + 51 = w(\mathrm{LM}) + w(\mathrm{PePa}),$$

所以修改圈 C_1, 得到圈 $C_2 : \mathrm{L} \to \mathrm{Pa} \to \mathrm{N} \to \mathrm{M} \to \mathrm{Pe} \to \mathrm{T} \to \mathrm{L}$, 如图 6.34(b) 所示, 全长 $w(C_2) = 2 + 36 + 20 + 77 + 13 + 59 = 207$.

再修改圈 C_2. 由图 6.34(b) 得到

$$w(\mathrm{LPe}) + w(\mathrm{TM}) = 50 + 70 < 59 + 77 = w(\mathrm{TL}) + w(\mathrm{PeM}),$$

所以修改圈 C_2, 得到圈 $C_3 : \mathrm{L} \to \mathrm{Pa} \to \mathrm{N} \to \mathrm{M} \to \mathrm{T} \to \mathrm{Pe} \to \mathrm{L}$, 如图 6.34(c) 所示, 全长 $w(C_3) = 2 + 36 + 20 + 70 + 13 + 50 = 191$.

继续修改圈 C_3. 由图 6.34(c) 得到

$$w(\text{PePa}) + w(\text{LN}) = 51 + 34 < 50 + 36 = w(\text{PeL}) + w(\text{PaN}),$$

所以修改圈 C_3, 得到圈 $C_4 : \text{L} \to \text{N} \to \text{M} \to \text{T} \to \text{Pe} \to \text{Pa} \to \text{L}$, 如图 6.34(d) 所示, 全长 $w(C_4) = 34 + 20 + 70 + 13 + 51 + 2 = 190$.

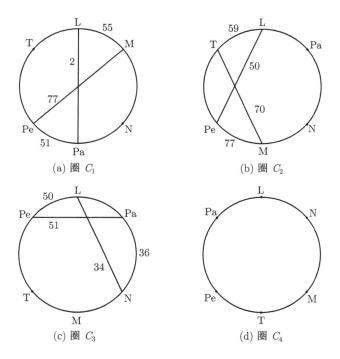

图 6.34 由初始圈 C_1 修正到最终圈 C_4 的计算过程

对于圈 C_4, 使用上述方法已不能再改进了, 停止计算. 事实上, C_4 就是交通网络中的最优 Hamilton 圈.

对于一般问题, 按照上述方法并不能保证所得到的最终圈是最优的, 但有理由认为它是一个比较好的 Hamilton 圈.

6.3.5 用 LINGO 软件求解旅行商问题

前面介绍了求解旅行商问题的启发式算法, 这里介绍如何用 LINGO 软件求解该问题. 当然, 在写出程序之前, 先要给出旅行商问题的数学规划表达式, 但要注意的是, 对于大的旅行商问题, 这里的表述并不是最好的.

假设旅行商问题由城市 $1, 2, \cdots, n$ 组成, w_{ij} 表示城市 i 到城市 j 之间的距离,

决策变量定义为

$$x_{ij} = \begin{cases} 1, & \text{选择从城市 } i \text{ 到城市 } j, \\ 0, & \text{否则}, \end{cases}$$

其线性 (整数) 规划模型为

$$\min \sum_{i=1}^{n} \sum_{j=1}^{n} w_{ij} x_{ij}, \tag{6.25}$$

$$\text{s.t.} \quad \sum_{i=1}^{n} x_{ij} = 1, j = 1, 2, \cdots, n, \tag{6.26}$$

$$\sum_{j=1}^{n} x_{ij} = 1, i = 1, 2, \cdots, n, \tag{6.27}$$

$$u_i - u_j + n x_{ij} \leqslant n - 1, i \neq j, i, j = 2, 3, \cdots, n, \tag{6.28}$$

$$x_{ij} = 0 \text{ 或 } 1, i \neq j, i, j = 1, 2, \cdots, n, \tag{6.29}$$

$$u_j \geqslant 0, j = 1, 2, \cdots, n. \tag{6.30}$$

目标函数 (6.25) 给出了 Hamilton 圈的总长度, 并求极小. 约束 (6.26) 保证只能有一个城市到达城市 j, 约束 (6.27) 保证城市 i 只能到达一个城市. 这两个约束保证了该规划的可行解一定有圈, 但并不能保证是包含全部城市的圈, 可能会出现如图 6.35 所示的情况.

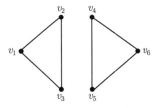

图 6.35　6 个顶点中有子圈的情况

增加了约束 (6.28) 就可以避免这种情况, 它保证任何可行解一定包含有城市 1 的圈.

事实上, 若存在这样的圈 $C = i_1 i_2 \cdots i_k i_1$ 且 $i_j \neq 1 (j = 1, 2, \cdots, k)$, 则由约束 (6.28) 得到

$$\begin{aligned} u_{i_1} - u_{i_2} + n x_{i_1 i_2} &\leqslant n - 1, \\ u_{i_2} - u_{i_3} + n x_{i_2 i_3} &\leqslant n - 1, \\ &\vdots \\ u_{i_k} - u_{i_1} + n x_{i_k i_1} &\leqslant n - 1. \end{aligned} \tag{6.31}$$

注意到在解中, $x_{i_1 i_2} = x_{i_2 i_3} = \cdots = x_{i_k i_1} = 1$, 将式 (6.31) 中的左端和右端相加得到 $kn \leqslant k(n-1)$, 这是不可能的.

由上述推导得到规划 (6.25)~(6.30) 的解是最优 Hamilton 圈.

例 6.15　求例 6.14 中的大城市北京 (Pe)、东京 (T)、巴黎 (Pa)、墨西哥 (M)、纽约 (N)、伦敦 (L) 的最优 Hamilton 圈, 其数据由表 6.5 所示.

解 按照模型 (6.25)~(6.30) 写出相应的 LINGO 语句 (文件名:exam0615.lg4) 如下:

```
MODEL:
  1]sets:
  2]    city/Pe  T  Pa  M  N  L/: u;
  3]    link(city, city): w, x;
  4]endsets
  5]data:
  6]    !to:  Pe  T  Pa  M  N  L;
  7]    w =  0  13  51 77 68 50 !from Pe;
  8]        13  0  60 70 67 59 !from T;
  9]        51 60   0 57 36  2 !from Pa;
 10]        77 70  57  0 20 55 !from M;
 11]        68 67  36 20  0 34 !from N;
 12]        50 59   2 55 34  0;!from L;
 13]enddata
 14]
 15]n=@size(city);
 16]min = @sum(link: w * x);
 17]@for(city(k):
 18]    @sum(city(i)| i #ne# k: x(i,k))=1;
 19]    @sum(city(j)| j #ne# k: x(k,j))=1;
 20]);
 21]@for(link(i,j)|i #gt# 1 #and# j #gt# 1 #and# i #ne# j:
 22]    u(i)-u(j)+n*x(i,j)<=n-1;
 23]);
 24]@for(link: @bin(x));
END
```

其计算结果如下 (只列出非零变量):

```
Global optimal solution found.
Objective value:            190.0000
Extended solver steps:            15
Total solver iterations:         499
```

Variable	Value	Reduced Cost
X(PE, PA)	1.000000	51.00000
X(T, PE)	1.000000	13.00000
X(PA, L)	1.000000	2.000000
X(M, T)	1.000000	70.00000
X(N, M)	1.000000	20.00000
X(L, N)	1.000000	34.00000

注意到这里得到的结果与前面启发式算法得到的结果是相同的, 只是当时还无法确定它就是最优解.

6.4　树和生成树

6.4.1　树

定义 6.12　如果无向图是连通的且不包含有圈, 则称该图为树. 如果有向图中任何一个顶点都可由某一顶点 v_1 到达, 则称 v_1 为图 G 的根. 如果有向图 G 有根且它的基础图是树, 则称 G 为有向树.

例 6.16　图 6.36(a) 是一棵树 (无向树), 图 6.36(b) 不是一棵有向树, 图 6.36(c) 是一棵有向树.

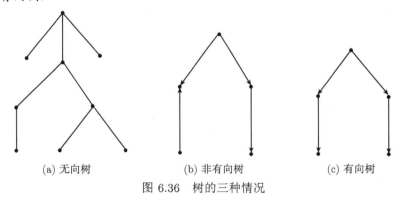

(a) 无向树　　　　　　　(b) 非有向树　　　　　　(c) 有向树

图 6.36　树的三种情况

定理 6.10　设 G 是有限的无向图, 如果 $d(v) \geqslant 2\,(\forall v \in V)$, 则 G 有圈.

证明　从任意一个顶点出发, 移动到与它相邻的顶点, 由于对任意顶点 v 有 $d(v) \geqslant 2$, 则可以再移动到下一个顶点, 如此做下去. 由于图有限, 所以一定会回到出发点, 形成一个圈.

定理 6.11　每棵树至少有一个顶点的度为 1.

证明　反证法. 若不成立, 则有 $d(v) \geqslant 2\,(\forall v \in V)$, 由定理 6.10, 有圈, 矛盾.

定理 6.12　设 G 是连通图且边数小于顶点数, 则图 G 中至少有一个顶点的度为 1.

证明 反证法. 若不成立, 则有 $d(v) \geqslant 2 \, (\forall v \in V)$. 由定理 6.2 有

$$边数 = \frac{1}{2} \sum_{v \in V} d(v) \geqslant \frac{1}{2} \sum_{v \in V} 2 = 顶点数,$$

矛盾.

定理 6.13 设 G 是具有 n 个顶点的无向连通图, G 是树的充分必要条件是 G 有 $n-1$ 条边.

证明 必要性. 设 G 是树, 用数学归纳法证明 G 有 $n-1$ 条边.

当 $n=1$ 时, 命题成立 (一个顶点, 没有边).

假设当 $n=k$ 时, 命题成立. 当 $n=k+1$ 时, 由定理 6.11 可知, G 至少有一个顶点的度为 1, 去掉这个顶点和相关联的边, 得到一个只有 k 个顶点的树, 由归纳法假设有 $k-1$ 条边. 加上去掉的点和边, 命题成立.

充分性. 利用定理 6.12 和数学归纳法得到图 G 是树.

定义 6.13 若 G' 是包含 G 的全部顶点的子图, 它又是树, 则称 G' 为生成树 (或支撑树).

6.4.2 无向生成树

限于篇幅, 这里仅讨论无向图的生成树.

对于图 6.8, 可以找到许多生成树. 例如, 图 6.37 是它的两个生成树.

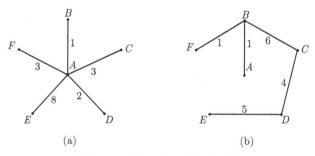

图 6.37 图 6.8 的两个生成树

现在感兴趣的问题是: ① 如何找生成树; ② 如何找具有最小权的生成树.

定理 6.14 如果无向图 G 是有限的、连通的, 则在 G 中存在生成树.

证明 如果 G 没有圈, 则 G 本身就是树. 如果 G 中有圈, 则去掉圈中的任意一条边, 保持图连通, 直到没有圈为止. 这样得到的图就是生成树.

定理 6.14 给出了构造生成树的一个简单算法, 这个算法就是在一个连通图中破掉所有的圈, 剩下不含圈的连通图就是一棵生成树. 这个算法给它一个形象的名称叫做 "破圈法".

也可以按照下面的算法来构造连通图的生成树.

在图中任取一条边 e_1, 找一条不与 e_1 构成圈的边 e_2, 然后再找一条不与 $\{e_1, e_2\}$ 构造圈的边 e_3, 这样继续下去, 直到这种过程不能进行, 这时所得到的图就是一棵生成树, 称这种方法为 "避圈法".

6.4.3   最优连线问题

假设要建造一个连接若干城市的通信网. 已知城市 v_i 与城市 v_j 之间的通信线路所需费用为 c_{ij}, 问应在哪些城市之间架设线路, 既能使所有城市之间都能连通, 又要求架设的总费用最小?

该问题本质上是在一个赋权图中寻找最小权和的生成树, 具有这种性质的树称为最优树.

1956 年, Kruskal 推广了生成树的 "避圈法", 给出了最优树的一个算法.

算法 6.4(Kruskal 算法)

(1) 选择边 e_1, 使得 $w(e_1)$ 尽可能小;

(2) 若已选定边 $e_1, e_2, \cdots, e_i$, 则从 $E \backslash \{e_1, e_2, \cdots, e_i\}$ 中选取边 e_{i+1}, 使得

(i) $G[\{e_1, e_2, \cdots, e_{i+1}\}]$ 为无圈图;

(ii) $w(e_{i+1})$ 是满足 (i) 的尽可能小的权;

(3) 当 (2) 不能继续执行时, 停止.

可以证明 Kruskal 算法产生的树是最优树.

利用 Kruskal 算法可以很容易得到图 6.8 的最优生成树, 如图 6.38 所示.

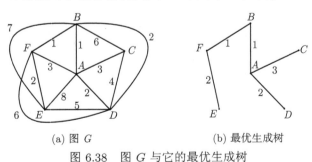

(a) 图 G (b) 最优生成树

图 6.38   图 G 与它的最优生成树

6.4.4   用 LINGO 软件求解最优连线问题

建立最优连线问题的线性 (整数) 规划模型. 假设 w_{ij} 表示城市 i 到城市 j 之间的距离. 决策变量定义为

$$x_{ij} = \begin{cases} 1, & \text{选择城市 } i \text{ 到城市 } j, \\ 0, & \text{否则}. \end{cases}$$

因此, 最优连线问题的 0-1 规划如下:

$$\min \sum_{i=1}^{n} \sum_{j=1}^{n} w_{ij} x_{ij}, \tag{6.32}$$

$$\text{s.t.} \quad \sum_{j=2}^{n} x_{1j} \geqslant 1, \tag{6.33}$$

$$\sum_{\substack{i=1 \\ i \neq j}}^{n} x_{ij} = 1, j = 2, 3, \cdots, n, \tag{6.34}$$

$$u_i - u_j + n x_{ij} \leqslant n - 1, i \neq j, i, j = 1, 2, \cdots, n, \tag{6.35}$$

$$x_{ij} = 0 \text{ 或 } 1, i \neq j, i, j = 1, 2, \cdots, n, \tag{6.36}$$

$$u_j \geqslant 0, \quad j = 1, 2, \cdots, n. \tag{6.37}$$

式 (6.33) 表示城市 1 是生成树的根, 并且至少有一条线路离开这座城市. 式 (6.34) 表示除根 (城市 1) 外, 其他的城市都只有一条线路进入. 因此, 式 (6.33) 与式 (6.34) 联合表示得到的子图是连通的.

类似于 6.3.5 小节的分析, 约束 (6.35) 保证得到的子图不构成圈. 由树的定义, 无圈的连通图构成树, 因此, 由约束 (6.33)~(6.35) 得到的树是生成树.

另一方面, 式 (6.35) 表明, u_i 与 u_j 的最大差为 $n-1$, 最小差为 1. 因为树的边数为 $n-1$, 因此, 该式说明任何生成树均是可行的.

最后, 问题的目标函数 (6.32) 表示连接所有城市线路的总长度最短. 因此, 构成最优生成树.

例 6.17 求例 6.14 中的大城市北京 (Pe)、东京 (T)、巴黎 (Pa)、墨西哥 (M)、纽约 (N)、伦敦 (L) 的最优连线, 其数据如表 6.5 所示.

解 按照线性 (整数) 规划模型 (6.32)~(6.36), 写出相应的 LINGO 语句 (文件名: exam0617.lg4) 如下:

```
MODEL:
1]sets:
2]    city/Pe  T  Pa  M  N  L/: u;
3]    link(city, city): w, x;
4]endsets
5]data:
6]    !to: Pe  T  Pa  M  N  L;
7]    w =  0  13  51  77  68  50  !from Pe;
8]        13   0  60  70  67  59  !from T;
9]        51  60   0  57  36   2  !from Pa;
10]       77  70  57   0  20  55  !from M;
```

```
11]          68 67   36 20   0 34 !from N;
12]          50 59    2 55 34  0;!from L;
13]enddata
14]
15]min = @sum(link: w * x);
16]@sum(city(j)|j  #gt#  1: x(1,j)) >= 1;
17]@for(city(j)|j #gt# 1:
18]   @sum( city(i)| i #ne# j: x(i, j)) = 1;
19]);
20]n=@size(city);
21]@for(link(i,j)|i #ne# j:
22]   u(i)-u(j)+ n*x(i,j)<= n-1);
23]@for(link: @bin(x));
END
```

其计算结果如下 (只列出非零变量):

```
Global optimal solution found.
Objective value:                    119.0000
Extended solver steps:                     2
Total solver iterations:                 159


        Variable          Value       Reduced Cost
        X( PE, T)       1.000000          13.00000
        X( PE, L)       1.000000          50.00000
        X( N, M)        1.000000          20.00000
        X( L, PA)       1.000000          2.000000
        X( L, N)        1.000000          34.00000
```

计算结果表明, 连接 6 大城市最优连线的方式为

$$\text{Pe} \to \text{T}, \quad \text{Pe} \to \text{L}, \quad \text{N} \to \text{M}, \quad \text{L} \to \text{Pa}, \quad \text{L} \to \text{N},$$

连线最优总长度是 119 百英里.

6.5   最大流问题

6.5.1   定义与问题的描述

定义 6.14   设 $G(V, E)$ 为有向图, 如果在 V 中有两个不同的顶点子集 X 和 Y, 而在边集 E 上定义一个非负权值 c, 则称 G 为一个网络.

称 X 中的顶点为源, Y 中的顶点为汇, 既非源又非汇的顶点称为中间顶点, 称 c 为 G 的容量函数, 容量函数在边 e 上的值称为容量. 边 $e = (u, v)$ 的容量记为 $c(e)$ 或 $c(u, v)$.

在这里仅讨论单源单汇情况的网络. 因为对于多源多汇问题, 可以虚设一个源, 它与所有源连接且容量为 ∞. 同样, 虚设一个汇, 它与所有的汇连接且容量为 ∞. 这样一个多源多汇问题就转化成单源单汇问题.

图 6.39 表示具有一个源 x, 一个汇 y 和 4 个中间顶点 v_1, v_2, v_3, v_4 的网络.

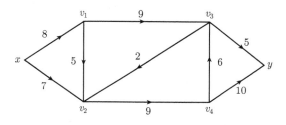

图 6.39　一个源一个汇的网络

网络 G 中每一条边 (u, v) 有一个容量 $c(u, v)$, 除此之外, 对边 (u, v) 还有一个通过边的流, 记为 $f(u, v)$.

显然, 边 (u, v) 上的流量 $f(u, v)$ 不会超过该边上的容量 $c(u, v)$, 即

$$0 \leqslant f(u, v) \leqslant c(u, v), \tag{6.38}$$

称满足不等式 (6.38) 的网络 G 为相容的.

对于所有中间顶点 u, 流入的总量应等于流出的总量, 即

$$\sum_{v \in V} f(u, v) = \sum_{v \in V} f(v, u). \tag{6.39}$$

一个网络 G 的流量值 f 定义为从源 x 流出的总流量, 即

$$V(f) = \sum_{v \in V} f(x, v). \tag{6.40}$$

由式 (6.39) 和式 (6.40) 可以看出, f 的流量值也为流入汇 y 的总流量.

设 V_1 和 V_2 是顶点集 V 的子集, 用 (V_1, V_2) 表示起点在 V_1 中, 终点在 V_2 中的边的集合. 用 $f(V_1, V_2)$ 表示 (V_1, V_2) 中边的流的总和, 即

$$f(V_1, V_2) = \sum_{u \in V_1, v \in V_2} f(u, v).$$

特别地, 取 $V_1 = v$, $V_2 = V$, 结合式 (6.39) 和式 (6.40) 得到

$$f(v,V) - f(V,v) = \begin{cases} V(f), & v = x, \\ 0, & v \in V,\ v \neq x,\ v \neq y, \\ -V(f), & v = y, \end{cases} \tag{6.41}$$

称满足式 (6.41) 的网络 G 为守恒的.

如果流 f 满足不等式 (6.38) 和式 (6.41), 则称流 f 为可行的. 如果存在可行流 f^*, 使得对所有的可行流 f 均有

$$V(f^*) \geqslant V(f),$$

则称 f^* 为最大流.

在图 6.40 所示的网络 G 中, 每条边旁的第一个数为边的容量, 第二个数为边的流量. 例如, $c(x, v_1) = 8$, $f(x, v_1) = 4$, $c(v_1, v_2) = 5$, $f(v_1, v_2) = 1, \cdots$.

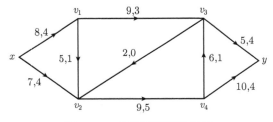

图 6.40 具有可行流的网络

不难验证, 网络 G 满足条件 (6.38) 和 (6.41), 因此, 网络 G 的流 f 是可行流, 其流量值 $V(f) = 8$.

如果一条边的流量等于该边的容量, 即 $f(u, v) = c(u, v)$, 则称边 (u, v) 为饱和边; 否则, 称为非饱和边. 对于任意的网络 G, 至少存在一个可行流, 因为对所有的边 (u, v), 由于 $f(u, v) = 0$ 满足条件 (6.38) 和 (6.41), 此时称它为零流.

定义 6.15 设 $G(V, E)$ 是具有单一源 x 和单一汇 y 的网络, V_0 是 V 的子集, V_0^c 是 V_0 的补集, 若 $x \in V_0$, $y \in V_0^c$, 则称形为 (V_0, V_0^c) 的边集合为网络 G 的割, 记为 K 或 $K(V_0)$.

由定义 6.15 可知, 网络 G 的一个割是分离源和汇的一个边集合.

将割 K 中所有边的容量之和称为割容量, 记为 $c(K)$, 即

$$c(K) = \sum_{(u,v) \in (V_0, V_0^c)} c(u, v).$$

如果存在一个割 K^*, 使得对于所有割 K 均有 $c(K^*) \leqslant c(K)$, 则称 K^* 为最小割.

在图 6.40 所示的网络 G 中, 取 $V_0 = \{x, v_1, v_2\}$, 则 $V_0^c = \{v_3, v_4, y\}$, 那么割 $K = \{(v_1, v_3), (v_2, v_4)\}$, 其割容量为 18, 相应的流量为 $f(V_0, V_0^c) = 8$.

6.5.2 主要结果和算法

定理 6.15 设 f 是网络 $G(V, E)$ 上的可行流, V_0 是包含源 x, 但不包含汇 y 的顶点集合, 则

$$V(f) = f(V_0, V_0^c) - f(V_0^c, V_0).$$

证明 由式 (6.41), 并注意到 $y \notin V_0$, 因此有

$$
\begin{aligned}
f(V_0, V) - f(V, V_0) &= f(x, V) - f(V, x) + f(V_0 - \{x\}, V) - f(V, V_0 - \{x\}) \\
&= V(f) + 0 = V(f).
\end{aligned}
\tag{6.42}
$$

将 $V = V_0 \cup V_0^c$ 代入式 (6.42), 并注意到 $V_0 \cap V_0^c = \varnothing$, 于是有

$$
\begin{aligned}
V(f) &= f(V_0, V) - f(V, V_0) \\
&= f(V_0, V_0 \cup V_0^c) - f(V_0 \cup V_0^c, V_0) \\
&= f(V_0, V_0) + f(V_0, V_0^c) - f(V_0, V_0 \cap V_0^c) \\
&\quad - [f(V_0, V_0) + f(V_0^c, V_0) - f(V_0 \cap V_0^c, V_0)] \\
&= f(V_0, V_0^c) - f(V_0^c, V_0).
\end{aligned}
$$

推论 6.3 设 f 是网络 $G(V, E)$ 上的可行流, 对于任意割 $K = (V_0, V_0^c)$ 均有

$$V(f) \leqslant c(K).$$

证明 对于任意的顶点集合 V_0 有 $f(V_0^c, V_0) \geqslant 0$, 因此,

$$V(f) \leqslant f(V_0, V_0^c) = \sum_{u \in V_0, v \in V_0^c} f(u, v) \leqslant \sum_{u \in V_0, v \in V_0^c} c(u, v) = c(K).$$

定理 6.16 设 $G(V, E)$ 是网络, 如果存在 G 上的可行流 f^* 和割 K^*, 使得

$$V(f^*) = c(K^*),$$

则 f^* 为最大流, K^* 为最小割.

证明 设 f 是任意一个可行流, 由推论 6.3 得到

$$V(f) \leqslant c(K^*) = V(f^*).$$

因此, f^* 为最大流. 类似地, 可得到 K^* 为最小割.

定义 6.16 设 $G(V, E)$ 是一个网络, P 是相应的基础图中从源 x 到汇 y 的路, 如果边 e 的方向与路同方向, 则称边 e 为正向的; 否则, 称边 e 为反向的. 如果路 P 中的所有边都满足

$$
\begin{cases}
f(e) < c(e), & e \text{ 为正向边}, \\
f(e) > 0, & e \text{ 为反向边},
\end{cases}
$$

则称 P 为可增广路.

例如, 图 6.41 描述的是在图中从源到汇的一条无向路 $P = \{x, a, b, c, d, y\}$. 在路中, 边 (x, a), (a, b), (c, d), (d, y) 是正向边, (c, b) 是反向边. 由于所有正向边的流量小于其容量, 并且反向边的流量大于 0, 则该路为可增广路.

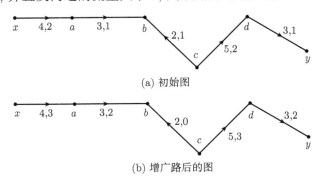

(a) 初始图

(b) 增广路后的图

图 6.41 通过可增广路增加可行流的例子

设 f 是网络 G 上的可行流, P 是一条无向路, 定义

$$\varepsilon_1 = \min\{c(e) - f(e) \mid e 是 P 中的正向边\}, \tag{6.43}$$

$$\varepsilon_2 = \min\{f(e) \mid e 是 P 中的反向边\}, \tag{6.44}$$

$$\varepsilon = \min\{\varepsilon_1, \varepsilon_2\}. \tag{6.45}$$

若 $\varepsilon > 0$, 则称 P 为非饱和路; 否则, 称 P 为饱和路. 由定义可知, 若 P 为可增广路, 则 P 为从源 x 到汇 y 的非饱和路. 这样可以构造新的且具有更大流的流函数 f_ε 为

$$f_\varepsilon = \begin{cases} f(e) + \varepsilon, & e 为 P 中的正向边, \\ f(e) - \varepsilon, & e 为 P 中的反向边, \\ f(e), & 其他. \end{cases} \tag{6.46}$$

显然, f_ε 为可行流, 并且满足

$$V(f_\varepsilon) = V(f) + \varepsilon > V(f).$$

定理 6.17 网络 G 中流 f 为最大流的充分必要条件是 G 中没有可增广路.

证明 必要性. 反证法. 若存在一条可增广路 P, 则可按式 (6.43)~ 式 (6.46) 构造出具有更大值的可行流 f_ε, 这与 f 是最大流矛盾.

充分性. 设 G 中不包含可增广路. 设 V_0 是 G 中所有非饱和路与 x 连接起来的所有顶点的集合. 显然, $x \in V_0$. 由于 G 中没有可增广路, 因此, $y \notin V_0$, 即 $y \in V_0^c$. 这样得到一个割 $K = (V_0, V_0^c)$. 下面将证明 (V_0, V_0^c) 中的每条边均是饱和的, 而 (V_0^c, V_0) 中每条边的流量均为零.

考虑边 $e = (u, v)$, 若 $u \in V_0$, $v \in V_0^c$ 且 x 到 u 存在一条非饱和路, 若 $f(e) < c(e)$, 则 $v \in V_0$, 与 $v \in V_0^c$ 矛盾. 因此, $f(e) = c(e)$. 同理可证, 若 $u \in V_0^c$, $v \in V_0$, 则 $f(e) = 0$. 由定理 6.15 得到

$$V(f) = f(V_0, V_0^c) - f(V_0^c, V_0) = c(V_0, V_0^c) = c(K).$$

由定理 6.16 得到 f 是最大流.

定理 6.17 的证明本质上是构造性的, 从它可以引出网络最大流的算法. 从一个已知流 (如零流) 开始, 递推地构造出一个其值不断增加的流的序列, 并且终止于最大流. 在每一个新的流 f 作出后, 如果存在 f 的可增广路, 则用被称为标号程序的子程序来求出它. 若找到这样的一条路 P, 则可以基于 P, 构造出新的流 f_ε, 并且取为这个序列的下一个流. 如果不存在 f 的可增广路, 则由定理 6.17 知, f 就是最大流, 算法终止.

为了叙述标号程序, 需要下述定义: 设 T 是一棵树, 如果 $x \in V(T)$, 并且对于 T 中的每个顶点 v, 在 T 中存在唯一一条 $\{x, v\}$ 的 f 非饱和路, 则称树 T 为 G 中的 f 非饱和树.

寻找 f 的可增广路的过程必须包含 G 中 f 非饱和树 T 的生长过程. 最初, T 仅由顶点 x 组成. 在任一阶段都存在着生长树的两种方法.

(1) 设 $V_0 = V(T)$, 若 (V_0, V_0^c) 中存在 f 的非饱和边 $e = (u, v)$, 即 $f(e) < c(e)$, 则将 e 和 v 都添加到 T 中去;

(2) 设 $V_0 = V(T)$, 若 (V_0^c, V_0) 中存在 f 的非饱和边 $e = (u, v)$, 即 $f(e) > 0$, 则将 e 和 u 都添加到 T 中去.

显然, 上述每一个程序都导致一棵扩大的 f 非饱和树. 于是或者 T 最后到达汇点 y, 或者它在到达汇点 y 之前停止生长. 如果 T 到达汇点 y, 则 T 中的 (x, y) 路就是所要的 f 可增广路; 如果 T 在到达汇点 y 前停止生长, 则 f 是最大流.

这个标号程序是生长 f 非饱和树 T 的一个系统方法. 在生长 T 的过程中, 它分配给 T 的每个顶点 v 的标号 $\varepsilon(v) = \tau(P_v)$, 其中 P_v 为 T 中唯一的 (x, v) 路. 这种标号的优越性在于, 如果 T 到达汇点 y, 则不仅有 f 的可增广路 P_v, 而且还有可用来计算基于 P_v 的修改流的数值 $\tau(P_v)$. 这个标号程序从分配给源点 x 以标号 $\varepsilon(x) = \infty$ 开始, 按下述法则继续:

(1) 若 $e = (u, v)$ 是 f 的非饱和边, 其尾 u 已经标号, 但其头还未标号, 则 v 标为 $\varepsilon(v) = \min\{\varepsilon(u), c(e) - f(e)\}$;

(2) 若 $e = (v, u)$ 是 f 正边, 其头 u 已经标号, 但其尾还未标号, 则 v 标为 $\varepsilon(v) = \min\{\varepsilon(u), f(e)\}$.

在上述各种情形中, 称 v 为基于 u 而被标号. 检查已标号的顶点 u, 并将所有能够基于 u 而被标号但尚未标号的顶点进行标号, 这个标号程序一直继续到或者

汇点 y 被标号, 或者所有被标号的顶点都已被检查过, 而没有更多的顶点可以被标号 (这意味着 f 是最大流).

下面给出求最大流的算法.

算法 6.5(求最大流算法的标号算法)　在算法中, L 表示已标号的顶点集, S 表示已检查的顶点集, $L(u)$ 表示在检查 u 时与 u 相邻的标号顶点集.

(1) 置初始流 f, $f(e) = 0 (\forall e \in E)$.

(2) 置 $L = \{x\}$, $S = \varnothing$, $\varepsilon(x) = \infty$, 标 $\{x\}$ 为 $(x, +, \varepsilon(x) = \infty)$.

(3) 如果 $L \backslash S = \varnothing$, 则停止计算 (得到最大流 f).

(4) 检查 $u \in L \backslash S$, 对于所有的 $v \in L(u)$, 若 $e = (u, v)$ 是 f 的非饱和边, 则令 $\varepsilon(v) = \min\{\varepsilon(u), c(e) - f(e)\}$, 标 v 为 $(u, +, \varepsilon(v))$. 若 $e = (v, u)$ 是 f 正边, 则令 $\varepsilon(v) = \min\{\varepsilon(u), f(e)\}$, 标 v 为 $(u, -, \varepsilon(v))$. 置 $L = L \cup L(u)$.

(5) 如果 $y \notin L$, 则置 $S = S \cup \{u\}$, 转 (3); 否则, 置 $v = y$.

(6) 如果 v 的第二个标号为 "$+$"(即标号为 $(u, +, \varepsilon(v))$), 则置 $f(u, v) = f(u, v) + \varepsilon(y)$, $v = u$; 否则 (即标号为 $(u, -, \varepsilon(v))$), 置 $f(u, v) = f(u, v) - \varepsilon(y)$, $v = u$.

(7) 若 $v = x$, 则去掉全部标记, 转 (2); 否则, 转 (6).

6.5.3　例子

例 6.18　求如图 6.40 所示的网络的最大流.

解　置 $L = \{x\}$, $S = \varnothing$, $\varepsilon(x) = \infty$, 标 $\{x\}$ 为 $(x, +, \infty)$. 此时, $L(x) = \{v_1, v_2\}$, 其图形如图 6.42(a) 所示.

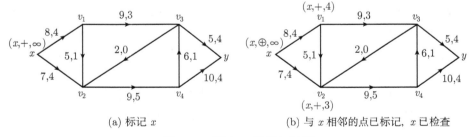

(a) 标记 x (b) 与 x 相邻的点已标记, x 已检查

图 6.42　顶点 x 的标记过程

对顶点 v_1, 由于 $c(x, v_1) = 8$, $f(x, v_1) = 4$, 所以 $\varepsilon(v_1) = \min\{\infty, 8-4\} = 4$, 标 v_1 为 $(x, +, 4)$. 对顶点 v_2, 由于 $c(x, v_2) = 7$, $f(x, v_2) = 4$, 所以 $\varepsilon(v_2) = \min\{\infty, 7-4\} = 3$, 标 v_2 为 $(x, +, 3)$.

与 x 相邻的顶点均被标记, 这样 x 已被检查过, 置 $L = L \cup L(u) = \{x, v_1, v_2\}$, $S = S \cup \{x\} = \{x\}$(在图中, 将 "$+$" 号用小圆圈圈起来, 说明 x 已被检查过), 如图 6.42(b) 所示.

继续上面的过程, 顶点 v_3 的标记为 $(v_1, +, 4)$, 顶点 v_1 被检查过. 得到 $L_1 = \{x, v_1, v_2, v_3\}$, $S = \{x, v_1\}$. 顶点 v_4 标为 $(v_2, +, 3)$, 顶点 v_2 被检查过, 得到 $L_2 = \{x, v_2, v_4\}$, $S = \{x, v_1, v_2\}$. 汇 y 标为 $(v_4, +, 3)$, 得到 $L_2 = \{x, v_2, v_4, y\}$, $S = \{x, v_1, v_2, v_4\}$. 此时, 汇 y 被标记, 则 L_2 是一条可增广路, 如图 6.43 所示.

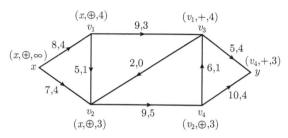

图 6.43 汇 y 被标记, 得到可增广路 $\{x, v_2, v_4, y\}$

下面调整可行流. 由于汇 y 标记为 $(v_4, +, 3)$, 因此得到 $f(v_4, y) = 4 + 3 = 7$. 顶点 v_4 的标记为 $(v_2, +, 3)$, 则 $f(v_2, v_4) = 5 + 3 = 8$. 顶点 v_2 的标记为 $(x, +, 3)$, 则 $f(x, v_2) = 4 + 3 = 7$. 此时, f 调整过程结束. 然后去掉全部标记, 得到一个新的网络, 如图 6.44 所示.

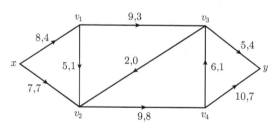

图 6.44 具有新可行流的网络

对图 6.44 所示的网络由算法可得到图 6.45.

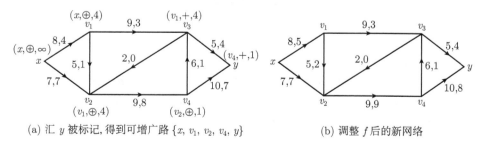

(a) 汇 y 被标记, 得到可增广路 $\{x, v_1, v_2, v_4, y\}$ (b) 调整 f 后的新网络

图 6.45 网络的标记和调整情况

对图 6.45(b) 所示的网络由算法可得到图 6.46.

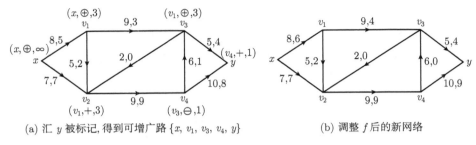

(a) 汇 y 被标记, 得到可增广路 $\{x, v_1, v_3, v_4, y\}$ 　　　　(b) 调整 f 后的新网络

图 6.46　网络的标记和调整情况

对图 6.46(b) 所示的网络由算法可得到图 6.47.

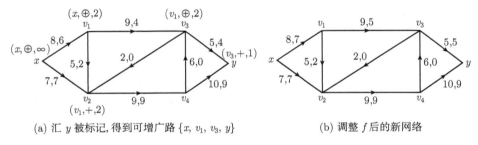

(a) 汇 y 被标记, 得到可增广路 $\{x, v_1, v_3, y\}$ 　　　　(b) 调整 f 后的新网络

图 6.47　网络的标记和调整情况

最后得到由图 6.48 所示的网络, 此时, $L\backslash S = \varnothing$, 得到最大流.

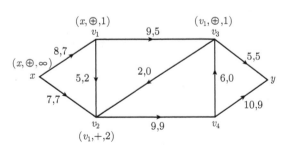

图 6.48　无法标记汇 y 得到最大流

在图 6.48 中, 顶点集 $V_0 = \{x, v_1, v_2, v_3\}$ 已被标号, 顶点集 $V_0^c = \{v_4, y\}$ 未被标号, 割 $K = (V_0, V_0^c) = \{(v_2, v_4), (v_3, y)\}$, 割容量 $c(K) = 14$, 此时, 网络的流也为 14. 因此, 最大流值为 14. 同时, 也得到了最小割 K.

6.5.4　用 LINGO 软件求解最大流问题

根据式 (6.38)～式 (6.41)(见 6.5.1 小节), 给出单源单汇最大流问题的数学规划表达式为

$$\max \quad v_f, \tag{6.47}$$

$$\text{s.t.} \quad \sum_{\substack{j \in V \\ (i,j) \in E}} f_{ij} - \sum_{\substack{j \in V \\ (j,i) \in E}} f_{ji} = \begin{cases} v_f, & i = s, \\ -v_f, & i = t, \\ 0, & i \neq s, t, \end{cases} \tag{6.48}$$

$$0 \leqslant f_{ij} \leqslant c_{ij}, \quad (i,j) \in E, \tag{6.49}$$

其中 V 为顶点集, E 为边集 (或弧集), s 为源, t 为汇.

下面用例子说明如何用 LINGO 软件求解最大流问题.

例 6.19 用 LINGO 软件求解图 6.39 的最大流问题.

解 按照模型 (6.47)~(6.49) 写出相应的 LINGO 程序 (程序名: exam0619.lg4) 如下:

```
1]sets:
2]   nodes/s, 1, 2, 3, 4, t/;
3]   arcs(nodes, nodes)/
4]       s,1  s,2  1,2  1,3  2,4  3,2  3,t  4,3  4,t/: c, f;
5]endsets
6]data:
7]   c = 8    7    5    9    9    2    5    6    10;
8]enddata
9]max = flow;
10]@sum(arcs(i,j)|i #eq# 1: f(i,j)) = flow;
11]@for(nodes(i) | i #ne# 1 #and# i #ne# @size(nodes):
12]    @sum(arcs(i,j): f(i,j)) - @sum(arcs(j,i):f(j,i))=0);
13]@for(arcs: @bnd(0, f, c));
```

程序的第 9 行是目标. 第 10~12 行表示约束 (6.48), 这似乎少写了一个约束, 但由线性规划的理论可知, 最后一个约束是多余的 (当然写上程序也不会出错). 第 13 行表示有界约束 (6.49).

LINGO 软件的计算结果如下 (只保留流值 f):

```
Global optimal solution found.
Objective value:              14.00000
Total solver iterations:           3


     Variable        Value       Reduced Cost
        FLOW       14.00000         0.000000
      F( S, 1)      7.000000         0.000000
```

F(S, 2)	7.000000	0.000000
F(1, 2)	2.000000	0.000000
F(1, 3)	5.000000	0.000000
F(2, 4)	9.000000	-1.000000
F(3, T)	5.000000	-1.000000
F(4, T)	9.000000	0.000000

因此, 该网络的最大流为 14, F 的值对应弧上的流, 其结果与例 6.18 是相同的.

6.5.5　最小费用最大流问题

例 6.20(最小费用最大流问题)(续例 6.19)　由于输油管道的长短不一或地质等原因, 每条管道上的运输费用也不相同, 因此, 除考虑输油管道的最大流外, 还需要考虑输油管道输送最大流的最小费用. 图 6.49 所示的是带有运费的网络, 其中第 1 个数字是网络的容量, 第 2 个数字是网络的单位运费.

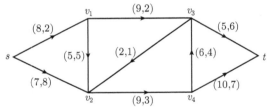

图 6.49　最小费用最大流问题

解　此类问题就是所谓的最小费用最大流问题, 即考虑网络在最大流情况下的最小费用. 例 6.19 虽然给出了图 6.39 最大流的一组方案, 但它是不是关于费用的最优方案呢? 这还需要进一步讨论.

先给出最小费用流一般形式的数学规划表达式.

设 f_{ij} 为弧 (i,j) 上的流量, c_{ij} 为弧 (i,j) 上的单位运费, u_{ij} 为弧 (i,j) 上的容量, d_i 为节点 i 处的净流量, 则最小费用流的数学规划表示为

$$\min \quad \sum_{(i,j)\in E} c_{ij} f_{ij}, \tag{6.50}$$

$$\text{s.t.} \quad \sum_{\substack{j\in V \\ (i,j)\in E}} f_{ij} - \sum_{\substack{j\in V \\ (j,i)\in E}} f_{ji} = d_i, \tag{6.51}$$

$$0 \leqslant f_{ij} \leqslant u_{ij}, (i,j)\in E, \tag{6.52}$$

其中

$$d_i = \begin{cases} v_f, & i = s, \\ -v_f, & i = t, \\ 0, & i \neq s, t. \end{cases} \tag{6.53}$$

当 v_f 为网络的最大流时, 数学规划 (6.50)~(6.53) 表示的就是最小费用最大流问题.

下面给出具体的 LINGO 程序. 按照最小费用流的数学规划 (6.50)~(6.53) 写出相应的 LINGO 程序 (程序名: exam0620.lg4) 如下:

```
1]sets:
2]  nodes/s,1,2,3,4,t/:d;
3]  arcs(nodes, nodes)/
4]     s,1 s,2 1,2 1,3 2,4 3,2 3,t 4,3 4,t/: c, u, f;
5]endsets
6]data:
7]  d = 14    0    0    0    0   -14;
8]  c = 2     8    5    2    3    1    6    4    7;
9]  u = 8     7    5    9    9    2    5    6    10;
10]enddata
11]min=@sum(arcs:c*f);
12]@for(nodes(i) | i #ne# 1 #and# i #ne# @size(nodes):
13]    @sum(arcs(i,j):f(i,j)) - @sum(arcs(j,i):f(j,i))=d(i));
14]@sum(arcs(i,j)|i #eq# 1 : f(i,j))=d(1);
15]@for(arcs:@bnd(0,f,u));
```

程序的第 11 行是目标函数 (6.50). 第 12~14 行是约束条件 (6.51). 第 15 行是约束的上下界 (6.52).

LINGO 软件的计算结果如下 (仅保留流值 f):

```
Global optimal solution found.
Objective value:              205.0000
Total solver iterations:            0
```

Variable	Value	Reduced Cost
F(S, 1)	8.000000	-1.000000
F(S, 2)	6.000000	0.000000
F(1, 2)	1.000000	0.000000
F(1, 3)	7.000000	0.000000
F(2, 4)	9.000000	0.000000
F(3, 2)	2.000000	-2.000000
F(3, T)	5.000000	-7.000000
F(4, T)	9.000000	0.000000

因此, 最大流的最小费用为 205 单位, 其结果如图 6.50 所示, 其中括号中的第

1 个数为容量, 第 2 个数为单位运费, 第 3 个数为流量. 按图 6.50 的费用计算, 原最大流的费用为 210 单位, 说明原方案并不是最小成本.

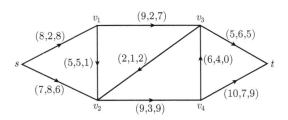

图 6.50　最小费用最大流网络

6.6　竞赛试题分析

本节介绍两个与图论和网络有关的数学建模竞赛试题. 一个是美国大学生数学建模竞赛题 —— 通信网络最优连线问题. 另一个是中国大学生数学建模竞赛题 —— 灾情巡视路线问题.

6.6.1　通信网络最优连线问题

通信网络最优连线问题是 1991 年美国大学生数学建模竞赛 B 题.

1. 问题

两个通信站间通信线路的费用与线路长度成正比. 通过引入若干 "虚设站", 并构造一个新的 Steiner 树就可以降低由一组站生成的传统的最小生成树所需的费用. 用这种方法可降低费用多达 $13.4\% \left(1 - \dfrac{\sqrt{3}}{2}\right)$, 而且为构造一个有 n 个站的网络的费用最低的 Steiner 树, 绝不需要多于 $n - 2$ 个虚设站. 图 6.51 中给出了增加虚设站降低最优连线长度的例子.

对于局部网络而言, 常有必要用直折线距离或 "棋盘" 距离来代替欧氏距离, 这种尺度可以计算距离, 如图 6.52 所示.

假定希望设计一个有 9 个站的局部网络的最低造价生成树. 这 9 个站的直角坐标分别为 $a(0,15)$, $b(5,20)$, $c(16,24)$, $d(20,20)$, $e(33,25)$, $f(23,11)$, $g(35,7)$, $h(25,0)$, $i(10,3)$.

限定只能用直线, 而且所有的虚设站必须位于格点上 (即坐标为整数), 每条直线的造价是其长度值.

(1) 求该网络的一个最小生成费用树;

(2) 假定每个站的费用为 $d^{\frac{3}{2}} \cdot w$, 其中 d 为通信站的度, 若 $w = 1.2$, 求最小费用树;

(3) 试推广本问题.

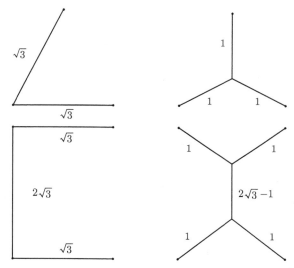

图 6.51　增加虚设站节省费用的情况, 节省量达 $1 - \dfrac{\sqrt{3}}{2}$

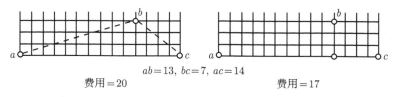

$ab = 13, bc = 7, ac = 14$

费用 = 20　　　　　费用 = 17

图 6.52　在 "棋盘" 距离下, 增加虚设站节省费用的情况

2. 问题的分析与求解

先考虑简单的问题, 即只考虑在原来点上的最优连线问题. 已知 9 个点的坐标分别为 $a(0,15)$, $b(5,20)$, $c(16,24)$, $d(20,20)$, $e(33,25)$, $f(23,11)$, $g(35,7)$, $h(25,0)$, $i(10,3)$. 构造各边的权值为

$$w(i,j) = |x_i - x_j| + |y_i - y_j|, \quad i \neq j, i, j = 1, 2, \cdots, 9,$$

其中 (x_i, y_i) 为第 i 个点的坐标.

由 Kruskal 算法或者 6.4.4 小节介绍的 LINGO 求解方法, 很容易得到其最优生成树, 如图 6.53 所示. 若不计算站的费用, 则其最小费用为 110; 若计算站的费用, 则其最小费用为 136.43.

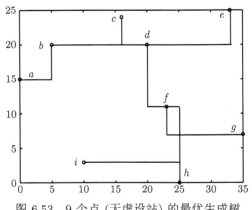

图 6.53   9 个点 (无虚设站) 的最优生成树

现考虑增加虚设站的情况, 全面考虑这个问题较为麻烦, 按照题目给出的结果, 虚设站的个数最多可以增加到 $7 = 9 - 2$, 而按照题意, 所有的虚设站必须位于格点上, 因此, 可以增加虚设站的位置共有 $936 = 26 \times 36$ 个. 若用穷举法, 共有

$$\mathrm{C}_{936}^1 + \mathrm{C}_{936}^2 + \mathrm{C}_{936}^3 + \mathrm{C}_{936}^4 + \mathrm{C}_{936}^5 + \mathrm{C}_{936}^6 + \mathrm{C}_{936}^7 = 1.2303 \times 10^{17}$$

种情况, 在三天时间内找出它们的最优解是绝对不可能的. 因此, 需要对问题作进一步的分析. 为了减少长度, 增加的点只能在各个点位置的交线上, 因此, 可设虚设站的位置共有 $72 = 8 \times 9$ 个. 因此, 共有

$$\mathrm{C}_{72}^1 + \mathrm{C}_{72}^2 + \mathrm{C}_{72}^3 + \mathrm{C}_{72}^4 + \mathrm{C}_{72}^5 + \mathrm{C}_{72}^6 + \mathrm{C}_{72}^7 = 1.6444 \times 10^9$$

种情况. 即使这样, 在三天内计算出全部结果的最优解也是不可能的, 需要再作简化. 除了增加的点只能在各个点位置的交线上外, 增加的点还只能在这 9 个点所围区域的内部, 并且在原有的 9 个点上不用考虑是否要增加点. 因此, 可设虚设站的位置共有 $31 = 6 \times 7 - 5$ (已有的点)-6(边界上的点) 个. 因此, 共有

$$\mathrm{C}_{31}^1 + \mathrm{C}_{31}^2 + \mathrm{C}_{31}^3 + \mathrm{C}_{31}^4 + \mathrm{C}_{31}^5 + \mathrm{C}_{31}^6 + \mathrm{C}_{31}^7 = 3572223$$

种情况. 如果按每秒钟得到一个最优生成树来计算, 也需要 41.3452 天才能算完, 这当然也是不允许的. 因此, 只能不考虑整体最优, 而考虑得到一个较好的可行解策略.

一种考虑问题的方法是从图 6.53 出发. 容易看出, 在图中增加虚设站的位置为 $(16,20), (25,7), (25,3)$, 可以减少生成树的长度, 经计算得到其最小费用树, 如图 6.54 所示. 在不计算站的费用的情况下, 其最小费用为 97; 在计算站的费用的情况下, 其最小费用为 135.28. 增加 4 个虚设站 $(16,20)$, $(25,7)$, $(25,3)$ 和 $(23,20)$ 的最小费用树, 如图 6.55 所示. 在不计算站的费用的情况下, 其最小费用为 94; 在计算站的费用的情况下, 其最小费用为 136.32.

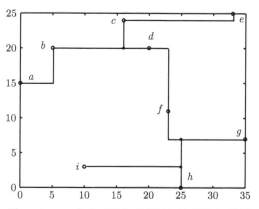

图 6.54 12 个点 (三个虚设站) 的最优生成树

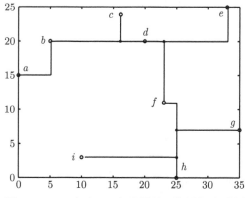

图 6.55 13 个点 (4 个虚设站) 的最优生成树

因此, 在计算站的费用的情况下, 增加过多的虚设站, 并不一定降低费用, 反而使费用上升. 考虑增加适当的虚设站, 如考虑增加两个虚设站 $(16,20),(25,7)$, 得到最小生成树 (图 6.56). 在不计算站的费用的情况下, 其最小费用为 100; 在计算站的费用的情况下, 其最小费用为 134.89. 但这种做法的缺点是: 需要对具体情况具体分析, 不便于推广.

另一种较为可行的方法是: 不考虑整体最优, 而考虑局部最优, 在可增加虚设站的 31 个位置上, 每次增加一个虚设站, 然后再计算出相应的最小费用树 (不计算站的费用和计算站的费用两种情况), 比较其相应的费用值, 最终得到在该意义下的最小费用生成树. 这种方法的优点是计算量小, 最多仅有

$$31 + 30 + 29 + 28 + 27 + 26 + 25 = 196$$

种情况. 这种方法的另一个优点是便于推广, 在点数区域比较大的情况下, 仍然可以很快地计算出结果, 这种方法的缺点就是得到的解并不一定是整体最优解.

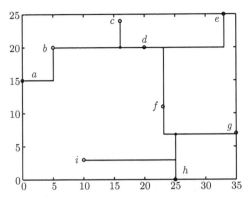

图 6.56 11 个点 (两个虚设站) 的最优生成树

6.6.2 灾情巡视路线 (1998 年中国大学生数学建模竞赛 B 题)

1. 问题

1998 年夏天, 中国部分地区遭受水灾, 为考察灾情, 组织自救, 各地领导带领有关部门负责人到各管辖地巡视. 图 6.57 是某县的乡 (镇)、村公路示意图, 公路边的

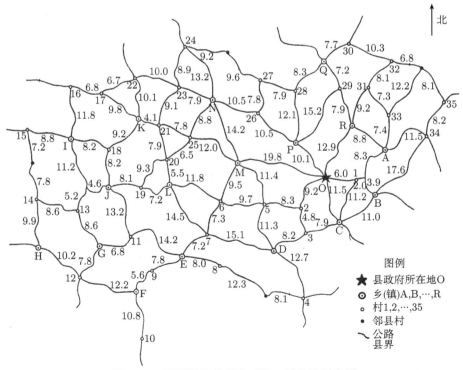

图 6.57 需要巡视的某乡 (镇)、村公路示意图

数字为该路段的距离, 单位为 km.

巡视路线指从县政府所在地出发, 走遍各乡 (镇)、村, 又回到县政府所在地的路线.

(1) 若分三组 (路) 巡视, 试设计总路程最短且各组尽可能均衡的巡视路线.

(2) 假定巡视人员在各乡 (镇) 停留时间 $T = 2h$, 在各村停留时间 $t = 1h$, 汽车行驶速度 $V = 35km/h$. 要在 24h 内完成巡视, 至少应分几组, 并给出这种分组下你认为最佳的巡视路线.

(3) 在上述关于 T, t 和 V 的假定下, 如果巡视人员足够多, 则完成巡视的最短时间是多少, 并给出在这种最短时间完成巡视的要求下你认为最佳的巡视路线.

(4) 若巡视组数已定 (如三组), 要求尽快完成巡视, 讨论 T, t 和 V 改变对最佳巡视路线的影响.

2. 问题的分析与求解

这是一个多旅行商问题. 因此, 完成工作分为以下几步:

第 1 步 计算县政府到各乡 (镇) 和各村之间、各乡之间、各村之间以及各乡到各村之间的距离.

6.1.4 小节曾介绍过求解最短路问题的方法 ——Dijkstra 算法和 Floyd 算法, 在这里使用 Floyd 算法较为合适, 用它可以很方便地计算出任意两点 (县政府、乡和村) 之间的最短路.

第 2 步 问题 (1) 的计算 —— 旅行商问题求解.

在图 6.57 中, 除县政府外, 还有 17 个乡和 35 个村, 一共是 53 个点. 先不妨将这 53 个点当成旅行商问题进行计算. 具体方法是将 Floyd 算法得到的各点之间的最短距离保存在一个文本文件中, 用类似于例 6.15 中的 LINGO 程序 (exam0615.lg4) 计算[①], 得到相应的最优 Hamilton 圈, 其长度共有 504.6km (具体方案略). 如果分三组 (路) 巡视, 则每组巡视一圈至少在 168.2km 以上 (可能大大超过此数).

如果要建立一个模型来解决这个多旅行商问题, 恐怕会遇到很大的困难. 不妨将问题简化, 将问题化为三个独立的旅行商问题. 其方法是先对图 6.57 作一个大致的划分, 从直观上感觉每个巡视组所经过的里程和停留时间大致相同, 如图 6.58 所示.

由图 6.58 得到第一巡视组从县政府 (O) 出发, 要巡视乡 A, B, C, P, Q, R, 巡视村 1~3 和村 28~35, 经计算共需行程 172.3km. 第二巡视组从县政府 (O) 出发, 要巡视乡 D, E, F, G, H, J, 巡视村 4~14, 经计算共需行程 230.1km. 第三巡视组从县政府 (O) 出发, 要巡视乡 M, N, K, I, L, 巡视村 15~27, 经计算共需行程 206.5km. 计算结果如表 6.6 所示.

---

① 只需将程序作部分改动, 数据由文件读取数据, 如何从文件中读取数据请参见附录 B.

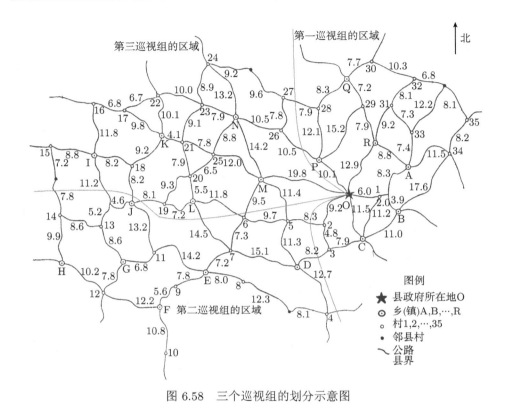

图 6.58   三个巡视组的划分示意图

表 6.6   三个巡视组的巡视路线和行驶里程   (单位：km)

巡视组	巡视路线	行程
第一组	O → P → 28 → Q → 30 →(经 Q 但不停留)29 → R → A → 33 → 31 → 32 → 35 → 34 → B → 1 → C → 3 → 2 → O	172.3
第二组	O →(经 2, 3 但不停留)D → 4 → 8 → E → 11 → G → 13 → J →(经 13 但不停留)14 → H → 12 → F → 10 →(经 F 但不停留)9 →(经 E 但不停留)7 → 6 → 5 →(经 2 但不停留) O	230.1
第三组	O → M → 25 → 20 → L → 19 →(经 J 但不停留)18 → I → 15 →(经 I 但不停留)16 → 17 → 22 → K → 21 → 23 → 24 → N → 26 → 27 →(经 26, P 但不停留)O	206.5

从计算结果来看，第一组的行驶里程偏少，而第二组偏多. 作适当的调整如下：
将第二组要巡视的 D 乡和 4 村划归第一组巡视. 重新计算得到第一组的行驶里程

为 214.1km, 第二组的行驶里程为 216.5km, 第三组的行驶里程不变, 还是 206.5km. 这样的结果基本平衡 (计算结果略).

第 3 步 问题 (2) 的计算 —— 考虑停留时间.

上述计算结果的行驶里程大致相同了, 但在考虑停留时间后, 会发现还有问题. 在调整方案后, 第一巡视组要经过 7 个乡和 12 个村, 这样下来总耗时为 $7 \times 2 + 12 \times 1 + 214.1/35 = 32.12$h; 第二组为 26.19h; 第三组为 27.9h. 因此, 上述结果对于行程的公里数是平衡的, 但对于每个巡视组的用时是不平衡的.

由于巡视组在乡和村的停留时间不同, 因此, 要想得到尽可能均衡的每组巡视路线的时间, 除了要在行使的公里数上均衡外, 还要平分乡和村的个数, 即每个巡视组要经过 5~6 个乡和 11~12 个村, 而且还要做到, 如果巡视组中经过的乡少, 则经过的村就要多一些.

还是先考虑图 6.58 所示的分组情况和表 6.6 的计算结果. 第一巡视组共经过 6 个乡和 11 个村, 共行程 172.3km, 用时 $6 \times 2 + 11 \times 1 + 172.3/35 = 27.92$h; 第二巡视组共经过 6 个乡和 11 个村, 共行程 230.1km, 用时 29.57h; 第三巡视组共经过 5 个乡和 13 个村, 共行程 206.5km, 用时 28.9h. 从结果上来看, 各组用时基本上是平衡的.

类似于第 2 步的计算, 对这个计算方案再作适当的调整. 将原第一组巡视的村 2, 3 划归为第二巡视组, 将原第三组巡视的村 26, 27 划归为第一组, 将原第二组巡视的乡 J 划归为第三巡视组. 也就是说, 第一巡视组从县政府 (O) 出发, 要巡视乡 A, B, C, P, Q, R, 村 1 和村 26~35; 第二巡视组从县政府 (O) 出发, 要巡视乡 D, E, F, G, H, 村 2~14; 第三巡视组从县政府 (O) 出发, 要巡视乡 M, N, K, I, L, J, 村 15~25. 计算结果如表 6.7 所示.

表 6.7 修正后三个巡视组的巡视路线、行驶里程和用时

巡视组	巡视路线	行程/km	用时/h
第一组	O → P → 26 → 27 → 28 → Q → 30 →(经 Q 但不停留)29 → R → A → 33 → 31 → 32 → 35 → 34 → B → C → 1 → O	175.6	28.02
第二组	O → 2 → 5 → 6 → 7 → E → 11 → G → 13 → 14 → H → 12 → F → 10 →(经 F 但不停留)9 →(经 E 但不停留)8 → 4 → D → 3 → (经 2 但不停留)O	210.5	29.01
第三组	O → M → 25 → 20 → L → 19 → J → 18 → I → 15 →(经 I 但不停留)16 → 17 → 22 → K → 21 → 23 → 24 → N →(经 26, P 但不停留) O	190.9	28.45

由表 6.7 可以看出, 三个巡视组用时最多相差 1h, 可以认为这个结果是合理的.

　　表 6.7 给出的结果最少也要 28h 才能完成巡视, 因此, 不满足题目的要求
——24h 内完成巡视工作. 先从理论上分析一下, 在三个巡视组的情况下能否在 24h
内完成巡视. 事实上, 这是不可能的, 因为每个组至少要经过 5 个乡、11 个村和
168.2km 以上的行程, 而 $168.2/35 + 5 \times 2 + 11 = 25.8 > 24$, 所以要打算在 24h 内完
成巡视工作, 至少要分成 4 个组.

　　类似于分成三组的情况, 先大体分成均匀的 4 组, 每组要经过 4~5 个乡和 8~9
个村, 如果经过的乡少一个, 那么经过的村就多一个. 经过计算 (计算过程略) 得到
第 1 组途经 5 个乡 (A, B, C, R, Q) 和 8 个村 (1, 29~35), 总行程 136.5km, 耗时
21.90h; 第 2 组途经 4 个乡 (D, E, F, G) 和 8 个村 (3, 4, 7~12), 总行程 181.0km,
耗时 21.17h; 第 3 组途经 4 个乡 (L, J, I, H) 和 9 个村 (2, 5, 6, 13~15, 18~20), 总
行程 184.0km, 耗时 22.26h; 第 4 组途经 4 个乡 (P, N, M, K) 和 10 个村 (16, 17,
21~28), 总行程 150.3km, 耗时 22.29h.

　　从计算结果来看, 4 个组所用的总时间均在 24h 以内, 满足要求. 另一方面, 最
长用时和最短用时相差 1h, 应该是平衡的.

　　第 4 步　问题 (3) 的计算.

　　问题 (3) 是假定巡视人员足够多, 完成巡视的最短时间是多少. 考虑极特殊的
情况, 就是每个村和乡都派出一个巡视组, 这样得到的巡视时间一定是最短的. 计
算县政府到各个乡或村的最短距离, 这正好用到 Dijkstra 算法.

　　经计算, 从县政府到乡 H 的距离最远, 为 77.5km. 因此, 完成巡视的时间为
$77.5 \times 2/35 + 2 = 6.43$h. 最近距离是村 1, 只有 6.0km, 完成巡视的时间为 $6.0 \times
2/35 + 1 = 1.34$h, 而且完成全部巡视的最短时间也就是 6.43h. 显然, 这样做是不
合理的. 第一, 各巡视组完成任务的时间相差太大; 第二, 每个组只巡视一个村 (或
乡), 资源浪费太大. 较为合理的巡视时间大约在 10~12h (因为白天巡视比较符合
实际情况), 这样大约要派 8~9 个巡视组, 每个组需要巡视 2 个乡和 4 个村, 巡视
里程大约为 150km. 具体计算的细节如问题 (2) 的计算, 这里就不列出了.

　　第 5 步　关于问题 (4) 的说明.

　　问题 (4) 是要考虑在巡视组数已定的情况下, T, t 和 V 改变对最佳巡视路线
的影响.

　　首先考虑改变车速 V 对最佳巡视路线的影响. 由问题 (2) 的计算, 在三组的情
况下, 最小行驶里程为 175.6km, 最大行驶里程为 210.5km, 在路上行驶的时间分别
为 $175.6/35 = 5.02$h, $210.5/35 = 6.01$h. 如果将行车速度提高一倍, 即 70km/h, 则行
驶时间分别为 2.51h 和 3h. 事实上, 这一点是行不通的, 因为我国道路交通法规规
定, 乡级公路最高行驶速度为 50km/h, 这样行驶时间分别为 3.51h 和 4.21h, 分别
只减少 1.5h 左右, 这只是巡视一个村和一个乡的平均时间, 而在三个巡视组的情况
下, 每级要巡视 6 个乡和 12 个村, 这个时间不会对巡视路线造成大的影响. 另外,

考虑到灾后巡视, 道路可能会受到洪水损坏, 所以提高车速的意义不大.

再考虑停留时间 T 和 t 对最佳巡视路线的影响. 从计算结果来看, 停留时间对整个巡视的影响较大, 所以可能考虑缩短停留时间来尽快完成巡视. 但从实际情况来看, 缩短停留时间也是不现实的, 因为目前的停留时间并不长, 再缩短停留时间会达不到巡视的效果.

习　题　6

1. 设 M 是无向图 G 的关联矩阵, A 是它的邻接矩阵.

(1) 证明 M 的每一列之和均为 2;

(2) 求 A 的各行和各列之和.

2. 设 M 是无环有向图 G 的关联矩阵, A 是它的邻接矩阵.

(1) 证明 M 的每一列之和均为 0;

(2) 求 A 的各行和各列之和.

3. 证明

(1) 设 G 是无向图, M 是关联矩阵, A 是邻接矩阵, 则 $MM^{\mathrm{T}} = D + A$, 其中 $D = \mathrm{diag}(d(v_1), d(v_2), \cdots, d(v_n))$;

(2) 设 G 是无环有向图, M 是关联矩阵, A 是邻接矩阵, 则 $MM^{\mathrm{T}} = D - A$, 其中 $D = \mathrm{diag}(d(v_1), d(v_2), \cdots, d(v_n))$.

4. 设 Δ 和 δ 是简单图 G 的最大度和最小度, 则 $\delta \leqslant \dfrac{2m}{n} \leqslant \Delta$.

5. 证明若 k 正则偶图具有二分类 $V = V_1 \cup V_2$, 则 $|V_1| = |V_2|$.

6. 证明由两个人或更多个人组成的人群中, 总有两个人在该人群中恰好有相同的朋友数.

7. 证明具有如下邻接矩阵的图没有圈:

$$A = \begin{bmatrix} 0 & 0 & 0 & 0 & 0 & 0 & 0 & 1 & 0 \\ 0 & 0 & 0 & 0 & 0 & 0 & 0 & 1 & 0 \\ 0 & 0 & 0 & 0 & 0 & 0 & 0 & 1 & 0 \\ 0 & 0 & 0 & 0 & 1 & 0 & 0 & 0 & 1 \\ 0 & 0 & 0 & 1 & 0 & 1 & 0 & 0 & 0 \\ 0 & 0 & 0 & 0 & 1 & 0 & 0 & 0 & 0 \\ 0 & 0 & 0 & 0 & 0 & 0 & 0 & 1 & 0 \\ 1 & 1 & 1 & 0 & 0 & 0 & 1 & 0 & 1 \\ 0 & 0 & 0 & 1 & 0 & 0 & 0 & 1 & 0 \end{bmatrix}.$$

8. 写出具有 n 个顶点的无向图无圈的必要和充分条件 (关于邻接矩阵的幂).

9. 设 A 是无向简单图 G 的邻接矩阵, 证明 $A^2(i, i) = d(i)$.

10. 证明如下序列不可能是某个简单图的度序列:

(1) $7, 6, 5, 4, 3, 2$;　　(2) $6, 6, 5, 4, 3, 2, 1$;　　(3) $6, 5, 5, 4, 3, 2, 1$.

11. 已知 9 个人 $v_1, v_2, \cdots, v_9$ 中 v_1 和两个人握过手, v_2, v_3 各和 4 个人握过手, v_4, v_5, v_6, v_7 各和 5 个人握过手, v_8, v_9 各和 6 个人握过手, 证明这 9 个人中一定可以找出三个人互相握过手.

12. 判断图 6.59 中图的连通性 (强连通、单向连通和弱连通).

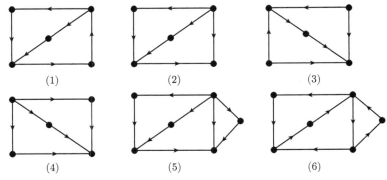

图 6.59　第 12 题的各种图形

13. 用 Dijkstra 方法求图 6.60 从 v_1 到各点的最短路.

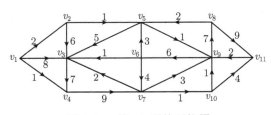

图 6.60　第 13 题的网络图

14. 某公司在 6 个城市 $C_1, C_2, \cdots, C_6$ 中都有分公司. 从 C_i 到 C_j 的直航票价如表 6.8 所示, 其中 ∞ 表示无直航. 该公司想算出一张任意两个城市之间的最廉价路线表, 试作出这样的表来.

表 6.8　各城市之间的直航票价

城市	C_1	C_2	C_3	C_4	C_5	C_6
C_1	0	50	∞	40	25	10
C_2	50	0	15	20	∞	25
C_3	∞	15	0	10	20	∞
C_4	40	20	10	0	10	25
C_5	25	∞	20	10	0	55
C_6	10	25	∞	25	55	0

15. 某公司有三个工厂 A_1, A_2, A_3 生产某产品, 分别运往 4 个门市部 B_1, B_2, B_3, B_4 去

销售. 有关各厂的产量、各部门的销量及运价等信息如表 6.9 所示. 如何组织运输, 才可使总的运输费用为最小.

表 6.9　各厂的产量、各部门的销量及运价

	B_1	B_2	B_3	B_4	产量
A_1	3	11	3	10	7
A_2	1	9	2	8	4
A_3	7	4	10	5	9
销量	3	6	5	6	20

16. 某飞机制造厂生产一种民用喷气式飞机, 生产的最后阶段是制造喷气发动机, 以及把发动机安装到已完成的飞机骨架上 (一种很快的操作). 为了不耽误合同规定的交货期, 1~4 月必须安排发动机的台数分别为 10, 15, 25, 20, 但受生产能力等条件的限制, 这些月份的最高生产台数分别为 25, 35, 30, 10. 显然, 为了满足安装发动机的需要, 某些月份必须多生产一些发动机, 但这会产生储存费用, 每月单台的储存费为 1.5 万元. 已知 1~4 月的单台生产费分别为 1.08, 1.11, 1.10, 1.13 百万元. 试安排这 4 个月的生产计划, 使生产费用和储存费用之和最小.

17. 设例 6.10 的其他条件不变, 将第一季度的生产量由 14 万盒改为 13 万盒. 如果当季度完不成生产任务, 公司则考虑让工人加班, 但由加班生产出产品的成本要比原成本高出 20%, 并且每季度加班最多生产 2 万盒. 在这种情况下, 将如何安排生产, 才可使总成本最少?

18. 假定第 15 题中产量和销量不变. 除产地和销地之外, 中间可以有几个转运站, 在产地之间、销地之间或产地与销地之间可以运转. 已知各产地、各销地、各中间转运站及相互之间的运价如表 6.10 所示. 如何组织运输, 才可使总的运输费用为最小? 并将计算结果与第 15 题的计算结果相比较, 是否转运模型更节约运费?

表 6.10　各厂的产量、各部门的销量、中转站及运价

		产地			中转站				销地			
		A_1	A_2	A_3	T_1	T_2	T_3	T_4	B_1	B_2	B_3	B_4
产地	A_1	0	1	3	2	1	4	3	3	11	3	10
	A_2	1	0	—	3	5	—	2	1	9	2	8
	A_3	3	—	0	1	—	2	3	7	4	10	5
中转站	T_1	2	3	1	0	1	3	2	2	8	4	6
	T_2	1	5	—	1	0	1	1	4	5	2	7
	T_3	4	—	2	3	1	0	2	1	8	2	4
	T_4	3	2	3	2	1	2	0	1	—	2	6
销地	B_1	3	1	7	2	4	1	1	0	1	4	2
	B_2	11	9	4	8	5	8	—	1	0	2	1
	B_3	3	2	10	4	2	2	2	4	2	0	3
	B_4	10	8	5	6	7	4	6	2	1	3	0

19. 有甲、乙和丙三个城市, 每年分别需要煤炭 320 万吨、250 万吨和 350 万吨, 由 A, B 两个煤矿负责供应. 已知煤矿年产量 A 为 400 万吨, B 为 450 万吨, 从两煤矿至各城市的煤炭运价如表 6.11 所示. 由于需求大于供应, 经协商平衡, 甲城市在必要时可少供应 0~30 万吨, 乙城市需求量须全部满足, 丙城市需求量不少于 270 万吨. 试求将甲、乙两矿煤炭全部分配出去, 满足上述条件又使总运费最低的调运方案.

表 6.11　煤矿与各城市之间的煤炭运价表　　　　　　　　(单位: 万元/万吨)

	甲	乙	丙
A	15	18	22
B	21	25	16

20. 分配甲、乙、丙、丁 4 个人去完成 5 项任务, 每人完成各项任务的时间如表 6.12 所示. 由于任务数多于人数, 故规定其中有一个人可兼完成两项任务, 其余三人每人完成一项. 试确定总花费时间最少的指派方案.

21. 已知下列 6 名运动员各种姿势的百米游泳成绩如表 6.13 所示, 如何从中选拔一个参加 $4 \times 100\text{m}$ 混合泳的接力队, 才可使预期的比赛成绩为最好.

表 6.12　每人完成每项任务的时间表

人	任　务				
	A	B	C	D	E
甲	25	29	31	42	37
乙	39	38	26	20	33
丙	34	27	28	40	32
丁	24	42	36	23	45

表 6.13　各运动员的游泳成绩　　　　　　　　(单位: s)

	赵	钱	李	王	张	孙
百米蝶泳	54.7	58.2	52.1	53.6	56.4	59.8
百米仰泳	62.2	63.4	58.2	56.5	59.7	61.5
百米蛙泳	69.1	70.5	65.3	67.8	68.4	71.3
百米自由泳	52.2	53.8	49.8	51.6	53.4	55.0

22. 下列图形 (图 6.61) 中哪些能一笔画成?

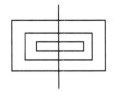 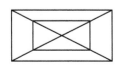

图 6.61　第 22 题的各种图形

23. 求图 6.62 所示的中国邮递员问题.

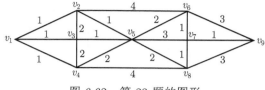

图 6.62　第 23 题的图形

24. 考虑第 14 题中的 6 个城市 $C_1, C_2, \cdots, C_6$, 其直航票价由表 6.8 所示. 求从城市 C_1 出发, 经过所有城市并回到城市 C_1 的最优票价.

25. 证明如果图 G 无环, 并且任意两个顶点之间均有唯一的路连接, 则 G 是树.

26. 设图 G 有 $n - 1$ 条边, 证明下列三个命题等价:

(1) G 连通; (2) G 无圈; (3) G 是树.

27. 用 "破圈法" 和 "避圈法" 求图 6.63 中各图的最小生成树.

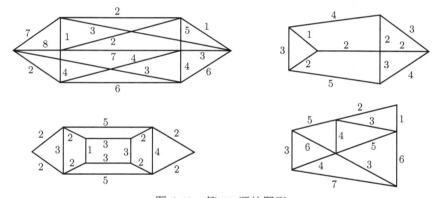

图 6.63　第 27 题的图形

28. 考虑第 14 题中的 6 个城市 $C_1, C_2, \cdots, C_6$, 其直航票价由表 6.8 所示. 如果认为票价与路程长度呈某种比例关系, 求这 6 个城市的最优连线.

29. 图 6.64 中的路径 (a) 和 (b) 是大网络中的一部分, 判断它们是否有可增广路. 如果有, 请找出相应的可增广路.

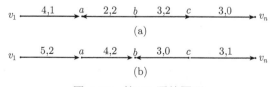

图 6.64　第 29 题的图形

30. 求图 6.65 所示网络的最大流.

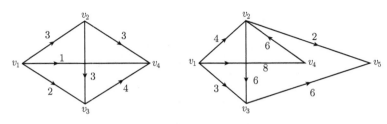

图 6.65 第 30 题的图形

31. 三个炼油厂通过管道网络为两个分散的终端运送汽油. 如果这个网络的运送能力满足不了需求, 那么可以从其他的源点获取. 这个管道网络中有三个泵站, 如图 6.66 所示. 汽油的流向如图中箭头所示, 图中标出了每一段管道的运送容量, 单位是百万桶/天. 求解下面的问题:

(1) 要满足这个网络的最大流量, 每一个炼油厂每天的产量应该是多少?

(2) 要满足这个网络的最大流量, 每一个终端每天的需求量应该是多少?

(3) 要满足这个网络的最大流量, 每个泵站每天的容量应该是多少?

(4) 如果进一步假定在图 6.66 所示的网络中泵站 6 每天的最大容量限制为 50 百万桶, 求出相应的网络的最大容量.

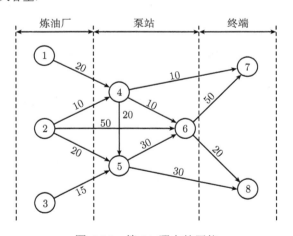

图 6.66 第 31 题中的网络

32. 张先生家住在城市 D, 每年的假期都会到城市 Y 度假. 由于张先生是一位旅游爱好者, 所以他希望每年开车去度假所选择的线路互不相同. 经过仔细地查看地图之后, 张先生确定了几条从城市 D 到城市 Y 的路线, 如图 6.67 所示. 张先生希望选择一些从城市 D 到城市 Y 的路线, 并且任何两条路线上都没有相同的城市. 求张先生可以选择的所有不同的路线. (提示: 将最大流的线性规划模型变形来求解从城市 D 到城市 Y 的两两不同的路径最大数目.)

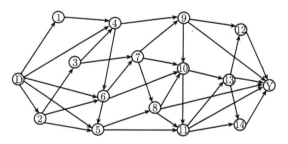

图 6.67 第 32 题中的网络

33. 一个军用的无线电通信系统由 9 个站点连接组成, 如图 6.68 所示. 即使其他任何三个站点都被敌人破坏, 也要能保证站点 4 和站点 7 之间可以相互通信. 请问图中给出的通信网络是否能够满足上面的要求?

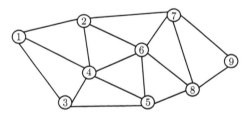

图 6.68 第 33 题中的网络

34. (监控摄像头的最优安装) 在过去几个月里, 某小区发生了多次夜间行窃案件. 此小区有保安巡逻, 但保安人数太少. 因此, 负责此小区的安全部门决定安装监控摄像头, 以协助

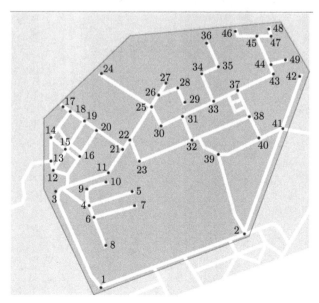

图 6.69 某小区的地形图

保安工作. 这些监控摄像头都可以 360° 旋转, 因此, 在几条街道的交汇处安装一个摄像头就可以同时对这些街道进行监控. 图 6.69 是此小区的地图, 其中给出了需要用闭路电视进行监控的区域范围, 并用数字标出了 49 个可以安装摄像头的位置. 应该选择在哪些位置安装摄像头, 才能使需要使用的摄像头数目最少?

第7章 数理统计模型

数学模型是用变量及数学符号建立起来的一系列等式和不等式, 是用来描述客观事物的特征、内在联系及其规律性的模型. 客观事物的某些特征的表现形式, 往往具有某种不确定性, 因此, 代表其特征的变量的取值也具有随机性. 有时这些变量虽然不具有随机性, 但由于观测条件的限制或随机因素的干扰, 使得这些变量的观测值也具有随机性. 如果按变量的取值是否具有随机性来划分数学模型, 则数学模型就分成了确定性数学模型和不确定性数学模型, 不确定性数学模型又称为随机模型.

前面各章所介绍的模型均为确定性模型, 第 7~9 章将介绍随机模型的有关内容. 本章介绍统计模型, 第 8 章介绍多元分析模型, 第 9 章介绍计算机的随机模拟知识.

第 7~9 章中的大部分数值例子是由 R 软件计算完成的. R 软件是一个免费的软件包, 是为统计数据进行分析、处理、计算、绘图的平台和环境. 它也是一种计算机编程语言, 通常称为 S 语言, 与 S-plus 软件很相近, R 软件的大部分程序都可以很快地移植到 S-plus 软件中. 在附录 C 中, 将对 R 软件的使用作进一步的介绍.

7.1 概率论初步

为了便于后面内容的学习, 本节先复习一下概率论的知识.

7.1.1 概率

统计学是一门数据分析的科学, 它研究数据的取样、收集、组织、总结、表达和分析的科学方法, 也研究如何根据数据的分析结果作出关于总体特性的有效推断和合理结论的科学方法. 在统计学中, 总体是指所要研究的对象的所有个体的总和. 在实际的统计分析中, 通常不可能研究所有的个体, 而是在总体中选取一部分个体进行分析. 这些在实际研究中被分析的个体称为样本.

通过对样本资料的统计分析, 可以推断总体的表现. 为了确保统计推断的可靠性, 需要按事先设计的要求观察和收集数据, 这种过程称为试验. 实施试验所获得的任何可能结果称为试验的一次结局. 如果重复实施设计相同的试验, 则可以获得不尽相同的结果. 试验的一次或若干次结局称为事件, 常用大写字母 $A, B, C, \cdots$

表示事件. 试验所有可能的结局构成的集合称为试验的样本空间.

如果事件 A 的概率为 $P(A)$, 则 A 的对立事件的概率为 $P(\overline{A}) = 1 - P(A)$. 如果存在两个事件 A 和 B, 事件 A 或者事件 B 发生, 则称为事件 A 与事件 B 的和, 其概率用 $P(A \cup B)$ 表示; 如果事件 A 与事件 B 同时发生, 则称为事件 A 与事件 B 的积, 其概率表示为 $P(A \cap B)$; 在事件 B 发生的条件下事件 A 发生的概率称为给定事件 B 时事件 A 的条件概率, 用 $P(A|B)$ 表示. 当事件 A 与事件 B 相互独立时, $P(A|B) = P(A)$ 或 $P(B|A) = P(B)$.

概率的基本运算法则如下: 事件 A 发生或者事件 B 发生的概率为

$$P(A \cup B) = P(A) + P(B) - P(A \cap B);$$

事件 A 与事件 B 同时发生的概率为

$$P(A \cap B) = \begin{cases} P(A)P(B|A), \\ P(B)P(A|B); \end{cases}$$

如果事件 A 与事件 B 互斥 (或不相容), 则事件 A 发生或者事件 B 发生的概率为

$$P(A \cup B) = P(A) + P(B);$$

如果事件 A 和事件 B 为独立事件, 则事件 A 与事件 B 同时发生的概率为

$$P(A \cap B) = P(A)P(B).$$

7.1.2　随机变量

1. 随机变量

统计分析的目的是要推断总体的特性. 在统计学中, 描述总体特性的数值称为总体的数字特征. 数字特征通常由一个或多个未知常数 (通常称为参数) 确定, 参数需要经统计分析而推断. 通常的做法是在总体中抽取一个样本, 由分析样本 (也称为数据) 而获得一个或多个可用于估计总体参数的数值. 这些数值称为总体参数的估计 (点估计).

从一个总体中抽取不同的样本, 分析各个样本所获得的点估计往往不尽相同. 这种表现出变异性的特征称为变量.

在作统计试验以前, 一般并不知道某一试验的确切结局, 但是可以赋予试验结局以实际数量的一个函数. 因此, 这一变量称为随机变量. 随机变量常用大写字母表示, 如 X, Y, Z. 它们可能出现的具体结果或数值则可用小写字母表示, 如 x, y, z.

最常见的随机变量有两类. 一类是以计数形式表示的随机变量, 称为离散型随机变量; 另一类是取值在某个有限或无限区间的随机变量, 称为连续型随机变量.

随机变量之间常存在不同程度的相依性, 这些相依性可以用数学模型或数学函数表示, 其中最常见的是线性模型. 线性模型是描述随机变量之间相互关系的数学函数或数学模型, 模型中的变量只具有简单的线性关系. 在统计分析中广泛应用的回归分析、相关分析、方差分析、协方差分析等都是建立在线性模型理论基础上的.

2. 分布函数

在重复试验中, 随机变量 $X \leqslant x$ 的值的累计概率可以用分布函数表示为

$$F(x) = P\{X \leqslant x\}. \tag{7.1}$$

分布函数具有以下特征：

(1) 有界性, 即 $\lim\limits_{x \to -\infty} F(x) = 0$, $\lim\limits_{x \to \infty} F(x) = 1$;

(2) 右连续性, 即 $\lim\limits_{h \to 0+} F(x + h) = F(x)$;

(3) 单调不减性, 即如果 $a < b$, 则 $F(a) \leqslant F(b)$;

(4) 左开右闭区间上的概率等于分布函数在区间端点上取值的差, 即

$$P\{a < X \leqslant b\} = F(b) - F(a).$$

3. 概率函数与概率密度函数

在重复试验中, 若随机变量 X 是离散型的且 X 取 x 值的概率用 $f(x)$ 表示, 即

$$f(x) = P\{X = x\}, \tag{7.2}$$

则称 $f(x)$ 为 X 的概率函数. 若随机变量 X 是连续型的, 并且存在非负函数 $f(x)$, 使得

$$F(x) = \int_{-\infty}^{x} f(t)\,\mathrm{d}t, \tag{7.3}$$

则称 $f(x)$ 为 X 的概率密度函数.

由式 (7.2) 或式 (7.3) 定义的 $f(x)$ 具有以下特征：

(1) 对于所有的 x 值, $f(x) \geqslant 0$;

(2) 对于离散型随机变量有 $\sum\limits_{x} f(x) = 1$, 连续型随机变量有 $\int_{-\infty}^{\infty} f(x)\,\mathrm{d}x = 1$.

4. 数学期望

当下列两式等号的右端有意义时, 定义随机变量 X 的数学期望为

$$E(X) = \sum_{x} x f(x), \quad X \text{ 为离散型随机变量}, \tag{7.4}$$

$$E(X) = \int_{-\infty}^{\infty} x f(x)\,\mathrm{d}x, \quad X \text{ 为连续型随机变量}. \tag{7.5}$$

根据随机变量数学期望的定义, 可以进一步得到随机变量线性函数的数学期望为

$$E(a + bX) = E(a) + E(bX) = a + bE(X), \tag{7.6}$$

其中 a 和 b 为常数. 常数的数学期望仍为原常数.

两个随机变量 X 和 Y 的数学期望为

$$E(aX + bY) = aE(X) + bE(Y). \tag{7.7}$$

进一步, 如果 X 和 Y 是独立的随机变量, 则

$$E(XY) = E(X)E(Y). \tag{7.8}$$

如果 $X_1, X_2, \cdots, X_n$ 是 n 个随机变量, 则反复运用式 (7.6) 得到

$$E\left(\sum_{i=1}^{n} a_i X_i\right) = \sum_{i=1}^{n} a_i E(X_i), \tag{7.9}$$

其中 $a_i(i = 1, 2, \cdots, n)$ 为常数.

5. *方差*

随机变量 X 的方差定义为

$$\mathrm{var}(X) = E\left\{[X - E(X)]^2\right\} = E(X^2) - [E(X)]^2. \tag{7.10}$$

称方差的开方为标准差, 记为 $\mathrm{sd}(X)$.

由式 (7.10) 得到线性函数的方差为

$$\mathrm{var}(a + bX) = \mathrm{var}(a) + \mathrm{var}(bX) = b^2 \mathrm{var}(X), \tag{7.11}$$

其中 a 和 b 为常数. 常数的方差为零.

两个随机变量 X 和 Y 的协方差定义为

$$\mathrm{cov}(X, Y) = E\{[X - E(X)][Y - E(Y)]\} = E(XY) - E(X)E(Y). \tag{7.12}$$

如果 X 和 Y 相互独立, 则由式 (7.8) 有

$$\mathrm{cov}(X, Y) = 0. \tag{7.13}$$

下面考虑随机变量 X 和 Y 的线性函数的协方差, 由定义可以得到

$$\mathrm{cov}(a + bX, c + dY) = b\,d\,\mathrm{cov}(X, Y). \tag{7.14}$$

随机变量 X 和 X 的协方差为

$$\begin{aligned}
\mathrm{cov}(X, X) &= E\{[X - E(X)][X - E(X)]\} = E(X^2) - [E(X)]^2 \\
&= \mathrm{var}(X),
\end{aligned} \tag{7.15}$$

即 X 的方差.

如果 $X_1, X_2, \cdots, X_n$ 是 n 个随机变量, 则有

$$\text{var}\left(\sum_{i=1}^{n} a_i X_i\right) = \sum_{i=1}^{n}\sum_{j=1}^{n} a_i a_j \text{cov}(X_i, X_j), \tag{7.16}$$

其中 $a_i(i=1,2,\cdots,n)$ 为常数. 如果 $X_i(i=1,2,\cdots,n)$ 是 n 个相互独立的随机变量, 则式 (7.16) 可改写为

$$\text{var}\left(\sum_{i=1}^{n} a_i X_i\right) = \sum_{i=1}^{n} a_i^2 \text{var}(X_i). \tag{7.17}$$

6. 相关系数

虽然协方差可以度量不同变量之间的相关性, 但是协方差的值受随机变量度量单位的影响. 度量随机变量 X 和 Y 之间的相关性, 并不受变量度量单位影响的参数是相关系数, 其定义为

$$\rho = \frac{\text{cov}(X,Y)}{\sqrt{\text{var}(X)\text{var}(Y)}}. \tag{7.18}$$

7.1.3 常用的分布

1. 正态分布

正态分布是连续型随机变量的一个重要分布, 它在数理统计中占有重要的地位. 如果随机变量 X 具有正态分布, 则其概率密度函数为

$$f(x) = \frac{1}{\sqrt{2\pi\sigma^2}} \exp\left[-\frac{(x-\mu)^2}{2\sigma^2}\right], \quad -\infty < x < \infty. \tag{7.19}$$

具有正态分布的随机变量 X 的期望值和方差为

$$E(X) = \mu, \quad \text{var}(X) = \sigma^2, \tag{7.20}$$

因而随机变量 X 是具有均值为 μ 和方差为 σ^2 的正态分布, 表示为

$$X \sim N(\mu, \sigma^2).$$

均值 μ 和方差 σ^2 是正态分布的两个参数, 两个参数的取值不同就构成不同的正态分布.

当 $\mu = 0$, $\sigma = 1$ 时, $X \sim N(0,1)$, 则称 X 服从标准正态分布.

在 R 软件中, 用 norm 表示正态分布, 在 norm 前需要加前缀 d (概率密度函数), p (分布函数), q (分位数函数) 或 r (生成随机数), 其调用格式如下:

```
dnorm(x, mean=0, sd=1, log = FALSE)
pnorm(q, mean=0, sd=1, lower.tail = TRUE, log.p = FALSE)
qnorm(p, mean=0, sd=1, lower.tail = TRUE, log.p = FALSE)
rnorm(n, mean=0, sd=1)
```

其中参数x和q为由分位数构成的向量, p 为由概率数构成的向量, n 为产生随机数的个数, mean 为均值参数 μ, sd 为标准差参数 σ, 其余参数的用法请参见帮助.

简单地解释, dnorm(x) 是概率密度函数 $f(x)$, 则 pnorm(x) 就是分布函数 $F(x)$, 即

$$\mathrm{pnorm(x)} = F(x) = \int_{-\infty}^{x} f(t)\mathrm{d}t.$$

图 7.1 描绘的是不同参数的正态分布的概率密度函数图. 用 R 软件作出图 7.1 的命令如下 (文件名: normal_plot.R):

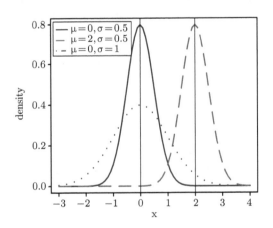

图 7.1　正态分布的概率密度函数

```
x<-seq(from=-3, to=4, by=0.1)
plot(x, dnorm(x, mean=0, sd=0.5), type="l", lwd=2,
     col="blue", xlab="x", ylab="density")
lines(x, dnorm(x, mean=2, sd=0.5), col="red",
     lty=5, lwd=2)
lines(x, dnorm(x, mean=0, sd=1), col="brown",
     lty=4, lwd=2)
abline(v=c(0, 2))
ex1<-expression(paste(mu==0,",",sigma==0.5))
ex2<-expression(paste(mu==2,",",sigma==0.5))
```

```
ex3<-expression(paste(mu==0,",",sigma==1))
legend(-3, .8, legend=c(ex1, ex2, ex3), lty=c(1, 5, 4),
       col=c("blue", "red", "brown"))
```

在上述语句中, x 是 $-3 \sim 4$ 间隔为 0.1 的向量. plot 是绘画函数, 它可以画点或直线 (这里画的是直线, 因为type="l"). lines 和 abline 是绘直线函数, 但画法和调用格式是不同的. expression 是表达式的函数. legend 是在图上加图或表达式的函数. 关于这些函数的介绍, 请参见附录 C.

如果改变 μ 值, 则只会改变正态分布图形的位置, 而不会改变它的形状. 如果改变 σ 值, 则会改变正态分布的形状. 例如, 在图 7.1 中可以看到, 改变 μ 值实际上是在改变正态分布的中心位置, μ 值变小, 图形向左移动; μ 值变大, 图形向右移动. 改变 σ, 则改变图形的形状, σ 值越小, 其图形越陡; σ 值越大, 则图形越平坦.

如果随机变 X 是正态分布, 不妨设 $X \sim N(\mu, \sigma^2)$, 则其线性函数 $a + bX$ 也是正态分布的随机变量, 并且

$$a + bX \sim N(a + b\mu, b^2\sigma^2).$$

如果随机变量 X 满足 $X \sim N(\mu, \sigma^2)$, 则经标准化可转化为

$$Z = \frac{X - \mu}{\sigma},$$

随机变量 Z 为标准正态分布, 即 $Z \sim N(0,1)$.

设随机变量 $X \sim N(0,1)$, 其概率密度函数记为 $\phi(x)$. 对任给的 $0 < \alpha < 1$, 称满足条件

$$P\{X > Z_\alpha\} = \int_{Z_\alpha}^{+\infty} \phi(x)\, \mathrm{d}x = \alpha \tag{7.21}$$

的点 Z_α 为标准正态分布的上 α 分位点.

在 R 软件中, 计算分位点的函数是 qnorm(), 但它计算的是下分位点, 所以上 α 分位点的计算格式为

$$Z_\alpha = \text{qnorm(1-alpha)}$$

或

$$Z_\alpha = \text{qnorm(alpha, lower.tail = FALSE)}.$$

图 7.2 描绘的是标准正态分布的上 α 分位点 Z_α 的几何意义, 其中 α 所在的面积正好等于 α. 用 R 软件作出图 7.2 的命令如下 (文件名: **normal_quan_plot.R**):

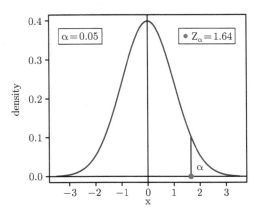

图 7.2   标准正态分布的上 α 分位点

```
x<-seq(from=-3.5, to=3.5, by=0.1)
plot(x, dnorm(x, mean=0, sd=1), type="l", lwd=2,
     col="blue", xlab="x", ylab="density")
abline(h=0, v=0)
alpha<-0.05; z<-qnorm(1-alpha)
segments(z, 0, z, dnorm(z),col="blue", lwd=2)
text(2.0, 0.025, expression(alpha), cex=1.2)
points(z, 0, pch=19, cex=1.4, col="red")
legend(1.8, 0.38, expression(z[alpha]==1.64),
       pch=19, col="red")
legend(-3.4, 0.38, expression(alpha==0.05), x.intersp = 0)
```

2. χ^2 分布

如果 $Z_1, Z_2, \cdots, Z_n$ 是 n 个相互独立的标准正态随机变量, 则

$$X = Z_1^2 + Z_2^2 + \cdots + Z_n^2$$

为具有自由度为 n 的 χ^2 分布, 记为

$$X \sim \chi^2(n),$$

其中 n 为 χ^2 分布的唯一参数. 具有 χ^2 分布的随机变量 X 的望值和方差分别为

$$E(X) = n, \quad \mathrm{var}(X) = 2n. \tag{7.22}$$

在 R 软件中, 用 chisq 表示 χ^2 分布, 同样需要在 chisq 前加前缀 d, p, q 或 r, 其调用格式如下:

```
dchisq(x, df, ncp=0, log = FALSE)
```

```
pchisq(q, df, ncp=0, lower.tail = TRUE, log.p = FALSE)
qchisq(p, df, ncp=0, lower.tail = TRUE, log.p = FALSE)
rchisq(n, df, ncp=0)
```
其中参数 x, q, p 和 n 与正态分布函数中的意义相同, df 为自由度.

图 7.3 描绘的是 χ^2 分布的概率密度函数在不同参数下的图形. 用 R 软件作出图 7.3 的命令如下 (文件名: chisq_plot.R):

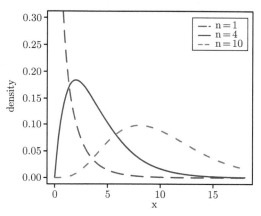

图 7.3 χ^2 分布的概率密度函数

```
curve(dchisq(x, 1), from=0, to=18, ylim=c(0, 0.3),
      lty=5, lwd=2, col="brown",
      xlab="x", ylab="density")
curve(dchisq(x, 4), from=0, to=18, add=T, lty=1,
      lwd=2, col="blue")
curve(dchisq(x, 10), from=0, to=18, add=T, lty=2,
      lwd=2, col="red")
expr<-expression(n==1, n==4, n==10)
legend(13, 0.3, expr, lty=c(5,1,2),
        col=c("brown", "blue", "red"))
```
在上述命令中, curve 是绘制曲线, 其中参数 from 为自变量的起点, to 为自变量的终点, ylim 为 y 轴的区域.

3. t 分布

如果随机变量 $Z \sim N(0,1)$, $X \sim \chi^2(n)$ 且 X 与 Z 相互独立, 则称

$$T = \frac{Z}{\sqrt{X/n}}$$

为具有自由度为 n 的 t 分布, 表示为 $T \sim t(n)$. 随机变量 T 的期望值和方差分别为

$$E(T) = 0, \quad \mathrm{var}(T) = \frac{n}{n-2}, \; \forall \, n > 2. \tag{7.23}$$

在 R 软件中, t 分布的调用格式为

```
dt(x, df, ncp = 0, log = FALSE)
pt(q, df, ncp = 0, lower.tail = TRUE, log.p = FALSE)
qt(p, df, ncp = 0, lower.tail = TRUE, log.p = FALSE)
rt(n, df, ncp = 0)
```

图 7.4 描绘的是 t 分布的概率密度函数在不同参数下的图形. 用 R 软件作出图 7.4 的命令如下 (文件名: t_plot.R):

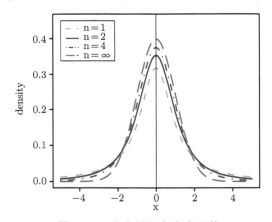

图 7.4　t 分布的概率密度函数

```
curve(dt(x, 1), from=-5, to=5, ylim=c(0, 0.45),
      lty=2, lwd=2,
      col="orange", xlab="x", ylab="density")
curve(dt(x, 2), from=-5, to=5, add=T, lty=1,
      lwd=2, col="blue")
curve(dt(x, 4), from=-5, to=5, add=T, lty=4,
      lwd=2, col="brown")
curve(dt(x, Inf), from=-5, to=5,  add=T,
      lty=5, lwd=2, col="red")
abline(v=0)
expr<-expression(n==1, n==2, n==4, n==infinity)
legend(-5, 0.45, expr, lty=c(2,1,4,5),
```

```
col=c("orange", "blue", "brown", "red"))
```

4. F 分布

如果随机变量 $X \sim \chi^2(n_1)$, $Y \sim \chi^2(n_2)$ 且相互独立, 则称

$$F = \frac{X/n_1}{Y/n_2} \sim F(n_1, n_2) \tag{7.24}$$

为第一个自由度为 n_1(分子自由度), 第二个自由度为 n_2(分母自由度) 的 F 分布.

在 R 软件中, F 分布的调用格式为

```
df(x, df1, df2, ncp = 0, log = FALSE)
pf(q, df1, df2, ncp = 0, lower.tail = TRUE, log.p = FALSE)
qf(p, df1, df2, ncp = 0, lower.tail = TRUE, log.p = FALSE)
rf(n, df1, df2, ncp = 0)
```

图 7.5 描绘的是 F 分布的概率密度函数在不同参数下的图形. 用 R 软件作出图 7.5 的命令如下 (文件名: **f_plot.R**):

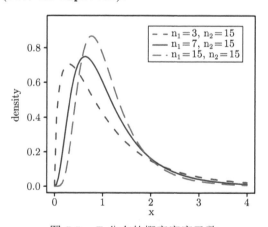

图 7.5 F 分布的概率密度函数

```
curve(df(x, 3, 15), from=0, to=4, ylim=c(0, 0.95),
      lty=2, lwd=2, col="brown",
      xlab="x", ylab="density")
curve(df(x, 7, 15), from=0, to=4, add=T, lty=1,
      col="blue", lwd=2)
curve(df(x, 15, 15), from=0, to=4, add=T, lty=5,
      col="red", lwd=2)
ex1<-expression(paste(n[1]==3, ", ", n[2]==15))
ex2<-expression(paste(n[1]==7, ", ", n[2]==15))
```

```
ex3<-expression(paste(n[1]==15, ", ", n[2]==15))
legend(2.3, 0.9, c(ex1, ex2, ex3), lty=c(2,1,5),
       col=c("brown", "blue", "red"))
```

7.1.4　R 软件中的分布函数

除前面介绍的一些重要的分布函数外, 统计中还有许多分布函数. 表 7.1 列出了各种常用的分布函数、概率密度函数或分布律, 以及 R 软件中的名称和调用函数用到的参数.

表 7.1　分布函数或分布律

分　布	R 软件中的名称	附加参数
β 分布	beta	shape1, shape2, ncp
二项分布	binom	size, prob
Cauchy 分布	cauchy	location, scale
χ^2 分布	chisq	df, ncp
指数分布	exp	rate
F 分布	f	df1, df2, ncp
γ 分布	gamma	shape, scale
几何分布	geom	prob
超几何分布	hyper	m, n, k
对数正态分布	lnorm	meanlog, sdlog
Logistic 分布	logis	location, scale
负二项分布	nbinom	size, prob
正态分布	norm	mean, sd
Poisson 分布	pois	lambda
t 分布	t	df, ncp
均匀分布	unif	min, max
Weibull 分布	weibull	shape, scale
Wilcoxon 分布	wilcox	m, n

在表 7.1 所列的分布中, 加上不同的前缀表示不同的意义, 其中

　d 表示概率密度函数 $f(x)$ 或分布律 p_k;

　p 表示分布函数 $F(x)$;

　q 表示计算分位数, 即给定概率 p 后, 求其下分位点;

　r 表示仿真 (产生相同分布的随机数).

7.2　参 数 估 计

总体是由总体分布来刻画的. 在实际问题中, 通常根据问题本身的专业知识或以往的经验, 或适当的统计方法, 有时可以判断总体分布的类型, 但是总体分布的

参数还是未知的, 需要通过样本来估计. 例如, 为了研究人们的市场消费行为, 要先搞清楚人们的收入状况. 若假设某城市人均年收入服从正态分布 $N(\mu, \sigma^2)$, 但参数 μ 和 σ^2 的具体取值并不知道, 需要通过样本来估计. 又如, 假定某城市在单位时间 (如一个月) 内交通事故的发生次数服从 Poisson 分布 $P(\lambda)$, 其中参数 λ 也是未知的, 同样需要用样本来估计. 通过样本来估计总体的参数称为参数估计, 它是统计推断的一种重要形式.

如何根据样本的取值来寻找这些参数的估计呢? 通常有两种形式: 一种称为点估计, 另一种称为区间估计. 点估计就是用一个统计量来估计一个未知参数. 点估计的优点是: 能够明确地告诉人们 "未知参数大致是多少", 其缺点是: 不能反映出估计的可信程度. 区间估计是用两个统计量所构成的区间来估计一个未知的参数, 并同时指明此区间可以覆盖住这个参数的可靠程度 (置信度). 它的缺点是: 不能直接地告诉人们 "未知参数具体是多少" 这一明确的概念.

在介绍估计方法之前, 先介绍有关总体和样本的概念.

7.2.1　总体与样本

1. 总体、样本和随机抽样

在数理统计中, 称研究对象的全体为总体, 通常用一个随机变量表示总体. 组成总体的每个基本单元叫做个体. 从总体 X 中随机抽取一部分个体 $X_1, X_2, \cdots, X_n$, 称 $X_1, X_2, \cdots, X_n$ 为取自 X 的容量为 n 的样本.

例如, 为了研究某厂生产的一批元件质量的好坏, 规定使用寿命低于 1000h 的为次品, 则该批元件的全体就为总体, 每个元件就是个体. 实际上, 数理统计学中的总体是指与总体相联系的某个 (或某几个) 数量指标 X 取值的全体. 例如, 该批元件的使用寿命 X 的取值全体就是研究对象的总体. 显然, X 是随机变量, 这时就称 X 为总体.

为了判断该批元件的次品率, 最精确的办法是取出全部元件, 做元件的寿命试验. 然而, 寿命试验具有破坏性, 即使某些试验是非破坏性的, 但也要花费人力、物力和时间, 因此, 只能从总体中抽取一部分, 如 n 个个体, 进行试验. 试验结果可得一组数值集合 $\{x_1, x_2, \cdots, x_n\}$, 其中每个 x_i 为第 i 次抽样观察的结果. 由于要根据这些观察结果来对总体进行推断, 所以对每次抽样就需要有一定的要求, 要求每次抽取必须是随机的、独立的, 这样才能较好地反映总体情况. 所谓随机是指每个个体被抽到的机会是均等的, 这样抽到的个体才具有代表性. 若 $X_1, X_2, \cdots, X_n$ 相互独立且每个 X_i 与 X 同分布, 则称 $X_1, X_2, \cdots, X_n$ 为简单随机样本, 简称为样本. 通常把 n 称为样本容量.

值得注意的是, 样本具有两重性, 即在一次具体地抽样后, 它是一组确定的数值. 但在一般叙述中, 样本也是一组随机变量, 因为抽样是随机的. 今后用 $X_1, X_2, \cdots$,

X_n 表示随机样本, 它们取到的值记为 $x_1, x_2, \cdots, x_n$, 称为样本观测值.

样本作为随机变量, 有一定的概率分布, 这个概率分布称为样本分布. 显然, 样本分布取决于总体的性质和样本的性质.

总体 X 具有分布函数 $F(x)$, 则 $(X_1, X_2, \cdots, X_n)$ 的联合概率分布函数为

$$F(X_1, X_2, \cdots, X_n) = \prod_{i=1}^{n} F(x_i).$$

若 X 具有概率密度函数 $f(x)$, 则 $(X_1, X_2, \cdots, X_n)$ 的联合概率密度为

$$f(X_1, X_2, \cdots, X_n) = \prod_{i=1}^{n} f(x_i).$$

例 7.1　要估计一物体的质量 a, 用天平将物体重复测量 n 次, 结果记为 X_1, $X_2, \cdots, X_n$, 求样本 $(X_1, X_2, \cdots, X_n)$ 的分布.

解　假定各次测量都是相互独立的, 即 $X_1, X_2, \cdots, X_n$ 为一简单随机样本. 再假定测量的随机误差服从正态分布, 天平没有系统误差, 因此, 随机误差的均值为 0, 于是总体的概率分布可假定为 $N(a, \sigma^2)$, 其中 a 为物体的质量, σ^2 反映天平的精度. 于是 $(X_1, X_2, \cdots, X_n)$ 的概率密度为

$$f(x_1, x_2, \cdots, x_n; a, \sigma^2) = \prod_{i=1}^{n} \frac{1}{\sqrt{2\pi}\sigma} \exp\left\{-\frac{1}{2\sigma^2}(x_i - a)^2\right\}$$
$$= (\sqrt{2\pi}\sigma)^{-n} \exp\left\{-\frac{1}{2\sigma^2}\sum_{i=1}^{n}(x_i - a)^2\right\}.$$

随机抽样 (简称为抽样) 是指这样一种获取样本的方法: 每一种可能的样本被抽取的机会都是可计算的.

对有限总体来说, 有两种基本的抽样方法: 有放回抽样和无放回抽样. 有放回抽样是指在抽样过程中依次抽取的每一个个体, 经过记录指标变量值之后, 仍放回到原总体之中. 无放回抽样是指在抽样过程中依次抽取的每一个个体, 经过记录其指标变量之后, 不再放回到总体中去.

在 R 软件中, 用函数 sample() 来模拟抽样过程, 其使用格式为

sample(x, size, replace = FALSE, prob = NULL)

在函数中, 参数 x 或者是一个表示有限总体的向量, 或者是一个正整数 (此时总体为 1:x). size 是一个非负整数, 表示抽取样本的数量. replace 是逻辑变量, 当它为 FALSE (默认值) 时, 表示无放回抽样; 当它为 TRUE 时, 表示有放回抽样. prob 是一个向量 (与 x 有相同的维数), 表示相应总体的概率权重.

例如, 如果模拟在 $\{1, 2, \cdots, 40\}$ 的 40 个数中随机抽取 5 个样本的过程, 其命令为

```
> sample(1:40,5)
[1]  8 26 38  3 30
```

等价的命令为 sample(40,5).

又如, 模拟投币试验, 观察投 10 次硬币出现正反面的情况, 其命令为

```
> sample(c("H","T"), 10, replace=T)
[1] "T" "T" "T" "H" "T" "H" "T" "H" "T" "H"
```

在投币试验中, 硬币出现正反面的概率各为 50%. 如果打算模拟在不同的概率情况下做试验, 如在一次试验中, 成功的机会为 90%, 则命令为

```
> sample(c("S","F"), 10, replace=T, prob=c(0.9, 0.1))
[1] "S" "S" "S" "S" "F" "S" "S" "S" "S" "S"
```

2. 样本统计量

设 $X_1, X_2, \cdots, X_n$ 是总体 X 的一个简单随机样本, 称

$$\overline{X} = \frac{1}{n} \sum_{i=1}^{n} X_i \tag{7.25}$$

为样本均值.

如果 $X_i \sim N\left(\mu, \sigma^2\right)$ $(i = 1, 2, \cdots, n)$, 则样本均值 $\overline{X}$ 服从

$$\overline{X} \sim N\left(\mu, \frac{\sigma^2}{n}\right), \tag{7.26}$$

因此有

$$\frac{\overline{X} - \mu}{\sigma/\sqrt{n}} \sim N(0, 1). \tag{7.27}$$

在 R 软件中, 用函数 mean() 计算样本均值, 其使用方法为

```
mean(x, trim = 0, na.rm = FALSE)
```

在函数中, 参数 x 是对象 (如向量、矩阵、数组或数据框). trim 是在计算均值前去掉 x 两端观察值的比例, 默认值为 0, 即包括全部数据. 当 na.rm = TRUE 时, 允许数据中有缺失数据. 函数的返回值是对象的均值.

例 7.2 已知 15 位学生的体重 (单位: kg) 如下:

75.0,	64.0,	47.4,	66.9,	62.2,	62.2,	58.7,	63.5,
66.6,	64.0,	57.0,	69.0,	56.9,	50.0,	72.0.	

求学生体重的平均值.

解 利用函数 mean() 求解. 建立 R 文件 (文件名: exam0702.R) 如下:

```
w <- c(75.0, 64.0, 47.4, 66.9, 62.2, 62.2, 58.7, 63.5,
       66.6, 64.0, 57.0, 69.0, 56.9, 50.0, 72.0)
mean(w)
[1] 62.36
```

在 R 软件中, 函数 sum() 是求和函数. 函数 length() 是求对象长度的函数. 因此, 求学生体重的均值可以表示成

```
> sum(w)/length(w)
[1] 62.36
```

设 $X_1, X_2, \cdots, X_n$ 是总体 X 的一个简单随机样本, $\overline{X}$ 为样本均值, 称

$$S^2 = \frac{1}{n-1}\sum_{i=1}^{n}\left(X_i - \overline{X}\right)^2 \tag{7.28}$$

为样本方差. 称样本方差的开方为样本标准差, 记为 S, 即

$$S = \sqrt{\frac{1}{n-1}\sum_{i=1}^{n}\left(x_i - \overline{x}\right)^2}. \tag{7.29}$$

在 R 软件中, 用函数 var() 计算样本方差, 用函数 sd() 计算样本标准差, 其使用格式为

```
var(x, y = NULL, na.rm = FALSE, use)
sd(x, na.rm = FALSE)
```

在函数中, 参数 x 是数值向量、矩阵或数据框. na.rm 是逻辑变量, 当 na.rm = TRUE 时, 可处理缺失数据. 其余参数的用法请参见帮助.

例 7.3　求例 7.2 中学生体重的方差.

解　利用函数 var() 求解如下:

```
> var(w)
[1] 56.47257
```

或

```
> sum((w-mean(w))^2)/(length(w)-1)
[1] 56.47257
```

如果 $X_i \sim N\left(\mu, \sigma^2\right)$ $(i = 1, 2, \cdots, n)$, 则由式 (7.27) 和 χ^2 分布的定义得到

$$\frac{(n-1)S^2}{\sigma^2} \sim \chi^2(n-1). \tag{7.30}$$

如果 $\overline{X}$ 与 S^2 相互独立, 则由式 (7.27), 式 (7.30) 和 t 分布的定义得到

$$T = \frac{\dfrac{\overline{X} - \mu}{\sigma/\sqrt{n}}}{\sqrt{\dfrac{(n-1)S^2}{\sigma^2}/(n-1)}} = \frac{\sqrt{n}\left(\overline{X} - \mu\right)}{S} \sim t(n-1),$$ (7.31)

即随机变量 T 具有自由度为 $n-1$ 的 t 分布.

设 $X_1, X_2, \cdots, X_n$ 是总体 X 的一个简单随机样本, 称

$$A_k = \frac{1}{n}\sum_{i=1}^{n} X_i^k$$ (7.32)

为样本的 k 阶原点矩. 称

$$M_k = \frac{1}{n}\sum_{i=1}^{n}\left(X_i - \overline{X}\right)^k$$ (7.33)

为样本的 k 阶中心矩, 其中 $\overline{X}$ 为样本均值.

虽然 R 软件没有提供计算样本原点矩和中心矩的函数, 但可以根据计算公式 (7.32) 和 (7.33) 编写计算样本原点矩和中心矩的函数 (文件名: `moment.R`) 如下:

```
moment<-function(x, k, mean=0){
    sum((x-mean)^k)/length(x)
}
```

在函数中, 参数 `x` 是由数据构成的向量. `k` 是矩的阶数. `mean` 是样本均值 (在缺省状态计算样本原点矩). 函数 `moment()` 的调用格式为

`Ak = moment(x, k),   Mk = moment(x, k, mean)`

设 $X_1, X_2, \cdots, X_n$ 是来自总体 X 的样本, $x_1, x_2, \cdots, x_n$ 为样本观测值, 将 $x_1, x_2, \cdots, x_n$ 按照从小到大的顺序排列为

$$x_{(1)} \leqslant x_{(2)} \leqslant \cdots \leqslant x_{(n)},$$

当样本 $X_1, X_2, \cdots, X_n$ 取值为 $x_1, x_2, \cdots, x_n$ 时, 定义 $X_{(k)}$ 取值为 $x_{(k)}$ ($k = 1, 2, \cdots, n$), 称 $X_{(1)}, X_{(2)}, \cdots, X_{(n)}$ 为 $X_1, X_2, \cdots, X_n$ 的顺序统计量.

显然, $X_{(1)} = \min\limits_{1 \leqslant i \leqslant n}\{X_i\}$ 是样本观测中取值最小的一个, 称为最小顺序统计量. $X_{(n)} = \max\limits_{1 \leqslant i \leqslant n}\{X_i\}$ 是样本观测中取值最大的一个, 称为最大顺序统计量. 称 $X_{(r)}$ 为第 r 个顺序统计量.

在 R 软件中, 以下函数与顺序统计量有关:

排序函数:

`sort(x, decreasing = FALSE, ...)`

`sort(x, decreasing = FALSE, na.last = NA, ...)`

```
sort.int(x, partial = NULL, na.last = NA, decreasing = FALSE,
         method = c("shell", "quick"), index.return = FALSE)
```

在函数中, 参数 x 是由统计量 $X_1, X_2, \cdots, X_n$ 构成的向量. decreasing 是逻辑变量, 当它 =FALSE(默认值) 时, 返回的顺序统计量为升序, 即从小到大排序; 否则 (= TRUE), 返回的顺序统计量为降序, 即从大到小排序. 例如,

```
> x <- c(3, 1, 6, 9, 4)
> sort(x)
[1] 1 3 4 6 9
> sort(x, decreasing = T)
[1] 9 6 4 3 1
```

与顺序统计量有关的函数还有

```
order(..., na.last = TRUE, decreasing = FALSE)
sort.list(x, partial = NULL, na.last = TRUE,
          decreasing = FALSE,
          method = c("shell", "quick", "radix"))
```

它的返回值是统计量所在位置的向量. 例如,

```
> order(x)
[1] 2 1 5 3 4
> order(x,decreasing = T)
[1] 4 3 5 1 2
```

函数 min() 和函数 max() 是求最小和最大统计量. 函数 range() 是求统计量的范围.

7.2.2　点估计

设有一个总体 X, 为简单起见, 以 $f(x; \theta)$ 记其概率密度函数或概率函数, 其中 $\theta = (\theta_1, \theta_2, \cdots, \theta_m)^{\mathrm{T}}$ 有 m 个未知参数. 若总体分布为连续型的, 则它就是概率密度函数; 若总体分布为离散型的, 则它就是概率函数. 例如, 对于 Poisson 分布 $P(\lambda)$, $\theta = \lambda$ 就是一维未知参数. 对于正态分布 $N(\mu, \sigma^2)$, $\theta = (\mu, \sigma^2)$ 就是二维未知参数.

为了估计总体参数 θ, 就要从总体中抽出一个简单样本 $X_1, X_2, \cdots, X_n$ (即 $X_1, X_2, \cdots, X_n$ 是独立同分布), 它们的公共分布就是总体分布 $f(x; \theta)$. 为了估计 θ, 需要构造适当的统计量 $\hat{\theta}(X_1, X_2, \cdots, X_n)$, 它只依赖于样本, 不依赖于未知参数. 也就是说, 一旦有了样本 $X_1, X_2, \cdots, X_n$, 就可以计算出 $\hat{\theta}(X_1, X_2, \cdots, X_n)$ 的值, 用来作为 θ 的估计值. 称统计量 $\hat{\theta}(X_1, X_2, \cdots, X_n)$ 为 θ 的估计, 简记为 $\hat{\theta}$. 因为未知参数 θ 和估计 $\hat{\theta}$ 都是空间上的点, 因此, 称这样的估计为点估计. 寻找点估计常用的方法有矩法、极大似然法等.

1. 矩法

矩法是由英国统计学家 Pearson (皮尔逊) 在 20 世纪初提出来的, 它的中心思想就是用样本矩去估计总体矩.

设总体 X 的分布中的未知参数为 $\theta = (\theta_1, \theta_2, \cdots, \theta_m)^{\mathrm{T}}$, 假定总体 X 的 k 阶原点矩 $\alpha_k(\theta_1, \theta_2, \cdots, \theta_m) = E(X^k)$ $(k = 1, 2, \cdots, m)$ 存在, 令总体的 k 阶原点矩等于它样本的 k 阶原点矩

$$\alpha_k(\theta_1, \theta_2, \cdots, \theta_m) = \frac{1}{n}\sum_{i=1}^{n}X_i^k, \quad k = 1, 2, \cdots, m. \tag{7.34}$$

由方程 (7.34) 可以得到关于未知量 θ 的解 $\hat{\theta} = (\hat{\theta}_1, \hat{\theta}_2, \cdots, \hat{\theta}_m)^{\mathrm{T}}$, 取 $\hat{\theta}$ 为 θ 的一个估计, 则称 $\hat{\theta}$ 为 θ 的矩估计, 用矩估计参数的方法称为矩法.

由上述定义可知, 矩法就是求解非线性方程组 (7.34), 其求解方法有解析解和数值解两种.

例 7.4 设总体 X 的均值为 μ, 方差为 σ^2, $X_1, X_2, \cdots, X_n$ 是来自总体 X 的一个样本, 试用矩法估计均值 μ 和方差 σ^2.

解 计算总体 X 的一阶和二阶原点矩分别为

$$\alpha_1 = E(X) = \mu,$$
$$\alpha_2 = E(X^2) = \mathrm{var}(X) + [E(X)]^2 = \sigma^2 + \mu^2.$$

样本的一阶和二阶原点矩分别为 $\dfrac{1}{n}\sum\limits_{i=1}^{n}X_i = \overline{X}$ 和 $\dfrac{1}{n}\sum\limits_{i=1}^{n}X_i^2$. 由式 (7.34) 得到方程组

$$\begin{cases} \mu = \overline{X}, \\ \sigma^2 + \mu^2 = \dfrac{1}{n}\sum\limits_{i=1}^{n}X_i^2. \end{cases}$$

解上述方程组得到均值 μ 和方差 σ^2 的矩估计分别为

$$\hat{\mu} = \overline{X}, \tag{7.35}$$

$$\hat{\sigma}^2 = \frac{1}{n}\sum_{i=1}^{n}X_i^2 - \overline{X}^2 = \frac{1}{n}\sum_{i=1}^{n}(X_i - \overline{X})^2. \tag{7.36}$$

需要特别注意的是, 方差的矩估计并不等于样本方差 S^2, 而是有如下关系:

$$\hat{\sigma}^2 = \frac{n-1}{n}S^2. \tag{7.37}$$

对于正态分布 $N(\mu, \sigma^2)$, 因为 μ 和 σ^2 分别为总体的均值和方差, 所以由式 (7.35) 和式 (7.36) 得到参数 μ 和 σ^2 的矩估计分别为

$$\hat{\mu} = \overline{X}, \quad \hat{\sigma}^2 = \frac{1}{n} \sum_{i=1}^{n} (X_i - \overline{X})^2.$$

从上述过程可以看到, 利用矩法估计均值和方差就等价于用样本的一阶原点矩估计均值, 用样本的二阶中心矩估计方差.

例 7.5　设总体 X 是区间 $[a, b]$ 上的均匀分布, 其中 a, b 为未知参数, X_1, $X_2, \cdots, X_n$ 为总体 X 的一个样本, 试用矩估法估计参数 a 和 b.

解　由例 7.4 的计算过程 (式 (7.35) 和式 (7.36)) 可知, 用一阶和二阶原点矩作估计, 本质上相当于用样本的一阶原点估计均值, 样本的二阶中心矩估计方差, 而均匀分布的均值为 $(b + a)/2$, 方差为 $(b - a)^2/12$, 所以令

$$\frac{b + a}{2} = \overline{X}, \quad \frac{(b - a)^2}{12} = \frac{1}{n} \sum_{i=1}^{n} (X_i - \overline{X})^2.$$

解上述方程组得到 a 和 b 的估计分别为

$$\hat{a} = \overline{X} - \sqrt{3}\hat{\sigma}, \quad \hat{b} = \overline{X} + \sqrt{3}\hat{\sigma},$$

其中 $\hat{\sigma} = \sqrt{\dfrac{1}{n} \sum_{i=1}^{n} (X_i - \overline{X})^2}.$

如果不能得到方程 (7.34) 解的解析表达式, 则可以通过数值的方法求解方程 (7.34), 得到相应的数值解作为估计.

在 R 软件中, 没有提供非线性方程组的求解函数, 需要读者利用数值分析或最优化方法方面的知识自编 R 程序.

在 MATLAB 软件中, 用函数 `fsolve()` 求非线性方程 (组)

$$F(x) = 0$$

的根, 其使用格式为

```
x = fsolve(fun, x0)
x = fsolve(fun, x0, options)
```

在函数中, 参数 `fun` 是函数 $F(x)$. `x0` 是初始点 $x^{(0)}$.

例 7.6　用MATLAB软件中的 `fsolve()` 函数求非线性方程组

$$\begin{cases} x_1^2 + x_2^2 - 5 = 0, \\ (x_1 + 1)x_2 - (3x_1 + 1) = 0 \end{cases}$$

的根, 取初始点 $x^{(0)} = (0, 1)^{\mathrm{T}}$.

编写 M 文件 (文件名: `funs.m`) 如下:

```
function F = funs(x)
F=[x(1)^2+x(2)^2-5; (x(1)+1)*x(2)-(3*x(1)+1)];
```

用 fsolve() 函数求解得到

```
>> x=fsolve(@funs, [0,1])
x =
      1.0000    2.0000
```

最优解为 $x^* = (1, 2)^{\mathrm{T}}$.

当然也可以用 LINGO 软件求非线性方程 (组) 的根, 这部分留给读者作为练习.

2. 极大似然法

极大似然法是 Fisher (费希尔) 在 1912 年提出的一种应用非常广泛的参数估计方法, 其思想始于 Gauss 的误差理论, 它具有很多优良的性质. 它充分利用总体分布函数的信息, 克服了矩法的某些不足.

设 Θ 是参数空间, 参数 θ 可取 Θ 的所有值, 在给定样本的观察值 $(x_1, x_2, \cdots, x_n)$ 后, 不同的 θ 对应于 $(X_1, X_2, \cdots, X_n)$ 落入 $(x_1, x_2, \cdots, x_n)$ 的邻域内的概率的大小不同. 既然在一次试验中就观察到了 $(X_1, X_2, \cdots, X_n)$ 的取值为 $(x_1, x_2, \cdots, x_n)$, 因此, 可以认为 θ 最有可能来源于使 $(X_1, X_2, \cdots, X_n)$ 落入 $(x_1, x_2, \cdots, x_n)$ 的邻域内的概率达到最大者 $\hat{\theta}$, 即

$$\prod_{i=1}^{n} f(x_i; \hat{\theta}) = \sup_{\theta \in \Theta} \prod_{i=1}^{n} f(x_i; \theta). \tag{7.38}$$

取 $\hat{\theta}$ 作为 θ 的估计, 这就是极大似然原理.

注意到当 X 为连续型随机变量时, 式 (7.38) 中的 $f(x_i; \theta)$ 是参数的取值为 θ 时 X 的概率密度函数在 x_i 处的取值; 当 X 为离散型随机变量时, $f(x_i; \theta)$ 是参数的取值为 θ 时 X 取 x_i 的概率 (分布律).

定义 7.1 设总体 X 的概率密度函数或分布律为 $f(x; \theta)$, 其中 $\theta \in \Theta$ 为未知参数, $X_1, X_2, \cdots, X_n$ 为来自总体 X 的样本, 称

$$L(\theta; x) = L(\theta; x_1, x_2, \cdots, x_n) = \prod_{i=1}^{n} f(x_i; \theta)$$

为 θ 的似然函数.

显然, 若样本取值 x 固定, 则 $L(\theta; x)$ 是 θ 的函数. 若参数 θ 固定, 则当 X 为连续型随机变量时, 它就是样本 $(X_1, X_2, \cdots, X_n)$ 的联合概率密度函数; 当 X 为离散型随机变量时, 它就是样本 $(X_1, X_2, \cdots, X_n)$ 的联合分布律.

定义 7.2　设总体 X 的概率密度函数或分布律为 $f(x;\theta)$, 其中 $\theta \in \Theta$ 为未知参数, $X_1, X_2, \cdots, X_n$ 为来自总体 X 的样本, $L(\theta; x)$ 为 θ 的似然函数. 若 $\hat{\theta} = \hat{\theta}(X) = \hat{\theta}(X_1, X_2, \cdots, X_n)$ 是一个统计量且满足

$$L(\hat{\theta}(X); X) = \sup_{\theta \in \Theta} L(\theta; X),$$

则称 $\hat{\theta}(X)$ 为 θ 的极大似然估计. 用极大似然估计来估计参数的方法称为极大似然法.

下面分不同的情况来介绍极大似然法的求解过程.

(1) 似然函数 $L(\theta; X)$ 为 θ 的连续函数, 并且关于 θ 的各分量的偏导数存在. 设 θ 是 m 维变量且 $\Theta \subset \mathbf{R}^m$ 为开区域, 则由极值的一阶必要条件得到

$$\frac{\partial L(\theta; X)}{\partial \theta_i} = 0, \quad i = 1, 2, \cdots, m. \tag{7.39}$$

通常称式 (7.39) 为似然方程. 由于独立同分布的样本的似然函数 $L(\theta; X)$ 具有连乘积的形式, 故对 $L(\theta; X)$ 取对数后再求偏导数是方便的. 因此, 实际应用上, 常采用与式 (7.39) 等价的形式

$$\frac{\partial \ln L(\theta; X)}{\partial \theta_i} = 0, \quad i = 1, 2, \cdots, m. \tag{7.40}$$

称式 (7.40) 为对数似然方程.

值得注意的是: 由极值的必要条件知, 极大似然估计一定是似然方程或对数似然方程的解, 但似然方程或对数似然方程的解未必都是极大似然估计. 严格地讲, 对似然方程组的解要经过验证才能确定其是否为极大似然估计.

例 7.7　设总体 X 服从正态分布 $N(\mu, \sigma^2)$, 其中 μ, σ^2 为未知参数, $X_1, X_2, \cdots, X_n$ 为来自总体 X 的一个样本, 试用极大似然法估计参数 (μ, σ^2).

解　正态分布的似然函数为

$$L(\mu, \sigma^2; x) = \prod_{i=1}^{n} f(x_i; \mu, \sigma^2) = (2\pi\sigma^2)^{-\frac{n}{2}} \exp\left[-\frac{1}{2\sigma^2} \sum_{i=1}^{n} (x_i - \mu)^2\right],$$

相应的对数似然函数为

$$\ln L(\mu, \sigma^2; x) = -\frac{n}{2} \ln(2\pi\sigma^2) - \frac{1}{2\sigma^2} \sum_{i=1}^{n} (x_i - \mu)^2.$$

令

$$\begin{cases} \dfrac{\partial \ln L(\mu, \sigma^2; x)}{\partial \mu} = \dfrac{1}{\sigma^2} \sum_{i=1}^{n} (x_i - \mu) = 0, \\[3mm] \dfrac{\partial \ln L(\mu, \sigma^2; x)}{\partial \sigma^2} = -\dfrac{n}{2\sigma^2} + \dfrac{1}{2\sigma^4} \sum_{i=1}^{n} (x_i - \mu)^2 = 0, \end{cases}$$

解此似然方程组得到

$$\mu = \frac{1}{n}\sum_{i=1}^{n} x_i = \overline{x}, \quad \sigma^2 = \frac{1}{n}\sum_{i=1}^{n}(x_i - \overline{x})^2.$$

进一步验证, 对于对数似然函数 $\ln L(\mu, \sigma^2; x)$ 的二阶 Hesse 矩阵

$$\begin{bmatrix} -\dfrac{n}{\sigma^2} & -\dfrac{1}{\sigma^4}\sum_{i=1}^{n}(x_i - \mu) \\ -\dfrac{1}{\sigma^4}\sum_{i=1}^{n}(x_i - \mu) & \dfrac{n}{2\sigma^4} - \dfrac{1}{\sigma^6}\sum_{i=1}^{n}(x_i - \mu)^2 \end{bmatrix} = \begin{bmatrix} -\dfrac{n}{\sigma^2} & 0 \\ 0 & -\dfrac{n}{2\sigma^4} \end{bmatrix}$$

是负定矩阵, 所以 $\left(\overline{x}, \dfrac{1}{n}\sum_{i=1}^{n}(x_i - \overline{x})^2\right)$ 是 $L(\mu, \sigma^2; x)$ 的极大值点, 故 (μ, σ^2) 的极大似然估计为

$$\hat{\mu} = \frac{1}{n}\sum_{i=1}^{n} X_i = \overline{X}, \quad \hat{\sigma}^2 = \frac{1}{n}\sum_{i=1}^{n}\left(X_i - \overline{X}\right)^2.$$

与例 7.4 相比较, 两者的计算结果是相同的.

(2) 似然函数 $L(\theta; x)$ 关于 θ 有间断点. 当 Θ 为 $\mathbf{R}^m$ 中的开区域时, 求似然方程组解的方法不适用, 要具体问题具体分析.

例 7.8 设总体 X 是区间 $[a, b]$ 上的均匀分布, 其中 a, b 为未知参数, $X_1, X_2, \cdots, X_n$ 为总体 X 的一个样本, 试用极大似然法估计参数 a 和 b.

解 对于样本 $X_1, X_2, \cdots, X_n$, 其似然函数为

$$L(a, b; x) = \begin{cases} \dfrac{1}{(b-a)^n}, & a \leqslant x_i \leqslant b, \ i = 1, 2, \cdots, n, \\ 0, & \text{其他}. \end{cases}$$

显然, $L(a, b; x)$ 不是 (a, b) 的连续函数. 因此, 不能用似然方程组 (7.40) 求解, 而必须从极大似然估计的定义出发来求 $L(a, b; x)$ 的最大值. 为了使 $L(a, b; x)$ 达到最大, 则 $b - a$ 应该尽可能的小, 但 b 不能小于 $\max\{x_1, x_2, \cdots, x_n\}$; 否则, $L(a, b; x) = 0$. 类似地, a 不能大于 $\min\{x_1, x_2, \cdots, x_n\}$. 因此, a 和 b 的极大似然估计为

$$\hat{a} = \min\{X_1, X_2, \cdots, X_n\} = X_{(1)}, \quad \hat{b} = \max\{X_1, X_2, \cdots, X_n\} = X_{(n)}.$$

与例 7.5 相比较, 极大似然法与矩法估计出的值是不相同的.

(3) Θ 为离散参数空间. 在离散参数空间的情况下, 为求极大似然估计, 经常考虑参数取相邻值时似然函数的比值.

例 7.9 在鱼池中随机地捕捞 500 条鱼, 做上记号后再放入池中, 待充分混合后, 再捕捞 1000 条, 结果发现其中有 72 条鱼带有记号. 试问鱼池中可能有多少条鱼?

解 先将问题一般化. 设池中有 N 条鱼, 其中 r 条带有记号, 随机地捕捞到 s 条, 发现 x 条带有记号, 用上述信息来估计 N.

用 X 记捕捞到的 s 条鱼中带有记号的鱼数, 则有

$$P\{X = x\} = \frac{\binom{N-r}{s-x}\binom{r}{x}}{\binom{N}{s}}.$$

因此, 似然函数为

$$L(N; x) = P\{X = x\}.$$

考虑似然函数的比

$$g(N) = \frac{L(N; x)}{L(N-1; x)} = \frac{(N-s)(N-r)}{N(N-r-s+x)} = \frac{N^2 - (r+s)N + rs}{N^2 - (r+s)N + xN}.$$

当 $rs > xN$ 时有 $g(N) > 1$; 当 $rs < xN$ 时有 $g(N) < 1$, 即

$$\begin{cases} L(N; x) > L(N-1; x), & N < \dfrac{rs}{x}, \\ L(N; x) < L(N-1; x), & N > \dfrac{rs}{x}. \end{cases}$$

因此, 似然函数 $L(N; x)$ 在 $N = \dfrac{rs}{x}$ 附近达到极大. 注意到 N 只取正整数, 易得 N 的极大似然估计为

$$\hat{N} = \left\lfloor \frac{rs}{x} \right\rfloor,$$

其中 $\lfloor \cdot \rfloor$ 表示下取整, 即小于该值的最大整数.

将题目中的数字代入得到 $\hat{N} = \left\lfloor \dfrac{500 \times 1000}{72} \right\rfloor = 6944$, 即鱼池中鱼的总数估计为 6944 条.

在例 7.9 中, 并没有真正计算组合数 $\binom{n}{k}$. 在今后的计算中, 如果需要计算它, R 软件也提供了计算组合数 $\binom{n}{k}$ 的函数, 其命令格式为

```
choose(n, k)
```
例如, $\binom{5}{2} =$ `choose(5, 2)` $= 10$.

(4) 如果在解 (对数) 似然方程时无法得到解析表达式, 则只能采用数值方法. 极大似然估计本质上就是求解无约束问题

$$\min \quad f(x), \ x \in \mathbf{R}^n.$$

这样就可以用 LINGO 软件来求函数的极值①. 在 R 软件中, 函数 nlm() 和函数 optim() 可以求函数极值.

函数 nlm() 的用法为

```
nlm(f, p, hessian = FALSE, typsize=rep(1, length(p)), fscale=1,
    print.level = 0, ndigit=12, gradtol = 1e-6,
    stepmax = max(1000 * sqrt(sum((p/typsize)^2)), 1000),
    steptol = 1e-6, iterlim = 100, check.analyticals = TRUE, ...)
```

在函数中, 参数 f 是目标函数 $f(x)$. p 是初始值向量. 其余参数参见在线帮助.

例 7.10 用 nlm() 函数求 Rosenbrock 函数

$$\min \quad f(x) = 100(x_2 - x_1^2)^2 + (1 - x_1)^2$$

的极小点, 取初始点 $x^{(0)} = (-1.2, 1)^{\mathrm{T}}$.

解 写出目标函数 (程序名: Rosenbrock.R) 如下:

```
f <- function(x) {    ## Rosenbrock Banana function
    x1 <- x[1]; x2 <- x[2]
    100 * (x2 - x1^2)^2 + (1 - x1)^2
}
```

将函数调入内存, 再调用 nlm() 函数求解,

```
source("Rosenbrock.R")
nlm(f, c(-1.2, 1))
```

其中 c(-1.2,1) 为初始值. 于是得到

```
$minimum
[1] 3.973766e-12
$estimate
[1] 0.999998 0.999996
$gradient
[1] -6.539275e-07   3.335996e-07
$code
[1] 1
$iterations
[1] 23
```

在计算结果中, $minimum 是函数的最优目标值. $estimate 是最优点的估计值. $gradient 是在最优点处 (估计值) 目标函数梯度值. $code 是指标 (1 表示迭代成功). $iterations 是迭代次数.

---

① 关于求函数极值可参见第 5 章.

函数 optim() 的用法如下:

```
optim(par, fn, gr = NULL,
      method = c("Nelder-Mead", "BFGS", "CG", "L-BFGS-B", "SANN"),
      lower = -Inf, upper = Inf,
      control = list(), hessian = FALSE, ...)
```

在函数中, 参数 par 是初始值向量. fn 是目标函数 $f(x)$. gr 是目标函数的梯度 $\nabla f(x)$. 其余参数参见在线帮助.

例 7.11　用 optim() 函数求 Rosenbrock 函数的极小点, 取 $x^{(0)} = (-1.2, 1)^{\mathrm{T}}$.

解　调用 optim(c(-1.2,1), f) 得到

```
$par
[1] 1.000260 1.000506
$value
[1] 8.825241e-08
$counts
function gradient
     195      NA
$convergence
[1] 0
$message
NULL
```

在计算结果中, $par 是最优点的估计值. $value 是函数的最优目标值. $counts 是目标函数和梯度函数的调用次数. $convergence 是指标 (0 表示收敛). $message 是附加信息.

在求解过程中使用目标函数的梯度, 并采用 BFGS 算法[1]求解. 编写梯度函数 (仍放在 Rosenbrock.R 中) 如下:

```
g <- function(x) { ## Gradient of 'f'
   x1 <- x[1]; x2 <- x[2]
   c(-400 * x1 * (x2 - x1 * x1) - 2 * (1 - x1),
     200 *      (x2 - x1 * x1))
}
```

调用

```
source("Rosenbrock.R")
optim(c(-1.2, 1), f, g, method = "BFGS")
```

---

[1] BFGS 算法是求解无约束问题最常用的一种算法.

得到

```
$par
[1] 1 1
$value
[1] 9.594955e-18
$counts
function gradient
      110       43
$convergence
[1] 0
$message
NULL
```

从计算结果可以看到, 使用梯度函数要比不使用时效果好. 这也是一般优化算法的规律.

7.2.3 区间估计

前面介绍的点估计方法是针对总体的某一未知参数 θ, 构造 θ 的一个估计量 $\hat{\theta}(X_1, X_2, \cdots, X_n)$, 对于某次抽样的结果, 即一个样本观察值 $(x_1, x_2, \cdots, x_n)$, 可用估计 $\hat{\theta}(x_1, x_2, \cdots, x_n)$ 作为 θ 的一个近似值, 即认为 $\hat{\theta}(x_1, x_2, \cdots, x_n) \approx \theta$. 但是这种估计的精确性如何? 可信程度如何? 点估计无法回答这些问题. 为了解决这些问题, 需要讨论参数的区间估计.

定义 7.3 设总体 X 的分布函数 $F(x; \theta)$ 含未知参数 θ, 对于给定值 $\alpha(0 < \alpha < 1)$, 若由样本 $X_1, X_2, \cdots, X_n$ 确定的两个统计量 $\hat{\theta}_1(X_1, X_2, \cdots, X_n)$ 和 $\hat{\theta}_2(X_1, X_2, \cdots, X_n)$ 满足

$$P\left\{\hat{\theta}_1(X_1, X_2, \cdots, X_n) < \theta < \hat{\theta}_2(X_1, X_2, \cdots, X_n)\right\} = 1 - \alpha, \qquad (7.41)$$

则称随机区间 $(\hat{\theta}_1, \hat{\theta}_2)$ 为参数 θ 的置信度为 $1 - \alpha$ 的置信区间, $\hat{\theta}_1$ 和 $\hat{\theta}_2$ 分别称为置信度为 $1 - \alpha$ 的双侧置信区间的置信下限与置信上限, $1 - \alpha$ 称为置信度或置信系数.

置信区间 $(\hat{\theta}_1, \hat{\theta}_2)$ 是一个随机区间, 对每次的抽样来说, 往往有所不同, 并有时包含了参数 θ, 有时不包含 θ. 但是, 此区间包含 θ 的可能性 (置信度) 是 $1 - \alpha$. 显然, 在置信度一定的前提下, 置信区间的长度越短, 其精度越高, 估计也就越好. 在实际应用中, 通常给定一定的置信度, 求尽可能短的置信区间.

对于某些问题, 人们只关心 θ 在某一方向上的界限. 例如, 对于设备、元件的寿命来说, 常常关心的是平均寿命 θ 的 "下限"; 而当考虑产品的废品率 p 时, 关心

的是参数 p 的"上限". 称这类区间估计问题为单侧区间估计.

定义 7.4   设 $X_1, X_2, \cdots, X_n$ 是来自总体 X 的一个样本, θ 是包含在总体分布中的未知参数. 对于给定的 $\alpha(0 < \alpha < 1)$, 若统计量 $\underline{\theta} = \underline{\theta}(X_1, X_2, \cdots, X_n)$ 满足

$$P\left\{\underline{\theta}(X_1, X_2, \cdots, X_n) \leqslant \theta\right\} = 1 - \alpha,$$

则称随机区间 $[\underline{\theta}, +\infty)$ 为 θ 的置信度为 $1 - \alpha$ 的单侧置信区间, 称 $\underline{\theta}$ 为 θ 的置信度为 $1 - \alpha$ 的单侧置信下限. 若统计量 $\overline{\theta} = \overline{\theta}(X_1, X_2, \cdots, X_n)$ 满足

$$P\left\{\theta \leqslant \overline{\theta}(X_1, X_2, \cdots, X_n)\right\} = 1 - \alpha,$$

则称随机区间 $(-\infty, \overline{\theta}]$ 为 θ 的置信度为 $1 - \alpha$ 的单侧置信区间, 称 $\overline{\theta}$ 为 θ 的置信度为 $1 - \alpha$ 的单侧置信上限.

类似于双侧置信区间估计的研究, 对于给定的置信度 $1 - \alpha$, 当选择置信下限 $\underline{\theta}$ 时, 应是 $E(\underline{\theta})$ 越大越好; 当选择置信上限 $\overline{\theta}$ 时, 应是 $E(\overline{\theta})$ 越小越好.

1. 单个正态总体均值的区间估计

假设正态总体 $X \sim N(\mu, \sigma^2)$, $X_1, X_2, \cdots, X_n$ 为来自总体 X 的一个样本, $1 - \alpha$ 为置信度, $\overline{X}$ 为样本均值, S^2 为样本方差. 这里仅考虑在总体 X 的方差 σ^2 未知的情形下均值 μ 的区间估计.

首先讨论双侧区间估计. 由于

$$T = \frac{\dfrac{\overline{X} - \mu}{\sigma/\sqrt{n}}}{\sqrt{\dfrac{(n-1)S^2}{\sigma^2}/(n-1)}} = \frac{\overline{X} - \mu}{S/\sqrt{n}} \sim t(n-1), \tag{7.42}$$

于是有

$$P\left\{\left|\frac{\overline{X} - \mu}{S/\sqrt{n}}\right| \leqslant t_{\alpha/2}\right\} = 1 - \alpha, \tag{7.43}$$

其中 $t_\alpha(n-1)$ 表示自由度为 $n-1$ 的 t 分布的上 α 分位点. 由式 (7.43) 得到关于均值 μ 的置信度为 $1 - \alpha$ 的双侧置信区间为

$$\left[\overline{X} - \frac{S}{\sqrt{n}}t_{\alpha/2}(n-1), \ \ \overline{X} + \frac{S}{\sqrt{n}}t_{\alpha/2}(n-1)\right]. \tag{7.44}$$

再讨论单侧区间估计. 由式 (7.42) 得到

$$P\left\{\frac{\overline{X} - \mu}{S/\sqrt{n}} \leqslant t_\alpha(n-1)\right\} = 1 - \alpha, \quad P\left\{-t_\alpha(n-1) \leqslant \frac{\overline{X} - \mu}{S/\sqrt{n}}\right\} = 1 - \alpha,$$

于是得到 μ 的置信度为 $1 - \alpha$ 的单侧置信区间分别为

$$\left[\overline{X} - \frac{S}{\sqrt{n}}t_\alpha(n-1),\ +\infty\right),\quad \left(-\infty,\ \overline{X} + \frac{S}{\sqrt{n}}t_\alpha(n-1)\right]. \tag{7.45}$$

然后编写 R 程序. 按照式 (7.44) 和式 (7.45), 编写计算单正态总体均值的区间估计程序 (程序名: interval_estimate.R) 如下:

```
interval_estimate<-function(x, side=0, alpha=0.05){
    n<-length(x); xb<-mean(x)
    if (side<0){
        tmp <- sd(x)/sqrt(n)*qt(1-alpha,n-1)
        a <- -Inf; b <- xb+tmp
    }
    else if (side>0){
        tmp <- sd(x)/sqrt(n)*qt(1-alpha,n-1)
        a <- xb-tmp; b <- Inf
    }
    else{
        tmp <- sd(x)/sqrt(n)*qt(1-alpha/2,n-1)
        a <- xb-tmp; b <- xb+tmp
    }
    data.frame(mean=xb, df=n-1, a=a, b=b)
}
```

在程序中, x 是由来自总体的数据 (样本) 构成的向量. side 控制求单、双侧置信区间, 若求单侧置信区间上限, 则输入 side=-1; 若求单侧置信区间下限, 则输入 side=1; 若求双侧置信区间, 输入则 side=0 (或省缺). 输出采用数据框形式, 输出样本均值 mean, 自由度 df 和均值的区间估计的两个端点a与b.

最后用例题说明函数的使用.

例 7.12 为估计一件物体的质量 μ(kg), 将其称了 10 次, 得到的质量分别为

10.1, 10, 9.8, 10.5, 9.7, 10.1, 9.9, 10.2, 10.3, 9.9,

假设所称出的物体质量服从 $N(\mu, \sigma^2)$, 求该物体重量 μ 置信系数为 0.95 的置信区间.

解 输入数据, 调用函数 interval_estimate()(程序名: exam0712.R) 如下:

```
X <- c(10.1, 10, 9.8, 10.5, 9.7, 10.1, 9.9, 10.2, 10.3, 9.9)
source("interval_estimate.R"); interval_estimate(X)
```

可以得到

```
    mean df        a        b
1 10.05  9 9.877225 10.22278
```

因此, 该物体质量 μ 置信系数为 0.95 的置信区间为 $[9.87, 10.22]$.

例 7.13　从一批灯泡中随机地取 5 只做寿命试验, 测得寿命 (以小时计) 分别为

$$1050,\quad 1100,\quad 1120,\quad 1250,\quad 1280.$$

设灯泡寿命服从正态分布, 求灯泡寿命平均值的置信度为 0.95 的单侧置信下限.

解　输入数据, 调用函数 interval_estimate()(程序名: exam0713.R) 如下:

```
X <- c(1050, 1100, 1120, 1250, 1280)
source("interval_estimate.R")
interval_estimate(X, side = 1)
```

得到

```
    mean df        a    b
1   1160  4 1064.900  Inf
```

也就是说, 有 95% 的灯泡寿命在 1064.9h 以上.

2. 单个正态总体方差的区间估计

假设正态总体 $X \sim N(\mu, \sigma^2)$, $X_1, X_2, \cdots, X_n$ 为来自总体 X 的一个样本, $1-\alpha$ 为置信度, $\overline{X}$ 为样本均值, S^2 为样本方差. 这里仅考虑在总体 X 的均值 μ 未知的情形下方差 σ^2 的区间估计.

首先讨论双侧区间估计. 取 σ^2 的估计量 S^2, 由于

$$\frac{(n-1)S^2}{\sigma^2} \sim \chi^2(n-1), \tag{7.46}$$

因此有

$$P\left\{\chi^2_{1-\alpha/2}(n-1) \leqslant \frac{(n-1)S^2}{\sigma^2} \leqslant \chi^2_{\alpha/2}(n-1)\right\} = 1-\alpha,$$

其中 $\chi^2_{1-\alpha/2}(n-1)$ 和 $\chi^2_{\alpha/2}(n-1)$ 分别表示自由度为 $n-1$ 的 χ^2 分布的上 $1-\alpha/2$ 和上 $\alpha/2$ 分位点. 由此得到 σ^2 的置信度为 $1-\alpha$ 的双侧置信区间为

$$\left[\frac{(n-1)S^2}{\chi^2_{\alpha/2}(n-1)}, \quad \frac{(n-1)S^2}{\chi^2_{1-\alpha/2}(n-1)}\right]. \tag{7.47}$$

再讨论单侧区间估计. 由式 (7.46) 有

$$P\left\{\frac{(n-1)S^2}{\sigma^2} \leqslant \chi^2_{\alpha}(n-1)\right\} = 1-\alpha, \quad P\left\{\chi^2_{1-\alpha}(n-1) \leqslant \frac{(n-1)S^2}{\sigma^2}\right\} = 1-\alpha,$$

于是得到 σ^2 的置信度为 $1-\alpha$ 的单侧置信区间分别为

$$\left[\frac{(n-1)S^2}{\chi^2_{\alpha}(n-1)}, \ +\infty\right), \quad \left[0, \ \frac{(n-1)S^2}{\chi^2_{1-\alpha}(n-1)}\right]. \tag{7.48}$$

然后编写 R 程序. 按照式 (7.47) 和式 (7.48), 编写计算单正态总体方差的区间估计程序 (程序名: interval_var.R) 如下:

```
interval_var<-function(x, side=0, alpha=0.05){
    n <- length(x); S2 <- var(x); df <- n-1
    if (side<0){
        a <- 0; b <- df*S2/qchisq(alpha, df)
    }
    else if (side>0){
        a <- df*S2/qchisq(1-alpha, df); b <- Inf
    }
    else{
        a <- df*S2/qchisq(1-alpha/2, df)
        b <- df*S2/qchisq(alpha/2, df)
    }
    data.frame(var=S2, df=df, a=a, b=b)
}
```

在程序中, x 是来自总体的数据 (样本) 构成的向量. side 控制求单、双侧置信区间, 若求单侧置信区间上限, 则输入 side=-1; 若求单侧置信区间下限, 则输入 side=1; 若求双侧置信区间, 则输入 side=0 (或省缺). 数据输出采用数据框的形式, 输出值是样本方差 var, 自由度 df 和方差的区间估计a与b.

例 7.14 对例 7.12 的测量误差 (即方差 σ^2) 作双侧区间估计和单侧上限的区间估计 ($\alpha = 0.05$).

解 输入数据, 调用函数 interval_var()(程序名: exam0714.R) 如下:

```
X <- c(10.1, 10, 9.8, 10.5, 9.7, 10.1, 9.9, 10.2, 10.3, 9.9)
source("interval_var.R")
```

双侧区间估计为

```
> interval_var(X)
        var df         a         b
1 0.05833333  9 0.02759851 0.1944164
```

单侧上限的区间估计为

```
> interval_var(X, side=-1)
        var df a         b
1 0.05833333  9 0 0.1578894
```

3. 两个正态总体均值差的区间估计

假设有两个正态总体 $X \sim N(\mu_1, \sigma_1^2)$ 和 $Y \sim N(\mu_2, \sigma_2^2)$, $X_1, X_2, \cdots, X_{n_1}$ 为来自总体 X 的一个样本, $Y_1, Y_2, \cdots, Y_{n_2}$ 为来自总体 Y 的一个样本, $1 - \alpha$ 为置信度, $\overline{X}$ 和 $\overline{Y}$ 分别为第一和第二样本均值, S_1^2 和 S_2^2 分别为第一和第二样本方差. 这里仅考虑当两总体方差 σ_1^2 和 σ_2^2 未知的情况下均值差 $\mu_1 - \mu_2$ 的区间估计.

当 $\sigma_1^2 = \sigma_2^2$ 时, 可以得到

$$T = \frac{\overline{X} - \overline{Y} - (\mu_1 - \mu_2)}{S_w\sqrt{\dfrac{1}{n_1} + \dfrac{1}{n_2}}} \sim t(n_1 + n_2 - 2), \tag{7.49}$$

其中

$$S_w = \sqrt{\frac{(n_1 - 1)S_1^2 + (n_2 - 1)S_2^2}{n_1 + n_2 - 2}}. \tag{7.50}$$

仿照式 (7.44) 的推导, 可以得到 $\mu_1 - \mu_2$ 的置信度为 $1 - \alpha$ 的双侧置信区间为

$$\begin{bmatrix} \overline{X} - \overline{Y} - t_{\alpha/2}(n_1 + n_2 - 2)S_w\sqrt{\dfrac{1}{n_1} + \dfrac{1}{n_2}}, \\ \overline{X} - \overline{Y} + t_{\alpha/2}(n_1 + n_2 - 2)S_w\sqrt{\dfrac{1}{n_1} + \dfrac{1}{n_2}} \end{bmatrix}. \tag{7.51}$$

$\mu_1 - \mu_2$ 的置信度为 $1 - \alpha$ 的单侧置信区间分别为

$$\left[\overline{X} - \overline{Y} - t_{\alpha}(n_1 + n_2 - 2)S_w\sqrt{\frac{1}{n_1} + \frac{1}{n_2}}, \ +\infty \right) \tag{7.52}$$

和

$$\left(-\infty, \ \overline{X} - \overline{Y} + t_{\alpha}(n_1 + n_2 - 2)S_w\sqrt{\frac{1}{n_1} + \frac{1}{n_2}} \right]. \tag{7.53}$$

当 $\sigma_1^2 \neq \sigma_2^2$ 时, 可以证明

$$T = \frac{\overline{X} - \overline{Y} - (\mu_1 - \mu_2)}{\sqrt{\dfrac{S_1^2}{n_1} + \dfrac{S_2^2}{n_2}}} \sim t(\nu) \tag{7.54}$$

近似成立, 其中

$$\nu = \left(\frac{\sigma_1^2}{n_1} + \frac{\sigma_2^2}{n_2} \right)^2 \bigg/ \left(\frac{(\sigma_1^2)^2}{n_1^2(n_1 - 1)} + \frac{(\sigma_2^2)^2}{n_2^2(n_2 - 1)} \right). \tag{7.55}$$

由于 σ_1^2 和 σ_2^2 未知, 所以用样本方差 S_1^2 和 S_2^2 来近似. 因此,

$$\widehat{\nu} = \left(\frac{S_1^2}{n_1} + \frac{S_2^2}{n_2}\right)^2 \bigg/ \left(\frac{(S_1^2)^2}{n_1^2(n_1 - 1)} + \frac{(S_2^2)^2}{n_2^2(n_2 - 1)}\right). \tag{7.56}$$

可以近似地认为

$$T \sim t(\widehat{\nu}).$$

由此得到 $\mu_1 - \mu_2$ 的置信度为 $1 - \alpha$ 的双侧置信区间为

$$\left[\overline{X} - \overline{Y} - t_{\alpha/2}(\widehat{\nu})\sqrt{\frac{S_1^2}{n_1} + \frac{S_2^2}{n_2}}, \ \ \overline{Y} - \overline{X} + t_{\alpha/2}(\widehat{\nu})\sqrt{\frac{S_1^2}{n_1} + \frac{S_2^2}{n_2}}\right]. \tag{7.57}$$

$\mu_1 - \mu_2$ 的置信度为 $1 - \alpha$ 的单侧置信区间分别为

$$\left[\overline{X} - \overline{Y} - t_{\alpha}(\widehat{\nu})\sqrt{\frac{S_1^2}{n_1} + \frac{S_2^2}{n_2}}, \ +\infty\right) \tag{7.58}$$

和

$$\left(-\infty, \ \overline{Y} - \overline{X} + t_{\alpha}(\widehat{\nu})\sqrt{\frac{S_1^2}{n_1} + \frac{S_2^2}{n_2}}\right]. \tag{7.59}$$

编写 R 程序. 按照式 (7.51)~ 式 (7.53) 和式 (7.57)~ 式 (7.59), 编写计算两个正态总体均值差的区间估计程序 (程序名: interval_estimate2.R) 如下:

```
interval_estimate2<-function(x, y, var.equal=FALSE,
    side=0, alpha=0.05){
  n1<-length(x); n2<-length(y)
  xb<-mean(x); yb<-mean(y); zb<-xb-yb
  if (var.equal ==  TRUE){
    df<-n1+n2-2
    Sw<-((n1-1)*var(x)+(n2-1)*var(y))/df
    if (side<0){
      tmp<-sqrt(Sw*(1/n1+1/n2))*qt(1-alpha, df)
      a <- -Inf; b <- zb+tmp
    }
    else if (side>0){
      tmp<-sqrt(Sw*(1/n1+1/n2))*qt(1-alpha, df)
      a <- zb-tmp; b <- Inf
    }
    else{
```

```
        tmp<-sqrt(Sw*(1/n1+1/n2))*qt(1-alpha/2, df)
        a <- zb-tmp; b <- zb+tmp
    }
}
else{
    S1<-var(x); S2<-var(y)
    nu<-(S1/n1+S2/n2)^2/(S1^2/n1^2/(n1-1)+S2^2/n2^2/(n2-1))
    if (side<0){
        tmp<-qt(1-alpha, nu)*sqrt(S1/n1+S2/n2)
        a <- -Inf; b <- zb+tmp
    }
    else if (side>0){
        tmp<-qt(1-alpha, nu)*sqrt(S1/n1+S2/n2)
        a <- zb-tmp; b <- Inf
    }
    else{
        tmp<-qt(1-alpha/2, nu)*sqrt(S1/n1+S2/n2)
        a <- zb-tmp; b <- zb+tmp
    }
    df<-nu
}
data.frame(mean_of_x=xb, mean_of_y=yb, df=df, a=a, b=b)
}
```

在程序中, x和y分别是来自两总体的数据 (样本) 构成的向量. 若认为两总体方差相同, 则输入 var.equal=TRUE, 程序采用自由度为 $n_1 + n_2 - 2$ 的 t 分布计算区间端点; 否则, 输入 var.equal=FALSE (或省缺), 程序采用自由度为 ν 的 t 分布计算区间端点. 当 ν 不是整数时, 程序在计算 t 分布时, 其值采用插值方法得到. side 控制求单、双侧置信区间, 若求单侧置信区间上限, 则输入 side=-1; 若求单侧置信区间下限, 则输入 side=1; 若求双侧置信区间, 则输入 side=0 (或省缺). 输出采用数据框形式, 输出样本均值差 mean, 自由度 df 和均值差的区间估计的两个端点a与b.

例 7.15   为了调查应用克矽平治疗矽肺的效果, 今抽查应用克矽平治疗矽肺的患者 10 名, 记录下治疗前后血红蛋白的含量数据, 如表 7.2 所示. 试求治疗前后变化的区间估计 ($\alpha = 0.05$).

表 7.2 治疗前后血红蛋白的含量数据

病人编号	1	2	3	4	5	6	7	8	9	10
治疗前 (X)	11.3	15.0	15.0	13.5	12.8	10.0	11.0	12.0	13.0	12.3
治疗后 (Y)	14.0	13.8	14.0	13.5	13.5	12.0	14.7	11.4	13.8	12.0

解 输入数据, 调用函数 interval_estimate2()(程序名: exam0715.R) 如下:

```
X<-c(11.3, 15.0, 15.0, 13.5, 12.8, 10.0, 11.0, 12.0, 13.0, 12.3)
Y<-c(14.0, 13.8, 14.0, 13.5, 13.5, 12.0, 14.7, 11.4, 13.8, 12.0)
source("interval_estimate2.R")
```

两总体方差相同的情况为

```
> interval_estimate2(X, Y, var.equal=TRUE)
    mean_of_x mean_of_y df        a          b
1    12.59     13.27    18 -1.980575 0.6205746
```

两总体方差不同的情况为

```
> interval_estimate2(X, Y)
    mean_of_x mean_of_y      df         a          b
1    12.59     13.27    15.61232 -1.994980 0.6349797
```

在例 7.15 中, $\mu_1 - \mu_2$ 的区间估计包含了零, 也就是说, μ_1 可能大于 μ_2, 也可能小于 μ_2, 这时有理由认为 μ_1 与 μ_2 并没有显著差异. 简单地说, 就是治疗前后血红蛋白的含量没有显著差异.

4. 成对数据均值差的区间估计

如果数据是成对出现的, 即 (X_i, Y_i) $(i = 1, 2, \cdots, n)$, 则可以作成对数据均值差的区间估计, 通常认为它优于两总体均值差的区间估计. 所谓成对数据均值差的区间估计就是令 $Z_i = X_i - Y_i$ $(i = 1, 2, \cdots, n)$, 对 Z 作单个总体均值的区间估计.

例如, 对于例 7.15 中的数据作成数据均值差的区间估计.

```
> interval_estimate(X-Y)
    mean df        a         b
1  -0.68  9 -1.857288 0.4972881
```

它的区间长度比两个总体的区间估计要短.

5. 两个正态总体方差比的区间估计

假设有两个正态总体 $X \sim N(\mu_1, \sigma_1^2)$ 和 $Y \sim N(\mu_2, \sigma_2^2)$, $X_1, X_2, \cdots, X_{n_1}$ 为来自总体 X 的一个样本, $Y_1, Y_2, \cdots, Y_{n_2}$ 为来自总体 Y 的一个样本, $1 - \alpha$ 为置信度, $\overline{X}, \overline{Y}$ 分别为第一、第二样本均值, S_1^2, S_2^2 分别为第一、第二样本方差. 这里仅考虑当两总体均值 μ_1 和 μ_2 未知的情况下均值方差比 σ_1^2/σ_2^2 的区间估计.

由于 $S_i^2\ (i=1,2)$ 为 $\sigma_i^2\ (i=1,2)$ 的无偏估计, 并且

$$F=\frac{S_1^2/\sigma_1^2}{S_2^2/\sigma_2^2}\sim F(n_1-1,n_2-1),\tag{7.60}$$

因此,

$$P\left\{F_{1-\alpha/2}(n_1-1,n_2-1)\leqslant\frac{S_1^2/\sigma_1^2}{S_2^2/\sigma_2^2}\leqslant F_{\alpha/2}(n_1-1,n_2-1)\right\}=1-\alpha,\tag{7.61}$$

则 σ_1^2/σ_2^2 的置信水平为 $1-\alpha$ 的双侧置信区间为

$$\left[\frac{S_1^2/S_2^2}{F_{\alpha/2}(n_1-1,n_2-1)},\ \ \frac{S_1^2/S_2^2}{F_{1-\alpha/2}(n_1-1,n_2-2)}\right].\tag{7.62}$$

由式 (7.60) 还可以得到

$$P\left\{\frac{S_1^2/\sigma_1^2}{S_2^2/\sigma_2^2}\leqslant F_{\alpha}(n_1-1,n_2-1)\right\}=1-\alpha,$$

$$P\left\{F_{1-\alpha}(n_1-1,n_2-1)\leqslant\frac{S_1^2/\sigma_1^2}{S_2^2/\sigma_2^2}\right\}=1-\alpha,$$

则 σ_1^2/σ_2^2 的置信水平为 $1-\alpha$ 的单侧置信区间分别为

$$\left[\frac{S_1^2/S_2^2}{F_{\alpha}(n_1-1,n_2-1)},\ +\infty\right),\ \ \left[0,\ \frac{S_1^2/S_2^2}{F_{1-\alpha}(n_1-1,n_2-2)}\right].\tag{7.63}$$

编写 R 程序. 按照式 (7.62) 和式 (7.63), 编写计算两个正态总体方差比的区间估计的程序 (程序名: interval_var2.R) 如下:

```
interval_var2<-function(x, y, side=0, alpha=0.05){
    n1<-length(x); n2<-length(y)
    Sx2<-var(x); Sy2<-var(y); df1<-n1-1; df2<-n2-1
    r<-Sx2/Sy2
    if (side<0) {
        a <- 0; b <- r/qf(alpha,df1,df2)
    }
    else if (side>0) {
        a <- r/qf(1-alpha,df1,df2); b <- Inf
    }
    else{
        a<-r/qf(1-alpha/2,df1,df2)
        b<-r/qf(alpha/2,df1,df2)
```

```
    }
    data.frame(rate=r, df1=df1, df2=df2, a=a, b=b)
}
```

在程序中, x和y分别是来自两总体的数据 (样本) 构成的向量. side 控制求单、双侧置信区间, 若求单侧置信区间上限, 则输入 side=-1; 若求单侧置信区间下限, 则输入 side=1; 若求双侧置信区间, 则输入 side=0 (或省缺). alpha 是显著性水平, 默认值为 0.05. 输出采用数据框形式, 输出的变量有样本方差比 rate, 第一自由度 df1, 第二自由度 df2 和方差比的区间估计的端点a与b.

例 7.16 再考虑例 7.15, 对治疗前后血红蛋白的含量的方差比作区间估计.

解 调用函数 interval_var2(), 其命令如下:

```
source("interval_var2.R"); interval_var2(X, Y)
```

从而得到

```
      rate df1 df2          a         b
1 2.284449   9   9 0.5674248 9.197179
```

由于方差比的估计区间包含 1, 所以有理由认为治疗前后血红蛋白含量的方差是相同的. 因此, 在例 7.15 中, 使用两总体方差相同的公式计算均值差的区间估计是合理的.

7.3 假设检验

假设检验是统计推断中的一个重要内容, 它是利用样本数据对某个事先作出的统计假设按照某种设计好的方法进行检验, 判断此假设是否正确.

7.3.1 基本概念与基本思想

1. 基本概念

为了说明假设检验的基本概念, 先看一个例子.

例 7.17 设某工厂生产一批产品, 其次品率 p 是未知的. 按规定, 若 $p \leqslant 0.01$, 则这批产品为可接受的; 否则, 为不可接受的. 这里 "$p \leqslant 0.01$" 便是一个需要的假设, 记为 H. 假定从这批数据很大的产品中随机抽取 100 件样品, 发现其中有三件次品, 这一抽样结果便成为判断假设 H 是否成立的依据. 显然, 样品中次品个数越多, 则对假设 H 越不利; 反之, 则对 H 越有利. 记样品中的次品个数为 X, 问题是: X 大到什么程度就应该拒绝 H?

分析 由于否定 H 就等于否定一大批产品, 所以这个问题应该慎重处理. 统计学上常用的做法是: 先假定 H 成立, 再来计算 $X \geqslant 3$ 的概率有多大. 由于 X 分布为 $B(n, p)$, 其中 $n = 100$, 于是容易计算出 $P_{p=0.01}\{X \geqslant 3\} \approx 0.08$. 显然, 对

$p < 0.01$, 这个概率值还要小. 也就是说, 当假设 $H(p \leqslant 0.01)$ 成立时, 100 个样品中有三个或三个以上次品的概率不超过 0.08. 这可以看成是一个 "小概率" 事件, 而在一次试验中就发生了一个小概率事件是不大可能的. 因此, 事先作出的假设 "$p \leqslant 0.01$" 是非常可疑的. 在需要作出最终判决时, 就应该否定这个假设, 而认定这批产品不可接受 (即认为 $p > 0.01$).

例 7.17 中包含了假设检验的一些重要的基本概念. 一般地, 设 θ 为用以确定总体分布的一个未知参数, 其一切可能值的集合记为 Θ, 则关于 θ 的任一假设可用 "$\theta \in \Theta'$" 来表示, 其中 Θ' 为 Θ 的一个真子集. 在统计假设检验中, 首先要有一个作为检验对象的假设, 常称为原假设或零假设. 与之相应, 为使问题表述得更加明确, 还常提出一个与之对应的假设, 称为备择假设. 原假设和备择假设常表示为

$$H_0 : \theta \in \Theta_0, \quad H_1 : \theta \in \Theta_1,$$

其中 Θ_0 和 Θ_1 为 Θ 的两个不相交的真子集, H_0 表示原假设, H_1 表示备择假设.

关于一维实参数的假设常有以下三种形式 (其中 θ_0 为给定值):

(1) 单边检验

$$H_0 : \theta \leqslant \theta_0, \quad H_1 : \theta > \theta_0;$$

(2) 单边检验

$$H_0 : \theta \geqslant \theta_0, \quad H_1 : \theta < \theta_0;$$

(3) 双边检验

$$H_0 : \theta = \theta_0, \quad H_1 : \theta \neq \theta_0.$$

通常也称双边检验为二尾检验, 称单边检验为一尾检验.

假设检验的依据是样本. 样本的某些取值可能对原假设 H_0 有利, 而另一些取值可能对 H_0 不利, 因此, 可以根据某种公认的合理准则将样本空间分成两部分. 一部分称为拒绝域, 当样本落入拒绝域时, 便拒绝 H_0; 另一部分称为接受域, 当样本落入接受域时, 不拒绝 H_0.

构造拒绝域的常用方法是寻找一个统计量 g(如例 7.17 中样品中次品的件数 X), g 的大小可以反映对原假设 H_0 有利或不利. 因此, 确定拒绝域 W 的问题转化为确定 g 的一个取值域 C 的问题.

定义 7.5   对假设检验问题, 设 $X_1, X_2, \cdots, X_n$ 为样本, W 为样本空间中的一个子集, 对于给定的 $\alpha \in (0, 1)$, 若 W 满足

$$P_\theta \{(X_1, X_2, \cdots, X_n) \in W\} \leqslant \alpha, \quad \forall \, \theta \in \Theta_0, \tag{7.64}$$

则称由 W 构成拒绝域的检验方法为显著性水平 α 的检验.

显著性水平 α 常用的取值为 0.1, 0.05 和 0.01 等. 对一个显著性水平 α 的检验, 假定原假设 H_0 成立, 而样本落入拒绝域 W 中, 就意味着一个小概率发生了. 而在一次试验中发生一个小概率事件是可疑的, 结果就导致了对原假设 H_0 的否定. 在例 7.17 中, 如果事先给定 $\alpha = 0.1$, 而 $P_{p=0.01}\{X \geqslant 3\} = 0.08$, 因此, 当 $p < 0.01$ 时, 这个概率还要小. 根据定义 7.5, $W = \{X \geqslant 3\}$ 便给出了假设检验 $H_0 : p \leqslant p_0 = 0.01$ 的显著性水平 $\alpha = 0.1$ 的拒绝域, 由 $X = 3$ 便可拒绝 H_0. 但如果事先给定的显著性水平 $\alpha = 0.05$, 则这时相应的显著性水平 α 的检验的拒绝域 $W = \{X \geqslant 4\}$, 这时 $X = 3$ 就不能拒绝 H_0. 由此可见, 显著性水平 α 越小, 则拒绝原假设越困难. 换言之, 显著性水平 α 越小, 则当样本落入拒绝域因而拒绝 H_0 就越可信.

通常, 作假设者对原假设 H_0 往往事先有一定的信任度, 或者一旦否定了 H_0, 就意味着作出一个重大的决策, 需谨慎从事. 因此, 把检验的显著性水平 α 取得比较小体现了一种 "保护原假设" 的思想.

2. 基本思想与步骤

假设检验的基本思想有以下两点:

(1) 用了反证法的思想. 为了检验一个 "假设" 是否成立, 就先假定这个 "假设" 是成立的, 而看由此产生的后果. 如果导致一个不合理的现象出现, 那么就表明原先的假定不正确, 也就是说, "假设" 不成立. 因此, 就拒绝这个 "假设". 如果由此没有导出不合理的现象发生, 则不能拒绝原来这个 "假设", 称原假设是相容的.

(2) 它又区别于纯数学中的反证法. 因为这里所谓的 "不合理", 并不是形式逻辑中的绝对矛盾, 而是基于人们实践中广泛采用的一个原则: 小概率事件在一次观察中可以认为基本上不会发生.

通常用以下步骤完成假设检验工作:

(1) 对待检验的未知参数 θ 根据问题的需要作出一个单边或双边的假设. 选择原假设的原则是: 事先有一定信任度或出于某种考虑是否要加以 "保护".

(2) 选定一个显著性水平 α, 最常用的是 $\alpha = 0.05$, 放松一些可取 $\alpha = 0.075$ 或 0.1, 严格一些可取 $\alpha = 0.025$ 或 0.01.

(3) 构造一个统计量 g, g 的大小反映对 H_0 有利或不利, 拒绝域有形式 $W = \{g \in C\}$.

(4) 根据定义 7.5 来确定 W.

3. 假设检验的两类错误

在根据假设检验作出统计决断时, 可能犯两类错误. 第一类错误是否定了真实的原假设. 犯第一类错误的概率定义为显著性水平 α, 即

$$\alpha = P\{\text{否定} H_0 \mid H_0 \text{是真实的}\},$$

可以通过控制显著性水平 α 来控制犯第一类错误的概率.

第二类错误是接受了错误的原假设. 犯第二类错误的概率常用 β 表示, 即

$$\beta = P\{\text{接受} H_0 \mid H_0 \text{是错误的}\}.$$

通常来讲, 在给定样本容量的情况下, 如果减少犯第一类错误的概率, 就会增加犯第二类错误的概率, 而减少犯第二类错误的概率, 也会增加犯第一类错误的概率. 如果希望同时减少犯第一类和第二类错误的概率, 就需要增加样本容量, 但样本容量的增加是需要增加抽样成本, 有时这是不可行的.

在统计检验中, 评价一个假设检验好坏的标准是统计检验功效. 所谓功效就是正确地否定了错误的原假设的概率, 常用 π 表示, 即

$$\pi = 1 - \beta = P\{\text{否定} H_0 \mid H_0 \text{是错误的}\}.$$

如果统计检验接受了原假设 $H_0 : \theta = \theta_0$, 则可以通过计算置信区间, 推断总体参数 θ 的取值范围. 置信区间是根据一定的置信程度而估计的区间, 它给出了未知的总体参数的上下限.

7.3.2　正态总体均值的假设检验

由于在实际问题中, 大多数随机变量服从或近似服从正态分布, 因此, 这里重点介绍正态参数的假设检验. 按总体的个数, 又可分为单个总体和两个总体的参数检验.

1. 单个总体的情况

设总体 $X \sim N(\mu, \sigma^2)$, $X_1, X_2, \cdots, X_n$ 是来自总体 X 的一个样本, 均值 μ 的检验分为双边检验和单边检验, 这里仅考虑总体方差 σ^2 未知的情况.

先考虑双边检验, 即

$$H_0 : \mu = \mu_0, \quad H_1 : \mu \neq \mu_0.$$

由统计知识 (见式 (7.31)) 可知, 当 H_0 为真时,

$$T = \frac{\overline{X} - \mu_0}{S/\sqrt{n}} \sim t(n-1). \tag{7.65}$$

因此, 当

$$|T| \geqslant t_{\alpha/2}(n-1)$$

时, 认为 H_0 不成立. 这种方法称为 t 检验法.

图 7.6 给出了 t 分布和相应的分位点 $-t_{\alpha/2}(n-1)$ 和 $t_{\alpha/2}(n-1)$. 当 T 属于 $-t_{\alpha/2}(n-1) \sim t_{\alpha/2}(n-1)$ 时, 接受原假设. 从直观上来看, T 值落在区间

$[-t_{\alpha/2}(n-1),\ t_{\alpha/2}(n-1)]$ 的概率是 $1-\alpha$, 当它落在区间以外时, 有理由拒绝原假设.

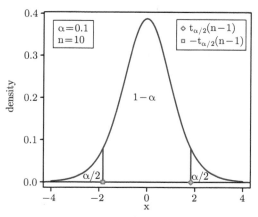

图 7.6 t 分布和它的分位点

再考虑单边检验, 即

$$H_0: \mu \leqslant \mu_0,\ H_1: \mu > \mu_0\ (\text{或}\ H_0: \mu \geqslant \mu_0,\ H_1: \mu < \mu_0).$$

类似于双边检验, 其拒绝域为

$$T \geqslant t_\alpha(n-1)\ (\text{或}\ T \leqslant -t_\alpha(n-1)).$$

2. 两个总体的情况

假设 $X_1, X_2, \cdots, X_{n_1}$ 是来自总体 $X \sim N(\mu_1, \sigma_1^2)$ 的样本, $Y_1, Y_2, \cdots, Y_{n_2}$ 是来自总体 $Y \sim N(\mu_2, \sigma_2^2)$ 的样本, 并且两样本独立. 其检验问题有

双边检验: $H_0: \mu_1 = \mu_2, H_1: \mu_1 \neq \mu_2$;

单边检验 I : $H_0: \mu_1 \leqslant \mu_2, H_1: \mu_1 > \mu_2$;

单边检验 II : $H_0: \mu_1 \geqslant \mu_2, H_1: \mu_1 < \mu_2$.

这里只考虑总体方差 σ_1^2 和 σ_2^2 未知的情况, 用 S_1^2 和 S_2^2 分别表示 X 和 Y 的样本方差.

当 $\sigma_1^2 = \sigma_2^2$ 时, 由统计知识 (见式 (7.49)) 可知, 当 H_0 为真时,

$$T = \frac{\overline{X} - \overline{Y}}{S_w \sqrt{\dfrac{1}{n_1} + \dfrac{1}{n_2}}} \ \sim\ t(n_1 + n_2 - 2), \tag{7.66}$$

其中

$$S_w = \sqrt{\frac{(n_1 - 1)S_1^2 + (n_2 - 1)S_2^2}{n_1 + n_2 - 2}}. \tag{7.67}$$

因此, 当 T 满足 (称为拒绝域)

　　双边检验: $|T| \geqslant t_{\alpha/2}(n_1 + n_2 - 2)$;

　　单边检验 I : $T \geqslant t_\alpha(n_1 + n_2 - 2)$;

　　单边检验 II : $T \leqslant -t_\alpha(n_1 + n_2 - 2)$

时, 认为 H_0 不成立. 此方法仍称为 t 检验法.

　　当 $\sigma_1^2 \neq \sigma_2^2$ 时, 可以证明

$$T = \frac{\overline{X} - \overline{Y}}{\sqrt{\dfrac{S_1^2}{n_1} + \dfrac{S_2^2}{n_2}}} \ \sim \ t(\widehat{\nu}) \tag{7.68}$$

近似成立, 其中

$$\widehat{\nu} = \left(\frac{S_1^2}{n_1} + \frac{S_2^2}{n_2}\right)^2 \bigg/ \left(\frac{(S_1^2)^2}{n_1^2(n_1-1)} + \frac{(S_2^2)^2}{n_2^2(n_2-1)}\right). \tag{7.69}$$

因此, 当 T 满足 (称为拒绝域)

　　双边检验: $|T| \geqslant t_{\alpha/2}(\widehat{\nu})$;

　　单边检验 I : $T \geqslant t_\alpha(\widehat{\nu})$;

　　单边检验 II : $T \leqslant -t_\alpha(\widehat{\nu})$

时, 认为 H_0 不成立.

　　3. P 值

　　在通常的教科书中, 用拒绝域来否定 H_0. 因此, 在计算完统计量 T 后, 需要计算 $t_\alpha(n-1)$(教科书上是查表), 而在计算机软件中使用这种方法会带来诸多不便. 因此, 在计算机软件中, 通常采用计算 P 值的方法来解决这一问题. 所谓 P 值, 就是犯第一类错误的概率, 即

$$P \text{ 值} = P\{\text{否定} H_0 \mid H_0 \text{ 为真}\}.$$

若 P 值 $< \alpha$(如 $\alpha = 0.05$), 则拒绝原假设; 否则, 接受原假设. 容易证明 P 值 $< \alpha$ 等价于统计量 T 属于拒绝域.

　　4. R 程序与例题

　　现在可以按照区间估计的方法编写假设检验的 R 程序. 但事实上, 编写程序的工作已经不用做了, 这是因为在 R 软件中, 函数 t.test() 提供了 t 检验和相应的区间估计的功能. t.test() 的使用格式为

```
t.test(x, y = NULL,
       alternative = c("two.sided", "less", "greater"),
```

```
                mu = 0, paired = FALSE, var.equal = FALSE,
                conf.level = 0.95, ...)
```

在函数中, 参数x和y是由数据构成的数值型向量. 如果只提供x, 则作单个正态总体的均值检验; 否则, 作两个总体均值差的检验. alternative (可简写成 al①) 表示备择假设, 如果作双边检验 ($H_1 : \mu \neq \mu_0$ 或 $\mu_1 \neq \mu_2$), 则选择 two.sided (默认值, 即可不选此参数); 如果作单边检验 ($H_1 : \mu < \mu_0$ 或 $\mu_1 < \mu_2$), 则选择 less (简写为 l); 如果作单边检验 ($H_1 : \mu > \mu_0$ 或 $\mu_1 > \mu_2$), 则选择 greater (简写为 g). mu 表示原假设 μ_0 (默认值为 0). paired 是逻辑变量, 如果处理成对数据, 则选择 TRUE; 否则, 选择 FALSE(默认值). var.equal 是逻辑变量, 当两总体的方差相同时, 选择 TRUE; 否则, 选择 FALSE (默认值). conf.level 是置信水平 (默认值为 0.95).

例 7.18 某种元件的寿命 X(以小时计) 服从正态分布 $N(\mu, \sigma^2)$, 其中 μ 和 σ^2 均未知. 现测得 16 只元件的寿命如下:

$$159, \quad 280, \quad 101, \quad 212, \quad 224, \quad 379, \quad 179, \quad 264,$$
$$222, \quad 362, \quad 168, \quad 250, \quad 149, \quad 260, \quad 485, \quad 170.$$

是否有理由认为元件的平均寿命大于 225h?

解 按题意 (注意: 前面提到的假设检验运用了反证法的思想), 需检验

$$H_0 : \mu \leqslant \mu_0 = 225, \quad H_1 : \mu > \mu_0 = 225.$$

此问题是单总体单边检验的问题.

输入数据, 调用函数 t.test() 得到

```
> X<-c(159, 280, 101, 212, 224, 379, 179, 264,
       222, 362, 168, 250, 149, 260, 485, 170)
> t.test(X, alternative = "greater", mu = 225)
        One Sample t-test
data:  X
t = 0.6685, df = 15, p-value = 0.257
alternative hypothesis: true mean is greater than 225
95 percent confidence interval:
 198.2321      Inf
sample estimates:
mean of x
    241.5
```

计算出 P 值为 0.257(> 0.05), 不能拒绝原假设, 接受 H_0, 即认为平均寿命不大于 225h. t.test() 函数同时还提供了单侧区间估计, 其下限为 198.23 < 225, 这也表

---

① 在 R 软件中, 为了方便用户, 所有参数均可用参数的前两个字母表示.

明元件的平均寿命不大于 225h.

事实上, 区间估计和假设检验本质上是一个问题的两个方面. 区间估计给出了均值 (或均值差) 的估计区间, 而假设检验给出了犯第一类错误的概率 (P 值). 对于例 7.18, P 值为 0.257, 也就是说, 如果否定 H_0(平均寿命不大于 225h), 则犯错误的概率为 25.7%, 这个值太大了 (犯错误概率大约为 $\frac{1}{4}$), 所以不能否定原假设, 即认为平均寿命不大于 225h.

例 7.19　　在平炉上进行一项试验, 以确定改变操作方法的建议是否会增加钢的得率, 试验是在同一个平炉上进行的. 每炼一炉钢时, 除操作方法外, 其他条件都尽可能做到相同. 先用标准方法炼一炉, 然后用新方法炼一炉, 以后交替进行. 各炼了 10 炉, 其得率如表 7.3 所示. 设这两个样本相互独立, 并且分别来自正态总体 $N(\mu_1, \sigma^2)$ 和 $N(\mu_2, \sigma^2)$, 其中 μ_1, μ_2 和 σ^2 未知. 新的操作能否提高得率? (取 $\alpha = 0.05$)

表 7.3　两种方法的得率

标准方法	78.1	72.4	76.2	74.3	77.4	78.4	76.0	75.5	76.7	77.3
新方法	79.1	81.0	77.3	79.1	80.0	79.1	79.1	77.3	80.2	82.1

解　根据题意, 需要假设

$$H_0: \mu_1 \geqslant \mu_2, \quad H_1: \mu_1 < \mu_2,$$

这里假定 $\sigma_1^2 = \sigma_2^2 = \sigma^2$. 因此, 选择 t 检验法, 方差相同的情况.

```
X<-c(78.1,72.4,76.2,74.3,77.4,78.4,76.0,75.5,76.7,77.3)
Y<-c(79.1,81.0,77.3,79.1,80.0,79.1,79.1,77.3,80.2,82.1)
t.test(X, Y, al = "l", var.equal = TRUE)
```

得到

```
        Two Sample t-test
data:  X and Y
t = -4.2957, df = 18, p-value = 0.0002176
alternative hypothesis: true difference in means is less than 0
95 percent confidence interval:
     -Inf -1.908255
sample estimates:
mean of x mean of y
    76.23     79.43
```

计算出 P 值为 0.0002176 $\ll$ 0.05, 故拒绝原假设, 即认为新的操作方能够提高得率.

从区间估计的角度来看, t.test() 给出的单侧区间估计上限是 $-1.908 < 0$, 这表明 $\mu_1 - \mu_2 < 0$, 即 $\mu_1 < \mu_2$, 也可以得到 "新的操作方能够提高得率" 的结论. 从

P 值的角度来讲, 拒绝原假设 (新操作不能提高得率) 犯错误的概率只有 0.02%, 当然拒绝它.

如果认为两总体方差不同, 则其命令格式为

```
t.test(X, Y, al = "l")
```

得到的结论是相同的.

从前面的两个例子可以看出, 函数 t.test() 不但可以作假设检验, 同时也可计算均值 (或均值差) 的区间估计. 因此, 也没有必要编写相应的 R 函数 (见 7.2.3 小节), 而直接调用函数 t.test() 即可.

例如, 对于例 7.12, 可直接写

```
> X<-c(10.1,10,9.8,10.5,9.7,10.1,9.9,10.2,10.3,9.9)
> t.test(X)
```

从而得到

```
        One Sample t-test

data:  X
t = 131.5854, df = 9, p-value = 4.296e-16
alternative hypothesis: true mean is not equal to 0
95 percent confidence interval:
  9.877225 10.222775
sample estimates:
mean of x
    10.05
```

得到的区间估计值与手工编写的程序的计算结果是相同的. 不过, 这里计算出的 t 值和 P 值没有意义, 因为默认值表示 $\mu_0 = 0$, 即检验 $H_0 : \mu = 0$. 这当然不是题目要求的.

同样可以用函数 t.test() 作单侧区间估计. 对于例 7.13, 其命令为

```
> X <- c(1050, 1100, 1120, 1250, 1280)
> t.test(X, al = "g")
```

从而得到

```
        One Sample t-test

data:  X
t = 26.0035, df = 4, p-value = 6.497e-06
alternative hypothesis: true mean is greater than 0
95 percent confidence interval:
 1064.900        Inf
sample estimates:
```

```
mean of x
     1160
```
计算结果也是相同的, 这里也不用管 t 值和 P 值.

7.3.3   正态总体方差的假设检验

1. 单总体的情况

设 $X_1, X_2, \cdots, X_n$ 是来自总体 $X \sim N(\mu, \sigma^2)$ 的样本, 其检验问题为

双边检验: $H_0 : \sigma^2 = \sigma_0^2, H_1 : \sigma^2 \neq \sigma_0^2$;

单边检验 I : $H_0 : \sigma^2 \leqslant \sigma_0^2, H_1 : \sigma^2 > \sigma_0^2$;

单边检验 II : $H_0 : \sigma^2 \geqslant \sigma_0^2, H_1 : \sigma^2 < \sigma_0^2$.

这里仅考虑总体均值 μ 未知的情况.

当 H_0 为真时, 由统计知识 (见式 (7.30)) 有

$$\chi^2 = \frac{(n-1)S^2}{\sigma_0^2} \sim \chi^2(n-1). \tag{7.70}$$

因此, 用 χ^2 来确定拒绝域, 即当

双边检验: $\chi^2 \geqslant \chi_{\alpha/2}^2(n-1)$ 或 $\chi^2 \leqslant \chi_{1-\alpha/2}^2(n-1)$;

单边检验 I : $\chi^2 \geqslant \chi_\alpha^2(n-1)$;

单边检验 II : $\chi^2 \leqslant \chi_{1-\alpha}^2(n-1)$

时, 认为 H_0 不成立.

图 7.7 给出了 χ^2 分布和相应的分位点 $\chi_{1-\alpha/2}^2(n-1)$ 和 $\chi_{\alpha/2}^2(n-1)$, 当统计量 χ^2 的值在区间 $[\chi_{1-\alpha/2}^2(n-1), \chi_{\alpha/2}^2(n-1)]$ 内时, 接受原假设. 从直观上来看, χ^2 值落在区间 $[\chi_{1-\alpha/2}^2(n-1), \chi_{\alpha/2}^2(n-1)]$ 的概率是 $1-\alpha$. 当它落在区间以外时, 有理由拒绝原假设.

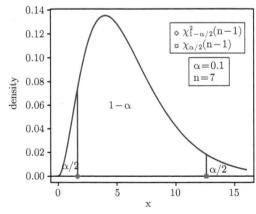

图 7.7 χ^2 分布和它的分位点

2. 两个总体的情况

设 $X_1, X_2, \cdots, X_{n_1}$ 是来自总体 $X \sim N(\mu_1, \sigma_1^2)$ 的样本, $Y_1, Y_2, \cdots, Y_{n_2}$ 是来自总体 $Y \sim N(\mu_2, \sigma_2^2)$ 的样本, 并且两样本独立. 其检验问题为

双边检验: $H_0 : \sigma_1^2 = \sigma_2^2, H_1 : \sigma_1^2 \neq \sigma_2^2$;

单边检验 I : $H_0 : \sigma_1^2 \leqslant \sigma_2^2, H_1 : \sigma_1^2 > \sigma_2^2$;

单边检验 II: $H_0 : \sigma_1^2 \geqslant \sigma_2^2, H_1 : \sigma_1^2 < \sigma_2^2$.

这里只考虑总体均值 μ_1 和 μ_2 未知的情况, 用 S_1^2 和 S_2^2 分别表示 X 和 Y 的样本方差.

当 H_0 为真时, 由式 (7.60) 有

$$F = \frac{S_1^2}{S_2^2} \ \sim \ F(n_1 - 1, n_2 - 1). \tag{7.71}$$

因此, 用 F 来确定拒绝域, 即当

双边检验: $F \geqslant F_{\alpha/2}(n_1 - 1, n_2 - 1)$ 或 $F \leqslant F_{1-\alpha/2}(n_1 - 1, n_2 - 1)$;

单边检验 I : $F \geqslant F_\alpha(n_1 - 1, n_2 - 1)$;

单边检验 II: $F \leqslant F_{1-\alpha}(n_1 - 1, n_2 - 1)$

时, 认为 H_0 不成立.

3. P 值

与均值检验相同, 在计算中, 仍用 P 值的大小来判断是否拒绝 H_0. 若 P 值小于 α (通常是 0.05), 则拒绝 H_0; 否则, 接受 H_0.

4. R 程序与例题

R 软件没有提供单个总体方差的检验, 但提供了两个总体方差比的检验, 其函数为 var.test(), 相应的使用格式为

```
var.test(x, y, ratio = 1,
         alternative = c("two.sided", "less", "greater"),
         conf.level = 0.95, ...)
```

在函数中, 参数 x 和 y 是来自两个样本数据构成的数值型向量. ratio 是两个总体方差比的假设值 (默认值为 1). alternative 是备择假设, 在作双边检验 ($H_1 : \sigma_1^2/\sigma_2^2 \neq$ ratio) 时, 可不选择此参数 (它是默认值); 作单边检验 ($H_1 : \sigma_1^2/\sigma_2^2 <$ ratio) 时, 选择 less (简写为 l); 作另一类单边检验时, 选择 greater (简写为 g). conf.level 是置信水平 (默认值为 0.95).

例 7.20 试对例 7.19 中的数据假设检验

$$H_0 : \sigma_1^2 = \sigma_2^2, \quad H_1 : \sigma_1^2 \neq \sigma_2^2.$$

解 输入数据, 调用 var.test() 函数, 其命令如下:

```
> X<-c(78.1,72.4,76.2,74.3,77.4,78.4,76.0,75.5,76.7,77.3)
> Y<-c(79.1,81.0,77.3,79.1,80.0,79.1,79.1,77.3,80.2,82.1)
> var.test(X, Y)
        F test to compare two variances
data:  X and Y
F = 1.4945, num df = 9, denom df = 9, p-value =0.559
alternative hypothesis: true ratio of variances is not equal to 1
95 percent confidence interval:
 0.3712079 6.0167710
sample estimates:
ratio of variances
      1.494481
```

P 值为 0.559 ≫ 0.05. 因此, 无法拒绝原假设, 认为两总体的方差是相同的. 从方差比的区间估计来看, 其区间为 [0.37, 6.02], 包含 1. 也就是说, 有可能 $\sigma_1^2/\sigma_2^2 = 1$, 所以认为两总体的方差是相同的.

从计算结果可以看出, 在例 7.19 中, 假设两总体方差相同是合理的.

从上面的例子可以看出, 函数 var.test() 不但可以完成方差比的假设检验, 还给出了方差比的区间估计. 因此, 也不必自己编写程序 (见 7.2.3 小节), 而直接调用函数 var.test() 即可.

例如, 用函数 var.test() 对例 7.15 的数据作方差比的区间估计.

```
> var.test(X,Y)
        F test to compare two variances
data:  X and Y
F = 2.2844, num df = 9, denom df = 9, p-value = 0.2343
alternative hypothesis: true ratio of variances is not equal to 1
95 percent confidence interval:
 0.5674248 9.1971787
sample estimates:
ratio of variances
        2.284449
```

计算结果不但与自编函数 interval_var2() 相同, 而且还增加了许多信息.

7.3.4 Wilcoxon 符号秩检验与秩和检验

在前面介绍的 t 检验中, 需要假定样本来自的总体 X 服从正态分布. 当这一假定无法满足时, 采用 t 检验可能会得到错误的结论. 当无法判定样本来自的总体 X

是否是正态分布时, 可能采用 Wilcoxon (威尔科克森) 符号秩检验或 Wilcoxon 秩和检验.

所谓秩就是对样本的排序, 由于篇幅的限制, 这里不对 Wilcoxon 符号秩检验和 Wilcoxon 秩和检验的方法进行推导, 只给出相应的使用方法.

在 R 软件中, 函数 `wilcox.tets()` 可以完成 Wilcoxon 符号秩检验和秩和检验, 其使用格式为

```
wilcox.test(x, y = NULL,
    alternative = c("two.sided", "less", "greater"),
    mu = 0, paired = FALSE, exact = NULL, correct = TRUE,
    conf.int = FALSE, conf.level = 0.95, ...)
```

在函数中, 参数x和y是观察数据构成的数据向量. 如果只有数据x, 则作单个总体样本的 Wilcoxon 符号秩检验; 否则, 作两个总体样本的 Wilcoxon 秩和检验. `alternative` 是备择假设, 有单侧检验和双侧检验, 其方法与前面的函数一样. `mu` 是待检参数, 如中位数 M_0. `paired` 是逻辑变量, 当变量x和y为成对数据时, 选择 `TRUE`; 否则, 选择`FALSE` (默认值). `exact` 是逻辑变量, 说明是否精确计算 P 值, 此参数只对小样本数据起作用, 当样本量较大时, 软件采用正态分布近似计算 P 值. `correct` 是逻辑变量, 说明是否对 P 值的计算采用连续性修正. `conf.int` 是逻辑变量, 说明是否给出相应的置信区间.

1. 单个总体的 Wilcoxon 符号秩检验

例 7.21 用 Wilcoxon 符号秩检验来检验例 7.18 中的数据, 是否有理由认为元件的平均寿命大于 225h?

解 在无法判断数据是否来自正态总体的情况下, 用 Wilcoxon 符号秩检验, 其假设为

$$H_0 : M \leqslant 225, \quad H_1 : M \geqslant 225,$$

其中 M 为元件寿命的中位数.

写出 R 程序 (程序名: exam0721.R) 如下:

```
X<-c(159, 280, 101, 212, 224, 379, 179, 264,
    222, 362, 168, 250, 149, 260, 485, 170)
wilcox.test(X, alternative = "greater", mu = 225)
```

得到

```
        Wilcoxon signed rank test with continuity correction
data:  X
V = 68.5, p-value = 0.5
alternative hypothesis: true location is greater than 225
```

Warning message:

无法精确计算有连结的 p - 值in:

wilcox.test.default(X, alternative = "greater", mu = 225)

在计算结果中, 所谓连续性校正就是用某种方法修正 P 值, 使 P 值增加, 这样可减少 "有显著差异" 的错误. 警告信息中的 "连结" 实际上就是数据有相同的秩.

下面的命令是不作精确计算, 不作连续性校正, 并给出置信区间.

wilcox.test(X, alternative = "greater", mu = 225,

          exact=F, correct=F, conf.int = T)

结果为

          Wilcoxon signed rank test

    data: X

    V = 68.5, p-value = 0.4897

    alternative hypothesis: true location is greater than 225

    95 percent confidence interval:

     195 Inf

    sample estimates:

    (pseudo)median

          228.6915

在计算结果中, V 表示正秩次和. p-value 是 P 值. 对于大样本可以计算置信区间, 但当样本数小于 6 时, 则无法计算置信区间.

2. 两个总体的 Wilcoxon 秩和检验

对于来自两个总体的样本, 当无法确定总体是否满足正态分布时, 可采用 Wilcoxon 秩和检验. 这里仍然使用函数 wilcox.test().

例 7.22   对例 7.19 的数据作 Wilcoxon 秩和检验, 判断新方法是否提高得率.

解   编写程序 (程序名: exam0722.R) 如下:

X<-c(78.1,72.4,76.2,74.3,77.4,78.4,76.0,75.5,76.7,77.3)

Y<-c(79.1,81.0,77.3,79.1,80.0,79.1,79.1,77.3,80.2,82.1)

wilcox.test(X, Y, alternative = "less", exact=F)

从而得到

          Wilcoxon rank sum test with continuity correction

    data: X and Y

    W = 7, p-value = 0.0006195

    alternative hypothesis: true location shift is less than 0

其结论与 t 检验相同, 即新方法能够提高得率.

如果数据满足正态分布, 则还是用 t 检验更可靠. 这个结论对于一般情况也是正确的. 但如果样本本身就是秩次统计量, 那就只能作 Wilcoxon 秩和检验了.

例 7.23 为了了解新的数学教学方法的效果是否比原来方法的效果有所提高, 从水平相当的 10 名学生中随机地各选 5 名接受新方法和原方法的教学试验. 经过充分长一段时间后, 由专家通过各种方式 (如考试提问等) 对 10 名学生的数学能力予以综合评估 (为公正起见, 假定专家对各个学生属于哪一组并不知道), 并按其数学能力由弱到强排序, 结果如表 7.4 所示. 对 $\alpha = 0.05$, 检验新方法是否比原方法显著地提高了教学效果.

表 7.4 学生数学能力排序结果

新方法			3		5		7		9	10
原方法	1	2		4		6		8		

解 因为 Wilcoxon 秩和检验本质只需排出样本的秩次, 而且题目中的数据本身就是一个排序, 因此, 可直接使用.

```
> x<-c(3, 5, 7, 9, 10); y<-c(1, 2, 4, 6, 8)
> wilcox.test(x, y, alternative="greater")
        Wilcoxon rank sum test
data:  x and y
W = 19, p-value = 0.1111
alternative hypothesis: true mu is greater than 0
```

P 值 $= 0.1111 > 0.05$, 无法拒绝原假设, 所以并不能认为新方法的教学效果显著优于原方法.

例 7.24 某医院用某种药物治疗两型慢性支气管炎患者共 216 例, 疗效由表 7.5 所示. 试分析该药物对两型慢性支气管炎的治疗是否相同.

表 7.5 某种药物治疗两型慢性支气管炎疗效结果

疗效	控制	显效	进步	无效
单纯型	62	41	14	11
喘息型	20	37	16	15

解 可以想象, 各病人的疗效用 4 个不同的值表示 (1 表示最好, 4 表示最差), 这样就可以为这 216 名病人排序. 因此, 可用 Wilcoxon 秩和检验来分析问题.

```
> x<-rep(1:4, c(62, 41, 14,11)); y<-rep(1:4, c(20, 37, 16, 15))
> wilcox.test(x, y, exact=FALSE)
        Wilcoxon rank sum test with continuity correction
data:  x and y
```

```
W = 3994, p-value = 0.0001242
```
```
alternative hypothesis: true mu is not equal to 0
```
P 值 $= 0.0001242 < 0.05$, 拒绝原假设, 即认为该药物对两型慢性支气管炎的治疗是不相同的. 因为数据有 "连结" 存在, 故无法精确计算 P 值, 其参数为 exact=FALSE.

7.3.5　二项分布总体的假设检验

在非正态总体的检验中, 二项分布的假设检验问题是非常重要的. 类似于正态分布, 也可以推导出二项分布的统计量和所服从的分布, 导出相应的估计值 (点估计和区间估计) 以及相应的假设检验方法. 这里仅给出 R 软件中关于二项分布检验和估计的函数 binom.test().binom.test() 函数的使用方法为

```
binom.test(x, n, p = 0.5,
            alternative = c("two.sided", "less", "greater"),
            conf.level = 0.95)
```
在函数中, 参数 x 是成功的次数, 或是一个由成功数和失败数构成的二维向量. n 是试验总数, 当 x 是二维向量时, 此值无效. p 是假设的概率值.

例 7.25　有一批蔬菜种子的平均发芽率 $p_0 = 0.85$, 现随机抽取 500 粒, 用种衣剂进行浸种处理, 结果有 445 粒发芽. 试检验种衣剂对种子发芽率有无显著效果.

解　根据题意, 所检验的问题为
$$H_0 : p = p_0 = 0.85, \quad H_1 : p \neq p_0.$$
调用 binom.test() 函数,

```
> binom.test(445, 500, p=0.85)
        Exact binomial test
data:  445 and 500
number of successes =445, number of trials =500, p-value =0.01207
alternative hypothesis:
        true probability of success is not equal to 0.85
95 percent confidence interval:
 0.8592342 0.9160509
sample estimates:
probability of success
            0.89
```

P 值 $= 0.01207 < 0.05$, 拒绝原假设, 即认为种衣剂对种子发芽率有显著效果. 从区间估计值来看, 种衣剂可以提高种子的发芽率, 也可以作单侧检验来证实这一结论.

下面举一个单侧检验的例子.

例 7.26　根据以往的经验, 新生儿染色体异常率一般为 1%, 某医院观察了当

地 400 名新生儿, 只有一例染色体异常, 问该地区新生儿染色体异常率是否低于一般水平?

解 根据题意, 所检验的问题为

$$H_0 : p \geqslant 0.01, \quad H_1 : p < 0.01.$$

调用 binom.test() 函数,

```
> binom.test(1, 400, p = 0.01, alternative = "less")
        Exact binomial test
data:  1 and 400
number of successes =1, number of trials =400, p-value =0.09048
alternative hypothesis:
      true probability of success is less than 0.01
95 percent confidence interval:
 0.00000000 0.01180430
sample estimates:
probability of success
            0.0025
```

P 值 $= 0.09048 > 0.05 = \alpha$, 所以并不能认为该地区新生儿染色体异常率低于一般水平. 另外, 从区间估计值也能说明这一点, 区间估计的上界为 $0.0118 > 0.01$.

另一种输入方法为

```
> binom.test(c(1, 399), p = 0.01, alternative = "less")
```

具有同样的结果.

7.4 分布检验

前面介绍的检验问题 (至少是大部分问题) 是针对分布参数的检验, 即事先认为样本分布具有某种指定的形式, 而其中的一些参数未知, 检验的目标是关于某个参数落在特定的范围内的假设. 本节要介绍的是另一类检验, 其目标不是针对具体的参数, 而是针对分布的类型. 例如, 通常假定总体分布具有正态性, 而 "总体分布为正态" 这一断言本身在一定场合下就是可疑的, 有待检验.

假设根据某理论、学说, 甚至假定, 某随机变量应当有分布 F, 现对 X 进行 n 次观察, 得到一个样本 $X_1, X_2, \cdots, X_n$, 要据此检验

$$H_0 : X \text{ 具有分布 } F.$$

这里虽然没有明确指出对立假设, 但可以说, 对立假设为

$$H_1 : X \text{ 不具有分布 } F.$$

本问题的真实含义是估计实测数据与该理论或学说符合得怎么样, 而不在于当认为不符合时, X 可能备择的分布如何. 故问题中不明确标出对立假设, 反而使人感到提法更为贴近现实.

由于分布检验属于非参数统计的范畴, 涉及的统计知识较为深入, 已大大超出了本书的范围, 故本节只结合 R 软件中有关分布检验的函数, 介绍最常用的分布检验方法.

7.4.1   Shapiro-Wilk 正态性检验

Shapiro-Wilk (夏皮罗–威尔克) 正态性检验是利用来自总体 X 的样本 X_1, $X_2, \cdots, X_n$, 检验

$$H_0: 总体\ X\ 具有正态分布.$$

由于在检验中用 W 统计量作正态性检验, 因此, 这种检验方法也称为正态 W 检验方法.

在 R 软件中, 函数 shapiro.test() 提供 W 统计量和相应的 p 值. 若 p 值小于某个显著性水平 α(如 0.05), 则认为样本不是来自正态分布的总体; 否则, 承认样本来自正态分布的总体.

函数 shapiro.test() 的使用格式为

shapiro.test(x)

在函数中, 参数 x 是由样本构成的向量, 并且向量的长度为 3~5000.

例 7.27   某班有 31 名学生, 某门课的考试成绩如下:

$$25, \quad 45, \quad 50, \quad 54, \quad 55, \quad 61, \quad 64, \quad 68, \quad 72, \quad 75, \quad 75,$$
$$78, \quad 79, \quad 81, \quad 83, \quad 84, \quad 84, \quad 84, \quad 85, \quad 86, \quad 86, \quad 86,$$
$$87, \quad 89, \quad 89, \quad 89, \quad 90, \quad 91, \quad 91, \quad 92, \quad 100.$$

用 Shapiro-Wilk 正态性检验方法检验本次考试的成绩是否服从正态分布.

解   原假设为

$$H_0: 本次考试的成绩服从正态分布.$$

输入数据, 调用 shapiro.test() 函数如下:

```
X<-scan()
25 45 50 54 55 61 64 68 72 75 75
78 79 81 83 84 84 84 85 86 86 86
87 89 89 89 90 91 91 92 100

shapiro.test(X)
```

从而得到

```
Shapiro-Wilk normality test
```

```
data:  X
W = 0.8633, p-value = 0.0009852
```

P 值 $= 0.0009852 \ll 0.05$, 拒绝原假设, 即本次考试的成绩不服从正态分布.

7.4.2 Pearson 拟合优度 χ^2 检验

该检验是利用抽自总体 X 的样本 $X_1, X_2, \cdots, X_n$, 检验

$$H_0 : 总体 \ X \ 具有分布 \ F.$$

其方法是将数轴 $(-\infty, \infty)$ 分成如下 m 个区间:

$$I_1 = (-\infty, a_1), \quad I_2 = [a_1, a_2), \quad \cdots, \quad I_m = [a_{m-1}, \infty).$$

记这些区间的理论概率分别为

$$p_1, \ p_2, \ \cdots, \ p_m, \quad p_i = P\{X \in I_i\}, \ i = 1, 2, \cdots, m.$$

记 n_i 为 $X_1, X_2, \cdots, X_n$ 中落在区间 I_i 内的个数, 则在原假设成立下, n_i 的期望值为 np_i, 所以 Pearson 拟合优度检验是利用理论值 np_i 与观测值 n_i 之差来构造统计量, 以达到判别总体 X 是否具有理论分布 F 的目的的.

在 R 软件中, 用函数 chisq.test() 完成 Pearson 拟合优度检验的工作, chisq.test() 函数的使用格式为

```
chisq.test(x, y = NULL, correct = TRUE,
    p = rep(1/length(x), length(x)), rescale.p = FALSE,
    simulate.p.value = FALSE, B = 2000)
```

在函数中, 参数 x 是由观测数据构成的向量或矩阵. y 是数据向量 (当 x 为矩阵时, y 无效). correct 是逻辑变量, 表明是否用于连续修正, TRUE(默认值) 表示修正, FALSE 表示不修正. p 是原假设落在小区间的理论概率, 默认值表示均匀分布. rescale.p 是逻辑变量, 当选择 FALSE(默认值) 时, 要求输入的 p 满足 $\sum\limits_{i=1}^{m} p_i = 1$; 当选择 TRUE 时, 并不要求这一点, 程序将重新计算 p 值. simulate.p.value 是逻辑变量 (默认值为 FALSE), 当为 TRUE 时, 将用仿真的方法计算 p 值. 此时, B 表示仿真的次数.

例 7.28　某消费者协会为了确定市场上消费者对 5 种品牌啤酒的喜好情况, 随机抽取了 1000 名啤酒爱好者作为样本进行如下试验: 每个人得到 5 种品牌的啤酒各一瓶, 但未标明牌子. 这 5 种啤酒按分别写着 A, B, C, D, E 的 5 张纸片随机的顺序送给每一个人. 表 7.6 是根据样本资料整理得到的各种品牌啤酒爱好者的频数分布. 试根据这些数据判断消费者对这 5 种品牌啤酒的爱好有无明显差异.

解　如果消费者对 5 种品牌啤酒喜好无显著差异, 那么就可以认为喜好这 5 种品牌啤酒的人呈均匀分布, 即 5 种品牌啤酒爱好者人数各占 20%. 因此, 原假设为

$$H_0: 喜好 5 种啤酒的人数分布均匀.$$

表 7.6　5 种品牌啤酒爱好者的频数

最喜欢的牌子	A	B	C	D	E
人数 X	210	312	170	85	223

输入数据, 调用 chisq.test() 函数, 其命令如下:

```
X<-c(210, 312, 170, 85, 223)
chisq.test(X)
```

从而得到

```
Chi-squared test for given probabilities
data:  X
X-squared = 136.49, df = 4, p-value < 2.2e-16
```

P 值 $= 2.2 \times 10^{-16} \ll 0.05$, 拒绝原假设, 即认为消费者对 5 种品牌啤酒的喜好是有明显差异的.

例 7.29　大麦的杂交后代关于芒性的比例应是无芒:长芒:短芒 $= 9{:}3{:}4$. 实际观测值为 335:125:160. 试检验观测值是否符合理论假设.

解　根据题意,

$$H_0: \quad p_1 = \frac{9}{16}, \quad p_2 = \frac{3}{16}, \quad p_3 = \frac{4}{16}.$$

调用 chisq.test() 函数, 其命令如下:

```
> chisq.test(c(335, 125, 160), p=c(9,3,4)/16)
        Chi-squared test for given probabilities
data:  c(335, 125, 160)
X-squared = 1.362, df = 2, p-value = 0.5061
```

P 值 $= 0.5061 > 0.05$, 接受原假设, 即大麦芒性的分离符合 $9:3:4$ 的比例.

例 7.30　为研究电话总机在某段时间内接到的呼叫次数是否服从 Poisson 分布, 现收集了 42 个数据, 如表 7.7 所示. 通过对数据的分析, 能否确认在某段时间内接到的呼叫次数服从 Poisson 分布 ($\alpha = 0.1$).

表 7.7　电话总机在某段时间内接到的呼叫次数的频数

接到呼唤次数	0	1	2	3	4	5	6
出现的频数	7	10	12	8	3	2	0

解　编写相应的计算程序 (程序名: exam0730.R) 如下:

```
#### 输入数据
X<-0:6; Y<-c(7, 10, 12, 8, 3, 2, 0)
```

计算理论分布, 其中 mean(rep(X,Y)) 为样本均值

```
q<-ppois(X, mean(rep(X,Y))); n<-length(Y)
p<-q[1]; p[n]<- 1-q[n-1]
for (i in 2:(n-1))
    p[i]<-q[i]-q[i-1]
```

作检验

```
chisq.test(Y, p=p)
```

但计算结果会出现如下警告:

```
        Chi-squared test for given probabilities
data:  Y
X-squared = 1.5057, df = 6, p-value = 0.9591
Warning message:
```

Chi-squared 近似算法有可能不准 in: chisq.test(Y, p = p)

为什么会出现这种情况呢? 这是因为 Pearson χ^2 检验要求在分组后每组中的频数至少要大于等于 5, 而后三组中出现的频数分别为 3, 2, 0, 均小于 5. 解决问题的方法是将后三组合成一组, 此时的频数为 5, 满足要求. 下面给出相应的 R 程序.

重新分组

```
Z<-c(7, 10, 12, 8, 5)
```

重新计算理论分布

```
n<-length(Z); p<-p[1:n-1]; p[n]<-1-q[n-1]
```

作检验

```
chisq.test(Z, p=p)
```

计算得到

```
        Chi-squared test for given probabilities
data:  Z
X-squared = 0.5389, df = 4, p-value = 0.9696
```

P 值 $\gg 0.1$. 因此, 能确认在某段时间内接到的呼叫次数服从 Poisson 分布.

7.4.3 Kolmogorov-Smirnov 检验

Kolmogorov-Smirnov (柯尔莫哥洛夫–斯米尔诺夫) 检验有两项功能, 对于单个总体 X, 检验

$$H_0: \text{总体 } X \text{ 具有理论分布 } F;$$

对于两个总体 X 和 Y, 检验

$$H_0: \text{总体 } X \text{ 与总体 } Y \text{ 具有相同的分布}.$$

在 R 软件中, 函数 ks.test() 给出了 Kolmogorov-Smirnov 检验方法, 其使用方法为

```
ks.test(x, y, ...,
        alternative = c("two.sided", "less", "greater"),
        exact = NULL)
```

在函数中, 参数 x 是待检测的样本构成的向量. y 是原假设的数据向量或描述原假设的字符串.

例 7.31   对一台设备进行寿命检验, 记录 10 次无故障工作时间, 并按从小到大的次序排列如下 (单位: h):

420.   500.   920.   1380.   1510.   1650.   1760.   2100.   2300.   2350.

试用 Kolmogorov-Smirnov 检验方法检验此设备无故障工作时间的分布是否服从 $\lambda = 1/1500$ 的指数分布.

解   输入数据, 调用 ks.test() 函数, 其命令如下:

```
> X<-c(420, 500, 920, 1380, 1510, 1650, 1760, 2100, 2300, 2350)
> ks.test(X, "pexp", 1/1500)
        One-sample Kolmogorov-Smirnov test
data:  X
D = 0.3015, p-value = 0.2654
alternative hypothesis: two-sided
```

其 P 值大于 0.05, 无法拒绝原假设. 因此, 认为此设备无故障工作时间的分布服从 $\lambda = 1/1500$ 的指数分布.

例 7.32   假定从总体 X 和总体 Y 中分别抽出 25 个和 20 个观察值的随机样本, 其数据由表 7.8 所示. 现检验两个总体 X 和 Y 的分布函数是否相同.

表 7.8   抽自两个总体的数据

	0.61	0.29	0.06	0.59	−1.73	−0.74	0.51	−0.56	0.39
X	1.64	0.05	−0.06	0.64	−0.82	0.37	1.77	1.09	−1.28
	2.36	1.31	1.05	−0.32	−0.40	1.06	−2.47		
	2.20	1.66	1.38	0.20	0.36	0.00	0.96	1.56	0.44
Y	1.50	−0.30	0.66	2.31	3.29	−0.27	−0.37	0.38	0.70
	0.52	−0.71							

解   编写相应的计算程序 (程序名: exam0732.R) 如下:

```
#### 输入数据
X<-scan()
0.61  0.29  0.06  0.59  -1.73 -0.74  0.51 -0.56  0.39
```

```
1.64   0.05  -0.06   0.64  -0.82   0.37   1.77   1.09  -1.28
2.36   1.31   1.05  -0.32  -0.40   1.06  -2.47

Y<-scan()
2.20   1.66   1.38   0.20   0.36   0.00   0.96   1.56   0.44
1.50  -0.30   0.66   2.31   3.29  -0.27  -0.37   0.38   0.70
0.52  -0.71

#### 作 K-S 检验
ks.test(X, Y)
```
运行后得到
```
        Two-sample Kolmogorov-Smirnov test
data:  X and Y
D = 0.23, p-value = 0.5286
alternative hypothesis: two-sided
```
P 值大于 0.05, 故接受原假设 H_0, 即认为两个总体的分布函数是相同的.

Kolmogorov-Smirnov 检验与 Pearson χ^2 检验相比, 不需将样本分组, 少了一个任意性, 这是其优点. 其缺点是只能用在理论分布为一维连续分布且分布完全已知的情形下, 适用面比 Pearson χ^2 检验小. 研究也显示在 Kolmogorov-Smirnov 检验可用的场合下, 一般来说, 其功效略优于 Pearson χ^2 检验.

7.4.4 列联表数据的独立性检验

设两个随机变量 X, Y 均为离散型的, X 取值于 $\{a_1, a_2, \cdots, a_I\}$, Y 取值于 $\{b_1, b_2, \cdots, b_J\}$. 设 $(X_1, Y_1), (X_2, Y_2), \cdots, (X_n, Y_n)$ 为简单样本, 记 n_{ij} 为 (X_1, Y_1), $(X_2, Y_2), \cdots, (X_n, Y_n)$ 中等于 (a_i, b_j) 的个数, 要据此检验假设

$$H_0 : X \text{ 与 } Y \text{ 独立}.$$

在求解问题时, 常把数据列为表 7.9 的形式, 称为列联表.

表 7.9 列联表

	b_1	b_2	$\cdots$	b_J	$\sum$
a_1	n_{11}	n_{12}	$\cdots$	n_{1J}	$n_{1\cdot}$
a_2	n_{21}	n_{22}	$\cdots$	n_{2J}	$n_{2\cdot}$
$\vdots$	$\vdots$	$\vdots$		$\vdots$	$\vdots$
a_I	n_{I1}	n_{I2}	$\cdots$	n_{IJ}	$n_{I\cdot}$
$\sum$	$n_{\cdot 1}$	$n_{\cdot 2}$	$\cdots$	$n_{\cdot J}$	

1. Pearson χ^2 检验

函数 chisq.test() 也可以作列联表数据 Pearson χ^2 检验, 只需将列联表写成矩阵形式即可.

例 7.33   在一次社会调查中, 以问卷方式调查了总共 901 人的年收入及对工作的满意程度, 其中年收入 A 分为小于 6000 元、6000～15000 元、15000～25000 元及超过 25000 元 4 档. 对工作的满意程度 B 分为很不满意、较不满意、基本满意和很满意 4 档. 调查结果用 4×4 列联表表示, 如表 7.10 所示.

表 7.10   工作满意程度与年收入列联表

	很不满意	较不满意	基本满意	很满意	合计
< 6000	20	24	80	82	206
6000 ~ 15000	22	38	104	125	289
15000 ~ 25000	13	28	81	113	235
> 25000	7	18	54	92	171
合计	62	108	319	412	901

解   输入数据, 用 chisq.test() 作检验.

```
x<-scan()
20 24  80  82  22 38 104 125
13 28  81 113   7 18  54  92

X<-matrix(x, nc=4, byrow=T)
chisq.test(X)
        Pearson's Chi-squared test
data:  X
X-squared = 11.9886, df = 9, p-value = 0.2140
```

P 值均大于 0.05, 接受原假设, 即工作的满意程度与年收入无关.

例 7.34   为了研究吸烟是否与患肺癌有关, 对 63 位肺癌患者及 43 名非肺癌患者 (对照组) 调查了其中的吸烟人数, 得到 2×2 列联表, 如表 7.11 所示.

表 7.11   列联表数据

	患肺癌	未患肺癌	合计
吸烟	60	32	92
不吸烟	3	11	14
合计	63	43	106

解   输入数据, 用 chisq.test() 作检验.

```
> x <- matrix(c(60, 3, 32, 11), nc = 2)
```

```
> chisq.test(x,correct = FALSE)
        Pearson's Chi-squared test
data:  x
X-squared = 9.6636, df = 1, p-value = 0.001880
```

P 值均小于 0.05. 因此, 拒绝原假设, 也就是说, 吸烟与患肺癌有关.

对于 2×2 的列联表, 在某些情况下, 直接按照统计公式计算 χ^2 统计量, 可能会使其值偏大, 从而计算出的 P 值偏小, 这样会使 "有显著差异" 的结论不可靠. 为了避免这种情况, 对于 2×2 的列联表会采用 Yate 连续性修正, 其命令为

```
> chisq.test(x)
        Pearson's Chi-squared test with
            Yates' continuity correction
data:  x
X-squared = 7.9327, df = 1, p-value = 0.004855
```

在采用连续性修正的情况下, 仍有相同的结论.

在用 chisq.test() 函数作计算时, 要注意单元的期望频数. 如果没有空单元 (所有单元频数都不为零), 并且所有单元的期望频数大于等于 5, 那么 Pearson χ^2 检验是合理的; 否则, 计算机会显示警告信息.

当数据不满足 χ^2 检验的条件时, 应使用 Fisher 精确检验.

2. Fisher 精确的独立检验

在样本较小时 (单元的期望频数小于 4), 需要用 Fisher 精确检验来作独立性检验.

Fisher 精确检验最初是针对 2×2 这种特殊的列联表提出的, 现在可以应用到 $m \times 2$ 或 $2 \times n$ 的列联表中. 当 χ^2 检验的条件不满足时, 这个精确检验是非常有用的. Fisher 检验是建立在超几何分布的基础上的, 对于单元频数小的表来说, 特别适合.

在 R 软件中, 函数 fisher.test() 作精确的独立检验, 其使用方法为

```
fisher.test(x, y = NULL, workspace = 200000, hybrid = FALSE,
    control = list(), or = 1, alternative = "two.sided",
    conf.int = TRUE, conf.level = 0.95)
```

在函数中, 参数 x 是具有二维列联表形式的矩阵或由因子构成的对象. y 是由因子构成的对象, 当 x 是矩阵时, 此值无效. workspace 的输入值是一个整数, 其整数表示用于网络算法工作空间的大小. hybrid 是逻辑变量, FALSE (默认值) 表示精确计算概率, TRUE 表示用混合算法计算概率. alternative 是备择, 有 "two.sided" (默认值) 双边、"less" 单边小于、"greater" 单边大于. conf.int 是逻辑变量,

当 conf.int=TRUE (默认值) 时, 给出区间估计. conf.level 是置信水平, 默认值为 0.95.

对于二维列联表, 原假设 "两变量无关" 等价于优势比 (odds rate) 等于 1.

例 7.35　某医师为研究乙肝免疫球蛋白预防胎儿宫内感染 HBV 的效果, 将 33 例 HBsAg 阳性孕妇随机分为预防注射组和对照组, 结果如表 7.12 所示. 问两组新生儿的 HBV 总体感染率有无差别.

表 7.12　两组新生儿 HBV 感染率的比较

组别	阳性	阴性	合计	感染率/%
预防注射组	4	18	22	18.18
对照组	5	6	11	45.45
合计	9	24	33	27.27

解　有一个单元频数小于 5, 应该作 Fisher 精确概率检验.

输入数据, 并计算 Fisher 检验.

```
> x<-matrix(c(4,5,18,6), nc=2)
> fisher.test(x)
        Fisher's Exact Test for Count Data
data:  x
p-value = 0.1210
alternative hypothesis: true odds ratio is not equal to 1
95 percent confidence interval:
 0.03974151 1.76726409
sample estimates:
odds ratio
 0.2791061
```

P 值 $= 0.1210 > 0.05$, 并且区间估计得到的区间包含 1, 由此说明两变量是独立的, 即认为两组新生儿的 HBV 总体感染率无差别.

当用 Pearson χ^2 检验 (chisq.test() 函数) 对这组数据作检验时, 会发现计算机在得到结果的同时, 也给出警告, 认为其计算值可能有误.

用 Fisher 精确检验 (fisher.test() 函数) 对例 7.34 的数据作检验得到

```
> X<-matrix(c(60, 3, 32, 11), nc=2)
> fisher.test(X)
        Fisher's Exact Test for Count Data
data:  X
p-value = 0.002820
```

alternative hypothesis: true odds ratio is not equal to 1

95 percent confidence interval:

  1.626301 40.358904

sample estimates:

odds ratio

  6.74691

其 P 值小于 0.05. 因此, 拒绝原假设, 即认为吸烟与患肺癌有关. 由于优势比大于 1, 因此, 还是正相关. 也就是说, 吸烟越多, 患肺癌的可能性也就越大.

习　题　7

1. 用 LINGO 软件求方程组

$$\begin{cases} x_1^2 + x_2^2 - 5 = 0, \\ (x_1 + 1)x_2 - (3x_1 + 1) = 0 \end{cases}$$

的根.

2. 用 MATLAB 软件中的 fsolve() 函数求方程组

$$\begin{cases} (x_1 + 3)(x_2^3 - 7) + 18 = 0, \\ \sin(x_2 e^{x_1}) - 1 = 0 \end{cases}$$

的根, 取初始点 $x^{(0)} = (-0.5, 1.4)^{\mathrm{T}}$.

3. 用 LINGO 软件求方程组

$$\begin{cases} (x_1 + 3)(x_2^3 - 7) + 18 = 0, \\ \sin(x_2 e^{x_1}) - 1 = 0 \end{cases}$$

的根, 取初始点 $x^{(0)} = (-0.5, 1.4)^{\mathrm{T}}$.

4. 用 R 软件中的 nlm() 函数和 optim() 函数 (调用梯度函数, 使用 BFGS 算法) 求无约束优化问题

$$\begin{aligned} \min \quad f(x) = & 100(x_2 - x_1^2)^2 + (1 - x_1)^2 + 90(x_4 - x_3^2)^2 + (1 - x_3)^2 \\ & + 10(x_2 + x_4 - 2)^2 + 0.1(x_2 - x_4)^2 \end{aligned}$$

的极小点, 取初始点 $x^{(0)} = (-3, -1, -3, -1)^{\mathrm{T}}$.

5. 正常男子血小板计数均值为 $225 \times 10^9/\mathrm{L}$, 今测得 20 名男性油漆作业工人的血小板计数值 (单位: $10^9/\mathrm{L}$) 分别为

    220,　188,　162,　230,　145,　160,　238,　188,　247,　113,

    126,　245,　164,　231,　256,　183,　190,　158,　224,　175.

问油漆工人的血小板计数与正常成年男子有无差异.

6. 已知某种灯泡的寿命 (单位: h) 服从正态分布, 在某星期所生产的该灯泡中随机抽取 10 只, 测得其寿命分别为

    1067,　919,　1196,　785,　1126,　936,　918,　1156,　920,　948,

求这个星期生产出的灯泡能使用 1000h 以上的概率.

7. 为研究某铁剂治疗和饮食治疗营养性缺铁性贫血的效果, 将 16 名患者按年龄、体重、病程和病情相近的原则配成 8 对, 分别使用饮食疗法和补充铁剂治疗的方法, 三个月后测得两种患者血红蛋白如表 7.13 所示, 问两种方法治疗后患者的血红蛋白有无差异.

表 7.13　铁剂和饮食两种方法治疗后患者血红蛋白值　　　　　　（单位：g/L）

铁剂治疗组	113	120	138	120	100	118	138	123
饮食治疗组	138	116	125	136	110	132	130	110

8. 对于第 5 题的数据作 Wilcoxon 符号秩检验, 其结论如何?

9. 为研究国产 4 类新药阿卡波糖胶囊的效果, 某医院用 40 名 II 型糖尿病病人进行同期随机对照实验. 试验者将这些病人随机等分到试验组 (阿卡波糖胶囊组) 和对照组 (拜唐苹胶囊组), 分别测得试验开始前和 8 周后空腹血糖, 算得空腹血糖下降值, 如表 7.14 所示. 能否认为国产 4 类新药阿卡波糖胶囊与拜唐苹胶囊对空腹血糖的降糖效果不同?

表 7.14　试验组与对照组空腹腔血糖下降值　　　　　　（单位：mmol/L）

试验组	-0.70	-5.60	2.00	2.80	0.70	3.50	4.00	5.80	7.10	-0.50
$(n_1 = 20)$	2.50	-1.60	1.70	3.00	0.40	4.50	4.60	2.50	6.00	-1.40
对照组	3.70	6.50	5.00	5.20	0.80	0.20	0.60	3.40	6.60	-1.10
$(n_2 = 20)$	6.00	3.80	2.00	1.60	2.00	2.20	1.20	3.10	1.70	-2.00

(1) 检验试验组和对照组的数据是否来自正态分布;

(2) 用 t 检验检验两组数据均值是否有差异, 分别用方差相同模型和方差不同模型检验模型;

(3) 检验试验组与对照组的方差是否相同;

(4) 若采用 Wilcoxon 秩和检验, 其结果如何?

10. 为研究某种新药对抗凝血酶活力的影响, 随机安排新药组病人 12 例, 对照组病人 10 例, 分别测定其抗凝血酶活力, 其结果如表 7.15 所示. 试分析新药组和对照组病人的抗凝血酶活力有无差别 ($\alpha = 0.05$).

表 7.15　新药组与对照组的抗凝血酶活力　　　　　　（单位: mm^3）

新药组	126	125	136	128	123	138	142	116	110	108	115	140
对照组	162	172	177	170	175	152	157	159	160	162		

(1) 检验两组数据是否服从正态分布;

(2) 检验两组样本方差是否相同;

(3) 选择最合适的检验方法检验新药组和对照组病人的抗凝血酶活力有无差别.

11. 考虑例 7.23. 若新方法与原方法得到的排序结果改为表 7.16 所示的情形, 能否说明新方法比原方法显著提高了教学效果?

12. 一项调查显示某城市老年人口的比重为 14.7%. 该市老年研究协会为了检验该项调查

是否可靠, 随机抽选了 400 名居民, 发现其中有 57 人是老年人. 问调查结果是否支持该市老年人口比重为 14.7% 的看法 ($\alpha = 0.05$).

表 7.16　学生数学能力排序结果

新方法				4		6	7		9	10
原方法	1	2	3		5			8		

13. 做性别控制试验, 经某种处理后, 共有雏鸡 328 只, 其中公雏 150 只, 母雏 178 只, 试问这种处理能否增加母雏的比例 (性别比应为 1:1)?

14. Mendel 用豌豆的两对相对性状进行杂交实验, 黄色圆滑种子与绿色皱缩种子的豌豆杂交后, 第二代根据自由组合规律, 理论分离比为

$$黄圆 : 黄皱 : 绿圆 : 绿皱 = \frac{9}{16} : \frac{3}{16} : \frac{3}{16} : \frac{1}{16},$$

实际试验值为黄圆 315 粒, 黄皱 101 粒, 绿圆 108 粒, 绿皱 32 粒, 共 556 粒. 问此结果是否符合自由组合规律?

15. 观察每分钟进入某商店的人数 X, 任取 200min, 所得数据如表 7.17 所示. 试分析能否认为每分钟的顾客数 X 服从 Poisson 分布 ($\alpha = 0.1$).

表 7.17　每分钟进入商店顾客人数的频数

顾客人数	0	1	2	3	4	5
频数	92	68	28	11	1	0

16. 观察得两个样本, 其值如表 7.18 所示. 试分析两个样本是否来自同一总体 ($\alpha = 0.05$).

表 7.18　两个样本的观察值

I	2.36	3.14	7.52	3.48	2.76	5.43	6.54	7.41
II	4.38	4.25	6.53	3.28	7.21	6.55		

17. 为研究分娩过程中使用胎儿电子监测仪对剖宫产率有无影响, 对 5824 例分娩的产妇进行回顾性调查, 结果如表 7.19 所示, 试进行分析.

表 7.19　5824 例经产妇回顾性调查结果

剖宫产	胎儿电子监测仪		合计
	使用	未使用	
是	358	229	587
否	2492	2745	5237
合计	2850	2974	5824

18. 在高中一年级男生中抽取 300 名考察其两个属性: 一个是 1500m 的长跑记录, 另一个是每天平均的锻炼时间, 得到 4×3 列联表, 如表 7.20 所示. 试对 $\alpha = 0.05$, 检验长跑成绩与每天的平均锻炼时间是否有关系.

表 7.20   300 名高中学生体育锻炼的考察结果

1500m 长跑记录	锻炼时间			合计
	2h 以上	1~2h	1h 以下	
$5''01'\sim 5''30'$	45	12	10	67
$5''31'\sim 6''00'$	46	20	28	94
$6''01'\sim 6''30'$	28	23	30	81
$6''31'\sim 7''00'$	11	12	35	58
合计	130	67	103	300

19. (产品装箱问题)   A 厂把加工好的螺母封装成盒, 标准为 200 个/盒. 封装好的产品卖给用户. 如果盒中的个数少于 200, 则会造成用户的生产线停顿, 用户会因此向该厂索赔.

(1) 封装生产线采用称重计数的方式. 已知螺母的重量 $X \sim N(100,4)$(单位: g), 封装时电脑自动称量盒中螺母的质量, 并由此估计螺母的个数, 显示在屏幕上. 控制人员通过终端设定每盒中应该装填的螺母数, 就可以开动由电脑控制的封装线了. 为了尽量避免出现不足的情况, 控制人员设定的装填个数一般比 200 大一些. 假定盒子及其误差可以忽略不计, 电子秤称量重量为 μg 的物体所得的读数服从均值为 μ, 标准差为 3 的正态分布.

(i) 试问设定的个数至少为多少时, 才能保证盒中实际的螺母数少于 200 的概率不大于 0.0001?

(ii) 设每个螺母的成本为 1 元, 用户每天需要 200 盒螺母, 用户的生产线每停顿一次损失 5000 元, 这些损失全部由 A 厂承担. 问当设置数为多少时, A 厂的平均损失最少?

(2) 若螺母质量分布的方差未知, 采用下列方法: 开始时放 5 个在盒中, 并从控制终端输入盒中个数为 5, 如此直至盒中有 20 个. 在此过程中, 电脑会自动称量盒中的螺母, 并记录下每 5 个螺母的质量. 然后, 可以开始上述的封装过程. 此时, 试回答上述两个问题.

第 8 章 多元分析模型

本章继续讨论随机模型, 这里以多元分析为主, 主要介绍回归分析、方差分析和判别分析, 用到的计算软件仍然是 R 软件.

8.1 回 归 分 析

在许多实际问题中, 经常会遇到需要同时考虑几个变量的情况. 例如, 在电路中, 会遇到电压、电流和电阻之间的关系; 在炼钢过程中, 会遇到钢水中的碳含量和钢材的物理性能 (如强度、延伸率等) 之间的关系; 在医学上, 经常测量人的身高、体重, 研究人的血压与年龄的关系等. 这些变量之间是相互制约的.

通常, 变量间的关系有两大类. 一类是变量间有完全确定的关系, 可用函数关系式来表示. 例如, 电路中的欧姆定律

$$I = \frac{U}{R},$$

其中 I 表示电流, U 表示电压, R 表示电阻.

另一类是变量间有一定的关系, 但由于情况错综复杂, 无法精确研究, 或由于存在不可避免的误差等原因, 以致它们的关系无法用函数形式表示出来. 为研究这类变量之间的关系就需要通过大量试验或观测来获取数据, 用统计方法去寻找它们之间的关系, 这种关系反映了变量间的统计规律. 研究这类统计规律的方法之一便是回归分析.

在回归分析中, 把变量分成两类. 一类是因变量, 它们通常是实际问题中所关心的一些指标, 通常用 Y 表示, 而影响因变量取值的另一类变量称为自变量, 用 $X_1, X_2, \cdots, X_p$ 来表示.

在回归分析中, 主要研究以下问题:

(1) 确定 Y 与 $X_1, X_2, \cdots, X_p$ 之间的定量关系表达式, 这种表达式称为回归方程;

(2) 对得到的回归方程的可信度进行检验;

(3) 判断自变量 $X_j(j = 1, 2, \cdots, p)$ 对 Y 有无影响;

(4) 利用所求得的回归方程进行预测或控制.

8.1.1　一元线性回归

先从最简单的情况开始讨论, 只考虑一个因变量 Y 与一个自变量 X 之间的关系.

1. 数学模型

例 8.1　由专业知识可知, 合金的强度 $Y(\mathrm{kg/mm^2})$ 与合金中的碳含量 $X(\%)$ 有关. 为了获得它们之间的关系, 从生产中收集了一批数据 $(x_i, y_i)(i = 1, 2, \cdots, n)$ (表 8.1). 试分析合金的强度 Y 与合金中的碳含量 X 之间的关系.

表 8.1　合金的强度与合金中碳含量数据表

序号	碳含量 X	强度 Y	序号	碳含量 X	强度 Y
1	0.10	42.0	7	0.16	49.0
2	0.11	43.5	8	0.17	53.0
3	0.12	45.0	9	0.18	50.0
4	0.13	45.5	10	0.20	55.0
5	0.14	45.0	11	0.21	55.0
6	0.15	47.5	12	0.23	60.0

为了直观起见, 可画一张"散点图", 以 X 为横坐标, Y 为纵坐标, 每一数据对 $(x_i, y_i)(i = 1, 2, \cdots, 12)$ 为 XY 坐标中的一个点如图 8.1 所示.

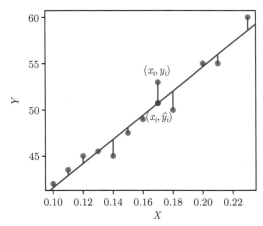

图 8.1　数据的散点图与拟合直线

在例 8.1 中, 从散点图上发现, 12 个点基本在一条直线附近, 从而可以认为 Y 与 X 的关系基本上是线性的, 而这些点与直线的偏离是由其他一切不确定因素的影响造成的. 为此, 可以作如下假定:

$$Y = \beta_0 + \beta_1 X + \varepsilon, \tag{8.1}$$

其中 $\beta_0 + \beta_1 X$ 表示 Y 随 X 的变化而线性变化的部分, ε 为随机误差, 它是其他一切不确定因素影响的总和, 其值不可观测, 通常假定 $\varepsilon \sim N(0,\ \sigma^2)$. 称函数 $f(X) = \beta_0 + \beta_1 X$ 为一元线性回归函数, 其中 β_0 为回归常数, β_1 为回归系数, 统称为回归参数. 称 X 为回归自变量 (或回归因子), Y 为回归因变量 (或响应变量).

若 $(x_1, y_1), (x_2, y_2), \cdots, (x_n, y_n)$ 是 (X, Y) 的一组观测值, 则一元线性回归模型可表示为

$$y_i = \beta_0 + \beta_1 x_i + \varepsilon_i, \quad i = 1, 2, \cdots, n, \tag{8.2}$$

其中 $\varepsilon_i \sim N(0,\ \sigma^2)\ (i = 1, 2, \cdots, n)$.

2. 回归参数的估计

求出未知参数 β_0 和 β_1 的估计 $\hat{\beta}_0$ 和 $\hat{\beta}_1$ 的一种直观想法是要求图 8.1 中的点 (x_i, y_i) 与直线上的点 $(x_i, \hat{y}_i)$ 的偏离越小越好, 其中 $\hat{y}_i = \hat{\beta}_0 + \hat{\beta}_1 x_i$, 称为回归值或拟合值.

令

$$Q(\beta_0, \beta_1) = \sum_{i=1}^{n} (y_i - \beta_0 - \beta_1 x_i)^2, \tag{8.3}$$

则 β_0 和 β_1 的最小二乘估计 $\hat{\beta}_0$ 和 $\hat{\beta}_1$ 满足

$$Q(\hat{\beta}_0, \hat{\beta}_1) = \min_{\beta_0, \beta_1} Q(\beta_0, \beta_1). \tag{8.4}$$

经计算可得

$$\hat{\beta}_1 = \frac{\sum\limits_{i=1}^{n}(x_i - \bar{x})(y_i - \bar{y})}{\sum\limits_{i=1}^{n}(x_i - \bar{x})^2} = \frac{S_{xy}}{S_{xx}}, \quad \hat{\beta}_0 = \bar{y} - \hat{\beta}_1 \bar{x}, \tag{8.5}$$

其中

$$\bar{x} = \frac{1}{n}\sum_{i=1}^{n} x_i, \quad S_{xx} = \sum_{i=1}^{n}(x_i - \bar{x})^2,$$

$$\bar{y} = \frac{1}{n}\sum_{i=1}^{n} y_i, \quad S_{xy} = \sum_{i=1}^{n}(x_i - \bar{x})(y_i - \bar{y}).$$

称 $\hat{\beta}_0$ 和 $\hat{\beta}_1$ 分别为 β_0 和 β_1 的最小二乘估计, 称方程

$$\hat{Y} = \hat{\beta}_0 + \hat{\beta}_1 X$$

为一元回归方程 (或称为经验回归方程).

通常取

$$\hat{\sigma}^2 = \frac{\sum\limits_{i=1}^{n} \left(y_i - \hat{\beta}_0 - \hat{\beta}_1 x_i \right)^2}{n-2} \tag{8.6}$$

为参数 σ^2 的估计量 (也称为 σ^2 的最小二乘估计). 可以证明 $\hat{\sigma}^2$ 是 σ^2 的无偏估计, 即 $E(\hat{\sigma}^2) = \sigma^2$.

3. 回归方程的显著性检验

对于回归参数的计算, 本质上是求解优化问题 (8.4). 因此, 在计算过程中, 并不一定要知道 Y 与 X 是否有线性相关的关系. 但如果不存在这种关系, 那么得到的回归方程就毫无意义. 因此, 需要对回归方程进行检验.

(1) 回归系数的显著性检验. 从统计上讲, β_1 是 $E(Y)$ 随 X 线性变化的变化率. 若 $\beta_1 = 0$, 则 $E(Y)$ 实际上并不随 X 作线性变化, 仅当 $\beta_1 \neq 0$ 时, $E(Y)$ 才随 X 作线性变化, 也仅在这时, 一元线性回归方程才有意义. 因此, 假设检验为

$$H_0: \ \beta_1 = 0, \quad H_1: \ \beta_1 \neq 0.$$

当 H_0 成立时, 统计量

$$T = \frac{\hat{\beta}_1}{\mathrm{sd}(\hat{\beta}_1)} = \frac{\hat{\beta}_1 \sqrt{S_{xx}}}{\hat{\sigma}} \sim t(n-2). \tag{8.7}$$

其中 $\mathrm{sd}(\hat{\beta}_1)$ 为 β_1 的标准差. 对于给定的显著性水平 α, 检验的拒绝域为

$$|T| \geqslant t_{\alpha/2}(n-2).$$

这个检验称为 t 检验.

(2) 回归方程的显著性检验. 所谓回归方程的检验, 就是检验模型 (8.1) 是否成立, 即变量 X 与 Y 是否满足一元线性方程. 对于一元回归方程, 回归方程的检验等价于检验

$$H_0: \ \beta_1 = 0, \quad H_1: \ \beta_1 \neq 0.$$

当 H_0 成立时, 统计量

$$F = \frac{\hat{\beta}_1^2 S_{xx}}{\hat{\sigma}^2} \sim F(1, n-2), \tag{8.8}$$

对于给定的显著性水平 α, 检验的拒绝域为

$$F \geqslant F_{\alpha}(1, n-2).$$

这个检验称为 F 检验.

在使用统计软件作计算时, 软件并不计算相应的拒绝域, 而是计算相应分布的 P 值. P 值本质上就是犯第一类错误的概率, 即拒绝原假设而原假设为真的概率. 因此, 给一个指定的 α 值 (通常 $\alpha = 0.05$), 当 P 值 $< \alpha$ 时, 就拒绝原假设; 否则, 接受原假设.

(3) 相关性检验. 相关性检验就是检验变量 X 与变量 Y 是否相关. 在回归分析中, 通常用一个重要指标 $R^2 = \dfrac{S_{xy}^2}{S_{xx}S_{yy}}$ 来反映变量 X 与 Y 的相关性. 称 R 为样本相关系数.

4. 用 R 软件作一元回归分析

在 R 软件中, 与回归分析有关的函数有许多, 最主要的两个函数是 lm() 和 summary(). 这里先用例子简单介绍其使用方法, 在下一小节再给出详细的介绍.

例 8.2 求例 8.1 的回归方程, 并对相应的方程作检验.

解 利用 R 软件中的 lm() 可以非常方便地求出回归参数 $\hat{\beta}_0$ 和 $\hat{\beta}_1$, 并作相应的检验. 写相应的 R 程序 (程序名: exam0802.R) 如下:

```
x<-c(0.10,0.11,0.12,0.13,0.14,0.15,0.16,0.17,0.18,0.20,0.21,0.23)
y<-c(42.0,43.5,45.0,45.5,45.0,47.5,49.0,53.0,50.0,55.0,55.0,60.0)
lm.sol<-lm(y ~ 1+x)
summary(lm.sol)
```

在计算程序中, 第 1 行是输入自变量 x 的数据. 第 2 行是输入因变量 y 的数据. 第 3 行函数 lm() 表示作线性模型, 其模型公式 y ~ 1+x 表示的是 $y = \beta_0 + \beta_1 x + \varepsilon$. 第 4 行函数 summary() 提取模型的计算结果. 其计算结果如下:

```
Call:
lm(formula = y ~ 1 + x)
Residuals:
    Min      1Q  Median      3Q     Max
-2.0431 -0.7056  0.1694  0.6633  2.2653


Coefficients:
            Estimate Std. Error t value Pr(>|t|)
(Intercept)   28.493      1.580   18.04 5.88e-09 ***
x            130.835      9.683   13.51 9.50e-08 ***
---
Signif. codes:  0 '***' 0.001 '**' 0.01 '*' 0.05 '.' 0.1 ' ' 1
```

Residual standard error: 1.319 on 10 degrees of freedom

Multiple R-Squared: 0.9481,　　　Adjusted R-squared: 0.9429

F-statistic: 182.6 on 1 and 10 DF,　p-value: 9.505e-08

在计算结果中, 第一部分 (call) 列出了相应的回归模型的公式. 第二部分 (Residuals:) 列出了残差的最小值、1/4 分位、中位数、3/4 分位和最大值. 在第三部分 (Coefficients:), Estimate 表示回归方程参数的估计, 即 $\hat{\beta}_0$ 和 $\hat{\beta}_1$. Std. Error 表示回归参数的标准差, 即 $\text{sd}(\hat{\beta}_0)$ 和 $\text{sd}(\hat{\beta}_1)$. t value 为 t 值, 即

$$T_0 = \frac{\hat{\beta}_0}{\text{sd}(\hat{\beta}_0)} = \frac{\hat{\beta}_0}{\hat{\sigma}\sqrt{\dfrac{1}{n} + \dfrac{\bar{x}^2}{S_{xx}}}}, \quad T_1 = \frac{\hat{\beta}_1}{\text{sd}(\hat{\beta}_1)} = \frac{\hat{\beta}_1\sqrt{S_{xx}}}{\hat{\sigma}}.$$

Pr(>|t|) 表示 t 统计量对应的 P 值. 还有显著性标记, 其中 *** 说明极为显著, ** 说明高度显著, * 说明显著, · 说明不太显著, 没有记号为不显著. 在第四部分, Residual standard error 表示残差的标准差, 即式 (8.6) 中的 $\hat{\sigma}$, 其自由度为 $n-2$. Multiple R-Squared 是相关系数的平方, 即 $R^2 = \dfrac{S_{xy}^2}{S_{xx}S_{yy}}$. Adjusted R-squared 是修正相关系数的平方, 这个值会小于 R^2, 其目的是不要轻易作出自变量与因变量相关的判断. F-statistic 表示 F 统计量, 即 $F = \dfrac{\hat{\beta}_1^2 S_{xx}}{\hat{\sigma}^2}$, 其自由度为 $(1, n-2)$. p-value 是 F 统计量对应的 P 值.

从计算结果可以看出, 回归方程通过了回归参数的检验与回归方程的检验, 因此, 得到的回归方程为

$$\hat{Y} = 28.493 + 130.835X.$$

5. 预测

经过检验, 如果回归效果显著, 就可以利用回归方程进行预测. 所谓预测, 就是对给定的回归自变量的值, 预测对应的回归因变量所有可能的取值范围. 因此, 这是一个区间估计问题.

给定 X 的值 $X = x_0$, 记回归值

$$\hat{y}_0 = \hat{\beta}_0 + \hat{\beta}_1 x_0, \tag{8.9}$$

则 $\hat{y}_0$ 为因变量 Y 在 $X = x_0$ 处的观测值

$$y_0 = \beta_0 + \beta_1 x_0 + \varepsilon_0 \tag{8.10}$$

的估计. 现在考虑在置信水平 $1 - \alpha$ 下 y_0 的预测区间和 $E(y_0)$ 的置信区间.

由统计知识可知, 置信水平 $1 - \alpha$ 下 y_0 的预测区间为

$$\left[\hat{y}_0 \mp t_{\alpha/2}(n-2)\hat{\sigma}\sqrt{1+\frac{1}{n}+\frac{(\bar{x}-x_0)^2}{S_{xx}}}\right], \tag{8.11}$$

其中 $\bar{x} = \frac{1}{n}\sum_{i=1}^{n}x_i$ 为样本均值. 置信水平 $1-\alpha$ 下 $E(y_0)$ 的置信区间为

$$\left[\hat{y}_0 \mp t_{\alpha/2}(n-2)\hat{\sigma}\sqrt{\frac{1}{n}+\frac{(\bar{x}-x_0)^2}{S_{xx}}}\right]. \tag{8.12}$$

在 R 软件中, 函数 predict() 可以非常方便地求出 y_0 的估计值 $\hat{y}_0$, y_0 的预测区间和 $E(y_0)$ 的置信区间.

例 8.3 (续例 8.1) 设 $X = x_0 = 0.16$, 求 y_0 的估计值 $\hat{y}_0$, y_0 的预测区间和 $E(y_0)$ 的置信区间, 取置信水平为 0.95.

解 下面是 R 软件的计算过程:

```
> new <- data.frame(x = 0.16)
> predict(lm.sol, new, interval="prediction", level=0.95)
       fit      lwr      upr
1 49.42639 46.36621 52.48657
> predict(lm.sol, new, interval="confidence")
       fit      lwr      upr
1 49.42639 48.57695 50.27584
```

在计算中, 第 1 行表示输入新的点 $x_0 = 0.16$. 注意: 即使是一个点, 也要采用数据框的形式输入数据. 第 2 行的函数 predict() 是计算估计值 $\hat{y}_0$ 和 y_0 的预测区间, 因为这里的参数为 interval="prediction". 参数 level=0.95 表示置信水平为 0.95, 当然, 这个参数也可以不写, 因为 0.95 就是该参数的默认值. 在第 5 行的 predict() 函数中, 选取参数为 interval="confidence", 所以给出 $E(y_0)$ 的置信区间.

8.1.2 多元线性回归

在许多实际问题中, 影响因变量 Y 的自变量往往不止一个, 假设为 p 个. 由于此时无法借助于图形来确定模型, 所以仅讨论一种最简单但又普遍的模型 —— 多元线性回归模型.

1. 数学模型

设变量 Y 与变量 $X_1, X_2, \cdots, X_p$ 之间有线性关系

$$Y = \beta_0 + \beta_1 X_1 + \cdots + \beta_p X_p + \varepsilon, \tag{8.13}$$

其中 $\varepsilon \sim N(0, \sigma^2)$, $\beta_0, \beta_1, \cdots, \beta_p (p \geqslant 2)$ 和 σ^2 为未知参数, 称模型 (8.13) 为多元线性回归模型.

设 $(x_{i1}, x_{i2}, \cdots, x_{ip}, y_i) (i = 1, 2, \cdots, n)$ 为 $(X_1, X_2, \cdots, X_p, Y)$ 的 n 次独立观测值, 则多元线性模型 (8.13) 可表示为

$$y_i = \beta_0 + \beta_1 x_{i1} + \cdots + \beta_p x_{ip} + \varepsilon_i, \quad i = 1, 2, \cdots, n, \tag{8.14}$$

其中 $\varepsilon_i \sim N(0, \sigma^2)$ 且独立同分布.

为书写方便起见, 常采用矩阵形式描述多元线性模型. 令

$$Y = \begin{bmatrix} y_1 \\ y_2 \\ \vdots \\ y_n \end{bmatrix}, \quad \beta = \begin{bmatrix} \beta_0 \\ \beta_1 \\ \vdots \\ \beta_p \end{bmatrix}, \quad X = \begin{bmatrix} 1 & x_{11} & x_{12} & \cdots & x_{1p} \\ 1 & x_{21} & x_{22} & \cdots & x_{2p} \\ \vdots & \vdots & \vdots & & \vdots \\ 1 & x_{n1} & x_{2n} & \cdots & x_{np} \end{bmatrix}, \quad \varepsilon = \begin{bmatrix} \varepsilon_1 \\ \varepsilon_2 \\ \vdots \\ \varepsilon_n \end{bmatrix},$$

则模型 (8.14) 可表示为

$$Y = X\beta + \varepsilon, \tag{8.15}$$

其中 Y 为由响应变量构成的 n 维向量, X 为 $n \times (p+1)$ 阶设计矩阵, β 为 $p+1$ 维向量, ε 为 n 维误差向量, 并且满足 $\varepsilon \sim N(0, \sigma^2 I_n)$.

2. 回归系数的估计

类似于一元线性回归, 求参数 β 的估计值 $\hat{\beta}$ 就是求解最小二乘问题

$$\min_{\beta} \quad Q(\beta) = (y - X\beta)^{\mathrm{T}} (y - X\beta) \tag{8.16}$$

的最小值点 $\hat{\beta}$.

可以证明 β 的最小二乘估计 $\hat{\beta}$ 的计算表达式为

$$\hat{\beta} = \left(X^{\mathrm{T}} X \right)^{-1} X^{\mathrm{T}} y, \tag{8.17}$$

从而可得经验回归方程为

$$\hat{Y} = \hat{\beta}_0 + \hat{\beta}_1 X_1 + \cdots + \hat{\beta}_p X_p = X\hat{\beta}.$$

称 $\hat{\varepsilon} = Y - X\hat{\beta}$ 为残差向量. 取

$$\hat{\sigma}^2 = \frac{\hat{\varepsilon}^{\mathrm{T}} \hat{\varepsilon}}{n - p - 1} \tag{8.18}$$

为 σ^2 的估计, 也称为 σ^2 的最小二乘估计. 可以证明 $E(\hat{\sigma}^2) = \sigma^2$.

可以证明 β 的协方差阵为

$$\mathrm{var}(\beta) = \sigma^2 (X^{\mathrm{T}} X)^{-1}.$$

β 各个分量的标准差为

$$\mathrm{sd}(\hat{\beta}_i) = \hat{\sigma} \sqrt{c_{ii}}, \quad i = 0, 1, \cdots, p, \tag{8.19}$$

其中 c_{ii} 为 $C = (X^{\mathrm{T}} X)^{-1}$ 对角线上的第 i 个元素[①].

3. 显著性检验

由于在多元线性回归中无法用图形帮助判断 $E(Y)$ 是否随 $X_1, X_2, \cdots, X_p$ 作线性变化, 因而显著性检验就显得尤其重要. 检验有两种, 一种是回归系数的显著性检验, 粗略地说, 就是检验某个变量 X_j 的系数是否为 0. 另一个检验是回归方程的显著性检验, 简单地说, 就是检验该组数据是否适用于线性方程作回归.

(1) 回归系数的显著性检验.

$$H_{j0}: \ \beta_j = 0, \quad H_{j1}: \ \beta_j \neq 0, \quad j = 0, 1, \cdots, p.$$

当 H_{j0} 成立时, 统计量

$$T_j = \frac{\hat{\beta}_j}{\hat{\sigma} \sqrt{c_{jj}}} \sim t(n - p - 1), \quad j = 0, 1, \cdots, p,$$

其中 c_{jj} 为 $C = (X^{\mathrm{T}} X)^{-1}$ 对角线上的第 j 个元素. 对于给定的显著性水平 α, 检验的拒绝域为

$$|T_j| \geqslant t_{\alpha/2}(n - p - 1), \quad j = 0, 1, \cdots, p.$$

(2) 回归方程的显著性检验.

$$H_0: \ \beta_1 = \cdots = \beta_p = 0, \quad H_1: \ \beta_1, \cdots, \beta_p \ \text{不全为 0}.$$

当 H_0 成立时, 统计量

$$F = \frac{\mathrm{SS_R}/p}{\mathrm{SS_E}/(n - p - 1)} \sim F(p, n - p - 1),$$

其中

$$\mathrm{SS_R} = \sum_{i=1}^{n} (\hat{y}_i - \bar{y})^2, \quad \mathrm{SS_E} = \sum_{i=1}^{n} (y_i - \hat{y}_i)^2,$$

$$\bar{y} = \frac{1}{n} \sum_{i=1}^{n} y_i, \quad \hat{y}_i = \hat{\beta}_0 + \hat{\beta}_1 x_{i1} + \cdots + \hat{\beta}_p x_{ip}.$$

[①] 为方便起见, 认为 β_0 是 β 的第 0 个元素, 下标比从 0 开始, 下同.

通常称 SS_R 为回归平方和, SS_E 为残差平方和.

对于给定的显著性水平 α, 检验的拒绝域为

$$F > F_\alpha(p,\ n-p-1).$$

与一元回归模型相同, 在统计软件中, 通常利用 P 值来判别是否拒绝原假设. 若 P 值 $< \alpha$ (通常 $\alpha = 0.05$), 则拒绝原假设; 否则, 接受原假设.

相关系数的平方定义为 $R^2 = \dfrac{SS_R}{SS_T}$, 用它来衡量 Y 与 $X_1, X_2, \cdots, X_p$ 之间相关的密切程度, 其中 SS_T 为总体离差平方和, 即 $SS_T = \sum\limits_{i=1}^{n} (y_i - \bar{y})^2$, 并且满足

$$SS_T = SS_E + SS_R.$$

许多统计软件 (R 也不例外), 不但给出 R^2 的值, 还会给出修正 R^2 的值, 而修正值会稍小一些, 其目的是为了使相关性的判断更准确.

4. 用 R 软件作多元回归分析

在 R 软件中, 用函数 lm() 作多元回归分析, 其使用格式为

```
lm(formula, data, subset, weights, na.action,
    method = "qr", model = TRUE, x = FALSE,
    y = FALSE, qr = TRUE, singular.ok = TRUE,
    contrasts = NULL, offset, ...)
```

在函数中, 参数 formula 是描述回归模型的公式. data 是可选项, 它是包含模型变量的数据框. subset 是可选向量, 表示观察值的子集. weights 是可选向量, 表示用于数据拟合的权重. 其余参数参见在线帮助.

lm() 函数的返回值称为拟合结果的对象, 它本质上是一个具有类属性值 lm 的列表, 有 model, coeffcients, residuals 等成员. lm() 的结果非常简单, 为了获得更多的信息, 可以使用对 lm() 类对象有特殊操作的通用函数, 这些函数包括

```
add1,     coef,      effects,  kappa,    predict,   residuals,
alias,    deviance,  family,   labels,   print,     step,
anova,    drop1,     formula,  plot,     proj,      summary.
```

在这些函数中, 最常用的函数是 summary(). summary() 函数的功能是提取对象的信息, 其使用格式为

```
summary(object, correlation = FALSE,
        symbolic.cor = FALSE, ...)
```

在函数中, 参数 object 是由函数 lm 得到的对象.

其他函数的使用方法, 请参见函数说明, 或在后面的内容中作介绍.

例 8.4 根据经验, 在人的身高相等的情况下, 血压的收缩压 Y 与体重 X_1 (kg), 年龄 X_2 (岁数) 有关. 现收集了 13 个男子的数据, 如表 8.2 所示. 试建立 Y 关于 X_1, X_2 的线性回归方程.

表 8.2 数据表

序号	X_1	X_2	Y	序号	X_1	X_2	Y
1	76.0	50	120	8	79.0	50	125
2	91.5	20	141	9	85.0	40	132
3	85.5	20	124	10	76.5	55	123
4	82.5	30	126	11	82.0	40	132
5	79.0	30	117	12	95.0	40	155
6	80.5	50	125	13	92.5	20	147
7	74.5	60	123				

解 用函数 lm() 求解, 用函数 summary() 提取信息. 写出 R 程序 (程序名: exam0804.R) 如下:

```
blood<-data.frame(
    X1=c(76.0, 91.5, 85.5, 82.5, 79.0, 80.5, 74.5,
        79.0, 85.0, 76.5, 82.0, 95.0, 92.5),
    X2=c(50, 20, 20, 30, 30, 50, 60, 50, 40, 55,
        40, 40, 20),
    Y= c(120, 141, 124, 126, 117, 125, 123, 125,
        132, 123, 132, 155, 147)
)
lm.sol<-lm(Y ~ X1+X2, data=blood)
summary(lm.sol)
```

其计算结果为

```
Call:
lm(formula = Y ~ X1 + X2, data = blood)

Residuals:
    Min      1Q  Median      3Q     Max
-4.0404 -1.0183  0.4640  0.6908  4.3274

Coefficients:
            Estimate Std. Error t value Pr(>|t|)
(Intercept) -62.96336   16.99976  -3.704 0.004083 **
```

```
X1              2.13656   0.17534  12.185 2.53e-07 ***
X2              0.40022   0.08321   4.810 0.000713 ***
---
Signif. codes:  0 '***' 0.001 '**' 0.01 '*' 0.05 '.' 0.1 ' ' 1

Residual standard error: 2.854 on 10 degrees of freedom
Multiple R-Squared: 0.9461,     Adjusted R-squared: 0.9354
F-statistic: 87.84 on 2 and 10 DF,  p-value: 4.531e-07
```

从计算结果可以得到, 回归系数与回归方程的检验都是显著的. 因此, 回归方程为

$$\hat{Y} = -62.96 + 2.136X_1 + 0.4002X_2.$$

5. 预测

当多元线性回归方程经过检验是显著的, 并且其中每一个系数均显著时, 可用此方程作预测.

给定 $X = x_0 = (x_{01}, x_{02}, \cdots, x_{0p})^{\mathrm{T}}$, 将其代入回归方程得到

$$y_0 = \beta_0 + \beta_1 x_{01} + \cdots + \beta_p x_{0p} + \varepsilon_0$$

的估计值为

$$\hat{y}_0 = \hat{\beta}_0 + \hat{\beta}_1 x_{01} + \cdots + \hat{\beta}_p x_{0p}.$$

设置信水平为 $1 - \alpha$, 则 y_0 的预测区间为

$$\left[\hat{y}_0 \mp t_{\alpha/2}(n-p-1)\hat{\sigma}\sqrt{1 + \widetilde{x}_0^{\mathrm{T}}(X^{\mathrm{T}}X)^{-1}\widetilde{x}_0}\right], \tag{8.20}$$

其中 X 为设计矩阵, $\widetilde{x}_0 = (1, x_{01}, x_{02}, \cdots, x_{0p})^{\mathrm{T}}$.

$E(y_0)$ 的置信区间为

$$\left[\hat{y}_0 \mp t_{\alpha/2}(n-p-1)\hat{\sigma}\sqrt{\widetilde{x}_0^{\mathrm{T}}(X^{\mathrm{T}}X)^{-1}\widetilde{x}_0}\right], \tag{8.21}$$

其中 X 与 $\widetilde{x}_0$ 的意义同上.

在 R 软件中, 函数 predict() 提供了计算回归方程的预测估计值、相应的预测区间和置信区间, 其使用格式为

```
predict(object, newdata, se.fit = FALSE,
        scale = NULL, df = Inf,
        interval = c("none", "confidence", "prediction"),
        level = 0.95, type = c("response", "terms"),
```

```
        terms = NULL, na.action = na.pass,
        pred.var = res.var/weights, weights = 1, ...)
```

在函数中, 参数 object 是由函数 lm() 生成的对象. newdata 是由自变量 $X_1, X_2, \cdots,$ X_p 构成的具有数据框形式的数据, 如果该值缺省, 则将计算已知数据的回归值 $\hat{Y}$. interval 是预测区间, 缺省时不计算; 当选择 "prediction" 时, 返回值给出由式 (8.20) 定义的预测区间; 当选择 "confidence" 时, 返回值给出由式 (8.21) 定义的置信区间. level 是置信水平, 默认值为 0.95. 其余参数的使用请参见帮助.

例 8.5 (继例 8.4) 设 $X = x_0 = (80, 40)^{\mathrm{T}}$, 求 y_0 的估计值 $\hat{y}_0$, y_0 的预测区间和 $E(y_0)$ 的置信区间 (取置信水平为 0.95).

解 下面是 R 软件的命令和计算结果.

```
> new <- data.frame(X1 = 80, X2 = 40)
> predict(lm.sol, new, interval="prediction")
       fit      lwr      upr
1 123.9699 117.2889 130.6509
> predict(lm.sol, new, interval="confidence")
       fit      lwr      upr
1 123.9699 121.9183 126.0215
```

对于线性回归问题, 有时作图可以更清楚地看出相应的情况, 帮助理解回归方程的意义以及回归方程的合理性. 下面用一个例子说明如何用 R 软件来完成关于回归模型的作图工作.

例 8.6 重新考虑例 8.1, 计算自变量 x 在区间 $[0.10, 0.23]$ 内回归方程的预测估计值、预测区间和置信区间 (取 $\alpha = 0.05$), 并将数据点、预测估计曲线、预测区间曲线和置信区间曲线画在一张图上.

解 写出 R 程序 (程序名: exam0806.R) 如下:

```
x<-c(0.10, 0.11, 0.12, 0.13, 0.14, 0.15, 0.16,
     0.17, 0.18, 0.20, 0.21, 0.23)
y<-c(42.0, 43.5, 45.0, 45.5, 45.0, 47.5, 49.0,
     53.0, 50.0, 55.0, 55.0, 60.0)
lm.sol<-lm(y ~ 1+x)
new <- data.frame(x = seq(0.10, 0.24, by=0.01))
pp<-predict(lm.sol, new, interval="prediction")
pc<-predict(lm.sol, new, interval="confidence")
matplot(new$x, cbind(pp, pc[,-1]), type="l",
        xlab="X", ylab="Y", lty=c(1,5,5,2,2),
        col=c("blue", "red", "red", "brown", "brown"),
```

```
        lwd=2)
points(x,y, cex=1.4, pch=21, col="red", bg="orange")
legend(0.1, 63,
        c("Points", "Fitted", "Prediction", "Confidence"),
        pch=c(19, NA, NA, NA), lty=c(NA, 1,5,2),
        col=c("orange", "blue", "red", "brown"))
```

程序所绘图形如图 8.2 所示. 在程序中, x,y 是对应变量 x, y 的输入值, 用向量表示. lm.sol 保存用 lm 得到的对象. new 是需要预测的数据, 其值为 0.10∼0.24, 其间隔为 0.01, 用数据框形式表示. pp 是预测值, 由于 interval="prediction", 所以它还包含预测的区间值, 因此, pp 共有三列, 第 1 列为预测值, 第 2 列为预测区间的左端点, 第 3 列为预测区间的右端点. pc 与 pp 的形式与意义相同, 只不过它是置信区间, 因为参数是 interval="confidence". matplot 是矩阵绘画命令, 其使用方法与 plot 相近. points 是低级绘画命令, 它的目的是在图上加点. legend 是在图上加标记. 有关绘画命令的进一步说明, 请参见帮助文件或附录 C.

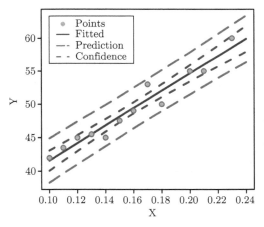

图 8.2　例 8.1 数据的回归直线与预测曲线

8.1.3　逐步回归

1. "最优" 回归方程的选择

在实际问题中, 影响因变量 Y 的因素很多, 人们可以从中挑选若干个变量建立回归方程, 这便涉及变量选择的问题.

一般来说, 如果在一个回归方程中忽略了对 Y 有显著影响的自变量, 那么所建立的方程必与实际有较大的偏离, 但变量选得过多, 使用就不方便. 特别地, 当方程中含有对 Y 影响不大的变量时, 可能因为 SS_E 的自由度的减小而使 σ^2 的估计增大, 从而影响使用回归方程作预测的精度. 因此, 适当地选择变量以建立一个 "最优" 的回归方程是十分重要的.

什么是 "最优" 回归方程呢? 对于这个问题有许多不同的准则, 在不同的准则下, "最优" 回归方程也可能不同. 这里讲的 "最优" 是指从可供选择的所有变量中选出对 Y 有显著影响的变量建立方程, 并且在方程中不含对 Y 无显著影响的变量.

在上述意义下, 可以有多种方法来获得 "最优" 回归方程, 如 "一切子集回归法"、"前进法"、"后退法"、"逐步回归法" 等, 其中 "逐步回归法" 由于计算机程序简便, 因而使用较为普遍.

2. 逐步回归的计算

R 软件提供了较为方便的 "逐步回归" 计算函数 step(), 它是以 AIC[1] 信息统计量为准则, 通过选择最小的 AIC 信息统计量来达到删除或增加变量的目的.

step() 函数的使用格式为

```
step(object, scope, scale = 0,
    direction = c("both", "backward", "forward"),
    trace = 1, keep = NULL, steps = 1000, k = 2, ...)
```

在函数中, object 是回归模型. scope 是确定逐步搜索的区域. scale 用于 AIC 统计量. direction 确定逐步搜索的方向, 其中 "both"(默认值) 是 "一切子集回归法", "backward" 是 "后退法", "forward" 是 "前进法". 其余参数的使用请参见帮助.

在这里, 不具体介绍通常概率统计教科书上的逐步回归计算公式, 而是通过一个简单的例子, 介绍如何使用 R 软件来完成逐步回归的过程, 从而达到选择 "最优" 方程的目的.

例 8.7 Hald 水泥问题. 某种水泥在凝固时放出的热量 Y (K/g) 与水泥中的 4 种化学成分 X_1 (3CaO $\cdot$ Al$_2$O$_3$ 含量的百分比), X_2 (3CaO $\cdot$ SiO$_2$ 含量的百分比), X_3 (4CaO $\cdot$ Al$_2$O$_3$ $\cdot$ Fe$_2$O$_3$ 含量的百分比) 和 X_4 (2CaO $\cdot$ SiO$_2$ 含量的百分比) 有关. 现测得 13 组数据 (表 8.3). 希望从中选出主要的变量, 建立 Y 关于它们的线性回归方程.

解 输入数据, 作多元线性回归 (程序名: exam0807.R) 如下:
```
cement<-data.frame(
    X1=c( 7,  1, 11, 11,  7, 11,  3,  1,  2, 21,  1, 11, 10),
    X2=c(26, 29, 56, 31, 52, 55, 71, 31, 54, 47, 40, 66, 68),
    X3=c( 6, 15,  8,  8,  6,  9, 17, 22, 18,  4, 23,  9,  8),
    X4=c(60, 52, 20, 47, 33, 22,  6, 44, 22, 26, 34, 12, 12),
```

---

① AIC 是 Akaike information criterion 的缩写, 是由日本统计学家赤池弘次提出的.

表 8.3　Hald 水泥问题数据

序号	X_1	X_2	X_3	X_4	Y	序号	X_1	X_2	X_3	X_4	Y
1	7	26	6	60	78.5	8	1	31	22	44	72.5
2	1	29	15	52	74.3	9	2	54	18	22	93.1
3	11	56	8	20	104.3	10	21	47	4	26	115.9
4	11	31	8	47	87.6	11	1	40	23	34	83.8
5	7	52	6	33	95.9	12	11	66	9	12	113.3
6	11	55	9	22	109.2	13	10	68	8	12	109.4
7	3	71	17	6	102.7						

```
     Y =c(78.5, 74.3, 104.3,  87.6,  95.9, 109.2, 102.7, 72.5,
          93.1,115.9,  83.8, 113.3, 109.4)
)
lm.sol<-lm(Y ~ X1+X2+X3+X4, data=cement)
summary(lm.sol)
```

运行后得到

```
Call:
lm(formula = Y ~ X1 + X2 + X3 + X4, data = cement)

Residuals:
    Min      1Q  Median      3Q     Max
-3.1750 -1.6709  0.2508  1.3783  3.9254

Coefficients:
            Estimate Std. Error t value Pr(>|t|)
(Intercept)  62.4054    70.0710   0.891   0.3991
X1            1.5511     0.7448   2.083   0.0708 .
X2            0.5102     0.7238   0.705   0.5009
X3            0.1019     0.7547   0.135   0.8959
X4           -0.1441     0.7091  -0.203   0.8441
---
Signif. codes:  0 '***' 0.001 '**' 0.01 '*' 0.05 '.' 0.1 ' ' 1

Residual standard error: 2.446 on 8 degrees of freedom
Multiple R-Squared: 0.9824,     Adjusted R-squared: 0.9736
F-statistic: 111.5 on 4 and 8 DF,  p-value: 4.756e-07
```

从上述计算中可以看到, 如果选择全部变量作回归方程, 则效果是不好的, 因为回归方程的系数没有一项通过检验 (取 $\alpha = 0.05$).

下面用函数 step() 作逐步回归.

```
> lm.step<-step(lm.sol)
Start:  AIC= 26.94
 Y ~ X1 + X2 + X3 + X4


        Df Sum of Sq    RSS     AIC
- X3     1      0.109 47.973  24.974
- X4     1      0.247 48.111  25.011
- X2     1      2.972 50.836  25.728
<none>                47.864  26.944
- X1     1     25.951 73.815  30.576


Step:  AIC= 24.97
 Y ~ X1 + X2 + X4


        Df Sum of Sq    RSS     AIC
<none>                 47.97   24.97
- X4     1       9.93  57.90   25.42
- X2     1      26.79  74.76   28.74
- X1     1     820.91 868.88   60.63
```

从程序的运行结果可以看到, 当用全部变量作回归方程时, AIC 值为 26.94. 接下来显示的数据告诉我们, 如果去掉变量 X_3, 则相应的 AIC 值为 24.97; 如果去掉变量 X_4, 则相应的 AIC 值为 25.01; 后面的类推. 由于去掉变量 X_3 可以使 AIC 达到最小, 因此, R 软件自动去掉变量 X_3, 进行下一轮计算.

在下一轮计算中, 无论去掉哪一个变量, AIC 值均会升高. 因此, R 软件终止计算, 得到 "最优" 的回归方程.

下面分析一下计算结果. 用函数 summary() 提取相关信息.

```
> summary(lm.step)
Call:
lm(formula = Y ~ X1 + X2 + X4, data = cement)


Residuals:
    Min      1Q  Median      3Q     Max
-3.0919 -1.8016  0.2562  1.2818  3.8982
```

```
Coefficients:
              Estimate Std. Error t value Pr(>|t|)
(Intercept)   71.6483    14.1424    5.066 0.000675 ***
X1             1.4519     0.1170   12.410 5.78e-07 ***
X2             0.4161     0.1856    2.242 0.051687 .
X4            -0.2365     0.1733   -1.365 0.205395
---
Signif. codes:  0 '***' 0.001 '**' 0.01 '*' 0.05 '.' 0.1 ' ' 1

Residual standard error: 2.309 on 9 degrees of freedom
Multiple R-Squared: 0.9823,      Adjusted R-squared: 0.9764
F-statistic: 166.8 on 3 and 9 DF,  p-value: 3.323e-08
```

由显示结果看到, 回归系数检验的显著性水平有很大提高, 但变量 X_2, X_4 系数检验的显著性水平仍不理想. 下面如何处理呢?

在 R 软件中, 还有两个函数可以用来作逐步回归. 这两个函数是 add1() 和 drop1(). 它们的使用格式为

```
add1(object, scope, ...)
drop1(object, scope, ...)
```

在函数中, object 是由拟合模型构成的对象. scope 是模型考虑增加或去掉项构成的公式.

下面用 drop1() 计算.

```
> drop1(lm.step)
Single term deletions

Model:
Y ~ X1 + X2 + X4
       Df Sum of Sq    RSS    AIC
<none>                47.97  24.97
X1      1   820.91 868.88  60.63
X2      1    26.79  74.76  28.74
X4      1     9.93  57.90  25.42
```

从运算结果来看, 如果去掉变量 X_4, 则 AIC 值会从 24.97 增加到 25.42, 是增加最少的. 另外, 除 AIC 准则外, 残差的平方和也是逐步回归的重要指标之一. 从直观来看, 拟合越好的方程, 残差的平方和应越小. 去掉变量 X_4, 残差的平方和上升 9.93, 也是最少的. 因此, 从这两项指标来看, 应该再去掉变量 X_4.

```
> lm.opt<-lm(Y ~ X1+X2, data=cement); summary(lm.opt)
Call:
lm(formula = Y ~ X1 + X2, data = cement)

Residuals:
   Min     1Q Median     3Q    Max
-2.893 -1.574 -1.302  1.362  4.048

Coefficients:
            Estimate Std. Error t value Pr(>|t|)
(Intercept) 52.57735    2.28617   23.00 5.46e-10 ***
X1           1.46831    0.12130   12.11 2.69e-07 ***
X2           0.66225    0.04585   14.44 5.03e-08 ***
---
Signif. codes:  0 '***' 0.001 '**' 0.01 '*' 0.05 '.' 0.1 ' ' 1

Residual standard error: 2.406 on 10 degrees of freedom
Multiple R-Squared: 0.9787,     Adjusted R-squared: 0.9744
F-statistic: 229.5 on 2 and 10 DF,  p-value: 4.407e-09
```

这个结果应该还是满意的, 因为所有的检验均是显著的. 最后得到 "最优" 的回归方程为

$$\hat{Y} = 52.58 + 1.468X_1 + 0.6622X_2.$$

8.1.4 回归诊断

1. 什么是回归诊断

在前面给出了利用逐步回归来选择对因变量 Y 影响最显著的自变量进入回归方程的方法, 并且还可以利用 AIC 准则或其他准则来选择最优回归模型. 但是这些只是从选择自变量上来研究, 而没有对回归模型的一些特性作更进一步的研究, 并且没有研究引起异常样本的问题, 异常样本的存在往往会给回归模型带来不稳定. 为此, 人们提出所谓回归诊断的问题, 其主要内容有以下几个方面:

(1) 关于误差项是否满足独立性、等方差性和正态性;

(2) 选择线性模型是否合适;

(3) 是否存在异常样本;

(4) 回归分析的结果是否对某些样本的依赖过重, 也就是说, 回归模型是否具备稳定性;

(5) 自变量之间是否存在高度相关, 即是否有多重共线性问题存在.

为什么要对上述问题进行判断呢? Anscombe 在 1973 年构造了一个数值例子, 尽管得到的回归方程能够通过 t 检验和 F 检验, 但将它们作为线性回归方程还是有问题的.

例 8.8 图的有用性. Anscombe 在 1973 年构造了 4 组数据 (表 8.4), 每组数据集都由 11 对点 (x_i, y_i) 组成, 拟合于简单线性模型

$$y_i = \beta_0 + \beta_1 x_i + \varepsilon_i.$$

试分析 4 组数据是否通过回归方程的检验, 并用图形分析每组数据的基本情况.

表 8.4　Anscombe 数据

数据号	数据组号					
	1~3	1	2	3	4	4
	X	Y	Y	Y	X	Y
1	10.0	8.04	9.14	7.46	8.0	6.58
2	8.0	6.95	8.14	6.77	8.0	5.76
3	13.0	7.58	8.74	12.74	8.0	7.71
4	9.0	8.81	8.77	7.11	8.0	8.84
5	11.0	8.33	9.26	7.81	8.0	8.47
6	14.0	9.96	8.10	8.84	8.0	7.04
7	6.0	7.24	6.13	6.08	8.0	5.25
8	4.0	4.26	3.10	5.39	19.0	12.50
9	12.0	10.84	9.13	8.15	8.0	5.56
10	7.0	4.82	7.26	6.44	8.0	7.91
11	5.0	5.68	4.74	5.73	8.0	6.89

解　Anscombe 数据不必录入了, 因为 R 软件的 anscombe 数据框已提供了相应的数据. 这里直接列出 4 组数据的回归结果, 给出回归系数和相应的 t 检验的 P 值, 其命令格式如下 (见程序 exam0808.R):

```
ff <- y ~ x
for(i in 1:4) {
  ff[2:3] <- lapply(paste(c("y","x"), i, sep=""), as.name)
  assign(paste("lm.",i,sep=""), lmi<-lm(ff, data=anscombe))
}
GetCoef<-function(n) summary(get(n))$coef
lapply(objects(pat="lm\\.[1-4]$"), GetCoef)
```

这段程序的细节, 读者可能还不明白, 暂时先不管它. 这段程序的中心意思是计算 4 组数据的回归系数并作相应的检验. 程序中函数的意义请参见附录 C. 运行得到

```
[[1]]
               Estimate Std. Error  t value     Pr(>|t|)
(Intercept) 3.0000909   1.1247468 2.667348 0.025734051
x1          0.5000909   0.1179055 4.241455 0.002169629
[[2]]
               Estimate Std. Error  t value     Pr(>|t|)
(Intercept) 3.000909    1.1253024 2.666758 0.025758941
x2          0.500000    0.1179637 4.238590 0.002178816
[[3]]
               Estimate Std. Error  t value     Pr(>|t|)
(Intercept) 3.0024545   1.1244812 2.670080 0.025619109
x3          0.4997273   0.1178777 4.239372 0.002176305
[[4]]
               Estimate Std. Error  t value     Pr(>|t|)
(Intercept) 3.0017273   1.1239211 2.670763 0.025590425
x4          0.4999091   0.1178189 4.243028 0.002164602
```

从计算结果可以看出, 4 组数据得到的回归系数的估计值、标准差、t 值和 P 值几乎是相同的, 并且通过检验. 如果进一步考察就会发现, 4 组数据的 R^2, F 值和对应的 P 值, 以及 $\hat{\sigma}$ 也基本上是相同的. 但从下面的图 8.3 可以看出, 这 4 组数据完全不相同, 因此, 单用线性回归作分析是不对的. 绘图的命令格式如下 (见程序 exam0808.R):

```
op <- par(mfrow=c(2,2), mar=.1+c(4,4,1,1), oma=c(0,0,2,0))
for(i in 1:4) {
  ff[2:3] <- lapply(paste(c("y","x"), i, sep=""), as.name)
  plot(ff, data =anscombe, col="red", pch=21,
       bg="orange", cex=1.2, xlim=c(3,19), ylim=c(3,13))
  abline(get(paste("lm.",i,sep="")), col="blue")
}
mtext("Anscombe's 4 Regression data sets",
      outer = TRUE, cex=1.5)
par(op)
```

得到的图形如图 8.3 所示.

从图 8.3 中可以看出, 第 1 组数据用线性回归是合适的; 第 2 组数据用二次拟合可能更合适; 第 3 组数据有一个点可能影响到回归直线, 作回归直线时, 应去掉这个点; 第 4 组数据作回归是不合理的, 因为回归系数基本上只依赖于一个点.

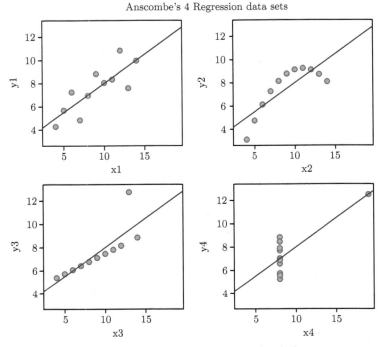

图 8.3　Anscombe 数据和它的回归直线

通过例 8.8 得到, 在得到的回归方程通过各种检验后, 还需要作相关的回归诊断.

2. 残差的检验

关于残差的检验是检验模型的误差是否满足齐性和正态性等. 残差检验中最简单且直观的方法是画出模型的残差图. 以残差 $\hat{\varepsilon}_i$ 为纵坐标, 以拟合值 $\hat{y}_i$ 或对应的数据观测序号 i, 或数据观测时间为横坐标的散点图统称为残差图.

为检验建立的多元线性回归模型是否合适, 可以通过回归值 $\hat{Y}$ 与残差的散点图来检验. 其方法是画出回归值 $\hat{Y}$ 与普通残差 $\hat{\varepsilon}_i$ 的散点图 $((\hat{Y}_i, \hat{\varepsilon}_i), i = 1, 2, \cdots, n)$, 或者画出回归值 $\hat{Y}$ 与标准残差 r_i 的散点图 $((\hat{Y}_i, r_i), i = 1, 2, \cdots, n)$, 其图形可能会出现下面三种情况 (图 8.4).

对于图 8.4(a) 的情况, 无论回归值 $\hat{Y}$ 的大小, 残差 $\hat{\varepsilon}_i$ (或 r_i) 都具有相同的分布, 并满足模型的各种假设条件; 对于图 8.4(b) 的情况, 表示回归值 $\hat{Y}$ 的大小与残差的波动大小有关系, 即等方差性的假设有问题; 对于图 8.4(c), 用线性模型表示不合适, 应考虑非线性模型.

对于图 8.4(a), 如果大部分点都落在中间部分, 而只有少数几个点落在外边, 则这些点对应的样本可能是异常值.

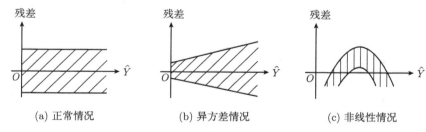

图 8.4 回归值 $\hat{Y}$ 与残差的散点图

如何判断哪些是异常的呢? 通常的方法是画出标准化残差图. 由 3σ 原则可知, 应该有大约 95% 的点的残差落在 2σ 范围内. 如果某个点的残差落在 2σ (对于标准化残差就是 2) 范围之外, 就有理由认为该点可能是异常值点.

最后, 还需要对残差作正态性检验. 较为简单的方法是画出残差的 QQ 散点图, 若这些点位于一条直线上, 则说明残差服从正态分布; 否则, 不服从正态分布.

在 R 软件中, 函数 residuals()(或 resid()) 计算模型残差, 函数 rstandard() 计算回归模型的标准化 (也称为内学生化) 残差, 函数 rstudent() 计算回归模型的外学生化残差, 所谓外学生化残差就是删除第 i 个样本数据后得到的标准化残差. 这些函数的使用格式为

```
residuals(object, ...)
resid(object, ...)
rstandard(model, infl=lm.influence(model, do.coef=FALSE),
          sd=sqrt(deviance(model)/df.residual(model)), ...)
rstudent(model, infl=lm.influence(model, do.coef=FALSE),
          res=infl$wt.res, ...)
```

在函数中, object, model 是由 lm 生成的对象. infl 是由 lm.influence 返回值得到的影响结构. sd 是模型的标准差. res 是模型残差.

在得到这些残差后, 可以使用统计方法对残差作各种检验.

在 R 软件中, 可以用函数 plot() 绘出各种残差的散点图, 其使用格式为

```
plot(x, which = c(1:3,5),
    caption = c("Residuals vs Fitted", "Normal Q-Q",
        "Scale-Location", "Cook's distance",
        "Residuals vs Leverage",
        "Cook's distance vs Leverage"),
    panel=if(add.smooth) panel.smooth else points,
    sub.caption = NULL, main = "",
    ask=prod(par("mfcol"))<length(which)&&dev.interactive(),
```

```
     ...,
     id.n = 3, labels.id=names(residuals(x)), cex.id=0.75,
     qqline=TRUE, cook.levels=c(0.5, 1.0),
     add.smooth=getOption("add.smooth"), label.pos=c(4,2))
```
在函数中, 参数 x 是由 lm 生成的对象. which 是开关变量, 其值为 1~6, 缺省时, 该
值为子集 {1, 2, 3, 5}, 即给出第 1, 2, 3 和 5 四张图.

该函数可以画出 6 张诊断图, 其中第 1 张为残差与预测值的残点图, 第 2 张为
残差的正态 QQ 图, 第 3 张为标准差的平方根与预测值的残点图, 第 4 张为 Cook
距离, 第 5 张为残差与高杠杆值 (也称为帽子值) 的散点图, 第 6 张为 Cook 距离与
高杠杆值的散点图.

3. 影响分析

所谓影响分析就是探查对估计有异常大影响的数据. 在回归分析中的一个重
要假设是, 使用的模型对所有数据都是适当的. 在应用中, 有一个或多个样本, 其观
测值似乎与模型不相符, 但模型拟合于大多数数据, 这种情况并不罕见. 如果一个
样本不遵从某个模型, 但其余数据遵从这个模型, 则称该样本点为强影响点 (也称
为高杠杆点). 影响分析的一个重要功能是区分这样的样本数据.

影响分析的方法有 DFFITS 准则、Cook 距离、COVRATIO 准则、帽子值和帽
子矩阵. 相关的 R 函数有

```
     influence.measures,    dffits,        dfbeta,          dfbetas,
     cooks.distance,        covratio,      hatvalues,       hat.
```
这些函数的使用方法为

```
     influence.measures(model)
     dffits(model, infl=, res=)
     dfbeta(model, infl=lm.influence(model, do.coef=TRUE), ...)
     dfbetas(model, infl=lm.influence(model, do.coef=TRUE), ...)
     cooks.distance(model, infl=lm.influence(model, do.coef=FALSE),
                    res=weighted.residuals(model),
                    sd=sqrt(deviance(model)/df.residual(model)),
                    hat=infl$hat, ...)
     covratio(model, infl=lm.influence(model, do.coef=FALSE),
              res=weighted.residuals(model))
     hatvalues(model, infl=lm.influence(model, do.coef=FALSE), ...)
     hat(x, intercept=TRUE)
```
在函数中, 参数 model 是由 lm 生成的对象. x 是设计矩阵.

4. 回归诊断实例

智力测试数据是教科书中常常使用的一组数据, 这里用这组数据的分析过程来介绍如何使用 R 软件中的相关函数作回归诊断.

例 8.9 智力测试数据. 表 8.5 为教育学家测试的 21 个儿童的记录, 其中 X 为儿童的年龄 (以月为单位), Y 表示某种智力指标. 通过这些数据, 建立智力随年龄变化的关系.

表 8.5 儿童智力测试数据

序号	X	Y	序号	X	Y	序号	X	Y
1	15	95	8	11	100	15	11	102
2	26	71	9	8	104	16	10	100
3	10	83	10	20	94	17	12	105
4	9	91	11	7	113	18	42	57
5	15	102	12	9	96	19	17	121
6	20	87	13	10	83	20	11	86
7	18	93	14	11	84	21	10	100

解 编写相应的 R 程序 (全部程序均在程序名为 exam0809.R 的程序中).

第 1 步 计算回归系数, 并作回归系数与回归方程的检验.

```
intellect<-data.frame(
    x=c(15, 26, 10,  9, 15, 20, 18, 11,  8, 20, 7,
        9, 10, 11, 11, 10, 12, 42, 17, 11, 10),
    y=c(95, 71, 83,  91, 102,  87, 93, 100, 104, 94, 113,
        96, 83, 84, 102, 100, 105, 57, 121,  86, 100)
)
lm.sol<-lm(y~1+x, data=intellect)
summary(lm.sol)
```

计算结果 (略) 通过 t 检验和 F 检验.

第 2 步 回归诊断. 调用 influence.measures() 函数并作回归诊断图, 其命令如下:

```
influence.measures(lm.sol)
op <- par(mfrow=c(2,2), mar=0.4+c(4,4,1,1),
          oma= c(0,0,2,0))
plot(lm.sol, 1:4)
par(op)
```

得到回归诊断结果为

```
Influence measures of
```

lm(formula = y ~ 1 + x, data = intellect) :

	dfb.1_	dfb.x	dffit	cov.r	cook.d	hat	inf
1	0.01664	0.00328	0.04127	1.166	8.97e-04	0.0479	
2	0.18862	-0.33480	-0.40252	1.197	8.15e-02	0.1545	
	...	...	...	...	...	...	
17	0.13328	-0.05493	0.18717	1.096	1.79e-02	0.0521	
18	0.83112	-1.11275	-1.15578	2.959	6.78e-01	0.6516	*
19	0.14348	0.27317	0.85374	0.396	2.23e-01	0.0531	*
20	-0.20761	0.10544	-0.26385	1.043	3.45e-02	0.0567	
21	0.02791	-0.01622	0.03298	1.187	5.74e-04	0.0628	

回归诊断图如图 8.5 所示.

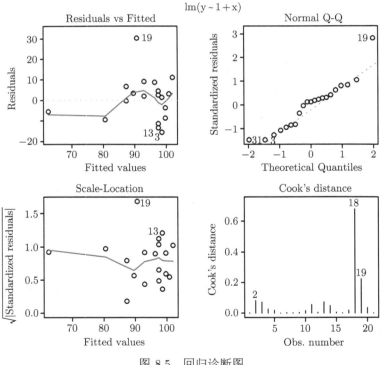

图 8.5   回归诊断图

先分析回归诊断结果. 得到的回归诊断结果共有 7 列, 其中第 1,2 列为 dfbetas
值 (对应于常数和变量 x); 第 3 列为 DFFITS 准则值; 第 4 列为 COVRATIO 准则
值; 第 5 列为 Cook 距离; 第 6 列为帽子值 (也称为高杠杆值); 第 7 列为影响点记
号. 由回归诊断结果得到 18 号和 19 号点是强影响点 (inf 为 *).

再分析回归诊断图 (图 8.5). 这里共 4 张图. 第 1 张是残差图, 可以认为残差的方差满足齐性. 第 2 张是正态 QQ 图, 除 19 号点外, 基本都在一条直线上, 也就是说, 除 19 号点外, 残差满足正态性. 第 3 张是标准差的平方根与预测值的散点图, 19 号点的值大于 1.5, 这说明 19 号点可能是异常值点 (在 95% 的范围之外). 第 4 张图给出了 Cook 距离值, 从图上来看, 18 号点的 Cook 距离最大, 这说明 18 号点可能是强影响点 (高杠杆点).

第 3 步 处理强影响点. 在诊断出异常值点或强影响点后, 如何处理呢? 首先, 要检验原始数据是否有误 (如录入错误等). 如果有误, 则需要改正后重新计算. 其次, 修正数据. 如果无法判别数据是否有误 (如本例的数据就无法判别), 则采用将数据剔除或加权的方法修正数据, 然后重新计算.

在本例中, 由于 19 号点是异常值点, 所以将它在后面的计算中剔除. 18 号点是强影响点, 加权计算减少它的影响. 下面是计算程序.

```
n<-length(intellect$x)
weights<-rep(1, n); weights[18]<-0.5
lm.correct<-lm(y~1+x, data=intellect, subset=-19,
                weights=weights)
summary(lm.correct)
```

在程序中, subset = -19 是去掉 19 是号点. weights <- rep(1, n) 是将所有点的权赋为 1. weights[18] <- 0.5 是再将 18 号点的权定义为 0.5. 这样可以直观地认为 18 号点对回归方程的影响减少一半 (计算结果略).

第 4 步 验证. 下面看一下两次计算的回归直线和数据的散点图, 其命令为

```
attach(intellect)
plot(x, y, cex=1.2, pch=21, col="red", bg="orange")
abline(lm.sol, col="blue", lwd=2)
text(x[c(19, 18)], y[c(19, 18)],
     label=c("19", "18"), adj=c(1.5, 0.3))
detach()
abline(lm.correct, col="red", lwd=2, lty=5)
legend(30, 120, c("Points", "Regression", "Correct Reg"),
       pch=c(19, NA, NA), lty=c(NA, 1,5),
       col=c("orange", "blue", "red"))
```

得到的图形如图 8.6 所示. 从图 8.6 可以看到, 19 号点的残差过大 (与前面的分析一致), 而 18 号点对整个回归直线有较大的影响 (强影响点). 这说明前面的回归诊断是合理的. 图中实线是原始数据计算的结果, 虚线是修正数据后的计算结果.

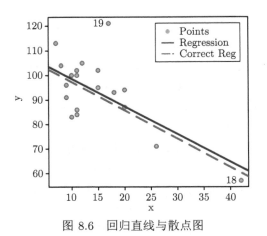

图 8.6　回归直线与散点图

第 5 步　检验. 这样修正后是否有效呢? 再看一下回归诊断的结果, 其命令为

```
op <- par(mfrow=c(2,2), mar=0.4+c(4,4,1,1), oma= c(0,0,2,0))
plot(lm.correct, 1:4)
par(op)
```

得到的图形如图 8.7 所示. 从图 8.7 可以看出, 所有结果均有所改善.

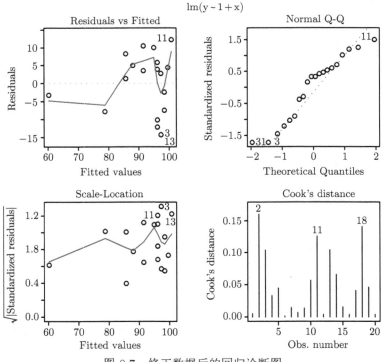

图 8.7　修正数据后的回归诊断图

上述过程说明了回归诊断的基本过程. 对于多元回归模型, 就无法用作图的方法对回归诊断的结果进行验证了, 这也是为什么要进行回归诊断的原因.

8.1.5 Box-Cox 变换

在作回归分析时, 通常假设回归方程的残差 ε_i 具有齐性, 即图 8.4(a) 所示的正常情况. 如果残差不满足齐性, 则其计算结果可能会出现问题. 现在的问题是, 如果计算出的残差不满足齐性, 而出现图 8.4(b) 的异方差情况, 又将如何计算呢?

在出现异方差的情况下, 通常通过 Box-Cox 变换使回归方程的残差满足齐性. Box-Cox 变换是对回归因变量 Y 作如下变换:

$$Y^{(\lambda)} = \begin{cases} \dfrac{Y^\lambda - 1}{\lambda}, & \lambda \neq 0, \\ \ln Y, & \lambda = 0, \end{cases} \tag{8.22}$$

其中 λ 为待定参数.

Box-Cox 变换主要有两项工作. 第一项是作变换, 这一点很容易由式 (8.22) 得到. 第二项是确定参数 λ 的值, 这项工作较为复杂, 需要用极大似然估计的方法才能确定出 λ 的值. 但 R 软件中的 boxcox() 函数可以绘出不同参数下对数似然函数的目标值, 这样可以通过图形来选择参数 λ 的值. boxcox() 函数的使用格式为

```
boxcox(object, lambda = seq(-2, 2, 1/10), plotit = TRUE,
       interp, eps = 1/50, xlab = expression(lambda),
       ylab = "log-Likelihood", ...)
```

在函数中, 参数 object 是由 lm 生成的对象. lambda 是参数 λ, 缺省值为 $(-2, 2)$. plotit 是逻辑变量, 缺省值为 TRUE, 即画出图形. 其余参数的使用请参见帮助. 注意: 在调用函数 boxcox() 之前, 需要先加载 MASS 程序包, 或使用命令 library(MASS).

例 8.10 某公司为了研究产品的营销策略, 对产品的销售情况进行了调查. 设 Y 为某地区该产品的家庭人均购买量 (单位: 元), X 为家庭人均收入 (单位: 元). 表 8.6 给出了 53 个家庭的数据. 试通过这些数据建立 Y 与 X 的关系式.

解 写出分析问题的全部程序 (程序名: exam810.R) 如下:

```
#### 输入数据, 作回归方程
X<-scan()
679   292  1012   493   582  1156   997  2189  1097  2078
1818  1700   747  2030  1643   414   354  1276   745   435
540   874  1543  1029   710  1434   837  1748  1381  1428
1255  1777   370  2316  1130   463   770   724   808   790
783   406  1242   658  1746   468  1114   413  1787  3560
1495  2221  1526
```

表 8.6 某地区家庭人均收入与人均购买量数据

序号	X/元	Y/元	序号	X/元	Y/元	序号	X/元	Y/元
1	679	0.79	19	745	0.77	37	770	1.74
2	292	0.44	20	435	1.39	38	724	4.10
3	1012	0.56	21	540	0.56	39	808	3.94
4	493	0.79	22	874	1.56	40	790	0.96
5	582	2.70	23	1543	5.28	41	783	3.29
6	1156	3.64	24	1029	0.64	42	406	0.44
7	997	4.73	25	710	4.00	43	1242	3.24
8	2189	9.50	26	1434	0.31	44	658	2.14
9	1097	5.34	27	837	4.20	45	1746	5.71
10	2078	6.85	28	1748	4.88	46	468	0.64
11	1818	5.84	29	1381	3.48	47	1114	1.90
12	1700	5.21	30	1428	7.58	48	413	0.51
13	747	3.25	31	1255	2.63	49	1787	8.33
14	2030	4.43	32	1777	4.99	50	3560	14.94
15	1643	3.16	33	370	0.59	51	1495	5.11
16	414	0.50	34	2316	8.19	52	2221	3.85
17	354	0.17	35	1130	4.79	53	1526	3.93
18	1276	1.88	36	463	0.51			

```
Y<-scan()
0.79 0.44 0.56 0.79 2.70 3.64 4.73 9.50 5.34 6.85
5.84 5.21 3.25 4.43 3.16 0.50 0.17 1.88 0.77 1.39
0.56 1.56 5.28 0.64 4.00 0.31 4.20 4.88 3.48 7.58
2.63 4.99 0.59 8.19 4.79 0.51 1.74 4.10 3.94 0.96
3.29 0.44 3.24 2.14 5.71 0.64 1.90 0.51 8.33 14.94
5.11 3.85 3.93
```

```
lm.sol<-lm(Y~X); summary(lm.sol)
#### 加载 MASS 程序包
library(MASS)
#### 作图, 共 4 张
op <- par(mfrow=c(2,2), mar=.4+c(4,4,1,1), oma= c(0,0,2,0))
#### 第 1 张, 残差与预测散点图
plot(fitted(lm.sol), resid(lm.sol),
    cex=1.2, pch=21, col="red", bg="orange",
    xlab="Fitted Value", ylab="Residuals")
#### 第 2 张, 确定参数 lambda
boxcox(lm.sol, lambda=seq(0, 1, by=0.1))
#### Box-Cox 变换后, 作回归分析
```

```
lambda<-0.55; Ylam<-(Y^lambda-1)/lambda
lm.lam<-lm(Ylam~X); summary(lm.lam)
```

第 3 张, 变换后残差与预测散点图

```
plot(fitted(lm.lam), resid(lm.lam),
     cex=1.2, pch=21, col="red", bg="orange",
     xlab="Fitted Value", ylab="Residuals")
```

第 4 张, 回归曲线和相应的散点

```
beta0<-lm.lam$coefficients[1]
beta1<-lm.lam$coefficients[2]
curve((1+lambda*(beta0+beta1*x))^(1/lambda),
      from=min(X), to=max(X), col="blue", lwd=2,
      xlab="X", ylab="Y")
points(X,Y, pch=21, cex=1.2, col="red", bg="orange")
mtext("Box-Cox Transformations", outer = TRUE, cex=1.5)
par(op)
```

程序给出的图形 (共 4 张) 如图 8.8 所示. 从第 1 张图可以看出, 由原始数据

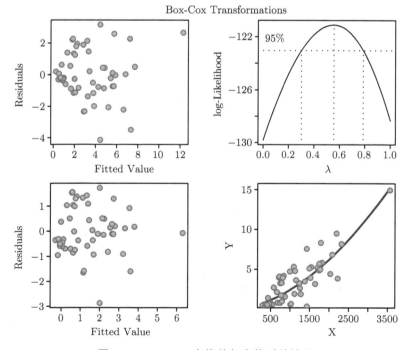

图 8.8 Box-Cox 变换前与变换后的情况

得到的残差图呈喇叭口形状, 属于异方差情况, 这样的数据需要作 Box-Cox 变换. 在变换前先确定参数 λ (调用函数 boxcox), 得到第 2 张图. 从第 2 张图中看到, 当 $\lambda = 0.55$ 时, 对数似然函数达到最大值, 因此, 选择参数 $\lambda = 0.55$. 作 Box-Cox 变换 $\left(Y^{(\lambda)} = \dfrac{Y^{\lambda} - 1}{\lambda}\right)$, 变换后再作回归分析, 然后画出残差的散点图 (第 3 张图). 从第 3 张图看出, 喇叭口形状有很大改善. 第 4 张图是给出曲线

$$Y = (1 + \lambda\beta_0 + \lambda\beta_1 X)^{1/\lambda}$$

和相应的散点图.

8.2 方 差 分 析

在实际工作中, 影响一件事的因素是很多的, 人们总是希望通过各种试验来观察各种因素对试验结果的影响. 例如, 不同的生产厂家、不同的原材料、不同的操作规程以及不同的技术指标对产品的质量、性能都会有影响. 然而, 不同因素的影响大小不等. 方差分析是研究一种或多种因素的变化对试验结果的观测值是否有显著影响, 从而找出较优的试验条件或生产条件的一种常用的统计方法.

人们在试验中所考察到的数量指标, 如产量、性能等, 称为观测值. 影响观测值的条件称为因素. 因素的不同状态称为水平, 一个因素通常有多个水平. 在一项试验中, 可以得出一系列不同的观测值. 引起观测值不同的原因是多方面的, 有的是处理方式或条件不同引起的, 这些称为因素效应 (或处理效应、条件变异); 有的是试验过程中偶然性因素的干扰或观测误差所导致的, 这些称为试验误差. 方差分析的主要工作是将测量数据的总变异按照变异原因的不同分解为因素效应和试验误差, 并对其作出数量分析, 比较各种原因在总变异中所占的重要程度, 作为统计推断的依据, 由此确定进一步的工作方向.

8.2.1   单因素方差分析

下面从一个实例出发说明单因素方差分析的基本思想.

例 8.11   利用 4 种不同配方的材料 A_1, A_2, A_3 和 A_4 生产出来的元件, 测得其使用寿命如表 8.7 所示, 那么 4 种不同配方下元件的使用寿命是否有显著差异呢?

表 8.7   元件寿命数据

材料	使用寿命							
A_1	1600	1610	1650	1680	1700	1700	1780	
A_2	1500	1640	1400	1700	1750			
A_3	1640	1550	1600	1620	1640	1600	1740	1800
A_4	1510	1520	1530	1570	1640	1600		

在例 8.11 中, 材料的配方是影响元件使用寿命的因素, 4 种不同的配方表明因素处于 4 种状态, 为 4 种水平, 这样的试验称为单因素 4 水平试验. 由表 8.7 中的数据可知, 不仅不同配方的材料生产出的元件使用寿命不同, 而且同一配方下元件的使用寿命也不一样. 分析数据波动的原因主要来自两方面.

其一, 在同样的配方下做若干次寿命试验, 试验条件大体相同, 因此, 数据的波动是由于其他随机因素的干扰所引起的. 设想在同一配方下, 元件的使用寿命应该有一个理论上的均值, 而实测寿命数据与均值的偏离即为随机误差, 此误差服从正态分布.

其二, 在不同的配方下, 使用寿命有不同的均值, 它导致不同组的元件间寿命数据的不同.

对于一般情况, 设试验只有一个因素 A 在变化, 其他因素都不变. A 有 r 个水平 $A_1, A_2, \cdots, A_r$, 在水平 A_i 下进行 n_i 次独立观测, 得到试验指标列于表中, 如表 8.8 所示.

表 8.8　单因素方差分析数据

水　平	观　测　值*				总　体
A_1	x_{11}	x_{12}	$\cdots$	x_{1n_1}	$N(\mu_1, \sigma^2)$
A_2	x_{21}	x_{22}	$\cdots$	x_{2n_2}	$N(\mu_2, \sigma^2)$
$\vdots$	$\vdots$	$\vdots$		$\vdots$	$\vdots$
A_r	x_{r1}	x_{r2}	$\cdots$	x_{rn_r}	$N(\mu_r, \sigma^2)$

* x_{ij} 表示在因素 A 的第 i 个水平下第 j 次试验的试验结果.

1. 数学模型

将水平 A_i 下的试验结果 $x_{i1}, x_{i2}, \cdots, x_{in_i}$ 看成来自第 i 个正态总体 $X_i \sim N(\mu_i, \sigma^2)$ 的样本观测值, 其中 μ_i, σ^2 均未知, 并且每个总体 X_i 都相互独立. 考虑线性统计模型

$$\begin{cases} x_{ij} = \mu_i + \varepsilon_{ij}, \quad i = 1, 2, \cdots, r, j = 1, 2, \cdots, n_i, \\ \varepsilon_{ij} \sim N(0, \sigma^2) \text{ 且相互独立,} \end{cases} \tag{8.23}$$

其中 μ_i 为第 i 个总体的均值, ε_{ij} 为相应的试验误差.

比较因素 A 的 r 个水平的差异归结为比较这 r 个总体的均值, 即检验假设

$$H_0 : \mu_1 = \mu_2 = \cdots = \mu_r, \quad H_1 : \mu_1, \mu_2, \cdots, \mu_r \text{ 不全相等.} \tag{8.24}$$

记

$$\mu = \frac{1}{n} \sum_{i=1}^{r} n_i \mu_i, \quad n = \sum_{i=1}^{r} n_i, \quad \alpha_i = \mu_i - \mu,$$

其中 μ 表示总和的均值, α_i 为水平 A_i 对指标的效应. 不难验证 $\sum\limits_{i=1}^{r} n_i\alpha_i = 0$.

模型 (8.23) 又可以等价地写成

$$\begin{cases} x_{ij} = \mu + \alpha_i + \varepsilon_{ij}, & i = 1, 2, \cdots, r, \ j = 1, 2, \cdots, n_i, \\ \varepsilon_{ij} \sim N(0, \sigma^2) \ 且相互独立, \\ \sum\limits_{i=1}^{r} n_i\alpha_i = 0. \end{cases} \tag{8.25}$$

称模型 (8.25) 为单因素方差分析的数学模型, 它是一种线性模型.

2. 方差分析

假设 (8.24) 等价于

$$H_0: \alpha_1 = \alpha_2 = \cdots = \alpha_r = 0, \quad H_1: \alpha_1, \alpha_2, \cdots, \alpha_r \ 不全为零. \tag{8.26}$$

如果 H_0 被拒绝, 则说明因素 A 各水平的效应之间有显著的差异; 否则, 差异不明显.

为了导出 H_0 的检验统计量. 方差分析法建立在平方和分解和自由度分解的基础上, 考虑统计量

$$S_{\mathrm{T}} = \sum_{i=1}^{r} \sum_{j=1}^{n_i} (x_{ij} - \bar{x})^2, \quad \bar{x} = \frac{1}{n} \sum_{i=1}^{r} \sum_{j=1}^{n_i} x_{ij}.$$

称 S_{T} 为总离差平方和 (或称为总变差), 它是所有数据 x_{ij} 与总平均值 $\bar{x}$ 的差的平方和, 描绘了所有观测数据的离散程度. 经计算可以证明如下的平方和分解公式:

$$S_{\mathrm{T}} = S_{\mathrm{E}} + S_A, \tag{8.27}$$

其中

$$S_{\mathrm{E}} = \sum_{i=1}^{r} \sum_{j=1}^{n_i} (x_{ij} - \bar{x}_{i\cdot})^2, \quad \bar{x}_{i\cdot} = \frac{1}{n_i} \sum_{j=1}^{n_i} x_{ij},$$

$$S_A = \sum_{i=1}^{r} \sum_{j=1}^{n_i} (\bar{x}_{i\cdot} - \bar{x})^2 = \sum_{i=1}^{r} n_i (\bar{x}_{i\cdot} - \bar{x})^2,$$

S_{E} 表示随机误差的影响. 这是因为对于固定的 i 来讲, 观测值 $x_{i1}, x_{i2}, \cdots, x_{in_i}$ 是来自同一个正态总体 $N(\mu_i, \sigma^2)$ 的样本. 因此, 它们之间的差异是由随机误差所导致的. 而 $\sum\limits_{j=1}^{n_i} (x_{ij} - \bar{x}_{i\cdot})^2$ 是这 n_i 个数据的变动平方和, 正是它们差异大小的度量. 将 r 组这样的变动平方和相加, 就得到了 S_{E}, 通常称 S_{E} 为误差平方和或组内平方和.

S_A 表示在 A_i 水平下样本均值与总平均值之间的差异之和, 它反映了 r 个总体均值之间的差异, 因为 $\bar{x}_{i\cdot}$ 是第 i 个总体的样本均值, 是 μ_i 的估计, 因此, r 个总体均值 $\mu_1, \mu_2, \cdots, \mu_r$ 之间的差异越大, 这些样本均值 $\bar{x}_{1\cdot}, \bar{x}_{2\cdot}, \cdots, \bar{x}_{r\cdot}$ 之间的差异也就越大. 平方和 $\sum\limits_{i=1}^{r} n_i (\bar{x}_{i\cdot} - \bar{x})^2$ 正是这种差异大小的度量, 这里 n_i 反映了第 i 个总体样本大小在平方和 S_A 中的作用. 称 S_A 为因素 A 的效应平方和或组间平方和.

式 (8.27) 表明, 总平方和 S_T 可按其来源分解成两部分, 一部分是误差平方和 S_E, 它是由随机误差引起的. 另一部分是因素 A 的平方和 S_A, 它是由因素 A 各水平的差异引起的.

由模型假设 (8.24), 经过统计分析得到 $E(S_E) = (n-r)\sigma^2$, 即 $S_E/(n-r)$ 为 σ^2 的一个无偏估计且

$$\frac{S_E}{\sigma^2} \sim \chi^2(n-r).$$

如果原假设 H_0 成立, 则有 $E(S_A) = (r-1)\sigma^2$, 即此时 $S_A/(r-1)$ 也是 σ^2 的无偏估计且

$$\frac{S_A}{\sigma^2} \sim \chi^2(r-1),$$

并且 S_A 与 S_E 相互独立. 因此, 当 H_0 成立时,

$$F = \frac{S_A/(r-1)}{S_E/(n-r)} \sim F(r-1, n-r). \tag{8.28}$$

于是 F (也称为 F 比) 可以作为 H_0 的检验统计量. 对给定的显著性水平 α, 用 $F_\alpha(r-1, n-r)$ 表示 F 分布的上 α 分位点. 若 $F > F_\alpha(r-1, n-r)$, 则拒绝原假设, 认为因素 A 的 r 个水平有显著差异. 也可以通过计算 P 值的方法来决定是接受还是拒绝原假设 H_0. P 值为 $p = P\{F(r-1, n-r) > F\}$, 它表示的是服从自由度为 $(r-1, n-r)$ 的 F 分布的随机变量取值大于 F 的概率. 显然, P 值小于 α 等价于 $F > F_\alpha(r-1, n-r)$, 表示在显著性水平 α 下的小概率事件发生了, 这意味着应该拒绝原假设 H_0. 当 P 值大于 α 时, 则无法拒绝原假设, 所以应接受原假设 H_0.

通常将计算结果列成表 8.9 的形式, 称为方差分析表.

表 8.9　单因素方差分析表

方差来源	自由度	平方和	均方	F 比	P 值
因素 A	$r-1$	S_A	$\mathrm{MS}_A = \dfrac{S_A}{r-1}$	$F = \dfrac{\mathrm{MS}_A}{\mathrm{MS}_E}$	p
误差	$n-r$	S_E	$\mathrm{MS}_E = \dfrac{S_E}{n-r}$		
总和	$n-1$	S_T			

3. 方差分析表的计算

R 软件中的 aov() 函数提供了方差分析表的计算. aov() 函数的使用方法为

```
aov(formula, data = NULL, projections = FALSE, qr = TRUE,
    contrasts = NULL, ...)
```

在函数中, 参数 formula 是方差分析的公式. data 是数据框. 其余参数的使用请参见帮助.

可用 summary() 列出方差分析表的详细信息.

例 8.12 (续例 8.11)　用 R 软件计算例 8.11.

解　用数据框的格式输入数据, 调用 aov() 函数计算方差分析, 用 summary() 提取方差分析的信息 (程序名: exam0812.R).

```
lamp<-data.frame(
    X=c(1600, 1610, 1650, 1680, 1700, 1700, 1780, 1500, 1640,
        1400, 1700, 1750, 1640, 1550, 1600, 1620, 1640, 1600,
        1740, 1800, 1510, 1520, 1530, 1570, 1640, 1600),
    A=factor(rep(1:4, c(7, 5, 8, 6)))
)
lamp.aov<-aov(X ~ A, data=lamp)
summary(lamp.aov)
```

在程序中, 数据输入采用数据框结构, 其中 X 为数据, A 为相应的因子, factor 为因子函数, 将变量转化为因子. aov 作方差分析, summary 给出方差分析表, 其计算结果如下:

```
            Df Sum Sq Mean Sq F value Pr(>F)
A            3 49212   16404   2.1659 0.1208
Residuals   22 166622   7574
```

上述数据与方差分析表 8.9 中的内容相对应, 其中 Df 表示自由度, Sum Sq 表示平方和, Mean Sq 表示均方, F value 表示 F 值, 即 F 比, Pr(>F) 表示 P 值, A 就是因素 A, Residuals 是残差, 即误差.

从 P 值 $(0.1208 > 0.05)$ 可以看出, 没有充分的理由说明 H_0 不正确, 也就是说, 接受 H_0. 说明 4 种材料生产出的元件的平均寿命无显著的差异.

由模型 (8.23) 或 (8.25) 可以看出, 方差分析模型也是线性模型的一种. 因此, 也能用线性模型中的 lm() 函数作方差分析. 对于例 8.12, 方差分析的命令也可以写成

```
lamp.lm<-lm(X ~ A, data=lamp)
anova(lamp.aov)
```

其计算结果是相同的. 在程序中, anova 是线性模型中方差分析函数.

通过 plot() 函数绘图来描述各因素的差异, 其命令如下 (见程序 exam0812.R):

```
attach(lamp)
plot(X~A, xlab="Factor A", ylab="Life-Span Data X",
    main="Box-and-Whisker Plot",
    col=c("yellow", "orange", "lightgreen", "lightblue"))
detach()
```

在程序中, 函数 attach() 的作用是 "链接" 数据框中的变量, 而函数 detach() 是取消链接. plot 绘出数据的箱线图, 其中 col 表示箱中的颜色. 所绘图形如图 8.9 所示.

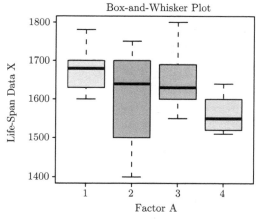

图 8.9　元件寿命试验的箱线图

从图 8.9 也可以看出, 4 种材料生产出的元件的平均寿命是无显著差异的.

例 8.13　小白鼠在接种了三种不同菌型的伤寒杆菌后的存活天数如表 8.10 所示. 判断小白鼠被注射三种菌型后的平均存活天数有无显著差异?

表 8.10　白鼠试验数据

菌型	存 活 天 数										
1	2	4	3	2	4	7	7	2	2	5	4
2	5	6	8	5	10	7	12	12	6	6	
3	7	11	6	6	7	9	5	5	10	6	3	10

解　设小白鼠被注射的伤寒杆菌为因素, 三种不同的菌型为三个水平, 接种后的存活天数视为来自三个正态分布总体 $N(\mu_i, \sigma^2)(i = 1, 2, 3)$ 的样本观测值. 问题归结为检验

$$H_0: \mu_1 = \mu_2 = \mu_3, \quad H_1: \mu_1, \mu_2, \mu_3 \text{ 不全相等}.$$

写出 R 软件的计算程序 (程序名: exam0813.R) 如下:

```
mouse<-data.frame(
    X=c( 2, 4, 3, 2, 4, 7, 7, 2, 2, 5, 4, 5, 6, 8, 5, 10, 7,
         12,12, 6, 6, 7,11, 6, 6, 7, 9, 5, 5,10, 6, 3, 10),
    A=factor(rep(1:3, c(11, 10, 12)))
)
mouse.lm<-lm(X ~ A, data=mouse)
anova(mouse.lm)
```

计算结果如下:

```
Analysis of Variance Table
Response: X
            Df  Sum Sq Mean Sq F value    Pr(>F)
A            2  94.256  47.128  8.4837  0.001202 **
Residuals   30 166.653   5.555
---
Signif. codes:  0 '***' 0.001 '**' 0.01 '*' 0.05 '.' 0.1 ' ' 1
```

在计算结果中, P 值远小于 0.01. 因此, 应拒绝原假设, 即认为小白鼠在接种三种不同菌型的伤寒杆菌后的存活天数有显著的差异.

4. 均值的多重比较

如果 F 检验的结论是拒绝 H_0, 则说明因素 A 的 r 个水平效应有显著的差异, 也就是说, r 个均值之间有显著差异. 但这并不意味着所有均值间都存在差异, 这时还需要对每一对 μ_i 和 μ_j 作一对一的比较, 即多重比较.

通常采用多重 t 检验方法进行多重比较. 这种方法本质上就是针对每组数据进行 t 检验, 只不过估计方差时利用的是全体数据, 因而自由度变大. 具体地说, 要比较第 i 组与第 j 组平均数, 即检验

$$H_0: \mu_i = \mu_j, \quad i \neq j, \ i,j = 1, 2, \cdots, r.$$

方法采用两个正态总体均值的 t 检验, 取检验统计量

$$t_{ij} = \frac{\bar{x}_{i.} - \bar{x}_{j.}}{\sqrt{\mathrm{MS_E}\left(\dfrac{1}{n_i} + \dfrac{1}{n_j}\right)}}, \quad i \neq j, \ i,j = 1, 2, \cdots, r. \tag{8.29}$$

当 H_0 成立时, $t_{ij} \sim t(n-r)$, 所以当

$$|t_{ij}| > t_{\frac{\alpha}{2}}(n-r) \tag{8.30}$$

时, 说明 μ_i 与 μ_j 差异显著. 定义相应的 P 值为

$$p_{ij} = P\{\, t(n-r) > |t_{ij}| \,\}, \tag{8.31}$$

即服从自由度为 $n-r$ 的 t 分布的随机变量大于 $|t_{ij}|$ 的概率. 若 P 值小于指定的 α 值, 则认为 μ_i 与 μ_j 有显著差异.

多重 t 检验方法的优点是使用方便, 但在均值的多重检验中, 如果因素的水平较多, 而检验又是同时进行的, 则多次重复使用 t 检验会增大犯第一类错误的概率, 所得到的 "有显著差异" 的结论不一定可靠.

为了克服多重 t 检验方法的缺点, 统计学家们提出了许多更有效的方法来调整 P 值. 由于这些方法涉及较深的统计知识, 这里只作简单的说明. 具体调整方法的名称和参数如表 8.11 所示. 调用函数 p.adjust.methods 可以得到这些参数.

表 8.11 P 值的调整方法

调整方法	R 软件中的参数
Bonferroni	"bonferroni"
Holm (1979)	"holm"
Hochberg (1988)	"hochberg"
Hommel (1988)	"hommel"
Benjamini 和 Hochberg (1995)	"BH"
Benjamini 和 Yekutieli (2001)	"BY"

在 R 软件中, 用函数 pairwise.t.test() 完成多重 t 检验, 其使用格式为

```
pairwise.t.test(x, g, p.adjust.method = p.adjust.methods,
                pool.sd = TRUE, ...)
```

在函数中, 参数 x 是响应向量. g 是因子向量. p.adjust.method 是 P 值的调整方法, 其参数值由表 8.11 所示, 默认值按 Holm 方法 ("holm") 作调整. 如果 p.adjust.method= "none" 表示 P 值是由式 (8.29) 和式 (8.31) 计算出的, 则不作任何调整.

例 8.14 (续例 8.13) 由于在例 8.13 中 F 检验的结论是拒绝 H_0, 应进一步检验

$$H_0 : \mu_i = \mu_j, \quad i,j = 1,2,3, \ i \neq j.$$

解 首先计算各个因子间的均值, 再用 pairwise.t.test() 作多重 t 检验 (程序名: exam0814.R).

首先求数据在各水平下的均值,

```
attach(mouse); tapply(X, A, mean)
```

计算结果为

```
        1        2        3
  3.818182 7.700000 7.083333
```

在程序中, `tapply()` 是应用函数, 其用法如下:

```
tapply(X, INDEX, FUN = NULL, ..., simplify = TRUE)
```

在函数中, 参数 X 是向量. INDEX 是与 X 相同长度的因子. FUN 是相应的应用函数.

再作多重 t 检验, 这里用调整方法用缺省值, 即 Holm 方法.

```
pairwise.t.test(X, A)
```

计算结果为

```
        Pairwise comparisons using t tests with pooled SD

data:  X and A

   1      2
2 0.0021 -
3 0.0048 0.5458

P value adjustment method: holm
```

如果不打算调整 P 值, 则其命令为

```
pairwise.t.test(X, A, p.adjust.method = "none")
```

还可以选择其他的 P 值调整方法. 通过计算会发现, 无论何种调整 P 值的方法, 调整后 P 值会增大. 因此, 在一定程度上会克服多重 t 检验方法的缺点.

从上述计算结果可见, μ_1 与 μ_2, μ_1 与 μ_3 均有显著差异, 而 μ_2 与 μ_3 没有显著差异, 即在小白鼠所接种的三种不同菌型的伤寒杆菌中, 第一种与后两种使得小白鼠的平均存活天数有显著差异, 而后两种差异不显著.

还可以用 `plot()` 函数绘出相应的箱线图 (图 8.10).

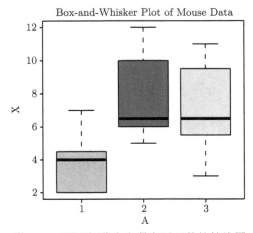

图 8.10　不同杆菌小白鼠存活天数的箱线图

8.2.2 单因素方差分析的进一步讨论

1. 模型的正态性和齐性检验

传统的单因素方差分析模型

$$\begin{cases} x_{ij} = \mu_i + \varepsilon_{ij}, & i = 1, 2, \cdots, r, \ j = 1, 2, \cdots, n_i, \\ \varepsilon_{ij} \sim N(0, \sigma_i^2) \ 且相互独立, \end{cases} \tag{8.32}$$

需要假设模型的误差项 ε_{ij} 服从正态分布, 并且满足

$$\sigma_1^2 = \sigma_2^2 = \cdots = \sigma_r^2 = \sigma^2. \tag{8.33}$$

当式 (8.33) 成立时称为齐方差.

在 7.4 节中, 介绍了各种分布的检验, 也包括正态性检验, 如可用 Shapiro-Wilk 正态性检验来检验模型 (8.32) 的残差是否服从正态分布.

通常用 Bartlett 检验作方差的齐性检验, 其原假设为

$$H_0: \ \sigma_1^2 = \sigma_2^2 = \cdots = \sigma_r^2.$$

在 R 软件中, 函数 bartlett.test() 提供 Bartlett 方差齐性检验, 其使用格式为

bartlett.test(x, g, ...)

bartlett.test(formula, data, subset, na.action, ...)

在函数中, 参数 x 是由数据构成的向量或列表. g 是由因子构成的向量, 当 x 是列表时, 此项无效. formula 是方差分析的公式. data 是数据框. 其余参数的使用请参见帮助.

例 8.15 对例 8.11 的数据作 Shapiro-Wilk 正态性检验和 Bartlett 方差齐性检验.

解 编写 R 程序. 先作 Shapiro-Wilk 正态性检验.

```
> tapply(X, A, shapiro.test)
$‘1‘

        Shapiro-Wilk normality test
data:  X[[1]]
W = 0.9423, p-value = 0.6599
$‘2‘

        Shapiro-Wilk normality test
data:  X[[2]]
W = 0.9384, p-value = 0.6548
$‘3‘
```

```
        Shapiro-Wilk normality test
data:  X[[3]]
W = 0.8886, p-value = 0.2271
$'4'
        Shapiro-Wilk normality test
data:  X[[4]]
W = 0.9177, p-value = 0.4888
```

从计算结果来看, 例 8.11 的数据是满足正态分布的. 再作 Bartlett 方差齐性检验.

```
> bartlett.test(X, A)
        Bartlett test of homogeneity of variances
data:  X and A
Bartlett's K-squared = 5.8056, df = 3, p-value = 0.1215
```

P 值 > 0.05, 方差齐性也是满足的. 上述结论说明, 前面作为单因素方差分析的结果是合理的.

2. 非齐性方差数据的方差分析

当数据只满足正态性, 但不满足齐性要求时, 可用函数 oneway.test() 作方差分析. oneway.test() 函数的使用格式为

```
    oneway.test(formula, data, subset, na.action,
                var.equal = FALSE)
```

在函数中, 参数 formula 是方差分析的公式. data 是数据框. subset 是子集. var.equal 是逻辑变量, 如果数据具有齐方差, 则选择 TRUE; 否则, 选择 FALSE 或省缺 (因为 FALSE 是默认值).

例如, 用函数 oneway.test() 对例 8.13 的数据作单因素方差分析,

```
> oneway.test(X ~ A, data=mouse)
        One-way analysis of means (not assuming equal variances)
data:  X and A
F = 9.7869, num df = 2.000, denom df = 19.104, p-value = 0.001185
```

也可在认为方差相等情况下作检验,

```
> oneway.test(X ~ A, data=mouse, var.equal=T)
        One-way analysis of means
data:  X and A
F = 8.4837, num df = 2, denom df = 30, p-value = 0.001202
```

注意到在齐方差的假设下, 其计算结果与例 8.13 的计算结果相同.

3. Kruskal-Wallis 秩和检验

如果需要分析的数据既不满足正态性要求, 又不满足方差齐性要求, 就不能用前面介绍的方法作方差分析, 这就需要用到 Kruskal-Wallis 秩和检验.

在 R 软件中, 函数 kruskal.test() 提供了 Kruskal-Wallis 秩和检验, 其使用格式为

```
kruskal.test(x, g, ...)
kruskal.test(formula, data, subset, na.action, ...)
```

在函数中, 参数 x 是由数据构成的向量或列表. g 是由因子构成的向量, 当 x 是列表时, 此项无效. formula 是方差分析的公式. data 是数据框. 其余参数的使用请参见帮助.

例 8.16 为了比较属同一类的 4 种不同食谱的营养效果, 将 25 只老鼠随机地分为 4 组, 每组分别是 8 只、4 只、7 只和 6 只, 各采用食谱甲、乙、丙、丁喂养. 假设其他条件均保持相同, 12 周后测得体重增加量如表 8.12 所示. 对于 $\alpha = 0.05$, 检验各食谱的营养效果是否有显著差异.

表 8.12   12 周后 25 只老鼠的体重增加量　　　　　　　　　　　(单位: g)

食谱	体 重 增 加 值							
甲	164	190	203	205	206	214	228	257
乙	185	197	201	231				
丙	187	212	215	220	248	265	281	
丁	202	204	207	227	230	276		

解　根据题意, 原假设和备择假设分别为

$$H_0:\quad 各食谱的营养效果无显著差异,$$
$$H_1:\quad 各食谱的营养效果有显著差异.$$

输入数据, 调用 kruskal.test() 函数作检验 (程序名: exam0816.R).

```
> food<-data.frame(
     x=c(164, 190, 203, 205, 206, 214, 228, 257,
         185, 197, 201, 231,
         187, 212, 215, 220, 248, 265, 281,
         202, 204, 207, 227, 230, 276),
     g=factor(rep(1:4, c(8,4,7,6)))  )
> kruskal.test(x~g, data=food)
        Kruskal-Wallis rank sum test
data:  x by g
Kruskal-Wallis chi-squared = 4.213, df = 3, p-value = 0.2394
```

P 值 $= 0.2394 > 0.05$, 无法拒绝原假设, 即认为各食谱的营养效果无显著差异.

对这组数据作正态性检验和方差齐性检验 (留给读者完成) 均可通过, 所以用 8.2.1 小节介绍的方法作方差分析效果会更好.

8.2.3 双因素方差分析

在大量的实际问题中, 需要考虑影响试验数据的因素多于一个的情形. 例如, 在化学试验中, 几种原料的用量、反应时间、温度的控制等都可能影响试验结果, 这就构成了多因素试验问题. 本节讨论双因素试验的方差分析.

例 8.17 在一个农业试验中, 考虑 4 种不同的种子品种 A_1, A_2, A_3 和 A_4, 三种不同的施肥方法 B_1, B_2 和 B_3, 得到产量数据如表 8.13 所示 (单位: kg). 试分析种子与施肥对产量有无显著影响?

表 8.13 农业试验数据

品种	B_1	B_2	B_3
A_1	325	292	316
A_2	317	310	318
A_3	310	320	318
A_4	330	370	365

这是一个双因素试验, 因素 A (种子) 有 4 个水平, 因素 B (施肥) 有三个水平. 通过下面的双因素方差分析法来回答以上问题.

设有 A, B 两个因素, 因素 A 有 r 个水平 $A_1, A_2, \cdots, A_r$, 因素 B 有 s 个水平 $B_1, B_2, \cdots, B_s$.

1. 不考虑交互作用

在因素 A, B 的每一种水平组合 (A_i, B_j) 下进行一次独立试验得到观测值 x_{ij} $(i = 1, 2, \cdots, r, \ j = 1, 2, \cdots, s)$. 将观测数据列表, 如表 8.14 所示.

表 8.14 无重复试验的双因素方差分析数据

	B_1	B_2	$\cdots$	B_s
A_1	x_{11}	x_{12}	$\cdots$	x_{1s}
A_2	x_{21}	x_{22}	$\cdots$	x_{2s}
$\vdots$	$\vdots$	$\vdots$		$\vdots$
A_r	x_{r1}	x_{r2}	$\cdots$	x_{rs}

假定 $x_{ij} \sim N(\mu_{ij}, \sigma^2)$ $(i = 1, 2, \cdots, r, j = 1, 2, \cdots, s)$ 且各 x_{ij} 相互独立. 不考虑两因素间的交互作用, 因此, 数据可以分解为

$$\begin{cases} x_{ij} = \mu + \alpha_i + \beta_j + \varepsilon_{ij}, \quad i = 1, 2, \cdots, r, \ j = 1, 2, \cdots, s, \\ \varepsilon_{ij} \sim N(0, \sigma^2) \ \text{且各} \ \varepsilon_{ij} \ \text{相互独立}, \\ \displaystyle\sum_{i=1}^{r} \alpha_i = 0, \ \sum_{j=1}^{s} \beta_j = 0, \end{cases} \tag{8.34}$$

其中 $\mu = \dfrac{1}{rs} \displaystyle\sum_{i=1}^{r} \sum_{j=1}^{s} \mu_{ij}$ 为总平均, α_i 为因素 A 第 i 个水平的效应, β_j 为因素 B 第 j 个水平的效应.

在线性模型 (8.34) 下, 方差分析的主要任务是, 系统分析因素 A 和因素 B 对试验指标影响的大小. 因此, 在给定显著性水平 α 下, 提出如下统计假设:

对于因素 A, "因素 A 对试验指标影响不显著" 等价于

$$H_{01}: \quad \alpha_1 = \alpha_2 = \cdots = \alpha_r = 0.$$

对于因素 B, "因素 B 对试验指标影响不显著" 等价于

$$H_{02}: \quad \beta_1 = \beta_2 = \cdots = \beta_s = 0.$$

双因素方差分析与单因素方差分析的统计原理基本相同, 也是基于平方和分解公式

$$S_{\mathrm{T}} = S_{\mathrm{E}} + S_A + S_B,$$

其中

$$S_{\mathrm{T}} = \sum_{i=1}^{r} \sum_{j=1}^{s} (x_{ij} - \bar{x})^2, \quad \bar{x} = \frac{1}{rs} \sum_{i=1}^{r} \sum_{j=1}^{s} x_{ij},$$

$$S_A = s \sum_{i=1}^{r} (\bar{x}_{i\cdot} - \bar{x})^2, \quad \bar{x}_{i\cdot} = \frac{1}{s} \sum_{j=1}^{s} x_{ij}, \quad i = 1, 2, \cdots, r,$$

$$S_B = r \sum_{j=1}^{s} (\bar{x}_{\cdot j} - \bar{x})^2, \quad \bar{x}_{\cdot j} = \frac{1}{r} \sum_{i=1}^{r} x_{ij}, \quad j = 1, 2, \cdots, s,$$

$$S_{\mathrm{E}} = \sum_{i=1}^{r} \sum_{j=1}^{s} (x_{ij} - \bar{x}_{i\cdot} - \bar{x}_{\cdot j} + \bar{x})^2,$$

S_{T} 为总离差平方和, S_{E} 为误差平方和, S_A 为由因素 A 的不同水平所引起的离差平方和 (称为因素 A 的平方和). 类似地, S_B 称为因素 B 的平方和. 可以证明当 H_{01} 成立时, $\dfrac{S_A}{\sigma^2} \sim \chi^2(r-1)$ 且与 S_{E} 相互独立, 而

$$\frac{S_{\mathrm{E}}}{\sigma^2} \sim \chi^2((r-1)(s-1)).$$

于是当 H_{01} 成立时,

$$F_A = \frac{S_A/(r-1)}{S_{\mathrm{E}}/[(r-1)(s-1)]} \sim F\left(r-1,(r-1)(s-1)\right).$$

类似地, 当 H_{02} 成立时,

$$F_B = \frac{S_B/(s-1)}{S_{\mathrm{E}}/[(r-1)(s-1)]} \sim F\left(s-1,(r-1)(s-1)\right).$$

分别以 F_A 和 F_B 作为 H_{01} 和 H_{02} 的检验统计量, 将计算结果列成方差分析表, 如表 8.15 所示.

表 8.15　双因素方差分析表

方差来源	自由度	平方和	均方	F 比	P 值
因素 A	$r-1$	S_A	$\mathrm{MS}_A = \dfrac{S_A}{r-1}$	$F_A = \dfrac{\mathrm{MS}_A}{\mathrm{MS}_{\mathrm{E}}}$	P_A
因素 B	$s-1$	S_B	$\mathrm{MS}_B = \dfrac{S_B}{s-1}$	$F_B = \dfrac{\mathrm{MS}_B}{\mathrm{MS}_{\mathrm{E}}}$	P_B
误差	$(r-1)(s-1)$	S_{E}	$\mathrm{MS}_{\mathrm{E}} = \dfrac{S_{\mathrm{E}}}{(r-1)(s-1)}$		
总和	$rs-1$	S_{T}			

仍然用 aov() 函数计算双因素方差分析表 8.15 中的各种统计量.

例 8.18 (续例 8.17)　对例 8.17 的数据作双因素方差分析, 试确定种子与施肥对产量有无显著影响.

解　输入数据, 用 aov() 函数求解, 用 summary() 函数列出方差分析信息. 编写 R 程序 (程序名: exam0818.R) 如下:

```
agriculture<-data.frame(
    Y=c(325, 292, 316, 317, 310, 318,
        310, 320, 318, 330, 370, 365),
    A=gl(4,3),
    B=gl(3,1,12)
)
agriculture.aov <- aov(Y ~ A+B, data=agriculture)
summary(agriculture.aov)
```

计算得到

```
          Df Sum Sq Mean Sq F value  Pr(>F)
A          3 3824.2  1274.7  5.2262 0.04126 *
B          2  162.5    81.2  0.3331 0.72915
Residuals  6 1463.5   243.9
---
```

Signif. codes: 0 '***' 0.001 '**' 0.01 '*' 0.05 '.' 0.1 ' ' 1

根据 P 值说明不同品种 (因素 A) 对产量有显著影响, 而没有充分理由说明施肥方法 (因素 B) 对产量有显著的影响.

事实上, 在应用模型 (8.34) 时, 遵循一种假定, 即因素 A 和因素 B 对指标的效应是可以叠加的, 而且认为因素 A 的各水平效应的比较与因素 B 在什么水平无关. 这里并没有考虑因素 A 和因素 B 的各种水平组合 (A_i, B_j) 的不同给产量带来的影响, 而这种影响在许多实际工作中是应该给予足够重视的, 这种影响被称为交互效应. 这就导出下面所要讨论的问题.

2. 考虑交互作用

设有两个因素 A 和 B, 因素 A 有 r 个水平 $A_1, A_2, \cdots, A_r$, 因素 B 有 s 个水平 $B_1, B_2, \cdots, B_s$, 每种水平组合 (A_i, B_j) 下重复试验 t 次. 记第 k 次的观测值为 x_{ijk}, 将观测数据列表, 如表 8.16 所示.

表 8.16 双因素重复试验数据

	B_1				B_2			$\cdots$		B_s		
A_1	x_{111}	x_{112}	$\cdots$	x_{11t}	x_{121}	x_{122}	$\cdots$	x_{12t}	$\cdots$	x_{1s1}	x_{1s2}	$\cdots$ x_{1st}
A_2	x_{211}	x_{212}	$\cdots$	x_{21t}	x_{221}	x_{222}	$\cdots$	x_{22t}	$\cdots$	x_{2s1}	x_{2s2}	$\cdots$ x_{2st}
$\vdots$	$\vdots$	$\vdots$		$\vdots$	$\vdots$	$\vdots$		$\vdots$		$\vdots$	$\vdots$	$\vdots$
A_r	x_{r11}	x_{r12}	$\cdots$	x_{r1t}	x_{r21}	x_{r22}	$\cdots$	x_{r2t}	$\cdots$	x_{rs1}	x_{rs2}	$\cdots$ x_{rst}

假定

$$x_{ijk} \sim N(\mu_{ij}, \sigma^2), \quad i = 1, 2, \cdots, r, \ j = 1, 2, \cdots, s, \ k = 1, 2, \cdots, t,$$

各 x_{ijk} 相互独立, 所以数据可以分解为

$$\begin{cases} x_{ijk} = \mu + \alpha_i + \beta_j + \delta_{ij} + \varepsilon_{ijk}, \\ \varepsilon_{ijk} \sim N(0, \sigma^2) \text{ 且各 } \varepsilon_{ijk} \text{ 相互独立}, \\ i = 1, 2, \cdots, r, \quad j = 1, 2, \cdots, s, \quad k = 1, 2, \cdots, t, \end{cases} \quad (8.35)$$

其中 α_i 为因素 A 第 i 个水平的效应, β_j 为因素 B 第 j 个水平的效应, δ_{ij} 表示 A_i 和 B_j 的交互效应. 因此有

$$\mu = \frac{1}{rs} \sum_{i=1}^{r} \sum_{j=1}^{s} \mu_{ij}, \quad \sum_{i=1}^{r} \alpha_i = 0, \quad \sum_{j=1}^{s} \beta_j = 0, \quad \sum_{i=1}^{r} \delta_{ij} = \sum_{j=1}^{s} \delta_{ij} = 0.$$

此时, 判断因素 A, B 及交互效应的影响是否显著等价于检验下列假设:

$$H_{01} : \alpha_1 = \alpha_2 = \cdots = \alpha_r = 0,$$

$$H_{02} : \beta_1 = \beta_2 = \cdots = \beta_r = 0,$$

$$H_{03}: \delta_{ij} = 0, \quad i = 1, 2, \cdots, r, \quad j = 1, 2, \cdots, s.$$

在这种情况下, 方差分析法与前两节的方法类似, 有下列计算公式:

$$S_{\mathrm{T}} = S_{\mathrm{E}} + S_A + S_B + S_{A \times B},$$

其中

$$S_{\mathrm{T}} = \sum_{i=1}^{r} \sum_{j=1}^{s} \sum_{k=1}^{t} (x_{ijk} - \bar{x})^2, \quad \bar{x} = \frac{1}{rst} \sum_{i=1}^{r} \sum_{j=1}^{s} \sum_{k=1}^{t} x_{ijk},$$

$$S_{\mathrm{E}} = \sum_{i=1}^{r} \sum_{j=1}^{s} \sum_{k=1}^{t} (x_{ijk} - \bar{x}_{ij\cdot})^2,$$

$$\bar{x}_{ij\cdot} = \frac{1}{t} \sum_{k=1}^{t} x_{ijk}, \quad i = 1, 2, \cdots, r, \quad j = 1, 2, \cdots, s,$$

$$S_A = st \sum_{i=1}^{r} (\bar{x}_{i\cdot\cdot} - \bar{x})^2, \quad \bar{x}_{i\cdot\cdot} = \frac{1}{st} \sum_{j=1}^{s} \sum_{k=1}^{t} x_{ijk}, \quad i = 1, 2, \cdots, r,$$

$$S_B = rt \sum_{j=1}^{s} (\bar{x}_{\cdot j\cdot} - \bar{x})^2, \quad \bar{x}_{\cdot j\cdot} = \frac{1}{rt} \sum_{i=1}^{r} \sum_{k=1}^{t} x_{ijk}, \quad j = 1, 2, \cdots, s,$$

$$S_{A \times B} = t \sum_{i=1}^{r} \sum_{j=1}^{s} (\bar{x}_{ij\cdot} - \bar{x}_{i\cdot\cdot} - \bar{x}_{\cdot j\cdot} + \bar{x})^2,$$

S_{T} 为总离差平方和, S_{E} 为误差平方和, S_A 为因素 A 的平方和, S_B 为因素 B 的平方和, $S_{A \times B}$ 为交互效应平方和. 可以证明当 H_{01} 成立时,

$$F_A = \frac{S_A/(r-1)}{S_{\mathrm{E}}/[rs(t-1)]} \sim F(r-1, rs(t-1)).$$

当 H_{02} 成立时,

$$F_B = \frac{S_B/(s-1)}{S_{\mathrm{E}}/[rs(t-1)]} \sim F(s-1, rs(t-1)).$$

当 H_{03} 成立时,

$$F_{A \times B} = \frac{S_{A \times B}/[(r-1)(s-1)]}{S_{\mathrm{E}}/[rs(t-1)]} \sim F((r-1)(s-1), rs(t-1)).$$

分别以 F_A, F_B, $F_{A \times B}$ 作为 H_{01}, H_{02}, H_{03} 的检验统计量, 将检验结果列成方差分析表, 如表 8.17 所示.

　　例 8.19　研究树种与地理位置对松树生长的影响, 对 4 个地区三种同龄松树的直径进行测量得到数据 (单位: cm) 如表 8.18 所示. A_1, A_2, A_3 表示三个不同树种, B_1, B_2, B_3, B_4 表示 4 个不同地区. 对每一种水平组合, 进行了 5 次测量, 对此试验结果进行方差分析.

表 8.17   有交互效应的双因素方差分析表

方差来源	自由度	平方和	均方	F 比	P 值
因素 A	$r-1$	S_A	$\mathrm{MS}_A = \dfrac{S_A}{r-1}$	$F_A = \dfrac{\mathrm{MS}_A}{\mathrm{MS}_\mathrm{E}}$	P_A
因素 B	$s-1$	S_B	$\mathrm{MS}_B = \dfrac{S_B}{s-1}$	$F_B = \dfrac{\mathrm{MS}_B}{\mathrm{MS}_\mathrm{E}}$	P_B
交互效应 $A \times B$	$(r-1)(s-1)$	$S_{A \times B}$	$\mathrm{MS}_{A \times B} = \dfrac{S_{A \times B}}{(r-1)(s-1)}$	$F_{A \times B} = \dfrac{\mathrm{MS}_{A \times B}}{\mathrm{MS}_\mathrm{E}}$	$P_{A \times B}$
误差	$rs(t-1)$	S_E	$\mathrm{MS}_\mathrm{E} = \dfrac{S_\mathrm{E}}{rs(t-1)}$		
总和	$rst-1$	S_T			

表 8.18   三种同龄松树的直径测量数据

	B_1			B_2			B_3			B_4		
A_1	23	25	21	20	17	11	16	19	13	20	21	18
	14	15		26	21		16	24		27	24	
A_2	28	30	19	26	24	21	19	18	19	26	26	28
	17	22		25	26		20	25		29	23	
A_3	18	15	23	21	25	12	19	23	22	22	13	12
	18	10		12	22		14	13		22	19	

解   输入数据, 用 aov() 函数求解, 用 summary() 函数列出方差分析信息. 编写 R 程序 (程序名: exam0819.R) 如下:

```
tree<-data.frame(
    Y=c(23, 25, 21, 14, 15, 20, 17, 11, 26, 21,
        16, 19, 13, 16, 24, 20, 21, 18, 27, 24,
        28, 30, 19, 17, 22, 26, 24, 21, 25, 26,
        19, 18, 19, 20, 25, 26, 26, 28, 29, 23,
        18, 15, 23, 18, 10, 21, 25, 12, 12, 22,
        19, 23, 22, 14, 13, 22, 13, 12, 22, 19),
    A=gl(3,20,60, labels= paste("A", 1:3, sep="")),
    B=gl(4,5,60, labels= paste("B", 1:4, sep=""))
)
tree.aov <- aov(Y ~ A+B+A:B, data=tree)
summary(tree.aov)
```

计算得到

```
        Df Sum Sq Mean Sq F value   Pr(>F)
A        2 352.53  176.27  8.9589 0.000494 ***
B        3  87.52   29.17  1.4827 0.231077
```

```
    A:B               6   71.73    11.96   0.6077  0.722890
    Residuals        48  944.40    19.67
    ---
    Signif. codes:  0 '***' 0.001 '**' 0.01 '*' 0.05 '.' 0.1 ' ' 1
```
可见, 在显著性水平 $\alpha = 0.05$ 下, 树种 (因素 A) 效应是高度显著的, 而位置 (因素 B) 效应及交互效应并不显著.

得到结果后如何使用它, 一种简单的方法是计算各因素的均值. 由于树种 (因素 A) 效应是高度显著的, 也就是说, 选什么树种对树的生长很重要. 因此, 要选那些生长粗壮的树种. 计算因素 A 的均值,

```
    > attach(tree); tapply(Y, A, mean)
```
得到

```
        A1    A2    A3
    19.55 23.55 17.75
```
所以选择第 2 种树对生长有利. 下面计算因素 B (位置) 的均值,

```
    > tapply(Y, B, mean)
```
得到

```
            B1        B2        B3        B4
    19.86667 20.60000 18.66667 22.00000
```
是否选择位置 4 最有利呢? 不必了. 因为计算结果表明, 关于位置效应并不显著, 也就是说, 所受到的影响是随机的. 因此, 选择成本较低的位置种树就可以了.

本题关于交互效应也不显著, 因此, 没有必要计算交互效应的均值. 如果需要计算其均值, 可用命令

```
    matrix(tapply(Y, A:B, mean), nr=3, nc=4, byrow=T,
            dimnames=list(levels(A), levels(B)))
```
得到

```
        B1    B2    B3    B4
    A1 19.6  19.0  17.6  22.0
    A2 23.2  24.4  20.2  26.4
    A3 16.8  18.4  18.2  17.6
```
如果问题交互效应是显著的, 则可根据上述结果选择最优的方案.

3. 交互效应图

在 R 软件中, 函数 interaction.plot() 可以画出交互效应图, 其命令格式为

```
interaction.plot(x.factor, trace.factor,
    response, fun = mean,
```

```
type = c("l", "p", "b"), legend = TRUE,
trace.label = deparse(substitute(trace.factor)),
fixed = FALSE,
xlab = deparse(substitute(x.factor)),
ylab = ylabel,
ylim = range(cells, na.rm=TRUE),
lty = nc:1, col = 1, pch = c(1:9, 0, letters),
xpd = NULL, leg.bg = par("bg"), leg.bty = "n",
xtick = FALSE, xaxt = par("xaxt"), axes = TRUE,
...)
```

在函数中, 参数 x.factor 是画在 x 轴上的因子. trace.factor 是另一个因子, 它构成水平的迹. response 是影响变量. fun 是计算函数, 默认值为计算均值. 其余参数与函数 plot() 参数相同, 或参见帮助文件.

绘出例 8.19 的交互效应图, 命令为

interaction.plot(A, B, Y, lwd=2, col=2:5)

其图形如图 8.11 所示. 如果图中曲线接近平行, 则说明交互效应不显著; 如果曲线相互交叉, 则说明两因素的交互效应明显. 从图 8.11 的结果可以得到, 因素 A 和因素 B 的交互效应不显著, 这与方差分析的结果是相同的.

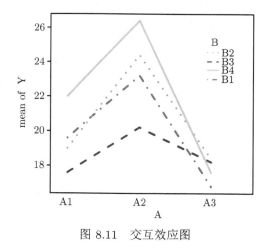

图 8.11　交互效应图

8.3　判别分析

判别分析是用以判别个体所属群体的一种统计方法, 它产生于 20 世纪 30 年代. 近年来, 在许多现代自然科学的各个分支和技术部门中得到广泛的应用.

例如, 利用计算机对一个人是否有心脏病进行诊断时, 可以取一批没有心脏病的人, 测其 p 个指标的数据, 然后再取一批已知患有心脏病的人, 同样也测得 p 个相同指标的数据, 利用这些数据建立一个判别函数, 并求出相应的临界值. 这时, 对于需要进行诊断的人, 也同样测其 p 个指标的数据, 将其代入判别函数, 求得判别得分, 再依据判别临界值, 就可以判断此人是属于有心脏病的那一群体, 还是属于没有心脏病的那一群体. 又如, 在考古学中, 对化石及文物年代的判断; 在地质学中, 判断有矿还是无矿; 在质量管理中, 判断某种产品是合格品, 还是不合格品; 在植物学中, 对于新发现的一种植物, 判断其属于哪一科. 总之, 判别分析方法在很多学科中都有着广泛的应用.

判别分析方法有多种, 这里主要介绍的是最常用的判别分析方法, 而重点是两类群体的判别分析方法.

8.3.1　距离判别

所谓判别问题, 就是将 p 维 Euclid 空间 $\mathbf{R}^p$ 划分成 k 个互不相交的区域 $R_1, R_2, \cdots, R_k$, 即 $R_i \cap R_j = \varnothing$ $(i \neq j, i, j = 1, 2, \cdots, k)$, $\bigcup\limits_{j=1}^{k} R_j = \mathbf{R}^p$. 当 $x \in R_i$ $(i = 1, 2, \cdots, k)$ 时, 就判定 x 属于总体 $X_i (i = 1, 2, \cdots, k)$. 特别地, 当 $k = 2$ 时, 就是两个总体的判别问题.

距离判别是最简单、直观的一种判别方法, 该方法适用于连续型随机变量的判别类, 对变量的概率分布没有限制.

1. Mahalanobis 距离的概念

在通常情况下, 所说的距离一般是指 Euclid 距离 (欧几里得距离, 简称为欧氏距离), 即若 x 和 y 是 $\mathbf{R}^p$ 中的两个点, 则 x 与 y 的距离为

$$d(x, y) = \|x - y\|_2 = \sqrt{(x - y)^{\mathrm{T}}(x - y)}.$$

但在统计分析与计算中, Euclid 距离就不适用了. 看下面的例子 (图 8.12).

为简单起见, 考虑 $p = 1$ 的情况. 设 $X \sim N(0, 1)$, $Y \sim N(4, 2^2)$, 绘出相应的概率密度曲线, 如图 8.12 所示. 考虑图中的 A 点, A 点距 X 的均值 $\mu_1 = 0$ 较近, 距 Y 的均值 $\mu_2 = 4$ 较远. 但从概率的角度来分析问题, 情况并非如此. 经计算, A 点的 x 值为 1.66, 也就是说, A 点距 $\mu_1 = 0$ 为 $1.66\sigma_1$, 而 A 点距 $\mu_2 = 4$ 却只有 $1.17\sigma_2$. 因此, 从概率分布的角度来讲, 应该认为 A 点距 μ_2 更近一点, 所以在定义距离时, 要考虑随机变量方差的信息.

定义 8.1　设 x 和 y 是从均值为 μ, 协方差阵为 $\Sigma (> 0)$ 的总体 X 中抽取的两个样本, 则总体 X 内两点 x 与 y 的 Mahalanobis 距离 (马哈拉诺比斯距离, 简称为马氏距离) 定义为

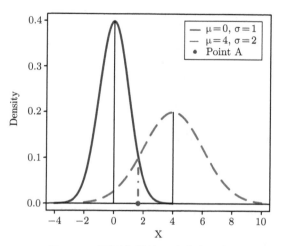

图 8.12　不同方差的正态分布函数

$$d(x,y) = \sqrt{(x-y)^{\mathrm{T}} \Sigma^{-1}(x-y)}. \tag{8.36}$$

定义样本 x 与总体 X 的 Mahalanobis 距离为

$$d(x,X) = \sqrt{(x-\mu)^{\mathrm{T}} \Sigma^{-1}(x-\mu)}. \tag{8.37}$$

2. 判别准则与判别函数

在这里, 讨论两个总体的距离判别, 分别讨论两总体协方差阵相同和协方差阵不同的情况.

设总体 X_1 和 X_2 的均值向量分别为 μ_1 和 μ_2, 协方差阵分别为 Σ_1 和 Σ_2. 给一个样本 x, 要判断 x 来自哪一个总体.

首先考虑两个总体 X_1 和 X_2 的协方差阵相同的情况, 即

$$\mu_1 \neq \mu_2, \quad \Sigma_1 = \Sigma_2 = \Sigma.$$

要判断 x 属于哪一个总体, 需要计算 x 到总体 X_1 和 X_2 的 Mahalanobis 距离的平方 $d^2(x,X_1)$ 和 $d^2(x,X_2)$, 然后进行比较. 若 $d^2(x,X_1) \leqslant d^2(x,X_2)$, 则判定 x 属于 X_1; 否则, 判定 x 来自 X_2. 由此得到如下判别准则:

$$R_1 = \{x \mid d^2(x,X_1) \leqslant d^2(x,X_2)\}, \quad R_2 = \{x \mid d^2(x,X_1) > d^2(x,X_2)\}. \tag{8.38}$$

现在引进判别函数的表达式, 考虑 $d^2(x,X_1)$ 与 $d^2(x,X_2)$ 之间的关系, 则有

$$d^2(x,X_2) - d^2(x,X_1) = (x-\mu_2)^{\mathrm{T}} \Sigma^{-1}(x-\mu_2) - (x-\mu_1)^{\mathrm{T}} \Sigma^{-1}(x-\mu_1)$$
$$= (x^{\mathrm{T}} \Sigma^{-1} x - 2x^{\mathrm{T}} \Sigma^{-1} \mu_2 + \mu_2^{\mathrm{T}} \Sigma^{-1} \mu_2)$$

$$- \left(x^{\mathrm{T}} \Sigma^{-1} x - 2 x^{\mathrm{T}} \Sigma^{-1} \mu_1 + \mu_1^{\mathrm{T}} \Sigma^{-1} \mu_1 \right)$$

$$= 2 x^{\mathrm{T}} \Sigma^{-1} (\mu_1 - \mu_2) + (\mu_1 + \mu_2)^{\mathrm{T}} \Sigma^{-1} (\mu_2 - \mu_1)$$

$$= 2 \left(x - \frac{\mu_1 + \mu_2}{2} \right)^{\mathrm{T}} \Sigma^{-1} (\mu_1 - \mu_2)$$

$$= 2 (x - \overline{\mu})^{\mathrm{T}} \Sigma^{-1} (\mu_1 - \mu_2), \tag{8.39}$$

其中 $\overline{\mu} = \dfrac{\mu_1 + \mu_2}{2}$ 为两个总体均值的平均.

令

$$w(x) = (x - \overline{\mu})^{\mathrm{T}} \Sigma^{-1} (\mu_1 - \mu_2), \tag{8.40}$$

称 $w(x)$ 为两个总体的距离判别函数. 因此, 判别准则 (8.38) 变为

$$R_1 = \{ x \mid w(x) \geqslant 0 \}, \quad R_2 = \{ x \mid w(x) < 0 \}. \tag{8.41}$$

在实际计算中, 总体的均值 μ_1, μ_2 和协方差阵 Σ 未知, 因此, 需要用样本均值和样本协方差阵来代替. 设 $x_1^{(1)}, x_2^{(1)}, \cdots, x_{n_1}^{(1)}$ 是来自总体 X_1 的 n_1 个样本, $x_1^{(2)}, x_2^{(2)}, \cdots, x_{n_2}^{(2)}$ 是来自总体 X_2 的 n_2 个样本, 则样本的均值与协方差阵分别为

$$\hat{\mu}_i = \overline{x^{(i)}} = \frac{1}{n_i} \sum_{j=1}^{n_i} x_j^{(i)}, \quad i = 1, 2, \tag{8.42}$$

$$\hat{\Sigma} = \frac{1}{n_1 + n_2 - 2} \sum_{i=1}^{2} \sum_{j=1}^{n_i} \left(x_j^{(i)} - \overline{x^{(i)}} \right) \left(x_j^{(i)} - \overline{x^{(i)}} \right)^{\mathrm{T}}$$

$$= \frac{1}{n_1 + n_2 - 2} (S_1 + S_2), \tag{8.43}$$

其中

$$S_i = \sum_{j=1}^{n_i} \left(x_j^{(i)} - \overline{x^{(i)}} \right) \left(x_j^{(i)} - \overline{x^{(i)}} \right)^{\mathrm{T}}, \quad i = 1, 2. \tag{8.44}$$

对于待测样本 x, 其判别函数定义为

$$\hat{w}(x) = (x - \overline{x})^{\mathrm{T}} \hat{\Sigma}^{-1} \left(\overline{x^{(1)}} - \overline{x^{(2)}} \right), \tag{8.45}$$

其中 $\overline{x} = \dfrac{\overline{x^{(1)}} + \overline{x^{(2)}}}{2}$. 其判别准则为

$$R_1 = \{ x \mid \hat{w}(x) \geqslant 0 \}, \quad R_2 = \{ x \mid \hat{w}(x) < 0 \}. \tag{8.46}$$

注意到判别函数 (8.45) 是线性函数, 因此, 在两个总体的协方差阵相同的情况下, 距离判别属于线性判别, 称 $a = \hat{\Sigma}^{-1} \left(\overline{x^{(1)}} - \overline{x^{(2)}} \right)$ 为判别系数. 从几何角度上来讲, $\hat{w}(x) = 0$ 表示的是一张超平面, 将整个空间分成 R_1 和 R_2 两个半空间.

再考虑两个总体 X_1 和 X_2 的协方差阵不同的情况, 即

$$\mu_1 \neq \mu_2, \quad \Sigma_1 \neq \Sigma_2.$$

对于样本 x, 在协方差阵不同的情况下, 判别函数为

$$w(x) = (x - \mu_2)^{\mathrm{T}} \Sigma_2^{-1} (x - \mu_2) - (x - \mu_1)^{\mathrm{T}} \Sigma_1^{-1} (x - \mu_1). \tag{8.47}$$

与前面讨论的情况相同, 在实际计算中, 总体的均值和协方差阵未知, 同样需要用样本的均值和样本协方差阵来代替. 因此, 对于待测样本 x, 判别函数定义为

$$\hat{w}(x) = (x - \overline{x^{(2)}})^{\mathrm{T}} \hat{\Sigma}_2^{-1} (x - \overline{x^{(2)}}) - (x - \overline{x^{(1)}})^{\mathrm{T}} \hat{\Sigma}_1^{-1} (x - \overline{x^{(1)}}), \tag{8.48}$$

其中

$$\hat{\Sigma}_i = \frac{1}{n_i - 1} \sum_{j=1}^{n_i} \left(x_j^{(i)} - \overline{x^{(i)}} \right) \left(x_j^{(i)} - \overline{x^{(i)}} \right)^{\mathrm{T}}$$

$$= \frac{1}{n_i - 1} S_i, \quad i = 1, 2. \tag{8.49}$$

其判别准则与式 (8.46) 的形式相同.

由于 $\hat{\Sigma}_1$ 和 $\hat{\Sigma}_2$ 一般不会相同, 所以函数 (8.48) 是二次函数. 因此, 在两个总体协方差阵不同的情况下, 距离判别属于二次判别. 从几何角度上来讲, $\hat{w}(x) = 0$ 表示的是一张超二次曲面.

3. R 程序

将前面介绍的算法编写成 R 程序 (程序名: discriminiant.distance.R).

```
discriminiant.distance <- function
  (TrnX1, TrnX2, TstX = NULL, var.equal = FALSE){
  if (is.matrix(TrnX1) != TRUE) TrnX1 <- as.matrix(TrnX1)
  if (is.matrix(TrnX2) != TRUE) TrnX2 <- as.matrix(TrnX2)
  if (is.null(TstX) == TRUE) TstX <- rbind(TrnX1,TrnX2)
  if (is.vector(TstX) == TRUE)  TstX <- t(as.matrix(TstX))
  else if (is.matrix(TstX) != TRUE)
    TstX <- as.matrix(TstX)
  nx <- nrow(TstX)
  blong <- matrix(rep(0, nx), nrow=1, byrow=TRUE,
          dimnames=list("blong", 1:nx))
  mu1 <- colMeans(TrnX1); mu2 <- colMeans(TrnX2)
  if (var.equal == TRUE  || var.equal == T){
```

```
    n1 <- nrow(TrnX1); n2 <- nrow(TrnX2)
    S <- (n1+n2-1)/(n1+n2-2)*var(rbind(TrnX1,TrnX2))
    w <- mahalanobis(TstX, mu2, S)
        - mahalanobis(TstX, mu1, S)
}
else{
    S1 < -var(TrnX1); S2 <- var(TrnX2)
    w <- mahalanobis(TstX, mu2, S2)
        - mahalanobis(TstX, mu1, S1)
}
for (i in 1:nx){
    if (w[i] > 0)
        blong[i] <- 1
    else
        blong[i] <- 2
}
blong
}
```

在程序中, 输入变量 **TrnX1** 和 **TrnX2** 分别表示 X_1 类和 X_2 类的训练样本, 其输入格式是数据框或矩阵 (样本按行输入). 输入变量 **TstX** 是待测样本, 其输入格式是数据框或矩阵 (样本按行输入), 或向量 (一个待测样本). 如果不输入 **TstX**, 则待测样本为两个训练样本之和 (默认值), 即计算训练样本的回代情况. 输入变量 **var.equal** 是逻辑变量, **var.equal = TRUE** 表示两个总体的协方差阵相同; 否则 (默认值), 为不同. 函数的输出是由 "1" 和 "2" 构成的一维矩阵, "1" 表示待测样本属于 X_1 类, "2" 表示待测样本属于 X_2 类.

在上述程序中, 用到 Mahalanobis 距离函数 **mahalanobis()**, 该函数的使用格式为

```
mahalanobis(x, center, cov, inverted=FALSE, ...)
```
在函数中, **x** 是由样本数据构成的向量或矩阵 (p 维). **center** 是样本中心. **cov** 是样本的协方差阵, 其公式为

$$D^2 = (x - \mu)^{\mathrm{T}} \Sigma^{-1} (x - \mu).$$

4. 判别实例

例 8.20　表 8.19 是某气象站监测前 14 年气象的实际资料, 有两项综合预报因子 (气象含义略), 其中有春旱的是 6 个年份的资料, 无春旱的是 8 个年份的资料.

今年测到两个指标的数据为 (23.5, −1.6), 试用距离判别对数据进行分析, 并预报今年是否有春旱.

表 8.19　某气象站有无春旱的资料

序号	有 春 旱		无 春 旱	
1	24.8	−2.0	22.1	−0.7
2	24.1	−2.4	21.6	−1.4
3	26.6	−3.0	22.0	−0.8
4	23.5	−1.9	22.8	−1.6
5	25.5	−2.1	22.7	−1.5
6	27.4	−3.1	21.5	−1.0
7			22.1	−1.2
8			21.4	−1.3

解　按矩阵形式输入训练样本和待测样本, 调用自编函数 discriminiant. distance.R, 作距离判别 (程序名: exam0820.R).

```
TrnX1<-matrix(
    c(24.8, 24.1, 26.6, 23.5, 25.5, 27.4,
      -2.0, -2.4, -3.0, -1.9, -2.1, -3.1),
    ncol=2)
TrnX2<-matrix(
    c(22.1, 21.6, 22.0, 22.8, 22.7, 21.5, 22.1, 21.4,
      -0.7, -1.4, -0.8, -1.6, -1.5, -1.0, -1.2, -1.3),
    ncol=2)
tst<-c(23.5, -1.6)
source("discriminiant.distance.R")
```

在方差相同的假设下作判别,

```
> discriminiant.distance(TrnX1, TrnX2, tst, var.equal=T)
    1
blong 2
```

结果说明属于第 2 类, 即无春旱. 在方差不同的假设下作判别,

```
> discriminiant.distance(TrnX1, TrnX2, tst)
    1
blong 1
```

结果说明属于第 1 类, 即可能会发生春旱. 究竟哪一个结果更合理一些呢? 将训练样本回代,

```
> discriminiant.distance(TrnX1, TrnX2, var.equal=T)
```

```
            1 2 3 4 5 6 7 8 9 10 11 12 13 14
blong 1 1 1 2 1 1 2 2 2  2  2  2  2  2
> discriminiant.distance(TrnX1, TrnX2)
            1 2 3 4 5 6 7 8 9 10 11 12 13 14
blong 1 1 1 1 1 1 2 2 2  2  2  2  2  2
```

在方差相同的假设下, 第 4 号样本错判; 在方差不同的假设下, 全部样本回代正确. 从这种角度来讲, 今年发生春旱的可能性会较大一些.

再看一下几何直观. 在总体方差相同的情况下, 判别函数 $\hat{w}(x) = 0$ 是一条直线; 在总体方差不同的情况下, 判别函数 $\hat{w}(x) = 0$ 是一条二次曲线. 图 8.13 显示了两种判别情况. 图中, ◇ 为第 1 类样本 (即春旱), □ 为第 2 类样本 (即无春旱), ○ 为待测样本.

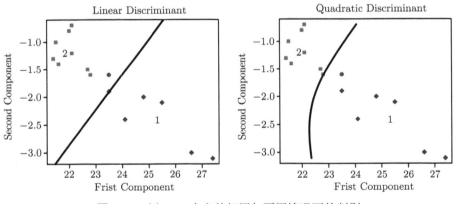

图 8.13　例 8.20 中方差相同与不同情况下的判别

8.3.2　Fisher 判别

Fisher 判别是按类内方差尽量小, 类间方差尽量大的准则来求判别函数的. 在这里仅讨论两个总体的判别方法.

1. 判别准则

设两个总体 X_1 和 X_2 的均值与协方差阵分别为 μ_1, μ_2 和 Σ_1, Σ_2, 对于任给一个样本 x, 考虑它的判别函数

$$u = u(x), \tag{8.50}$$

并假设

$$u_1 = E(u(x) \mid x \in X_1), \quad u_2 = E(u(x) \mid x \in X_2), \tag{8.51}$$

$$\sigma_1^2 = \text{var}(u(x) \mid x \in X_1), \quad \sigma_2^2 = \text{var}(u(x) \mid x \in X_2). \tag{8.52}$$

Fisher 判别准则就是要寻找判别函数 $u(x)$, 使类内偏差平方和

$$W_0 = \sigma_1^2 + \sigma_2^2$$

最小, 而类间偏差平方和

$$B_0 = (u_1 - u)^2 + (u_2 - u)^2$$

最大, 其中 $u = \dfrac{1}{2}(u_1 + u_2)$.

将上面两个要求结合在一起, Fisher 判别准则就是要求函数 $u(x)$, 使得

$$I = \frac{B_0}{W_0} \tag{8.53}$$

达到最大. 因此, 判别准则为

$$R_1 = \{x \mid |u(x) - u_1| \leqslant |u(x) - u_2|\}, \tag{8.54}$$

$$R_2 = \{x \mid |u(x) - u_1| > |u(x) - u_2|\}. \tag{8.55}$$

2. 线性判别函数中系数的确定

从理论上讲, $u(x)$ 可以是任意函数, 但对于任意函数 $u(x)$, 使式 (8.53) 中的 I 达到最大是很困难的. 因此, 通常取 $u(x)$ 为线性函数, 即令

$$u(x) = a^{\mathrm{T}} x = a_1 x_1 + a_2 x_2 + \cdots + a_p x_p. \tag{8.56}$$

因此, 问题就转化为求 $u(x)$ 的系数 a, 使得目标函数 I 达到最大.

与距离判别一样, 在实际计算中, 总体的均值与协方差阵是未知的. 因此, 需要用样本的均值与协方差阵来代替. 设 $x_1^{(1)}, x_2^{(1)}, \cdots, x_{n_1}^{(1)}$ 是来自总体 X_1 的 n_1 个样本, $x_1^{(2)}, x_2^{(2)}, \cdots, x_{n_2}^{(2)}$ 是来自总体 X_2 的 n_2 个样本, 用这些样本得到 u_1, u_2, u, σ_1 和 σ_2 的估计,

$$
\begin{aligned}
\hat{u}_i = \overline{u_i} &= \frac{1}{n_i} \sum_{j=1}^{n_i} u(x_j^{(i)}) = \frac{1}{n_i} \sum_{j=1}^{n_i} a^{\mathrm{T}} x_j^{(i)} \\
&= a^{\mathrm{T}} \overline{x^{(i)}}, \quad i = 1, 2,
\end{aligned} \tag{8.57}
$$

$$
\begin{aligned}
\hat{u} = \overline{u} &= \frac{1}{n} \sum_{i=1}^{2} \sum_{j=1}^{n_i} u(x_j^{(i)}) = \frac{1}{n} \sum_{i=1}^{2} \sum_{j=1}^{n_i} a^{\mathrm{T}} x_j^{(i)} \\
&= a^{\mathrm{T}} \overline{x},
\end{aligned} \tag{8.58}
$$

$$
\begin{aligned}
\hat{\sigma}_i^2 &= \frac{1}{n_i - 1} \sum_{j=1}^{n_i} \left[u(x_j^{(i)}) - \overline{u_i} \right]^2 = \frac{1}{n_i - 1} \sum_{j=1}^{n_i} \left[a^{\mathrm{T}} \left(x_j^{(i)} - \overline{x^{(i)}} \right) \right]^2 \\
&= \frac{1}{n_i - 1} a^{\mathrm{T}} \left[\sum_{j=1}^{n_i} \left(x_j^{(i)} - \overline{x^{(i)}} \right) \left(x_j^{(i)} - \overline{x^{(i)}} \right)^{\mathrm{T}} \right] a \\
&= \frac{1}{n_i - 1} a^{\mathrm{T}} S_i a, \quad i = 1, 2,
\end{aligned} \tag{8.59}
$$

其中 $n = n_1 + n_2$, $S_i = \sum\limits_{j=1}^{n_i} \left(x_j^{(i)} - \overline{x^{(i)}}\right)\left(x_j^{(i)} - \overline{x^{(i)}}\right)^{\mathrm{T}}$ ($i = 1, 2$). 因此, 将类内偏差

的平方 W_0 与类间偏差平方和 B_0 改为组内离差平方和 $\hat{W}_0$ 与组间离偏差的平方

和 $\hat{B}_0$, 即

$$\hat{W}_0 = \sum_{i=1}^{2}(n_i - 1)\hat{\sigma}_i^2 = a^{\mathrm{T}}\left(S_1 + S_2\right)a = a^{\mathrm{T}}Sa, \tag{8.60}$$

$$\hat{B}_0 = \sum_{i=1}^{2} n_i(\hat{u}_i - \hat{u})^2 = a^{\mathrm{T}}\left(\sum_{i=1}^{2} n_i\,\overline{\left(x^{(i)} - \overline{x}\right)}\,\overline{\left(x^{(i)} - \overline{x}\right)}^{\mathrm{T}}\right)a$$

$$= \frac{n_1 n_2}{n}\,a^{\mathrm{T}}\left(dd^{\mathrm{T}}\right)a, \tag{8.61}$$

其中 $S = S_1 + S_2$, $d = \left(\overline{x^{(2)}} - \overline{x^{(1)}}\right)$. 因此, 求 $I = \dfrac{\hat{B}_0}{\hat{W}_0}$ 最大, 等价于求

$$\frac{a^{\mathrm{T}}(dd^{\mathrm{T}})a}{a^{\mathrm{T}}Sa}$$

最大. 这个解是不唯一的, 因为对任意的 $a \neq 0$, 它的任意非零倍均保持其值不变.
不失一般性, 将求最大问题转化为约束优化问题

$$\max_{a}\quad a^{\mathrm{T}}(dd^{\mathrm{T}})a, \tag{8.62}$$

$$\mathrm{s.t.}\quad a^{\mathrm{T}}Sa = 1. \tag{8.63}$$

由约束问题的一阶必要条件得到

$$a = S^{-1}d. \tag{8.64}$$

3. 确定判别函数

对于一个新样本 x, 现要确定 x 属于哪一类. 为方便起见, 不妨设 $\overline{u_1} < \overline{u_2}$. 因此, 由判别准则 (8.54), 当 $u(x) < \overline{u_1}$ 时, 判 $x \in X_1$; 当 $u(x) > \overline{u_2}$ 时, 判 $x \in X_2$; 那么当 $\overline{u_1} < u(x) < \overline{u_2}$ 时, x 属于哪一个总体呢? 应当找 $\overline{u_1}$, $\overline{u_2}$ 的均值

$$\overline{u} = \frac{n_1}{n}\overline{u_1} + \frac{n_2}{n}\overline{u_2}.$$

当 $u(x) < \overline{u}$ 时, 判 $x \in X_1$; 否则, 判 $x \in X_2$. 由于

$$u(x) - \overline{u} = u(x) - \left(\frac{n_1}{n}\overline{u_1} + \frac{n_2}{n}\overline{u_2}\right) = a^{\mathrm{T}}\left(x - \frac{n_1}{n}\overline{x^{(1)}} - \frac{n_2}{n}\overline{x^{(2)}}\right)$$

$$= a^{\mathrm{T}}(x - \overline{x}) = d^{\mathrm{T}}S^{-1}(x - \overline{x}), \tag{8.65}$$

其中

$$\overline{x^{(i)}} = \frac{1}{n_i} \sum_{j=1}^{n_i} x_j^{(i)}, \quad i = 1, 2,$$

$$\overline{x} = \frac{n_1}{n} \overline{x^{(1)}} + \frac{n_2}{n} \overline{x^{(2)}} = \frac{1}{n} \sum_{i=1}^{2} \sum_{j=1}^{n_i} x_j^{(i)},$$

所以由上式可知, $\overline{x}$ 就是样本均值. 因此, 构造判别函数

$$w(x) = d^{\mathrm{T}} S^{-1} (x - \overline{x}). \tag{8.66}$$

此时, 判别准则 (8.54), (8.55) 等价为

$$R_1 = \{x \mid w(x) \leqslant 0\}, \quad R_2 = \{x \mid w(x) > 0\}. \tag{8.67}$$

函数 (8.66) 是线性函数, 因此, Fisher 判别属于线性判别, 称 $a = S^{-1}d$ 为判别系数.

4. R 程序

根据前面所述的方法, 编写相应的 R 程序 (程序名: discriminiant.fisher.R) 如下:

```
discriminiant.fisher <- function(TrnX1, TrnX2, TstX = NULL){
    if (is.matrix(TrnX1) != TRUE)  TrnX1 <- as.matrix(TrnX1)
    if (is.matrix(TrnX2) != TRUE)  TrnX2 <- as.matrix(TrnX2)
    if (is.null(TstX) == TRUE)     TstX <- rbind(TrnX1,TrnX2)
    if (is.vector(TstX) == TRUE)   TstX <- t(as.matrix(TstX))
    else if (is.matrix(TstX) != TRUE)
        TstX <- as.matrix(TstX)

    nx <- nrow(TstX)
    blong <- matrix(rep(0, nx), nrow=1, byrow=TRUE,
            dimnames=list("blong", 1:nx))
    n1 <- nrow(TrnX1); n2 <- nrow(TrnX2)
    mu1 <- colMeans(TrnX1); mu2 <- colMeans(TrnX2)
    S <- (n1-1)*var(TrnX1) + (n2-1)*var(TrnX2)
    mu <- n1/(n1+n2)*mu1 + n2/(n1+n2)*mu2
    w <- (TstX-rep(1,nx) %o% mu) %*% solve(S, mu2-mu1);
    for (i in 1:nx){
        if (w[i] <= 0)
```

```
        blong[i] <- 1
    else
        blong[i] <- 2
    }
    blong
}
```

在程序中, 输入变量 TrnX1 和 TrnX2 分别表示 X_1 类和 X_2 类的训练样本, 其输入格式是数据框或矩阵 (样本按行输入). TstX 是待测样本, 其输入格式是数据框或矩阵 (样本按行输入), 或向量 (一个待测样本). 如果不输入 TstX(默认值), 则待测样本为两个训练样本之和, 即计算训练样本的回代情况. 函数的输出是由 "1" 和 "2" 构成的一维矩阵, "1" 表示待测样本属于 X_1 类, "2" 表示待测样本属于 X_2 类.

5. 判别实例

例 8.21   用 Fisher 判别对例 8.20 中的数据进行判别分析与预测.

解   按矩阵形式输入训练样本和待测样本, 调用自编函数 discriminiant. fisher.R, 作距离判别 (程序名:exam0821.R),

```
TrnX1<-matrix(
    c(24.8, 24.1, 26.6, 23.5, 25.5, 27.4,
      -2.0, -2.4, -3.0, -1.9, -2.1, -3.1),
    ncol=2)
TrnX2<-matrix(
    c(22.1, 21.6, 22.0, 22.8, 22.7, 21.5, 22.1, 21.4,
      -0.7, -1.4, -0.8, -1.6, -1.5, -1.0, -1.2, -1.3),
    ncol=2)
tst<-c(23.5, -1.6)
source("discriminiant.fisher.R")
discriminiant.fisher(TrnX1, TrnX2, tst)
```

于是得到

```
        1
    blong 2
```

结果说明属于第 2 类, 即无春旱. 将训练样本回代

```
> discriminiant.fisher(TrnX1, TrnX2)
        1 2 3 4 5 6 7 8 9 10 11 12 13 14
blong 1 1 1 1 1 1 2 2 2  2  2  2  2  2  2
```

全部样本回代正确. 从这种角度来讲, 今年不发生春旱也是可能的.

再看一下几何直观. Fisher 判别函数 $w(x) = 0$ 是一条直线. 图 8.14 显示 Fisher 判别的情况. 图中, ◇ 为第 1 类样本 (即春旱), □ 为第 2 类样本 (即无春旱), ○ 为待测样本.

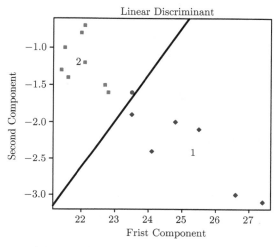

图 8.14　例 8.21 中 Fisher 判别的情况

8.3.3　判别分析的进一步讨论

1. R 软件中的判别函数

前面讲了两种判别方法 —— 距离判别和 Fisher 判别, 实际上还有多种判别方法, 如 Bayes 判别. 从分类情况来看, 除两分类问题外, 还有多分类问题. 由于篇幅限制, 这里就不介绍这些判别分析的相关理论了, 只讨论如何用 R 软件进行判别分析研究.

在 R 软件中, 函数 lda() 和函数 qda() 提供了对于数据进行线性判别分析和二次判别分析的工具. 这两种函数的使用方法为

```
lda(formula, data, ..., subset, na.action)
lda(x, grouping, prior = proportions, tol = 1.0e-4,
    method, CV = FALSE, nu, ...)
```

```
qda(formula, data, ..., subset, na.action)
qda(x, grouping, prior = proportions,
    method, CV = FALSE, nu, ...)
```

在函数中, 参数 formula 是因子或分组形如 ~ x1+x2+... 的公式. data 是包含模型变量的数据框. subset 是观察值的子集. x 是由数据构成的矩阵或数据框.

grouping 是由样本类构成的因子向量. prior 是先验概率, 缺省时按输入数据的比例给出. 其余参数的作用请参见帮助.

通常预测函数 predict() 会与函数 lda() 或函数 qda() 一起使用, 它的使用方法为

```
predict(object, newdata, prior = object$prior, dimen,
        method = c("plug-in", "predictive", "debiased"), ...)
```

在函数中, 参数 object 是由 lda() 函数或 qda() 函数生成的对象. newdata 是由预测数据构成的数据框, 如果 lda 或 qda 用公式形式计算; 或者是向量, 如果用矩阵与因子形式计算. prior 是先验概率, 缺省时按输入数据的比例给出. dimen 是使用空间的维数.

注意: 这三个函数 (predict 函数在作判别分析预测时) 不是基本函数. 因此, 在调用前需要载入 MASS 程序包, 具体命令为 library(MASS) 或用 Window 窗口加载.

例 8.22　用 R 软件提供的函数对例 8.20 中的数据进行判别分析与预测.

解　用矩阵和因子形式作判别分析 (程序名:exam0822.R).

```
#### 按矩阵和因子形式输入数据
train<-matrix(
    c(24.8, 24.1, 26.6, 23.5, 25.5, 27.4,
      22.1, 21.6, 22.0, 22.8, 22.7, 21.5, 22.1, 21.4,
      -2.0, -2.4, -3.0, -1.9, -2.1, -3.1,
      -0.7, -1.4, -0.8, -1.6, -1.5, -1.0, -1.2, -1.3),
    ncol=2)
sp<-factor(rep(1:2, c(6,8)))
#### 调用函数作判别分析及预测
library(MASS); lda.sol<-lda(train, sp)
tst<-c(23.5, -1.6); predict(lda.sol, tst)$class
```

预测结果为

```
[1] No
Levels: Have No
```

表明无春旱. 再看回代情况

```
> table(sp, predict(lda.sol)$class)
sp      Have No
  Have   5  1
  No     0  8
```

6 个有春旱的年度中一个错判, 8 个无春旱的年度中全都判对.

下面给出按公式形成计算的 R 语句 (见程序 exam0822.R), 计算结果与前面的命令相同.

```
exam.data<-data.frame(
    X1=c(24.8, 24.1, 26.6, 23.5, 25.5, 27.4,
         22.1, 21.6, 22.0, 22.8, 22.7, 21.5, 22.1, 21.4),
    X2=c(-2.0, -2.4, -3.0, -1.9, -2.1, -3.1,
         -0.7, -1.4, -0.8, -1.6, -1.5, -1.0, -1.2, -1.3),
    sp=rep(c("Have", "No"), c(6,8))
)
new<-data.frame(X1=23.5, X2=-1.6)
lda.sol<-lda(sp~X1+X2, data=exam.data)
predict(lda.sol, new)$class
table(exam.data$sp, predict(lda.sol)$class)
```

再用 lda() 函数作完线性判别分析后, 可用 plot() 画出相应的直方图, 其命令格式为

```
plot(x, panel = panel.lda, ..., cex = 0.7, dimen,
     abbrev = FALSE, xlab = "LD1", ylab = "LD2")
```

在函数中, 参数 x 是由函数 lda() 生成的对象. dimen 是维数, 对于二分类问题, dimen=1. 由命令 plot(lda.sol) 可绘出差别分析的直方图 (图 8.15).

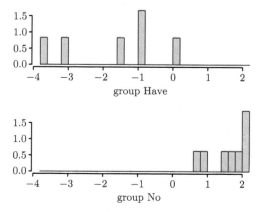

图 8.15　判别问题的直方图

对于 qda() 函数, 除不可以绘直方图外, 其他格式与 lda() 函数完全相同, 这里就不举例了.

例 8.23　Fisher Iris 数据. Iris 数据有 4 个属性, 萼片的长度、萼片的宽度、花瓣的长度和花瓣的宽度. 数据共 150 个样本, 分为三类, 前 50 个数据是第一

类 —— Setosa, 中间的 50 个数据是第二类 —— Versicolor, 最后 50 个数据是第三
类 —— Virginica. 数据格式如表 8.20 所示. 试用 R 软件中的判别函数对 Iris 数据
进行判别分析.

表 8.20　Fisher Iris 数据

编号	萼片长度	萼片宽度	花瓣长度	花瓣宽度	种类
1	5.1	3.5	1.4	0.2	setosa
2	4.9	3.0	1.4	0.2	setosa
⋮	⋮	⋮	⋮	⋮	⋮
50	5.0	3.3	1.4	0.2	setosa
51	7.0	3.2	4.7	1.4	versicolor
52	6.4	3.2	4.5	1.5	versicolor
⋮	⋮	⋮	⋮	⋮	⋮
100	5.7	2.8	4.1	1.3	versicolor
101	6.3	3.3	6.0	2.5	virginica
102	5.8	2.7	5.1	1.9	virginica
⋮	⋮	⋮	⋮	⋮	⋮
150	5.9	3.0	5.1	1.8	virginica

解　R 软件中提供了 Iris 数据 (数据框 iris), 数据的前 4 列是数据的 4 个属
性, 第 5 列标明数据属于哪一类.

用 lda() 作判别分析 (计算程序见 exam0823.R).

```
> (ir.lda <- lda(Species~., data=iris))
Call:
lda(Species ~ ., data = iris)
Prior probabilities of groups:
    setosa versicolor  virginica
 0.3333333  0.3333333  0.3333333
Group means:
           Sepal.Length Sepal.Width Petal.Length Petal.Width
setosa            5.006       3.428        1.462       0.246
versicolor        5.936       2.770        4.260       1.326
virginica         6.588       2.974        5.552       2.026
Coefficients of linear discriminants:
                  LD1         LD2
Sepal.Length 0.8293776  0.02410215
Sepal.Width  1.5344731  2.16452123
```

```
Petal.Length -2.2012117 -0.93192121
Petal.Width  -2.8104603  2.83918785
Proportion of trace:
   LD1    LD2
0.9912 0.0088
```

在计算结果中, 有各组的先验概率、均值以及线性判别的系数.

计算数据回代的情况.

```
> table(iris$Species, predict(ir.lda)$class)
           setosa versicolor virginica
  setosa       50          0         0
  versicolor    0         48         2
  virginica     0          1        49
```

第一组数据没有错判的, 第二组数据判错两个, 第三组数据判错一个.

对于多分类数据, 也可以用 plot() 函数画出分组的直方图 (取参数 dimen=1), 但通常将数据画在平面图上, 其中横坐标为线性判别系数的第一分量, 纵坐标为第二分量, 其命令为

```
plot(ir.lda, dimen=2)
```

但所绘的图形很不清楚. 为此, 用如下命令:

```
ir.ld <- predict(ir.lda, dimen = 2)$x
plot(ir.ld, cex=1.2,
     pch=rep(21:23, c(50, 50, 50)),
     col = rep(2:4, c(50, 50, 50)),
     bg = rep(2:4, c(50, 50, 50)),
     xlab = "First Linear Discriminant",
     ylab = "Second Linear Discriminant")
legend(0, 2.5, c("setosa", "versicolor", "virginica"),
       col=2:4, pch=21:23, cex=1.1)
```

绘出更好的图形如图 8.16 所示.

2. k 折交叉确认

如何评价一个判别方法的好坏呢? 最主要的指标是判别函数的预测准确率和回代准确率. 所谓预测准确率就是将得到的判别函数对一些数据作预测, 在判别后, 将计算结果与实际情况作对照, 计算出相应的判对的正确率. 所谓回代准确率就是将训练样本 (也就是生成判别函数的样本) 进行预测, 再将计算结果与实际结果作比较, 计算出相应的判对的正确率.

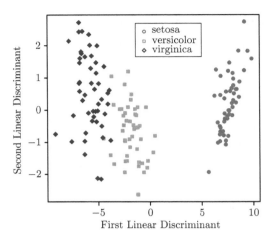

图 8.16　Fisher Iris 数据分类的情况

回代正确率是很好计算的, 因为计算值与实际值均是已知的. 但预测正确率就不是那么容易计算了, 因为是预测, 通常是不知道数据的实际值的. 为克服这一困难, 通常会采用 k 折交叉确认的方法得到预测正确率. 所谓 k 折交叉确认, 就是将已知的数据分成数量差不多的 k 份, 将其中的一份作为待测样本, 余下的 $k-1$ 份作为训练样本, 然后再交换这些样本, 共进行 k 次计算. 由于数据是已知的, 这样就容易计算出判别函数的预测正确率.

例 8.24　对 Fisher Iris 数据作 k 折交叉确认, 这里取 $k=5$, 用函数 lda() 作线性判别, 计算预测正确率和回代正确率.

解　对 Iris 数据分组, 每组 30 个样本 (每一类 10 个), 共分成 5 组, 每次选一组作为预测样本, 其余 4 组作为训练样本, 然后累加每组的预测正确数和回代正确数, 最后计算相应的正确率. 其 R 程序如下 (程序名: exam0824.R):

```
pre.sum<-0; cla.sum<-0
for (k in 0:4){
    x<-10*k+1:10
    predict.set<-c(x, 50+x, 100+x)
    lda.sol<-lda(Species~.,subset=-predict.set, data=iris)
    pre<-predict(lda.sol, iris[predict.set, 1:4])$class
    cla<-predict(lda.sol)$class
    pre.sum<-pre.sum+sum(pre==iris[predict.set,5])
    cla.sum<-cla.sum+sum(cla==iris[-predict.set,5])
}
matrix(c(pre.sum, cla.sum, pre.sum/150, cla.sum/600), nc=2,
```

dimnames=list(c("预测值", "回代值 "), c("正确数", "正确率")))

其计算结果为

	正确数	正确率
预测值	147	0.98
回代值	588	0.98

8.4 实例分析 —— 气象观察站的优化

8.4.1 问题的提出

某地区内有 12 个气象观测站[①], 为了节省开支, 计划减少气象观测站的数目. 已知该地区 12 个气象观测站的位置, 以及 10 年来各站测得的年降水量 (表 8.21). 减少哪些观测站可以使所得到的降水量的信息足够大? 观察站分布如图 8.17 所示.

表 8.21　年降水量　　　　　　　　　　(单位: mm)

年份	x_1	x_2	x_3	x_4	x_5	x_6	x_7	x_8	x_9	x_{10}	x_{11}	x_{12}
1981	272.6	324.5	158.6	412.5	292.8	258.4	334.1	303.2	292.9	243.2	159.7	331.2
1982	251.6	287.3	349.5	297.4	227.8	453.6	321.5	451.0	446.2	307.5	421.1	455.1
1983	192.7	433.2	289.9	366.3	466.2	239.1	357.4	219.7	245.7	411.1	357.0	353.2
1984	246.2	232.4	243.7	372.5	460.4	158.9	298.7	314.5	256.6	327.0	296.5	423.0
1985	291.7	311.0	502.4	254.0	245.6	324.8	401.0	266.5	251.3	289.9	255.4	362.1
1986	466.5	158.9	223.5	425.1	251.4	321.0	315.4	317.4	246.2	277.5	304.2	410.7
1987	258.6	327.4	432.1	403.9	256.6	282.9	389.7	413.2	466.5	199.3	282.1	387.6
1988	453.4	365.5	357.6	258.1	278.8	467.2	355.2	228.5	453.6	315.6	456.3	407.2
1989	158.5	271.0	410.2	344.2	250.0	360.7	376.4	179.4	159.2	342.4	331.2	377.7
1990	324.8	406.5	235.7	288.8	192.6	284.9	290.5	343.7	283.4	281.2	243.7	411.1

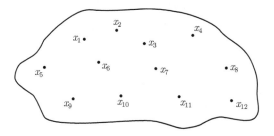

图 8.17　气象观察站分布图

8.4.2 假设

假设如下:

---

① 该题为 1992 年西安市大学生数学建模竞赛试题.

(1) 相近地域的气象特性具有较大的相似性和相关性, 它们之间的影响可以近似为一种线性关系.

(2) 该地区的地理特性具有一定的均匀性, 而不是表现为复杂多变的地理特性.

(3) 在距离较远的条件下, 由于地形、环境等因素而造成不同区域的年降水量相似的可能性很小, 可以被忽略. 不同区域降水量的差异主要与距离有关.

(4) 不考虑其他区域对本地区的影响.

8.4.3 分析

题目要求减少一些观测站, 但获得的降水量的信息足够大, 如何做到这一点呢? 首先要考虑降水量的信息问题. 对一个观测站而言, 统计 10 年降水量的均值与方差, 均值表示该观测站处降水量的大小, 而方差表示降水量变化的大小. 粗略地说, 如果某观测站测得的降水量的方差为 0(这当然是不可能的), 则表示该处的降水没有变化, 因此, 可以用以前的降水量来代替以后的降水量. 另一方面, 由于相近地域的气象特性具有较大的相似性和相关性, 被去掉观测站点的降水量与它附近的观测站点的降水量可以被认为成近似的线性关系. 另外, 需要对去掉站点的估计值与原观测值进行比较, 用以检验估计的效果. 因此, 得到以下原则:

原则 8.1   尽可能去掉降水量方差小的观测站点, 用以前的数据来估计这些点的降水量.

原则 8.2   去掉站点的降水量由其他站点降水量的回归方程来估计.

原则 8.3   对去掉站点的观测值与估计值进行比较.

8.4.4 问题的求解

按照上述原则进行求解.

(1) 求标准差. 计算各观测点的标准差, 并对标准差由小到大进行排序.

X12	X7	X10	X4	X2	X8
36.82989	38.04794	57.24722	63.97471	80.92705	85.07349
X11	X5	X6	X1	X9	X3
86.51358	94.10342	94.20020	100.26600	106.40916	108.24437

(2) 12 号观测站的讨论. 按照原则 8.1, 首先应该考虑去掉第 12 号观测站. 再按照原则 8.2 和 12 号站点的地理位置, 将 12 号观测站的降水量作为因变量, 将 8 号和 11 号观测站的降水量作为自变量, 作回归方程 $X_{12} = \beta_8 X_8 + \beta_{11} X_{11}$, 通过 R 软件计算得到

$$\hat{X}_{12} = 0.6249 X_8 + 0.6267 X_{11}.$$

(3) 7 号观测站的讨论. 类似于 12 号观测站的讨论, 作回归方程

$$X_7 = \beta_3 X_3 + \beta_4 X_4 + \beta_6 X_6 + \beta_8 X_8 + \beta_9 X_9 + \beta_{10} X_{10} + \beta_{11} X_{11}.$$

利用回归检验和变量选择的方法, 将多余变量剔除, 发现 7 号观测站的数据与 3 号和 4 号观测站的数据有关, 经计算得到回归方程

$$\hat{X}_7 = 0.50412X_3 + 0.52729X_4.$$

(4) 10 号观测站的讨论. 对于 10 号站点, 经计算得到

$$\hat{X}_{10} = 0.92238X_{11}.$$

(5) 结果分析. 如果只去掉三个观测站, 那么分析到此为止, 即去掉 12 号、7 号和 10 号观测站, 它们的信息由其他观测站的信息作线性组合得到. 如果打算继续减少观测站, 那么需要作进一步分析.

从标准差的大小来看, 应考虑 4 号观测站, 但由于去掉 7 号观测站需要用 4 号观测站信息, 因此, 只能考虑 2 号观测站的情况.

对于 2 号观测站作与 10 号观测站类似的分析, 但不能通过检验, 因此, 再考虑其他的站点. 8 号和 11 号观测站的情况与 4 号相同, 因此, 只能讨论 5 号观测站的情况.

对于 5 号观测站, 经过逐步回归分析, 得到回归方程

$$\hat{X}_5 = 0.8311X_9,$$

并且通过回归检验, 可以去掉 5 号观测站.

(6) 计算结果的检验. 这里用较为简单的方法对计算结果进行检验, 就是画出去掉的观测站点实际的降水量和用其他站点作出的估计值, 比较它们之间是否有较大的差异. 图 8.18 给出拟去掉站点的实际降水量和用相关的回归方程得到降水量的预测值, 其中实线表示站点的实际降水量, 虚线表示用回归方程得到的预测值.

从图 8.18 中可以看到, 12 号观测站、7 号观测站和 10 号观测站的预测值与实际值较为接近, 但 5 号观测站的预测值与实际值相差较大. 因此, 只去掉三个站可能更合理.

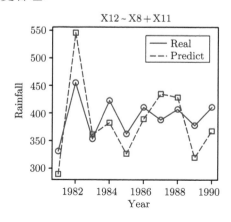
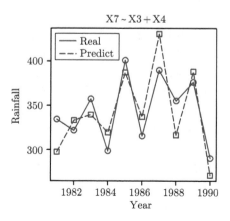

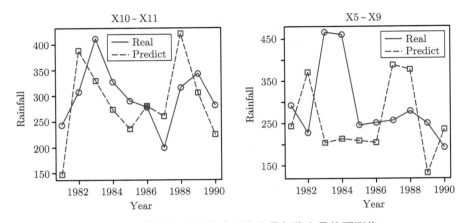

图 8.18　拟去掉站点的实际降水量与降水量的预测值

习　题　8

1. 为估计山上积雪融化后对下游灌溉的影响, 在山上建立一个观测站, 测量最大积雪深度 X 与当年灌溉面积 Y, 测得连续 10 年的数据如表 8.22 所示.

表 8.22　10 年中最大积雪深度与当年灌溉面积的数据

序号	X/m	Y/公顷	序号	X/m	Y/公顷
1	5.1	1907	6	7.8	3000
2	3.5	1287	7	4.5	1947
3	7.1	2700	8	5.6	2273
4	6.2	2373	9	8.0	3113
5	8.8	3260	10	6.4	2493

(1) 求出 Y 关于 X 的一元线性回归方程;

(2) 对方程作显著性检验;

(3) 现测得今年的数据为 $x_0 = 7$m, 给出今年灌溉面积 y_0 的预测值 $\hat{y}_0$, 以及 y_0 的预测区间和 $E(y_0)$ 的置信区间 (取置信水平为 0.95);

(4) 画出数据的散点图、回归直线以及预测区间曲线和置信区间曲线.

2. 研究同一地区土壤中所含可给态磷 Y 的情况, 得到 18 组数据如表 8.23 所示. 表中, X_1 为土壤内所含无机磷的浓度, X_2 为土壤内溶于 K_2CO_3 溶液并受溴化物水解的有机磷, X_3 为土壤内溶于 K_2CO_3 溶液但不溶于溴化物水解的有机磷.

(1) 求出 Y 关于 X 的多元线性回归方程;

(2) 对方程作显著性检验;

(3) 对变量作逐步回归分析.

3. 已知如下数据, 如表 8.24 所示:

表 8.23　某地区土壤所含可给态磷的情况

序号	X_1	X_2	X_3	Y	序号	X_1	X_2	X_3	Y
1	0.4	52	158	64	10	12.6	58	112	51
2	0.4	23	163	60	11	10.9	37	111	76
3	3.1	19	37	71	12	23.1	46	114	96
4	0.6	34	157	61	13	23.1	50	134	77
5	4.7	24	59	54	14	21.6	44	73	93
6	1.7	65	123	77	15	23.1	56	168	95
7	9.4	44	46	81	16	1.9	36	143	54
8	10.1	31	117	93	17	26.8	58	202	168
9	11.6	29	173	93	18	29.9	51	124	99

表 8.24　数据表

序号	X	Y	序号	X	Y	序号	X	Y
1	1	0.6	11	4	3.5	21	8	17.5
2	1	1.6	12	4	4.1	22	8	13.4
3	1	0.5	13	4	5.1	23	8	4.5
4	1	1.2	14	5	5.7	24	9	30.4
5	2	2.0	15	6	3.4	25	11	12.4
6	2	1.3	16	6	9.7	26	12	13.4
7	2	2.5	17	6	8.6	27	12	26.2
8	3	2.2	18	7	4.0	28	12	7.4
9	3	2.4	19	7	5.5			
10	3	1.2	20	7	10.5			

(1) 画出数据的散点图, 求回归直线 $y = \hat{\beta}_0 + \hat{\beta}_1 x$, 同时也将回归直线画在散点图上;

(2) 分析 t 检验和 F 检验是否通过;

(3) 画出残差 (普通残差和标准化残差) 与预测值的残差图, 分析误差是否为等方差的;

(4) 修正模型, 对响应变量 Y 作开方, 再完成 (1)~(3) 的工作.

4. 在工业生产中, 研究树干的体积 Y 与离地面一定高度的树干直径 X_1 和树干高度 X_2 之间的关系具有重要的实用意义, 因为这种关系使人们能够简单地从 X_1 和 X_2 的值去估计一棵树的体积, 进而估计一片森林的木材储量. 表 8.25 是一组观测数据. 试完成下面的统计分析.

(1) 先假设 Y 与 X_1 和 X_2 有线性关系 $Y = \beta_0 + \beta_1 X_1 + \beta_2 X_2 + e$, 作线性回归分析, 并画出相应的残差图 (横坐标为预测值, 纵坐标为残差);

(2) 试计算 Box-Cox 变换的参数 λ 的值, 并作相应的 Box-Cox 变换, 对变换后的因变量作对 X_1 和 X_2 的线性回归分析, 再作残差图.

5. 在第 4 题中, 将树干的体积 Y 看成 X_1 与 X_2 的线性函数, 这只是一种近似. 因为实际上, 树干可以近似地看成圆柱或圆锥, 于是考虑 Y 与 X_1^2 和 X_2 的线性回归可能更加合理, 对于线性回归关系 $Y = \beta_0 + \beta_1 X_1^2 + \beta_2 X_2 + e$, 重复第 4 题的工作, 对于问题作统计分析.

6. 三个工厂生产同一种零件. 现从各厂产品中分别抽取 4 件产品作检测, 其检测强度如表 8.26 所示.

表 8.25　树木直径、高和体积数据

编号	直径 (X_1)	高 (X_2)	体积 (Y)	编号	直径 (X_1)	高 (X_2)	体积 (Y)
1	8.3	70	10.3	17	12.9	85	33.8
2	8.6	65	10.3	18	13.3	86	27.4
3	8.8	63	10.2	19	13.7	71	25.7
4	10.5	72	16.4	20	13.8	64	24.9
5	10.7	81	18.8	21	14.0	78	34.5
6	10.8	83	19.7	22	14.2	80	31.7
7	11.0	66	15.6	23	14.5	74	36.3
8	11.0	75	18.2	24	16.0	72	38.3
9	11.1	80	22.6	25	16.3	77	42.6
10	11.2	75	19.9	26	17.3	81	55.4
11	11.3	79	24.2	27	17.5	82	55.7
12	11.4	76	21.0	28	17.9	80	58.3
13	11.4	76	21.4	29	18.0	80	51.5
14	11.7	69	21.3	30	18.0	80	51.0
15	12.0	75	19.1	31	20.6	87	77.0
16	12.9	74	22.2				

表 8.26　产品检测数据

工厂	零　件　强　度			
甲	115	116	98	83
乙	103	107	118	116
丙	73	89	85	97

(1) 对数据作方差分析, 判断三个厂生产的产品的零件强度是否有显著差异;

(2) 求每个工厂生产产品零件强度的均值, 作出相应的区间估计 ($\alpha = 0.05$);

(3) 对数据作多重检验.

7. 有 4 种产品. $A_i (i = 1, 2, 3)$ 分别为国内甲、乙、丙三个工厂生产的产品, A_4 为国外同类产品. 现从各厂分别取 10, 6, 6 和 2 个产品做 300h 连续磨损老化试验, 得变化率如表 8.27 所示. 假定各厂产品试验变化率服从等方差的正态分布.

表 8.27　磨损老化试验数据

产品	变　化　率									
A_1	20	18	19	17	15	16	13	18	22	17
A_2	26	19	26	28	23	25				
A_3	24	25	18	22	27	24				
A_4	12	14								

(1) 试问 4 个厂生产的产品的变化率是否有显著差异?

(2) 若有差异, 请作进一步的检验,

(i) 国内产品与国外产品有无显著差异?

(ii) 国内各厂家的产品有无显著差异?

8. 某单位在大白鼠营养试验中, 随机将大白鼠分为三组, 测得每组 12 只大白鼠尿中氨氮的排出量 X, 数据由表 8.28 所示. 试对该资料作正态性检验和方差齐性检验.

表 8.28　白鼠尿中氨氮检测数据

白鼠	大白鼠营养试验中各组大鼠尿中氨氮排出量/(mg/6d)											
第一组	30	27	35	35	29	33	32	36	26	41	33	31
第二组	43	45	53	44	51	53	54	37	47	57	48	42
第三组	82	66	66	86	56	52	76	83	72	73	59	53

9. 以小白鼠为对象研究正常肝核糖核酸 (RNA) 对癌细胞的生物作用, 试验分别为对照组 (生理盐水)、水层 RNA 组和酚层 RNA 组, 分别用此三种不同的处理方法诱导肝癌细胞的果糖二膦酸酯酶 (FDP 酶) 活力, 数据如表 8.29 所示. 三种不同处理的诱导作用是否相同?

表 8.29　三种不同处理的诱导结果

处理方法	诱　导　结　果							
对照组	2.79	2.69	3.11	3.47	1.77	2.44	2.83	2.52
水层 RNA 组	3.83	3.15	4.70	3.97	2.03	2.87	3.65	5.09
酚层 RNA 组	5.41	3.47	4.92	4.07	2.18	3.13	3.77	4.26

10. 为研究人们在催眠状态下对各种情绪的反应是否有差异, 选取了 8 个受试者. 在催眠状态下, 要求每人按任意次序作出恐惧、愉快、忧虑和平静 4 种反应. 表 8.30 给出了各受试者在处于这 4 种情绪状态下皮肤电位的变化值. 试在 $\alpha = 0.05$ 下, 检验受试者在催眠状态下对这 4 种情绪的反应力是否有显著差异.

表 8.30　4 种情绪状态下皮肤的电位变化值　　　　　　　　(单位: mV)

情绪状态	受　试　者							
	1	2	3	4	5	6	7	8
恐惧	23.1	57.6	10.5	23.6	11.9	54.6	21.0	20.3
愉快	22.7	53.2	9.7	19.6	13.8	47.1	13.6	23.6
忧虑	22.5	53.7	10.8	21.1	13.7	39.2	13.7	16.3
平静	22.6	53.1	8.3	21.6	13.3	37.0	14.8	14.8

11. 为了提高化工厂的产品质量, 需要寻求最优反应温度与反应压力的配合. 为此, 选择如下水平:

A: 反应温度 (°C)

60　　　70　　　80

B: 反应压力 (kg)

2　　　2.5　　　3

在每个 $A_i B_j$ 条件下做两次试验, 其产量如表 8.31 所示.

(1) 对数据作方差分析 (应考虑交互作用);

(2) 求最优条件下平均产量的点估计和区间估计;

(3) 对 $A_i B_j$ 条件下的平均产量作多重比较.

表 8.31　试验数据

	A_1		A_2		A_3	
B_1	4.6	4.3	6.1	6.5	6.8	6.4
B_2	6.3	6.7	3.4	3.8	4.0	3.8
B_3	4.7	4.3	3.9	3.5	6.5	7.0

12. 根据经验, 今天与昨天的湿度差 X_1 及今天的压温差 X_2 (气压与温度之差) 是预报明天下雨或不下雨的两个重要因素. 现有一批已收集的数据资料, 如表 8.32 所示. 今测得 $x_1 = 8.1, x_2 = 2.0$, 试预报明天下雨还是不下雨?

表 8.32　湿度差与压温差数据

雨　　天		非 雨 天	
X_1 (湿度差)	X_2 (压温差)	X_1 (湿度差)	X_2 (压温差)
−1.9	3.2	0.2	0.2
−6.9	10.4	−0.1	7.5
5.2	2.0	0.4	14.6
5.0	2.5	2.7	8.3
7.3	0.0	2.1	0.8
6.8	12.7	−4.6	4.3
0.9	−15.4	−1.7	10.9
−12.5	−2.5	−2.6	13.1
1.5	1.3	2.6	12.8
3.8	6.8	−2.8	10.0

(1) 分别用距离判别 (考虑方差相同与方差不同两种情况) 和 Fisher 判别来得到所需要的结论;

(2) 画出数据的散点图以及距离判别 (方差相同、方差不同)、Fisher 判别的判别直线 (或曲线);

(3) 用 lda() 函数和 qda() 函数对问题作分析和预测, 看看计算结果与 R 软件中的函数 (lda() 和 qda()) 计算的结果有什么相同或不同.

13. 两种蠓虫 Af 和 Apf 已由生物学家 Grogan 和 Wirth (1981 年) 根据它们的触角长度和翼长加以区分, 现已知 9 只 Af 蠓虫和 6 只 Apf 蠓虫, 数据如表 8.33 所示. 根据给出的触角长度与翼长识别出一只标本是 Af 还是 Apf 是重要的. 试完成如下工作:

(1) 给定一只 Af 或 Apf 族的蠓虫, 你如何正确地区分它属于哪一族? 并将你的方法用于触角长和翼长分别为 $(1.24, 1.80), (1.28, 1.84), (1.40, 2.04)$ 的三个标本;

(2) 设 Af 为宝贵的传粉益虫, Apf 为某种疾病的载体, 是否应该修改你的分类方法, 若修改, 如何改.

14. 某医院研究心电图指标对健康人 (I)、硬化症患者 (II) 和冠心病患者 (III) 的鉴别能力. 现获得训练样本如表 8.34 所示.

(1) 用 lda() 函数和 qda() 函数对数据进行分析;

表 8.33　　已知的蠓虫数据

Af 蠓虫			Apf 蠓虫	
触角长度	翼长		触角长度	翼长
1.24	1.27		1.14	1.78
1.36	1.74		1.18	1.96
1.38	1.64		1.20	1.86
1.38	1.82		1.26	2.00
1.38	1.90		1.28	2.00
1.40	1.70		1.30	1.96
1.48	1.82			
1.54	1.82			
1.56	2.08			

(2) 用 plot() 函数画出三类点在线性判别第一分量和线性判别第二分量上的散点图;

(3) 将数据分成大致相等的三个组, 然后作 3 折交叉确认, 计算函数 lda() 和函数 qda(), 预测正确率和回代正确率, 试评价两个函数判别结果的优劣.

表 8.34　　三类 23 人的心电图指标数据

序号	类别	x_1	x_2	x_3	x_4
1	I	8.11	261.01	13.23	7.36
2	I	9.36	185.39	9.02	5.99
3	I	9.85	249.58	15.61	6.11
4	I	2.55	137.13	9.21	4.35
5	I	6.01	231.34	14.27	8.79
6	I	9.64	231.38	13.03	8.53
7	I	4.11	260.25	14.72	10.02
8	I	8.90	259.91	14.16	9.79
9	I	7.71	273.84	16.01	8.79
10	I	7.51	303.59	19.14	8.53
11	I	8.06	231.03	14.41	6.15
12	II	6.80	308.90	15.11	8.49
13	II	8.68	258.69	14.02	7.16
14	II	5.67	355.54	15.13	9.43
15	II	8.10	476.69	7.38	11.32
16	II	3.71	316.32	17.12	8.17
17	II	5.37	274.57	16.75	9.67
18	II	9.89	409.42	19.47	10.49
19	III	5.22	330.34	18.19	9.61
20	III	4.71	331.47	21.26	13.72
21	III	4.71	352.50	20.79	11.00
22	III	3.36	347.31	17.90	11.19
23	III	8.27	189.56	12.74	6.94

第9章　计算机模拟

在用传统方法难以解决的问题中, 有很大一部分可以用概率统计模型进行描述. 由于这类模型难以作定量分析, 得不到解析结果, 或者有解析结果, 但工作量太大以至于无法实现. 另外, 即使是确定性模型, 也有可能得不到解析的结果. 在这种情况下, 可以采用计算机模拟的方法来分析和解决问题.

本章介绍最基本的计算机模拟方法和与计算机模拟密不可分的 Monte Carlo 方法.

9.1　概率分析与 Monte Carlo 方法

9.1.1　概率分析

概率分析是指用概率的方法来分析和讨论随机模型. 下面请看一个例子.

例 9.1(赶火车问题)　一列火车从 A 站开往 B 站, 某人每天赶往 B 站上火车. 他已了解到火车从 A 站到 B 站的运行时间是服从均值为 30min, 标准差为 2min 的正态随机变量. 火车大约 13:00 离开 A 站, 此人大约 13:30 达到 B 站. 火车离开 A 站的时刻及概率如表 9.1 所示, 此人到达 B 站的时刻及概率如表 9.2 所示. 问他能赶上火车的概率是多少?

表 9.1　火车离开 A 站的时刻及概率

火车离站时刻	13:00	13:05	13:10
概率	0.7	0.2	0.1

表 9.2　某人到达 B 站的时刻及概率

人到站时刻	13:28	13:30	13:32	13:34
概率	0.3	0.4	0.2	0.1

解　记 T_1 为火车从 A 站出发的时刻, T_2 为火车从 A 站到达 B 站运行的时间, T_3 为此人到达 B 站的时刻. 因此, T_1, T_2 和 T_3 均是随机变量且 $T_2 \sim N(30, 2^2)$, T_1 和 T_3 的分布律如表 9.3 和表 9.4 所示. 在表 9.3 和表 9.4 中, 记 13:00 为时刻 $T = 0$.

通过分析可知, 此人能及时赶上火车的充分必要条件是 $T_1 + T_2 > T_3$. 由此得到, 此人赶上火车的概率为 $P\{T_1 + T_2 > T_3\}$. 上述分析方法称为概率分析.

表 9.3 T_1 的分布律

时刻 T_1	0	5	10
概率 p	0.7	0.2	0.1

表 9.4 T_3 的分布律

时刻 T_3	28	30	32	34
概率 p	0.3	0.4	0.2	0.1

还有许许多多的概率分析问题. 提到概率分析就必须提到 Monte Carlo(蒙特卡罗) 方法, 因为 Monte Carlo 方法是完成概率分析和计算机模拟的重要手段.

9.1.2 Monte Carlo 方法

Monte Carlo 方法, 又称为 Monte Carlo 模拟, 或统计试验方法, 或随机模拟等. 所谓模拟就是把某一现实或抽象系统的部分状态或特征, 用另一个系统 (称为模型) 来代替或模仿. 在模型上做试验称为模拟试验, 所构造的模型为模拟模型.

Monte Carlo 是摩纳哥国的世界著名赌城, 第二次世界大战期间, Von Neumann (冯·诺伊曼) 和 Ulam(乌拉姆) 将他们从事的与研制原子弹有关的秘密工作, 以赌城 Monte Carlo 作为秘密代号的称呼. 他们的具体工作是对裂变物质的中子随机扩散进行模拟.

Monte Carlo 方法的基本思想是将各种随机事件的概率特征 (概率分布、数学期望) 与随机事件的模拟联系起来, 用试验的方法确定事件的相应概率与数学期望. 因此, Monte Carlo 方法的突出特点是概率模型的解是由试验得到的, 而不是计算出来的.

此外, 模拟任何一个实际过程, Monte Carlo 方法都需要用到大量的随机数, 计算量很大, 人工计算是不可能的, 只能在计算机上实现.

1777 年, 法国科学家 Buffon (蒲丰) 提出了著名的投针问题, 这是几何概率早期的一个例子, 其问题如下:

例 9.2(Buffon 投针实验) 设平面上画有等距为 a 的一簇平行线. 取一枚长为 $l(l < a)$ 的针随意扔到平面上, 求针与平行线相交的概率.

解 设 x 表示针的中心到最近的一条平行线的距离, θ 表示针与此直线间的交角 (图 9.1(a)), 则 (θ, x) 完全决定针所落的位置. 针的所有可能的位置为

$$\Omega = \left\{ (\theta, x) \Big| 0 \leqslant \theta \leqslant \pi, \ 0 \leqslant x \leqslant \frac{a}{2} \right\}.$$

它可用 θx 平面上的一个矩形来表示 (图 9.1(b)). 针与平行线相交的充分必要条件

是 $x \leqslant \dfrac{l}{2}\sin\theta$, 即图 9.1(b) 中的阴影部分, 它的面积为

$$S_A = \int_0^\pi \frac{l}{2}\sin\theta \mathrm{d}\theta = l.$$

因此, 若把往平面上随意扔一枚针理解为 Ω 内的任一点为等可能, 并且记针与任一平行线相交的事件为 A, 则

$$P(A) = \frac{S_A}{S} = \frac{2l}{\pi a}. \tag{9.1}$$

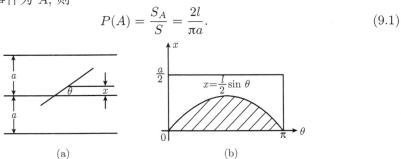

图 9.1　Buffon 投针的几何概率

由式 (9.1) 可以利用投针试验计算 π 值. 设随机投针 n 次, 其中 k 次针线相交, 当 n 充分大时, 可用频率 $\dfrac{k}{n}$ 作为概率 p 的估计值, 从而求得 π 的估计值为

$$\hat{\pi} = \frac{2ln}{ak}. \tag{9.2}$$

由于答案与 π 有关, 不少学者都做过类似的试验. 表 9.5 给出相应的历史资料 (将 a 折算为 1).

表 **9.5**　**投针试验的历史资料**

试验者	年份	针长	投掷次数	相交次数	π 的试验值
Wolf	1850	0.8	5000	2532	3.1596
Smith	1855	0.6	3204	1218.5	3.1554
Dc Morgan	1860	1.0	600	382.5	3.137
Fox	1884	0.75	1030	489	3.1595
Lazzerini	1901	0.83	3408	1808	3.1415929
Reina	1925	0.5419	2520	359	3.1795

这里采用的方法是建立一个概率模型, 它与某些感兴趣的量 (如 π) 有关, 然后设计适当的随机试验, 并通过这个试验的结果来确定这些量.

下面用 Monte Carlo 方法来完成 Buffon 投针试验. 根据式 (9.2), 可用 R 软件对 Buffon 投针试验进行随机模拟, 并得到 π 的估计值.

Buffon 的投针试验在计算机上实现, 需要以下两个步骤:

(1) 产生随机数. 首先产生 n 个相互独立的随机变量 θ, x 的抽样序列 $\theta_i, x_i(i = 1, 2, \cdots, n)$, 其中 $\theta_i \sim U(0, \pi)$, $x \sim U\left(0, \dfrac{a}{2}\right)$.

(2) 模拟试验. 检验不等式

$$x_i \leqslant \frac{l}{2}\sin\theta_i \tag{9.3}$$

是否成立. 若式 (9.3) 成立, 则表示第 i 次试验成功 (即针与平行线相交). 设 n 次试验中有 k 次成功, 则 π 的估值为

$$\hat{\pi} = \frac{2ln}{ak}, \tag{9.4}$$

其中 $a > l$ 均为预先给定的.

将上述步骤编写成 R 模拟程序 (程序名: buffon.R) 如下:

```
buffon<-function(n, l=0.8, a=1){
    theta<-runif(n, 0, pi); x<-runif(n, 0, a/2)
    k <- sum(x <= l/2*sin(theta))
    2*l*n/(k*a)
}
```

调用已编好的 R 程序 buffon.R, 进行模拟, 取 $n = 100000, l = 0.8, a = 1$.

```
> source("buffon.R")
> buffon(100000, l=0.8, a=1)
[1] 3.142986
```

Buffon 的投针试验的模拟过程虽然简单, 但基本反应了 Monte Carlo 方法求解实际问题的基本步骤, 大体需要有建模、模型改进、模拟试验和求解 4 个过程.

为了便于理解模型改进, 这里用概率分析方法再讨论求 π 的另一种模拟方法.

例 9.3 用概率分析方法进行模拟, 计算圆周率 π 的估计值.

解 考虑服从 $(0, 1)$ 区间上均匀分布的独立随机变量 X 与 Y, 因此, 二维随机变量 (X, Y) 的联合概率密度为

$$f(x, y) = \begin{cases} 1, & 0 < x < 1, 0 < y < 1, \\ 0, & \text{其他}, \end{cases}$$

则 $P\{X^2 + Y^2 \leqslant 1\} = \dfrac{\pi}{4}$.

考虑边长为 1 的正方形, 以一个角 (点 O) 为圆心, 1 为半径的 1/4 圆弧. 然后, 在正方形内等概率地产生 n 个随机点 (x_i, y_i) $(i = 1, 2, \cdots, n)$, 即 x_i 和 y_i 是 $(0, 1)$ 上均匀分布的随机数, 如图 9.2 所示. 设 n 个点中有 k 个落在 1/4 圆内, 即有 k 个

点 (x_i, y_i) 满足 $x_i^2 + y_i^2 \leqslant 1$, 则当 $n \to \infty$ 时有如下关系:

$$\left(\frac{k}{n}\right)_{n \to \infty} \to \frac{1/4\text{圆面积}}{\text{正方形面积}}, \quad \left(\frac{k}{n}\right)_{n \to \infty} \to \frac{\pi}{4}.$$

因此, π 的估计值为 $\hat{\pi} = \dfrac{4k}{n}$.

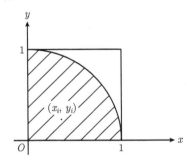

图 9.2 用 Monte Carlo 方法求 π 的估计值

下面是编写的模拟程序 (程序名: MC1.R).

```
MC1 <- function(n){
  x <- runif(n); y <- runif(n)
  4*sum(x^2+y^2 <= 1)/n
}
```

在程序中, runif() 是产生均匀分布的随机数, 其使用方法为 runif(n, a, b) 产生 n 个 (a, b) 区间上均匀分布的随机数, 若 a, b 值省缺, 则产生 n 个 $(0, 1)$ 区间上均匀分布的随机数. 调用 MC1 函数, 取 $n = 100000$ 得到

```
> source("MC1.R"); MC1(100000)
```

`[1] 3.14268`

上面讨论的用 Monte Carlo 方法求 π 的方法, 本质上就是用 Monte Carlo 方法求定积分 $\displaystyle\int_0^1 \sqrt{1 - x^2}\mathrm{d}x$. 下面给出求定积分的一般方法.

例 9.4 用 Monte Carlo 方法求定积分

$$I = \int_a^b g(x)\mathrm{d}x. \tag{9.5}$$

解 图 9.3(a) 的阴影面积表示是定积分 (9.5) 的值. 为简化问题, 将函数限制在单位正方形 ($0 \leqslant x \leqslant 1, 0 \leqslant y \leqslant 1$) 内, 如图 9.3(b) 所示. 只要函数 $g(x)$ 在区间 $[a, b]$ 内有界, 则适当地选择坐标轴的比例尺度, 总可以得到图 9.3(b) 的形式.

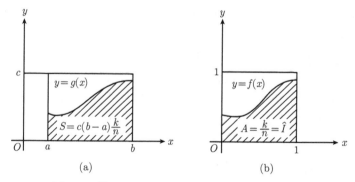

图 9.3 用 Monte Carlo 方法求定积分的示意图

现在只考虑图 9.3(b) 的情况, 计算定积分

$$I = \int_0^1 f(x)\mathrm{d}x. \tag{9.6}$$

令 x, y 为相互独立的 $(0, 1)$ 区间上均匀的随机数, 在单位正方形内随机地投掷 n 个点 $(x_i, y_i)(i = 1, 2, \cdots, n)$. 若第 j 个随机点 (x_j, y_j) 落于曲线 $f(x)$ 下的区域 (图 9.3(b) 内有阴影的区域) 内, 则表明第 j 次试验成功, 这相应于满足概率模型

$$y_j \leqslant f(x_j). \tag{9.7}$$

设成功的总点数有 k 个, 总的试验次数为 n, 则由强大数定律有

$$\lim_{n \to \infty} \frac{k}{n} = p,$$

从而有

$$\hat{I} = \frac{k}{n} \approx p. \tag{9.8}$$

显然, 概率 p 即为图 9.3(b) 的面积 A, 从而随机点落在区域 A 的概率 p 恰为所求积分的估值 $\hat{I}$.

综上所述, 可以把 Monte Carlo 方法解题的一般过程归纳为以下三点:

(1) 构造问题的概率模型. 对随机性质的问题, 如中子碰撞、粒子扩散运动等, 主要是描述和模拟运动的概率过程. 建立概率模型或判别式. 这一问题在后面的应用中还将进一步讨论.

对确定性问题, 如确定 π 值、计算定积分, 则需将问题转化为随机性问题, 如图 9.3(a) 计算连续函数 $g(x)$ 在区间 $[a, b]$ 上的定积分, 则是在 $c(b - a)$ 的有界区域内产生若干随机点, 并计数满足不等式 $y_j \leqslant g(x_j)$ 的点数, 从而构成了问题的概率模型.

(2) 从已知概率分布抽样. 从已知概率分布抽样, 实际上是产生已知分布的随机数序列, 从而实现对随机事件的模拟. 例如, 要得到估值 $\hat{I}$, 关键在于产生 $f(x)$ 的抽样序列 $f(x_1), f(x_2), \cdots, f(x_n)$, 即产生具有密度函数 $f(x)$ 的随机序列.

(3) 建立所需的统计量. 对求解的问题用试验的随机变量 k/n 作为问题解的估值, 若 k/n 的期望值恰好是所求问题的解, 则所得结果为无偏估计, 这种情况在 Monte Carlo 方法中用得最多. 除无偏估计外, 有时也用极大似然估计、渐近估计等.

9.1.3　Monte Carlo 方法的精度分析

Monte Carlo 方法是以随机变量抽样的统计估值去推断概率分布的, 抽样不是总体, 这里就有一个误差估计的重要问题. Monte Carlo 方法所能达到的精度与其应用范围的大小紧密相关. 通常希望能以较少的试验次数 (即较低的费用) 得到较高的精度, 下面来讨论这一问题.

设有随机变量 X, 其抽样值为 $x_1, x_2, \cdots$, 现欲求其期望值 $E(X)$, 可以有两种方法.

1. 随机投点方法

随机投点方法 (见例 9.3 和例 9.4) 是进行 n 次试验, 当 n 充分大时, 以随机变量 k/n 作为期望值 $E(X)$ 的近似估值, 即

$$E(X) \approx \overline{p} = \frac{k}{n},$$

其中 k 为 n 次试验中成功的次数.

若一次投点试验的成功概率为 p, 并有

$$X_i = \begin{cases} 1, & \text{表明试验成功}, \\ 0, & \text{表明试验失败}, \end{cases}$$

则一次试验成功的均值与方差为

$$E(X_i) = 1 \cdot p + 0 \cdot (1-p) = p,$$
$$\text{var}(X_i) = 1^2 \cdot p + 0^2 \cdot (1-p) - p^2 = p(1-p).$$

若进行 n 次试验, 其中 k 次试验成功, 则 k 为具有参数为 (n, p) 的二项分布. 此时, 随机变量 k 的估值为

$$\overline{p} = \frac{k}{n}.$$

显然, 随机变量 $\overline{p}$ 的均值和方差满足

$$E(\overline{p}) = E\left(\frac{k}{n}\right) = \frac{1}{n}E(k) = p, \quad \text{var}(\overline{p}) = \frac{p(1-p)}{n},$$

因而标准差 $S = \sqrt{p(1-p)/n}$. 当 $p = 0.5$ 时, 标准差达到最大.

现在讨论当试验次数 n 取多大时, 不等式 $|\bar{p} - p| < \varepsilon$ 的概率为 $1 - \alpha$, 即

$$P\{|\bar{p} - p| < \varepsilon\} = 1 - \alpha. \tag{9.9}$$

这就是说, 式 (9.9) 的置信度为 α, 其精度为 ε. 例如, 若取 $\alpha = 0.05$, $\varepsilon = 0.01$, 则在 100 次试验中, 估值 $\bar{p}$ 与真值 p 之差大约有 95 次不超过 1% 的误差.

由中心极限定理可知, 当 $n \to \infty$ 时, $(\bar{p} - p)/S$ 渐近于标准正态分布 $N(0, 1)$, 因此有

$$P\left\{\frac{|\bar{p} - p|}{S} < Z_{\alpha/2}\right\} = 1 - \alpha, \tag{9.10}$$

其中 $Z_{\alpha/2}$ 为正态分布的上 $\alpha/2$ 分位点.

比较式 (9.9) 和式 (9.10) 得到

$$\varepsilon = Z_{\alpha/2} S = Z_{\alpha/2} \sqrt{\frac{p(1-p)}{n}},$$

从而有

$$n \geqslant \frac{p(1-p)}{\varepsilon^2} Z_{\alpha/2}^2. \tag{9.11}$$

例 9.3 是用随机投点法来估计圆周率 π, 下面来计算它需要多少次试验, 才能达到精度要求.

例 9.5(续例 9.3) 在置信度为 5%, 精度要求为 0.01 的情况下, 求例 9.3 所需的试验次数.

解 由题意知, $\alpha = 0.05$, 因为 $\pi/4$ 就是模拟的期望值, 所以得到 $p = \pi/4 = 0.785$, $\varepsilon = 0.01/4$. 查表或经计算 (qnorm(1-0.05/2)) 得到 $Z_{\alpha/2} = 1.96$. 因此,

$$n = \left\lceil \frac{p(1-p)}{\varepsilon^2} Z_{\alpha/2}^2 \right\rceil = \left\lceil \frac{0.785 \times 0.215 \times 1.96^2}{(0.01/4)^2} \right\rceil = 103739,$$

其中 $\lceil \cdot \rceil$ 表示上取整, 即大于等于该数的最小整数.

因此, 作 100000 次模拟, 得到 π 的模拟值与真实值有 95% 的可能误差在 1% 以内.

按式 (9.11) 可得到不同精度 ε 和不同概率 p 情况下随机投点方法的试验次数, 如表 9.6 所示.

表 9.6 投点算法的试验次数 ($\alpha = 0.05$)

p	$\varepsilon = 0.05$	$\varepsilon = 0.01$	$\varepsilon = 0.005$	$\varepsilon = 0.001$
0.1(0.9)	140	3500	14000	350000
0.2(0.8)	250	6200	25000	620000
0.3(0.7)	330	8100	33000	810000
0.4(0.6)	370	9300	37000	930000
0.5(0.5)	390	9600	39000	960000

2. 平均值方法

平均值方法是用 n 次试验的平均值

$$\overline{x} = \frac{1}{n}(x_1 + x_2 + \cdots + x_n) = \frac{1}{n}\sum_{i=1}^{n} x_i$$

作为 X 的期望值 $E(X)$ 的估计值.

设有 n 个独立同分布的随机变量序列 $x_1, x_2, \cdots, x_n$, 其均值为 μ, 方差为 σ^2, 记 $\overline{x} = \frac{1}{n}\sum_{i=1}^{n} x_i$, 则 $\dfrac{\overline{x} - \mu}{\sigma/\sqrt{n}}$ 渐近地服从标准正态分布. 也就是说, 当 $n \to \infty$ 时有

$$P\left\{\left|\frac{\overline{x} - \mu}{\sigma/\sqrt{n}}\right| \leqslant Z_{\alpha/2}\right\} \to 1 - \alpha.$$

或者

$$P\left\{|\overline{x} - \mu| \leqslant Z_{\alpha/2}\,\sigma/\sqrt{n}\right\} = 1 - \alpha.$$

同样, 若要求 $|\overline{x} - \mu| \leqslant \varepsilon$, 则

$$\varepsilon = \frac{Z_{\alpha/2}\,\sigma}{\sqrt{n}},$$

从而有

$$n \geqslant \frac{Z_{\alpha/2}^2\,\sigma^2}{\varepsilon^2}. \tag{9.12}$$

式 (9.12) 即为平均值方法在给定 α 和 ε 下所需的试验次数.

在进行计算时, 通常并不知道方差 σ^2, 一般用其估计值代替, 即先做 n_0 次试验, 得到方差 σ^2 的估计值

$$S^2 = \frac{1}{n_0 - 1}\sum_{i=1}^{n_0}(x_i - \overline{x})^2.$$

在得到 S^2 后, 用 S^2 近似式 (9.12) 中的 σ^2, 则平均值方法的试验次数为

$$n \geqslant \frac{Z_{\alpha/2}^2 S^2}{\varepsilon^2}. \tag{9.13}$$

若 $n > n_0$, 则需要做补充试验.

例 9.6　用平均值法估计圆周率 π, 并考虑置信度为 5%, 精度要求为 0.01 的情况下所需的试验次数.

解　事实上, 计算 $\pi/4$ 本质上就是用概率的方法计算积分 $\displaystyle\int_0^1 \sqrt{1 - x^2}\,\mathrm{d}x$. 也

就是说, 随机变量 $X \sim U[0,1]$, 令 $g(X) = \sqrt{1 - X^2}$, 其期望值为

$$E[g(X)] = \int_{-\infty}^{\infty} g(x)\mathrm{d}x = \int_0^1 \sqrt{1 - x^2}\mathrm{d}x = \frac{\pi}{4}.$$

因此,

$$\frac{\pi}{4} = E[g(X)] \approx \frac{1}{n}\sum_{i=1}^n \sqrt{1 - x_i^2}, \tag{9.14}$$

其中 x_i 为 [0,1] 区间上均匀分布的随机数.

　　按式 (9.14) 编写 R 程序 (程序名: MC1_2.R) 如下:

```
MC1_2 <- function(n){
    x <- runif(n)
    4*sum(sqrt(1-x^2))/n
}
```

作 10 万次模拟,

```
> source("MC1_2.R"); MC1_2(100000)
[1] 3.141816
```

　　下面估计所需的试验次数. 由式 (9.12) 可知, 其关键是求方差 σ^2. 由统计知识得到

$$\begin{aligned}
\sigma^2 &= E[g(X)^2] - (E[g(X)])^2 = \int_0^1 (1 - x^2)\mathrm{d}x - \left(\frac{\pi}{4}\right)^2 \\
&= \frac{2}{3} - \left(\frac{\pi}{4}\right)^2 = 0.04981641.
\end{aligned}$$

此时, $\alpha = 0.05$, $Z_{\alpha/2} = 1.96$, $\varepsilon = 0.01/4$, 所以

$$n = \left\lceil \frac{Z_{\alpha/2}^2 \sigma^2}{\varepsilon^2} \right\rceil = \left\lceil \frac{1.96^2 \times 0.04981641}{(0.01/4)^2} \right\rceil = 30620.$$

　　可见, 在达到同样精度的情况下, 用平均值法的随机试验次数只是随机投点法的 1/3. 从例 9.6 可以看出, 平均值法要优于随机投点法.

　　从例 9.6 的计算过程可以得到用平均值法计算一般定积分的方法.

　　例如, 要计算定积分 $\displaystyle\int_a^b g(x)\mathrm{d}x$. 令 $y = (x - a)/(b - a)$, 则有 $\mathrm{d}y = \mathrm{d}x/(b - a)$,

$$I = \int_a^b g(x)\mathrm{d}x = \int_0^1 g(a + (b - a)y)(b - a)\mathrm{d}y = \int_0^1 h(y)\mathrm{d}y,$$

其中 $h(y) = (b - a)g(a + (b - a)y)$.

若 $Y \sim U(0,1)$, 则

$$E[h(Y)] = \int_{-\infty}^{\infty} h(y)f(y)\mathrm{d}y = \int_{0}^{1} h(y)\mathrm{d}y = I,$$

所以

$$I \approx \frac{1}{n}\sum_{i=1}^{n} h(y_i) = \frac{1}{n}\sum_{i=1}^{n}(b-a)g(a+(b-a)y_i),$$

其中 y_i 为 [0,1] 区间上均匀分布的随机数.

综上讨论, 可归纳如下:

(1) Monte Carlo 方法的估值精度 ε 与试验次数 n 的平方根成反比, 即 $\varepsilon \propto 1/\sqrt{n}$. 若精度 ε 提高 10 倍, 则试验次数 n 需要增加 100 倍, 这意味着解题的时间要慢 100 倍, 故收敛速度慢是 Monte Carlo 方法的主要缺点;

(2) 式 (9.11) 和式 (9.13) 表明, 当 ε 一定时, 试验次数 n 取决于方差的数值, 即 $n \propto S^2$, 因而降低方差是加速 Monte Carlo 方法收敛的主要途径;

(3) Monte Carlo 方法的精度估计具有概率性质, 它并不能断言精度一定小于 ε, 而只是表明计算精度以接近于 1 的概率不超过 ε.

9.2　随机数的产生

在 9.1 节介绍的 Monte Carlo 方法中, 需要用到随机数, 本节介绍随机数产生的方法.

随机数产生的方法大致可分为三类. 第一类是利用专门的随机数表. 有一些已制备好的随机数表可供使用, 原则上可以把随机数表输入到计算机中储存起来以备使用, 但由于计算时常常需要大量的随机数而计算机的储存量有限, 因此, 这种方法一般不采用. 第二类是用物理装置, 即随机数发生器产生随机数, 但其成本太高. 第三类是用专门的数学方法用计算机计算出来. 这些数一般是按一定规律递推计算出来的, 因此, 它们不是真正的随机数 (称为伪随机数), 所得的数列经过一定时间会出现周期性的重复. 但是如果计算方法选得恰当, 它们是可以同真正的随机数有近似的随机特征. 它最大的优点是计算速度快, 占用内存小, 并可用计算机来产生和检验.

下面介绍几种常用的随机数产生的方法.

9.2.1　均匀分布随机数的产生

1. 乘同余法

用以产生 (0, 1) 均匀分布随机数的递推公式为

$$x_i = \lambda x_{i-1}(\mathrm{mod}\ M), \quad i = 1, 2, \cdots, \tag{9.15}$$

其中 λ 为乘因子 (简称为乘子), M 为模数. 给定一个初始值 x_0 后, 就可以利用式 (9.15), 计算出序列 $x_1, x_2, \cdots, x_k, \cdots$. 再取

$$r_i = \frac{x_i}{M}, \tag{9.16}$$

则 r_i 就是均匀分布的第 i 个随机数.

由于 x_i 是除数为 M 的被除数的余数, 所以有 $0 \leqslant x_i \leqslant M$, 则 $0 \leqslant r_i \leqslant 1$. 因此, 序列 $\{r_i\}$ 是 $(0,1)$ 区间上的均匀分布. 由式 (9.15) 和式 (9.16) 可以看出, 每一个 x_i, r_i 至多有 M 个互异的值. 因此, x_i, r_i 是有周期 L 的, 即 $L \leqslant M$, 所以 $\{r_i\}$ 不是真正的随机数列. 但是当 L 充分大时, 在一个周期内的数可能经受得住独立性和均匀性检验, 而这些完全取决于参数 x_0, λ, M 的选择. 一些文献推荐下列参数: 取 $x_0 = 1$ 或正奇数, $M = 2^k$, $\lambda = 5^{2q+1}$, 其中 k, q 都为正整数, k 越大, 则 L 越大. 若计算机位数为 n, 则一般取 $k \leqslant n$, q 为满足 $5^{2q+1} < 2^n$ 的最大整数.

2. 混合同余法

混合同余法的递推公式为

$$x_i = (\lambda x_i + c)(\mathrm{mod}\ M), \quad i = 1, 2, \cdots, \tag{9.17}$$
$$r_i = \frac{x_i}{M}. \tag{9.18}$$

通过适当地选取参数可以改善伪随机数的统计性质. 例如, 若 c 取正整数, $M = 2^k$, $\lambda = 4q + 1$, x_0 取任意非负整数, 则可产生随机性好且有最大周期 $L = 2^k$ 的序列 $\{r_i\}$.

9.2.2 均匀随机数的检验

由于算法产生的随机数是伪随机数, 因此, 需要对产生的伪随机数进行统计检验, 下面介绍两种常用的检验方法.

1. 参数检验

若总体 X 服从 $(0,1)$ 区间上的均匀分布, 则

$$E(X) = \frac{1}{2}, \quad \mathrm{var}(X) = E(X^2) - [E(X)]^2 = \frac{1}{12},$$
$$E(X^2) = \frac{1}{3}, \quad \mathrm{var}(X^2) = E(X^4) - [E(X^2)]^2 = \frac{4}{45}.$$

若 $r_1, r_2, \cdots, r_n$ 是 n 个来自总体 X 的独立的观测值, 令

$$\bar{r} = \frac{1}{n}\sum_{i=1}^{n} r_i, \quad \bar{r}^2 = \frac{1}{n}\sum_{i=1}^{n} r_i^2,$$

则它们的均值和方差分别为

$$E\left(\bar{r}\right) = \frac{1}{2}, \quad \mathrm{var}\left(\bar{r}\right) = \frac{1}{12n}, \quad E\left(\bar{r}^2\right) = \frac{1}{3}, \quad \mathrm{var}\left(\bar{r}^2\right) = \frac{4}{45n}.$$

由中心极限定理, 当 n 较大时, 统计量

$$u_1 = \frac{\bar{r} - E\left(\bar{r}\right)}{\sqrt{\mathrm{var}\left(\bar{r}\right)}} = \sqrt{12n}\left(\bar{r} - \frac{1}{2}\right), \tag{9.19}$$

$$u_2 = \frac{\bar{r}^2 - E\left(\bar{r}^2\right)}{\sqrt{\mathrm{var}\left(\bar{r}^2\right)}} = \frac{1}{2}\sqrt{45n}\left(\bar{r} - \frac{1}{3}\right) \tag{9.20}$$

渐近地服从标准正态分布 $N(0,1)$. 当给定显著性水平 α 后, 即可根据正态分布表确定的临界值, 判断 $\bar{r}$ 与 X 的均值 $E(X)$ 和 $\bar{r}^2$ 与 X^2 的均值 $E(X^2)$ 的差异是否显著, 从而决定能否把 $r_1, r_2, \cdots, r_n$ 看成来自总体为区间 $(0,1)$ 上均匀分布的随机数 X 的 n 个独立的取值. 检验时, 一般可取显著性水平 $\alpha = 0.05$, 此时, 临界值为 1.96, 即当 $|u_i| > 1.96$ 时认为有显著差异.

2. 均匀性检验

随机数的均匀性检验又称为频率检验, 它用来检验经验频率和理论频率是否有显著性差异.

把区间 $[0, 1)$ 分成 k 等分, 以 $\left[\dfrac{i-1}{k}, \dfrac{i}{k}\right)$ $(i = 1, 2, \cdots, k)$ 表示第 i 个子区间. 若 r_s 是 $[0,1)$ 上均匀分布的随机数 X 的一个取值, 则它落在每个子区间的概率均应等于这些子区间的长度 $\dfrac{1}{k}$, 故 n 个点中落在第 i 个子区间上的平均数为 $m_i = np_i = \dfrac{n}{k}$. 设实际上, $r_1, r_2, \cdots, r_n$ 中属于第 i 个子区间的数目为 n_i, 则统计量

$$\chi^2 = \sum_{i=1}^{k} \frac{(n_i - m_i)^2}{m_i} = \frac{k}{n}\sum_{i=1}^{k}\left(n_i - \frac{n}{k}\right)^2 \tag{9.21}$$

渐近地服从自由度为 $k-1$ 的 χ^2 分布. 据此进行显著性检验, 通常取显著性水平 $\alpha = 0.05$, 由自由度为 $k-1$ 的 χ^2 分布表查出临界值 $\chi^2_{0.05}(k-1)$. 如果 $\chi^2 > \chi^2_{0.05}(k-1)$, 则拒绝均匀性假设.

3. 独立性检验

独立性检验主要检验随机数 $r_1, r_2, \cdots, r_n$ 中前后的统计相关性是否显著. 已经知道, 两个随机变量的相关系数反映了它们之间的线性相关程度. 若两个随机变量相互独立, 则它们的相关系数必为 0(反之不一定). 因此, 可用相关系数来检验随机变量的独立性.

给定随机数 $r_1, r_2, \cdots, r_n$, 计算前后相距为 k 的样本的相关系数为

$$\rho_k = \left(\frac{1}{n-k} \sum_{i=1}^{n-k} r_i r_{i+k} - (\overline{r})^2 \right) \Big/ S^2, \quad k = 1, 2, \cdots, \tag{9.22}$$

其中 $S^2 = \dfrac{1}{n-1} \sum_{i=1}^{n} (r_i - \overline{r})^2$.

对若干个不同的 k 值作检验, 提出原假设 H_{0k}: $\rho_k = 0$. 若假设成立, 则当 $n-k$ 充分大时, 统计量 ρ_k 渐近于标准正态分布 $N(0,1)$. 在给定显著性水平下, 若拒绝原假设, 则可认为 $r_1, r_2, \cdots, r_n$ 有一定的线性相关性, 则它们不是相互独立的.

随机数的统计检验除上述三种检验外, 还有其他的检验方法, 还可以用到前面章节讲过的参数检验或分布数检验的方法进行检验, 调用相应的检验函数.

9.2.3 任意分布随机数的产生

1. 离散型随机变量的情形

设随机变量 X 具有分布律 $P\{X = x_i\} = p_i (i = 1, 2, \cdots)$. 令 $p^{(0)} = 0$, $p^{(i)} = \sum\limits_{j=1}^{i} p_j \ (i = 1, 2, \cdots)$, 将 $\{p^{(i)}\}$ 作为区间 $(0,1)$ 上的分位点. 设 r 是区间 $(0,1)$ 上均匀分布的随机变量, 当且仅当 $p^{(i-1)} < r \leqslant p^{(i)}$ 时, 令 $X = x_i$, 则

$$P\{p^{(i-1)} < r \leqslant p^{(i)}\} = P\{X = x_i\} = p^{(i)} - p^{(i-1)} = p_i, \quad i = 1, 2, \cdots.$$

具体的执行过程是每产生 $(0,1)$ 区间上的一个随机数 r, 若 $p^{(i-1)} < r \leqslant p^{(i)}$, 则令 $X = x_i$.

例 9.7　产生具有如下分布律 (表 9.7) 的离散型随机变量 X 的随机数:

表 9.7

$X = x_i$	0	1	2
p_i	0.3	0.3	0.4

解　设 $r_1, r_2, \cdots, r_n$ 是 $(0,1)$ 上均匀分布的随机数, 令

$$x_i = \begin{cases} 0, & 0 < r_i \leqslant 0.3, \\ 1, & 0.3 < r_i \leqslant 0.6, \\ 2, & 0.6 < r_i \leqslant 1, \end{cases} \tag{9.23}$$

则 $x_1, x_2, \cdots, x_n$ 是具有 X 的分布律的随机数.

例 9.8　产生 Poisson 分布的随机数.

解　Poisson 分布是离散型分布, Poisson 分布的分布律为

$$P\{X = k\} = \frac{\lambda^k \mathrm{e}^{-\lambda}}{k!}, \quad k = 0, 1, 2, \cdots . \tag{9.24}$$

因此, 由 $(0,1)$ 区间上均匀分布产生的随机数 r, 并给出参数 λ 值之后, 可由

$$\mathrm{e}^{-\lambda} \sum_{j=0}^{k-1} \frac{\lambda^j}{j!} < r \leqslant \mathrm{e}^{-\lambda} \sum_{j=0}^{k} \frac{\lambda^j}{j!}, \quad k = 0, 1, 2, \cdots \tag{9.25}$$

确定出 k 值, 并令 $X = k$, 则 X 为具有 Poisson 分布 (9.24) 的随机数.

2. 连续型随机变量的情形

一般来说, 对具有给定分布的连续型随机变量 X, 均可利用 $(0,1)$ 区间上均匀分布的随机数来产生分布的随机数, 其中最常用的方法是反函数法.

设连续型随机变量 X 的概率密度函数为 $f(x)$, 令

$$r = \int_{-\infty}^{x} f(t)\mathrm{d}t,$$

则 r 为 $(0,1)$ 区间上均匀分布的随机变量. 当给出了 $(0,1)$ 区间上的均匀随机数 $r_1, r_2, \cdots$ 时, 可根据方程

$$r_i = \int_{-\infty}^{x_i} f(t)\mathrm{d}t, \quad i = 1, 2, \cdots \tag{9.26}$$

解出 $x_1, x_2, \cdots$. 此时, $x_1, x_2, \cdots$ 可作为随机变量 X 的随机数.

例 9.9　产生参数为 λ 的指数分布的随机数.

解　由于指数分布的概率密度为 $f(x) = \lambda \mathrm{e}^{-\lambda x} (x > 0)$, 于是由式 (9.6) 得到

$$r_i = \int_0^{x_i} \lambda \mathrm{e}^{-\lambda t}\mathrm{d}t = 1 - \mathrm{e}^{-\lambda x_i}, \quad i = 1, 2, \cdots ,$$

即

$$x_i = -\frac{1}{\lambda} \ln(1 - r_i), \quad i = 1, 2, \cdots .$$

由于 $1 - r_i$ 与 r_i 具有相同的分布, 故上式可简化为

$$x_i = -\frac{1}{\lambda} \ln r_i, \quad i = 1, 2, \cdots . \tag{9.27}$$

反函数方法是一种普通的方法, 但是当反函数难以求得时, 此方法不宜使用.

9.2.4　正态分布随机数的产生

这里介绍两种产生正态分布随机数的方法.

1. 极限近似法

设 $r_1, r_2, \cdots, r_n$ 是 $(0,1)$ 区间上 n 个独立的均匀分布的随机数, 由中心极限定理得到

$$x = \frac{\sum\limits_{i=1}^{n} r_i - \dfrac{n}{2}}{\sqrt{n/12}} \tag{9.28}$$

近似地服从正态分布 $N(0,1)$. 为了保证一定的精度, 式 (9.28) 中的 n 应取得足够大, 一般取 $n = 10$ 左右. 为方便起见, 可取 $n = 12$. 此时, (9.28) 有最简单的形式

$$x = \sum_{i=1}^{12} r_i - 6. \tag{9.29}$$

若 r_i 是 $(0,1)$ 上的随机数, 则 $1 - r_i$ 也是 $(0,1)$ 上的随机数. 因此, 式 (9.29) 可以改写为

$$x = \sum_{i=1}^{6} r_i - \sum_{i=7}^{12} r_i. \tag{9.30}$$

若随机数 x 服从 $N(0,1)$, 令

$$y = \sigma x + \mu, \tag{9.31}$$

则 y 是正态分布 $N(\mu, \sigma^2)$ 的随机数. 由此可以得到任意参数 μ, σ^2 的正态分布的随机数.

2. 坐标变换法

可以证明有如下关系: 当 r_1, r_2 是两个相互独立的 $(0,1)$ 区间上均匀分布的随机数时, 作变换

$$x_1 = \sqrt{-2\ln r_1} \cos(2\pi r_2), \quad x_2 = \sqrt{-2\ln r_1} \sin(2\pi r_2), \tag{9.32}$$

则 x_1, x_2 是两个独立的标准正态分布 $N(0,1)$ 的随机数. 再由式 (9.31) 可以得到任意参数的正态分布 $N(\mu, \sigma^2)$ 的两个独立的随机数.

9.2.5 用 R 软件生成随机数

前面讲了各种产生随机数的方法, 实际上, 有很多软件可以自动生成各种分布的随机数. 现以 R 软件为例, 介绍用计算机软件生成随机数的方法.

在 R 软件中列出了各种分布 (表 7.1), 在这些分布的函数前加 r, 则表示生成该分布的随机数. 例如,

(1) runif 为产生均匀分布的随机数, 其使用格式为

```
runif(n, min=0, max=1)
```
在函数中, 参数 n 是产生随机数的个数, 如果 length(n)>1, 则 n 由 length(n) 代替. min 和 max 是分布的下界和上界且必须有限, 当 min 和 max 缺省时, 产生 $(0, 1)$ 区间上的随机数.

(2) rnorm 为产生正态分布的随机数, 其使用格式为
```
rnorm(n, mean=0, sd=1)
```
在函数中, 参数 n 是产生随机数的个数, 如果 length(n)>1, 则 n 由 length(n) 代替. mean 是均值 μ(默认值为 0). sd 是标准差 σ(默认值为 1). 当 mean 和 sd 省缺时, 产生标准正态分布 $N(0,1)$ 的随机数.

(3) rpois 为产生 Poisson 分布的随机数, 其使用格式为
```
rpois(n, lambda)
```
在函数中, 参数 n 是产生随机数的个数. lambda 是参数 λ.

例 9.10　用 R 软件产生具有例 9.7 的分布律的随机数 10 个.

解　产生随机数的方法有两种. 第一, 按照式 (9.23) 的方法产生随机数, 即先产生 0-1 上均匀分布的随机数 r_i, 再根据 r_i 的值由式 (9.23) 确定出 x_i.

第二, 用函数 sample() 产生所需要的随机数
```
> sample(x=0:2, size=10, replace=T, prob=c(0.3, 0.3, 0.4))
[1] 2 2 1 2 2 0 0 1 2 1
```

9.3　系 统 模 拟

系统模拟是研究系统的重要方法. 对于一个结构复杂的系统, 要建立一个数学模型来描述它是非常困难的, 甚至是做不到的. 即使能构造出数学模型, 但由于结构复杂, 采用解析的方法得到模型的解也并非易事, 或者根本不可能得到解析解. 有些系统, 虽然结构并不复杂, 但其内部机理有不明确的 "黑箱" 系统, 因此, 无法采用解析的方法来分析问题. 对于这类系统, 采用模拟的方法不失为一种求解的好方法.

9.3.1　连续系统模拟

状态随着时间连续变化的系统称为连续系统. 已经知道, 电子计算机的工作状态是离散化和数字化的. 因此, 对连续系统的计算机模拟只能是近似的, 获得的是系统状态在一些离散抽样点上的数值. 不过, 只要这种近似达到一定的精度, 也就可以满足要求.

连续系统模拟的一般方法是首先建立系统的连续模型, 然后转化为离散模型, 并对该模型进行模拟. 现举例说明.

例 9.11(追逐问题)　在正方形 $ABCD$ 的 4 个顶点处各有一人. 在某一时刻, 4 人同时出发以匀速 v 走向顺时针方向的下一个人. 如果他们的方向始终保持对准目标, 则最终将按螺旋状曲线汇合于中心点 O. 试求出这种情况下每个人的轨迹.

解　这一问题的模拟方法是, 建立平面直角坐标系, 以时间间隔 Δt 进行采样, 在每一时刻 t 计算每个人在下一时刻 $t + \Delta t$ 时的坐标. 不妨设甲的追逐对象是乙, 在时间 t, 甲的坐标为 (x_1, y_1), 乙的坐标为 (x_2, y_2), 那么甲在 $t + \Delta t$ 时的坐标为 $(x_1 + v\Delta t \cos\theta, y_1 + v\Delta t \sin\theta)$, 其中

$$\cos\theta = \frac{x_2 - x_1}{d}, \quad \sin\theta = \frac{y_2 - y_1}{d}, \quad d = \sqrt{(x_2 - x_1)^2 + (y_2 - y_1)^2}.$$

选取足够小的 Δt, 模拟到甲、乙的距离小于 $v\Delta t$ 为止.

以下是模拟的 R 程序 (程序名: trace.R), 正方形 $ABCD$ 的 4 个顶点的初始位置为 $A(0, 1)$, $B(1, 1)$, $C(1, 0)$, $D(0, 0)$:

```
#### 画出 A, B, C, D 和 O 五点的位置, 再作标记
plot(c(0,1,1,0), c(1,1,0,0), pch=19, cex=1.2,
     col=2:5, xlab =" ", ylab = " ")
text(0, 1, labels="A", adj=c( 0.3, 1.3))
text(1, 1, labels="B", adj=c( 1.5, 0.5))
text(1, 0, labels="C", adj=c( 0.3, -0.8))
text(0, 0, labels="D", adj=c(-0.5, 0.1))
points(0.5,0.5, pch=21, cex=1.2)
text(0.5,0.5,labels="O",adj=c(-1.0,0.3))
#### 将计算出的各点位置存入矩阵 X, Y 中,
#### X 是 ABCD 四点的 x 值, Y 是 ABCD 四点的 y 值
delta_t<-0.01; n=110
x<-matrix(0, nrow=5, ncol=n); x[,1]<-c(0,1,1,0,0)
y<-matrix(0, nrow=5, ncol=n); y[,1]<-c(1,1,0,0,1)
d<-c(0,0,0,0)
for (j in 1:(n-1)){
   for (i in 1:4){
      d[i]<-sqrt((x[i+1, j]-x[i,j])^2+(y[i+1, j]-y[i,j])^2)
      x[i,j+1]<-x[i,j]+delta_t*(x[i+1,j]-x[i,j])/d[i]
      y[i,j+1]<-y[i,j]+delta_t*(y[i+1,j]-y[i,j])/d[i]
   }
   x[5,j+1]<-x[1, j+1]; y[5, j+1]<-y[1,j+1]
}
```

```
#### 画出相应的曲线
for (i in 1:4)
    lines(x[i,], y[i,], lwd=2, col=i+1)
```
连接 4 个人在各时刻的位置, 就得到所求的轨迹, 其图形如图 9.4 所示.

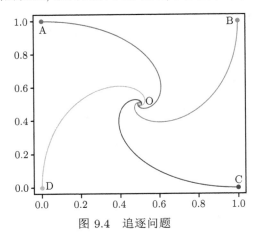

图 9.4　追逐问题

　　连续系统的描述常常用到常微分方程或微分方程组, 而求解方法则需要用求解微分方程的数值方法, 如 Runge-Kutta 法等. 有关连续系统模拟的进一步讨论, 可以参见有关书籍, 这里就不再论述了.

9.3.2　离散系统模拟

　　离散系统是指系统状态只在有限的时间点, 或无限但可数的时间点上发生变化的系统. 假设离散系统状态的变化是在一个时间点上瞬间完成的.

　　例 9.12　用模拟的方法求解例 9.1.

　　解　设 T_1 为火车从 A 站出发的时刻, T_2 为火车从 A 站到 B 站的运行时间, T_3 为某人到达 B 站的时刻. 该人能赶上火车的充分必要条件是 $T_1 + T_2 > T_3$.

　　假设 T_1, T_2, T_3 均为随机变量且 $T_2 \sim N(30, 2^2)$, T_1, T_3 的分布律如表 9.3 和表 9.4 所示.

　　令 t_2 是服从正态分布 $N(30, 2^2)$ 的随机数, 则将 t_2 看成火车运行时间 T_2 的一个观察值. 因此, t_2 用 `rnorm()` 函数产生. t_1 和 t_3 是 T_1 和 T_3 的观察值, 由例 9.10 知, 它们可由 `sample()` 函数产生.

　　当 $t_1 + t_2 > t_3$ 时, 认为试验成功 (能够赶上火车). 若在 n 次试验中, 有 k 次成功, 则用频率 k/n 作为此人赶上火车的概率. 当 n 很大时, 频率值与概率值近似相等.

　　以下是求解过程的 R 程序 (程序名: `MC2.R`):

```
MC2<-function(n){
    t1 <- sample(0:2*5, size=n, replace=T,
                prob=c(0.7,0.2,0.1))
    t2 <- rnorm(n, mean=30, sd=2)
    t3 <- sample(14:17*2, size=n, replace=T,
                prob=c(0.3,0.4,0.2,0.1))
    sum( t1+t2>t3)/n
}
```

作 10000 次试验得到

> source("MC2.R"); MC2(10000)

[1] 0.6306

此人赶上火车的概率大约是 0.63.

例 9.13 核反应堆屏蔽层设计问题.

解　核反应堆屏蔽层是用一定厚度的铅 (Pb), 把反应堆四周包围起来, 用以阻挡或减弱反应堆发出的各种射线. 在各种射线中, 中子对人体的伤害极大, 因此, 屏蔽设计主要是为了了解中子穿透屏蔽的百分比 (或概率), 这对反应堆的安全运行是至关重要的. 首先考虑一个中子进入屏蔽层后运动的物理过程. 假定屏蔽层是理想的均匀平板, 中子以初速 v_0 和方向角 α 射入屏蔽层内 (图 9.5), 运动一段距离后, 在 x_0 处与铅核碰撞, 然后中子获得新的速度及方向 (v_1, θ_1); 再运动一段距离后, 与铅核第二次碰撞, 并获得新的状态 (v_2, θ_2); $\cdots\cdots$ 经若干次碰撞后, 发生以下情况之一而终止运动过程:

(1) 弹回反应堆;

(2) 穿透屏蔽层;

(3) 第 i 次碰撞后, 中子被屏蔽层吸收.

下面对问题作若干简化与假设:

(1) 假定屏蔽层平行板的厚度为 $D = 3d$, 其中 d 为两次碰撞之间中子的平均游动距离. 每次碰撞后, 中子因损失一部分能量而速度下降. 假设在第 10 次碰撞后, 中子的速度下降到某一很小的数值而终止运动 (被吸收). 由于对穿透屏蔽层的中子感兴趣, 故用 (x_i, θ_i) 描述第 i 次碰撞后中子的运动状态, 其中 x_i 为中子在 x 轴上的位置, θ_i 为中子运动的方向与 x 轴的夹角.

(2) 假定中子在屏蔽层内相继两次碰撞之间游动的距离服从指数分布, 中子经碰撞后的弹射角服从 $(0, 2\pi)$ 上的均匀分布, 从而得到第 i 次碰撞后中子在屏蔽层的位置为

$$x_i = x_{i-1} + R_i \cos\theta_i, \quad i = 1, 2, \cdots, 10, \tag{9.33}$$

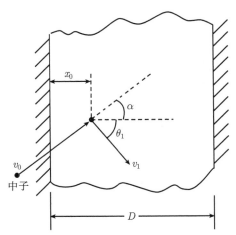

图 9.5   中子穿入屏蔽层的运动, 其中 α 为中子入射角, D 为屏蔽层厚度,
θ_1 为中子第一次碰撞弹射角

其中 θ_i 为中子第 i 次碰撞后的弹射角度, R_i 为中子从第 $i-1$ 次碰撞到第 i 次碰撞时所游动的距离. 由假设可以得到

$$R_i = d \cdot (-\ln r_i), \quad \theta_i = 2\pi u_i, \quad i = 1, 2, \cdots, 10,$$

其中 d 为两次碰撞之间中子的平均游动距离, r_i 和 u_i 为 $(0,1)$ 区间上均匀分布的随机数. 式 (9.33) 表明中子在屏蔽层内运动的概率模型, 可见中子运动的位置和方向都是随机的.

(3) 在第 i 次碰撞后, 中子的位置 x_i 有以下三种情况发生:

(i) $x_i < 0$, 中子返回反应堆;

(ii) $x_i > D$, 中子穿出屏蔽层;

(iii) $0 < x_i < D$, 若 $i < 10$, 则中子在屏蔽层内继续运动; 若 $i = 10$, 则中子被屏蔽层吸收.

中子运动的三种模式如图 9.6 所示. 为简化问题, 假定中子入射角 $\alpha = 0$(即中子以垂直方向穿入屏蔽层), 屏蔽层的厚度为 $D = 3d$.

下面是用 R 软件编写的模拟程序 (程序名: MC3.R).

```
MC3<-function(n){
    D<-3; pi<-3.1416; back<-0; absorb<-0; pierce<-0
    for (k in 1:n){
        x<- -log(runif(1))
        for (i in 1:10){
            index <- 1
```

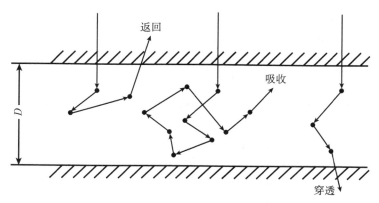

图 9.6　中子在屏蔽层内运动的三种模式

```
r <- runif(2); R <- -log(r[1]); t <- 2*pi*r[2]
x <- x + R * cos(t)
if (x<0) {
    back<-back+1; index<-0; break
}else if (x>D){
    pierce<-pierce+1; index<-0; break
}else
    next
}
if (index==1)
    absorb<-absorb+1
}
data.frame(Pierce=pierce/n*100, Absorb=absorb/n*100,
        Back=back/n*100)
}
```

表 9.8 列出的是上述程序计算的结果.

表 9.8　不同中子数的模拟结果

中子数/个	穿透/%	吸收/%	返回/%
100	35.0	11.0	54.0
1000	34.0	10.6	55.4
3000	33.1	10.5	56.4
5000	32.1	10.9	57.0

表 9.8 表明, 取屏蔽层厚度 $D = 3d$ 是不合适的, 因为此时中子穿透屏蔽层的百分比在 1/3 左右. 而在实际应用中, 要求中子穿透屏蔽层的概率极小, 一般数量

级为 $10^{-10} \sim 10^{-6}$, 即穿入屏蔽层的中子若为几百万个, 也只能有几个中子穿过屏蔽层. 问题是多厚的屏蔽层才能使它被穿透的概率 $W_D < 10^{-6}$?

值得注意的是, 仅模拟 5000 个中子的运动, 就用其穿透屏蔽层的频率来估计穿透屏蔽层的概率总在 "勉强" 之嫌, 因为这时的模拟精度只有 1%, 欲提高模拟精度, 应适当增加模拟次数. 第二个问题是, 需要模拟多少个中子的运动, 才能用频率估计其概率?

先回答第二个问题. 由 9.1 节关于模拟精度与模拟次数的讨论, 由式 (9.11) 可以得到, 若使模拟精度达到千分之一, 则模拟次数要在 10^6 次以上. 由于中子穿透概率在 10^{-6} 以下, 所以其精度至少应达到这个数量级, 那么模拟次数就应在 10^{12} 次以上, 这一要求在通常的情况下, 显然是行不通的.

可以采用如下的解决办法: 将均匀平行板分为厚度相同的 m 层, 只取一层作模拟. 设中子在这一层中吸收和弹回的概率之和为 W, 则穿过一层的概率为 $(1 - W)$, 因而穿透 m 层的概率为 $(1 - W)^m$. 由于中子穿过一层的平均速度有所下降, 因而总穿透概率比 $(1 - W)^m$ 要小.

用 Monte Carlo 方法, 先模拟 10000 个中子的运动, 可以保证 $(1 - W)$ 的精度要小于 1%. 经 m 层后有 $(1 - W)^m < (0.01)^m$, 若取 $m = 3$, 就可获得穿透概率 $(1 - W)^3 < (0.01)^3 = 10^{-6}$. 这样处理后, 不必做高达 10^{12} 的试验, 只需做 10^4 次试验就可达到 10^{-6} 的精度, 这一改进比直接方法大大加快了收敛速度, 减少了模拟时间.

利用 R 程序 (MC3.R) 做 10000 次模拟得到当 $D = 3d$ 时, 穿透概率为 $W_{3d} \leqslant 1/3$, 问题是多厚的屏蔽层才能使 $W_D < 0.01$?

设需要的屏蔽厚度为 x, 则 $(W_{3d})^x < 0.01$ 或 $3^x > 100$, 即

$$x > \frac{\lg 100}{\lg 3} = \frac{2}{0.47712} = 4.1918,$$

即屏蔽层的厚度在达到 $4.1918D \approx 13d$ 时, 才能使中子穿透概率不大于 0.01.

这时就可以回答第一个问题了, 若使 $W_D < 10^{-6}$, 则总厚度为

$$\text{TD} = 3x = 39d.$$

也就是说, 屏蔽层总厚度为 $39d$ 时, 可使中子穿透屏蔽层的概率 $W_D < 10^{-6}$.

9.3.3　模拟举例

在模拟过程中, 通常有两种模拟方法. 一种是以时间为主体, 按固定时间长度 (如 1d, 1h, 1min) 对系统进行观察, 并记录各项参数的变化情况. 另一种方法是以事件为主体, 当事件在系统状态发生时, 记录各项参数的变化情况.

例 9.14(存储问题模拟) 某自行车厂需向橡胶公司订购轮胎作为产品的组成部分. 根据长期的统计记录, 该厂每天所需轮胎数如表 9.9 所示. 从发出订货单到收到订货 (订货提前时间) 的时间有长有短, 根据统计记录其规律如表 9.10 所示. 每次订货固定为 120 箱, 该厂对轮胎的库存采用连续观察模型, 即每天进行盘点, 当库存量低于再订货点 R 时就发出订单. 已知存储成本是每箱每天 0.1 元, 在发生缺货时给生产带来的损失是每箱每天 0.5 元, 每订货一次的费用是 10 元. 现在要确定最优的再订货点 R, 使轮胎的固定订货费、存储费和缺货费的总和达到最少.

表 9.9　每天所需轮胎数和所占百分比

每天所需轮胎数量/箱	17	18	19	20	21	22	23
所占百分比/%	5	10	20	30	20	10	5

表 9.10　从发出订货单到收到订货的时间

订货提前时间/天	1	2	3	4	5
所占百分比/%	10	20	40	20	10

解 这是一个存储问题, 其费用由三个部分组成. 首先是订货费, 它只与订货次数有关, 与订货量无关. 其次是存储费, 它与存储量和存储时间有关. 第三是缺货费, 它与缺货量和缺货时间有关. 存储总费用是这三部分费用之和. 为了使计算结果具有可比性, 这里计算平均费用, 即单位时间内的费用.

设

C_D 为订货费, 这里 $C_D = 10$ 元/次;

C_P 为单位存储费, 这里 $C_P = 0.1$ 元/(天 · 箱);

C_S 为单位缺货损失费, 这里 $C_S = 0.5$ 元/(天 · 箱);

Q 为每次的订货量, 这里 $Q = 120$ 箱;

I 为每天开始 (即前一天末) 时的轮胎库存量 (箱);

R 为再订货点, 即若 $I \leqslant R$, 则发出订货单;

D 为每天的需求量;

L 为订货提前时间;

H 为每天的存储费, 当 $I > 0$ 时, $H = C_P I$;

S 为每天的缺货损失费, 当 $I < 0$ 时, $S = C_S|I|$;

K 为固定订货费, 每订一次增加 C_D;

clock 为模拟时钟, 这里以天为单位;

flag 为标记, flag= 0 表示未发出订货单; flag= 1 表示已发出订货单或上一批订货未到;

maxCT 为准备模拟的最长时间.

模拟算法

(1) 置各种参数值和初值, 初始库存 $I = \dfrac{Q}{2}$, 置时钟为 1;

(2) 如果未发出订货单, 并且当天库存 I 小于等于再订货点 R, 则发出订货单, 并令标记为 1, 增加订货费;

(3) 如果提前订货时间为 0, 表示订货到库, 则库存增加 Q, 并令标记为 0;

(4) 检验当日库存, 如果库存 $I > 0$, 则记录当日的库存费用; 否则, 记录当日的缺货损失费用;

(5) 生成当日需求, 记录当日末库存, 并将提前订货时间 -1, 时钟 $+1$;

(6) 如果时钟大于最大模拟天数, 则停止计算, 输出模拟结果; 否则, 转 (2).

按模拟算法写出 R 程序 (程序名: inventory.R) 如下:

```r
inventory<-function(maxCT=30, Q=120, R=40){
    ##%% 初始值
    H<-0; S<-0; K<-0; Cd<-10; Cp<-0.1; Cs<-0.5
    I <- Q/2; flag<-0; L<-5
    ##%% 产生每天的需求
    need <- sample(17:23, size=maxCT, replace = T,
         prob = c(0.05, 0.10, 0.20, 0.30, 0.20, 0.10, 0.05))
    ##%% 开始运行
    clock<-1
    while(clock <= maxCT){
       if (flag==0 & I<=R){ #% 发出订货单
          flag <- 1; K <- K+Cd
          #% 和提前时间
          L <- sample(1:5, size=1, replace = T,
               prob = c(0.1, 0.2, 0.4, 0.2, 0.1))
       }
       if (L==0){ #% 货物到库
          I<-I+Q; flag<-0
       }
       if (I>0){   #% 计算存储费用
          H <- H+Cp*I
       } else {   #% 计算短缺成本
          S <- S+Cs*abs(I)
       }
```

```
        I <- I-need[clock]     #% 当天未的库存
        L <- L-1               #% 计算下一天的提前时间
        clock <- clock+1       #% 设置时钟
    }
    data.frame(H=H/maxCT, S=S/maxCT, K=K/maxCT,
               TM=(H+S+K)/maxCT)
}
```

调入程序计算

```
> source("inventory.R")
> inventory(maxCT=30, Q=120, R=40)
         H          S         K       TM
1 5.253333 0.6666667 1.666667 7.586667
```

这里模拟一个月 (30 天) 的存储费用, 其中订货量 $Q = 120$ 箱, 再订货点 $R = 40$ 箱. 模拟结果表明, 库存费为 5.25 元/天, 缺货损失费 0.67 元/天, 订货费 1.67 元/天, 总的存储费用为 7.59 元/天.

在程序中, 最大模拟天数 maxCT, 订货量 Q 和再订货点 R 共三个参数可以调整. 如果打算找出最优的再订货点, 则需要增加模拟天数 (如 10000 天), 多找几个再订货点 R 的值进行比较, 这一工作由读者完成.

例 9.15 (排队问题模拟) 某港口打算建造一个万吨级泊位的码头. 根据预测, 到达该码头装卸货物的船只平均 17.55h 到达一艘. 按设计能力, 该码头装卸一条船上的货物平均时间为 17.4h. 船只到港的具体时间是个随机变量. 根据过去长期的统计资料, 相继入港的两艘船只其间隔时间有如下的规律 (表 9.11). 又由于每艘船的吨位和所装货物不同, 所以装卸的时间也不一样. 根据经验估计, 装卸每艘船的时间有如下的规律 (表 9.12). 港口规定: 当船只到达港口时, 如码头有空, 就立即停靠装卸货物; 如已有别的船只在装卸, 就按先后次序排队. 模拟计算码头建成后的一些参数指标, 试分析这个设计方案是否恰当.

表 9.11 两艘船只到港的间隔时间和所占百分比

两艘船只到港的间隔时间/h	1	5	10	15	20	30	40
所占百分比/%	15	10	12	14	17	26	6

表 9.12 装卸每艘船的时间和所占百分比

装卸每艘船的时间/h	14	16	18	20	22
所占百分比/%	5	50	20	20	5

解 这是一个排队模型, 主要关心系统 (港口) 的平均队长 (港口内等待和正

在装卸的船只的平均数)、平均排队长 (港口内等待装卸货物的船只的平均数)、顾客平均逗留时间 (船只到港直到离开的平均停留时间)、顾客的平均等待时间 (等待装卸货物的船只的平均等待时间) 以及每艘船只等待的概率.

设单一变量如下:

t 为时间变量;

t_A 为船只的到达时间;

n_A 为在 t 时刻到达港口的船只总数;

t_D 为船只的离开时间;

n 为在 t 时刻前到达港口的船只数;

maxCT 为港口的总服务时间,

并设数组变量 (以 k 为自变量) 如下:

w_t 为记录发生事件的时间;

w_n 为记录港口中的船只数;

w_s 为记录上一事件到下一事件的间隔时间,

以及输出变量如下:

L_s 为港口船只的平均队长;

L_q 为港口船只的平均排队长;

W_s 为每艘船只的平均逗留时间;

W_q 为每艘船只的平均等待时间;

P_{wait} 为每艘船只等待的概率.

模拟算法

(1) 初始步. 输入港口的总服务时间 maxCT. 置 $t = N_A = 0$, 产生船只到达港口的初始时间 T_0, 置 $t_A = T_0$. 置 $n = 0$, $t_D = \infty$(此时, 港口内无船只). 置 $k = 0$.

(2) 如果 $t_A < \text{maxCT}$, 则完成如下工作, 直到 $t_A \geqslant \text{maxCT}$:

(i) 记录港口的各种状态, 置

$$w_t(k) = t, \quad w_n(k) = n, \quad w_s(k) = \min\{t_A, t_D\} - t, \quad k = k + 1.$$

(ii) 如果 $t_A < t_D$, 则置 $t = t_A$, $N_A = N_A + 1$ (船只到达总数 +1), $n = n + 1$ (港口内船只数 +1), 产生下一艘船只到达港的时间 t_A.

(iii) 如果 $n = 1$, 则产生在港口装卸船只的离开时间 t_D.

(iv) 如果 $t_A \geqslant t_D$, 则置 $t = t_D$, $n = n - 1$ (港口内船只数 −1).

(v) 如果 $n = 0$ (港口内无船只), 则置 $t_D = \infty$; 否则, 产生在港口装卸船只的离开时间 T_D, 并转 (i).

(3) 完成如下工作 (此时 $t_A \geqslant \text{maxCT}$, 不再接收新船只到港, 只完成港口内现有船只的装卸), 直到全部船只离港:

(i) 记录港口的各种状态, 置

$$w_t(k) = t, \quad w_n(k) = n, \quad w_s(k) = \begin{cases} 0, & t_D = \infty, \\ t_D - t, & t_D < \infty, \end{cases} \quad k = k + 1.$$

(ii) 如果 $n > 0$ (港口内还有船只), 则置 $t = t_D$, $n = n - 1$ (港口内船只数 -1).

(iii) 如果 $n = 0$, 则计算船只的平均队长和平均排队长、船只的平均逗留时间和平均等待时间以及每艘船只等待的概率, 输出计算结果, 并停止计算; 否则, 产生在港口装卸船只的离开时间 T_D, 转 (i).

R 程序 (程序名: queue.R) 如下:

```
queue<-function(maxCT){
    wt<-numeric(0); wn<-numeric(0); ws<-numeric(0)
    k<-0; tp<-0; nA<-0; n<-0; t<-0
    timeA<-c(1, 5, 10, 15, 20, 30, 40)
    pA<-c(0.15, 0.10, 0.12, 0.14, 0.17, 0.26, 0.06)
    timeD<-7:11*2; pD<-c(0.15, 0.5, 0.2, 0.2, 0.05)

    tA<-sample(timeA, size=1, replace=T, prob=pA)
    tD<-Inf
    repeat{
        k<-k+1; wt[k]<-t; wn[k]<-n
        if (tA < maxCT){
            ws[k]<-min(tA, tD)-t
            if (tA < tD){
                t<-tA; n<-n+1; nA<-nA+1
                tA<-t+sample(timeA, size=1,
                            replace=T, prob=pA)
                if (n==1){
                    tD<-t+sample(timeD, size=1,
                            replace=T, prob=pD)
                }
            }else{
                t<-tD; n<-n-1
                if (n==0){
                    tD<-Inf
                }else{
```

```
                    tD<-t+sample(timeD, size=1,
                                replace=T, prob=pD)
                }
            }
        }else{
            ws[k]<-if(tD==Inf) 0 else tD-t
            if (n>0){
                t<-tD; n<-n-1
                if (n>0){
                    tD<-t+sample(timeD, size=1,
                                replace=T, prob=pD)
                }
            }else
                tp<-1
        }
        if (tp==1) break
    }
    data.frame(Ls=sum(ws*wn)/t, Ws=sum(ws*wn)/nA,
            Lq=sum(ws[wn>=1]*(wn[wn>=1]-1)))/t,
            Wq=sum(ws[wn>=1]*(wn[wn>=1]-1)))/nA,
            Pwait=sum(ws[wn>=1])/t)
}
```

模拟 10000h 港口的各种参数如下:

```
> source("queue.R")
> queue(maxCT=10000)
      Ls        Ws       Lq       Wq      Pwait
1 5.796237 102.5158 4.830878 85.4419 0.9653593
```

从计算结果可以看到, 港口内平均有 5.9 只船, 并且等待装卸的时间达到 85.4h, 而每艘船只等待的概率为 0.965. 这说明港口太忙, 等待的时间太长. 因此, 这个设计方案不合适, 应当增加港口的装卸能力.

习　题　9

1. 用 Monte Carlo 方法计算下面的定积分, 分别考虑随机投点法和平均值法, 并计算在置信度为 0.05, 精度要求为 0.01 的条件下两种方法所需的试验次数. 在能计算出积分的精确值的情况下, 请将计算值与精确值作比较.

$$(1) \int_0^1 \sqrt{1+x^2}\,\mathrm{d}x; \qquad (2) \int_0^1 \exp\{\mathrm{e}^x\}\,\mathrm{d}x; \qquad (3) \int_0^1 \left(1-x^2\right)^{3/2}\,\mathrm{d}x;$$

$$(4) \int_{-2}^2 \mathrm{e}^{x+x^2}\,\mathrm{d}x; \qquad (5) \int_0^\infty \frac{x}{(1+x^2)^2}\,\mathrm{d}x; \qquad (6) \int_{-\infty}^\infty \mathrm{e}^{-x^2}\,\mathrm{d}x.$$

注意: 用 $t = \dfrac{x}{1+x}$ 或 $t = \mathrm{e}^{-x}$ 可以将区间 $[0,\infty)$ 变换到区间 $[0,1]$, 用 $t = \dfrac{\mathrm{e}^x - 1}{\mathrm{e}^x - 1}$ 可以将区间 $(-\infty,\infty)$ 变换到区间 $[-1,1]$.

2. 已知某生产线每小时的产品数量在 12~15 件变动. 根据过去的统计资料, 每小时的产量及其所对应的概率如表 9.13 所示. 试用模拟方法观察一天 (8h) 的产量情况, 并根据模拟结果计算每小时的平均产量.

表 9.13　生产线的产品数量和相应的概率

产量/(件/h)	12	13	14	15
概率	0.20	0.35	0.25	0.20

3. 将 0~99 的 100 个数随机地分成 4 组, 每组 25 个, 试用 R 软件中的函数得到分组的模拟结果.

4. 一个工厂生产某种产品, 每月产量在 18~20 台变动, 而每月销售量为 17~22 台. 根据统计资料, 它们的概率分别如表 9.14 所示. 试用模拟方法观察一年 (12 个月) 的生产、销售情况, 并根据模拟结果, 计算产品积余和短缺数量 (假定本月有积余可转入下月销售).

表 9.14　某产品的生产量、销售量和对应的概率

生产量/(台/月)	18		19		20	
概率	0.30		0.50		0.20	
销售量/(台/月)	17	18	19	20	21	22
概率	0.1	0.2	0.3	0.2	0.1	0.1

5. 一只兔子在 O 点处, 它的洞穴在正北 20m 的 B 点处, 一只狼位于兔子正东 33m 的 A 点处. 模拟如下追逐问题: 狼以一倍于兔子的速度紧盯着兔子追击. 画出狼追兔子的追逐曲线. 当兔子到达洞口前是否会被狼逮住?

6. 设某灾害保险公司有 1000 个客户, 每个客户在下月提出索赔的概率为 0.05, 并且相互独立, 其索赔金额服从均值为 800 元的指数分布. 请用模拟的方法估计其索赔金额之和超过 50000 元的概率.

7. 某中心仓库存放一种货物. 工厂每 3~5 天就有一批货物运来, 每批 30 件. 零售部门每天都有人来仓库提货, 提量为 8~12 件. 根据长期进、发货统计记录, 工厂运送物资的间隔天数及其概率如表 9.15 所示, 零售部门每天提货数量及其概率如表 9.16 所示. 假定月初仓库结存该种货物为 40 件, 试用随机效模拟本月上旬 10 天该种货物的到达、库存、发货和缺货情况.

8. 一个服务员的售货亭, 顾客的平均到达时间服从均值为 20s, 标准差 10s 的正态分布,

表 9.15　工厂的进货间隔天数与相应的概率

工厂到货间隔天数	3	4	5
概率	0.30	0.50	0.20

表 9.16　零售部门每天提货数量与相应的概率

零售部门每天提货数量	8	9	10	11	12
概率	0.1	0.4	0.3	0.1	0.1

顾客购买 1 ~ 4 件商品的概率如表 9.17 所示. 购买每件商品需要的时间服从均值为 15s, 标准差为 5s 的正态分布. 若售货亭无顾客, 则新到的顾客接受服务; 否则, 排队等待, 即看成是等待制排队系统. 试模拟售货亭运营 12h 后, 售货亭的顾客队长和排队长、顾客的平均逗留时间、平均等待时间以及售货亭繁忙的概率.

表 9.17　顾客购买商品的件数和相应的概率

顾客购买商品的件数	1	2	3	4
概率	0.5	0.2	0.2	0.1

参 考 文 献

白其峥. 2000. 数学建模案例分析. 北京: 海洋出版社.

邦迪 J A, 默蒂 U S R. 1987. 图论及其应用. 吴望名等译. 北京: 科学出版社.

洪毅, 贺德化, 昌志华. 1999. 经济数学模型. 第二版. 广州: 华南理工大学出版社.

姜启源, 谢金星, 叶俊. 2003. 数学模型. 第三版. 北京: 高等教育出版社.

江裕钊, 辛培清. 1989. 数学模型与计算机模拟. 西安: 西安电子科技大学出版社.

李伯德. 2006. 数学建模方法. 兰州: 甘肃教育出版社.

全国大学生数学建模竞赛组委会. 2002. 全国大学生数学建模竞赛优秀论文汇编 (1992–2000).
    北京: 中国物价出版社.

任善强, 雷鸣. 1998. 数学模型. 重庆: 重庆大学出版社.

寿纪麟. 1993. 数学建模 —— 方法与范例. 西安: 西安交通大学出版社.

王玲玲, 周纪芗. 1994. 常用统计方法. 上海: 华东师范大学出版社.

王松桂, 陈敏, 陈立萍. 1999. 线性统计模型. 北京: 高等教育出版社.

王松桂, 张忠占, 程维虎等. 2004. 概率论与数理统计. 第二版. 北京: 科学出版社.

吴翊, 吴孟达, 成礼智. 2002. 数学建模的理论与实践. 长沙: 国防科技大学出版社.

谢金星, 薛毅. 2005. 优化建模与 LINDO / LINGO 软件. 北京: 清华大学出版社.

薛毅. 2005. 数值分析与实验. 北京: 北京工业大学出版社.

薛毅, 陈立萍. 2007. 统计建模与 R 软件. 北京: 清华大学出版社.

薛毅, 耿美英. 2008. 运筹学与实验. 北京: 电子工业出版社.

朱军. 1999. 线性模型分析原理. 北京: 科学出版社.

Moxing W F. 1988. 微分方程模型. 朱煜民, 周宇虹译. 长沙: 国防科技大学出版社.

Taha H A. 2008a. 运筹学导论, 初级篇. 第 8 版. 薛毅, 刘德刚, 朱建明等译. 北京: 人民邮电
    出版社.

Taha H A. 2008b. 运筹学导论, 高级篇. 第 8 版. 薛毅, 刘德刚, 朱建明等译. 北京: 人民邮电
    出版社.

附录A MATLAB 软件的使用

本书用三个附录的内容介绍三种数学软件 —— MATLAB 软件、LINGO 软件和 R 软件. 在这三种软件中, MATLAB 软件的功能最为强大, 应用面也最广. 但是后两种软件是求解优化和统计问题的专业软件, 对于这类问题的求解有它的优势. 也就是说, 每一种软件都有它的长处与不足. 本书同时介绍三种软件的目的就是使读者在学习完不同的软件之后, 结合前面介绍的数学模型, 能够充分利用各种软件的特点, 非常方便地求解各种模型.

本附录介绍 MATLAB 软件, 附录 B 和附录 C 分别介绍 LINGO 软件和 R 软件.

A.1 MATLAB 软件简介

MATLAB 一词源自 MATrix LABoratory, 其含义是矩阵实验室, 是美国 Math-Works 公司于 1984 年推出的优秀科技应用软件. 它专门以矩阵形式处理数据, 具有强大的科学计算、图形处理、可视化、开放式和可扩展的功能, MATLAB 本身连同附带的几十种面对不同领域的工具箱 (ToolBox), 能够广泛应用于数值分析、信号与图像处理、控制系统设计、通信仿真、工程优化、数学建模和统计分析等各个领域. 到目前为止, 它已发展成为国际上最优秀的数学软件之一.

A.1.1 MATLAB 系统的安装

MATLAB 的安装非常简单, 只要按照计算机提示即可完成.

第 1 步 将购买的 MATLAB 源光盘插入光驱 (MATLAB 7.0 以上版本的源光盘都在 1.5G 以上, 通常放在一张 DVD 光盘中).

第 2 步 在光盘的根目录下, 找到 MATLAB 安装文件 setup.exe, 用鼠标双击该文件即可安装.

第 3 步 在出现的对话框中, 选择 install(安装), 点击 Next(下一步), 并在 License Information 窗口中输入用户名、用户单位和密码序列号, 然后按照计算机的提示完成后面的步骤即可.

A.1.2 MATLAB 的工作界面

在 Windows 环境中双击 MATLAB 图标启动 MATLAB 后, 系统弹出 MATLAB 界面, 如图 A.1 所示. MATLAB 界面主要有下列窗口:

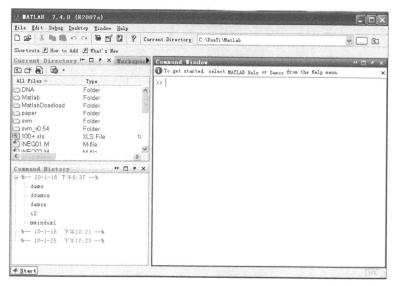

图 A.1 MATLAB 工作界面

(1) MATLAB 主窗口. 该窗口不进行任何计算任务的操作, 只用来进行一些环境的参数设置. 主要包括 6 个下拉式菜单, 分别为 File (文件), Edit(编辑), Debug (调试), Desktop(桌面设置), Window (窗口) 和 Help(帮助), 以及一些快捷按钮控件.

(2) Command Window(命令窗口). 它是与 MATLAB 编译器连接的主要交互窗口, 用于输入命令、函数、数组和表达式等信息, 并且显示输出结果. ">>" 是运算提示符, 表示 MATLAB 正处于准备状态. 在提示符后输入一段运算式并按回车后, MATLAB 将给出计算结果, 然后再次进入准备状态.

(3) Current Directory (当前目录浏览). 该窗口用于显示和设置当前的工作目录, 同时显示工作目录下的文件名、文件类型和目录的修改信息等.

(4) Workspace (工作间管理). 该窗口是 MATLAB 的重要组成部分, 它将显示目前内存中所有 MATLAB 变量的变量名、数学结构、字节数及类型.

(5) Command History (历史命令). 在默认设置下, 该窗口会保留自安装起所有命令的历史纪录, 并标明使用时间, 便于用户查询.

除界面的几个窗口外, MATLAB 还有一个重要的窗口 —— Editor (程序编辑器), 如图 A.2 所示. 该窗口也有菜单栏和工具栏, 除可以方便地编辑 M 文件或 M 函数外, 还可以用它进行程序调试等工作.

A.1.3 MATLAB 的帮助系统

MATLAB 的帮助系统非常完善, 这与其他科学计算软件相比, 是一个突出的特点. 要熟练掌握 MATLAB, 就必须熟练掌握 MATLAB 帮助系统的应用.

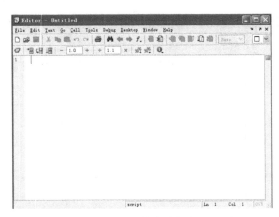

图 A.2　Editor(程序编辑器) 界面

1. 联机帮助

点击 Help/MATLAB Help, 系统弹出 MATLAB 联机帮助窗口. 该窗口由两部分组成, 一部分是帮助导航页面, 它有 4 个选项, 分别为 Contents(主题), Index (索引), Search Results (查询结果) 和 Demos (演示). 另一部分是帮助显示页面, 显示帮助导航页面选定项的帮助结果.

在命令窗口键入 helpwin 或 helpdesk 也可以调用 MATLAB 联机帮助窗口.

2. 帮助命令

帮助命令有help和lookfor等其他命令. help命令的用法如下:

```
>> help
>> help 目录名
>> help 函数名
```

第一个命令将显示当前帮助系统中所包含的所有项目, 即搜索路径中所有的目录名称. 第二个命令列出该目录的全部函数名以及相关函数的简单介绍. 第三个命令列出相应函数的使用说明.

lookfor 的使用方法为

```
>> lookfor 关键词
```

列出全部与关键词有关的函数. 例如, 键入

```
>> lookfor regression
```

就列出全部与 "regression" (回归) 有关的函数.

MATLAB 中还有许多其他的查询帮助命令, 如

'who'　内存变量列表;

'whos'　内存变量详细信息;

'what' 目录中的文件列表;

'which' 确定文件的位置;

'exist' 变量检验函数.

A.2 矩阵与数组的运算

MATLAB 软件最基本的语句是矩阵与数组运算, 它可以非常方便地完成向量、矩阵的各种运算, 如向量的加法与数乘, 矩阵的加法、数乘、乘法、除法 (求逆) 和乘方等运算, 以及数组的点乘、点除等运算.

A.2.1 向量与矩阵的表示

1. 行向量

```
>> x = [-1 0 2]        % 中间用空格将数据分开，也可以用逗号分开
x =                    % 显示输入结果
    -1     0     2
```

在 MATLAB 软件中, 由 % 引导的语句是说明语句.

2. 列向量

```
>> y = [3 8 2]'                    % '表示转置
y =
    3
    8
    2
```

3. 矩阵

```
>> A = [1 2 3; 4 5 6; 7 8 0]       % ;表示换行
A =
    1     2     3
    4     5     6
    7     8     0
```

4. 转置

```
>> B = A'                          % '表示转置
B =
    1     4     7
    2     5     8
    3     6     0
```

A.2.2　矩阵运算

在 MATLAB 软件中, 矩阵通常意义下的运算称为矩阵运算. 矩阵运算包括

$\quad+$ (加), $\quad-$ (减), $\quad*$ (乘), $\quad/$ (右除), $\quad\backslash$ (左除), $\quad\hat{}$ (乘幂).

在数值运算中, 左除与右除是一样的, 如 1/4 与 4\1, 其结果均为 0.25, 但对于矩阵运算, 结果则大不相同.

1. 加减法运算

加减法运算的基本要求是两矩阵 (或向量) 的维数必须相同. 例如,

```
>> C = A + B
C =
     2     6    10
     6    10    14
    10    14     0
```

但矩阵 A 可以与一个数字相加, 如

```
>> A + 2
ans =
     3     4     5
     6     7     8
     9    10     2
```

相当于每个元素都加上 2. 对于向量也有同样的结果, 如

```
>> x + 2
ans =
     1     2     4
```

2. 乘法运算

矩阵乘法 (*) 运算, 有数乘运算, 即纯量与矩阵相乘, 如

```
>> 2 * A
ans =
     2     4     6
     8    10    12
    14    16     0
```

还有矩阵与矩阵相乘, 如

```
>> D = A * B
D =
```

$$
\begin{array}{ccc}
14 & 32 & 23 \\
32 & 77 & 68 \\
23 & 68 & 113
\end{array}
$$

当然, 两矩阵相乘需要满足线性代数中矩阵乘法的运算规则.

3. 矩阵求逆

inv() 函数是矩阵求逆运算函数, 如

```
>> inv(A)
ans =
   -1.7778    0.8889   -0.1111
    1.5556   -0.7778    0.2222
   -0.1111    0.2222   -0.1111
```

表示矩阵 A 的逆矩阵 A^{-1}. 因此,

```
>> I = inv(A)*A
I =
    1.0000    0.0000         0
    0.0000    1.0000         0
    0.0000         0    1.0000
```

是单位矩阵.

4. 矩阵除法运算

```
>> b = [1 1 1]';          % 输入向量 b
>> x = A \ b              % 左除运算
x =
   -1.0000
    1.0000
    0.0000
```

表示方程组 $Ax = b$ 的解, 即 $x = A^{-1}b$. 因此,

```
>> x=inv(A)*b
```

将得到同样的结果.

如果矩阵不是方阵, 则 inv() 运算无意义, 但矩阵除法仍有它的数学背景. 对于超定方程组, 矩阵除法表示最小二乘解, 如

```
>> X = [1 1 1 1 1 1 1 1 1 1; 1 0 2 0 3 1 0 1 2 0]';
>> y = [16 9 17 12 22 13 8 15 19 11]';
>> beta = X \ y
```

```
    beta =
        10.2000
        4.0000
```

即 $\beta = (X^{\mathrm{T}}X)^{-1} X^{\mathrm{T}} y$, 等价于 $\beta = X^{+} y$, 其中 X^{+} 表示 X 的 + 号广义逆.

5. 乘幂运算

矩阵的乘幂 (^) 运算与通常矩阵乘幂的概念相同, 如

```
>> D = A^2                      % 表示 A * A
D =
        30      36      15
        66      81      42
        39      54      69
```

即 $D = A^2$.

A.2.3　数组运算

通常将向量或矩阵的点运算称为数组运算 (加减运算无点运算), 其点运算有 .* (点乘), ./ (点右除), .\ (点左除), .^ (点乘幂).

1. 数组的输入

有两种方法构造一维数组, 第一种方法是用 ":" 构造一维等差数组, 其格式为

$$\text{数组 = 初值 : 增量 : 终值}$$

如

```
>> a = 0 : 3 : 10
a =
        0       3       6       9
```

当增量值为 1 时, 可增量值可省缺, 如

```
>> b = 1 : 5
b =
        1       2       3       4       5
```

第二种方法是用 linspace() 函数构造一维等差数组,

$$\text{数组 = linspace(初值, 终值, 等分点数)}$$

如

```
>> c = linspace(0, 10, 4)
c =
        0       3.3333      6.6667      10.0000
```

等分区间数 = 等分点数 − 1.

2. 数组加减法运算

数组的加减法运算与矩阵的加减法运算相同, 就是通常意义下的加减法运算, 如

```
>> x = [1 2 3];                    % ;表示不显示输入值
>> y = [4 5 6];
>> x + y                           % 两数组的维数必须相同
ans =
      5      7      9
```

3. 数组乘法运算

数组的乘法运算, 也叫点乘 (.*) 运算, 它表示两数组在同一位置上的元素相乘, 如

```
>> z = x .* y                      % 两数组的维数必须相同
z =
      4     10     18
```

即 $z_i = x_i \cdot y_i$, 其中 $z = (z_1, z_2, z_3)$, $x = (x_1, x_2, x_3)$, $y = (y_1, y_2, y_3)$.

对于一维数组 x, y, 矩阵的乘法运算 (x * y) 无意义.

对于矩阵 A, B, 尽管矩阵的乘法运算 (A * B) 可能有意义, 但也可作点乘 (.*) 运算 (为了为避免与矩阵乘法混淆, 仍称为数组的乘法), 如

```
>> C = A .* B                      % 两矩阵必须有相同的维数
C=
      1      8     21
      8     25     48
     21     48      0
```

它表示两矩阵同一位置上的元素相乘, 即 $c_{ij} = a_{ij} \cdot b_{ij}$, 其中 $C = (c_{ij})$, $A = (a_{ij})$, $B = (b_{ij})$.

注意: 在数组的乘法运算中, 点乘 (.*) 必须看成一个整体的运算符号, 不能将 ". " 与 "*" 分开.

4. 数组除法运算

数组的除法运算, 也叫点除 (.\ 或 ./) 运算, 两者都表示同一位置上的元素相除, 但意义有差别. 例如,

```
>> z = x .\ y
z =
     4.0000     2.5000     2.0000
```

左除表示 $z_i = y_i / x_i$, 其中 $z = (z_1, z_2, z_3)$, $x = (x_1, x_2, x_3)$, $y = (y_1, y_2, y_3)$.

```
>> z = x ./ y
z =
      0.2500    0.4000    0.5000
```

右除表示 $z_i = x_i / y_i$, 其中 $z = (z_1, z_2, z_3)$, $x = (x_1, x_2, x_3)$, $y = (y_1, y_2, y_3)$. 从上述运算可以看到, 数组的左除运算与右除运算意义是不同的.

与点乘运算相同, 点除 (./, .\) 以及后面将讲到的点乘幂 (.^) 也必须看成一个整体的运算符号.

对于矩阵 A, B, 也有点除 (./, .\) 运算. 为避免与矩阵除法混淆, 仍称为数组的除法.

注意：尽管 x, y 都是一维数组, 但它们之间仍能作矩阵的除法 (/ 或 \) 运算. 例如,

```
>> z = x / y
z =
      0.4156
```

其运算相当于 z= (x*y')/(y*y'), 即 z 是方程组 $x = zy$ 的最小二乘解, 而

```
>> z = x \ y
z =
            0         0         0
            0         0         0
      1.3333    1.6667    2.0000
```

即 z 是方程组 $xz = y$ 的最小范数解.

5. 数组乘幂运算

数组的乘幂运算, 也叫点乘幂 (.^) 运算, 即对每个数组中的元素作乘幂运算, 如

```
>> z = x .^ 2
z =
      1    4    9
```

表示数组 x 的每个元素的平方, 即 $z_i = x_i^2$, 其中 $z = (z_1, z_2, z_3)$, $x = (x_1, x_2, x_3)$.

```
>> z = 2 .^ y
z =
      16    32    64
```

表示 $z_i = 2^{y_i}$, 其中 $z = (z_1, z_2, z_3)$, $y = (y_1, y_2, y_3)$.

```
>> z = x .^ y
```

```
z =

        1        32        729
```

表示 $z_i = x_i^{y_i}$, 其中 $z = (z_1, z_2, z_3)$, $x = (x_1, x_2, x_3)$, $y = (y_1, y_2, y_3)$.

由于 x, y 是一维数组, 因此, 相应的矩阵乘幂运算 (x^2, 2^y, x^y) 均无意义.

对于矩阵 A, B, 也有点乘幂 (.^) 运算. 为避免与矩阵乘幂运算混淆, 仍称为数组的乘幂运算. 例如,

```
>> G = A .^ 2
G=

        1        4        9
       16       25       36
       49       64        0
```

表示 $g_{ij} = a_{ij}^2$, 其中 $G = (g_{ij})$, $A = (a_{ij})$.

```
>> G = A .^ B                          % 两矩阵必须有相同的维数
G =

        1           16         2187
       16         3125      1679616
      343       262144            1
```

表示 $g_{ij} = a_{ij}^{b_{ij}}$, 其中 $G = (g_{ij})$, $A = (a_{ij})$, $B = (b_{ij})$.

A.2.4 关系运算

对于矩阵、向量和数组有如下关系运算:

< 为小于, <= 为小于等于, > 为大于, >= 为大于等于, == 为等于, ~= 为不等于.

如果关系成立, 则返回值为 1; 否则, 返回值为 0. 例如,

```
>> a = [-1 2 4; 5 4 -8];
>> c = a > 0
c =

        0        1        1
        1        1        0
```

用关系运算, 有时对表达某些函数关系会更加方便. 例如, 在 MATLAB 中输入两个相同长度的数组 x 与 y, 其中 x 的分量是从 -1 到 1, 每个分量之间的间隔为 0.2, y 的分量满足

$$y_i = \begin{cases} x_i^2, & x_i \geqslant 0, \\ 0, & x_i < 0. \end{cases}$$

通常的输入方法为

```
x = -1 : 0.2 : 1;   y = max(0,x).^2;
```
也可以用关系运算输入
```
x = -1 : 0.2 : 1;   y = (x.^2).*(x>=0);
```
第二种输入方法在组合条件比较多的情况下使用起来更加方便.

A.2.5   逻辑运算

在条件语句中有如下逻辑运算:
$$\& \ (与), \quad |(或), \quad \sim (非).$$
$A \& B$ 表示若条件 A 与条件 B 同时成立, 则为真 (返回值为 1); $A \mid B$ 表示若条件 A 与条件 B 之一成立, 则为真 (返回值为 1); $\sim A$ 表示若与条件 A 相反的条件成立, 则为真 (返回值为 1).

例如, 输入
```
a = [ -1 2 4; 5 4 -8];
b = [-2 1 -1; 3 -1 2];
c = (a > 0) & (b > 0)        % a 与 b 同时大于0的元素
d = (a > 0) | (b > 0)        % a 与 b 至少一个大于0的元素
e = ~(a > 0)                 % 即 a 小于等于0的元素
```
可以得到
```
c = 0      1      0
    1      0      0
d = 0      1      1
    1      1      1
e = 1      0      0
    0      0      1
```

A.2.6   矩阵运算函数

1. 求行列式的值 (det())

det() 函数的功能是求矩阵行列式的值. 例如,
```
>> A = [1 2 3; 4 5 6; 7 8 0];    % 构造一个矩阵
>> det(A)                        % 计算行列式
ans =
    27
```

2. 三角分解 (lu())

三角分解也称为 LU 分解, 将矩阵 A 分解成一个单位下三角矩阵和一个上三角矩阵的乘积, 即 $A = LU$. 在 MATLAB 软件中, 由函数 lu() 完成此工作, 它对

矩阵 A 采用选取主元的 LU 分解. 例如,

```
>> [L, U] = lu(A)                       % 列主元LU分解
L =
     0.1429    1.0000         0
     0.5714    0.5000    1.0000
     1.0000         0         0

U =
     7.0000    8.0000         0
          0    0.8571    3.0000
          0         0    4.5000
```

这里得到的矩阵 L 并不是下三角矩阵, 这是因为在计算中采用了列选主元的结果, 将得到的矩阵作适当的行交换就可以得到下三角矩阵, 关于函数 lu() 的详细说明请参见帮助文件.

3. 正交三角分解 (qr())

正交三角分解也称为 QR 分解, 将矩阵 A 分解成一个正交矩阵 Q 和一个上三角 R 的乘积, 即 $A = QR$. 函数 qr() 完成 QR 分解.

```
>> A = [1 2 3; 4 5 6; 7 8 9; 10 11 12];
>> [Q, R] = qr(A)                       % QR分解
Q =
    -0.0776   -0.8331    0.5444    0.0605
    -0.3105   -0.4512   -0.7709    0.3251
    -0.5433   -0.0694   -0.0913   -0.8317
    -0.7762    0.3124    0.3178    0.4461
R =
   -12.8841  -14.5916  -16.2992
         0    -1.0413   -2.0826
         0         0    0.0000
         0         0         0
```

4. 奇异值分解 (svd())

所谓矩阵的奇异值分解就是将矩阵 A 分解成正交矩阵 U、对角矩阵 S 和正交矩阵 V 转置的乘积, 即 $A = USV^{\mathrm{T}}$.

```
>> [U, S, V] = svd(A)                    % 奇异值分解
U =
     0.1409    0.8247    0.5477    0.0078
```

```
    0.3439      0.4263     -0.7361      0.3977
    0.5470      0.0278     -0.1709     -0.8190
    0.7501     -0.3706      0.3593      0.4134
S =
   25.4624           0           0
        0      1.2907           0
        0           0      0.0000
        0           0           0
V =
    0.5045     -0.7608      0.4082
    0.5745     -0.0571     -0.8165
    0.6445      0.6465      0.4082
```

5. 特征值分解 (eig())

特征值分解也称为谱分析, 即求矩阵 A 的特征值和相应的特征向量.

```
>> A = [1 2 3; 4 5 6; 7 8 9];
>> [Q, D] = eig(A)              % 特征值分解
Q =
    0.2320      0.7858      0.4082
    0.5253      0.0868     -0.8165
    0.8187     -0.6123      0.4082
D =
   16.1168           0           0
        0     -1.1168           0
        0           0      0.0000
```

其中 D 的对角元素 d_{ii} 为矩阵 A 的第 i 个特征值, Q 的第 i 列为对应第 i 个特征值的特征向量.

A.2.7　基本函数

1. 基本初等函数

基本初等函数有如下几个: sin 表示正弦, cos 表示余弦, tan 表示正切, abs 表示求绝对值, sqrt 表示开方, exp 表示指数, log 表示对数.

在 MATLAB 的函数运算中, 函数的变量可以是纯量、向量和矩阵 (数组). 当自变量是纯量、向量和矩阵 (数组) 时, 对应的因变量也是纯量、向量和矩阵 (数组).

2. 与矩阵有关的常用函数

(1) norm 函数. 求矩阵或向量的 2 模 (2 范数), 即 $\|\cdot\|_2$. 例如,

`>> A = [1 2 3; 4 5 6; 7 8 9];`

`>> norm(A)`

`ans =`

    16.8481

(2) cond 函数. 求矩阵的条件数, 即 $\mathrm{cond}(\cdot) = \|\cdot\|_2 \, \|(\cdot)^{-1}\|_2$. 例如,

`>> cond(A)`

`ans =`

  3.7740e+016

(3) rank 函数. 求矩阵的秩. 例如,

`>> rank(A)`

`ans =`

    2

(4) zeors 函数. 生成零矩阵或零向量. 例如, 生成一个一行三列的零矩阵 (向量),

`>> a = zeros(1, 3)`

`a =`

    0   0   0

(5) ones 函数. 生成元素为 1 的矩阵或向量. 例如, 生成一个一行三列且元素为 1 的矩阵 (向量),

`>> b = ones(1, 3)`

`b =`

    1   1   1

(6) eye 函数. 生成单位矩阵或单位向量. 例如, 生成 3×3 阶单位矩阵,

`>> I = eye(3)`

`I =`

    1   0   0

    0   1   0

    0   0   1

(7) size 函数. 求矩阵 (数组) 的大小 (维数). 例如,

`>>size(A)`

`ans =`

    3   3

表示矩阵 A 为 3×3 阶的.

(8) length 函数. 求向量 (数组) 的长度 (维数). 例如,

```
>> length(b)
ans =
     3
```

表示向量 b 为三维的.

A.3 控制流语句

A.3.1 for 循环语句

for 循环语句的格式为

for   循环变量 = 初值 : 增量 : 终值   %初值开始，终值结束
    语句   %循环体中的执行语句
end   % 循环结束

从 for 开始, end 结束, 可以嵌套. 例如,

```
for i = 1 : 5                 % 增量缺省值为1
    for j = 1 : 5
        a(i,j) = 1/(i+j-1);
    end
end
a =
    1.0000    0.5000    0.3333    0.2500    0.2000
    0.5000    0.3333    0.2500    0.2000    0.1667
    0.3333    0.2500    0.2000    0.1667    0.1429
    0.2500    0.2000    0.1667    0.1429    0.1250
    0.2000    0.1667    0.1429    0.1250    0.1111
```

此矩阵是著名的 Hilbert 矩阵, 这里用它介绍 for 循环语句的用法. 事实上, MATLAB 软件中有自动生成 Hilbert 矩阵和它的逆矩阵的函数 —— hilb()和 invhilb(). 上述结果只需键入 hilb(5).

A.3.2 while 循环语句

while 循环语句的格式为

while 条件   %当条件成立时执行下面的语句；否则跳过
    语句

end

例如, 编写一个计算 1000 以内的 Fibonacci 数,

```
f = [1 1];                    % 输入 f(1)=1, f(2)=1
i = 1;
while  f(i) + f(i+1) < 1000
    f(i+2) = f(i) + f(i+1);
    i = i + 1;                % 计数器, 将i+1的值赋给i
end
f =
  Columns 1 through 12
     1    1    2    3    5    8   13   21   34   55   89  144
  Columns 13 through 16
   233  377  610  987
```

A.3.3 if 和 break 语句

if 语句的格式有以下三种形式:

(1) if   条件

　　语句

　　end

(2) if   条件

　　语句 1

　　else

　　语句 2

　　end

(3) if   条件 1

　　语句 1

　　elseif   条件 2

　　语句 2

　　else

　　语句 3

　　end

break 语句出现在循环中, 它表示跳出循环, 即循环结束.

下面编写一段程序. 任取一个正整数, 如果是偶数, 则将它除以 2; 否则, 将它乘以 3 后再加 1, 重复这个过程直至该数变成 1 为止. 这个程序是用来验证数论中的一个定理的.

```
while 1       % 表示 1 > 0 条件永远成立
```

```
% 从屏幕上读一个整数
n = input(' 输入正整数 n, 输入负数退出...');
% 当 n 不是正整数时, 用 break 终止
if n <= 0
    break;
end
% 当 n > 1 时进行循环, 当 n=1 时, 跳出循环
while n > 1
    if rem(n,2) == 0   % 检查 n 是否为偶数
        n = n/2;
    else
        n = 3*n + 1;
    end
end
fprintf(' 验证成功! \n');
end
```

在程序中, input() 是屏幕输入函数, 它是从屏幕上为一个变量赋值. rem 是同余函数, rem(n,k) 表示n整除k的余数, 如 rem(7,3)=1.

A.4 文   件

A.4.1   M 文件

1. 命令文件

在 MATLAB 中可以将一条一条的命令编成一个 M 文件, 一起去执行. 例如, 要计算 1000 以内的 Fibonacci 数, 将下述命令:

```
f = [1 1];                    % 输入 f(1)=1, f(2)=1
i = 1;
while  f(i) + f(i+1) < 1000
    f(i+2) = f(i) + f(i+1);
    i=i+1;
end
f
```

在 MATLAB 的程序编辑器 (Editor) 中编辑, 并保存成一个 M 文件 (其扩展名为.m), 如保存为 fibon.m. 当在 MATLAB 命令窗口中键入 fibon 后, MATLAB 会

自动执行这一文件中的每条命令, 并给出计算结果.

2. 函数文件

函数文件 (其扩展名为 .m) 可以被其命令调用, 其格式为

function 因变量 = 函数 (自变量)

   %说明语句

   语句

在 M 文件中, 说明语句很重要, 它可以提供程序的说明. 在 MATLAB 中, 用 help 命令可以显示 M 文件中位于文件最初一行 (或几行) 的说明语句.

在程序编辑器中, 编写一个计算向量或矩阵的期望值与标准差的函数, 并保存为 stat.m.

```
function [mean, stdev] = stat(x)
% 求数据的期望值与方差
% 如果 x 是向量, 则 mean, stdev 表示 x 的期望值与方差
% 如果 x 是矩阵, 则 mean, stdev 表示 x 各列的期望值与方差
    [m, n] = size(x);   % 计算 x 的维数
    if m == 1
        m = n;
    end
    mean = sum(x)/m;    % 计算 x 各列的平均值, sum 表示求和
    stdev = sqrt(sum(x .^ 2)/m-mean .^ 2); %计算标准差
```

由于 x 可能是矩阵, 所以 mean 可能是向量 (数组), 所以在计算方差中应采用数组的运算规则, 即点 (.^) 运算.

在 MATLAB 的命令窗口下键入

```
>> x=[1 2 3 4; 3 4 5 6]';  % 输入矩阵
>> [mean,std] = stat(x)     % 计算均值与方差
```

则计算机显示

```
mean =
    2.5000    4.5000
std =
    1.1180    1.1180
```

3. 在 M 文件使用中应注意的问题

在 M 文件的使用中应注意以下几个问题:

(1) M 文件的命名应是字母、数字 (数字不能放首位) 或下划线等, 命名最好长一些 (但最长不要超过 31 个字符), 用单词或一些单词 (部分) 的组合命名, 这样便于

理解命令或函数的意思, 如 `LU_Decomposition.m` 表示 LU 分解程序, `Gauss_Elimin-ation.m` 表示 Gauss 消去法程序等.

(2) 文件的命名不能用数字、内存中的变量, 如 `1.m`, `pi.m` 等.

(3) 文件的命名不能用减号、空格或小数点等非法字符, 如 `eg-2.m`, `eg.2.1.m`.

(4) 文件的命名不能用 MATLAB 的内部函数, 如 `mesh.m`, `fitfun.m`, 最好也不要用 MATLAB 工具箱中已有的函数名命名.

(5) 要建立自己的工作目录 (如叫 MyWork), 每次工作时, 将当前目录调整到自己的工作目录下, 这样既便于管理你的文件, 又不会与其他人定义的函数发生混淆. 因为 MATLAB 在工作中, 首先寻找当前目录下的文件, 如果找到就执行这个文件; 如果找不到, 再找工作环境下的文件; 如果最后搜索不到, 则报告错误信息 "`Undefined function or variable ...`"(找不到 ⋯ 的函数或变量). 因此, 在自己的工作目录下工作, 即使你的文件与别人的文件重名, MATLAB 也将执行你的文件.

(6) 可用菜单 File Set Path 来增加或修改工作环境. 可用

来调整当前的工作目录.

A.4.2　文件的输入和输出

1. 打开文件

打开文件的命令格式为

`fid = fopen(' 文件名', 允许类型)`

允许类型如下:

(1) `'r'` 表示只读型. 打开已有文件, 从文件中读数据. 如果文件不存在, 则调用失败.

(2) `'w'` 表示只写型. 如果文件不存在, 则创建新文件; 如果文件存在, 则用新的内容替换原文件 (注意: 原文件已被破坏).

(3) `'a'` 表示添加型. 如果文件不存在, 则创建新文件; 如果文件存在, 则向文件的尾部添加数据.

(4) `'r+'` 表示读写型. 打开已有文件, 从文件中读数据或向文件中写数据. 如果文件不存在, 则调用失败.

(5) `'w+'` 表示读写型. 打开已有文件, 从文件中读数据或向文件中写数据 (注意: 原文件已被破坏). 如果文件不存在, 则创建新文件.

(6) `'a+'` 表示读和添加型. 如果文件不存在, 则创建新文件; 如果文件存在, 则可从文件中读数据, 或向文件的尾部添加数据.

2. 关闭文件

关闭文件的命令格式为

```
fclose(fid)
```

3. 写文件

写文件的命令格式为

```
fprintf(fid, 格式, 变量)
```

格式类型如下:

'%d' 为整数格式;

'%f' 为浮点格式;

'%e' 为指数格式;

'%g' 为浮点格式和指数格式;

'%s' 为字符格式;

'\n' 为换行.

例如, 写一个叫 exp.txt 的文本文件. 若该文件不存在, 则生成一个新文件; 若该文件已存在, 则新文件覆盖原文件. exp.txt 文件的内容有两列, 一列是 x 的值, 另一列是 $\exp(x)$ 的值.

用如下命令将完成上述工作:

```
x = 0 : .1 : 1; y = [x; exp(x)];
fid = fopen('exp.txt', 'w');
fprintf(fid,'%6.2f   %12.8f\n', y);
fclose(fid)
```

这样在当前的工作目录下就生成了 exp.txt 文件.

在命令中, '%6.2f' 表示浮点格式输出, 输出的变量共有 6 位数字组成, 其中有两位是小数. '%12.8f' 表示输出的变量有 12 位, 其中小数点后 8 位.

如果希望上述结果显示在屏幕上, 则输入

```
x = 0 : .1 : 1; y = [x; exp(x)];
fprintf('%6.2f   %12.8f\n',y);
```

这样在屏幕上就出现了所要的结果.

4. 显示文件

可以用 type 命令显示文件的内容. 例如, 输入

```
type exp.txt
```

则显示当前目录下的 exp.txt 文件内容.

```
0.00     1.00000000
```

```
0.10    1.10517092
0.20    1.22140276
0.30    1.34985881
0.40    1.49182470
0.50    1.64872127
0.60    1.82211880
0.70    2.01375271
0.80    2.22554093
0.90    2.45960311
1.00    2.71828183
```

type 命令的一般格式为

    type 文件名.扩展名

如果扩展名缺省, 则显示相应的 .m 文件.

    5. 读文件

    读文件的命令格式为

    fscanf(fid, 格式)

例如,

```
S = fscanf(fid, '%s')          % 读一个字符串
A = fscanf(fid, '%5d')         % 读 5 位数的整数
```

A.5　绘　　图

A.5.1　二维绘图

    1. 画函数曲线和散点图

    画函数曲线和散点图的命令格式为

    plot(x, y, 's')

其中 x 为横坐标, y 为纵坐标, s 为可选择参数 (默认值为蓝色实线), 其意义如表 A.1 所示.

    例如, plot(x, y, 'r+:') 表示画出一条红色的由点构成的虚线, 并在相应的点上标上 "+" 号. plot(x, y, 'y-', x, y, 'bo') 表明数据 (x, y) 被画了两次, 第一次是画一条黄色的实线, 第二次是画出离散的点, 点的标记是蓝色的圆圈.

    画出函数 $y = \mathrm{e}^{-\frac{x}{4}} \sin x^2$ 在区间 $[0,5]$ 上的曲线, 并且要求所画的曲线是蓝色的. 输入

表 A.1   plot 函数中可选参数的意义

参数	颜色	参数	记号	参数	曲线
y	黄色	.	点	-	实线
m	橙色	o	圆圈	:	虚线 (由点构成)
c	青色	x	叉	-.	虚线 (由线点构成)
r	红色	+	加号	--	虚线 (由线段构成)
g	绿色	*	星号		
b	蓝色	s	方框		
w	白色	d	钻石		
k	黑色	v	下三角		

x = 0: 0.05: 5; y = exp(-x/4) .* sin(x.^2);

plot(x, y, 'b'); xlabel('x'); ylabel('y');

计算机画出图形, 如图 A.3 所示 (计算机屏幕上显示的是蓝色曲线).

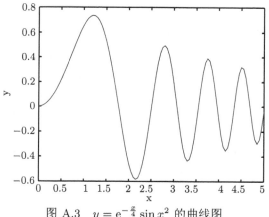

图 A.3 $y = \mathrm{e}^{-\frac{x}{4}} \sin x^2$ 的曲线图

    plot() 的本质是用直线连接相邻的两点, x=0:0.05:5 表示 x 是一个数组, 起点为 0, 终点为 5, 点与点之间的间隔为 0.05. 由于 x 是数组, 则在求 y 的运算中, 必须采用数组的运算规则, 即点运算 (这里用到 .* 和 .^), 这样 y 也就是一个数组, 并且与 x 有相同的维数. 因此, 点与点之间的间隔越小, 其图形越光滑, 但同时需要计算的量也就越大, 所以在画图中要权衡两者之间的关系, 在不影响图形质量的情况下, x 中的间隔应稍大一些.

    xlabel('x'), ylabel('y') 是 x 轴、y 轴的标题说明, 两个 " ' " 之间的内容是标题内容.

    如果命令中未标明图的颜色, 则计算机将自动分配颜色.

    2. 在一张图上画多条曲线

    在一张图上画多条曲线有两种方法, 一种方法是直接用 plot() 函数, 命令格

式为

```
plot(x1, y1, 's1', x2, y2, 's2', ... )
```

其中 x1, x2, ... 为横坐标, y1, y2, ... 为纵坐标, s1, s2, ... 为可选择
参数.

例如, 画出两个一元函数 $y = x^3 - x - 1$ 和 $y = |x|^{0.2}\sin(5x)$ 在区间 $-1 \leqslant x \leqslant 2$
上的复合图.

输入

```
x = -1 : 0.1 : 2;
y = x .^ 3 - x - 1;
z = (abs(x) .^ (0.2)) .* sin(5 * x);
plot(x, y, 'b-', x, z, 'r--');
legend('y=x^3-x-1', 'y=|x|^{0.2} sin(5x)', 0)
xlabel('x'); ylabel('y');
```

第一条曲线是蓝色实线, 第二条曲线是红色虚线. 使用函数 legend() 的目的是添
加图例, 用来标注所画的两条曲线, 得到复合图如图 A.4 所示.

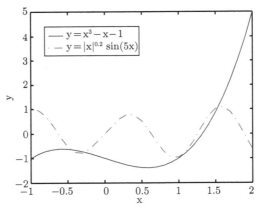

图 A.4　两条曲线的复合图

另一种方法是用 hold 命令. hold on 表示在画下一幅图时, 保留已有图像,
hold off 表示释放 hold on. 直观地理解, hold on 就是在上一张图上加图, hold
off 就是替换上一张图. 使用 hold 命令的好处是可以根据要求后确定曲线的
条数.

例如, 需要考查函数 $\sin x$ 与它的各阶 Taylor 展开式

$$\sin x = x - \frac{x^3}{3!} + \frac{x^5}{5!} + \cdots$$

的近似情况. 请编写一个函数 (程序), 当输入 Taylor 展开阶数后, 函数将自动画出

$y = \sin x$, $y = x$, $y = x - \dfrac{x^3}{3!}$, $\cdots$, 直到要求的次数为止的各阶展开式在区间 $[-\pi, \pi]$ 上的图形.

编写相应的函数 (函数名: plot_sin_taylor.m) 如下:

```
function plot_sin_taylor(n)
% 画出 sin(x) 的各阶Taylor级数，其中
%    n 是Taylor展开的次数

x = - pi : pi/20 : pi; plot(x, sin(x));
hold on
m = fix((n+1)/2); y=0;
for k=1:m
    y=y + (-1)^(k-1)/prod([1:2*k-1]) * x .^ (2*k-1);
    plot(x, y);
end
axis([-pi pi -1.5 1.5]); xlabel('x'); ylabel('y');
hold off
```

注意: 在 hold on 后, 所有图形均画在一张图上. axis([-pi pi -1.5 1.5]) 是图形中 x 轴与 y 轴的范围, 其中前两个数为 x 轴的范围, 即 $-\pi \leqslant x \leqslant \pi$, 后两个数为 y 轴的范围, 即 $-1.5 \leqslant y \leqslant 1.5$.

输入

```
plot_sin_taylor(5)  % 考虑 5 次展开式的情况
```

得到复合图如图 A.5 所示.

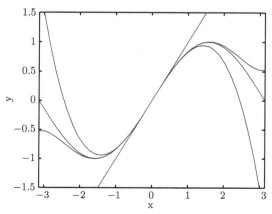

图 A.5 $\sin x$ 与它各阶展开式的函数曲线

3. 直方图

用 bar() 函数可以画出曲线的直方图. 例如, 画 $y = \mathrm{e}^{-x^2}$ 在 $[-3, 3]$ 上的直方图. 输入

```
x = -3 : 0.2 : 3;  bar(x, exp(-x .* x));
xlabel('x'); ylabel('y');
```

得到其直方图, 如图 A.6 所示. 在命令中, 因为 x 仍是一个数组, 所以需要按数组运算规则运算, 即点乘 (.*) 运算. 从图 A.6 可以看出, x 的间隔 0.2 就是直方图中的宽度.

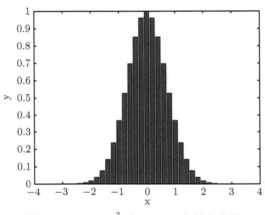

图 A.6　$y = \mathrm{e}^{-x^2}$ 在 $[-3, 3]$ 上的直方图

4. 极坐标图形

用 polar 函数可以画出曲线的坐标图形. 例如, 画出 $\rho = |\sin 2t \cdot \cos 2t|$ 在一个周期上的极坐标图形. 输入

```
t = 0: 0.01: 2*pi;
polar(t, abs(sin(2 * t) .* cos(2 * t)));
```

计算机画的图形如图 A.7 所示.

A.5.2　三维绘图

三维绘图有三维曲线、三维曲面、等值线和三维等值线等.

1. 三维曲线

用 plot3 函数可以画出参数方程 $x = x(t)$, $y = y(t)$, $z = z(t)$ $(t \in [\alpha, \beta])$ 给出的三维曲线. 例如, 画出 $x = \cos t$, $y = \sin t$, $z = 0.1t(t \in [0, 6\pi])$ 的三维曲线. 输入

```
t = 0 : 0.03 : 6*pi;
```

```
x = cos(t); y = sin(t); z = 0.1*t;
plot3(x, y, z);
xlabel('x'); ylabel('y'); zlabel('z');
```

计算机画的图形如图 A.8 所示.

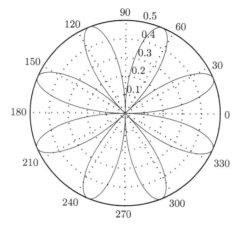

图 A.7 $\rho = |\sin 2t \cdot \cos 2t|$ 在一个周期上的极坐标图

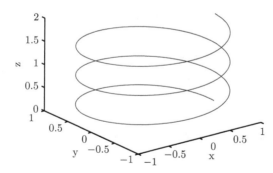

图 A.8   空间曲线 $x = \cos t, y = \sin t, z = 0.1t$ 的图形

2. 网格曲面

用 mesh 函数可以画出三维网格曲面. 例如, 画出 $z = \dfrac{\sin\sqrt{x^2+y^2}}{\sqrt{x^2+y^2}}$ 在区域 $[-7.5, 7.5] \times [-7.5, 7.5]$ 上的网格曲面. 输入

```
x = - 7.5 : 0.5 : 7.5; y = x;
[X, Y] = meshgrid(x,y);
R = sqrt(X.^2 + Y.^2)+eps;
Z = sin(R) ./ R;
mesh(X,Y,Z);
```

```
xlabel('x'); ylabel('y'); zlabel('z');
```
计算机画的图形如图 A.9 所示.

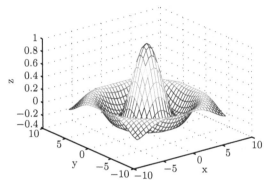

图 A.9 $z = \dfrac{\sin\sqrt{x^2 + y^2}}{\sqrt{x^2 + y^2}}$ 的网格曲面

在上述命令中, 间隔 (这里是 0.5) 越大, 网格就越稀; 间隔越小, 网格就越密. eps 是 MATLAB 自带的一个非常小的量 (大约为 2.2×10^{-16}), 加此项的目的是为了避免在计算中分母为 0 的情况出现.

函数 meshgrid() 将数组 (向量) 转成矩阵, 其命令 [X,Y]=meshgrid(x,y) 相当于

```
X = ones(length(y), 1) * x;
Y = y' * ones(1, length(x));
```

3. 表面曲面

用 surf 函数可以画出三维表面曲面. 例如, 画出 $z = \sin\dfrac{\sqrt{x^2 + y^2}}{x^2 + y^2}$ 在区域 $[-7.5, 7.5] \times [-7.5, 7.5]$ 上的表面曲面. 输入

```
surf(X, Y, Z);
xlabel('x'); ylabel('y'); zlabel('z');
```
计算机画的图形如图 A.10 所示.

4. 二维等值线

用 contour 函数可以画出曲面的二维等值线. 例如, 画出

$$z = 3(1 - x)^2 \mathrm{e}^{-x^2 - (y+1)^2} - 10\left(\frac{x}{5} - x^3 - y^5\right)\mathrm{e}^{-x^2 - y^2} - \frac{1}{3}\mathrm{e}^{-(x+1)^2 - y^2}$$

在区域 $[-3, 3] \times [-3, 3]$ 上的二维等值线. MATLAB 中的 peaks() 给出了该函数的数值, 其命令如下:

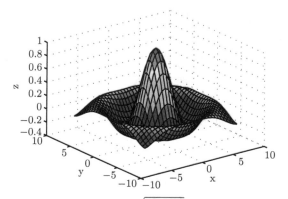

图 A.10 $z = \sin \dfrac{\sqrt{x^2 + y^2}}{x^2 + y^2}$ 的表面曲面

```
x = - 3 : 0.1 : 3; y = x;
[X, Y] = meshgrid(x,y);
Z = peaks(X, Y);
contour(X, Y, Z, 16);
xlabel('x'); ylabel('y');
```

在上述程序中, 给定 X 与 Y 后, 用函数 peaks() 生成相应的 Z 值. peaks() 也可以同时生成 X, Y 和 Z 值, 其命令为

```
[X, Y, Z] = peaks(30);
```

这样得到 X, Y 和 Z 均为 30×30 的矩阵.

在函数 contour() 中的参数 16 为等值线的条数. 计算机画的图形如图 A.11 所示.

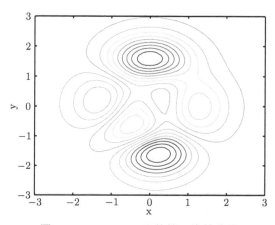

图 A.11 peaks() 函数的二维等值线

函数 contour() 的用法有两种, 一种用法是 contour(X, Y, Z, N), 其中 X, Y 为自变量的区域, Z 为因变量, N 为等值线的条数. 另一种用法是 contour (X, Y, Z, v), 其中 v 为一个向量, 向量 v 的值表明所画等值线的值, 即画出 v 的维数条等值线, 并且等值线的值为 v 的各个分量. 如果 v 是一个数, 则 contour(X, Y, Z, [v v]) 画出一条等值曲线.

在 contour 命令后, 增加 clabel 命令可以在等值线上标出等值线的值. 例如, 需要在图中绘出等值线的值为 $-7 \sim 8$ 且其间隔为 1.5, 并在等值线上标出其值, 则输入

　　[c, h] = contour(X, Y, Z, [-7 : 1.5 : 8]);

　　clabel(c, h)

即可得到所需图形.

如果在 clabel(c,h) 后面再加命令 colorbar, 则在等值线图边给出一张色彩标尺图, 标明等值线的值与色彩对应的颜色.

5. 三维等值线

用 contour3 函数可以画出曲面的三维等值线. 例如, 画出 peaks() 函数的三维等值线, 其命令如下:

　　contour3(X, Y, Z, 16);

　　xlabel('x'); ylabel('y'); zlabel('z');

计算机画的图形如图 A.12 所示.

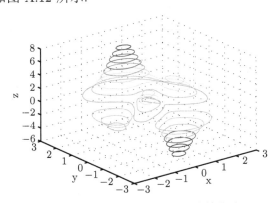

图 A.12　peaks() 函数的三维等值线

contour3 命令与 contour 命令一样, 除了 contour3(X, Y, Z, N) 的用法外, 也有 contour (X, Y, Z, v) 的用法, 也可以标出等值线的值. 例如, 在三维等值线中绘出等值线的值为 $-7 \sim 8$ 且其间隔为 1.5, 并在等值线上标出其值, 输入

　　clabel(contour3(X, Y, Z, [-7 : 1.5 : 8]));

即可得到所需图形.

A.5.3　与图形有关的函数

(1) `title`　添加图形标题, 其使用方法为 `title('图形标题')`, 并将标题放在图形的最上方.

(2) `axis`　设置 (x, y) 坐标或 (x, y, z) 坐标的最小、最大值, 其使用方法为 `axis([xmin, xmax, ymin, ymax])` 或 `axis([xmin, xmax, ymin, ymax, zmin, zmax])`.

(3) `xlab, ylab, zlab`　添加 x, y, z 坐标轴的名称, 其使用方法为 `xlab('坐标轴名称')`, 并将名称放在横坐标轴的附近. 此类函数在前面用到过.

(4) `text`　添加注释文字, 其使用方法为 `text(x, y, '注释文字')`, x,y 为添加注释文字的位置坐标.

(5) `legend`　添加图例, 其使用方法为 `legend('图例 1','图例 2', ..., Pos)`, Pos 为添加图例的位置, 0 为计算机自动选择, 1(默认值) 为右上角, 2 为左上角, 3 为左下角, 4 为右下角, −1 为右外侧.

(6) `figure`　多窗口绘图, 其使用方法为 `figure(n)`, 其中 n 为创建窗口的序号.

(7) `subplot`　多图环境, 这样可以在一幅图上画出不同的图形. 命令 `subplot(m, n, p)` 将一张画面分为 m× n个图形区域, p代表当前的区域号, 在每个区域中分别画一张图. 子图沿第 1 行从左至右编号, 接着排第 2 行, 以此类推.

下面用几个例子说明这些函数的使用方法. 第一组命令如下:

```
t = 0:0.1: 5;
x = exp(-0.5*t).*sin(2*t);
y = gradient(x);
plot(t, x, 'b-', t, y, 'r--');
 title('位置与速度曲线'); legend('位置', '速度');
 xlabel('时间 t'); ylabel('位置 x, 速度 dx/dt');
```

上述程序画出函数 $x = \mathrm{e}^{-0.5t} \sin(2t)$ 的位置曲线和它的速度曲线, 其中导数是用函数 `gradient()` 得到的. 在图中有图题、图例和坐标轴的说明, 得到的图形如图 A.13 所示.

第二组命令如下:

```
x = linspace(0, 3*pi, 100);
y = sin(x); z = cos(x);
u = 2 * sin(x) .* cos(x);
v = sin(x) ./ cos(x);
subplot(2,2,1), plot(x,y), title('y=sin(x)');
```

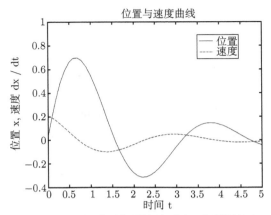

图 A.13　图形标题、图例与坐标说明的情况

```
subplot(2,2,2), plot(x,z), title('y=cos(x)');
subplot(2,2,3), plot(x,u), title('y=2sin(x)cos(x)');
subplot(2,2,4), plot(x,v), title('y=sin(x)/cos(x)'), ...
    axis([0 3*pi -10 10]);
```

上述程序将一幅图分成 2×2 个区域, 分别在这些区域上画出 $y = \sin x$, $y = \cos x$, $y = 2 \sin x \cos x$ 和 $y = \sin x / \cos x$ 的图形, 自变量的范围为 $[0, 3\pi]$. 对于 $y = \tan x (\sin x / \cos x)$, y 的范围为 $[-10, 10]$. 如果程序一行写不下, 则在换行之前要加三个点 “...”, 得到的多图如图 A.14 所示.

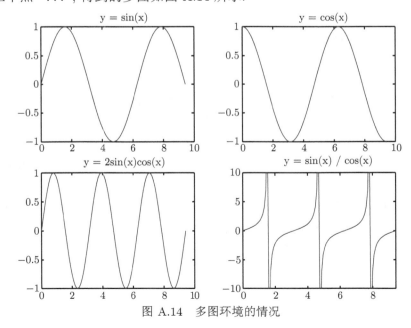

图 A.14　多图环境的情况

第三组命令如下:

```
[X, Y, Z] = peaks(30);
mesh(X,Y,Z);
figure(2); surf(X, Y, Z);
```

上述程序是多窗口绘图, 第一个窗口是 peaks() 函数的网格曲面, 第二个窗口是 peaks() 的表面曲面 (图 A.15).

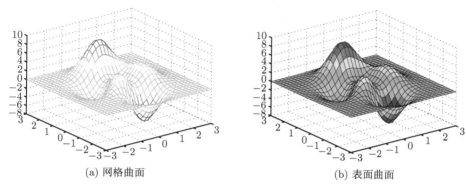

(a) 网格曲面　　　　　　　　　　　　　(b) 表面曲面

图 A.15　多窗口绘图的情况

A.5.4　图形的保存

将 MATLAB 画的图形保存起来, 为了今后或其他文件使用. 关于图形保存有以下两种方法.

1. print 命令

print 命令的格式为

`print -dformat filename`

其中 `filename` 为图形的文件名, `-dformat` 为图形的格式, 其参数的意义如表 A.2 所示.

表 A.2　print 命令中图形格式的参数与意义

图形格式	说　明	图形格式	说　明
-dps	PS 文件 (黑白)	-deps	EPS 文件 (黑白)
-dpsc	PS 文件 (彩色)	-depsc	EPS 文件 (彩色)
-djpeg	JPEG 文件	-dpng	PNG 文件

如果打算生成一个名叫 `myfig_1` 的 PS 图形文件, 其图形颜色是黑白的, 则首先用绘图命令绘出所需要的图形, 再在 MATLAB 命令窗口输入

`print -dps myfig_1`

则得到 myfig_1.ps 的图形文件.

如果图形需要在 Word 或 PPT 中使用, 则可以存成 PNG 文件. 在 MATLAB 命令窗口输入

    print -dpng myfig_2

2. 直接在图形窗口保存文件

当绘出图形后, 可直接在图形窗口下, 用 File \ Save 或 Save As 保存文件, 如图 A.16 所示. 在文件名窗口输入文件名和扩展名 (缺省为 fig 文件), 如 myfig_3.bmp 等.

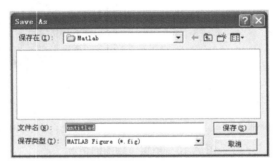

图 A.16　Save As 窗口

最简单的方法是直接拷贝图形文件 (在图形窗口下用 Edit\Copy Figure), 但这样做有时图形的质量不好.

A.5.5　关于 MATLAB 软件的进一步说明

MATLAB 软件的功能非常强大, 它包含许多工具箱来处理各种专门的问题. 例如, 优化工具箱 (Optimization Toolbox) 可以求解各种优化问题, 统计工具箱 (Statistics Toolbox) 可以处理各种统计问题, 但对这两类问题 (或模型), 本书采用的是更专业化的软件 —— LINGO 软件和 R 软件. 因此, 这里就不过多地介绍 MATLAB 软件的使用方法了.

附录B LINGO 软件的使用

LINGO(Linear INteractive and General Optimizer) 软件其中文意思是 "交互式的线性和通用优化求解器", 是由美国 LINDO 系统公司 (LINDO Systems Inc.) 研制开发的、求解大型数学规划问题的软件包, 可以用来求解线性规划、整数规划、二次规划、非线性规划问题以及组合优化问题等. LINGO 软件最大的特色在于它允许优化模型中的决策变量为整数 (即整数规划), 而且执行速度快. LINGO 实际上还是最优化问题的一种建模语言, 包含许多常用的函数可供使用者调用, 并提供了与其他数据文件的接口, 易于方便地输入、输出、求解和分析大规模最优化问题.

本章介绍的 LINGO 软件以 Microsoft Windows 环境下的 LINGO 9.0 为准, 所有程序 (包括第 3~6 章中的程序) 均运行通过. 尽管目前最新版的 LINGO 软件是 LINGO 12.0, 但这些程序基本上不需要作任何改动.

B.1 LINGO 软件简介

B.1.1 LINGO 软件的安装

在系统安装软件之前, 首先购买 LINGO 软件的正式版 (目前国内已有 LINGO 软件的代理商), 或直接从该公司的主页 (http://www.lindo.com) 上下载 LINGO 软件的试用版 (演示版). 试用版 (演示版) 与正式版的基本功能是类似的, 只是试用版能够求解的问题的规模 (即决策变量和约束的个数) 受到严格限制, 对于规模稍微大些的问题就不能求解了. 即使对于正式版, 通常也被分成求解包 (Solver Suite)、高级版 (Super)、超级版 (Hyper)、工业版 (Industrial)、扩展版 (Extended) 等不同档次的版本.

LINGO 软件的安装非常容易, 只需在 Windows 的提示下安装即可. 当开始安装后, 需要接受安装协议、选择安装目录 (默认目录为 C:\LINGO9). 安装完成前, 会出现图 B.1 所示的对话框, 这个对话框询问希望采纳的缺省的建模 (即编程) 语言, 系统推荐的是采用 LINGO 语法, 即选项 "LINGO(recommended)"; 也可以选择 "LINDO" 将 LINDO 语法作为缺省的设置. 在图 B.1 中按下 "OK (确认)" 按钮, 系统就会完成 LINGO 的安装过程.

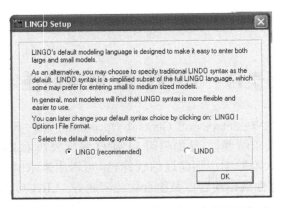

图 B.1   LINGO 安装对话框 (选择编程语法格式)

注意: LINGO 软件在安装过程中, 不需要提供软件安装的密码 (Password), 而是在第一次运行时才需要输入密码, 屏幕上会出现一个输入密码的对话框, 如图 B.2 所示. 如果买的是正式版软件, 则请在密码框中输入 LINDO 公司提供的密码, 然后按 "OK" 按钮即可; 否则, 只能使用演示版 (即试用版), 按下 "Demo (演示版)" 按钮即可.

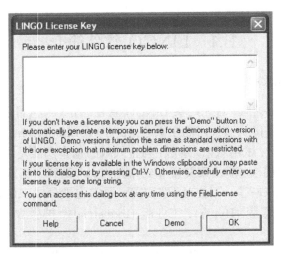

图 B.2   输入密码对话框 (输入授权密码)

当软件安装完毕后, 就可以运行 LINGO 软件了.

B.1.2   初识 LINGO——从一个例子谈起

从一个例子开始介绍 LINGO 软件包的使用.

例 B.1 用 LINGO 软件求解线性规划问题

$$\min \quad -2x_1 - 5x_2,$$
$$\text{s.t.} \quad x_1 + 2x_2 \leqslant 8,$$
$$x_1 \leqslant 4,$$
$$x_2 \leqslant 3,$$
$$x_1, x_2 \geqslant 0.$$

例 B.1 在第 3 章用图解法和单纯形法求解过, 这里提供 LINGO 软件的求解方法, 大家可以与前面的计算过程和计算结果作比较, 从而了解 LINGO 软件的求解方法.

1. 问题的输入

在 Windows 操作系统下双击 LINGO 图标 (或在 Windows "开始" 菜单的程序中选择运行 LINGO 软件) 可以启动 LINGO 软件, 屏幕上首先显示如图 B.3 所示的工作窗口.

图 B.3 模型窗口

图 B.3 给出了 LINGO 软件的初始用户界面. 当前光标所在的子窗口称为 LONGO Model (LINGO 模型窗口), 是用来供用户输入 LINGO 程序的. 在图 B.3 所示的模型窗口下输入 LINGO 程序, 其输入结果如图 B.4 所示.

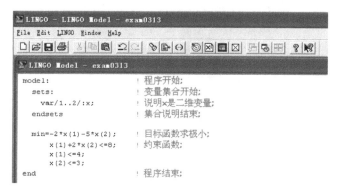

图 B.4 模型窗口 (已输入模型)

与线性规划模型相对照, 一个 LINGO 程序就是一个优化模型, 只是有微小的差别. 注意到程序中没有非负限制. 因为如果不是特别说明, LINGO 软件就认为所有变量均是非负的. 在 LINGO 程序中, "!" 后面的语句是说明语句, 已经知道, 说明语句是每个程序必不可少的. 在 LINGO 7.0 以上的版本中, 可以不写程序开始语句 (model:) 和程序结束语句 (end). 不过为了保持程序的完整性, 在今后的程序中, 仍然有部分程序保留开始语句和结束语句. 另外, LINGO 程序不区分大小写字母, 也就是说, min 与 MIN 的意义是相同的.

从上述程序可以看出, 所谓 LINGO 程序, 就是用 LINGO 软件所要求的语法格式对一个优化模型的完整描述. 因此, 一个 LINGO 程序也就是一个 LINGO 优化模型. 这一点与学到的其他软件 (如附录 A 介绍的 MATLAB 软件) 语言有很大的差别, 读者在使用时, 应当注意 LINGO 软件自身的特点.

2. 问题求解

当模型输入后, 用鼠标点击 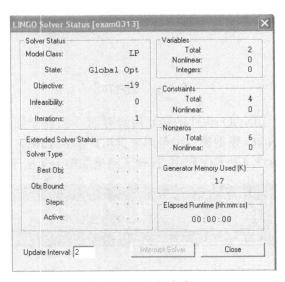, 或按 LINGO 菜单下的**Solve**或按 Ctrl+S, LINGO 软件就开始求解输入的模型. 计算机将会打开 LINGO Solver Status (LINGO 运行状态) 窗口. 在 LINGO 运行状态窗口中, 报告模型的运行情况, 如图 B.5 所示.

图 B.5   运行状态窗口

3. 结果分析

当运行结束后, 关闭 LINGO 运行状态窗口 (单击图 B.5 中的**Close**按钮), 将会看到 LINGO 软件的 Solution Report (结果报告) 窗口, 如图 B.6 所示.

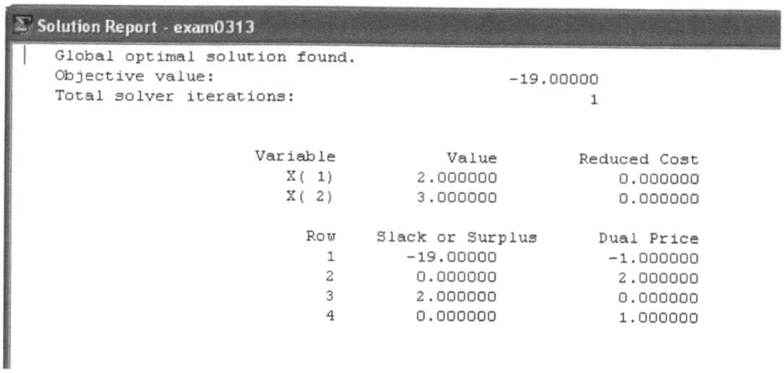

```
Σ Solution Report - exam0313
  Global optimal solution found.
  Objective value:                              -19.00000
  Total solver iterations:                      1


            Variable           Value        Reduced Cost
              X( 1)         2.000000            0.000000
              X( 2)         3.000000            0.000000

                 Row    Slack or Surplus       Dual Price
                   1          -19.00000         -1.000000
                   2            0.000000          2.000000
                   3            2.000000          0.000000
                   4            0.000000          1.000000
```

图 B.6 结果报告窗口

结果报告窗口 (图 B.6) 共有三个部分. 第一部分由三行组成, 描述求解的状况. Global optimal solution found 表示软件已求出全局最优解; Objective value: 表示求到的最优目标函数值 (本例为 -19, 即 $f^* = -19$); Total solver iterations:" 表示求到最优解需要的迭代次数 (这里是一次).

第二部分由三列组成, 描述最优解的情况. 第一列中的 Variable 表示变量名 (本例为 x); 第二列中的 Value 表示变量在最优点处取的值 (本例为 2, 3, 即最优点 $x^* = (2,3)^{\mathrm{T}}$); 第三列中的 Reduced Cost 表示简约成本, 它本质上是线性规划问题的检验数[①](与检验数相差一个负号), 因此, 也称为判别数.

第三部分也是由三列组成的, 描述达到最优解的情况下问题约束的状况. 第一列中的 Row 表示约束的行号, 其中第 1 行表示目标行 (LINGO 也将目标看成一个约束); 第二列中的 Slack or Surplus 表示松弛变量或剩余变量, 当松弛变量或剩余变量的值为 0 时, 表示该行的约束是 "紧" 约束, 也就是有效约束; 第三列中的 Dual Price 表示问题的对偶价格 (影子价格)[②].

4. 文件的储存与调用

当模型 (程序) 运行完后, 需要将模型进行储存, 单击模型窗口 File 下的 Save As... 后, 会出现一个如图 B.7 所示的对话框, 在文件名窗口下输入文件名即可. 模型文件的后缀是 lg4. 程序的命名最好以某种规则命名, 这样便于理解该文件是处理什么问题或是哪一章中的哪个例子. 例如, 在本书中, 例 B.1 的程序命名为 examB01.lg4, 即对应于附录 B 中第一个例子的程序.

可以用同样的方法将运行结果保存为文件形式, 结果文件的后缀是 lgr.

在下次调用时, 单击模型窗口 File 下的 Open... 后, 打开所需要的文件. 在 LINGO 文件类型中,

---

① 有关检验数的概念请参见第 3 章的单纯形法.
② 有关影子价格的意义请参见 3.3 节.

图 B.7 储存文件窗口

(1) 后缀 "lg4" 表示 LINGO 格式的模型文件, 是一种特殊的二进制格式文件, 保存在模型窗口中所能够看到的所有文本和其他对象及其格式信息, 只有 LINGO 能读出它, 用其他系统打开这种文件时会出现乱码;

(2) 后缀 "lng" 表示文本格式的模型文件, 并且以这个格式保存模型时, LINGO 将给出警告, 因为模型中的格式信息 (如字体、颜色、嵌入对象等) 将会丢失;

(3) 后缀 "ldt" 表示 LINGO 数据文件;

(4) 后缀 "lft" 表示 LINGO 命令脚本文件;

(5) 后缀 "lgr" 表示 LINGO 报告文件;

(6) 后缀 "ltx" 表示 LINDO 格式的模型文件;

(7) 后缀 "MPS" 表示 MPS(数学规划系统) 格式的模型文件;

(8) "*.*" 表示所有文件.

除 "lg4" 文件外, 这里的另外几种格式的文件其实都是普通格式的纯文本文件, 可以用任何文本编辑器打开和编辑.

前面简单介绍了用 LINGO 软件求解线性规划的全过程, 下面介绍 LINGO 窗口中各种命令的用途, 使大家对这些命令有个初步的认识, 并在以后的使用中逐步加深对它们的了解.

B.1.3 LINGO 窗口命令

在模型窗口 (图 B.3) 中, 有 5 个下拉式菜单, 分别为 File, Edit, LINGO, Window 和 Help, 还有若干个快捷按钮控件, 其图形与功能如图 B.8 所示.

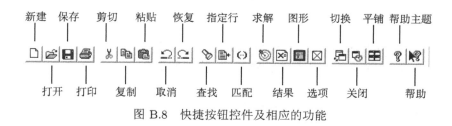

图 B.8   快捷按钮控件及相应的功能

1. File (文件) 菜单

(1) New   新建命令. 用该命令创建一个新的模型 (Model) 窗口, 在模型窗口中输入新模型 (程序).

(2) Open...   打开命令. 用该命令打开一个已经有的程序或文件, 用于运行、修改或查看. 在 LINGO9\ Samples 子目录中, 已储存了对我们很有帮助的例子.

(3) Save   保存命令. 用该命令将当前活动窗口保存为文件, 这些活动窗口可以是模型、结果或命令等. 如果窗口为新的名为 "LINGO1" 的模型窗口, 或报告窗口, 或命令窗口, 则该命令打开 Save As... 窗口.

(4) Save As...   另存为命令. 用该命令将当前活动窗口保存成文件, 同时弹出一个对话框, 在对话框中输入新的文件名. 这个当前窗口可以是模型、结果或命令等.

(5) Close   关闭命令. 用该命令关闭当前活动窗口. 如果窗口是一个名为 "LINGO1" 的新模型窗口, 或者已改动的文件, 则在关闭前, 询问是否保存这些改动.

(6) Print...   打印命令. 用该命令将当前活动窗口中的内容发送到打印机.

(7) Print Setup   打印设置命令. 用该命令设置打印机参数.

(8) Print Preivew   打印预览命令. 用该命令预览需要打印的内容.

(9) Log Output...   输出文本文件命令. 该命令将原输出到报告窗口的内容输出到文件中.

(10) Take Commands...   批处理命令. 用该命令将命令和模型文件打包成批处理文件, 以便于自动执行.

(11) Export File...   输出文件命令. 用该命令输出文件, 其格式有两种, 一种是 MPS 格式, 另一种是 MPI 格式.

(12) License   注册码命令. 用该命令打开输入密码窗口, 在窗口内输入注册密码.

(13) Database User Info   数据库用户信息命令. 用该命令打开对话框, 输入用户使用数据库时需要验证的用户名 (User ID) 和密码 (Password), 这些信息在使用 @ODBC() 函数访问数据库时要用到.

(14) Exit   退出命令. 用该命令退出 LINGO 系统.

2. Edit (编辑) 菜单

(1) Undo   取消命令. 用该命令取消上一次的操作.

(2) Redo   恢复命令. 用该命令撤销上一次的取消命令.

(3) Cut   剪切命令. 用该命令将当前选中的文本清除, 并将其放置到剪贴板中.

(4) Copy   复制命令. 用该命令将当前选中的文本复制到剪贴板中.

(5) Paste   粘贴命令. 用该命令将剪贴板中的内容复制到当前插入点的位置.

(6) Paste Special...   特殊粘贴命令. 该命令可以用于剪贴板中的内容不是文本的情形, 如可以插入其他应用程序中生成的对象 (Object) 或对象的链接 (Link).

(7) Select All   全部选定命令. 用该命令选定当前活动窗口中的所有文本内容.

(8) Find...   查找命令. 用该命令查找当前活动窗口的内容.

(9) Find Next   再查找命令. 用该命令再次查找上次查找的内容.

(10) Replace...   替换命令. 用该命令替换当前活动窗口的内容.

(11) Go To Line   指定行命令. 用该命令到达当前活动窗口中输入数字的指定行.

(12) Match Parenthesis   匹配命令. 该命令为当前选中的开括号查找匹配的闭括号.

(13) Paste Function   粘贴函数命令. 该命令还有下一级子菜单和下下一级子菜单, 用于按函数类型选择 LINGO 的内部函数粘贴到当前插入点.

(14) Choose Font...   选择字体命令. 先用鼠标选择一段文本, 然后用该命令选择字体、字形、大小、颜色、效果等.

(15) Insert New Object...   插入对象命令. 用该命令插入其他应用程序中生成的整个对象或对象的链接.

(16) Links...   链接命令. 在模型窗口中选择一个外部对象的链接, 然后选择该命令, 则弹出一个对话框, 可以修改这个外部对象的链接属性.

(17) Object Properties   对象属性命令. 在模型窗口中选择一个链接或嵌入对象 (OLE), 然后选择该命令, 则弹出一个对话框, 可以修改这个对象的属性.

3. LINGO 菜单

(1) Solve   求解命令. 用该命令将当前模型送入内存进行求解. 如果已打开了多个模型, 那么当前的活动窗口中的模型将被求解.

(2) Solution...   结果命令. 用该命令产生 Solution Report or Graph (结果报告或图形) 对话框, 其结果报告可以是文本的, 也可以是图形的, 这里可以指定查看当前内存中结果的那些内容.

(3) Range   灵敏度分析命令. 用该命令查看当前模型的灵敏度分析的结果.

　　注意: 在运行该命令之前, 需要对参数进行调整. 单击LINGO下的 `Options...` (或按Ctrl+I), 将 `General Solver` 对话框中 `Dual Computations` 窗口中的参数由 `Prices` 改为 `Prices & Range`.

　　(4) `Options...`　选项命令. 用该命令调整一些影响 LINGO 求解模型时的参数 (建议初学者采用缺省状态下的参数).

　　(5) `Generate`　生成数学模型命令. 该命令在模型窗口下才能使用, 它的功能是按照 LINGO 模型的完整形式显示目标函数和约束. 该命令的结果是以代数表达式的形式给出的, 按照是否在屏幕上显示结果的要求, 可以选择 `Display model`(显示模型) 或 `Don't display model` (不显示模型) 两个子菜单. 该命令的目的是判断用集写出的模型是否与实际模型相同.

　　(6) `Picture`　模型图形命令. 该命令在模型窗口下才能使用, 它的功能是按照 LINGO 模型的完整形式显示目标函数和约束. 该命令的结果是按照矩阵形式以图形方式给出的. 该命令可以显示输入模型与实际模型是否一致.

　　(7) `Debug`　调试命令. 该命令在调试程序时用, 特别是模型无有限最优解或无可行解时用到.

　　(8) `Model Statistics`　模型统计命令. 用该命令列出模型的统计结果, 如变量、约束以及非零变量、整数变量的个数等.

　　(9) `Look`　查看命令. 用该命令查看选中的或全部的模型文本内容, 其文本均带有行编号.

　　4. Window (窗口) 菜单

　　(1) `Open Command Window`　打开命令窗口命令. 用该命令打开 LINGO 的命令行窗口, 在命令行窗口中可以获得命令行界面, 在 ":" 提示符后可以输入 LINGO 命令.

　　(2) `Open Status Window`　打开状态窗口命令. 用该命令打开 LINGO 的求解状态窗口.

　　(3) `Send To back`　窗口切换命令. 用该命令将最前台的窗口放置到后台. 这个命令在模型窗口与结果窗口间进行切换时是非常有用的.

　　(4) `Close All`　关闭所有窗口命令. 用该命令关闭所有打开的模型和对话框窗口.

　　(5) `Tile`　平铺命令. 用该命令将所有打开的窗口在 LINGO 程序窗口中进行平铺, 可以设置为纵向或横向平铺.

　　(6) `Cascade`　排列窗口命令. 用该命令将所有打开的窗口按自左上至右下排列, 当前活动的窗口在最前方.

　　(7) `Arrange Icons`　排列图标命令. 用该命令在屏幕底部排列所有最小化的

窗口图标.

5. Help (帮助) 菜单

(1) `Help Toplic` 帮助主题命令. 用该命令打开 LINGO 的帮助文件.

(2) `Register` 注册命令. 用该命令注册 LINGO 系统产品.

(3) `AutoUpdate` 自动更新命令. 在该命令前打钩, 则系统会自动更新列 LINGO 的最新版本.

(4) `About LINGO` 关于命令. 用该命令打开当前 LINGO 的版本信息.

B.1.4   LINGO 运行状态窗口

在程序运行过程中 (或运行后), LINGO 运行状态窗口 (图 B.5) 显示出程序的运行状况. 这些状况如下.

1. Solver Status(运行状态)

(1) `Model Class` 当前模型的类型. 可能显示的类型为 LP(线性规划), QP(二次规划), ILP(整数线性规划), IQP(整数二次规划), PILP(纯整数线性规划), PIQP (纯整数二次规划), NLP (非线性规划), INLP(整数非线性规划), PINLP(纯整数非线性规划)

(2) `State` 当前解的状态. 可能显示的状态为 Global Optimum(全局最优解), Local Optimum (局部最优解), Feasible(可行解), Infeasible(不可行解), Unbounded (无界), Interrupted(中断), Undetermined(未确定).

(3) `Objective` 当前解的目标函数值. 显示值为实数.

(4) `Infeasibility` 当前约束不满足的总量. 显示值为实数 (即使该值为 0, 当前解也可能不可行, 因为这个量中没有考虑用上下界命令形式给出的约束).

(5) `Iterations` 目前为止的迭代次数. 显示值为非负整数.

2. Extended Solver Status(扩充运行状态)

(1) `Solver Type` 用于特殊求解程序. 可能显示的类型为 B-and-B(分支定界算法), Global(全局最优求解程序), Multistart(多初始点求解程序).

(2) `Best Obj` 目前为止找到的可行解的最佳目标函数值. 显示值为实数.

(3) `Obj Bound` 目标函数值的界. 显示值为实数.

(4) `Steps` 特殊求解程序当前运行步数：分支数 (对 B-and-B 程序)、子问题数 (对 Global 程序)、初始点数 (对 Multistart 程序). 显示值为非负整数.

(5) `Active` 有效步数. 显示值为非负整数.

3. Variables(变量数量)

(1) `Total` 变量的总数. 显示值为非负整数.

(2) `Nonlinear` 非线性变量的个数. 显示值为非负整数.

(3) `Integer` 整数变量的个数. 显示值为非负整数.

4. Constraints (约束数量)

(1) `Total` 约束的总数. 显示值为非负整数.

(2) `Nonlinear` 非线性约束个数. 显示值为非负整数.

5. Nonzeros(非零系数数量)

(1) `Total` 非零系数的总数. 显示值为非负整数.

(2) `Nonlinear` 非线性项的系数个数. 显示值为非负整数.

6. Generator Memory Used (K) (内存使用量)

单位为千字节 (K).

7. Elapsed Runtime (hh:mm:ss)(求解花费的时间)

显示格式为 "时: 分: 秒".

B.1.5 LINGO 软件的基本语句

1. 标准操作

LINGO 的标准操作为

^ 表示乘方, * 表示乘法, / 表示除法, + 表示加法, − 表示减法.

2. 逻辑运算

`#EQ#` 如果左右端相等, 则返回值为真; 否则, 返回值为假.

`#NE#` 如果左右端不等, 则返回值为真; 否则, 返回值为假.

`#GT#` 如果左端严格大于右端, 则返回值为真; 否则, 返回值为假.

`#GE#` 如果左端大于等于右端, 则返回值为真; 否则, 返回值为假.

`#LT#` 如果左端严格小于右端, 则返回值为真; 否则, 返回值为假.

`#LE#` 如果左端小于等于右端, 则返回值为真; 否则, 返回值为假.

`#NOT#` 非, 条件的逆条件.

`#AND#` 与, 即如果均成立, 则返回值为真; 否则, 返回值为假.

`#OR#` 或, 即如果之一成立, 则返回值为真; 否则, 返回值为假.

3. 等式与不等式关系

= 表示等号, <= 表示小于等于, >= 表示大于等于.

在 LINGO 软件中, "<" 表示 "≤", ">" 表示 "≥".

4. 基本函数

@abs(x) 绝对值函数, 返回 x 的绝对值.

@cos(x) 余弦函数.

@sin(x) 正弦函数.

@tan(x) 正切函数.

@exp(x) 指数函数 (以 e 为底).

@log(x) 对数函数 (以 e 为底).

@floor(x) 返回 x 的整数部分. 如果 x> 0, 则返回小于等于 x 的最大整数; 如果 x< 0, 则返回大于等于 x 的最小整数.

@mod(x,y) 返回整数 x 整除 y 余的值.

@pow(x,y) 返回 x 的 y 幂次方.

@sign(x) 符号函数. 当 x< 0 时, 返回值为 -1; 当 x$\geqslant$ 0 时, 返回值为 $+1$.

@smax(list) 返回 list 的最大值.

@smin(list) 返回 list 的最小值.

@sqr(x) 返回 x 的平方, 即 x^2.

@sqrt(x) 返回 x 的平方根, 即 $\sqrt{x}$.

B.2 LINGO 软件中集的使用

B.2.1 集的使用

1. 集的定义

集 (set) 是一组相关对象的集合. 一个集可以由一系列产品、任务或股票组成. 集中的每个元素都可以有一个或多个相关的特征, 称这些特征为属性. 属性可以是已知的, 也可以是未知有待 LINGO 求解的. 有关产品的集可能包含一个表示所有产品价格的属性, 有关任务的集可能包含一个表示每件任务完成所需时间的属性, 有关股票的集可能包含每种股票购买数量的属性.

LINGO 软件中有两种集, 一种是初始集, 它包含了最基本的对象. 另一种是生成集, 顾名思义, 它是由其他集生成得到的.

集的定义必须包含以下几个部分: 集的名称 (setname)、集的成员 (number_list) (集中包含对象的名字和数量)、集的成员属性 (attribute_list), 其表达式为

```
SETS:
    setname/number_list/[: attribute_list];
ENDSETS
```

注意: SETS 和 ENDSETS 是关键词 (计算机屏幕显示为蓝色), 其他变量可根据情况自行设计.

例如, 定义一个名为 STUDENT (学生) 的初始集, 它具有成员JOHN, JILL, MIKE 和 MARY, 属性有 SEX (性别) 和 AGE (年龄), 其定义如下:

```
SETS:
    STUDENTS/JOHN, JILL, MIKE, MARY/: SEX, AGE;
ENDSETS
```

LINGO 也允许定义一个具有 n 个成员的集, 而不需要明确地为每一个成员命名. 方法如下:

```
SETS:
    STUDENTS/1..n/: SEX, AGE;
ENDSETS
```

但 n 必须是一个正整数. 例如, 在前面的例子中, n 应该设为 4.

在刚才的例子中只定义了一个集, LINGO 软件允许能集中定义任意多个集.

2. 模型的数据段

通常, 必须事先给集中的某些属性赋值以便 LINGO 求解. 因此, LINGO 可使用数据段 (DATA section) 给变量赋值. 其定义如下:

```
DATA:
    attribute = value_list;
ENDDATA
```

其中 DATA 和 ENDDATA 为关键词, value_list 为一列数据, 数据的个数必须与相应属性所需初始值的个数相匹配. 每个数据之间用空格或逗号隔开. 可以如下这样为上例中的 4 名学生赋值:

```
DATA:
    AGE = 20 19 18 21;
    SEX =  0  1  0  1;
ENDDATA
```

注意: 每个属性的数据列中都有 4 个数值, 对应于事先定义好的 4 个成员.

B.2.2 循环函数与集

为了能够让LINGO 处理大规模问题, LINGO 软件设计了循环函数 (set-looping functions, SLF) 与集一起使用, 在循环函数中有 @FOR, @SUM, @MIN, @MAX 和 @PROD[①]. 这些函数的语法结构为

---

① LINGO 9.0 以后的版本才有 @PROD() 函数.

```
@SLF(setname(set_index_list) | conditional_qualifier:
        expression)
```

在函数中, 参数 setname 是集的名称. set_index_list 是可选项, 在缺省状态下, LINGO 会将 expression 应用于集的所有成员. 如果使用, 则 LINGO 会将 expression 仅仅应用于 set_index_list 中的成员. conditional_qualifier 是可选项, 如果使用, 则前面要用符号 "|" 隔开. expression 是程序语句或函数, 至少指定一个 expression, 但可以指定无限多个 expression, 中间用分号隔开.

1. @FOR函数

@FOR 函数是最常用的循环函数. 例如, 对于变量 x, 它有 5 个分量, 第 i 个分量的值是 $i-1$, 可以按如下方法使用 @FOR 函数:

```
SETS:
    NUMBER/1..5/: X;
ENDSETS
@FOR(NUMBER(I): X(I)=I-1);
```

这个模型的大意是: 定义一个集 X, 其集的名称为 NUMBER, 集中有 5 个元素. @FOR 函数对每个 NUMBER(1 to 5), 将 NUMBER 减 1 的结果赋给名为 X(1 to 5) 的变量. 其计算结果为

```
Variable        Value
  X( 1)       0.0000000
  X( 2)       1.000000
  X( 3)       2.000000
  X( 4)       3.000000
  X( 5)       4.000000
```

若在 @FOR 函数中使用条件限制 (conditional_qualifier), 则它只执行满足约束条件的集元素. 例如, 在计算一个数列的倒数时, 因为零的倒数是没有意义的, 所以只能对非零元素进行计算. 下面的模型通过在 @FOR 函数中使用条件限制 (conditional_qualifier) 来达到这一目的.

```
MODEL:
  1]!Model to Calculate reciprocals of numbers;
  2]SETS:
  3]    !Ten numbers are in the vector VAL. The reciprocals
  4]     are Calculated and Stored in the
  5]     corresponding elements of RECIP;
  6]   NUM/1..10/: VAL, RECIP;
```

```
7]ENDSETS
8]
9]!Calculate reciprocal only for nonzero numbers;
10]@FOR(NUM(I) | VAL(I) #NE# 0:
11]    RECIP(I)=1/VAL(I));
12]
13]!If a number is zero, make its reciprocal arbitrarily zero;
14]@FOR(NUM(I) | VAL(I) #EQ# 0:
15]        RECIP(I)=0);
16]
17]DATA:
18]    !Numbers for which to calculate the reciprocal;
19]    VAL=2, 0, 8, 40, 1, 0, 0.33333333, 50, 3, 0.2;
20]ENDDATA
END
```

当表达式应用于一个集元素时, 该元素的条件限制一定要为真. 例如, 模型中第 10 行和第 11 行[①]的语句

```
@FOR(NUM(I)|VAL(I) #NE# 0:
        RECIP(I)=1/VAL(I));
```

粗体字表示 "对于集 NUM 中所有属性 VAL 不等于零的元素". 在第 19 行中可知, 第一个数据点的 VAL 属性为 2, VAL(1) 包含了数值 2. 因此, 对于第一个元素, 限制条件

$$VAL(I) \ \#NE\# \ 0$$

为真, 允许 LINGO 计算 VAL(1) 的倒数, 并将结果赋给 RECIP(1). 相反, VAL(2) 的值为 0, 使限制条件为假, 从而不允许 LINGO 对 VAL(2) 进行倒数运算.

相应的计算结果如下:

```
Variable          Value
VAL( 1)          2.000000
VAL( 2)          0.0000000
VAL( 3)          8.000000
VAL( 4)          40.00000
VAL( 5)          1.000000
VAL( 6)          0.0000000
```

---

① 点击菜单 LINGO/Look... 就可以生成带有标号的程序.

```
VAL( 7)          0.3333333
VAL( 8)          50.00000
VAL( 9)          3.000000
VAL( 10)         0.2000000
RECIP( 1)        0.5000000
RECIP( 2)        0.0000000
RECIP( 3)        0.1250000
RECIP( 4)        0.2500000E-01
RECIP( 5)        1.000000
RECIP( 6)        0.0000000
RECIP( 7)        3.000000
RECIP( 8)        0.2000000E-01
RECIP( 9)        0.3333333
RECIP( 10)       5.000000
```

2. @SUM函数

@SUM 函数是求和函数, 它可以求集元素的和 (或部分和).

例 B.2(职员安排问题)　某公司由于工作的需要, 每天需要的职员数不同, 如表 B.1 所示. 公司每天安排一定数量的职员工作, 并希望在满足需要的前提下, 使用职员的数量尽可能的少. 但出于职员的利益考虑, 在安排时, 每个职员在一周连续工作 5 天, 休息两天. 公司将如何安排一周内每天开始的工作人数, 才可使公司使用的总职员数最小.

表 B.1　每星期各天需要的职员数

星期	一	二	三	四	五	六	日
职员数	18	16	15	16	19	14	12

解　在模型中使用了 @SUM 函数和条件限制. 在模型中, 每天需要的职员数存在属性 NEED 中, 并将计算结果存在 START 中, NEED 和 START 的每个元素对应于一周的某一天, 每星期从星期一开始, 到星期日结束, 其模型 (程序名: examB02.lg4) 如下:

```
MODEL:
    1]! Staff Scheduling Model:
    2]  Each staff member is on for 5 consecutive days, off for 2;
    3]
    4]SETS:
```

```
5]    DAYS / MON, TUE, WED, THU, FRI, SAT, SUN/ :
6]            NEED, START;
7]ENDSETS
8]
9]! The objective;
10]MIN = @SUM(DAYS: START);
11]
12]! The constraints;
13]@FOR(DAYS(I):
14]! Sum overpeople starting on day J who would
15]   be working on day I;
16]@SUM(DAYS(J)|(J #GT# I+2) #OR# (J #LE# I #AND# J #GT# I-5):
17]    START(J))>= NEED(I));
18]
19]DATA:
20]   NEED =  18,  16,  15,  16,  19,  14,  12;
21]ENDDATA
END
```

程序中的第 13 ~ 17 行规定了约束条件: 每天上班的人数必须大于等于 ($\geqslant$) 当天的需要, @SUM 函数中的条件限制

(J #GT# I+2) #OR# (J #LE# I #AND# J #GT# I-5)

保证了不会将职员休息的两天计算在内.

相应的计算结果如下:

```
Global optimal solution found.
Objective value:                    22.00000
Total solver iterations:                10
```

Variable	Value	Reduced Cost
NEED(MON)	18.00000	0.000000
NEED(TUE)	16.00000	0.000000
NEED(WED)	15.00000	0.000000
NEED(THU)	16.00000	0.000000
NEED(FRI)	19.00000	0.000000
NEED(SAT)	14.00000	0.000000
NEED(SUN)	12.00000	0.000000

START(MON)	8.000000	0.000000
START(TUE)	2.000000	0.000000
START(WED)	2.000000	0.000000
START(THU)	4.000000	0.000000
START(FRI)	3.000000	0.000000
START(SAT)	3.000000	0.000000
START(SUN)	0.000000	0.000000

Row	Slack or Surplus	Dual Price
1	22.00000	−1.000000
2	0.000000	−0.2000000
3	0.000000	−0.2000000
4	0.000000	−0.2000000
5	0.000000	−0.2000000
6	0.000000	−0.2000000
7	0.000000	−0.2000000
8	0.000000	−0.2000000

　　从结果报告中得到最优安排方案. 周一开始安排 8 人工作, 到周五结束; 周二开始安排两人工作, 到周六结束; 以此类推, 周三开始安排两人, 周四开始安排 4 人, 周五开始安排 3 人, 周六开始安排 3 人, 周日不安排, 共需要 22 名职员.

　　@PROD 函数的使用方法与 @SUM 函数相同, 只是它的意义是连乘积.

　　3. @MIN函数和@MAX函数

　　考虑模型

```
SETS:
    VENDORS: DEMAND;
ENDSETS
DATA:
    VENDORS, DEMAND =  V1,5  V2,1  V3,3  V4,4  V5,6;
ENDDATA
MIN_DEMAND = @MIN(VENDORS: DEMAND);
MAX_DEMAND = @MAX(VENDORS: DEMAND);
```

其计算结果为

```
Feasible solution found.
Total solver iterations:                    0
```

Variable	Value
MIN_DEMAND	1.000000
MAX_DEMAND	6.000000
DEMAND(V1)	5.000000
DEMAND(V2)	1.000000
DEMAND(V3)	3.000000
DEMAND(V4)	4.000000
DEMAND(V5)	6.000000

Row	Slack or Surplus
1	0.000000
2	0.000000

B.2.3 生成集

1. 生成集的定义

顾名思义, 由集生成的集称为生成集. 生成集可由一个初始集生成, 也可由一个以上的其他集生成, 可以是另一个集的子集, 或者由其他多个集的元素组成. 生成集也可以用其他的生成集来定义. 最主要的特征是, 生成集是从其他集生成得到的. 构造生成集的方法有以下三种:

(1) 稠密的生成集, 其定义格式为

set_name (parent_sets) [: attributes];

例如,

ROUTES(WAREHOUSE, CUSTOMER): COST, VOL;

(2) 稀疏的生成集 (指定形式), 其定义格式为

set_name (parent_sets) / explicit_list/ [: attributes];

例如,

PLPR (PLANT, PROD) / A, X A, Y B, Y B, Z / : UNITCOST;

(3) 稀疏的生成集 (逻辑表达形式), 其定义格式为

set_name (parent_sets) | condition [: attributes];

例如,

PAIR (OBJ, OBJ) / &1 #LT# &2: C, X;

2. 稠密生成集

用运输问题的求解过程介绍稠密生成集的使用方法.

例 B.3(运输问题) 设有三个产地的产品需要运往 4 个销地, 各产地的产量、各销地的销量以及各产地到各销地的单位运费如表 B.2 所示, 问如何调运, 才可使总的运费最少?

表 B.2   三个产地 4 个销地的运输问题

	B_1	B_2	B_3	B_4	产量
A_1	6	2	6	7	30
A_2	4	9	5	3	25
A_3	8	8	1	5	21
销量	15	17	22	12	

解   由 6.2 节介绍的知识可知, 运输问题的线性规划模型为

$$\min \quad z = \sum_{i=1}^{m} \sum_{j=1}^{n} c_{ij} x_{ij},$$

$$\text{s.t.} \quad \sum_{j=1}^{n} x_{ij} \leqslant a_i, i = 1, 2, \cdots, m,$$

$$\sum_{i=1}^{m} x_{ij} \geqslant b_j, j = 1, 2, \cdots, n,$$

$$x_{ij} \geqslant 0, i = 1, 2, \cdots, m, \ j = 1, 2, \cdots, n.$$

为了保证运输问题具有可行性, 要求 $\sum_{i=1}^{m} a_i \geqslant \sum_{j=1}^{n} b_j$.

按照数学模型写出相应的 LINGO 程序 (程序名: examB03.lg4). 在程序中, 用到稠密生成集的概念. 程序中的 WAREHOUSE 表示仓库, 即模型中的 a_i; CUSTOMER 表示顾客, 即模型中的 b_j; ROUTES 表示从仓库到顾客的路线, 是稠密生成集, 由初始集 CUSTOMER 和 ROUTES 生成, 其属性为 COST 和 VOLUME, 即模型中的变量 c_{ij} 和 x_{ij}.

```
MODEL:
1]! A 3 Warehouse, 4 Customer Transportation Problem;
2]
3]SETS:
4]   WAREHOUSE / WH1, WH2, WH3/ : CAPACITY;
5]   CUSTOMER  / C1, C2, C3, C4/: DEMAND;
6]   ROUTES(WAREHOUSE, CUSTOMER): COST, VOLUME;
7]ENDSETS
8]
9]! The objective;
```

```
10] [OBJ] MIN = @SUM(ROUTES: COST * VOLUME);
11]
12]! The supply constraints;
13]@FOR( WAREHOUSE(I): [SUP]
14]    @SUM( CUSTOMER(J): VOLUME(I, J)) <= CAPACITY(I));
15]
16]! The demand constraints;
17]@FOR( CUSTOMER(J): [DEM]
18]    @SUM( WAREHOUSE(I): VOLUME(I, J)) = DEMAND(J));
19]
20]! Here are the parameters;
21]DATA:
22]    CAPACITY =   30, 25, 21 ;
23]    DEMAND =   15, 17, 22, 12;
24]    COST =       6,  2,  6,  7,
25]                 4,  9,  5,  3,
26]                 8,  8,  1,  5;
27]ENDDATA
END
```

在程序的第 4 行定义初始集 WAREHOUSE, 有三个成员, 其属性为 CAPACITY. 第 5 行定义初始集 CUSTOMER, 有 4 个成员, 其属性是 DEMAND. 第 6 行由这两个初始集定义了一个生成集 ROUTES, 它的每一个元素都是由初始集 WAREHOUSE 和 CUSTOMER 有序配对所成的, 其关系如表 B.3 所示, 其属性 COST 表示单价, VOLUME 表示运量. 第 10 行表示求总的花费最小, 其中 [OBJ] 可以缺省. 在缺省状态下, 结果报告中的行 (Row) 将显示自然数, 而在目前的状态下, 行 (Row) 中显示的是 OBJ. 下面的 [DEM] 和 [SUP] 也有相同的意义, 这样做的好处是在 LINGO 的结果报告中会很清楚地标出目标及约束, 很容易得到对应约束的松弛变量或剩余变量. 第 13, 14 行列出仓库约束, 表示第 I 个仓库提供所有顾客的货物应小于等于第 I 个仓库的提供量. 第 17, 18 行列出需求约束, 表示所有仓库提供给第 J 个顾客的货物应等于第 J 个顾客的需求. 第 21 ~ 27 行列出运输问题的数据.

表 B.3　产地与销地的运输关系表

	C1	C2	C3	C4
WH1	WH1→C1	WH1→C2	WH1→C3	WH1→C2
WH2	WH2→C1	WH2→C2	WH2→C3	WH2→C2
WH3	WH3→C1	WH3→C2	WH3→C3	WH3→C2

用 LINGO|Solution..(或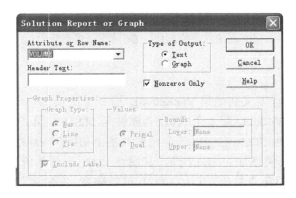) 命令打开 Solution Report or Graph 对话框, 在 Nonzeros Only 前的复选框中打钩, 在 Attribute or Row Name: 窗口下输入 VOLUME, 就可以得到关于 VOLUME 的非零值, 如图 B.9 所示. 列出的结果如下:

```
Global optimal solution found.
Objective value:                         161.0000
Total solver iterations:                      6


              Variable           Value        Reduced Cost
      VOLUME( WH1, C1)        2.000000            0.000000
      VOLUME( WH1, C2)        17.00000            0.000000
      VOLUME( WH1, C3)        1.000000            0.000000
      VOLUME( WH2, C1)        13.00000            0.000000
      VOLUME( WH2, C4)        12.00000            0.000000
      VOLUME( WH3, C3)        21.00000            0.000000
```

图 B.9 Solution Report or Graph (结果报告或图形) 对话框

3. 稀疏生成集 (指定形式)

用最短路问题的求解过程介绍稀疏生成集的使用方法.

例 B.4(求运输成本最低的路线问题) 某工厂 B 从国外进口一部精密机器, 由机器制造厂 A 至出口港, 有 a_1, a_2, a_3 三个港口可供选择, 而进口港又有 b_1, b_2, b_3 可供选择, 进口后可经由 c_1, c_2 两个城市到达目的地, 其间的运输成本如图 B.10 所示, 试求运输成本最低的路线.

解   在求解问题之前, 先建立最短路问题的线性规划模型.

设有 n 个城市, 要求从城市 1 到城市 n 的最短路. 设决策变量为 x_{ij}, 当 $x_{ij} = 1$

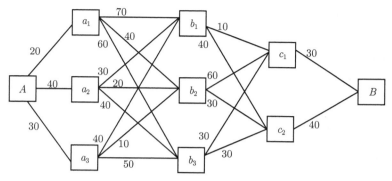

图 B.10 运输网络示意图

时, 说明城市 i 与城市 j 的连线位于城市 1 至城市 n 的路上; 否则, $x_{ij} = 0$. 因此, 最短路的数学规划表达式为

$$\min \sum_{(i,j) \in E} w_{ij} x_{ij}, \tag{B.1}$$

$$\text{s.t.} \quad \sum_{\substack{j=1 \\ (i,j) \in E}}^{n} x_{ij} - \sum_{\substack{j=1 \\ (j,i) \in E}}^{n} x_{ji} = \begin{cases} 1, & i = 1, \\ -1, & i = n, \\ 0, & i \neq 1, n, \end{cases} \tag{B.2}$$

$$x_{ij} = 0 \text{ 或 } 1, (i,j) \in E, \tag{B.3}$$

其中 E 为由城市之间的连线构成的边集合.

按最短路问题将线性规划模型 (B.1)~(B.3) 编写成 LINGO 程序 (程序名: examB04.lg4). 由于并不是所有城市之间均有路, 因此, 需要用到稀疏的生成集.

```
MODEL:
1]sets:
2]    points/A, a1, a2, a3, b1, b2, b3, c1, c2, B/;
3]    link(points, points)/
4]      A,a1    A,a2    A,a3
5]      a1,b1  a1,b2  a1,b3
6]      a2,b1  a2,b2  a2,b3
7]      a3,b1  a3,b2  a3,b3
8]      b1,c1  b1,c2
9]      b2,c1  b2,c2
10]     b3,c1  b3,c2
11]     c1,B
12]     c2,B/: w, x;
```

```
13]endsets
14]
15]data:
16]   w = 20 40 30
17]        70 40 60
18]        30 20 40
19]        40 10 50
20]        10 40
21]        60 30
22]        30 30
23]        30
24]        40;
25] enddata
26]
27]n=@size(points);
28]min=@sum(link: w*x);
29]@for(points(i) | i #ne# 1 #and# i #ne# n:
30]   @sum(link(i,j): x(i,j)) = @sum(link(j,i): x(j,i)));
31]@sum(link(i,j)|i #eq# 1 : x(i,j))=1;
32]@for(link: @bin(x));
END
```

程序的第 1~13 行定义了稀疏集, 其中第 2 行的 points 为初始集, 第 3 行的 link 为生成集. 第 4~12 行给出了稀疏集的具体情况. 第 27 行用 @size() 测试集的大小. 这样编写程序的优点是便于写出通用程序, 请读者注意学习.

经计算得到 (只列出结果报告中的有效部分)

```
Global optimal solution found.
Objective value:                    110.0000
Total solver iterations:               0


        Variable          Value       Reduced Cost
       X( A, A3)        1.000000         0.000000
       X( A3, B2)       1.000000         0.000000
       X( B2, C2)       1.000000         0.000000
       X( C2, B)        1.000000         0.000000
```

因此, 运输成本最低的路线是 $A \to a_3 \to b_2 \to c_2 \to B$, 总长度为 110 单位.

4. 稀疏生成集 (逻辑表达形式)

用最优匹配问题的求解过程介绍逻辑表达式的稀疏生成集的使用方法.

例 B.5(最优匹配问题)　某班 8 名同学准备分成 4 个调查队 (每队两人) 前往 4 个地区进行社会调查. 假设这 8 名同学两两之间组队的效率如表 B.4 所示 (由于对称性, 只列出了严格上三角部分), 问如何组队可以使总效率最高?

表 B.4　同学两两之间组队的效率

学生	S_2	S_3	S_4	S_5	S_6	S_7	S_8
S_1	9	3	4	2	1	5	6
S_2	—	1	7	3	5	2	1
S_3	—	—	4	4	2	9	2
S_4	—	—	—	1	5	5	2
S_5	—	—	—	—	8	7	6
S_6	—	—	—	—	—	2	3
S_7	—	—	—	—	—	—	4

解　该问题本质上是 8 个顶点的完全赋权图, 求它的最优完全匹配. 这是一个用逻辑表达式来构造稀疏生成集问题. 下面是相应的 LINGO 程序 (程序名: examB05. lg4).

```
MODEL:
1]! A Matching Problem;
2]! Matching objects, e.g., roommates, into pairs;
3]sets:
4]   obj/1..8/;  ! The objects;
5]   ! Each distinct pair has a efficiency and 0/1 indicator;
6]   pair(obj,obj)| &1 #lt# &2: e, x;
7]endsets
8]data: ! Efficiency data;
9]   e = 9, 3, 4, 2, 1, 5, 6,
10]         1, 7, 3, 5, 2, 1,
11]            4, 4, 2, 9, 2,
12]               1, 5, 5, 2,
13]                  8, 7, 6,
14]                     2, 3,
15]                        4;
```

```
16]enddata
17]
18]! Maximize total efficiency of matching;
19]max = @sum(pair: e * x);
20]! Each object must be matched with some other object;
21]@for(obj(i):
22]    @sum(pair(j,k)| j #eq# i #or# k #eq# i:
23]         x(j, k)) = 1);
24]! Make the X's integer;
25]@for(pair: @bin(x));
   END
```

第 4 行定义一个初始集, 有 8 个成员. 第 6 行定义了一个稀疏生成集, 其条件是 &1 < &2. 定义的属性是 e(效率变量), x(匹配变量, 1 表示匹配, 0 表示不匹配). 第 8～16 行给出了完全图各点之间 (边) 的权. 计算得到最优匹配 (只列出非零解) 如下:

```
Global optimal solution found.
Objective value:                   30.00000
Extended solver steps:                    0
Total solver iterations:                  0


          Variable        Value        Reduced Cost
          X( 1, 8)       1.000000         -6.000000
          X( 2, 4)       1.000000         -7.000000
          X( 3, 7)       1.000000         -9.000000
          X( 5, 6)       1.000000         -8.000000
```

因此, 最优匹配为 $(1,8), (2,4), (3,7), (5,6)$.

这里用三个例子介绍了三种形式的生成集, 关于集的例子还有很多, 可以用集的概念来发挥 LINGO 建模的强大功能.

B.3　LINGO 软件中段的使用

B.3.1　数据段

1. 数据段的定义

在 LINGO 软件中, 最简单的数据调用是采用数据段 (DATA section) 的方法,

它的定义为

```
DATA:
    attribute = value_list;
ENDDATA
```

是与集配合使用的, value_list 给出相应的数据. 例如, 对于集

```
SETS:
    STUDENTS/JOHN, JILL, MIKE, MARY/: SEX, AGE;
ENDSETS
```

相应的数据段为

```
DATA:
    AGE = 20 19 18 21;
    SEX =  0  1  0  1;
ENDDATA
```

如果 4 个人, 每人都是 20 岁, 则数据段可改为

```
DATA:
    AGE = 20 ;
    SEX =  0  1  0  1;
ENDDATA
```

2. 数据段中的未知数据

在数据段中, 某些数据可以是未知的. 例如, 在存货模型中, 第一种物品的存货量是未知的, 而其他的存货量是已知的, 可以按照如下的方法给出数据段:

初始集

```
SETS:
    PERIODS/ 1.. 10 /: ONHAND;
ENDSETS
```

相应的数据段

```
DATA:
    ONHAND =  , 12, 8, 11, 5, 7, 12, 8, 4, 11;
ENDDATA
```

在运行时, 系统将随机地加上一个数, 如 1.234568. 如果你希望在运行中由你加上一个你需要的数据, 则只需将空格改为 "?". 例如,

```
DATA:
    ONHAND = ?, 12, 8, 11, 5, 7, 12, 8, 4, 11;
ENDDATA
```

当程序运行时, 会出现一个如图 B.11 所示的对话框, 在对话框中输入你所要的数据即可. 这种方法称为 Runtime Input(实时输入), 相应的数据段也称为实时数据段. 如果实时输入的数据不是第 1 个, 而是第 3 个和第 5 个数据, 则相应的数据段改为

```
DATA:
    ONHAND = 9, 12, ?, 11, ?, 7, 12, 8, 4, 11;
ENDDATA
```

图 B.11　LINGO 实时输入对话框

B.3.2　初始段

1. 初始段的定义

在计算中, 有时需要将某些数据初始化, 然后, 这些数据将随着计算结果的变化不断改变. 这样就需要使用初始段 (INIT section) 来给数据初始化, 初始段的定义为

```
INIT:
    attribute = value_list;
ENDINIT
```

在 value_list 中给出数据的初始值. 例如, 对于集

```
SETS:
    STOCKS/AMX, PPG, ATT, DDN/: PRICE, SELL;
ENDSETS
```

用初始段给出 SELL 的初始值

```
INIT:
    SELL =  5  6  7  8;
ENDINIT
```

如果将 SELL 的全部数据都初始化为 5, 则相应的初始段为

```
INIT:
    SELL =  5;
ENDINIT
```

2. 初始段中的未赋值数

如果打算只给某些数据赋值, 而另外的一些数据不赋值, 这样就可以使用初始

段中的未赋值方法. 例如, 在存储模型中, 并不打算为第一阶段存储赋值, 而对其余阶段给予赋值, 可以按照如下的方法给出初始段:

初始集

```
SETS:
    PERIODS/ 1.. 10 /: ONHAND, LEFTOVER;
ENDSETS
```

相应的初始段

```
INIT:
    ONHAND=  , 12, 8, 11, 5, 7, 12, 8, 4, 11;
ENDINIT
```

如果希望在运行中实时赋给初值, 则只需将空格改为 "?" 即可,

```
INIT:
    ONHAND= ?, 12, 8, 11, 5, 7, 12, 8, 4, 11;
ENDINIT
```

在运行中, 会出现一个与实时数据段相类似的对话框, 可以根据需要输入相应的初值.

B.3.3 计算段

在许多情况下, 求解模型输入的数据应该是原始数据, 这样做的好处是便于程序校对与修改. 但这同样带来一个问题, 就是原始数据的处理, 特别是在早期的 LINGO 版本中, 这一点是困难的. 在 LINGO 9.0 以后, LINGO 软件增加了计算段 (CALC section), 这样便于对初始数据作预处理.

计算段使用的格式为

```
CALC:
        计算内容
ENDCALC
```

在计算段中的计算内容与普通程序 (如 MATLAB, C++) 的运算模式相同, 当然, 这里的等号 (=) 表示的是赋值, 而不再表示方程两边相等. 例如, 需要计算三个数的平均值, 其命令格式为

```
DATA:
    X, Y, Z = 1, 2, 3;
ENDDATA
CALC:
    AVG = ( X + Y + Z) / 3;
ENDCALC
```

也可以使用下面的格式:

```
DATA:
    X, Y, Z = 1, 2, 3;
ENDDATA
CALC:
    AVG =  X + Y + Z;
    AVG = AVG / 3;
ENDCALC
```

注意: 由于计算段中的运算规则是按普通程序的运算规则完成的, 因此, 计算结果与完成计算语句的先后次序有关. 例如, 在非计算段中, 语句

```
X = 1; Y = X + 1;
```

与语句

```
Y = X + 1; X = 1;
```

得到的结果是相同的, 即 $X = 1, Y = 2$. 但在计算段中, 语句

```
CALC:
    X = 1; Y = X + 1;
ENDCALC
```

与语句

```
CALC:
    Y = X + 1; X = 1;
ENDCALC
```

得到的结果却是不同的, 前一个语句得到 $X = 1, Y = 2$, 但后一个语句会报错.

关于计算段应用的例子可参见例 5.14 的投资组合问题和例 6.7 的任意两点的最短路问题.

B.4　LINGO 软件中数据的传递

在 LINGO 软件中, 可以用@FILE函数输入数据, 用@TEXT函数输出计算结果, 还可以用@OLE函数读、写 Excel 数据文件.

B.4.1　用 @FILE 函数引入数据文件

@FILE 函数通常可以在集合段和数据段使用, 但不允许嵌套使用. 这个函数的一般用法为

```
@FILE(filename)
```

当前模型引用其他 ASCII 码文件中的数据或文本时, 可以采用该语句, 其中 `filename`为存放数据的文件名 (可以包含完整的路径名, 当没有指定路径时表示在当前目录下寻找这个文件), 该文件中记录之间必须用 "~" 分开. 下面通过一个简单的例子来说明.

例 B.6 求解线性规划问题

$$\begin{aligned} \min \quad & 4x_1 + x_2 + x_3, \\ \text{s.t.} \quad & 2x_1 + x_2 + x_3 = 4, \\ & 4x_1 + 3x_2 + x_3 = 3, \\ & x_1, x_2, x_3 \geqslant 0. \end{aligned}$$

解 为了今后解大型问题, 采用循环语句、集和数据段的方法编写 LINGO 程序 (程序名: examB06a.lg4) 如下:

```
MODEL:
1]sets:
2]    constraint/1..2/:b;
3]    variable/1..3/:c,x;
4]    matrix(constraint,variable): A;
5]endsets
6]
7]min=@sum(variable: c * x);
8]@for(constraint(i):
9]    @sum(variable(j): A(i,j) * x(j))=b(i));
10]
11]data:
12]    c = 4, 1, 1;
13]    b = 4, 3;
14]    A = 2, 1, 2, 3, 3, 1;
15]enddata
END
```

程序中的第 1~5 行定义了集, 其中第 4 行定义了一个稠密集. 第 7 行描述目标函数 $c^{\mathrm{T}}x$. 第 8,9 行描述约束条件 $\sum_{j=1}^{n} a_{ij}x_j = b_i(i = 1, 2, \cdots, m)$. 第 11 ~ 15 行定义了数据段. 程序的计算结果为 (只列出变量部分)

```
Global optimal solution found.
Objective value:                    2.200000
```

Total solver iterations: 1

Variable	Value	Reduced Cost
X(1)	0.000000	2.600000
X(2)	0.4000000	0.000000
X(3)	1.800000	0.000000

这样编写程序的好处是: 只需修改第 2,3 行的初始集和第 11 ~ 15 行的数据段, 就可以适用任意的线性规划标准形式的问题.

进一步, 使用@FILE函数, 可以使程序的通用变得更好, 其形式如下 (程序名: examB06b.lg4):

```
MODEL:
  1]sets:
  2]    constraint/@file(lp.ldt)/:b;
  3]    variable/@file(lp.ldt)/:c,x;
  4]    matrix(constraint,variable): A;
  5]endsets
  6]
  7]min=@sum(variable: c * x);
  8]@for(constraint(i):
  9]    @sum(variable(j): A(i,j) * x(j))=b(i));
 10]
 11]data:
 12]    c = @file(lp.ldt);
 13]    b = @file(lp.ldt);
 14]    A = @file(lp.ldt);
 15]enddata
END
```

这样, 第 2,3 行的初始集和第 12~14 行数据段中的数据由数据文件 lp.ldt 提供, 其数据格式为

```
1..2~
1..3~
4,1,1~
4,3~
2,1,2,3,3,1~
```

这样做最大的好处是: 只需改动数据文件 (lp.ldt), 而不必改动原程序, 就可以求解任意个变量和任意个约束的线性规划问题.

B.4.2 用 @TEXT 函数导出结果文件

1. @TEXT函数

@TEXT 函数通常只在数据段使用. 这个函数的一般用法为

@TEXT([filename])

它用于数据段中将解答结果送到文本文件 filename 中, 当省略 filename 时, 结果送到标准的输出设备 (通常就是屏幕). filename 中可以包含完整的路径名, 当没有指定路径时, 表示在当前目录下生成这个文件 (如果这个文件已经存在, 则将会被覆盖).

仍然以例 B.6 为例 (程序名: examB06c.lg4), 将计算结果写在文件 examB06.sol 中.

```
sets:
    constraint/@file(lp.ldt)/:b;
    variable/@file(lp.ldt)/:c,x;
    matrix(constraint,variable): A;
endsets
[obj] min=@sum(variable: c * x);
@for(constraint(i):[const]
    @sum(variable(j): A(i,j) * x(j))=b(i));
data:
    c = @file(lp.ldt);
    b = @file(lp.ldt);
    A = @file(lp.ldt);
    @TEXT('examB06.sol') = 'Objective value:'obj;
    @TEXT('examB06.sol') = ' ';
    @TEXT('examB06.sol') =
        'Variable        Value        Reduced Cost';
    @TEXT('examB06.sol') =
        '       x'variable, x, @DUAL(x);
    @TEXT('examB06.sol') = ' ';
    @TEXT('examB06.sol') =
        '       Row  Slack or Surplus  Dual Price';
    @TEXT('examB06.sol') =
```

```
           ,         'constraint, const, @DUAL(const);
@TEXT('examB06.sol') = ' ';
@TEXT('examB06.sol') =
           ,                    Objective Coefficient Ranges';
@TEXT('examB06.sol') =
           ,            Current         Allowable         Allowable';
@TEXT('examB06.sol') =
       'Variable Coefficient         Increase          Decrease';
@TEXT('examB06.sol') =
           ,    x'variable,    c,        @RANGEU(x),      @RANGED(x);
@TEXT('examB06.sol') = ' ';
@TEXT('examB06.sol') =
           ,                    Righthand Side Ranges';
@TEXT('examB06.sol') =
           ,   Row       Current          Allowable         Allowable';
@TEXT('examB06.sol') =
           ,                RHS          Increase          Decrease';
@TEXT('examB06.sol') =
           ,      'constraint,  b, @RANGEU(const), @RANGED(const);
enddata
```

运行程序后[①], 除正常的结果外, 还得到一个输出文件 (文件名: examB07.sol),
其格式如下:

```
Objective value:    2.2000000


Variable       Value      Reduced Cost
    x 1     0.0000000       2.6000000
    x 2     0.40000000      0.0000000
    x 3     1.8000000       0.0000000


    Row  Slack or Surplus  Dual Price
     1     0.0000000       -0.40000000
     2     0.0000000       -0.20000000
```

---

① 在运行前, 需要将Options... 中的参数调整到可以进行灵敏度分析.

Objective Coefficient Ranges

Variable	Current Coefficient	Allowable Increase	Allowable Decrease
x 1	4.0000000	0.10000000E+31	2.6000000
x 2	1.0000000	3.2500000	0.10000000E+31
x 3	1.0000000	4.3333333	0.10000000E+31

Righthand Side Ranges

Row	Current RHS	Allowable Increase	Allowable Decrease
1	4.0000000	2.0000000	3.0000000
2	3.0000000	9.0000000	1.0000000

上述文件的结果本质上就是结果报告和灵敏度分析中的内容, 并没有其他特别的内容, 这里只是用这些内容来说明函数 @TEXT 的用途. 下面介绍在 @TEXT 中用到的一些函数.

2. @DUAL函数

@DUAL 函数的一般用法为

@DUAL(variable_or_row_name)

该函数计算最优解处的判别数或对偶价格, 其中 @DUAL(variable) 返回解答中变量 variable 的判别数 (reduced cost), @DUAL(row_name) 将返回约束行 row_name 的对偶价格 (dual prices).

3. @RANGED函数

@RANGED 函数的一般用法为

@RANGED(variable_or_row_name)

在最优基保持不变的情况下, 目标函数中变量的系数或约束行的右端项允许减少的量, 其中 @RANGED(variable) 返回系数的减少量, @RANGED(row_name) 返回约束行右端项的减少量.

4. @RANGEU函数

@RANGEU 函数的一般用法为

@RANGEU(variable_or_row_name)

在最优基保持不变的情况下, 目标函数中变量的系数或约束行的右端项允许增加的量, 其中 @RANGEU(variable) 返回系数的增加量, @RANGEU(row_name) 返回约束行右端项的增加量.

B.4.3　用 @OLE 函数读、写 EXCEL 数据文件

在实际应用中, 可能有大量数据是存放在各种电子表格中的 (通常是 EXCEL 表), 因此, 这里讨论如何将 EXCEL 表格与 LINGO 软件联系起来. 通过 EXCEL 文件与 LINGO 系统传递数据的函数的一般用法是通过 @OLE 函数. 与 @FILE 函数一样, @OLE 函数只能在 LINGO 模型的集合段、数据段和初始段中使用. 无论用于输入或输出数据, @OLE 函数的使用格式都是

　　　　@OLE(spreadsheet_file [, range_name_list])

在函数中, 参数 spreadsheet_file 是电子表格文件的名称, 应当包括扩展名 (如 *.xls 等), 还可以包含完整的路径名, 只要字符数不超过 64 均可. range_name_list 是指文件中包含数据的单元范围 (单元范围的格式与 EXCEL 中工作表的单元范围格式一致).

具体来说, 当从 EXCEL 向 LINGO 模型中输入数据时, 在集合段可以直接采用 “ @OLE(...)” 的形式, 但在数据段和初始段应当采用 “属性 (或变量) = @OLE (...)” 的赋值形式; 当从 LINGO 向 EXCEL 中输出数据时, 应当采用 “@OLE(...) =属性 (或变量)” 的赋值形式 (自然, 输出语句只能出现在数据段中). 请看下面的例子.

例 B.7(继例 B.3 的运输问题)　继续考虑例 B.3 中的运输问题 (模型 examB03. lg4), 但通过 @OLE 函数读写数据.

解　首先, 用 EXCEL 表建立一个名为 transport.xls 的 EXCEL 数据文件, 如图 B.12 所示. 为了能够通过 @OLE 函数与 LINGO 传递数据, 需要对这个文件中的数据进行命名. 具体做法是: 用鼠标选中这个表格的 B3:B5 单元, 然后选择 EXCEL 的菜单命令 “插入 | 名称 | 定义”, 这时将会弹出一个对话框, 请输入名称, 如可以将它命名为 WAREHOUSE(这正是图 B.12 所显示的情形, 即 B3:B5 所在的三个单元被命名为 WAREHOUSE). 同理, 将 C2:F2 单元命名为 CUSTOMER, 将 C3:F5 单元命名为 COST, 将 G3:G5 单元命名为 CAPACITY, 将 C6:F6 单元命名为 DEMAND. 再定义一个空单元 C10:F12, 命名为 SOLUTION, 用来存放计算结果.

一般来说, 这些单元取什么名称都无所谓, 但最好还是取有一定提示作用的名称. 另外, 这里取什么名称, LINGO 中调用时就必须用什么名称, 只要二者一致就可以了.

下面把例 B.3 中的程序修改为 (存入文件 examB07.lg4 中)

```
! Transportation Problem;
SETS:
    WAREHOUSE / @ole('transport.xls', 'WAREHOUSE')/ : CAPACITY;
    CUSTOMER  / @ole('transport.xls', 'CUSTOMER')/: DEMAND;
```

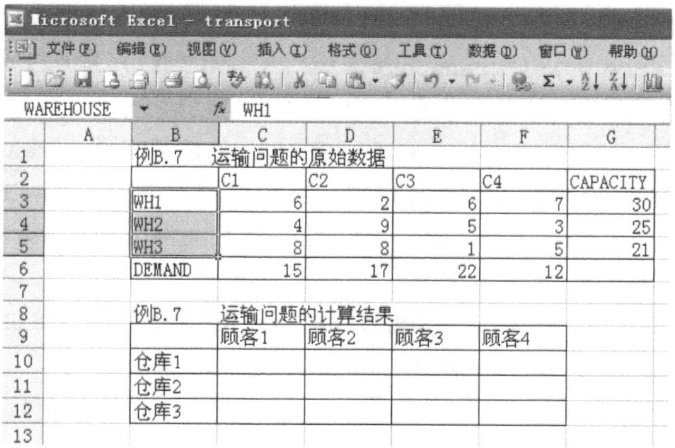

	A	B	C	D	E	F	G
1		例B.7	运输问题的原始数据				
2			C1	C2	C3	C4	CAPACITY
3		WH1	6	2	6	7	30
4		WH2	4	9	5	3	25
5		WH3	8	8	1	5	21
6		DEMAND	15	17	22	12	
7							
8		例B.7	运输问题的计算结果				
9			顾客1	顾客2	顾客3	顾客4	
10		仓库1					
11		仓库2					
12		仓库3					
13							

图 B.12 EXCEL 建立的数据文件

```
    ROUTES(WAREHOUSE, CUSTOMER): COST, VOLUME;
ENDSETS
! The objective;
 [OBJ] MIN = @SUM(ROUTES: COST * VOLUME);
! The demand constraints;
@FOR( CUSTOMER(J): [DEM]
    @SUM( WAREHOUSE(I): VOLUME(I, J)) >= DEMAND(J));
! The supply constraints;
@FOR( WAREHOUSE(I): [SUP]
    @SUM( CUSTOMER(J): VOLUME(I, J)) <= CAPACITY(I));
! Here are the parameters;
DATA:
    CAPACITY = @ole('transport.xls','CAPACITY');
    DEMAND =   @ole('transport.xls','DEMAND');
    COST =  @ole('transport.xls', 'COST');
    @ole('transport.xls','SOLUTION') = VOLUME;
ENDDATA
```

这个程序中有 6 处 @OLE 函数调用, 其作用分别说明如下:

(1) @ole('transport. xls', 'WAREHOUSE') 是从文件 'transport.xls' 的 WAREHOUSE 所指示的单元中取出数据 (WH1, WH2, WH3), 作为集合 WAREHOUSE 的元素.

(2) @ole('transport.xls', 'CUSTOMER') 是从文件 'transport. xls' 的 CUSTOMER 所指示的单元中取出数据 (C1, C2, C3, C4), 作为集合 CUSTOMER 的元

素.

(3) CAPACITY = @ole('transport.xls','CAPACITY') 是从文件'transport.xls' 的 CAPACITY 所指示的单元中取出数据 (30, 25, 21) 赋值给变量 CAPACITY.

(4) DEMAND=@ole('transport.xls','DEMAND') 是从文件 'transport.xls' 的 DEMAND 所指示的单元中取出数据 (15, 17, 22, 12) 赋值给变量 DEMAND.

(5) COST=@ole('transport.xls','COST') 是从文件 'transport.xls' 的 COST 所指示的单元中取出数据 (6, 2, 6, $\cdots$, 1, 5) 赋值给变量 COST.

(6) @ole('transport.xls','SOLUTION') = VOLUME 是将 VOLUME 的值输出赋给 'transport.xls' 文件中由 SOLUTION 指定的单元格.

程序运行完毕后, 其计算结果自动存放在 EXCEL 表的指定位置 (SOLUTION) 中, 同时输出运行报告结果.

```
Global optimal solution found.
Objective value:                              161.0000
Total solver iterations:                      6


Export Summary Report
---------------------

Transfer Method:        OLE BASED
Workbook:               transport.xls
Ranges Specified:       1
    SOLUTION
Ranges Found:           1
Range Size Mismatches:  0
Values Transferred:     12
```

这些信息的意思依次是: 采用 OLE 方式传输数据; Excel 文件为 'transport.xls'; 指定的接收单元范围为 SOLUTION; 在 'transport.xls' 正好找到一个名为 SOLUTION 的域名; 不匹配的单元数为 0; 传输了 12 个数值.

如果这时再打开 'transport.xls' 查看, 则会发现 SOLUTION 对应的位置也被自动写上了解答的结果 (这正是上面的总结报告的含义所在).

特别值得一提的是, 在 @OLE 函数中, EXCEL 数据表的文件名最好包含文件路径[①], 如运输问题就是 'D:\OR\LINGO\transport.xls', 表明 EXCEL 表 (transport.xls) 放在 D 盘的 \OR\LINGO(运筹学 LINGO) 子目录中.

---

① 如果不包含文件路径, 则当前目录必须是 LINGO 的工作目录, 还要事先打开相应的 EXCEL 表.

B.5 LINGO 软件中使用变量域函数

在 LINGO 中有 4 种变量域函数, 它们是 @GIN, @BIN, @FREE 和 @BND.

B.5.1 整数变量

整数变量函数有两种, 一种是一般整数变量函数 @GIN, 它限制函数的自变量只取整数. 另一个是二项整数函数 @BIN, 它限制函数的自变量只取 0 或 1.

1. 一般整数变量函数

一般整数变量函数是 @GIN, 它的用法为

`@GIN(variable)`

说明变量 variable 只能取整数.

例 B.8(职员日程安排问题)   在一个星期中每天安排一定数量的职员, 每天需要的职员数如表 B.5 所示, 每个职员每周连续工作 5 天, 休息两天. 每天付给每个职员的工资是 200 元. 公司将如何安排每天开始的工作人数, 并使总费用最小.

表 B.5　每星期各天需要的职员数

星期	一	二	三	四	五	六	日
职员数	18	15	12	16	19	14	12

解　按照例 B.2 的方法编写 LINGO 程序 (程序名: examB08.lg4), 只是目标函数改为求总费用最少.

```
SETS:
    DAY / MON, TUE, WED, THU, FRI, SAT, SUN/ :
         NEED, START, COST;
ENDSETS
DATA:
    NEED =  18,  15,  12,  16,  19,  14,  12;
    COST = 200, 200, 200, 200, 200, 200, 200;
ENDDATA
! The objective;
[OBJ] MIN = @SUM(DAY( TODAY) : START(TODAY) * COST(TODAY));
! The constraints;
@FOR(DAY(TODAY):
    @SUM(DAY(COUNT)| COUNT #LE# 5:
         START(@WRAP(TODAY - COUNT+1, @SIZE(DAY))))
```

```
        >= NEED( TODAY));
```
运行后, 结果带有小数. 因此, 需要增加整数约束
```
    ! We want START to be integer;
    @FOR(DAY(TODAY): @GIN(START(TODAY)));
```
这样得到的结果就具有整数解.
```
    Global optimal solution found.
    Objective value:                      4400.000
    Extended solver steps:                      0
    Total solver iterations:                    8


            Variable          Value      Reduced Cost
        START( MON)        7.000000         200.0000
        START( TUE)        2.000000         200.0000
        START( WED)        0.000000         200.0000
        START( THU)        6.000000         200.0000
        START( FRI)        4.000000         200.0000
        START( SAT)        2.000000         200.0000
        START( SUN)        1.000000         200.0000
```
在模型中, 用到@WRAP函数, @WRAP函数的定义为

@WRAP(I,N)=I − K ×N,

即 I 整除 N 的余数.

@SIZE 的返回值是自变量的维数, 在这里, @SIZE(DAY)$= 7$.

2. 二项整数变量函数

二项整数变量也称为 0/1 变量, 是一种特殊的整数, 其函数为 @BIN, 它的使用方法为

@BIN(variable)

说明变量 variable 只能取 0 或 1.

例 B.9(投资项目选择问题) 某地区有 5 个可考虑的投资项目, 其期望收益与所需投资额如表 B.6 所示. 在这 5 个项目中, I, III, V 之间必须且仅需选择一项; 同样, II, IV 之间至少选择一项; III 和 IV 两个项目是密切相关的, 项目 III 的实施必须以项目 IV 的实施为前提条件. 该地区共筹集到资金 15 万元, 究竟应该选择哪些项目, 其期望纯收益才能最大呢?

解 列出该问题的线性规划表达式为

表 B.6 工程项目的期望纯收益和所需投资表

工程项目	期望纯收益/万元	所需投资/万元
I	10.0	6.0
II	8.0	4.0
III	7.0	2.0
IV	6.0	4.0
V	9.0	5.0

$$\min \quad 10x_1 + 8x_2 + 7x_3 + 6x_4 + 9x_5,$$

$$\text{s.t.} \quad 6x_1 + 4x_2 + 2x_3 + 4x_4 + 5x_5 \leqslant 15,$$

$$x_1 + x_3 + x_5 = 1,$$

$$x_2 + x_4 \geqslant 1,$$

$$x_3 - x_4 \leqslant 0,$$

$$x_j = 0 \text{ 或 } 1, j = 1, 2, \cdots, 5.$$

写出相应的 LINGO 程序 (程序名: examB09.lg4), 程序中用 @bin 函数表示变量取 0 或 1.

```
MODEL:
 1]sets:
 2]    project/ I, II, III, IV, V/: profit, cost, x;
 3]endsets
 4]data:
 5]    profit = 10, 8, 7, 6, 9;
 6]    cost  =  6, 4, 2, 4, 5;
 7]    avail = 15;
 8]enddata
 9]
10]max = @sum(project: profit * x);
11]@sum(project: cost * x) <= avail;
12]x(1)+x(3)+x(5) = 1;
13]x(2)+x(4) >= 1;
14]x(3)-x(4) <= 0;
15]@for(project: @bin(x));
END
```

在模型中, 第 10 行是目标函数, 求总利润最大. 第 11 行是约束, 表示总花费在可利用花费之下. 第 12 行表示 I, III, V 之间必须且仅需选择一项. 第 13 行表示 II,

IV 之间至少选择一项. 第 14 行表示项目 III 的实施必须以项目 IV 的实施为前提条件. 第 15 行 @for(project: @bin(x)) 表示变量 x 是 0/1 变量, 当某个项目被选中时取 1; 否则, 取 0.

计算结果为 (仅列出相关非零变量)

```
Global optimal solution found.
Objective value:                          24.00000
Extended solver steps:                           0
Total solver iterations:                         0


            Variable          Value      Reduced Cost
               X( I)       1.000000         -10.00000
               X( II)      1.000000         -8.000000
               X( IV)      1.000000         -6.000000
```

其最优解为 $x_1 = x_2 = x_4 = 1$, $x_3 = x_5 = 0$, 最优目标值为 24, 即投资项目 I, II, IV, 总期望纯收益为 24 万元.

B.5.2   自由变量和简单有界变量

1. 自由变量函数

LINGO 对变量有一个自然的限制, 那就是非负限制. 也就是说, 如果不加特别说明, 则假设所有的变量均大于等于零. 如果变量没有非负限制, 则需要用函数 @FREE() 说明, 函数 @FREE() 的使用格式为

```
    @FREE(variable)
```

说明变量 variable 可以取负数. 下面用一个例子说明这个问题.

例 B.10   求解下列方程组:

$$\begin{cases} 3x_2 + \dfrac{x_3}{x_1} = -5, \\ x_1 = 2, \\ x_1 x_2 + x_3 = 6. \end{cases}$$

解   写出相应的 LINGO 程序 (程序名: examB10a.lg4) 如下:

```
sets:
    var/1..3/: x;
endsets
3 * x(2) + x(3) / x(1)=-5;
x(1) = 2;
x(1) * x(2) + x(3) = 6;
```

但运行的结果是: "No feasible solution found" (没有发现可行解). 为什么会出现这种结果呢? 这是由于方程组的解是 $x(1) = 2, x(2) = -4, x(3) = 14$, 但 LINGO 软件无法解得 x_2 的值, 因为 LINGO 软件自然约定所有变量均是非负的, 因此, 只能声明没有可行解. 修改的方法是增加语句 "@free(x)", 即说明变量 x 可以取负值, 其模型如下 (程序名: examB10b.lg4):

```
sets:
    var/1..3/: x;
endsets
3 * x(2) + x(3) / x(1)=-5;
x(1) = 2;
x(1) * x(2) + x(3) = 6;
@for(var: @free(x));
```

计算结果为

```
Variable        Value
X( 1)         2.000000
X( 2)        -4.000000
X( 3)         14.00000
```

例 B.11 利用 LINGO 软件求解线性方程组

$$\begin{cases} 6x_1 + 4x_2 + 7x_3 + 3x_4 = 19, \\ 2x_1 + 9x_2 + 4x_3 + x_4 = 26, \\ x_1 + 9x_2 + 3x_3 + 8x_4 = 17, \\ 8x_1 + 6x_2 + 4x_3 + 2x_4 = 40. \end{cases}$$

解 利用 @FREE 函数建立求解线性方程组的程序 (程序名: examB11.lg4) 如下:

```
! A Simultaneous Linear Equation Solver;
sets:
! The row / column dimension;
    RC /1..4/: x, b;
! The set of matrix elements A;
    matrix(RC, RC): A;
endsets
! For each row i;
@for(RC(i):
! The sum of the LHS must = the RHS;
```

```
    @sum(RC(j): A(i, j)*x(j)) = B(i);
    ! Allow the X's to be unconstrained in sign;
    @free(x));
  data:
    b = 19, 26, 17, 40;
    A =  6, 4, 7, 3,
         2, 9, 4, 1,
         1, 9, 3, 8,
         8, 6, 4, 2;
  enddata
```

@free(x) 表示所有的 x(i) 都是自由变量, 可以取负值. 相应的计算结果为

```
    Variable        Value
    X( 1)        4.000000
    X( 2)        3.000000
    X( 3)       -2.000000
    X( 4)       -1.000000
```

2. 有界变量函数

限定变量有界的函数是 @BND, 它与 @FREE 正好相反, 指定变量的上下界, 其定义形式为

```
    @BND(lower_bound, variable, upper_bound)
```

在函数中, variable 是变量. lower_bound 是下界. upper_bound 是上界. 例如, 如果要求 $|x| \leqslant 5$, 则命令形式为 @bnd(-5, x, 5).

下面用有界线性规划的例子说明 @BND 函数的使用.

例 B.12 (有界线性规划问题) 求解有界线性规划问题

$$
\begin{aligned}
\max \quad & x_1 + 2x_2, \\
\text{s.t.} \quad & -2x_1 + x_2 \leqslant 8, \\
& -x_1 + x_2 \leqslant 3, \\
& x_1 - x_2 \leqslant 3, \\
& 2 \leqslant x_1 \leqslant 3, x_2 \geqslant 0.
\end{aligned}
$$

解 写出相应的 LINGO 程序 (程序名: examB12.lg4) 如下:

```
sets:
  var/1..2/: c, x, l, u;
  const/1..3/: b;
```

```
    matrix(const,var): A;
endsets
max = @sum(var: c * x );
@for(const(i):
    @sum(var(j): A(i,j) * x(j)) <= b(i));
@for(var: @bnd(l, x, u));
data:
    c = 1, 2;
    b = 8, 3, 3;
    A = -2,  1,
        -1,  1,
         1, -1;
    l = 2, 0;
    u = 3,999;
enddata
```

这是一个通用的有界线性规划程序, 只需对程序中的数据和约束部分进行相应的改动, 就可以求解任意的有界问题. 程序中 @for(var: @bnd(l, x, u));, 要求变量 x 是有界变量. 由于 x_2 无上界要求, 所以只需给一个较大的数 (这里是 999) 即可.

计算结果 (只列出相关部分) 如下:

```
Global optimal solution found.
Objective value:                        15.00000
Total solver iterations:                       0


        Variable         Value        Reduced Cost
           X( 1)       3.000000           -3.000000
           X( 2)       6.000000            0.000000
```

附录C R 软件的使用

R 是一个开放的统计编程环境, 是一种语言, 是 S 语言的一种实现. S 语言是由 AT&T Bell 实验室的 Rick Becker, John Chambers 和 Allan Wilks 开发的一种用来进行数据探索、统计分析、作图的解释型语言. 最初, S 语言的实现版本主要是 S-PLUS. S-PLUS 是一个商业软件, 它基于 S 语言, 并由 MathSoft 公司的统计科学部进一步完善. R 是一种软件, 是一套完整的数据处理、计算和制图软件系统, 其功能包括数据存储和处理系统、数组运算工具、完整连贯的统计分析工具、优秀的统计制图功能、简便而强大的编程语言、可操纵数据的输入和输出、可实现分支和循环以及用户可自定义功能.

Auckland (奥克兰) 大学的 Robert Gentleman 和 Ross Ihaka 及其他志愿人员开发了一个 R 系统, 目前由 R 核心开发小组维护, 他们完全自愿、工作努力负责, 并将全球优秀的统计应用软件打包提供给我们. 可以通过 R 软件的网站 (http://www.r-project.org) 了解有关 R 的最新信息和使用说明, 得到最新版本的 R 软件和基于 R 软件的应用统计软件包.

R 软件是完全免费的, 而 S-PLUS 尽管是非常优秀的统计分析软件, 但是需要付费的. R 软件可以在 UNIX, Windows 和 Macintosh 的操作系统上运行, 它嵌入了一个非常实用的帮助系统, 并具有很强的作图能力. R 软件的使用与 S-PLUS 有很多类似之处, 两个软件有一定的兼容性. S-PLUS 的使用手册只要经过不多的修改, 就能成为 R 软件的使用手册.

与其说 R 是一种统计软件, 还不如说 R 是一种数学计算环境. 因为 R 提供了有弹性的、互动的环境来分析、可视及展示数据; 它提供了若干统计程序包, 以及一些集成的统计工具和各种数学计算、统计计算的函数, 用户只需根据统计模型, 指定相应的数据库及相关的参数, 便可灵活机动地进行数据分析等工作, 甚至创造出符合需要的新的统计计算方法. 使用 R 软件可以简化数据分析过程, 从数据的存取到计算结果的分享, R 软件提供了更加方便的计算工具, 帮助更好地决策. 通过 R 软件的许多内嵌统计函数, 用户可以很容易地学习和掌握 R 软件的语法, 也可以编制自己的函数来扩展现有的 R 语言, 完成相应的科研工作.

C.1 R 软件简介

C.1.1 R 软件的下载与安装

R 软件是完全免费的, 在网站

http://cran.r-project.org/bin/windows/base/

上可下载到 R 软件的 Windows 版, 本书使用的版本是 R-2.9.2 版 (2009 年 8 月 24 日发布)[①], 大约是 36M, 点击 Download R 2.9.2 for Windows 下载.

R 软件的安装非常容易, 运行刚才下载的程序, 如 R-2.9.2-win32 (R for Windows Setup), 按照 Windows 的提示安装即可. 当开始安装后, 选择安装提示的语言 (中文或英文), 接受安装协议, 选择安装目录 (默认目录为 C:\Program Files\R \R-2.9.2), 并选择安装组件. 在安装组件中, 最好将 PDF Reference Manual 项也选上, 这样在 R 软件的帮助文件中就有较为详细的 PDF 格式的软件说明. 按照 Windows 的各种提示操作, 稍候片刻, R 软件就安装成功了.

安装完成后, 程序会创建 R 软件程序组, 并在桌面上创建 R 软件主程序的快捷方式 (也可以在安装过程中选择不要创建). 通过快捷方式运行 R 软件, 便可调出 R 软件的主窗口, 如图 C.1 所示.

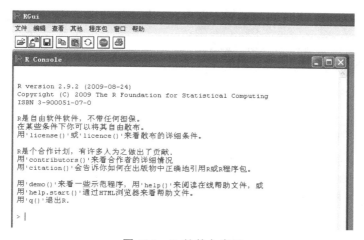

图 C.1 R 软件主窗口

R 软件的界面与 Windows 的其他编程软件相类似, 是由一些菜单和快捷按钮组成的. 快捷按钮下面的窗口便是命令输入窗口, 它也是部分运算结果的输出窗口, 有些运算结果 (如图形) 则会在新建的窗口中输出.

---

① R 软件的版本大约两三个月就会更新一次.

　　主窗口上方的一些文字 (如果是中文操作系统, 则显示中文) 是刚运行 R 软件时出现的一些说明和指引. 文字下的 "＞" 符号便是 R 软件的命令提示符 (矩形光标), 在其后可输出命令. R 软件一般采用交互式工作方式, 在命令提示符后输入命令, 回车后便会输出计算结果. 当然也可将所有的命令建立成一个文件, 运行这个文件的全部或部分来执行相应的命令, 从而得到相应的结果. 这种计算方式更加简便, 具体计算过程将在后面进行讨论.

C.1.2　初识 R 软件

　　下面用三个简单的例子, 认识一下 R 软件.

　　例 C.1　某学校在体检时测得 12 名女中学生体重 X_1(kg) 和胸围 X_2(cm) 资料如表 C.1 所示. 试计算体重与胸围的均值与标准差.

表 C.1　学生体检资料

学生编号	体重 X_1	胸围 X_2	学生编号	体重 X_1	胸围 X_2
1	35	60	7	43	78
2	40	74	8	37	66
3	40	64	9	44	70
4	42	71	10	42	65
5	37	72	11	41	73
6	45	68	12	39	75

　　解　直接在主窗口输入以下命令:

```
> # 输入体重数据
> X1 <- c(35, 40, 40, 42, 37, 45, 43, 37, 44, 42, 41, 39)
> mean(X1)    # 计算体重的均值
[1] 40.41667
> sd(X1)      # 计算体重的标准差
[1] 3.028901
> # 输入胸围数据
> X2 <- c(60, 74, 64, 71, 72, 68, 78, 66, 70, 65, 73, 75)
> mean(X2)    # 计算胸围的均值
[1] 69.66667
> sd(X2)      # 计算胸围的标准差
[1] 5.210712
```

从上述计算过程来看, 用 R 软件计算这些统计量非常简单. 下面逐句进行解释.

"#" 号是说明语句字符, 后面的语句是说明语句, 要学习运用说明语句来说明程序要做的工作, 增加程序的可读性. "<-" 表示赋值, c( ) 表示数组, X1<-c( ) 即表示将一组数据赋给变量 X1. mean( ) 是求均值函数, mean(X1) 表示计算数组 X1 的均值. [1]40.41667 是计算结果, 其中 [1] 表示第 1 个数据, 40.41667 是计算出的均值, 即这 12 名女生的平均体重为 40.42kg. sd( ) 是求标准差函数, sd(X1) 表示计算数组 X1 的标准差.

上述过程中的 ">" 号均为计算机提示符.

当退出 R 系统时, 计算机会询问是否保存工作空间映像, 可选择保存 (是 (Y)) 或不保存 (否 (N)).

如果想将上述命令保存在文件中, 希望以后调用, 则可以先将所有的命令放在一个文件中. 用鼠标点击 "文件" 窗口下的 "新建程序脚本", 则屏幕会弹出一个 R 编辑窗口 (R 编辑器), 在窗口中输入相应的命令即可. 然后将文件保存起来, 如文件名: examC01.R.

例 C.2 绘出例 C.1 中 12 名学生的体重与胸围的散点图和体重的直方图.

解 在主窗口下输入如下命令:

```
> X1<-c(35, 40, 40, 42, 37, 45, 43, 37, 44, 42, 41, 39)
> X2 <- c(60, 74, 64, 71, 72, 68, 78, 66, 70, 65, 73, 75)
> plot(X1, X2)
```

则 R 软件会打开一个新的窗口, 新窗口绘有体重与胸围的散点图, 如图 C.2(a) 所示. 再键入 hist(X1), 则屏幕会弹出另一个新窗口, 新窗口绘有体重的直方图, 如图 C.2(b) 所示.

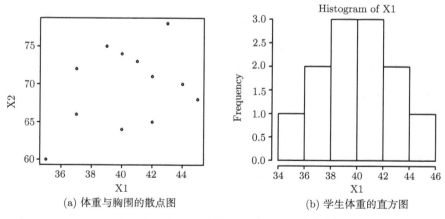

(a) 体重与胸围的散点图　　　　(b) 学生体重的直方图

图 C.2　12 名学生数据的散点图与直方图

例 C.3 设有文本文件 examC03.txt, 其内容与格式如下:

Name	Sex	Age	Height	Weight
Alice	F	13	56.5	84.0
Becka	F	13	65.3	98.0
Gail	F	14	64.3	90.0
Karen	F	12	56.3	77.0
Kathy	F	12	59.8	84.5
Mary	F	15	66.5	112.0
Sandy	F	11	51.3	50.5
Sharon	F	15	62.5	112.5
Tammy	F	14	62.8	102.5
Alfred	M	14	69.0	112.5
Duke	M	14	63.5	102.5
Guido	M	15	67.0	133.0
James	M	12	57.3	83.0
Jeffrey	M	13	62.5	84.0
John	M	12	59.0	99.5
Philip	M	16	72.0	150.0
Robert	M	12	64.8	128.0
Thomas	M	11	57.5	85.0
William	M	15	66.5	112.0

第 1 行相当于表头, 是说明变量的属性, 即说明各列的内容, 如第 1 列是姓名, 第 2 列是性别, 第 3 列是年龄, 第 4 列是身高 (cm), 第 5 列是体重 (磅). 第 2 行至最后一行是变量的内容. 试从该文件中读出数据, 并对身高和体重作回归分析.

解　(1) 建立 R 文件 (文件名: examC03.R). 点击 "文件 | 新建程序脚本", R 窗口会弹出 R 编辑对话窗口, 在窗口中输入需要编辑的程序 (命令).

```
rt<-read.table("examC03.txt", head=TRUE); rt
lm.sol<-lm(Weight~Height, data=rt)
summary(lm.sol)
```

文件的第 1 行是读文件 examC03.txt, 并认为文本文件 exam0203.txt 中的第 1 行是文件的头 (head=TRUE), 否则 (FALSE), 文件中的第 1 行作为数据处理, 并将读出的内容放在变量 rt 中. 第二个 rt 是显示变量的内容 (如果一行执行多个命令, 则需用分号 (;) 隔开). 第 2 行是对数据 rt 中的重量 (Weight) 与高度 (Height) 作线性回归, 其计算结果放置变量 lm.sol 中. 第 3 行是显示变量 lm.sol 中的详细内容, 它将给出回归的模型公式、残差的最小最大值、线性回归系数以及估计与检验等①.

(2) 执行文件 examC03.R 的内容. 执行文件中的内容有以下几种方式: 第一种, 在 R 编辑窗口中用鼠标选中要执行的程序 (命令), 然后再单击 "运行当前行或所选代码". 第二种方法是单击 "编辑 | 运行所有代码". 第三种方法是采取复制、粘贴的方法将命令粘贴到主窗口, 执行相应的命令. 运行程序后得到

```
> rt<-read.table("examC03.txt", head=TRUE); rt
      Name Sex Age Height Weight
1    Alice   F  13   56.5   84.0
2    Becka   F  13   65.3   98.0
.     ...    .  ..    ...    ...
18  Thomas   M  11   57.5   85.0
19 William   M  15   66.5  112.0

> lm.sol<-lm(Weight~Height, data=rt)
> summary(lm.sol)
Call:
lm(formula = Weight ~ Height, data = rt)

Residuals:
     Min      1Q  Median      3Q     Max
-17.6807 -6.0642  0.5115  9.2846 18.3698

Coefficients:
            Estimate Std. Error t value Pr(>|t|)
(Intercept) -143.0269   32.2746  -4.432 0.000366 ***
Height         3.8990    0.5161   7.555 7.89e-07 ***
---
Signif. codes:  0 '***' 0.001 '**' 0.01 '*' 0.05 '.' 0.1 ' ' 1

Residual standard error: 11.23 on 17 degrees of freedom
Multiple R-Squared: 0.7705,     Adjusted R-squared: 0.757
F-statistic: 57.08 on 1 and 17 DF,  p-value: 7.887e-07
```

---

① 相关内容的具体含义见 8.1 节的回归分析.

在运行程序的过程中, 主窗口会重复显示编辑窗口的命令, 如主窗口显示的第 1 行与编辑窗口的第 1 行完全相同. 第 2 行以下的内容是显示变量 rt, 也就是文本文件 examC03.txt 中的内容. 注意到显示内容比原内容增加了一列, 即标号列. 在 summary(lm.sol) 后面显示的是线性回归模型具体计算的结果.

从上面三个例子可以看出, 利用 R 软件计算各种统计量十分方便, 可以作图, 也可以从文件中读数据等. 掌握了这些基本知识, 就可以用 R 软件来为我们服务.

为今后使用方便起见, 先介绍窗口中的菜单、快捷方式的意义.

C.1.3 R 软件主窗口命令与快捷方式

主窗口由 7 个下拉式菜单, 分别是文件、编辑、查看、其他、程序包、窗口和帮助, 以及若干个快捷按钮控件, 其图形和功能如图 C.3 所示.

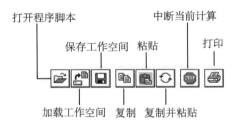

图 C.3 快捷按钮控件及相应的功能

1. 文件菜单

文件菜单有如下命令:

(1) 运行R脚本文件... 执行已有的 R 文件. 点击该命令, 打开 "选择要运行的程序文件" 窗口, 选择要输入的程序文件 (后缀为 .R), 如 MyFile.R. 选择好要输入的文件, 按 "打开 (O)". R 软件会执行该文件 (MyFile.R), 但在主窗口并不显示所执行的内容 (如有绘图命令, 则在另一窗口显示出所绘图形), 而只在主窗口显示

> source("MyFile.R")

当然, 在主窗口执行 source("MyFile.R") 命令, 具有同样的功能.

(2) 新建程序脚本 编写新程序. 点击该命令, 打开一个新的 R 程序编辑窗口, 输入要编写的 R 程序. 输入完毕后, 选择保存, 并给一个文件名, 如 MyFile.R.

(3) 打开程序脚本... 打开已有的 R 文件. 点击该命令, 打开 "打开程序脚本" 窗口, 选择一个 R 程序, 如 MyFile.R, 屏幕弹出 MyFile.R 编辑窗口, 可以利用这个窗口对 R 程序 (MyFile.R) 进行编辑, 或执行该程序中的部分或全部命令.

(4) 显示文件内容... 显示已有的文件. 点击该命令, 打开 "Select files" 窗口, 选择一个文件 (*.R 或 *.q), 如 MyFile.R. 屏幕弹出 MyFile.R 窗口, 可利用该

窗口执行该程序 (MyFile.R) 的部分或全部命令, 但无法对程序进行编辑.

执行命令 file.show("MyFile.R") 具有同样的功能.

(5) 加载工作空间... 调入工作空间映像. 点击该命令, 打开 "选择要载入的映像" 窗口, 在文件名窗口输入要载入的文件名, 如 MyWorkSpace, 文件类型是 *.RData. 当调用成功后, 保存在工作空间映像 MyWorkSpace.RData 中的全部命令就被调到内存中, 这样在本次运算时, 就不必重复工作空间 MyWorkSpace.RData 中已有的命令.

执行命令 load("MyWorkSpace.RData") 具有同样的功能.

(6) 保存工作空间... 保存工作空间映像. 点击该命令, 打开 "保存映像到" 窗口, 在文件名窗口输入所需的文件名, 如 MyWorkSpace, 文件类型为 *.RData, 按 "保存 (S)", 则当前的工作空间映像就保存到 MyWorkSpace.RData 文件中. 如果保存的文件名与已有的文件名重名, 则计算机会提示是否替换已有文件, 可选择替换 (是 (Y)) 或不替换 (否 (N)).

保存工作空间映像的最大好处就是在下次调用时, 不必执行本次运算已执行的命令.

执行命令 save.image("MyWorkSpace.RData") 具有同样的功能.

(7) 加载历史... 调入历史记录文件. 调入后, 主窗口并不显示调入内容, 只有在按上下箭头或 Ctrl+P, Ctrl+N 时, 才在命令行显示历史记录. 这样做可以减少键盘输入.

(8) 保存历史... 保存历史记录. 点击该命令, 将在主窗口操作过的全部记录保存到一个后缀为 .Rhistory 的文件中, 如 MyWork.Rhistory. 该文件是纯文本文件, 用任何编辑器均能打开.

(9) 改变当前目录... 改变当前的工作目录. 点击该命令, 弹出 "浏览文件夹" 窗口, 在窗口中找到所需的工作目录, 如 D:\math_model\R, 按 "确定" 键确认.

(10) 打印... 打印文件.

(11) 保存到文件... 将主窗口的记录保存到文本文件 (lastsave.txt) 中.

(12) 退出 退出 R 系统. 如果退出前没有保存工作空间映像, 则系统会提示是否保存工作空间映像, 可选择保存 (是 (Y)) 或不保存 (否 (N)).

在主窗口执行 q() 命令, 具有同样的功能.

2. 编辑菜单

编辑菜单有如下命令:

(1) 复制 将当前选中的文本复制到剪贴板中.

(2) 粘贴 将剪贴板中的内容粘贴到命令行.

(3) 仅粘贴命令行 仅粘贴剪贴板中命令行的内容.

(4) 复制并粘贴   将当前选中的文本复制到剪贴板中, 并将剪贴板中的内容粘贴到命令行.

(5) 全选   选定主窗口中所有的文本内容.

(6) 清除控制台   清除主窗口中所有的文本内容.

(7) 数据编辑器...   编辑已有的数据变量, 并将新数据存入该变量. 例如, 在例 C.3 中, 将读出的数据放在变量 rt 中, 现需要改动 rt 中的数据, 单击 "数据编辑器", 弹出 "Question" 窗口, 输入变量 rt, 如图 C.4 所示. 按 "确定", 弹出数据编辑窗口, 如图 C.5 所示. 选择需要修改的数据进行修改, 修改后关闭该窗口, 此时, 变量 rt 中的数据已变成新数据.

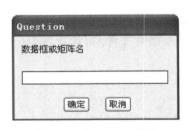

图 C.4   Question 窗口

图 C.5   数据编辑器窗口

在主窗口执行 fix(rt) 命令, 可以达到同样的目的.

(8) GUI 选项...   改变 R 软件的图形用户界面. 单击 "GUI 选项...", 弹出 Rgui 配置编辑器. 可根据需要更改配置编辑器中的内容. 建议初学者先不要忙于更改配置, 使用默认值.

3. 查看菜单

查看菜单有如下命令:

(1) 工具栏   显示或取消显示工具栏 (在显示状态下有 √).

(2) 状态栏   显示或取消显示状态栏 (在显示状态下有 √).

4. 其他菜单

其他菜单有如下命令:

(1) 中断当前的计算   点击该命令可中止当前正在运行的程序.

(2) 中断所有计算   点击该命令可中止所有正在运行的程序.

(3) 缓冲输出   点击该命令会在 "缓冲输出" 前出现或取消 √, 即执行或取消缓冲输出.

(4) 补全单词   点击该命令会在 "补全单词" 前出现或取消 √, 即执行或取消补全单词.

(5) 补全文件名 点击该命令会在"补全文件名"前出现或取消 $\sqrt{}$, 即执行或取消补全文件名.

(6) 列出对象 点击该命令, 列出全部变量名. 在主窗口执行 `ls()` 命令, 可以达到同样的目的.

(7) 删除所有对象 点击该命令, 将全部变量从内存中清除. 在主窗口执行

`rm(list=ls(all=TRUE))`

命令, 可以达到同样的目的.

(8) 列出查找路径 点击该命令, 列出查找文件 (或函数) 的路径或程序包. 在主窗口执行 `search()` 命令, 可以达到同样的目的.

5. 程序包菜单

程序包菜单有如下命令:

(1) 加载程序包... R 软件除上述基本程序包外, 还有许多程序包, 只是在使用前需要调入. 例如, 需要读 SPSS 软件的数据文件, 需要用函数 `read.spss`, 但在使用前需要调入 `foreign` 程序包.

点击该命令, 弹出选择程序窗口, 如图 C.6 所示. 选择 `foreign`, 按确定. 这样就可以使用 `read.spss` 函数了.

(2) 设定CRAN 镜像... 点击该命令, 弹出 CRAN 镜像窗口, 选择一个镜像点, 如 China (Beijing 1), 如图 C.7 所示. 按 "确定", 连接到指定的镜像点.

图 C.6 选择程序包窗口

图 C.7 设定 CRAN 镜像窗口

(3) 选择软件库...   选择软件库. 打开库窗口, 选择一个库, 按 "确定". 计算机将自动连接到所选的库.

(4) 安装程序包...   安装新的程序包. 单击 "安装程序包", 弹出 CRAN 镜像窗口 (如果已设定 CRAN 镜像, 则将不弹出此窗口), 选择合适的镜像点, 按 "确定". 此时, 计算机将自动连接到指定的镜像点, 并弹出程序包窗口. 选择所需的程序包, 计算机将下载指定的程序包并自动安装.

(5) 更新程序包...   更新已有的程序包. 点击该命令, 弹出 CRAN 镜像窗口 (如果已设定 CRAN 镜像, 则将不弹出此窗口), 选择合适的镜像点. 然后弹出程序包更新窗口, 选择所需的程序包, 按 "确定". 计算机将下载指定的程序包并自动更新.

(6) 用本机的zip 文件来安装程序包...   点击该命令, 打开 "Select files", 选择需要安装的 zip 文件.

6. 窗口菜单

窗口菜单有如下命令:

(1) 层叠   点击该命令, 将所有窗口层叠.

(2) 平铺   点击该命令, 将所有窗口平铺.

(3) 排列图标   点击该命令, 重新排列图标.

7. 帮助菜单

帮助菜单有如下命令:

(1) 控制台   说明控制命令. 点击该命令, 弹出说明控制命令窗口, 在窗口中说明全部的控制命令.

(2) R FAQ   R 软件常见问答 (frequently asked questions, FAQ). 点击该命令, 弹出 R FAQ 网页式窗口. 该窗口解释 R 软件的基本问题, 如 R 软件的介绍、R 软件的基本知识、R 语言与 S 语言以及 R 程序等.

(3) Windows下的R FAQ   关于 R 软件的进一步的常见问答. 点击该命令, 弹出 R for Windows FAQ 网页式窗口, 其内容有安装与用户、语言与国际化、程序包、Windows 的特点、工作空间、控制台等. 该窗口的问题更加深入.

(4) 手册(PDF文件)   R 软件使用手册. 分别是*An Introduction to R*(《R 入门介绍》), *R Refence Manual* (《R 参考手册》), *R Data Import/Export*(《R 数据导入/导出》), *R Language Definition*(《R 语言定义》), *Writing R Extensions*(《写 R 扩展程序》), *R Internals*(《R 内部结构》) 和*R Installation and Administration*(《R 安装与管理》). 所有手册均是 PDF 格式的文件[①]. 这些手册为学习 R 软件提供了有利的帮助.

---

① 需要在计算机中安装 PDF 阅读软件, 如 Adobe Acrobat Reader 才能阅读使用手册.

以上三条文本帮助文件是逐步深入的, 用它们可以帮助使用者快速掌握 R 软件的使用.

(5) R 函数帮助 (文本)... 帮助命令. 点击该命令, 出现 "帮助于" 对话窗口, 在窗口中输入需要帮助的函数名, 如 lm (线性模型) 函数, 按 "确定" 键, 则屏幕上会出现新的对话框, 解释 lm 的意义与使用方法.

在 R 控制窗口输入命令

help("Fun_Name") 或 help(Fun_Name) 或 ?Fun_Name

具有相同的效果.

(6) Html 帮助 网页形式的帮助窗口. 点击该命令, 弹出网页形式的 "Statistical Data Analysis"(统计数据分析) 菜单, 选择需要帮助的内容, 双击即可打开需要帮助的内容.

(7) Html 查找路径 网页形式的帮助窗口. 点击该命令, 弹出网页形式的 "Search Engine"(查找引擎) 菜单, 在查找窗口中输入需要搜索的关键词或函数名, 或数据名以及相关的文本, 单击 Search, 进行查找.

(8) 搜索帮助... 搜索帮助. 点击该命令, 出现 "搜索帮助" 对话窗口, 在窗口中输入需要帮助的函数名, 如 lm (线性模型) 函数, 按 "确定" 键, 则屏幕上会出现新的对话框, 上面列出与 lm (线性模型) 有关的全部函数名 (包括广义线性模型函数名).

在 R 控制窗口输入命令

help.search("Fun_Name") 或 ??Fun_Name

具有相同的效果.

(9) search.r-project.org 在网站上查找. 点击该命令, 屏幕上出现 "搜索邮件列表档案和文档" 对话框, 输入查找内容, 则计算机将自动连接网站 (http://search.r-project.org), 查找所需要的内容.

(10) 模糊查找对象... 列出相关的函数与变量. 点击该命令, 出现 "模糊查找对象" 对话窗口, 在窗口中输入需要查找的函数名或变量名, 如 lm, 按 "确定" 键, 在控制窗口中列出含有字符串 lm 的全部的函数名与变量名.

在 R 控制窗口输入命令

apropos("Fun_Name")

具有相同的效果.

注意: "R 函数帮助 (文本)..." 和 "模糊查找对象..." 是在当前已有的程序包中查找, 而 "搜索帮助..." 是在整个程序包中查找. 例如, 在 "帮助于" 对话框中输入 read.spss(读 SPSS 数据文件函数), 计算机会给出警告, 告知没有 read.spss 这个函数, 并建议使用 ??Fun_Name 命令作进一步的查找. 在 "模糊查找对象" 对话框中输入 read.spss, 则主窗口出现 character(0), 即无法查到. 而在 "搜索帮助..." 对

话框中输入 read.spss, 则屏幕上会出现新的窗口, 告诉 read.spss 属于 foreign
程序包. 在加载 foreign 程序包后, 就可以调用 read.spss 函数了.

(11) R 主页　点击该命令, 连接到 R 主页, 即 http://www.r-project.org/.

(12) CRAN 主页　点击该命令, 连接到 CRAN 主页, 即 http://cran.r-project.
org/.

(13) 关于　点击该命令, 介绍 R 软件的版本信息.

C.2　数字、字符与向量

本节介绍 R 软件最简单的运算 —— 数字与向量的运算.

C.2.1　向量

1. 向量的赋值

R 软件中最简单的运算是向量赋值. 如果打算建立一个名为 x 的向量, 相应的
分量是 10.4, 5.6, 3.1, 6.4 和 21.7, 则用 R 命令

```
> x <- c(10.4, 5.6, 3.1, 6.4, 21.7)
```
其中 x 为向量名, <- 为赋值符, c() 为向量建立函数. 上述命令就是将函数 c( )
中的数据赋给向量 x.

另一个赋值函数是 assign( ), 其命令形式为

```
> assign("x", c(10.4, 5.6, 3.1, 6.4, 21.7))
```
函数 assign() 还有更广的用途, 有兴趣的读者可查看帮助文件.

第三种赋值形式为

```
> c(10.4, 5.6, 3.1, 6.4, 21.7) -> x
```
进一步有

```
> y <- c(x, 0, x)
```
定义变量 y 有 11 个分量, 其中两边为变量 x, 中间为零.

2. 向量的运算

对于向量可以作加 (+)、减 (−)、乘 (∗)、除 (/) 和乘方 (∧) 运算, 其含义是对向
量的每一个元素进行运算, 其中加、减和数乘运算与通常的向量运算基本相同, 如

```
> x <- c(-1, 0, 2); y <- c(3, 8, 2)
> v <- 2*x + y + 1; v
[1] 2 9 7
```
第 1 行输入向量 x 和 y. 第 2 行将向量的计算结果赋给变量 v, 其中 2*x+y 是作通
常的向量运算, +1 表示向量的每个分量均加 1. 分号后的 v 是为了显示计算内容,

因为 R 软件完成计算后进行赋值, 并不显示相应的计算内容.

对于向量的乘法、除法、乘方运算, 其意义是对应向量的每个分量作乘法、除法和乘方运算, 如

```
> x * y
[1] -3  0  4
> x / y
[1] -0.3333333  0.0000000  1.0000000
> x^2
[1] 1 0 4
> y^x
[1] 0.3333333 1.0000000 4.0000000
```

由于没有作赋值运算, 所以 R 软件在运算后会直接显示计算结果.

另外, %/% 表示整数除法 (如 5%/%3 为 1), % % 表示求余数 (如 5%%3 为 2).

还可以作函数运算, 如基本初等函数, 如 log, exp, cos, tan 和 sqrt 等. 当自变量为向量或数组时, 函数的返回值也是向量或数组, 即每个分量取相应的函数值, 如

```
> exp(x)
[1] 0.3678794 1.0000000 7.3890561
> sqrt(y)
[1] 1.732051 2.828427 1.414214
```

但 sqrt(-2) 会给出 NAN 和相应的警告信息, 因为负数不能开方. 但如果需要作复数运算, 则输入形式应改为 sqrt(-2+0i).

3. 与向量运算有关的函数

下面介绍一些与向量运算有关的函数.

(1) 求向量的最小值、最大值和范围的函数. min(x), max(x), range(x)分别表示求向量 x 的最小分量、最大分量和向量 x 的范围, 即 [min(x), max(x)]. 例如,

```
> x <- c(10, 6, 4, 7, 8)
> min(x)
[1] 4
> max(x)
[1] 10
> range(x)
[1]  4 10
```

与 min()(max()) 有关的函数是 which.min()(which.max()), 表示在第几个分量求到最小 (最大) 值, 如

> which.min(x)

[1] 3

> which.max(x)

[1] 1

(2) 求和函数、求乘积函数. sum(x) 表示求向量 x 的分量之和, 即 $\sum\limits_{i=1}^{n} x_i$.prod(x) 表示求向量 x 分量的连乘积, 即 $\prod\limits_{i=1}^{n} x_i$. 还有 length(x) 表示求向量 x 分量的个数, 即 n.

(3) 中位数、均值、方差、标准差和顺序统计量. median(x)表示求向量 x 的中位数. mean(x)表示求向量x的均值, 即sum(x)/length(x). var(x)表示求向量x的方差, 即

var(x)=sum((x-mean(x))^2)/(length(x)-1).

sd(x)表示求向量x的标准差, 即sd(x)=$\sqrt{\text{var(x)}}$.

sort(x)表示求与向量x大小相同且按递增顺序排列的向量, 即顺序统计量. 相应的下标由order(x)或sort.list(x)列出. 例如, 当 x<-c(10, 6, 4, 7, 8) 时, sum(x), prod(x), length(x), median(x), mean(x), var(x)和sort(x)的计算结果分别为 35, 13440, 5, 7, 7, 5 和 4　6　7　8　10.

C.2.2　产生有规律的序列

1. 等差数列

a:b 表示从 a 开始, 逐项加 1(或减 1), 直到 b 为止. 例如, x <- 1:30 表示向量x= $(1, 2, \cdots, 30)$, x <- 30:1 表示向量x= $(30, 29, \cdots, 1)$. 当 a 为实数, b 为整数时, 向量 a:b 是实数, 其间隔差 1. 而当 a 为整数, b 为实数时, a:b 表示其间隔差 1 的整数向量. 例如,

> 2.312:6

[1] 2.312 3.312 4.312 5.312

> 4:7.6

[1] 4 5 6 7

注意: x <- 2*1:15 并不是表示 2~15, 而是表示向量 x= $(2, 4, \cdots, 30)$, 即 x <- 2 * (1:15), 也就是等差运算优于乘法运算. 同理, 1:n-1 并不是表示 1~n-1, 而是表示向量 1:n 减去 1. 若需要表示 1~n-1, 则需要对 n-1 加括号. 比较下面两种表示的差别.

```
> n<-5
> 1:n-1
[1] 0 1 2 3 4
> 1:(n-1)
[1] 1 2 3 4
```

注意: 对于初学者, 这一点非常容易引起混淆.

2. 等间隔函数

seq() 函数是更一般的函数, 它产生等距间隔的数列, 其基本形式为

seq(from=value1, to= value2, by=value3)

即从value1开始, 到value2结束, 中间的间隔为value3. 例如,

```
> seq(-5, 5, by=.2) -> s1
```

表示向量s1=(-5.0, -4.8, -4.6, ..., 4.6, 4.8, 5.0). 从上述定义来看, seq(2,10) 等价于 2:10, 在不作特别声明的情况下, 其间隔为 1.

对于 seq 函数还有另一种使用方式,

seq(length=value2, from=value1, by=value3)

即从value1开始, 间隔为value3, 其向量的长度为value2. 例如,

```
> s2 <- seq(length=51, from=-5, by=.2)
```

产生的s2与向量s1相同.

3. 重复函数

rep() 是重复函数, 它可以将某一向量重复若干次再放入新的变量中, 如

```
> s <- rep(x, times=3)
```

即将变量x重复三倍, 放在变量s中. 例如,

```
> x <- c(1, 4, 6.25); x
[1] 1.00 4.00 6.25
> s <- rep(x, times=3); s
[1] 1.00 4.00 6.25 1.00 4.00 6.25 1.00 4.00 6.25
```

也可以对一个向量的分量分配不同的重复次数, 如向量 y 有三个 1, 4 个 2 和 5 个 3, 其命令为

```
> y <- rep(1:3, 3:5); y
[1] 1 1 1 2 2 2 2 3 3 3 3 3
```

C.2.3 逻辑向量

与其他语言一样, R 软件允许使用逻辑操作. 当逻辑运算为真时, 返回值为 TRUE; 当逻辑运算为假时, 返回值为 FALSE. 例如,

```
> x <- 1:7; l <- x > 3
```

其结果为

```
> l
```

```
[1] FALSE  FALSE  FALSE  TRUE  TRUE  TRUE  TRUE
```

逻辑运算符有 <, <=, >, >=, == (表示等于) 和 !=(表示不等于). 如果 c1 和 c2 是两个逻辑表达式, 则 c1 & c2 表示 c1 "与"c2, c1 | c2 表示 c1 "或"c2, !c1 表示 "非 c1".

逻辑变量也可以赋值, 如

```
> z <- c(TRUE, FALSE, F, T)
```

其中 T 为 TRUE 的简写, F 为 FALSE 的简写.

判断一个逻辑向量是否都为真值的函数是 all, 如

```
> all(c(1, 2, 3, 4, 5, 6, 7) > 3)
```

```
[1] FALSE
```

判断其中是否有真值的函数是 any, 如

```
> any(c(1, 2, 3, 4, 5, 6, 7) > 3)
```

```
[1] TURE
```

C.2.4　缺失数据

用 NA 表示某处的数据缺失, 如

```
> z <- c(1:3, NA); z
```

```
[1]  1  2  3  NA
```

函数 is.na() 是检测缺失数据的函数, 如果返回值为真 (TRUE), 则说明此数据是缺失数据; 如果返回值为假 (FALSE), 则说明此数据不是缺失数据. 例如,

```
> ind <- is.na(z); ind
```

```
[1] FALSE FALSE FALSE  TRUE
```

如果需要将缺失数据改为 0, 则用如下命令:

```
> z[is.na(z)] <- 0; z
```

```
[1] 1 2 3 0
```

类似的函数还有 is.nan()(检测数据是否不确定, TRUE 为不确定, FALSE 为确定), is.finite()(检测数据是否有限, TRUE 为有限, FALSE 为无穷), is.infinite() (检测数据是否为无穷, TRUE 为无穷, FALSE 为有限). 例如,

```
> x<-c(0/1, 0/0, 1/0, NA); x
```

```
[1]   0 NaN Inf  NA
```

```
> is.nan(x)
```

```
[1] FALSE  TRUE FALSE FALSE
```

```
> is.finite(x)
[1]  TRUE FALSE FALSE FALSE
> is.infinite(x)
[1] FALSE FALSE  TRUE FALSE
> is.na(x)
[1] FALSE  TRUE FALSE  TRUE
```

在 x 的 4 个分量中, 0/1 为 0, 只有在 is.finite 的检测下是真, 其余均为假. 0/0 为不确定, 但在函数 is.nan 和 is.na 的检测下均为真, 这是因为不确定数据也认为是缺失数据. 1/0 为无穷, 因此, 只在 is.infinite 的检测下为真. NA 为缺失数据, 只有在 is.na 的检测下为真, 因为缺失数据并不是不确定数据, 所以在 is.nan 的检测下仍为假.

如果对不确定数据、缺失数据赋值, 则可以采用对缺失数据赋值的方法为它们赋值.

C.2.5　字符型向量

向量元素可以取字符串值. 例如,

```
> y <-c ("er", "sdf", "eir", "jk", "dim")
```

或

```
> c("er", "sdf", "eir", "jk", "dim") -> y
```

则得到

```
> y
[1] "er"  "sdf" "eir" "jk"  "dim"
```

可用 paste 函数把它的自变量连成一个字符串, 中间用空格分开. 例如,

```
> paste("My","Job")
[1] "My Job"
```

连接的自变量可以是向量, 这时各对应元素连接起来, 当长度不相同时, 较短的向量被重复使用. 自变量可以是数值向量, 连接时自动转换成适当的字符串表示. 例如,

```
> labs<-paste("X", 1:6, sep = ""); labs
[1] "X1" "X2" "X3" "X4" "X5" "X6"
```

分隔用的字符可以用 sep 参数指定. 例如, 下例产生若干个文件名:

```
> paste("result.", 1:4, sep="")
[1] "result.1" "result.2" "result.3" "result.4"
```

关于 paste 函数, 还有以下几种用法:

```
> paste(1:10) # same as as.character(1:10)
```

```
[1] "1"  "2"  "3"  "4"  "5"  "6"  "7"  "8"  "9"  "10"
> paste("Today is", date())
[1] "Today is Fri Mar 26 11:48:55 2010"
> paste(c('a', 'b'), collapse='.')
[1] "a.b"
```

C.2.6   复数向量

R 软件支持复数运算. 复数常量只要用通常的格式, 如 3.5+2.1i. complex 模式的向量为复数元素的向量, 可以用 complex() 函数生成复数向量. 例如,

```
> x <- seq(-pi, pi, by=pi/10)
> y <- sin(x)
> z <- complex(re=x, im=y)
> plot(z)
> lines(z)
```

在程序中, 第 1 行是给出向量 x 的值. 第 2 行是计算向量 y 的值. 第 3 行是构造复数向量, 其中 x 为实部, y 为虚部. 第 4 行是绘出复数向量 z 的散点图. 第 5 行是用实线连接这些散点. 图 C.8 给出了相应的图形.

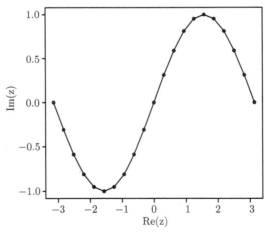

图 C.8   复数 $z = x + \mathrm{i}\sin x$ 的散点图和折线图

对于复数运算, Re() 是计算复数的实部, Im() 是计算复数的虚部, Mod() 是计算复数的模, Arg() 是计算复数的辐角.

C.2.7   向量下标运算

R 软件提供了十分灵活的访问向量元素和向量子集的功能. 某一个元素只要用 x[i] 的格式访问, 其中 x 为一个向量名或一个取向量值的表达式, 如

```
> x <- c(1,4,7)
> x[2]
[1] 4
> (c(1, 3, 5) + 5)[2]
[1] 8
```

可以单独改变一个或多个元素的值, 如

```
> x[2] <- 125
> x
[1]   1  125    7
> x[c(1,3)] <- c(144, 169)
> x
[1] 144 125 169
```

1. 逻辑向量

v 为和 x 等长的逻辑向量, x[v] 表示取出所有 v 为真值的元素, 如

```
> x <- c(1,4,7)
> x < 5
[1]  TRUE  TRUE  FALSE
> x[x<5]
[1] 1 4
```

可以将向量中的缺失数据赋为 0, 如

```
> z <- c(-1, 1:3, NA)
> z[is.na(z)] <- 0
> z
[1] -1  1  2  3  0
```

也可以将向量中的非缺失数据赋给另一个向量, 如

```
> z <- c(-1, 1:3, NA)
> y <- z[!is.na(z)]
> y
[1] -1  1  2  3
```

或作相应的运算,

```
> (z+1)[(!is.na(z)) & z>0] -> x
> x
[1] 2 3 4
```

改变部分元素值的技术与逻辑值下标方法结合可以定义向量的分段函数. 例如, 要定义

$$y = \begin{cases} 1-x, & x < 0, \\ 1+x, & x \geqslant 0, \end{cases}$$

可以用

```
> y <- numeric(length(x))
> y[x<0] <- 1 - x[x<0]
> y[x>=0] <- 1 + x[x>=0]
```

来表示, 其中 numeric 函数为产生数值型向量.

2. 下标的正整数运算

v 为一个向量, 下标取值为 1~length(v), 取值允许重复. 例如,

```
> v <- 10:20
> v[c(1,3,5,9)]
[1] 10 12 14 18
> v[1:5]
[1] 10 11 12 13 14
> v[c(1,2,3,2,1)]
[1] 10 11 12 11 10
> c("a","b","c")[rep(c(2,1,3), times=3)]
[1] "b" "a" "c" "b" "a" "c" "b" "a" "c"
```

3. 下标的负整数运算

v 为一个向量, 下标取值为 −length(x)~−1, 如

```
> v[-(1:5)]
[1] 15 16 17 18 19 20
```

表示扣除相应的元素.

4. 取字符型值的下标向量

在定义向量时可以给元素加上名字, 如

```
> ages <- c(Li=33, Zhang=29, Liu=18)
> ages
   Li Zhang   Liu
   33    29    18
```

这样定义的向量可以用通常的办法访问. 另外, 还可以用元素名字来访问元素或元素子集. 例如,

```
> ages["Zhang"]
Zhang
   29
```

向量元素名可以后加, 如

```
> fruit <- c(5, 10, 1, 20)
> names(fruit) <- c("orange", "banana", "apple", "peach")
> fruit
orange banana  apple  peach
     5     10      1     20
```

C.3 对象和它的模式与属性

R 是一种基于对象的语言. R 的对象包含了若干个元素作为其数据, 另外, 还可以有一些特殊数据称为属性 (attribute), 并规定了一些特定操作 (如打印、绘图). 例如, 一个向量是一个对象, 一个图形也是一个对象. R 对象分为单纯 (atomic) 对象和复合 (recursive) 对象两种, 单纯对象的所有元素都是同一种基本类型 (如数值、字符串), 元素不再是对象; 复合对象的元素可以是不同类型的对象, 每一个元素是一个对象.

C.3.1 固有属性: mode 和 length

R 对象都有两个基本的属性: mode(类型) 属性和 length(长度) 属性. 例如, 向量的类型为 logical(逻辑型), numeric(数值型), complex(复数型), character(字符型), 如想要知道 c(1,3,5)>5 的属性, 其命令为

```
> mode(c(1,3,5)>5)
[1] "logical"
```

于是知道它是逻辑型的.

R 对象有一种特别的 null(空值) 型, 只有一个特殊的 NULL 值为这种类型, 表示没有值 (不同于 NA, NA 是一种特殊值, 而 NULL 根本没有对象值).

要判断某对象是否某类型, 有许多个类似于 is.numeric() 的函数可以完成. is.numeric(x) 用来检验对象 x 是否为数值型, 它返回一个逻辑型结果; is.character() 可以检验对象是否为字符型等. 例如,

```
> z <- 0:9
> is.numeric(z)
[1] TRUE
> is.character(z)
```

[1] FALSE

长度属性表示 R 对象元素的个数, 如

```
> length(2:4)
[1] 3
> length(z)
[1] 9
```

注意: 向量允许长度为 0, 如数值型向量长度为零表示为 numeric() 或 numeric(0), 字符型向量长度为零表示为 character() 或 character(0).

R 软件可以强制进行类型转换, 如

```
> digits <- as.character(z); digits
[1] "0" "1" "2" "3" "4" "5" "6" "7" "8" "9"
> d <- as.numeric(digits); d
[1] 0 1 2 3 4 5 6 7 8 9
```

第一个赋值把数值型的 z 转换为字符型的 digits. 第二个赋值把 digits 又转换为数值型的 d, 这时 d 和 z 是一样的. R 还有许多这样以 as. 开头的类型转换函数.

C.3.2   修改对象的长度

对象可以取 0 长度或取正整数为长度. R 软件允许对超出对象长度的下标赋值, 这时对象长度自动伸长以包括此下标, 未赋值的元素取缺失值 (NA). 例如,

```
> x <- numeric()
> x[3] <- 17
> x
[1] NA NA 17
```

要增加对象的长度只需作赋值运算就可以了, 如

```
> x <- 1:3
> x <- 1:4
[1] 1 2 3 4
```

要缩短对象的长度又怎么办呢? 只要给它赋一个长度短的子集就可以了. 例如,

```
> x <- x[1:2]
> x
[1] 1 2
> alpha <- 1:10
```

```
> alpha <- alpha[2 * 1:5]
> alpha
[1]  2  4  6  8  10
```

或给对象的长度赋值, 如

```
> length(alpha) <- 3
> alpha
[1]  2  4  6
```

C.3.3 attributes() 和 attr() 函数

attributes(object) 返回对象 object 的各特殊属性组成的列表, 不包括固有属性 mode 和 length. 例如,

```
> x <- c(apple=2.5,orange=2.1); x
apple orange
  2.5    2.1
> attributes(x)
$names
[1] "apple"  "orange"
```

可以用 attr(object, name) 的形式存取对象 object 的名为 name 的属性. 例如,

```
> attr(x,"names")
[1] "apple"  "orange"
```

也可以把 attr() 函数写成赋值的左边以改变属性值或定义新的属性. 例如,

```
> attr(x,"names") <- c("apple","grapes"); x
apple grapes
2.5    2.1
> attr(x,"type") <- "fruit"; x
apple grapes
2.5    2.1
attr(,"type")
[1] "fruit"
> attributes(x)
$names
[1] "apple"  "grapes"

$type
[1] "fruit"
```

C.3.4　对象的 class 属性

在 R 软件中可以用特殊的 class 属性来支持面向对象的编程风格, 对象的 class 属性用来区分对象的类, 可以写出通用函数根据对象类的不同进行不同的操作. 例如, print() 函数对于向量和矩阵的显示方法就不同, plot() 函数对不同类的自变量作不同的图形.

为了暂时去掉一个有类的对象的 class 属性, 可以使用 unclass(object) 函数.

C.4　因　　子

统计中的变量有几种重要类别: 区间变量、名义变量和有序变量. 区间变量取连续的数值, 可以进行求和、平均值等运算. 名义变量和有序变量取离散值, 可以用数值代表, 也可以是字符型值, 其具体数值没有加减乘除的意义, 不能用来计算, 而只能用来分类或计数. 名义变量, 如性别、省份、职业; 有序变量, 如班级、名次.

C.4.1　factor() 函数

因为离散变量有各种不同的表示方法, 所以在 R 软件中, 为了统一起见, 使用因子 (factor) 来表示这种类型的变量. 例如, 已知 5 位学生的性别, 用因子变量表示为

```
> sex <- c("M","F","M","M", "F")
> sexf <- factor(sex); sexf
[1] M F M M F
Levels:  F M
```

函数 factor() 用来把一个向量编码成一个因子, 其一般形式为

```
factor(x, levels = sort(unique(x), na.last = TRUE),
       labels, exclude = NA, ordered = FALSE)
```

在函数中, 参数 x 是要生成因子的向量. levels 是水平, 可以自行指定各离散取值, 不指定时由 x 的不同值来求得. labels 可以用来指定各水平的标签, 不指定时用各离散取值的对应字符串. exclude 参数用来指定要转换为缺失值 (NA) 的元素值集合. 如果指定了 levels, 则当因子的第 i 个元素等于水平中第 j 个时, 元素值取 "j", 如果它的值没有出现在 levels 中, 则对应因子元素值取 NA. ordered 是逻辑变量, 取值为真 (TRUE) 时, 表示因子水平是有次序的 (按编码次序); 否则 (默认值), 是无次序的.

可以用 is.factor() 检验对象是否是因子, 用 as.factor() 把一个向量转换成一个因子.

用函数 levels() 可以得到因子的水平, 如

```
> sex.level <- levels(sexf); sex.level
[1] "F" "M"
```

对于因子向量, 可用函数 table() 来统计各类数据的频数. 例如,

```
> sex.tab <- table(sexf); sex.tab
sexf
F  M
2  3
```

表示男性三人, 女性两人. table() 的结果是一个带元素名的向量, 元素名为因子水平, 元素值为该水平的出现频数. 函数 table 的通用使用格式为

```
table(..., exclude=c(NA, NaN), dnn=list.names(...),
      deparse.level = 1)
```

C.4.2　tapply() 函数

如果除了知道 5 位学生的性别外, 还知道 5 位学生的身高, 分组求身高的平均值.

```
> height <- c(174, 165, 180, 171, 160)
> tapply(height, sex, mean)
    F     M
162.5 175.0
```

函数 tapply() 的一般使用格式为

```
tapply(X, INDEX, FUN = NULL, ..., simplify = TRUE)
```

在函数中, 参数 X 是一对象, 通常是一向量. INDEX 是与 X 有同样长度的因子. FUN 是需要计算的函数. simplify 是逻辑变量, 取为 TRUE(默认) 和 FALSE.

C.4.3　gl() 函数

gl() 函数可以方便地产生因子, 其一般用法为

```
gl(n, k, length = n*k, labels = 1:n, ordered = FALSE)
```

在函数中, 参数 n 是水平数. k 是重复的次数. length 是结果的长度. labels 是一个 n 维向量, 表示因子水平. ordered 是逻辑变量, 表示是否为有序因子, 默认值为 FALSE. 例如,

```
> gl(3,5)
 [1] 1 1 1 1 1 2 2 2 2 2 3 3 3 3 3
Levels:  1 2 3
> gl(3,1,15)
 [1] 1 2 3 1 2 3 1 2 3 1 2 3 1 2 3
```

```
Levels:  1 2 3
```

C.5   多维数组和矩阵

C.5.1   生成数组或矩阵

数组 (array) 可以看成是带多个下标的类型相同的元素的集合, 常用的是数值型的数组, 如矩阵, 也可以有其他类型 (如字符型、逻辑型、复数型). R 软件可以很容易地生成或处理数组, 特别是矩阵 (二维数组).

数组有一个特征属性叫做维数向量 (dim 属性), 维数向量是一个元素取正整数值的向量, 其长度是数组的维数, 如当维数向量有两个元素时, 数组为二维数组 (矩阵). 维数向量的每一个元素指定了该下标的上界, 下标的下界总为 1.

1. 将向量定义成数组

向量只有定义了维数向量 (dim 属性) 后才能被看成是数组. 例如,

```
> z<-1:12
> dim(z)<-c(3,4)
> z
     [,1] [,2] [,3] [,4]
[1,]    1    4    7   10
[2,]    2    5    8   11
[3,]    3    6    9   12
```

注意: 矩阵的元素是按列存放的, 也可以把向量定义为一维数组. 例如,

```
> dim(z)<-12
> z
 [1]  1  2  3  4  5  6  7  8  9 10 11 12
```

2. 用 array( ) 函数构造多维数组

R 软件可以用 array() 函数直接构造数组, 其构造形式为

```
array(data = NA, dim = length(data), dimnames = NULL)
```

在函数中, 参数 data 是一个向量数据. dim 是数组各维的长度, 默认值为原向量的长度. dimnames 是数组维的名字, 默认值为空. 例如,

```
> X <- array(1:20,dim=c(4,5))
```

产生一个 4×5 的二维数组 (矩阵), 即

```
> X
     [,1] [,2] [,3] [,4] [,5]
[1,]    1    5    9   13   17
```

```
[2,]     2     6    10    14    18
[3,]     3     7    11    15    19
[4,]     4     8    12    16    20
```

另一种方式为

```
> Z <- array(0,dim=c(3, 4, 2))
```

它定义了一个 $3 \times 4 \times 2$ 的三维数组, 其元素均为 0. 这种方法常用来对数组作初始化.

3. 用 matrix() 函数构造矩阵

函数 matrix() 是构造矩阵 (二维数组) 的函数, 其构造形式为

```
matrix(data=NA, nrow=1, ncol=1, byrow=FALSE, dimnames=NULL)
```

在函数中, 参数 data 是一个向量数据. nrow 是矩阵的行数. ncol 是矩阵的列数. byrow 是逻辑变量, 当它为 TRUE 时, 生成矩阵的数据按行放置; 当它为 FALSE (默认值) 时, 数据按列放置. dimnames 是数组维的名字, 通常用列表输入, 缺省值为空.

例如, 构造一个 3×5 阶的矩阵

```
> A<-matrix(1:15, nrow=3,ncol=5,byrow=TRUE)
> A
      [,1] [,2] [,3] [,4] [,5]
[1,]     1     2     3     4     5
[2,]     6     7     8     9    10
[3,]    11    12    13    14    15
```

注意: 下面两种格式与前面的格式是等价的:

```
> A<-matrix(1:15, nrow=3,byrow=TRUE)
> A<-matrix(1:15, ncol=5,byrow=TRUE)
```

如果将语句中的 byrow=TRUE 去掉, 则数据按列放置.

C.5.2   数组下标

数组与向量一样, 可以对数组中的某些元素进行访问或进行运算.

1. 数组下标

要访问数组的某个元素, 只要写出数组名和方括号内的用逗号分开的下标即可, 如 a[2, 1, 2]. 例如,

```
> a <- 1:24
> dim(a) <- c(2,3,4)
> a[2, 1, 2]
[1] 8
```

更进一步, 还可以在每一个下标位置写一个下标向量, 表示这一维取出所有指定下标的元素, 如 a[1, 2:3, 2:3] 取出所有第一维的下标为 1, 第二维的下标为 2~3, 第三维的下标为 2~3 的元素. 例如,

```
> a[1, 2:3, 2:3]
     [,1] [,2]
[1,]    9   15
[2,]   11   17
```

注意: 因为第一维只有一个下标, 所以退化了, 得到的是一个维数向量为 2×2 的数组.

另外, 如果略写某一维的下标, 则表示该维全选. 例如,

```
> a[1, , ]
     [,1] [,2] [,3] [,4]
[1,]    1    7   13   19
[2,]    3    9   15   21
[3,]    5   11   17   23
```

取出所有第一维下标为 1 的元素, 得到一个形状为 3×4 的数组

```
> a[ , 2, ]
     [,1] [,2] [,3] [,4]
[1,]    3    9   15   21
[2,]    4   10   16   22
```

取出所有第二维下标为 2 的元素得到一个 2×4 的数组

```
> a[1,1, ]
[1]   1   7  13 19
```

则只能得到一个长度为 4 的向量, 不再是数组. a[, ,] 或 a[] 都表示整个数组. 例如,

```
> a []<-0
```

可以在不改变数组维数的条件下把元素都赋成 0.

还有一种特殊下标办法是对于数组只用一个下标向量 (是向量, 不是数组), 如

```
> a[3:10]
[1]   3   4   5   6   7   8   9 10
```

这时, 忽略数组的维数信息, 把表达式看成是对数组的数据向量取子集.

2. 不规则的数组下标

在 R 语言中, 甚至可以把数组中任意位置的元素作为数组访问, 其方法是用一个二维数组作为数组的下标, 二维数组的每一行是一个元素的下标, 列数为数组的

维数. 例如, 要把上面的形状为 $2\times3\times4$ 的数组 a 的第 [1,1,1], [2,2,3], [1,3,4], [2,1,4] 号共 4 个元素作为一个整体访问, 先定义一个包含这些下标作为行的二维数组

```
> b <- matrix(c(1,1,1,2,2,3,1,3,4,2,1,4), ncol=3, byrow=T)
> b
     [,1] [,2] [,3]
[1,]    1    1    1
[2,]    2    2    3
[3,]    1    3    4
[4,]    2    1    4
> a[b]
[1]  1 16 23 20
```

注意: 取出的是一个向量, 还可以对这几个元素赋值, 如

```
> a[b] <- c(101,102,103,104)
```

或

```
> a[b] <- 0
```

C.5.3   数组的四则运算

可以对数组之间进行四则运算 $(+, -, *, /)$, 这时进行的是数组对应元素的四则运算, 参加运算的数组一般应该是相同形状的 (dim 属性完全相同). 例如,

```
> A <- matrix(1:6, nrow=2, byrow=T); A
     [,1] [,2] [,3]
[1,]    1    2    3
[2,]    4    5    6
> B <- matrix(1:6, nrow=2); B
     [,1] [,2] [,3]
[1,]    1    3    5
[2,]    2    4    6
> C <- matrix(c(1,2,2,3,3,4), nrow=2); C
     [,1] [,2] [,3]
[1,]    1    2    3
[2,]    2    3    4
> D <- 2*C+A/B; D
     [,1]     [,2] [,3]
[1,]    3 4.666667  6.6
```

```
[2,]    6 7.250000   9.0
```

从这个例子可以看到, 数组的加、减法运算和数乘运算满足原矩阵运算的性质, 但数组的乘、除法运算实际上是数组中对应位置的元素作运算.

形状不一致的向量 (或数组) 也可以进行四则运算, 一般的规则是将向量 (或数组) 中的数据与对应向量 (或数组) 中的数据进行运算, 把短向量 (或数组) 的数据循环使用, 从而可以与长向量 (或数组) 数据进行匹配, 并尽可能保留共同的数组属性. 例如,

```
> x1 <- c(100,200)
> x2 <- 1:6
> x1+x2
[1] 101 202 103 204 105 206
> x3 <- matrix(1:6, nrow=3)
> x1+x3
     [,1] [,2]
[1,]  101  204
[2,]  202  105
[3,]  103  206
```

可以看到, 当向量与数组共同运算时, 向量按列匹配. 当两个数组不匹配时, R 软件会提出警告. 例如,

```
> x2 <- 1:5
> x1+x2
[1] 101 202 103 204 105
Warning message:
In x1 + x2 :   长的对象长度不是短的对象长度的整倍数
```

C.5.4   矩阵的运算

这里简单地介绍 R 软件中矩阵的基本运算.

1. 转置运算

对于矩阵 A, 函数 t(A) 表示矩阵 A 的转置, 即 A^{T}. 例如,

```
> A<-matrix(1:6,nrow=2); A
     [,1] [,2] [,3]
[1,]   1    3    5
[2,]   2    4    6
> t(A)
```

```
     [,1] [,2]
[1,]   1    2
[2,]   3    4
[3,]   5    6
```

2. 求矩阵的行列式的值

函数 det() 是求方阵行列式的值. 例如,

```
>  det(matrix(1:4, ncol=2))
[1] -2
```

3. 向量的内积

对于 n 维向量 x, 可以看成 $n \times 1$ 阶矩阵或 $1 \times n$ 阶矩阵. 若 x 与 y 是相同维数的向量, 则 x %*% y 表示 x 与 y 作内积. 例如,

```
> x <- 1:5; y <- 2*1:5
> x %*% y
      [,1]
[1,]  110
```

函数 crossprod() 是内积运算函数 (表示交叉乘积), crossprod(x,y) 计算向量 x 与 y 的内积, 即 't(x) %*% y'. crossprod(x) 表示 x 与 x 的内积, 即 $\|x\|_2^2$.

类似地, tcrossprod(x,y) 表示 'x %*% t(y)', 即 x 与 y 的外积, 也称为叉积. tcrossprod(x) 表示 x 与 x 作外积.

4. 向量的外积 (叉积)

设 x, y 是 n 维向量, 则 x %o% y 表示 x 与 y 作外积. 例如,

```
> x <- 1:5; y <- 2*1:5
> x %o% y
      [,1] [,2] [,3] [,4] [,5]
[1,]    2    4    6    8   10
[2,]    4    8   12   16   20
[3,]    6   12   18   24   30
[4,]    8   16   24   32   40
[5,]   10   20   30   40   50
```

函数 outer() 是外积运算函数, outer(x,y) 计算向量 x 与 y 的外积, 它等价于 x %o% y.

函数 outer() 的一般调用格式为

```
outer(X, Y, fun = "*", ...)
```

在函数中, 参数 X, Y 是矩阵 (或向量). fun 是作外积运算函数, 默认值为乘法运算. 函数 outer() 在绘制三维曲面时非常有用, 它可生成一个 X 和 Y 的网格. 关于它在绘制三维曲面的用法将在后面讲到.

5. 矩阵的乘法

如果矩阵 A 和 B 具有相同的维数, 则 A * B 表示矩阵中对应元素的乘积, A % * % B 表示通常意义下两个矩阵的乘积 (当然要求矩阵 A 的列数等于矩阵 B 的行数). 例如,

```
> A <- array(1:9,dim=(c(3,3)))
> B <- array(9:1,dim=(c(3,3)))
> C <- A * B; C
     [,1] [,2] [,3]
[1,]    9   24   21
[2,]   16   25   16
[3,]   21   24    9
> D <- A %*% B; D
     [,1] [,2] [,3]
[1,]   90   54   18
[2,]  114   69   24
[3,]  138   84   30
```

由乘法的运算规则可以看出, x % * % A % * % x 表示的是二次型.

函数 crossprod(A,B) 表示的是 t(A) % * % B, 函数 tcrossprod(A,B) 表示的是 A % * % t(B).

6. 生成对角矩阵和矩阵取对角运算

函数 diag() 依赖于它的变量, 当 v 是一个向量时, diag(v) 表示以 v 的元素为对角线元素的对角矩阵. 当 M 是一个矩阵时, 则 diag(M) 表示的是取 M 对角线上的元素的向量. 例如,

```
> v<-c(1,4,5)
> diag(v)
     [,1] [,2] [,3]
[1,]    1    0    0
[2,]    0    4    0
[3,]    0    0    5
> M<-array(1:9,dim=c(3,3))
```

```
> diag(M)
[1] 1 5 9
```

7. 解线性方程组和求矩阵的逆矩阵

若求解线性方程组 $Ax = b$, 其命令形式为 solve(A,b), 求矩阵 A 的逆, 其命令形式为 solve(A). 设矩阵

$$A = \begin{bmatrix} 1 & 2 & 3 \\ 4 & 5 & 6 \\ 7 & 8 & 10 \end{bmatrix}, \quad b = \begin{bmatrix} 1 \\ 1 \\ 1 \end{bmatrix},$$

则解方程组 $Ax = b$ 的解 x 和求矩阵 A 的逆矩阵 B 的命令如下:

```
> A <- t(array(c(1:8, 10),dim=c(3,3)))
> b <- c(1,1,1)
> x <- solve(A,b); x
[1] -1.000000e+00  1.000000e+00 -4.728549e-16
> B <- solve(A); B
            [,1]       [,2] [,3]
[1,] -0.6666667 -1.333333    1
[2,] -0.6666667  3.666667   -2
[3,]  1.0000000 -2.000000    1
```

8. 求矩阵的特征值与特征向量

函数 eigen(Sm) 是求对称矩阵Sm的特征值与特征向量, 其命令形式为

```
> ev <- eigen(Sm)
```

则 ev 存放着对称矩阵 Sm 的特征值和特征向量, 是由列表形式给出的 (有关列表的概念见 C.6 节), 其中 ev\$values 为 Sm 的特征值构成的向量, ev\$vectors 为 Sm 的特征向量构成的矩阵. 例如,

```
> Sm<-crossprod(A,A)
> ev<-eigen(Sm); ev
$values
[1] 303.19533618   0.76590739   0.03875643
$vectors
            [,1]          [,2]       [,3]
[1,] -0.4646675  0.833286355  0.2995295
[2,] -0.5537546 -0.009499485 -0.8326258
[3,] -0.6909703 -0.552759994  0.4658502
```

9. 矩阵的奇异值分解

函数 svd(A) 是对矩阵 A 作奇异值分解, 即 $A = UDV^{\mathrm{T}}$, 其中 U, V 为正交矩阵, D 为对角矩阵, 也就是矩阵 A 的奇异值. svd(A) 的返回值也是列表, svd(A)\$d 表示矩阵 A 的奇异值, 即矩阵 D 的对角线上的元素. svd(A)\$u 对应的是正交矩阵 U, svd(A)\$v 对应的是正交矩阵 V. 例如,

```
> svdA<-svd(A); svdA
$d
[1] 17.4125052   0.8751614   0.1968665
$u
            [,1]         [,2]        [,3]
[1,] -0.2093373   0.96438514   0.1616762
[2,] -0.5038485   0.03532145  -0.8630696
[3,] -0.8380421  -0.26213299   0.4785099
$v
            [,1]          [,2]        [,3]
[1,] -0.4646675  -0.833286355   0.2995295
[2,] -0.5537546   0.009499485  -0.8326258
[3,] -0.6909703   0.552759994   0.4658502
> attach(svdA)
> u %*% diag(d) %*% t(v)
     [,1] [,2] [,3]
[1,]    1    2    3
[2,]    4    5    6
[3,]    7    8   10
```

在上面的语句中, attach(svdA) 说明下面的变量 u, v, d 是附属于 svdA 的, 关于 attach() 函数的使用方法将在后面一节的列表与数据框中作详细介绍.

C.5.5 与矩阵 (数组) 运算有关的函数

1. 取矩阵的维数

函数 dim(A) 得到矩阵 A 的维数, 函数 nrow(A) 得到矩阵 A 的行数, 函数 ncol(A) 得到矩阵 A 的列数. 例如,

```
> A<-matrix(1:6,nrow=2); A
     [,1] [,2] [,3]
[1,]    1    3    5
```

```
[2,]    2    4    6
> dim(A)
[1] 2 3
> nrow(A)
[1] 2
> ncol(A)
[1] 3
```

2. 矩阵的合并

函数 cbind() 把其自变量横向拼成一个大矩阵, rbind() 把其自变量纵向拼成一个大矩阵. cbind() 的自变量是矩阵或看成列向量的向量时, 自变量的高度应该相等. rbind() 的自变量是矩阵或看成行向量的向量时, 自变量的宽度应该相等. 如果参与合并的自变量比其变量短, 则循环补足后合并. 例如,

```
> x1 <- rbind(c(1,2), c(3,4)); x1
     [,1] [,2]
[1,]    1    2
[2,]    3    4
> x2 <- 10+x1
> x3 <- cbind(x1, x2); x3
     [,1] [,2] [,3] [,4]
[1,]    1    2   11   12
[2,]    3    4   13   14
> x4 <- rbind(x1, x2); x4
     [,1] [,2]
[1,]    1    2
[2,]    3    4
[3,]   11   12
[4,]   13   14
> cbind(1, x1)
     [,1] [,2] [,3]
[1,]    1    1    2
[2,]    1    3    4
```

3. 矩阵的拉直

设 A 是一个矩阵, 则函数 as.vector(A) 就可以将矩阵转化为向量. 例如,

```
> A<-matrix(1:6,nrow=2); A
     [,1] [,2] [,3]
[1,]    1    3    5
[2,]    2    4    6
> as.vector(A)
[1] 1 2 3 4 5 6
```

4. 数组的维名称

数组可以有一个属性 dimnames, 保存各维的各个下标的名字, 默认值为 NULL. 例如,

```
> X <- matrix(1:6, ncol=2,
  dimnames=list(c("one","two","three"), c("First","Second")),
  byrow=T); X
      First Second
one       1      2
two       3      4
three     5      6
```

也可以先定义矩阵 X, 然后再为 dimnames(X) 赋值. 例如,

```
> X<-matrix(1:6, ncol=2, byrow=T)
> dimnames(X) <- list(
        c("one", "two", "three"), c("First", "Second"))
```

对于矩阵, 还可以使用属性 rownames 和 colnames 来访问行名与列名. 例如,

```
> X<-matrix(1:6, ncol=2, byrow=T)
> colnames(X) <- c("First", "Second")
> rownames(X) <- c("one", "two", "three")
```

5. 数组的广义转置

可以用 aperm(A, perm) 函数把数组 A 的各维按 perm 中指定的新次序重新排列. 例如,

```
> A<-array(1:24, dim = c(2,3,4))
> B<-aperm(A, c(2,3,1))
```

结果 B 把 A 的第 1 维移到了第 1 维, 第 3 维移到了第 2 维, 第 1 维移到了第 3 维. 这时有 B[i,j,k]=A[j,k,i].

对于矩阵 A, aperm(A, c(2,1)) 恰好是矩阵转置, 即 t(A).

6. apply 函数

对于向量, 可以用 sum, mean 等函数对其进行计算. 对于数组 (矩阵), 如果想对其一维 (或若干维) 进行某种计算, 则可用 apply 函数, 其一般形式为

```
apply(A, MARGIN, FUN, ...)
```

在函数中, 参数 A 是一个数组. MARGIN 是固定哪些维不变. FUN 是用来计算的函数. 例如,

```
> A<-matrix(1:6,nrow=2); A
     [,1] [,2] [,3]
[1,]    1    3    5
[2,]    2    4    6
> apply(A,1,sum)
[1]  9 12
> apply(A,2,mean)
[1] 1.5 3.5 5.5
```

C.6 列表与数据框

C.6.1 列表

1. 列表的构造

列表 (list) 是一种特别的对象集合, 它的元素也由序号 (下标) 区分, 但是各元素的类型可以是任意对象, 不同元素不必是同一类型. 元素本身允许是其他复杂的数据类型, 如列表的一个元素也允许是列表. 下面是如何构造列表的例子.

```
> Lst <- list(name="Fred", wife="Mary", no.children=3,
              child.ages=c(4,7,9))
> Lst
$name
[1] "Fred"
$wife
[1] "Mary"
$no.children
[1] 3
$child.ages
[1] 4 7 9
```

列表元素总可以用 "列表名[[下标]]" 的格式引用. 例如,

```
> Lst[[2]]
[1] "Mary"
> Lst[[4]][2]
[1] 7
```

但是列表不同于向量, 每次只能引用一个元素, 如 Lst[[1:2]] 的用法是不允许的.

　　注意: "列表名[下标]" 或 "列表名[下标范围]" 的用法也是合法的, 但其意义与用两重括号的记法完全不同, 两重记号取出列表的一个元素, 结果与该元素类型相同. 如果使用一重括号, 则结果是列表的一个子列表 (结果类型仍为列表).

　　在定义列表时, 如果指定了元素的名字 (如 Lst 中的 name, wife, no.children, child.ages), 则引用列表元素还可以用它的名字作为下标, 格式为 "列表名[["元素名"]]", 如

```
> Lst[["name"]]
[1] "Fred"
> Lst[["child.age"]]
[1] 4 7 9
```

另一种格式是 "列表名$元素名", 如

```
> Lst$name
[1] "Fred"
> Lst$wife
[1] "Mary"
> Lst$child.ages
[1] 4 7 9
```

构造列表的一般格式为

```
Lst <- list(name_1=object_1, ..., name_m=object_m)
```

其中 name 为列表元素的名称, object 为列表元素的对象.

　　2. 列表的修改

　　列表的元素可以修改, 只要把元素引用赋值即可, 如将 Fred 改成 John,

```
> Lst$name <- "John"
```

如果需要增加一项家庭收入, 夫妻的收入分别为 1980 和 1600, 则输入

```
> Lst$income <- c(1980, 1600)
```

如果要删除列表的某一项, 则将该项赋空值 (NULL).

　　几个列表可以用连接函数 c() 连接起来, 结果仍为一个列表, 其元素为各自变量的列表元素. 例如,

```
>list.ABC <- c(list.A, list.B, list.C)
```

3. 返回值为列表的函数

在 R 软件中, 有许多函数的返回值是列表, 如求特征值特征向量的函数 eigen(), 奇异值分解函数 svd() 和最小二乘函数 lsfit() 等, 这里不再一一讨论, 在用到时再讨论相关函数的意义.

C.6.2 数据框

数据框 (data.frame) 是 R 软件的一种数据结构, 它通常是矩阵形式的数据, 但矩阵各列可以是不同类型的. 数据框的每列是一个变量, 每行是一个观测.

但是, 数据框有更一般的定义. 它是一种特殊的列表对象, 有一个值为 "data. frame" 的 class 属性, 各列表成员必须是向量 (数值型、字符型、逻辑型)、因子、数值型矩阵、列表或其他数据框. 向量、因子成员为数据框提供一个变量, 如果向量非数值型会被强制转换为因子, 而矩阵、列表、数据框这样的成员则为新数据框提供了和其列数、成员数、变量数相同个数的变量. 作为数据框变量的向量、因子或矩阵必须具有相同的长度 (行数).

尽管如此, 一般还是可以把数据框看成是一种推广了的矩阵, 它可以用矩阵形式显示, 可以用对矩阵的下标引用方法来引用其元素或子集.

1. 数据框的生成

数据框可以用 data.frame() 函数生成, 其用法与 list() 函数相同, 各自变量变成数据框的成分, 自变量可以命名, 成为变量名. 例如,

```
> df<-data.frame(
    Name=c("Alice", "Becka", "James", "Jeffrey", "John"),
    Sex=c("F", "F", "M", "M", "M"),
    Age=c(13, 13, 12, 13, 12),
    Height=c(56.5, 65.3, 57.3, 62.5, 59.0),
    Weight=c(84.0, 98.0, 83.0, 84.0, 99.5)
  ); df
     Name Sex Age Height Weight
1    Alice  F   13   56.5   84.0
2    Becka  F   13   65.3   98.0
3    James  M   12   57.3   83.0
4  Jeffrey  M   13   62.5   84.0
5     John  M   12   59.0   99.5
```

如果一个列表的各个成分都满足数据框成分的要求, 则它可以用 as.data.frame() 函数强制转换为数据框. 例如,

```
> Lst<-list(
    Name=c("Alice", "Becka", "James", "Jeffrey", "John"),
    Sex=c("F", "F", "M", "M", "M"),
    Age=c(13, 13, 12, 13, 12),
    Height=c(56.5, 65.3, 57.3, 62.5, 59.0),
    Weight=c(84.0, 98.0, 83.0, 84.0, 99.5)
  ); Lst
$Name
[1] "Alice"   "Becka"   "James"   "Jeffrey" "John"
$Sex
[1] "F" "F" "M" "M" "M"
$Age
[1] 13 13 12 13 12
$Height
[1] 56.5 65.3 57.3 62.5 59.0
$Weight
[1] 84.0 98.0 83.0 84.0 99.5
```

则 as.data.frame(Lst) 是与 df 相同的数据框.

一个矩阵可以用 data.frame() 转换为一个数据框, 如果它原来有列名, 则其列名被作为数据框的变量名; 否则, 系统自动为矩阵的各列起一个变量名. 例如,

```
> X <- array(1:6, c(2,3))
> data.frame(X)
  X1 X2 X3
1  1  3  5
2  2  4  6
```

2. 数据框的引用

引用数据框元素的方法与引用矩阵元素的方法相同, 可以使用下标或下标向量, 也可以使用名字或名字向量. 例如,

```
> df[1:2, 3:5]
  Age Height Weight
1  13   56.5     84
2  13   65.3     98
```

数据框的各变量也可以用按列表引用 (即用双括号 [[ ]] 或 $ 符号引用). 例如,

```
> df[["Height"]]
```

```
[1] 56.5 65.3 57.3 62.5 59.0
> df$Weight
[1] 84.0 98.0 83.0 84.0 99.5
```

数据框的变量名由属性 `names` 定义, 此属性一定是非空的. 数据框的各行也可以定义名字, 可以用 `rownames` 属性定义. 例如,

```
> names(df)
[1] "Name"   "Sex"    "Age"    "Height" "Weight"
> rownames(df)<-c("one", "two", "three", "four", "five")
> df
      Name Sex Age Height Weight
one    Alice  F  13   56.5   84.0
two    Becka  F  13   65.3   98.0
three  James  M  12   57.3   83.0
four Jeffrey  M  13   62.5   84.0
five    John  M  12   59.0   99.5
```

3. attach() 函数

数据框的主要用途是保存统计建模的数据. R 软件的统计建模功能都需要以数据框为输入数据. 也可以把数据框当成一种矩阵来处理. 在使用数据框的变量时, 可以用 "数据框名$变量名" 的记法. 但是这样使用比较麻烦, R 软件提供了 `attach()` 函数, 可以把数据框中的变量 "连接" 到内存中, 这样便于数据框数据的调用. 例如,

```
> attach(df)
> r <- Height/Weight; r
[1] 0.6726190 0.6663265 0.6903614 0.7440476 0.5929648
```

后一语句将在当前工作空间建立一个新变量 `r`, 它不会自动进入数据框 `df` 中, 要把新变量赋值到数据框中, 可以用

```
> df$r <- Height/Weight
```

这样的格式.

为了取消连接, 只要调用 `detach()`(无参数) 即可.

注意: R 软件中名字空间的管理是比较独特的. 它在运行时保持一个变量搜索路径表, 在读取某个变量时, 到这个变量搜索路径表中由前向后查找, 找到最前的一个; 在赋值时, 总是在位置 1 赋值 (除非特别指定在其他位置赋值). `attach()` 的默认位置是在变量搜索路径表的位置 2, `detach()` 默认也是去掉位置 2, 所以 R 编程的一个常见问题是当误用了一个自己并没有赋值的变量时有可能不出错, 因为这

个变量已在搜索路径中某个位置有定义, 这样不利于程序的调试, 需要留心这样的问题.

attach() 除了可以连接数据框, 也可以连接列表.

C.6.3   列表与数据框的编辑

如果需要对列表或数据框中的数据进行编辑, 也可调用函数 edit() 进行编辑、修改, 其命令格式为

```
> xnew <- edit(xold)
```

其中 xold 为原列表或数据框, xnew 为修改后的列表或数据框. 注意: 原数据 xold 并没有改动, 改动的数据存放在 xnew 中.

函数 edit() 也可以对向量、数组或矩阵类型的数据进行修改或编辑.

C.7   读、写数据文件

在应用统计学中, 数据量一般都比较大, 变量也很多, 用上述方法来建立数据集是不可取的. 上述方法适用于少量数据、少量变量的分析. 对于大量数据和变量, 一般应在其他软件中输入 (或数据来源是其他软件的输出结果), 再读到 R 软件中处理. R 软件有多种读数据文件的方法.

另外, 所有的计算结果也不应只在屏幕上输出, 应当保存在文件中, 以备使用. 这里介绍一些 R 软件读、写数据文件的方法.

C.7.1   读纯文本文件

读纯文本文件有两个函数, 一个是 read.table() 函数, 另一个是 scan() 函数.

1. read.table( ) 函数

函数 read.table() 是读表格形式的文件. 若 "住宅" 数据已经输入到一个纯文本文件 "houses.data" 中, 其格式如下:

```
     Price   Floor   Area   Rooms   Age   Cent.heat
01   52.00   111.0    830     5     6.2      no
02   54.75   128.0    710     5     7.5      no
03   57.50   101.0   1000     5     4.2      no
04   57.50   131.0    690     6     8.8      no
05   59.75    93.0    900     5     1.9      yes
```

其中第一行为变量名, 第一列为记录序号. 利用 read.table() 函数可读入数据, 如

```
> rt <- read.table("houses.data")
```

此时, 变量 rt 为一个数据框, 其形式与纯文本文件 "houses.data" 格式相同. 如果对它进行测试, 则得到

```
> is.data.frame(rt)
[1] TRUE
```

当数据文件中没有第一列记录序号时, 如

Price	Floor	Area	Rooms	Age	Cent.heat
52.00	111.0	830	5	6.2	no
54.75	128.0	710	5	7.5	no
57.50	101.0	1000	5	4.2	no
57.50	131.0	690	6	8.8	no
59.75	93.0	900	5	1.9	yes

则相应的命令改为

```
> rt <- read.table("houses.data", header=TRUE)
```

并且在 rt 会自动加上记录序号.

函数 read.table() 的一般使用格式为

```
read.table(file, header = FALSE, sep = "", quote = "\"'",
        dec = ".", row.names, col.names, as.is = FALSE,
        na.strings = "NA", colClasses = NA, nrows = -1,
        skip = 0, check.names = TRUE,
        fill = !blank.lines.skip, strip.white = FALSE,
        blank.lines.skip = TRUE, comment.char = "#")
```

在函数中, 参数 file 是读入数据的文件名. header 是逻辑变量, 当它为 TRUE 时, 表示所读数据的第一行为变量名; 否则 (FALSE, 默认值), 表示第一行是数据. sep 是数据分隔的字符, 通常用空格作为分隔符. skip 是非负整数, 表示读数据时跳过的行数. 其余参数的用法请参见帮助.

2. scan( ) 函数

函数 scan() 可以直接读纯文本文件数据. 例如, 有 15 名学生的体重数据已经输入到一个纯文本文件 "weight.data" 中, 其格式如下:

```
75.0  64.0  47.4  66.9  62.2  62.2  58.7  63.5
66.6  64.0  57.0  69.0  56.9  50.0  72.0
```

则

```
> w <- scan("weight.data")
```

将文件中的 15 个数据读入, 并赋给向量 w.

假设数据中有不同的属性, 如

```
172.4   75.0   169.3   54.8   169.3   64.0   171.4   64.8   166.5   47.4
171.4   62.2   168.2   66.9   165.1   52.0   168.8   62.2   167.8   65.0
165.8   62.2   167.8   65.0   164.4   58.7   169.9   57.5   164.9   63.5
 ...     ...    ...     ...    ...     ...    ...     ...    ...     ...
```

是 100 名学生的身高和体重的数据, 放在纯文本数据文件 "h_w.data" 中, 其中第 1, 3, 5, 7, 9 列是身高 (cm), 第 2, 4, 6, 8, 10 列是体重 (kg), 则

```
> inp <- scan("h_w.data", list(height=0, weight=0))
```

将数据读入, 并以列表的方式赋给变量 inp. 下面测试读入的情况.

```
> is.list(inp)
```

```
[1] TRUE
```

它表示确实是以列表的方式赋给变量 inp 的.

可以将由 scan() 读入的数据存放成矩阵的形式. 如果将 "weight.data" 中的体重数据放在一个 3 行 5 列的矩阵中, 而且数据按行放置, 则其命令格式为

```
> X <- matrix(scan("weight.data", 0),
              nrow=3, ncol=5, byrow=TRUE)
Read 15 items
> X
     [,1] [,2] [,3] [,4] [,5]
[1,] 75.0 64.0 47.4 66.9 62.2
[2,] 62.2 58.7 63.5 66.6 64.0
[3,] 57.0 69.0 56.9 50.0 72.0
```

结合前面讲到的函数 matrix() 的用法, 下面两种写法是等价的:

```
> X <- matrix(scan("input.dat", 0), ncol=5, byrow=TRUE)
```

```
> X <- matrix(scan("input.dat", 0), nrow=3, byrow=TRUE)
```

也可以用 scan() 函数直接从屏幕上输数据, 如

```
> x<-scan()
1: 1 3 5 7 9
6:
Read 5 items
> x
[1] 1 3 5 7 9
```

函数 scan() 读文件的一般格式为

```
scan(file = "", what = double(0), nmax = -1,
     n = -1, sep = "",
     quote = if(identical(sep, "\n")) "" else "'\"",
```

```
dec = ".", skip = 0, nlines = 0, na.strings = "NA",
flush = FALSE, fill = FALSE, strip.white = FALSE,
quiet = FALSE, blank.lines.skip = TRUE,
multi.line = TRUE, comment.char = "",
allowEscapes = TRUE)
```

在函数中, 参数 `file` 是所读文件的文件名. `what` 是指定一个列表, 则列表每项的类型为需要读取的类型. `skip` 控制可以跳过文件的开始不读行数. `sep` 控制可以指定数据间的分隔符. 其余参数的用法请参见帮助.

C.7.2 读其他格式的数据文件

R 软件除了可以读纯文本文件外, 还可以读其他统计软件格式的数据, 如 Minitab, S-PLUS, SAS, SPSS 等. 要读入其他格式数据库, 必须先调入 `"foreign"` 模块. 它不属于 R 软件的内在模块, 需要在使用前调入. 调入的方法很简便, 只需键入命令

```
> library(foreign)
```

或用 C.1.3 小节介绍的 "加载程序包..." 命令.

1. 读 SPSS, SAS, S-PLUS, Stata 数据文件

已知数据如表 C.2 所示, 分别存成 SPSS 数据文件 (`"educ_scores.sav"`)、SAS 数据文件 (`"educ_scores.xpt"`)、S-PLUS 数据文件 (`"educ_scores"`) 和 Stata 数据文件 (`"educ_scores.dta"`).

表 C.2　某学院学生数据

学生	语言天赋 (x_1)	类比推理 (x_2)	几何推理 (x_3)	学生性别 (x_4)(男 $=1$)
A	2	3	15	1
B	6	8	9	1
C	5	2	7	0
D	9	4	3	1
E	11	10	2	0
F	12	15	1	0
G	1	4	12	1
H	7	3	4	0

读 SPSS 文件的格式为

```
> rs <- read.spss("educ_scores.sav")
```

其变量 `rs` 是一个列表. 如果打算形成数据框, 则命令格式为

```
> rs<-read.spss("educ_scores.sav", to.data.frame=TRUE)
```

函数 `read.spss()` 一般的使用格式为

```
read.spss(file, use.value.labels = TRUE,
```

```
        to.data.frame = FALSE, max.value.labels = Inf,
        trim.factor.names = FALSE, trim_values = TRUE,
        reencode = NA, use.missings = to.data.frame)
```

在函数中, 参数 `file` 是所读文件的文件名. `to.data.frame` 是逻辑变量, 当它的值为 `TRUE` 时, 返回值为数据框; 否则 (`FALSE`, 默认值), 返回值为列表. `max.value.labels` 是读 SPSS 文件的最大行数, 默认值为 `Inf`(无穷). 其余参数的用法请参见帮助.

　　读 SAS 文件的格式为

```
> rx <- read.xport("educ_scores.xpt")
```

其变量 `rx` 是一个数据框.

　　读 S-PLUS 文件的格式为

```
> rs <- read.S("educ_scores")
```

其变量 `rs` 是一个数据框.

　　读 Stata 文件的格式为

```
> rd <- read.dta("educ_scores.dta")
```

其变量 `rd` 是一个数据框.

　　2. 读 Excel 数据文件

　　将上述数据存为 Excel 表 ("educ_scores.xls"), 但 R 软件无法直接读 Excel 表, 需要将 Excel 表转化成其他格式, 然后才能被 R 软件读出.

　　第一种转化格式是将 Excel 表转化成 "文本文件 (制表符分隔)", 如图 C.9 所示.

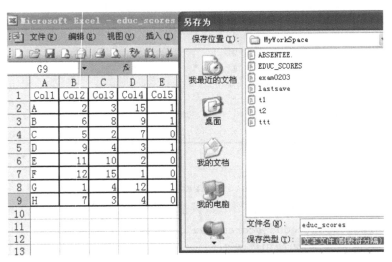

图 C.9　将 Excel 表存为文本文件

用函数 read.delim() 读该文本文件, 即

```
> rd <- read.delim("educ_scores.txt")
```

得到的变量 rd 是一个数据框.

第二种转化格式是将 Excel 表转化成 "CSV(逗号分隔)" 文件, 如图 C.10 所示.

图 C.10   将 Excel 表存为 CSV 文件

用函数 read.csv() 读该文本文件, 即

```
> rc <- read.csv("educ_scores.csv")
```

得到的变量 rc 是一个数据框.

C.7.3　链接嵌入的数据库

R 软件中提供了 50 多个数据库和其他可利用的软件包, 可以用 data() 函数调用这些数据库与软件包. 用

```
> data()
```

命令, 列出在基本软件包 (base) 所有可利用的数据集. 如果装载某一个数据集, 则只需在括号中加入相应的名字. 例如,

```
> data(infert)
```

如果需要从其他的软件包链接数据, 则可以使用参数 package. 例如,

```
> data(package="nls")
> data(Puromycin,package="nls")
```

如果一个软件包已被 library 附加在库中, 则这个数据库将自动地被包含在其中, 如

```
> library(nls)
> data()
> data(Puromycin)
```

在 data() 中, 除包含基本软件包 (base) 外, 还包含 nls 软件包.

C.7.4　写数据文件

1. write( ) 函数

函数 write() 写数据文件的格式为

```
write(x, file = "data",
      ncolumns = if(is.character(x)) 1 else 5,
      append = FALSE)
```

在函数中, 参数 x 是数据, 通常是矩阵, 也可以是向量. file 是文件名 (默认时, 文件名为 "data"). append 是逻辑变量, 当它为 TRUE 时, 在原有文件上添加数据; 否则 (FALSE, 默认值), 写一个新文件. 其余参数的用法请参见帮助.

2. write.table( ) 函数和 write.csv( ) 函数

对于列表数据或数据框数据, 可以用 write.table() 函数或 write.csv() 函数写纯文本格式的数据文件, 或 CSV 格式的 Excel 数据文件. 例如,

```
> df <- data.frame(
    Name=c("Alice", "Becka", "James", "Jeffrey", "John"),
    Sex=c("F", "F", "M", "M", "M"),
    Age=c(13, 13, 12, 13, 12),
    Height=c(56.5, 65.3, 57.3, 62.5, 59.0),
    Weight=c(84.0, 98.0, 83.0, 84.0, 99.5)
  )
> write.table(df, file="foo.txt")
> write.csv(df, file="foo.csv")
```

函数 write.table() 和函数 write.csv() 的使用格式为

```
write.table(x, file = "", append = FALSE, quote = TRUE,
      sep = " ", eol = "\n", na = "NA", dec = ".",
      row.names = TRUE, col.names = TRUE,
      qmethod = c("escape", "double"))
write.csv(..., col.names = NA, sep = ",",
```

```
                  qmethod = "double")
```

在函数中, 参数 x 是要写的数据, 是对象. file 是要写文件的文件名. append 是逻辑变量, 当它为 TRUE 时, 则在原文件上添加数据; 否则 (FALSE, 默认值), 写一个新文件. sep 是数据间隔字符. 其余参数的用法请参见帮助.

C.8 控 制 流

R 语言是一个表达式语言, 其任何一个语句都可以看成是一个表达式. 表达式之间以分号分隔或用换行分隔. 表达式可以续行, 只要前一行不是完整表达式 (如末尾是加、减、乘、除等运算符, 或有未配对的括号), 则下一行为上一行的继续.

若干个表达式可以放在一起组成一个复合表达式, 作为一个表达式使用. 组合用花括号 "{ }" 表示.

R 语言也提供了其他高级程序语言共有的分支、循环等程序控制结构.

C.8.1 分支语句

分支语句有 if/else 语句和 switch 语句.

1. if/else 语句

if/else 语句是分支语句中主要的语句, if/else 语句的格式为

```
if(cond) statement_1
if(cond) statement_1  else  statement_2
```

第一句的意义是: 如果条件 cond 成立, 则执行表达式 statement_1; 否则, 跳过. 第二句的意义是: 如果条件 cond 成立, 则执行表达式 statement_1; 否则, 执行表达式 statement_2.

例如,

```
if( any(x <= 0) ) y <- log(1+x) else y <- log(x)
```

注意: 此命令与下面的命令:

```
y <- if( any(x <= 0) ) log(1+x) else log(x)
```

等价.

对于 if/else 语句, 还有下面的用法:

```
if ( cond_1 )
    statement_1
else if ( cond_2 )
    statement_2
else if ( cond_3 )
    statement_3
```

```
else
    statement_4
```

2. switch 语句

switch 语句是多分支语句, 其使用方法为

```
switch (statement, list)
```

在程序中, 参数 statement 是表达式. list 是列表, 可以用有名定义. 如果 statement 的值为 1~length(list), 则函数返回列表相应位置的值; 如果 statement 的值超出范围, 则函数返回 "NULL"(空) 值. 例如,

```
> x <- 3
> switch(x, 2+2, mean(1:10), rnorm(4))
[1]   0.8927328 -0.7827752  1.0772888  1.0632371
> switch(2, 2+2, mean(1:10), rnorm(4))
[1] 5.5
> switch(6, 2+2, mean(1:10), rnorm(4))
NULL
```

当 list 是有名定义, statement 等于变量名时, 返回变量名对应的值; 否则, 返回 "NULL" 值. 例如,

```
> y <- "fruit"
> switch(y,fruit="banana",vegetable="broccoli",meat="beef")
[1] "banana"
```

C.8.2   中止语句与空语句

中止语句是 break 语句, break 语句的作用是中止循环, 使程序跳到循环以外. 空语句是 next 语句, next 语句是继续执行, 而不执行某个实质性的内容. 关于 break 语句和 next 语句的例子, 将结合循环语句来说明.

C.8.3   循环函数或循环语句

循环函数有 for 和 while, 循环语句是 repeat.

1. for 函数

for 函数的使用格式为

```
for (name in expr_1) expr_2
```

在函数中, name 是循环变量. expr_1 是一个向量表达式 (通常是个序列, 如 1:20). expr_2 通常是一组表达式.

例如, 构造一个 4 阶的 Hilbert 矩阵,

```
> n<-4; x<-array(0, dim=c(n,n))
> for (i in 1:n){
     for (j in 1:n){
        x[i,j]<-1/(i+j-1)
     }
  }
> x
           [,1]      [,2]      [,3]      [,4]
[1,] 1.0000000 0.5000000 0.3333333 0.2500000
[2,] 0.5000000 0.3333333 0.2500000 0.2000000
[3,] 0.3333333 0.2500000 0.2000000 0.1666667
[4,] 0.2500000 0.2000000 0.1666667 0.1428571
```

2. while 函数

while 函数的使用格式为

`while (condition) expr`

若条件 condition 成立, 则执行表达式 expr. 例如, 编写一个计算 1000 以内的 Fibonacci 数的程序.

```
> f<-1; f[2]<-1; i<-1
> while (f[i]+f[i+1]<1000) {
     f[i+2]<-f[i]+f[i+1]
     i<-i+1;
  }
> f
 [1]   1   1   2   3   5   8  13  21  34  55  89 144
[13] 233 377 610 987
```

3. repeat 语句

repeat 语句的使用格式为

`repeat expr`

repeat 循环依赖 break 语句跳出循环. 例如, 用 repeat 循环编写一个计算 1000 以内的 Fibonacci 数的程序.

```
> f<-1; f[2]<-1; i<-1
> repeat {
     f[i+2]<-f[i]+f[i+1]
```

```
        i<-i+1
        if (f[i]+f[i+1]>=1000) break
    }
```

或将条件语句改为

```
    if (f[i]+f[i+1]<1000) next else break
```

也有同样的计算结果.

C.9   编写自己的函数

R 软件允许用户自己创建模型的目标函数. 有许多 R 函数储存为特殊的内部形式, 并可以被进一步调用. 这样在使用时可以使语言更有力、更方便, 而且程序也更美观. 学习写自己的程序是学习使用 R 语言的主要方法之一.

事实上, R 系统提供的绝大多数函数, 如 mean(), var(), postscript() 等, 是系统编写人员写在 R 语言中的函数, 与自己写的函数在本质上没有多大差别.

函数定义的格式如下:

```
name <- function(arg_1, arg_2, ...) expression
```

其中 expression 为 R 软件中的表达式 (通常是一组表达式), arg_1, arg_2, ... 表示函数的参数. 在表达式中, 放在程序最后的信息是函数的返回值, 返回值可以是向量、数组 (矩阵)、列表或数据框等.

调用函数的格式为 name(expr_1, expr_2, ...), 并且在任何时候调用都是合法的.

在调用自己编写的函数 (程序) 时, 需要将已经写好的函数调到内存中, 即使用 C.1.3 小节介绍的 "运行 R 脚本文件" 命令, 或执行 source() 函数.

C.9.1   简单的例子

与其他程序一样, R 软件可以很容易地编写自己需要的函数.

例 C.4   编写一个用二分法求非线性方程根的函数, 并求方程

$$x^3 - x - 1 = 0$$

在区间 $[1,2]$ 内的根, 精度要求 $\varepsilon = 10^{-6}$.

解   取初始区间 $[a,b]$, 当 $f(a)$ 与 $f(b)$ 异号时, 作二分法计算; 否则, 停止计算 (输出计算失败信息).

二分法的计算过程如下: 取中点 $x = \dfrac{a+b}{2}$, 若 $f(a)$ 与 $f(x)$ 异号, 则置 $b = x$; 否则, 置 $a = x$. 当区间长度小于指定要求时, 停止计算.

编写二分法程序 (程序名: bisect.R) 如下:

```
fzero <- function(f, a, b, eps=1e-5){
  if (f(a)*f(b)>0)
     list(fail="finding root is fail!")
  else{
     repeat {
        if (abs(b-a)<eps) break
        x <- (a+b)/2
        if (f(a)*f(x)<0) b<-x  else  a<-x
     }
     list(root=(a+b)/2, fun=f(x))
  }
}
```

在二分法求根的函数 (程序) 中, 输入值 f 是求根的函数, a, b 是二分法的左、右端点. eps=1e-5 是精度要求, 是有名参数 (后面将介绍). 函数 (程序) 的返回值是列表, 当初始区间不满足要求时, 返回值为 "finding root is fail!"(求根失败); 当满足终止条件时, 返回值为方程根的近似值和在近似点处的函数值.

建立求根的非线性函数

f<-function(x) x^3-x-1

求它在区间 [1, 2] 内的根,

```
> fzero(f, 1, 2, 1e-6)
$root
[1] 1.324718
$fun
[1] -1.857576e-06
```

事实上, 不用编写这个非方程求根函数, 因为 R 软件已提供了相应的函数 uniroot(), 其使用格式为

```
uniroot(f, interval,
    lower = min(interval), upper = max(interval),
    tol = .Machine$double.eps^0.25, maxiter = 1000, ...)
```

在函数中, 参数 f 是求根的函数. interval 是包含方程根的区间. 其余参数的用法请参见帮助.

例如, 要求例 C.4 的根, 只需输入命令

```
> uniroot(f, c(1,2))
```

就可得到

```
$root
```

```
[1] 1.324718
$f.root
[1] -5.634261e-07
$iter
[1] 7
$estim.prec
[1] 6.103516e-05
```

其计算结果与自编程序的计算结果相同.

下面编写一个与统计有关的函数 —— 计算两样本的 T 统计量.

例 C.5   已知两个样本: 样本 A

> 79.98   80.04   80.02   80.04   80.03   80.03   80.04   79.97
>
> 80.05   80.03   80.02   80.00   80.02

和样本 B

> 80.02   79.94   79.98   79.97   79.97   80.03   79.95   79.97

计算两样本的 T 统计量.

解   若两个样本的方差相同且未知, 则 T 统计量的计算公式为

$$T = \frac{\overline{X} - \overline{Y}}{S\sqrt{\dfrac{1}{n_1} + \dfrac{1}{n_2}}}, \tag{C.1}$$

其中

$$S^2 = \frac{(n_1 - 1)S_1^2 + (n_2 - 1)S_2^2}{n_1 + n_2 - 2}, \tag{C.2}$$

$\overline{X}, \overline{Y}$ 分别为两组数据的样本均值, S_1^2, S_2^2 分别为两组数据的样本方差, n_1, n_2 分别为两组数据的个数.

按照式 (C.1) 和 (C.2) 编写相应的程序 (程序名: twosam.R) 如下:

```
twosam <- function(y1, y2) {
    n1 <- length(y1); n2 <- length(y2)
    yb1 <- mean(y1); yb2 <- mean(y2)
    s1 <- var(y1); s2 <- var(y2)
    s <- ((n1-1)*s1 + (n2-1)*s2)/(n1+n2-2)
    (yb1 - yb2)/sqrt(s*(1/n1 + 1/n2))
}
```

在函数 (程序) 中, 输入值 y1, y2 是需要计算 T 统计量的两组数据. 函数 (程序) 的返回值是数值型变量, 给出相应的 T 统计量.

输入数据 A, B, 并计算 T 统计量.

```
> A <- c(79.98, 80.04, 80.02, 80.04, 80.03, 80.03,
    80.04, 79.97, 80.05, 80.03, 80.02, 80.00, 80.02)
> B <- c(80.02, 79.94, 79.98, 79.97, 79.97, 80.03,
    79.95, 79.97)
> twosam(A,B)
[1] 3.472245
```

C.9.2 定义新的二元运算

R 软件可以定义的二元运算, 其形式为 `%anything%`. 设 x, y 是两个向量, 定义 x 与 y 的内积为

$$\langle x, y \rangle = \exp\left(-\frac{\|x - y\|^2}{2} \right),$$

其运算符号用 `%!%` 表示, 则二元运算的定义如下:

```
"%!%" <- function(x, y) {exp(-0.5*(x-y) %*% (x-y))}
```

C.9.3 有名参数与默认参数

如果用这种形式 "`name=object`" 给出被调用函数中的参数, 则这些参数可以按照任何顺序给出. 例如, 定义如下函数:

```
> fun1 <- function(data, data.frame, graph, limit) {
    [function body omitted]
  }
```

则下面的三种调用方法:

```
> ans <- fun1(d, df, TRUE, 20)
> ans <- fun1(d, df, graph=TRUE, limit=20)
> ans <- fun1(data=d, limit=20, graph=TRUE, data.frame=df)
```

都是等价的.

如果在例 C.4 中, 其精度要求取 1e-5(即 10^{-5}), 则不必输入精度要求, 直接输入区间端点即可.

```
> fzero(1,2)
$root
[1] 1.324718

$fun
[1] -1.405875e-05
```

下面利用有名参数的方法编写一个求非线性方程组根的 Newton 法的程序.

例 C.6   编写求非线性方程组解的 Newton 法的程序, 并用此程序求解非线性方程组

$$\begin{cases} x_1^2 + x_2^2 - 5 = 0, \\ (x_1 + 1)x_2 - (3x_1 + 1) = 0 \end{cases}$$

的解, 取初始点 $x^{(0)} = (0,1)^{\mathrm{T}}$, 精度要求 $\varepsilon = 10^{-5}$.

解   求解非线性方程组

$$f(x) = 0, \quad f : \mathbf{R}^n \to \mathbf{R}^n \in C^1$$

的 Newton 法的迭代格式为

$$x^{(k+1)} = x^{(k)} - [J(x^{(k)})]^{-1} f(x^{(k)}), \quad k = 0, 1, \cdots,$$

其中 $J(x)$ 为函数 $f(x)$ 的 Jacobi 矩阵, 即

$$J(x) = \begin{bmatrix} \dfrac{\partial f_1}{\partial x_1} & \dfrac{\partial f_1}{\partial x_2} & \cdots & \dfrac{\partial f_1}{\partial x_n} \\ \dfrac{\partial f_2}{\partial x_1} & \dfrac{\partial f_2}{\partial x_2} & \cdots & \dfrac{\partial f_2}{\partial x_n} \\ \vdots & \vdots & & \vdots \\ \dfrac{\partial f_n}{\partial x_1} & \dfrac{\partial f_n}{\partial x_2} & \cdots & \dfrac{\partial f_n}{\partial x_n} \end{bmatrix}.$$

因此, 相应的程序 (程序名: Newtons.R) 为

```
Newtons<-function (fun, x, ep=1e-5, it_max=100){
    index<-0; k<-1
    while (k<=it_max){
        x1 <- x; obj <- fun(x);
        x  <- x - solve(obj$J, obj$f);
        norm <- sqrt((x-x1) %*% (x-x1))
        if (norm<ep){
            index<-1; break
        }
        k<-k+1
    }
    obj <- fun(x);
    list(root=x, it=k, index=index, FunVal= obj$f)
}
```

在此函数 (程序) 中, 输入变量如下: `fun` 是由方程构成的函数, 具体形式在下面介绍. `x` 是初始变量. `ep` 是精度要求, 默认值为 10^{-5}. `it_max` 是最大迭代次数, 默认值为 100.

函数 (程序) 以列表的形式作为输出变量. 输出变量如下: `root` 是方程解的近似值. `it` 是迭代次数. `index` 是指标, `index=1` 表明计算成功; `index=0` 表明计算失败. `FunVal` 是方程在 `root` 处的函数值.

编写求方程的函数 (程序名: `funs.R`) 如下:

```
funs<-function(x){
    f<-c(x[1]^2+x[2]^2-5, (x[1]+1)*x[2]-(3*x[1]+1))
    J<-matrix(c(2*x[1], 2*x[2], x[2]-3, x[1]+1),
              nrow=2, byrow=T)
    list(f=f, J=J)
}
```

函数 (程序) 的输入变量为 `x`. 在函数 (程序) 中, `f` 是所求方程的函数. `J` 是相应的 Jacobi 矩阵. 函数的输出以列表形式给出, 输出函数值和相应的 Jacobi 矩阵.

下面求解该方程.

```
> Newtons(funs, c(0,1))
$root
[1] 1 2
$it
[1] 6
$index
[1] 1
$FunVal
[1] 1.598721e-14 6.217249e-15
```

即方程的解为 $x^* = (1, 2)^{\mathrm{T}}$, 总共迭代了 6 次.

C.9.4 递归函数

R 函数是可以递归的, 可以在函数自身内定义函数本身. 下面的例子是用递归函数计算数值积分.

例 C.7 用递归函数计算数值积分 $\int_1^5 \dfrac{\mathrm{d}x}{x}$, 精度要求 $\varepsilon = 10^{-6}$.

解 采用自动选择步长的复化梯形公式, 其方法如下: 每次将区间二等分, 在子区间上采用梯形求积公式. 如果计算满足精度要求或达到最大迭代次数, 则停止计算; 否则, 继续将区间对分. 编写相应的计算程序 (程序名: `area.R`) 如下:

```
area <- function(f, a, b, eps = 1.0e-06, lim = 10) {
    fun1 <- function(f, a, b, fa, fb, a0, eps, lim, fun) {
        d <- (a + b)/2; h <- (b - a)/4; fd <- f(d)
        a1 <- h * (fa + fd); a2 <- h * (fd + fb)
        if(abs(a0 - a1 - a2) < eps || lim == 0)
            return(a1 + a2)
        else {
            return(fun(f, a, d, fa, fd, a1, eps, lim - 1, fun)
                + fun(f, d, b, fd, fb, a2, eps, lim - 1, fun))
        }
    }
    fa <- f(a); fb <- f(b); a0 <- ((fa + fb) * (b - a))/2
    fun1(f, a, b, fa, fb, a0, eps, lim, fun1)
}
```

　　程序的输入变量如下: f 是被积函数. a,b 是积分的端点. eps 是积分精度要求, 默认值为 10^{-6}. lim 是对分区间的上限, 默认值为 10, 即被积区间最多被等分为 2^{10} 个子区间. 输出变量为积分值.

　　area 函数相当于主程序, 首先用梯形公式计算出积分的近似值, 然后调用函数 fun1.

　　fun1 函数相当于子程序, 该函数是采用递归的定义方式编写的函数, 其意义如下: 将区间对分, 采用复化求积公式, 若本次的计算值与上一次的计算值相差小于精度要求 eps 或 lim = 0 时, 则停止计算; 否则, 分别调用自身函数.

　　下面计算积分. 先定义函数

```
> f <- function(x) 1/x
```

再计算其积分值

```
> quad<-area(f,1,5); quad
[1] 1.609452
```

该积分的精确值为 $\ln 5 = 1.609438$.

C.10　R 软件中的图形函数

　　在 R 软件中, 有两类图形函数 —— 高水平图形函数和低水平图形函数. 所谓高水平图形函数就是那些能够直接绘制图形, 并可自动生成坐标轴等附属图形元素的函数. 所谓低水平图形函数是与高水平图形函数相对应的, 它本身不能生成图形, 而是可以修改已有的图形, 或者为绘图规定一些选择项. 高水平图形函数总是开始一个新图. 下面介绍常用的高水平图形函数, 以及用来修饰这些高级图形函数的常用可选参数.

C.10.1 高水平图形函数

高水平图形函数有 plot(), pairs(), coplot(), qqnorm(), qqline(), hist() 和 contour() 等.

1. plot() 函数

函数 plot() 可绘出数据的散点图、曲线图等, 其使用格式为

```
plot(x, y = NULL, type = "p",  xlim = NULL, ylim = NULL,
     log = "", main = NULL, sub = NULL,
     xlab = NULL, ylab = NULL,
     ann = par("ann"), axes = TRUE, frame.plot = axes,
     panel.first = NULL, panel.last = NULL, asp = NA, ...)
```

在函数中, 参数 x 是绘点的横坐标构成的向量. y 是绘点的纵坐标构成的向量. type 是所绘图形的类型, 其参数和意义如下:

"p"　画点 (默认值);

"l"　画线;

"b"　同时画点和线且线不穿过点;

"c"　仅画参数 "b" 所示的线;

"o"　同时画点和线且线段穿过点;

"h"　画出点到横轴的竖线;

"s"　画阶梯图 (先横再纵);

"S"　画阶梯图 (先纵再横);

"n"　不画任何图形.

其余参数的用法请参见帮助.

函数 plot 除上述基本功能外, 还可以画箱线图、时间序列分析图和回归诊断图等, 这些功能在相关统计知识中介绍.

2. 显示多变量数据

(1) pairs() 函数. 函数 pairs() 的功能是显示多变量数据, 它有两种使用方法. 一种是

```
pairs(x, labels, panel = points, ...,
      lower.panel = panel, upper.panel = panel,
      diag.panel = NULL, text.panel = textPanel,
      label.pos = 0.5 + has.diag/3,
```

```
        cex.labels = NULL, font.labels = 1,
        row1attop = TRUE, gap = 1)
```

在函数中, 参数 x 是矩阵或数据框. 其余参数的用法请参见帮助. 另一种是

```
    pairs(formula, data = NULL, ..., subset,
        na.action = stats::na.pass)
```

在函数中, 参数 formula 是形如 "~x+y+z" 的公式. 其余参数的用法请参见帮助.

例 C.8   已知 19 名学生的年龄、身高和体重 (表 C.3), 画出这些数据的散布图.

表 C.3   19 名学生的年龄、身高和体重数据

序号	年龄	身高/cm	体重/kg	序号	年龄	身高/cm	体重/kg
1	13	144	38.1	11	14	161	46.5
2	13	166	44.5	12	15	170	60.3
3	14	163	40.8	13	12	146	37.7
4	12	143	34.9	14	13	159	38.1
5	12	152	38.3	15	12	150	45.1
6	15	169	50.8	16	16	183	68.0
7	11	130	22.9	17	12	165	58.1
8	15	159	51.0	18	11	146	38.6
9	14	160	46.5	19	15	169	50.8
10	14	175	51.0				

解   利用数据框录入数据 (文件名: student_data.R), 然后用 pairs() 函数画出数据的散布图.

```
#### 录入数据
df<-data.frame(
    Age=c(13, 13, 14, 12, 12, 15, 11, 15, 14, 14, 14, 15, 12,
        13, 12, 16, 12, 11, 15 ),
    Height=c(144, 166, 163, 143, 152, 169, 130, 159, 160, 175,
            161, 170, 146, 159, 150, 183, 165, 146, 169),
    Weight=c(38.1, 44.5, 40.8, 34.9, 38.3, 50.8, 22.9, 51.0,
            46.5, 51.0, 46.5, 60.3, 37.7, 38.1, 45.1, 68.0,
            58.1, 38.6, 50.8)
)
#### 画散布图
pairs(df)
```

绘出的图形如图 C.11 所示.

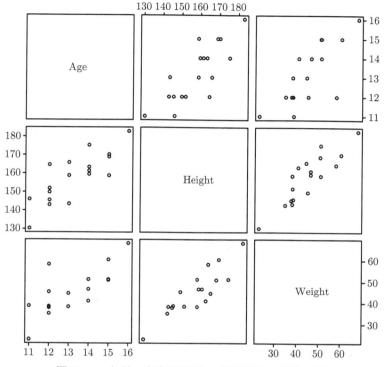

图 C.11　年龄、身高和体重三项指标构成的散布图

另一种命令格式为

pairs(~ Age + Height + Weight, data=df)

可以画出同样的图形. 当然也可以用公式形式画两个指标的散点图.

实际上, plot() 函数同样能够画出数据的散布图, 其命令为 plot(df). 另外, plot() 函数可用公式形式画出数据的散点图, 如以下命令:

plot(~Age+Height, data=df)

plot(Weight~Age+Height, data=df)

画出年龄与身高的散点图, 画出年龄与体重和身高与体重的散点图.

(2) coplot() 函数. 函数 coplot() 的功能也是显示多变量数据, 只是它显示得更细, 其使用格式为

coplot(formula, data, given.values,
        panel = points, rows, columns,
        show.given = TRUE, col = par("fg"), pch = par("pch"),
        bar.bg = c(num = gray(0.8), fac = gray(0.95)),
        xlab = c(x.name, paste("Given :", a.name)),

```
        ylab = c(y.name, paste("Given :", b.name)),
        subscripts = FALSE,
        axlabels = function(f) abbreviate(levels(f)),
        number = 6, overlap = 0.5, xlim, ylim, ...)
```

在函数中, 参数 formula 是形如 "y ~ x | a" 或形如 "y ~ x | a * b" 的公式. 其余参数的用法请参见帮助.

仍以例 C.8 中的学生数据为例, coplot(Weight~ Height | Age) 绘出了按年龄段给出的体重与身高的散点图, 如图 C.12 所示.

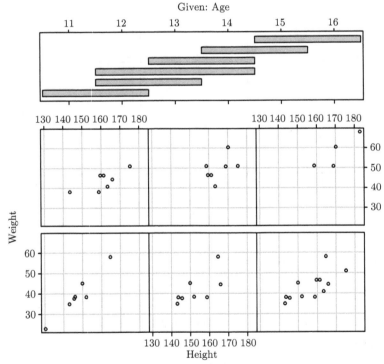

图 C.12　按年龄划分的体重与身高的散点图

3. 显示图形

(1) qqnorm() 函数. 函数 qqnorm() 的功能是绘出数据的 QQ 散点图, 用以检验数据是否服从正态分布. 与它一起使用的是函数 qqline()(画直线, 属于低水平图形命令). 两个函数的使用格式为

```
qqnorm(y, ylim, main = "Normal Q-Q Plot",
        xlab = "Theoretical Quantiles",
        ylab = "Sample Quantiles",
```

```
        plot.it = TRUE, datax = FALSE, ...)
qqline(y, datax = FALSE, ...)
```

在函数中, 参数 y 是由样本构成的向量. 其余参数的用法请参见帮助.

例 C.9 画出例 C.8 的数据中身高和体重的 QQ 散点图.

解 写出 R 命令如下:

```
> attach(df)
> qqnorm(Weight); qqline(Weight)
> qqnorm(Height); qqline(Height)
```

其图形如图 C.13 所示.

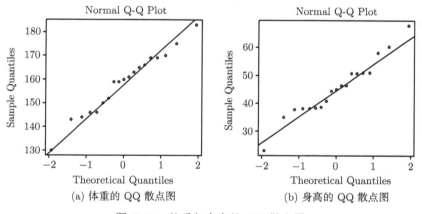

(a) 体重的 QQ 散点图   (b) 身高的 QQ 散点图

图 C.13 体重与身高的 QQ 散点图

从图 C.13 可以看出, 学生体重基本上服从正态分布, 但学生的身高可能不服从正态分布.

(2) hist() 函数. 函数 hist() 的功能是绘出数据的直方图, 用来估计数据的概率分布. 函数的使用格式为

```
hist(x, breaks = "Sturges", freq = NULL,
     probability = !freq, include.lowest = TRUE,
     right = TRUE, density = NULL, angle = 45,
     col = NULL, border = NULL,
     main = paste("Histogram of" , xname),
     xlim = range(breaks), ylim = NULL,
     xlab = xname, ylab,
     axes = TRUE, plot = TRUE, labels = FALSE,
     nclass = NULL, ...)
```

在函数中, 参数 x 是由样本构成的向量. 其余参数的用法请参见帮助.

直方图有关的函数是核密度估计函数 density(), 其使用格式为

```
density(x, bw = "nrd0", adjust = 1,
    kernel = c("gaussian", "epanechnikov", "rectangular",
                "triangular", "biweight",
                "cosine", "optcosine"),
    weights = NULL, window = kernel, width,
    give.Rkern = FALSE,
    n = 512, from, to, cut = 3, na.rm = FALSE, ...)
```

在函数中, 参数 x 是由数据构成的向量. 其余参数的用法请参见帮助.

例 C.10   画出例 C.8 的数据中学生身高的直方图和核密度曲线, 并与正态分布的概率密度曲线作对照.

解   写出 R 命令如下:

```
> attach(df)
> hist(Height, freq = FALSE)
> lines(density(Height), col = "blue")
> x<-seq(from=130, to=190, by=0.5)
> lines(x, dnorm(x, mean(Height), sd(Height)), col="red")
```

命令中的 lines() 属于低水平图形命令, 在后面的内容中还会讲到. 所绘图形如图 C.14 所示.

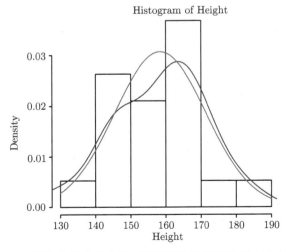

图 C.14   学生体重的直方图、核密度估计曲线和正态分布曲线

(3) dotchart() 函数. 函数 dotchart() 的功能是绘出 Cleveland 点图, 它有两种形式. 函数的使用格式为

```
dotchart(x, labels = NULL, groups = NULL, gdata = NULL,
    cex = par("cex"), pch = 21, gpch = 21, bg = par("bg"),
    color = par("fg"), gcolor = par("fg"), lcolor = "gray",
    xlim = range(x[is.finite(x)]),
    main = NULL, xlab = NULL, ylab = NULL, ...)
```

在函数中, 参数 x 是向量或矩阵. 其余参数的用法请参见帮助.

例如, 在 R 软件中, 数据 VADeaths 给出了 Virginia (弗吉尼亚) 州在 1940 年的人口死亡率如下:

	Rural Male	Rural Female	Urban Male	Urban Female
50-54	11.7	8.7	15.4	8.4
55-59	18.1	11.7	24.3	13.6
60-64	26.9	20.3	37.0	19.3
65-69	41.0	30.9	54.6	35.1
70-74	66.0	54.3	71.1	50.0

画出该数据的 Cleveland 点图,

```
> dotchart(VADeaths,
        main = "Death Rates in Virginia - 1940")
> dotchart(t(VADeaths),
        main = "Death Rates in Virginia - 1940")
```

如图 C.15 所示, 其中 (a) 为第一个命令, (b) 为第二个命令.

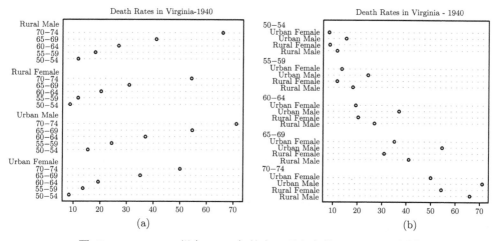

图 C.15 Virginia 州在 1940 年的人口死亡率的 Cleveland 点图

4. 与三维作图有关函数

(1) persp() 函数. 函数 persp() 的功能是绘出三维图形的表面曲线, 它的使用格式为

```
persp(x = seq(0, 1, length.out = nrow(z)),
      y = seq(0, 1, length.out = ncol(z)),
      z, xlim = range(x), ylim = range(y),
      zlim = range(z, na.rm = TRUE),
      xlab = NULL, ylab = NULL, zlab = NULL,
      main = NULL, sub = NULL,
      theta = 0, phi = 15, r = sqrt(3), d = 1,
      scale = TRUE, expand = 1, col = "white",
      border = NULL, ltheta = -135, lphi = 0,
      shade = NA, box = TRUE, axes = TRUE,
      nticks = 5, ticktype = "simple", ...)
```

在函数中, 参数 x, y 是数值型向量. z 是由 x 和 y 根据所绘图形函数关系生成的矩阵 (z 的行数是 x 的维数, z 的列数是 y 的维数). theta 和 phi 是图形的观察角度. 其余参数的用法请参见帮助.

(2) contour() 函数. 函数 contour() 的功能是绘出三维图形的等值线, 它的使用格式为

```
contour(x = seq(0, 1, length.out = nrow(z)),
        y = seq(0, 1, length.out = ncol(z)),
        z, nlevels = 10,
        levels = pretty(zlim, nlevels),
        labels = NULL,
        xlim = range(x, finite = TRUE),
        ylim = range(y, finite = TRUE),
        zlim = range(z, finite = TRUE),
        labcex = 0.6, drawlabels = TRUE,
        method = "flattest",
        vfont, axes = TRUE, frame.plot = axes,
        col = par("fg"), lty = par("lty"),
        lwd = par("lwd"), add = FALSE, ...)
```

在函数中, 参数 x, y 和 z 的意义与函数 persp() 中参数的意义相同. nlevels 是等值线的条数 (当不提供参数 levels 时才起作用). levels 是由所画等值线的值

构成的向量. 其余参数的用法请参见帮助.

(3) image() 函数. 函数 image() 的功能是绘出三维图形的二维彩色映像, 它的使用格式为

```
image(x, y, z, zlim, xlim, ylim,
      col = heat.colors(12), add = FALSE,
      xaxs = "i", yaxs = "i", xlab, ylab,
      breaks, oldstyle = FALSE, ...)
```

在函数中, 参数 x, y 和 z 的意义与函数 persp() 中参数的意义相同. 其余参数的用法请参见帮助.

例 C.11(山区地貌图) 在某山区 (平面区域 $(0, 2800) \times (0, 2400)$ 内, 单位: m) 测得一些地点的高度 (单位: m) 如表 C.4 所示. 试作出该山区的地貌图和等值线图.

表 C.4 某山区地形高度数据

y \ x	0	400	800	1200	1600	2000	2400	2800
0	1430	1450	1470	1320	1280	1200	1080	940
400	1450	1480	1500	1550	1510	1430	1300	1200
800	1460	1500	1550	1600	1550	1600	1600	1600
1200	1370	1500	1200	1100	1550	1600	1550	1380
1600	1270	1500	1200	1100	1350	1450	1200	1150
2000	1230	1390	1500	1500	1400	900	1100	1060
2400	1180	1320	1450	1420	1400	1300	700	900

解 输入数据, 调用 persp() 函数画三维图形, 调用 contour() 函数画等值 (程序名: examC11.R).

```
x<-seq(0,2800, 400); y<-seq(0,2400,400)
z<-scan()
1180 1320 1450 1420 1400 1300  700  900
1230 1390 1500 1500 1400  900 1100 1060
1270 1500 1200 1100 1350 1450 1200 1150
1370 1500 1200 1100 1550 1600 1550 1380
1460 1500 1550 1600 1550 1600 1600 1600
1450 1480 1500 1550 1510 1430 1300 1200
1430 1450 1470 1320 1280 1200 1080  940

Z<-matrix(z, nrow=8)
persp(x, y, Z, theta=30, phi=30)
```

```
contour(x, y, Z, levels = seq(min(z), max(z), by = 60))
```

将绘出两幅图形, 一幅是三维曲面, 如图 C.16(a) 所示; 另一幅是等值线图, 如图
C.16(b) 所示.

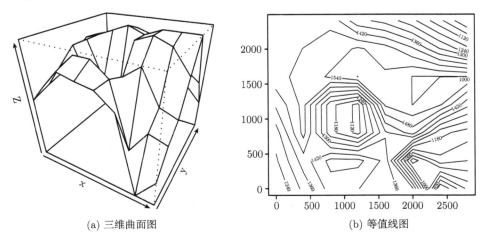

(a) 三维曲面图   (b) 等值线图

图 C.16   三维数据的网格曲面与等值线

可以看到, 图 C.16 过于粗糙, 这是由于数据量过少造成的. 如果数据量稍大一
些, 则图形质量将会有很大的改善.

例 C.12   在 $[-2\pi, 2\pi] \times [-2\pi, 2\pi]$ 的正方形区域内绘函数 $z = \sin x \sin y$ 的三
维曲面图和等值线图.

解   写出相应的 R 程序 (程序名: examC12.R) 如下:

```
x<-y<-seq(-2*pi, 2*pi, pi/15)
f<-function(x,y) sin(x)*sin(y)
z<-outer(x, y, f)
persp(x,y,z,theta=30, phi=30, expand=0.7,col="lightblue")
contour(x,y,z,col="blue")
```

注意: 在绘三维图形时, z 并不是简单的关于 x 与 y 的某些运算, 而是需要在
函数 f 的关系下作外积运算 (outer(x, y, f)), 形成网格, 这样才能绘出三维图形,
请初学者特别注意这一点. 所绘出的图形如图 C.17 所示. 在绘图命令中增加了图
形的颜色和观察图形的角度.

C.10.2   高水平图形函数中的命令

在高水平图形函数中, 可以加一些命令, 不断完善图的内容, 或增加一些有用
的说明.

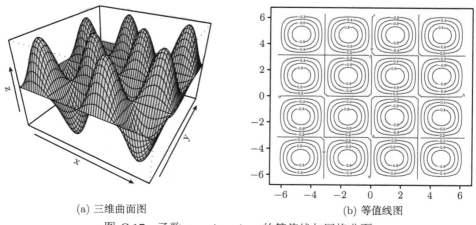

(a) 三维曲面图   (b) 等值线图

图 C.17 函数 $z = \sin x \sin y$ 的等值线与网格曲面

1. 图中的逻辑命令

add = TRUE 表示所绘图在原图上加图, 默认值为 add = FALSE, 即新的图替换原图; axes =FALSE 表示所绘图形没有坐标轴, 默认值为 axes =TRUE.

2. 数据取对数

log = "x" 表示 x 轴的数据取对数; log ="y" 表示 y 轴的数据取对数, xy 和 yx 之一表示 x 轴与 y 轴的数据同时取对数.

3. 绘图范围

xlim=二维向量描述图形横坐标的范围; ylim=二维向量描述绘图形纵坐标的范围.

4. 图中的字符串

main="字符串" 说明图的主题; sub=" 字符串" 说明图的子题; xlab="字符串" 描述横轴内容; ylab="字符串" 描述纵轴内容.

C.10.3 低水平图形函数

高水平图形函数可以迅速简便地绘制常见类型的图形, 但在某些情况下, 可能需要绘制一些有特殊要求的图形. 例如, 希望坐标轴按照自己的设计绘制, 或者在已有的图上增加另一组数据, 或者在图中加入一行文本注释, 或者绘出多个曲线代表的数据的标签等. 低水平图形函数是在已有的图的基础上进行添加.

1. 低水平作图函数

低水平作图函数有points(), lines(), text(), abline(), polygon(), legend(),title() 和 axis() 等.

函数 `points()` 的功能是在图上加点, 其命令格式为

```
points(x, y = NULL, type = "p", ...)
```

在函数中, 参数 x, y 是表示点的坐标的向量.

函数 `lines()` 的功能是在图上加线, 其命令格式为

```
lines(x, y = NULL, type = "l", ...)
```

在函数中, 参数 x, y 是表示线段的坐标的向量.

函数 `text()` 的功能是在图上加文字、符号、标记等, 其命令格式为

```
text (x, y = NULL, labels = seq_along(x), adj = NULL,
      pos = NULL, offset = 0.5, vfont = NULL,
      cex = 1, col = NULL, font = NULL, ...)
```

在函数中, 参数 x,y 是数据向量. `labels` 是数值型或字符型向量, 在默认状态下, `labels=1 :length(x)`. 例如, 需要绘出 (x, y) 的散点图, 并将所有点用数字标记, 其命令为

```
plot(x, y, type = "n"); text(x, y)
```

函数 `abline()` 的功能是在图上加直线, 其使用格式为

```
abline(a = NULL, b = NULL, h = NULL, v = NULL,
       reg = NULL, coef = NULL, untf = FALSE, ...)
```

在函数中, 参数 a 是截距. b 是斜率, 如表示画一条 $y = a + bx$ 的直线, 其命令为 `abline(a, b)`. h 是水平直线, 如 `abline(h=y)`, 则表示画出过 y 值的水平直线, 其中 y 为数或向量. v 是水平直线, 如 `abline(v=x)`, 则表示画出过 x 值的竖直直线, 其中 x 为数或向量. reg 是回归方程的系数, 如 `abline(lm.obj)` 表示画出 lm.obj 的回归直线. coef 是由截距和斜率构成的二维向量.

函数 `polygon()` 的功能是在图上加多边形, 其使用格式为

```
polygon(x, y = NULL, density = NULL, angle = 45,
        border = NULL, col = NA, lty = par("lty"), ...)
```

在函数中, 参数 x,y 是由多边形折点坐标构成的向量. density = 数值是阴影线的密度, 其中数值是每英寸线条数, 默认值为NULL(空). angle 是阴影线的角度, 默认值为 45°. 其余参数的用法请参见帮助.

函数 `legend()` 的功能是在图上加图形说明, 其使用格式为

```
legend(x, y = NULL, legend, fill = NULL,
       col = par("col"), lty, lwd, pch,
       angle = 45, density = NULL, bty = "o",
       bg = par("bg"), box.lwd = par("lwd"),
       box.lty = par("lty"), box.col = par("fg"),
       pt.bg = NA, cex = 1, pt.cex = cex,
```

```
        pt.lwd = lwd, xjust = 0, yjust = 1,
        x.intersp = 1, y.intersp = 1,
        adj = c(0, 0.5), text.width = NULL,
        text.col = par("col"),
        merge = do.lines && has.pch,
        trace = FALSE, plot = TRUE, ncol = 1,
        horiz = FALSE, title = NULL,
        inset = 0, xpd)
```

在函数中, 参数 x, y 是放置说明的位置坐标. legend 是字符或表达式, 是图形说明的内容. 其余参数的用法请参见帮助.

函数 title() 的功能是在图上加图题, 其使用格式为

```
title(main = NULL, sub = NULL, xlab = NULL,
      ylab = NULL, line = NA, outer = FALSE, ...)
```

在函数中, 参数 main = "字符串" 是主图题, 字符串是主图题的内容, 它加在图的顶部. sub="字符串" 是子图题, 字符串是子图题的内容, 它加在图的底部. 其余参数的用法请参见帮助.

函数 axis() 的功能是在图上加坐标轴, 允许边、位置、标记和其他项有特定的要求, 其使用格式为

```
axis(side, at = NULL, labels = TRUE, tick = TRUE,
     line = NA, pos = NA, outer = FALSE, font = NA,
     lty = "solid", lwd = 1, lwd.ticks = lwd,
     col = NULL, col.ticks = NULL,
     hadj = NA, padj = NA, ...)
```

在函数中, 参数 side 是图形的边 (坐标轴), side=1 表示所加内容放在图的底部, side=2 表示所加内容放在图的左侧, side=3 表示所加内容放在图的顶部, side=4 表示所加内容放在图的右侧. at 是向量, 描述加标记的位置. labels 或者是逻辑变量, 如果 labels = TRUE (默认值), 则在标记位置加 at 的值; 如果 labels = FALSE, 则不加标记, 或者是与 at 具有同样长度的字符或表达式构成的向量, 在标记位置加相应的字符或表达式. 其余参数的用法请参见帮助.

2. 在图形中加入数学符号或数学表达式

在一些情况下, 需要在图形中加一些数学符号或数学公式. 这些数学符号或数学表达式可用函数 expression() 来引导, 作为字符串可以在 text, mtext, axis 或 title 的某个任意函数中使用, 来表达图中图像的意义. 例如, 下面的代码表示的是二项概率密度函数的表达式

```
text(x, y, expression(paste(bgroup("(", atop(n,x), ")"),
                      p^x, q^{n-x})))
```

更多的信息可以通过帮助文件完成, 可以通过如下命令得到:

```
> help(plotmath)
```

```
> example(plotmath)
```

```
> demo(plotmath)
```

3. 交互图形函数

R 软件中的低水平图形函数可以在已有图形的基础上添加新内容. 另外, R 软件还提供了两个函数 locator() 和 identify(), 让用户可以通过在图中用鼠标点击来确定位置, 增加或提取某些信息.

函数 locator() 的功能是图形输入, 使用格式为

```
locator(n = 512, type = "n", ...)
```

在函数中, 参数 n 是增加信息的最多点数 (缺省值为 1). type 是类型, 可以是 "n", "p", "l" 或 "o" 之一, 如果是 "p" 或 "o", 则加点; 如果是 "l" 或 "o", 则画线.

函数 locator(n,type) 运行时会停下来等待用户用鼠标左键在当前图上选择位置, 增加相应的信息 (点、线等). 这项工作可持续 n 次, 或者单击鼠标右键, 选择结束. 当 locator() 命令结束后, 函数返回一个列表, 有两个变量 x 和 y, 分别保存鼠标点击位置的横坐标和纵坐标.

例如, 为了在已经绘制的曲线图中找一个空地方标上一行文本, 只要使用如下程序:

```
> text(locator(1), "Normal density", adj=0)
```

函数 identify() 的功能是在散点图中为点加标签, 使用格式为

```
identify(x, y=NULL, labels=seq_along(x), pos = FALSE,
    n = length(x), plot = TRUE, atpen = FALSE,
    offset = 0.5, tolerance = 0.25, ...)
```

在函数中, 参数 x, y 是散点图点的坐标. labels 是数值型或字符型向量, 是指定点击某个点时要在旁边绘制的文本标签, 默认值为标出此点的序号. n 是识别点的最大个数. plot 是逻辑变量, 当它为 FALSE(默认值为 TRUE) 时, 只给出返回值而不画任何标记. tolerance 是点击点与图中点的最大距离 (单位英寸). 其余参数的用法请参见帮助.

注意: identify() 与 locator() 不同. locator() 返回图中任意点击位置的坐标, 而 identify() 只返回离点击位置最近的点的序号. 例如, 在向量 x 和 y 中有若干个点的坐标, 运行如下程序:

```
> plot(x, y)
```

```
> identify(x,y)
```
这时显示转移到图形窗口, 进入等待状态, 用户可以点击图中特别的点, 该点的序号就会在旁边标出. 可以点击 n 次, 或者单击鼠标右键, 选择结束. 函数的返回值是已标记过点的序号.

C.10.4　图形参数的使用

前面已经看到了如何用 main = , xlab = 等参数来规定高级图形函数的一些设置. 在实际绘图中, 特别是绘制用于演示或出版的图形时, R 软件用缺省设置绘制的图形往往不能满足实际要求. 因此, R 软件还提供了一系列所谓的图形参数, 通过使用图形参数可以修改图形显示的所有各方面的设置. 图形参数包括关于线型、颜色、图形排列、文本对齐方式等的各种设置. 每个图形参数都有一个名字, 如 col 代表颜色, 取一个值, 如 col = "red" 为红色. 每个图形设备都有一套单独的图形参数.

1. 永久设置

永久设置是使用函数 par() 进行设置, 设置后在退出前一直保持有效. 函数 par() 是用来访问或修改当前图形设备的图形参数. 如果不带参数调用, 如

```
> par()
```
则其结果是一个列表, 列表的各元素名为图形参数的名字, 元素值为相应图形参数的取值.

如果调用时指定一个图形参数名的向量作为参数, 则只返回被指定的图形参数的列表, 如

```
> par(c("col", "lty"))
```
只返回参数 "col" 和 "lty" 的参数列表.

调用时指定名字为图形参数名的有名参数, 则修改指定的图形参数, 并返回原值的列表

```
> oldpar<-par(col=4, lty=2)
```
因为用函数 par() 修改图形参数保持到退出以前有效, 而且即使是在函数内, 此修改仍是全局的, 所以可以利用如下方法, 在完成任务后恢复原来的图形参数:

```
> oldpar <- par(col=4, lty=2)
```
......(需要修改图形参数的绘图任务)

```
> par(oldpar) # 恢复原始的图形参数
```

2. 临时设置

除了像上面那样用函数 par() 永久地修改图形参数外, 还可以在几乎任何图形函数中指定图形参数作为有名参数, 这样的修改是临时的, 只对此函数起作用. 例

如, 上面的例子

> text(locator(1), "Normal density", adj=0)

中的参数 adj=0 就是临时设置. 又如,

> plot(x, y, pch="+")

就用图形参数 pch 指定了绘散点的符号为加号. 这个设定只对这一张图有效, 对以后的图形没有影响.

C.10.5   图形参数列表

本小节给出一些常用图形参数的详细信息. 函数 par() 的 R 帮助文件提供了一个比较简洁的提要, 这里提供的应该是一个比较详细的选择.

图形参数按照下面的形式展示:

name = value

参数效果的描述, 其中 name 为参数的名称, 也就是用在函数 par() 和图形函数中的参数名称, value 为设定参数可能用到的一个比较典型的值.

1. 图形元素控制

图形由点、线、文本、多边形等元素构成. 下列的图形参数用来控制图形元素的绘制细节.

pch="+"   指定用于绘制散点的符号. 绘制的点往往略高于或低于指定的坐标位置, 只有 pch="." 没有这个问题.

pch=4   如果 pch 的值为 0~25 的一个数字, 则将使用特殊的绘点符号. 以下语句可以显示所有特殊绘点符号:

> legend(locator(1), as.character(0:25), pch=0:25)

lty=2   指定画线的类型. 默认值 lty=1 是实线, 从 2 开始是各种虚线.

lwd=2   指定线的粗细, 以标准线粗细为单位. 这个参数影响数据曲线的线宽以及坐标轴的线宽.

col=2   指定颜色, 可应用于绘点、线、文本、填充区域和图像. 颜色值可以是数值或颜色名. 函数 palette() 给出颜色的数值, 函数 colors() 给出颜色名.

col.axis, col.lab, col.main 和 col.sub   这几个参数分别为坐标轴的注释、x 与 y 的标记、主题和子题中的文字或字符指定颜色.

font=2   用来指定字体的整数. font=1 是正体, font=2 是黑体, font=3 是斜体, font=4 是黑斜体.

font.axis, font.lab, font.main 和 font.sub   这几个参数分别用来指定坐标刻度、坐标轴标签、标题、小标题所用字体的整数.

adj=-0.1 指定文本相对于给定坐标的对齐方式. 取 0 表示左对齐, 1 表示右对齐, 0.5 表示居中. 此参数的值实际代表的是出现在给定坐标左边的文本的比例, 所以 **adj=-0.1** 的效果是文本出现在给定坐标位置的右边, 并空出相当于文本 10% 长度的距离.

cex=1.5 指定字符的放大倍数.

cex.axis, cex.lab, cex.main 和 **cex.sub** 这几个参数分别用于坐标轴的注释、x 与 y 的标记、主题和子题中指定字符放大倍数.

2. 坐标轴与坐标刻度

许多高级图形带有坐标轴, 还可以先不画坐标轴, 然后用 **axis()** 单独加. 函数 **box()** 用来画坐标区域四周的框线.

坐标轴包括三个部件: 轴线 (用 **lty** 可以控制线型)、刻度线和刻度标签. 它们可以用如下的图形参数来控制:

lab=c(5, 7, 12) 第一个数为 x 轴希望画几个刻度线, 第二个数为 y 轴希望画几个刻度线, 这两个数是建议性的; 第三个数是坐标刻度标签的宽度为多少个字符, 包括小数点, 这个数太小会使刻度标签四舍五入成一样的值.

las=1 坐标刻度标签的方向. 0 表示总是平行于坐标轴, 1 表示总是水平, 2 表示总是垂直于坐标轴.

mgp = c(3, 1, 0) 坐标轴各部件的位置. 第一个元素为坐标轴位置到坐标轴标签的距离, 以文本行高为单位. 第二个元素为坐标轴位置到坐标刻度标签的距离. 第三个元素为坐标轴位置到实际画的坐标轴的距离, 通常为 0.

tck=0.01 坐标轴刻度线的长度, 单位为绘图区域大小, 值为占绘图区域的比例. 当 **tck** 小于 0.5 时, x 轴和 y 轴的刻度线将统一到相同的长度. 取 1 时即画格子线. 取负值时, 刻度线画在绘图区域的外面.

xaxs="r" 和 **yaxs="i"** 画 x 轴和 y 轴的类型. 类型为 i (即 internal) 或类型 r (默认值) 的轴标记始终在数据区域内, 不过, 类型 r 会在边界留出少量空白.

3. 图形边空

R 软件中一个单独的图由绘图区域 (绘图的点、线等画在这个区域中) 和包围绘图区域的边空组成, 边空中可以包含坐标轴标签、坐标轴刻度标签、标题和小标题等, 绘图区域一般被坐标轴包围. 一个典型的图形如图 C.18 所示.

边空的大小由参数 **mai** 或参数 **mar** 控制, 它们都是 4 个元素的向量, 分别规定下方、左方、上方、右方的边空大小, 其中 **mai** 取值的单位为英寸, 而 **mar** 的取值单位为文本行高度. 例如,

```
> par(mai=c(1, 0.5, 0.5, 0))
```

```
> par(mar=c(4, 2, 2, 1))
```

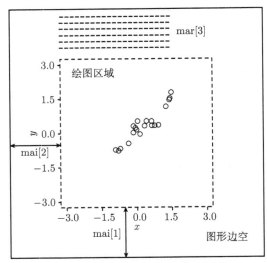

图 C.18   图形边空与参数的关系

这两个图形参数不是独立的, 设定一个会影响另一个. R 软件默认的图形边空常常太大, 以至于有时图形窗口较小, 边空占了整个图形的很大一部分. 通常可以取消右边空, 并且在不用标题时, 可以大大缩小上边空. 例如, 以下命令可以生成十分紧凑的图形:

```
> oldpar <- par(mar = c(2, 2, 1, 0.2))
> plot(x, y)
```

在一个页面上画多个图时, 边空自动减半, 但通常还需要进一步减小边空, 才能使多个图有意义.

4. 多图环境

R 软件允许在一页上创建一个 $n \times m$ 的图形的阵列. 每个图形有自己的边空, 图形阵列还有一个可选的外部边空, 如图 C.19 所示.

多图环境用参数 mfrow 或参数 mfcol 规定, 如

```
> par(mfrow = c(3, 2))
```

表示同一页有三行两列共 6 个图, 而且次序为按行填放. 类似地,

```
> par(mfcol = c(3, 2))
```

规定相同的窗格结构, 但是次序为按列填放, 即先填满第一列的三个, 再填第二列. 要取消一页多图只要再运行

```
> par(mfrow = c(1, 1))
```

即可.

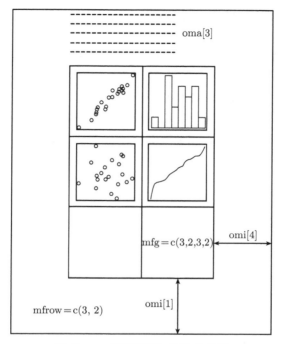

图 C.19　多图环境与参数的关系

为了规定外边空的大小 (默认时无外边空), 可以使用参数 omi 或参数 oma. 参数 omi 以英寸为单位, 参数 oma 以文本行高为单位, 两个参数均为 4 个元素的向量, 分别给出下方、左方、上方、右方的边空大小. 例如,

> par(oma = c(2, 0, 3, 0))

> par(omi = c(0, 0, 0.8, 0))

函数 mtext 用来在外边空加文字标注, 其用法为

mtext(text, side = 3, line = 0, outer = FALSE)

在函数中, 参数 text 是要加的文本内容. side 是在哪一边写 (1 为下方, 2 为左方, 3 为上方, 4 为右方). line 是边空从里向外数的第几行, 最里面的一行是第 0 号. outer 是逻辑变量, 当它为 TRUE 时, 使用外边空; 否则 (默认值), 会使用当前图的边空. 例如,

> par(mfrow=c(2,2), oma=c(0,0,3,0), mar=c(2,1,1,0.1))

> plot(x);plot(y);boxplot(list(x=x,y=y));plot(x,y)

> mtext("Simulation Data", outer=T, cex=1.5)

在多图环境中, 还可以用参数 mfg 来直接跳到某一个窗格. 例如,

> par(mfg = c(2, 2, 3, 2))

表示在三行两列的多图环境中直接跳到第 2 行第 2 列的位置. 参数 mfg 的后两个值表示多图环境的行、列数, 前两个值表示要跳到的位置.

可以不使用多图环境而直接在页面中的任意位置产生一个窗格来绘图, 参数为fig, 如

```
> par(fig = c(4, 9, 1, 4)/10)
```

此参数为一个向量, 分别给出窗格的左方、右方、下方、上方边缘的位置, 取值为占全页面的比例, 如上面的例子在页面的右下方开一个窗格作图.